现代膜技术与应用丛书

现代膜技术
运行工程案例

杜雅 张淑谦 编

XIANDAI
MOJISHU
YUNXING
GONGCHENG
ANLI

化学工业出版社
·北京·

本书主要介绍了工业废水的概念、膜技术与水处理剂的发展、工业废水治理的现状与工业水处理展望、城市污水控制与水处理关键技术、膜法海水淡化技术与进展、膜技术与工业废水处理中的应用等；重点阐述了膜技术与工业废水处理工程案例、城市水处理工程项目案例、膜过滤技术与水处理综合回收。

本书内容翔实、通俗易懂、图文并茂，专业的实用性强，现代膜技术运行工程案例众多。可供从事膜分离技术研究、生产以及使用膜技术的企事业单位工程技术人员、管理人员使用，大专院校学生及其他相关专业的工程技术人员参考。

图书在版编目（CIP）数据

现代膜技术运行工程案例/杜雅，张淑谦编. —北京：化学工业出版社，2014.4（2022.4 重印）
（现代膜技术与应用丛书）
ISBN 978-7-122-19829-7

Ⅰ.①现… Ⅱ.①杜…②张… Ⅲ.①膜法-分离-应用-水处理 Ⅳ.①X703

中国版本图书馆 CIP 数据核字（2014）第 030614 号

责任编辑：夏叶清　　文字编辑：陈　雨
责任校对：宋　夏　　装帧设计：史利平

出版发行：化学工业出版社（北京市东城区青年湖南街 13 号　邮政编码 100011）
印　　装：北京七彩京通数码快印有限公司
710mm×1000mm　1/16　印张 25¾　字数 516 千字　2022 年 4 月北京第 1 版第 2 次印刷

购书咨询：010-64518888　　售后服务：010-64518899
网　　址：http://www.cip.com.cn
凡购买本书，如有缺损质量问题，本社销售中心负责调换。

定　　价：98.00 元

前言
Preface

近年来，膜分离技术在水处理领域的推广应用并与其他技术有机组合，已形成了以膜分离为主的一种新型的水处理技术——膜法水处理技术，成为未来最具生命力的水处理技术之一。

进入21世纪的前20年，随着我国化学工业加速发展，工业进步带来社会发展的同时，也带来了环境污染。目前，由于水治理滞后，各种污染物质和各种不同类型的污染，基本上都不受地域限制，危害着化学工业生存的环境。尤其水域污染已对化学工业的生存安全构成重大威胁，成为人居健康、经济和社会可持续发展的重大障碍。

2010年，我国膜产值超过300亿元，占全球膜市场的10%左右。全国从事分离膜研究的科研院所、高等院校近100家，膜制品生产企业达300余家，工程公司超过1000家，已初步建立了较完整的高性能膜材料创新链和产业链。在高性能水处理膜材料、特种分离膜材料、气体分离膜材料、离子交换膜材料、生物医用膜材料等方面，开发了一批具有自主知识产权的膜材料，部分产品实现了规模化生产，制备技术和应用技术得到了快速发展，促进了膜材料市场的增长。

膜产业的发展可以说是时代发展的必然，膜优化也是一个艰巨的任务和使命。如何解决膜的污染问题和浓水问题以及高脱盐率和专用膜的研发和推广，是现在、将来发展和攻关的方向。

本书根据作者近年大量的理论研究及应用，总结介绍了现代膜技术运行中的工程案例、水处理应用要点。在给水处理领域中，结合理论研究及工程实践，本书主要介绍了受污染地下水、管网饮用水、制酒原水等膜法深度净水新技术的工艺形式及处理效能，重点分析了目前制约膜法水处理技术进一步发展的膜污染的普遍性问题，并有针对性地介绍了膜污染的机理、特性及控制方法；在污水处理领域中，主要介绍了膜法中水回用、膜生物反应器与臭氧化联用实现污水回用及污泥减量、膜生物反应器同步硝化反硝化、膜生物反应器脱氮除磷及膜污染控制等新型膜法单元污水处理技术。

本书是《现代膜技术与应用》丛书之一，编写本书主要是为了更好地、有效地促进现代膜技术与应用。本书重点介绍工业废水的概念、膜技术与水处理剂的发展、工业废水治理的现状与工业水处理发展趋势、城市污水控制与水处理关键技术、膜法海水淡化技术与进展、膜技术与工业废水处理中的应用等，阐述了：①膜技术与工业废水处理；②工业废水处理工程案例；③城市水处理工程项目案例；④膜过滤技术与水处理综合回收等。

本书有助于人们对化学分离膜行业发展和水处理技术利用与清洁生产的重要性有更高层次的认识。可供从事膜分离技术研究、生产以及使用膜技术的企事业单位工程技术人员、管理人员使用，大专院校学生及其他相关专业的工程技术人员使用。

在本分册编写过程中，许多分离膜行业前辈和同仁热情支持和帮助，并提供有关资料，对本书内容提出宝贵意见。欧玉春、童忠东等参加了本书的编写与审核，荣谦、沈永淦、崔春玲、王书乐、郭爽、丰云、蒋洁、王素丽、王瑜、王月春、韩文彬、俞俊、周国栋、朱美玲、方芳、高巍、高新、周雯、耿鑫、陈羽等同志为本书的资料收集和编写付出了大量精力，在此一并致谢！

由于我们水平有限，收集的资料挂一漏万在所难免，虽认真编审，恐有遗漏、失误和欠妥之处，敬请读者批评指正，以便再版时更臻完善。

编者

2013 年 1 月

目录
Contents

◎ 第一章 绪论 1

第一章 绪论

第一节 概 述

一、工业废水治理是膜分离技术主要应用方向

目前，膜分离技术已经广泛应用于工业废水处理中，工业废水中的物质回收与水资源再利用、工业废水治理是膜分离技术在工业废水中的主要应用方向。

膜分离技术是实现水净化处理的手段之一，而且越来越成为核心手段。但水处理是一个复杂的技术应用过程，特别是面对各种工业废水处理的时候，需要用到物理化学处理、生化处理、膜处理等多种技术，而且必须是理论与实践经验的结合。在废水处理过程中，原水的变化和不确定性，决定了处理工艺需要有很强的适应性，前处理为后续处理创造适合的工艺条件，保证处理过程的可靠和运行稳定。因此，本书内容需要给读者提供一个整体解决方案时，技术手段的选择尤为重要。

EMBR 技术是将电化学技术、膜分离技术、高效微生物技术等有机结合于一个反应器中，对难降解的焦化废水、煤化工废水有很好的处理效果。EMBR 技术是通过三维电解产生的羟基自由基的强氧化作用，将难降解的有机物的分子结构加以改善，为进一步的生物氧化降解创造条件，并作为生化处理的核心，引入高效微生物专利技术，实现可靠、稳定的焦化废水处理工艺效果。EMBR 膜生物反应器是将三维电解氧化技术与膜生物反应器技术的有机结合，并充分发挥专项工程菌种的生物处理作用，是真正低碳低能耗的技术。

目前国内民营企业的产品出口到沙特、日本等国，国际市场稳步发展，国际化是国内民营企业环保技术实力与竞争实力的充分体现，与国际工业废水领域相比，国内在工艺技术路线上，与国际水平差距很小，在高端设备及材料的制造方面，国内需要尽快提高。目前国内工业废水处理的主力军几乎是民营企业，因此，加强政策扶持，避免大型国有企业行业垄断，鼓励创新研发，是促进技术进步，提高全行业水平的关键。

二、膜分离技术是工业废水治理的关键技术

传统的水处理方法无法满足以再生回用为目的的污水深度处理要求，必须依靠与膜技术的组合与集成来实现。应用于污水资源化的膜技术有微滤、超滤、反渗透、纳滤及膜生物反应器等。通过微滤或超滤处理二级废水，可以去除水中的悬浮物、细菌、胶体和病毒，出水可达到杂用水标准。通过纳滤、反渗透对三级废水进行进一步处理，可去除废水中的溶解性杂质（有机物及有害矿物质），处理后水质可以达到自来水标准。在本书提到的膜生物反应器（MBR）技术可用于建设小区中水回用工程以及对工业和市政污水处理装置进行技术及规模升级。

在世界水资源普遍趋向紧缺以及水环境的要求越来越高的形势下，应用于污水处理的膜技术的发展趋势是与其他单元技术组合形成集成系统、提高系统的稳定性、减少维护、适应大规模项目的要求。

1. 超滤、微滤技术

超滤膜能够分离溶解性的高分子物质，微滤膜能够分离所有悬浮微粒。在污水处理过程中，超滤、微滤膜过程都被用来去除悬浮固体、细菌、病毒。超滤、微滤过程可以单独作为三级处理，生产高质量的回用中水；将超滤、微滤过程与活性污泥相结合形成了膜生物反应器技术。超滤、微滤与反渗透、纳滤相结合的膜组合工艺，可以生产质量不低于新鲜水的回用再生水。采用超滤、微滤过程作为反渗透、纳滤的前处理工艺，可以大大提高反渗透、纳滤膜的工作效率和使用寿命。

2. 膜集成污水再生系统

根据排放物质的成分不同，处理方式有所差异，但一般是将膜技术与絮凝剂沉降、加压浮选和生物处理等技术配合起来使用。絮凝沉降时需根据水质的变化控制絮凝剂的投入量。生物处理时的处理效果常受温度、浓度等因素的影响，水质较难保持稳定。膜分离法由于不受水质变动影响，且可去除可溶解成分的下水高度处理法已逐渐进入实用化阶段。

美国的做法很有代表性。在污水三级处理后增加高级深度处理，经上述三级处理后的出水，采用微滤膜过滤和反渗透膜处理的方法，是目前较为成熟并已进入应用阶段的工艺技术。处理后的出水水质可达到饮用水标准，目前多用于补充作为饮用水水源的地表水或地下水。自 20 世纪 70 年代末期，美国就开始利用膜技术对市政废水进行深度处理。加利福尼亚州橘县的 21 世纪水厂对三级废水进行反渗透处理，处理水回注地下以防止海水倒灌。1997 年又开始采用超滤（微滤）＋反渗透＋紫外消毒的工艺组合，生产的再生水回注地下以补充地下水，至今已应用了 15 年之久。

3. 膜生物反应器技术

近年来，随着膜生产技术的提高和生产成本的降低，膜技术在污水处理领域中的应用，特别是与生物反应器相组合的膜生物反应器作为一种新型高效污水处理技

术在国际上受到了广泛关注。以超滤或微滤与传统的活性污泥生化处理技术相结合而成的膜生物反应器，以膜分离过程取代重力沉降过程，不论固体颗粒的沉降性能如何，均可完成固液分离过程，并且可以避免因生物体流失而造成的系统失效。对生活废水的处理，传统的活性污泥法采用重力沉降，由于颗粒的不固定容易使活性细菌与生物体流失。

超滤膜分离与活性污泥法相结合的膜生物反应器处理有机含碳物，能使有机物深度氧化，并且排出物不含固体颗粒，能完全保留生物体，在低温时亦能维持高处理能力。

国外对膜生物反应器的研究和应用均较早，尤其是20世纪80年代末以来，膜生物反应器不断被应用于实际污水处理。与其他水处理方法相比，使用膜生物反应器进行污水处理不仅可以大大节约水资源，还可以大大节约能源，节省设备和运行费用，减少设备占地，避免二次污染，有着很大的环境效益、社会效益和经济效益。

三、膜分离技术是治理工业废水工程的发展

传统水处理技术能够消除部分污染物，将COD、BOD以及重金融等污染物指标降到安全排放标准或杂用（中水）标准，但无法完全消除排水中所含的微量溶解性污染物。采用反渗透膜技术可彻底去除这些污染物，实现严格意义下的污水再生。

近年来，我国每年排污水量约400亿～500亿立方米，经处理后排放的仅15%～25%，由于污水到处横流，使我国各大水源都产生不同程度的污染，水环境严重恶化。所以，加强污水深度治理，使之不仅达标排放而且还可大量回用，非常必要，这对改善水环境、缓解水资源的不足，节约宝贵的水资源都是十分重要的。城市及工业污水经过深度处理后可用于农业灌溉、工业生产、城市景观、市政绿化、生活杂用、地下水回灌和补充地表水等方面的应用。用传统处理工艺和膜技术集成，可将污水或废水变成不同水质标准的回用水，或使之循环回用，这样既缓解了供求矛盾，又减少了污染，还可促进环保工程产业的发展。

水环境质量的严重恶化和经济的高速发展，迫切要求有相应的污水废水资源化的技术。在这一领域中膜分离技术占有重要的位置和作用。膜分离作为一项高新技术在近40年迅速发展成为产业化的高效节能分离技术过程。40多年来，电渗析、反渗透、微滤、超滤、纳滤、渗透汽化、膜接触和膜反应过程相继发展起来，在能源、电子、石化、医药卫生、化工、轻工、食品、饮料行业和日常生活及环保领域等均获得广泛的应用，产生了显著的经济和社会效益。社会的需求使膜技术应运而生，也是社会的需求促使膜技术迅速发展，使膜技术不断创新、进步、完善，成为单元操作，成为集成过程中的关键。

1. 连续膜过滤技术（CMF）

中空纤维膜由于比表面积大，膜组件的装填密度大，所以设备紧凑；这种膜因纺制而成，工艺简单，所以生产成本一般低于其他的膜；由于没有支撑层均可以反向清洗，特别是一些耐污染性好，对氧化性清洗剂耐受性好的膜的出现，使得在大规模的污水处理工程中，中空纤维膜的应用有独特的优势。

CMF 技术的核心是高抗污染膜以及与之相配合的膜清洗技术，可以实现对膜的不停机在线清洗，从而做到对料液不间断连续处理，保证设备的连续高效运行。

CMF 目前主要用于大型城市污水处理厂二沉池生水的深度处理回用，海水淡化或大型反渗透系统的预处理，地表水、地下水净化，饮料澄清除浊等。

2. 膜生物反应器

膜生物反应器（MBR）是膜分离技术和生物技术结合的新工艺。用于污水废水处理领域，利用膜件进行固液分离，截留的污泥或杂质回流至（或保留）生物反应器中，处理的清水透过膜排水，构成了污水处理的膜生物反应器系统，膜组件的作用相当于传统污水生物处理系统中的二沉池。

MBR 中使用的膜有平板膜、管式膜和中空纤维膜，目前主要以中空纤维膜为主。

生活污水经 MBR 处理后，生水水源已达到很高的水标准。此方法不仅限于处理生活污水，MBR 技术也广泛地用于染色废水、洗毛废水、肉类加工污水等水处理系统。MBR 系统的另一个特点是规模可大可小，小装置可用于一个家庭，大型装置日处理量可达数万立方米。

3. 反渗透技术

反渗透技术（RO）是 20 世纪 60 年代初发展起来的以压力为驱动力的膜分离技术。该技术是从海水、苦咸水淡化而发展起来的，通常称为“淡化技术”。由于反渗透技术具有无相变、组件化、流程简单、操作方便、占地面积小、投资少、耗能低等优点，发展十分迅速。RO 技术已广泛用于海水、苦咸水淡化，纯水、超纯水制备，化工分离、浓缩、提纯，废水资源化等领域。工程遍布电力、电子、化工、轻工、煤炭、环保、医药、食品等行业。

废水资源化有开发增量淡水资源与保护环境双重目的。无机系列废水处理与海水苦咸水淡化采用同类装置并具有较多共性工艺技术。RO 可使废液中的铜、铅、汞、镍、锑、铍、砷、铬、硒、铵、锌等离子脱除 90%～99%。

目前，反渗透技术在城市污水深度处理，一些工业废水深度处理方面的应用受到了高度重视，包括中水回用，污水处理厂二级出水的深度处理，经初级处理后的工业废水深度处理制取优质淡水。中东不少缺水国家，在大量采用反渗透海水淡化技术的同时，引入反渗透技术处理二级污水，出水水质可达 TDS≤80mg/L，扩大了淡水资源。如中东地区、澳大利亚、新加坡等都有这方面的大型工程实例。

4. 集成膜过程污水深度处理方法

集成膜过程是将超滤/微滤与反渗透（或纳滤）结合使用，形成能够满足各项回用目的的污水深度处理工艺。超滤、微滤可以作为独立的高级三级处理方法，也是反渗透过程理想的预处理工艺，抗污染能力强、性能优越的超滤、微滤单元代替了复杂的传统处理工艺，而且出水品质远高于三级出水指标，不但完全可以去除污水中的细菌和悬浮物，对 COD、BOD 也有一定的去除效果。在超滤、微滤之后使用的反渗透膜，其清洗周期由采用传统预处理工艺的 3～4 周增加到半年以上，膜寿命可延长到 6 年。膜集成污水再生工艺具有系统稳定、维护少、占地小、化学品用量少、流程简单和运行费用低等优点。

新一代中空纤维超滤（微滤）膜与传统产品相比，具有机械强度高、抗氧化、抗污染、高通量等特点，在运行工艺上，采用了低压操作、反冲清洗、气水冲洗等新技术，使得超滤膜装置能够在污染倾向极强的污水介质中保持稳定的性能，超滤膜的使用范围因此扩展到了能适应于多种复杂的介质环境，同时大大扩展了反渗透技术的应用范围，新一代的超滤膜及其系统应用技术将膜技术带到了一个全新的时代，彻底改变了膜法水处理技术必须依托于复杂、精细的预处理系统的形象，使膜技术应用于二级出水、三级出水以及多种原废水等许多复杂的水质体系的深度处理。

5. 传统处理方法

传统污水三级处理工艺主要的工艺单元有石灰澄清、重碳酸化、絮凝、沉降、过滤和气浮等。根据具体污水排入物质的成分的不同，处理方式有所差异。传统处理工艺存在着工艺复杂、水利用率低、化学品消耗量大的弊病，而且由于无法彻底去除生物絮体及胶体物质，致使清洗频繁，影响了出水水质。

第二节　工业废水的分类、污染过程与处理工艺及方法

工业废水（industrial wastewater ）包括生产废水和生产污水，是指工业生产过程中产生的废水和废液，其中含有随水流失的工业生产用料、中间产物、副产品以及生产过程中产生的污染物、生产过程中排出的水。

一、工业废水的分类

- 按工业废水中所含主要污染物的化学性质分类，分为：含无机污染物为主的无机废水、含有机污染物为主的有机废水、兼含有机物和无机物的混合废水、重金属废水、含放射性物质的废水和仅受热污染的冷却水。例如电镀废水和矿物加工过程的废水是无机废水，食品或石油加工过程的废水是有机废水。

• 按工业企业的产品和加工对象可分为造纸废水、纺织废水、制革废水、农药废水、冶金废水、炼油废水等。

• 按废水中所含污染物的主要成分可分为酸性废水、碱性废水、含酚废水、含铬废水、含有机磷废水和放射性废水等。

• 按照工业废水处理的作用原理分类：

① 物理法　利用物理作用使悬浮状态的污染物质与废水分离，在处理过程中污染物质的性质不发生变化。

② 化学法、物理化学法　利用某种化学反应使废水中污染物质的性质或形态发生改变，而从水中除去的方法。

③ 生化法（生物法）　利用微生物的作用去除废水中胶体和溶解性有机物的方法。

• 按照废水处理程度划分　一级处理（包括预处理）；二级处理（生物处理）；三级处理（深度处理）。

二、工业废水造成的污染

工业废水造成的污染主要有：有机需氧物质污染，化学毒物污染，无机固体悬浮物污染，重金属污染，酸污染，碱污染，植物营养物质污染，热污染，病原体污染等。许多污染物有颜色、臭味或易生泡沫，因此工业废水常呈现使人厌恶的外观。

城市污水污染控制详见本书第五章中的第五节城市污水控制与水处理关键技术的内容。

1. 工业废水的特点

工业废水的特点是水质和水量因生产工艺和生产方式的不同而差别很大。如电力、矿山等部门的废水主要含无机污染物，而造纸和食品等工业部门的废水有机物含量很高，BOD_5（五日生化需氧量）常超过 2000mg/L，有的达 30000mg/L。即使同一生产工序，生产过程中水质也会有很大变化，如氧气顶吹转炉炼钢，同一炉钢的不同冶炼阶段，废水的 pH 值可在 4～13 之间，悬浮物可在 250～25000mg/L 之间变化。工业废水的另一特点是：除间接冷却水外，都含有多种同原材料有关的物质，而且在废水中的存在形态往往各不相同，如氟在玻璃工业废水和电镀废水中一般呈氟化氢（HF）或氟离子（F^-）形态，而在磷肥厂废水中是以四氟化硅（SiF_4）的形态存在；镍在废水中可呈离子态或络合态。这些特点增加了废水净化的困难。

工业废水的水量取决于用水情况。冶金、造纸、石油化工、电力等工业用水量大，废水量也大，如有的炼钢厂炼 1t 钢出废水 200～250t。各工厂的实际外排废水量还同水的循环使用率有关。例如循环率高的钢铁厂，炼 1t 钢外排废水量只有 2t 左右。

2. 工业废水处理的基本原则

① 优先选用无毒生产工艺代替或改革落后生产工艺，尽可能在生产过程中杜绝或减少有毒有害废水的产生。

② 在使用有毒原料以及产生有毒中间产物和产品过程中，应严格操作、监督，消除滴漏，减少流失，尽可能采用合理流程和设备。

③ 含有剧毒物质废水，如含有一些重金属、放射性物质、高浓度酚、氰废水应与其他废水分流，以便处理和回收有用物质。

④ 流量较大而污染较轻的废水，应经适当处理循环使用，不宜排入下水道，以免增加城市下水道和城市污水处理负荷。

⑤ 类似城市污水的有机废水，如食品加工废水、制糖废水、造纸废水，可排入城市污水系统进行处理。

⑥ 一些可以生物降解的有毒废水，如酚、氰废水，应先经处理后，按相应排放标准排入城市下水道，再进一步生化处理。

⑦ 含有难以生物降解的有毒废水，应单独处理，不应排入城市下水道。工业废水处理的发展趋势是把废水和污染物作为有用资源回收利用或实行闭路循环。

三、工业废水的来源过程

废水主要是人类在生活和生产活动中产生的，因此通常分为工业废水和生活污水两大类。

工业废水由于生产过程、原料、产品的不同，而具有不同的性质和成分，一种废水往往含有多种污染物。根据废水的污染程度，工业废水可分为清净废水和生产污水两类。清净废水来自各种工业设备间接冷却用水，具有水温高、污染轻，经过简单处理后可循环使用或排入水体；生产废水主要来自生产过程中与生产物料直接接触所排出的废水，污染程度较重，必须经过严格处理才能循环使用或排入水体。

现有企业排放的废水中污染源和污染物排放限值见表 1-1。

生活污水来自城市居民区、医院生活区、工厂生活区等，主要为生活废物和人类的排泄物，一般不含有有毒物质，但含有大量的有机物、细菌和病原体。污染程度一般较工业废水轻，但也必须经过处理才能达到排入水体的标准。

化工废水来自于化工生产过程，产生的原因多种多样，归纳起来主要有以下几种途径。

① 化工原料的开采和运输过程中，由于排出矿山废水或污染物流失，在雨水冲刷下形成废水污染。

② 化学反应不完全所产生的废料。在可逆的化学反应中，或由于反应条件和原料纯度的不同，原料在反应过程中只能达到一定的产率，而难以得到完全转化。

化工生产一般的产率只有70%～90%，有的产品工序长，产率则更低，往往要几吨原料才能生产出产品，部分原料在不同环节转入废水中。

表1-1 现有企业水污染物排放限值

单位为mg/L（pH值、色度除外）

<table>
<tr><th>污染物项目</th><th>排放限值</th><th>污染物排放监控位置</th><th>污染物项目</th><th>排放限值</th><th>污染物排放监控位置</th></tr>
<tr><td>pH值</td><td>6～9</td><td rowspan="13">企业废水总排放口</td><td>硝基苯类</td><td>2.0</td><td rowspan="6">企业废水总排放口</td></tr>
<tr><td>色度(稀释倍数)</td><td>50</td><td>苯胺类</td><td>2.0</td></tr>
<tr><td>悬浮物</td><td>70</td><td>二氯甲烷</td><td>0.3</td></tr>
<tr><td>五日生化需氧量(BOD_5)</td><td>40(35)</td><td>总锌</td><td>0.5</td></tr>
<tr><td>化学需氧量(COD_{Cr})</td><td>200(180)</td><td>总氰化物</td><td>0.5</td></tr>
<tr><td>氨氮(以N计)</td><td>40(30)</td><td>总汞</td><td>0.05</td></tr>
<tr><td>总氮</td><td>50(40)</td><td>烷基汞</td><td>不得检出①</td><td rowspan="7">车间或生产设施废水排放口</td></tr>
<tr><td>总磷</td><td>2.0</td><td>总镉</td><td>0.1</td></tr>
<tr><td>总有机碳</td><td>60(50)</td><td>六价铬</td><td>0.5</td></tr>
<tr><td>急性毒性($HgCl_2$毒性当量计)</td><td>0.07</td><td>总砷</td><td>0.5</td></tr>
<tr><td>总铜</td><td>0.5</td><td>总铅</td><td>1.0</td></tr>
<tr><td>挥发酚</td><td>0.5</td><td rowspan="2">总镍</td><td rowspan="2">1.0</td></tr>
<tr><td>硫化物</td><td>1.0</td></tr>
</table>

① 烷基汞检出限：10ng/L。

注：括号内排放限值适用于同时生产化学合成类原料药和混装制剂的生产企业。

③ 副反应所产生的废料。例如，原油或重油裂解制取烯烃时，产生一些黏稠物质，即不饱和烃聚合物；丙烯腈生产中形成的乙腈和氢氰酸等。这些副产物的分离较困难，常常作为废水排放。

④ 生产过程排出的废水。如蒸汽蒸馏和汽提过程的排水、酸洗或碱洗中的排水等。

⑤ 冷却水。化工生产常在高温下进行，因此，对成品或半成品需要进行冷却，采用水冷时，将排出冷却水。如果采用直接冷却，冷却水与反应物料直接接触，不可避免地在排出冷却水时带走部分物料，形成废水污染。如果用间接冷却，冷却水不直接与反应物接触，排出的冷却水温度升高，可能形成热污染。另外，为了保证冷却水系统不产生腐蚀和结垢，常常在冷却水系统中投加水质稳定剂，如缓蚀阻垢剂、杀菌灭藻剂等，当加有这些药剂的冷却水排出时，也会形成废水污染。

⑥ 设备和管道的泄漏。化工生产和物料输送过程中，由于设备和管道密封不良或操作不当，往往形成泄漏。其他如在装卸、取样过程中，也常常有泄漏现象。

⑦ 设备和容器的清洗。化工生产的设备、管道和容器经常需要清洗，因此，其残存的物料会随着清洗水一起成为废水排出。

⑧ 化工装置开停车或操作不正常情况下，会排出大量的、高浓度的废水。

四、工业废水的处理工艺

1. 膜分离法

在工业废水处理中，应用膜分离技术可处理各种废水。用超滤膜对含油废水进行处理，可以使油脂去除率达到97%～100%。采用耐酸碱无机膜处理碱性造纸黑液，不需要调整pH值，利用不同孔径的膜可回收纤维素、木质素等有用成分，处理后的水质可用于蒸煮制浆、实现造纸废水的闭路循环；采用泥膜混合工艺处理制革废水，对COD_{Cr}、S^{2-}、Cr^{6+}的去除率分别达86.14%、88.39%和54.5%。此外，利用膜技术还可以处理餐饮废水、医药化工废水、染料废水等。

2. 混凝沉淀法

混凝沉淀法是利用混凝剂对工业废水进行净化处理的一种方法。混凝剂通常有无机高分子絮凝剂、有机高分子絮凝剂和生物高分子絮凝剂3大类。目前，在水处理方面应用最为广泛的是无机高分子絮凝剂中的聚铝盐和复合型聚铝盐。聚合氯化铝（PAC）、聚合硫酸铝（PAS）是工业上应用最广泛的两种聚铝盐，实验证明，PAC对处理石油化工废水具有高效的絮凝效果，不仅去浊率高，对原水的pH值影响小，处理后水的色度好，可作为石化污水回收处理的絮凝剂。用其处理河水除浊和除COD（化学需氧量）效果良好（除浊度低于4mg/L、COD低于6mg/L）。

PAS的絮凝效果大大优于传统的硫酸铝絮凝剂，温度适用范围广泛，适合于饮用水、工业用水及绝大多数废水的絮凝处理，用其处理河水无论是除浊还是去除COD均能达到良好的处理效果。近年来，为了改善单一聚铝盐的絮凝效果，人们合成了新型的高分子复合铝盐絮凝剂，如聚合氯化铝铁（PAFC）、聚合硫酸铝铁（PAFS）、聚合硫酸氯化铝铁（PAFCS）、聚合硅（磷）酸铝（铁）等。这些高分子复合铝盐絮凝剂广泛用来处理饮用水、工业用水、矿井废水、油田含油废水、生活用水、天然黄河水、长江原水、印染废水等。

3. 离子交换树脂法

离子交换树脂具有交换、选择、吸附和催化等功能，在工业废水处理中，主要用于回收重金属和贵稀有金属，净化有毒物质，除去有机废水中的酸性或碱性的有机物质如酚、酸以及胺等。应用IER进行工业废水处理，不仅树脂可以再生，而且操作简单，工艺条件成熟且流程短，目前已为一些大型企业采用，其应用前景很好。

4. 生物降解法

目前，印染和造纸废水是造成环境污染的两大主要因素。染料工业废水颜色深，用物理方法处理的染料废水色度降低程度虽大，但对COD的去除率较差，且处理费用昂贵，并易引起二次污染，而用化学合成的有机物则会使水体发生中毒，使用生物降解法不仅可以克服上述问题，同时还具有以下优点：

① 不需对污染物进行预处理；

② 对其他微生物具有抗拮作用；

③ 可以处理污染重、毒性大的污染物；

④ 降解物具有广谱性。白腐真菌和黄孢原毛平孢菌是两种很好的可降解含木质素印染造纸废水的菌种。

五、含毒性类的工业废水处理方法

1. 含酚废水

含酚废水主要来自焦化厂、煤气厂、石油化工厂、绝缘材料厂等工业部门以及石油裂解制乙烯、合成苯酚、聚酰胺纤维、合成染料、有机农药和酚醛树脂生产过程。含酚废水中主要含有酚基化合物，如苯酚、甲酚、二甲酚和硝基甲酚等。酚基化合物是一种原生质毒物，可使蛋白质凝固。水中酚的质量浓度达到0.1～0.2mg/L时，鱼肉即有异味，不能食用；质量浓度增加到1mg/L，会影响鱼类产卵，含酚5～10mg/L，鱼类就会大量死亡。饮用水中含酚能影响人体健康，即使水中含酚质量浓度只有0.002mg/L，用氯消毒也会产生氯酚恶臭。通常将质量浓度为1000mg/L的含酚废水称为高浓度含酚废水，这种废水须回收酚后，再进行处理。质量浓度小于1000mg/L的含酚废水称为低浓度含酚废水。通常将这类废水循环使用，将酚浓缩回收后处理。回收酚的方法有溶剂萃取法、蒸汽吹脱法、吸附法、封闭循环法等。含酚质量浓度在300mg/L以下的废水可用生物氧化、化学氧化、物理化学氧化等方法进行处理后排放或回收。

2. 含汞废水

含汞废水主要来源于有色金属冶炼厂、化工厂、农药厂、造纸厂、染料厂及热工仪器仪表厂等。从废水中去除无机汞的方法有硫化物沉淀法、化学凝聚法、活性炭吸附法、金属还原法、离子交换法和微生物法等。一般偏碱性含汞废水通常采用化学凝聚法或硫化物沉淀法处理。偏酸性的含汞废水可用金属还原法处理。低浓度的含汞废水可用活性炭吸附法、化学凝聚法或活性污泥法处理，有机汞废水较难处理，通常先将有机汞氧化为无机汞，而后进行处理。

各种汞化合物的毒性差别很大。元素汞基本无毒；无机汞中的升汞是剧毒物质；有机汞中的苯基汞分解较快，毒性不大；甲基汞进入人体很容易被吸收，不易降解，排泄很慢，特别是容易在脑中积累，毒性最大，如水俣病就是由甲基汞中毒造成的。

3. 含油废水

含油废水主要来源于石油、石油化工、钢铁、焦化、煤气发生站、机械加工等工业部门。废水中油类污染物质，除重焦油的相对密度为1.1以上外，其余的相对密度都小于1。

油类物质在废水中通常以三种状态存在。①浮上油，油滴粒径大于100μm，易于从废水中分离出来。②分散油，油滴粒径介于10～100μm，悬浮于水中。

③乳化油，油滴粒径小于10μm，不易从废水中分离出来。由于不同工业部门排出的废水中含油浓度差异很大，如炼油过程中产生废水，含油量约为150～1000mg/L，焦化废水中焦油含量约为500～800mg/L，煤气发生站排出废水中的焦油含量可达2000～3000mg/L。因此，含油废水的治理应首先利用隔油池，回收浮油或重油，处理效率为60%～80%，出水中含油量约为100～200mg/L；废水中的乳化油和分散油较难处理，故应防止或减轻乳化现象。方法一，是在生产过程中注意减轻废水中油的乳化；方法二，是在处理过程中尽量减少用泵提升废水的次数，以免增加乳化程度。处理方法通常采用气浮法和破乳法。

4. 重金属废水

重金属废水主要来自矿山、冶炼、电解、电镀、农药、医药、涂料、颜料等企业排出的废水。废水中重金属的种类、含量及存在形态随不同生产企业而异。由于重金属不能分解破坏，而只能转移它们的存在位置和转变它们的物理和化学形态。例如，经化学沉淀处理后，废水中的重金属从溶解的离子形态转变成难溶性化合物而沉淀下来，从水中转移到污泥中；经离子交换处理后，废水中的重金属离子转移到离子交换树脂上，经再生后又从离子交换树脂上转移到再生废液中。因此，重金属废水处理原则是：首先，最根本的是改革生产工艺，不用或少用毒性大的重金属；其次是采用合理的工艺流程、科学的管理和操作，减少重金属用量和随废水流失量，尽量减少外排废水量。重金属废水应当在产生地点就地处理，不同其他废水混合，以免使处理复杂化。更不应当不经处理直接排入城市下水道，以免扩大重金属污染。对重金属废水的处理，通常可分为两类；一是使废水中呈溶解状态的重金属转变成不溶的金属化合物或元素，经沉淀和上浮从废水中去除，可应用方法如中和沉淀法、硫化物沉淀法、上浮分离法、电解沉淀（或上浮）法、隔膜电解法等；二是将废水中的重金属在不改变其化学形态的条件下进行浓缩和分离，可应用方法有反渗透法、电渗析法、蒸发法和离子交换法等。这些方法应根据废水水质、水量等情况单独或组合使用。

5. 含氰废水

含氰废水主要来自电镀、煤气、焦化、冶金、金属加工、化纤、塑料、农药、化工等部门。含氰废水是一种毒性较大的工业废水，在水中不稳定，较易于分解，无机氰和有机氰化物皆为剧毒性物质，人食入可引起急性中毒。含氰废水治理措施主要有：①改革工艺，减少或消除外排含氰废水，如采用无氰电镀法可消除电镀车间工业废水。②含氰量高的废水，应采用回收利用，含氰量低的废水应净化处理方可排放。回收方法有酸化曝气-碱液吸收法、蒸汽解吸法等。治理方法有碱性氯化法、电解氧化法、加压水解法、生物化学法、生物铁法、硫酸亚铁法、空气吹脱法等。其中碱性氯化法应用较广，硫酸亚铁法处理不彻底亦不稳定，空气吹脱法既污染大气，出水又达不到排放标准，较少采用。

6. 食品工业废水

食品工业原料广泛，制品种类繁多，排出废水的水量、水质差异很大。废水中主要污染物有：①漂浮在废水中固体物质，如菜叶、果皮、碎肉、禽羽等；②悬浮在废水中的物质，有油脂、蛋白质、淀粉、胶体物质等；③溶解在废水中的酸、碱、盐、糖类等；④原料夹带的泥砂及其他有机物等；⑤致病菌毒等。食品工业废水的特点是有机物质和悬浮物含量高，一般无大的毒性。其危害主要是使水体富营养化，促使水底沉积的有机物产生臭味，恶化水质，污染环境。食品工业废水处理除按水质特点进行适当预处理外，一般均宜采用生物处理。如对出水水质要求很高或因废水中有机物含量很高，可采用两级曝气池或两级生物滤池，或多级生物转盘，或联合使用两种生物处理装置，也可采用厌氧-需氧串联的生物处理系统。

7. 造纸工业废水

造纸工业废水主要来自造纸工业生产中的制浆和抄纸两个生产过程。制浆是把植物原料中的纤维分离出来，制成浆料，再经漂白；抄纸是把浆料稀释、成型、压榨、烘干，制成纸张。这两项工艺都排出大量废水。制浆产生的废水，污染最为严重。洗浆时排出废水呈黑褐色，称为黑水，黑水中污染物浓度很高，BOD 高达 5～40g/L，含有大量纤维、无机盐和色素。漂白工序排出的废水也含有大量的酸碱物质。抄纸机排出的废水，称为白水，其中含有大量纤维和在生产过程中添加的填料和胶料。造纸工业废水的处理应着重于提高循环用水率，减少用水量和废水排放量，同时也应积极探索各种可靠、经济和能够充分利用废水中有用资源的处理方法。例如浮选法可回收白水中纤维性固体物质，回收率可达 95%，澄清水可回用；燃烧法可回收黑水中氢氧化钠、硫化钠、硫酸钠以及同有机物结合的其他钠盐。中和法调节废水 pH 值；混凝沉淀或浮选法可去除废水中悬浮固体；化学沉淀法可脱色；生物处理法可去除 BOD，对牛皮纸废水较有效；湿式氧化法处理亚硫酸纸浆废水较为成功。此外，国内外也有采用反渗透、超过滤、电渗析等处理方法。

8. 印染工业废水

印染工业用水量大，通常每印染加工 1t 纺织品耗水 100～200t，其中 80%～90%以印染废水排出。常用的治理方法有回收利用和无害化处理。

回收利用　①废水可按水质特点分别回收利用，如漂白煮炼废水和染色印花废水的分流，前者可以对流洗涤，一水多用，减少排放量；②碱液回收利用，通常采用蒸发法回收，如碱液量大，可用三效蒸发回收，碱液量小，可用薄膜蒸发回收；③染料回收，如士林染料可酸化成为隐巴酸，呈胶体微粒，悬浮于残液中，经沉淀过滤后回收利用。

无害化处理　①物理处理法有沉淀法和吸附法等。沉淀法主要去除废水中悬浮物；吸附法主要去除废水中溶解的污染物和脱色。②化学处理法有中和法、混凝法和氧化法等。中和法在于调节废水中的酸碱度，还可降低废水的色度；混凝法在于去除废水中分散染料和胶体物质；氧化法在于氧化废水中还原性物质，使硫化染料和还原染料沉淀下来。③生物处理法有活性污泥、生物转盘、生物转筒和生物接触氧化法等。为了提高出水水质，达到排放标准或回收要求，往往需要采用几种方法联合处理

9. 染料生产废水

染料生产废水含有酸、碱、盐、卤素、烃、胺类、硝基物和染料及其中间体等物质，有的还含有吡啶、氰、酚、联苯胺以及重金属汞、镉、铬等。这些废水成分复杂，具有毒性，较难处理。因此染料生产废水的处理，应根据废水的特性和对它的排放要求，选用适当的处理方法。例如：去除固体杂质和无机物，可采用混凝法和过滤法；去除有机物和有毒物质主要采用化学氧化法、生物法和反渗透法等；脱色一般可采用混凝法和吸附法组成的工艺流程，去除重金属可采用离子交换法等。

10. 化学工业废水

化学工业废水主要来自石油化学工业、煤炭化学工业、酸碱工业、化肥工业、塑料工业、制药工业、染料工业、橡胶工业等排出的生产废水。化工废水污染防治的主要措施是：首先应改革生产工艺和设备，减少污染物，防止废水外排，进行综合利用和回收；必须外排的废水，其处理程度应根据水质和要求选择。一级处理主要分离水中的悬浮固体物、胶体物、浮油或重油等。可采用水质水量调节、自然沉淀、上浮和隔油等方法。二级处理主要是去除可用生物降解的有机溶解物和部分胶体物，减少废水中的生化需氧量和部分化学需氧量，通常采用生物法处理。经生物处理后的废水中，还残存相当数量的COD，有时有较高的色、嗅、味，或因环境卫生标准要求高，则需采用三级处理方法进一步净化。三级处理主要是去除废水中难以生物降解的有机污染物和溶解性无机污染物。常用的方法有活性炭吸附法和臭氧氧化法，也可采用离子交换和膜分离技术等。各种化学工业废水可根据不同的水质、水量和处理后外排水质的要求，选用不同的处理方法。

11. 酸碱废水

酸性废水主要来自钢铁厂、化工厂、染料厂、电镀厂和矿山等，其中含有各种有害物质或重金属盐类。酸的质量分数差别很大，低的小于1%，高的大于10%。碱性废水主要来自印染厂、皮革厂、造纸厂、炼油厂等。其中有的含有机碱或含无机碱。碱的质量分数有的高于5%，有的低于1%。酸碱废水中，除含有酸碱外，常含有酸式盐、碱式盐以及其他无机物和有机物。酸碱废水具有较强的腐蚀性，需经适当治理方可外排。

治理酸碱废水一般原则是：①高浓度酸碱废水，应优先考虑回收利用，根据水质、水量和不同工艺要求，进行厂区或地区性调度，尽量重复使用，如重复使用有困难，或浓度偏低，水量较大，可采用浓缩的方法回收酸碱；②低浓度的酸碱废水，如酸洗槽的清洗水，碱洗槽的漂洗水，应进行中和处理，对于中和处理，应首先考虑以废治废的原则，如酸、碱废水相互中和或利用废碱（渣）中和酸性废水，利用废酸中和碱性废水，在没有这些条件时，可采用中和剂处理。

12. 选矿废水

选矿废水具有水量大，悬浮物含量高，含有害物质种类较多的特点。其有害物质是重金属离子和选矿药剂。重金属离子有铜、锌、铅、镍、钡、镉以及砷和稀有元素等。

在选矿过程中加入的浮选药剂有如下几类：①捕集剂，如黄药（RocssMe）、黑药[$(RO)_2PSSMe$]、白药[$CS(NHC_6H_5)_2$]；②抑制剂，如氰盐（KCN、NaCN）、水玻璃（Na_2SiO_3）；③起泡剂，如松节油、甲酚（$C_6H_4CH_3OH$）；④活性剂，如硫酸铜（$CuSO_4$）、重金属盐类；⑤硫化剂，如硫化钠；⑥矿浆调节剂，如硫酸、石灰等。选矿废水主要通过尾矿坝可有效地去除废水中悬浮物，重金属和浮选药剂含量也可降低。

如达不到排放要求时，应做进一步处理，常用的处理方法有：①去除重金属可采用石灰中和法和焙烧白云石吸附法；②浮选药剂可采用矿石吸附法、活性炭吸附法；③含氰废水可采用化学氧化法。

13. 冶金废水

冶金废水的主要特点是水量大、种类多、水质复杂多变。按废水来源和特点分类，主要有冷却水、酸洗废水、洗涤废水（除尘、煤气或烟气）、冲渣废水、炼焦废水以及由生产中凝结、分离或溢出的废水等。冶金废水治理发展的趋向是：①发展和采用不用水或少用水及无污染或少污染的新工艺、新技术，如用干法熄焦，炼焦煤预热，直接从焦炉煤气脱硫脱氰等；②发展综合利用技术，如从废水废气中回收有用物质和热能，减少物料燃料流失；③根据不同水质要求，综合平衡，串流使用，同时改进水质稳定措施，不断提高水的循环利用率；④发展适合冶金废水特点的新的处理工艺和技术，如用磁法处理钢铁废水，具有效率高，占地少，操作管理方便等优点。

对工业废水处理工艺及处理方法与相关的技术方面的内容将在第二章膜技术与工业废水处理介绍。

六、国外工业废水集中处理的典型模式

在本节提到的案例，其中如集中式废水处理（centralized wastewater treatment，CWT）即把各企业工业废水（或污泥）运送至邻近的工业废水处理厂集中处理，其出水通过市政下水道流至城市污水处理厂再行进一步处理，回收的有用物质运送至回收材料市场，处理后产生的污泥送至废物填埋场填埋。这是国外工业废水集中处理的一种典型模式。

CWT模式具有许多优势：①由于拥有经济规模，CWT能够大大降低工业废水的处理费用；②因处理设施是由训练有素的专业人员来操作管理，故处理效果优于各企业自已运作；③能够大大增加回收化学药品的潜力，不仅降低了CWT费用且减轻了污泥处置的负担；④企业还可以在CWT系统中共享其他服务以进一步降

低废水处理费用。

CWT 主要有两种模式：第一种模式是把各企业产生的废水运至 CWT 厂进行处理，如美国的普罗维登斯、罗德岛、克里夫兰和德国都采用该模式；第二种模式是将产生相同（或相似）废水的企业搬迁至工业园区或专门设计的大型建筑内以便集中，如日本和纽约的布鲁克林已将该模式应用于电镀企业，同时布鲁克林的“电镀城”还提供了集中供电、集中供热、公共实验室以及大宗货物采购合作社等服务。当然，采用该模式应考虑下列因素：

① 废水产生量。CWT 更偏重于产生废水浓度高而废水量少的企业，因为对于废水量大的企业而言，也许采用 CWT 模式而节省的费用还不足以抵消将废水运至 CWT 厂的运费，故选择自行处理更合理。既然运费是 CWT 模式系统的限制性因素，那么应存在一个最小废水量，如果某企业产生的废水量超过此最小废水量则采用 CWT 模式是不经济的。

② CWT 用户的企业规模。其考察指标包括雇员人数、用水量及总销售额等，这也是 CWT 模式可行性的一项重要条件。

可见，适合 CWT 模式的工业行业包括电镀、制革、搪瓷和纺织等，其中电镀行业最适合。

1. CWT 的典型模式

(1) 德国 CWT 模式

德国已建立了废水交换系统以及处理各类工业废水的运行机制，自 1964 年以来处理高浓度工业废水的私营和公营处理厂数量猛增，所有主要类型的工业废水都能送至专门设计的处理厂进行处理和资源回收，包括高浓度漂洗废水和离子交换再生液、失效的电镀液、氯化溶剂、其他有机溶剂、失效的酸洗液、油-水乳浊液、污泥。

德国 CWT 厂具有几大特点：

① CWT 厂为一座城镇（半径为 16～32km 的区域）提供服务，大多数服务于 50～250 家工业企业。

② 典型的 CWT 厂不仅可提供工业废水的全部处理服务，也可提供部分处理服务，这样废水排放企业也可以自己完成部分处理工作以节约资金，CWT 厂着重提供与现场处理相比具有经济优势的处理步骤。

③ CWT 厂不采用工业下水道而是用卡车把全部废水运送至 CWT 厂，CWT 厂通常向顾客（用户）提供容积为 60L、200L、800L 不等的容器用于收集、储存和运输废水，废水量大的企业也可选择容积为 $5m^3$、$10m^3$、$20m^3$ 的水槽，并用水槽汽车直接把废水运送至 CWT 厂。

④ 利用废水收集站（或称废水转运站）储存特殊废水，当企业产生的废水种类多而数量小时就可以利用废水收集站临时储存废水。废水收集站的主要作用是把多次从企业运来的同类零星废水储存在一起，当积存至一定数量后用大型车辆运送

至 CWT 厂以节省运费。此外，废水收集站亦负责废水预处理以减少废水量，如大多数废水收集站配备了油/水分离器以将含油量少的废水体积减少至原来的 1/10。在德国还有许多废水收集站有计划地安装了中和及污泥浓缩设备。

⑤ CWT 厂拥有污泥安全处置场，处置场只接受脱水污泥并把脱水污泥分开存放以利于金属回收，污泥产生的渗沥液及处置厂地表径流均被送回 CWT 厂。

(2) 日本 CWT 模式

目前，在东京湾的人工岛上已建有两栋电镀企业公寓和一座大型工业园区，全岛面积约为 $2hm^2$，已经容纳了 10 家电镀企业。园区企业建设所需的大部分资金来自政府的低息贷款。电镀企业原来散落在东京西南地区，通过东京市政府的集中规划首先将企业从居民区迁出，然后把迁出的企业安置在完全用于电镀行业的新工业区。该规划十分有效地控制了电镀工业废水污染。

工业园区内的废水控制系统着眼于废水的再循环和回收。每家园区企业生产线中的再循环和回收系统均与公共减排和回收系统相结合以利于减排、回收。例如若采用常规的电镀废水处理设备，工业园区将产生 1135 立方米/天的废水，使用回收系统则能够使废水量削减至 114 立方米/天以下（为常规模式的 1/10）。

此外铜、锡、铅、银之类的贵金属都能在生产线内再循环或回收。

2. 案例的启示与建议

国外成功运行的工业废水 CWT 模式为我国中小企业工业废水的有效处理提供了有益启示。

① 可在有条件的大型工业园区和经济开发区内建立日本式或德国式的工业废水 CWT 厂，在小型工业区建立废水收集站以有效降低废水处理成本。

② 可在各乡镇企业工业小区内建立分布合理的工业废水收集站并在中心位置建立工业废水 CWT 厂。

③ 在诸如京津塘、长江三角洲、珠江三角洲等工业发达地区的中心位置建设有害废物处置的安全土地填埋场，用于处置有害的污泥，而且各类废物应该分开储存以利于未来的二次资源开发。

④ 加大环保执法力度以督促各中小企业积极参与 CWT，这是 CWT 模式成功的保障。

⑤ 建议成立工业废水 CWT 股份有限公司，董事会由准备参加 CWT 的企业代表和当地环保行政官员组成以保证其成功运作。

七、国内工业废水集中处理与利用的应对措施

本书第二章内容中将会提到工业废水泛指工业生产过程排出的受污染的排水。由于工业生产的多样性、产生的排水污染性质也纷呈复杂，如有机污染、无机污染、热污染、色度污染等。作为工业废水处理的设计必须建立在充分了解生产工艺过程的基础之上，并提出对工业废水集中处理与利用的应对措施。

工业废水除水质复杂水质变化大之外，排水的边界条件由于生产工艺的不同也对处理设计产生重要影响。首先各工业企业生产制度均不同，有一班生产、二班生产、三班生产。为保证处理工艺的连续性，需考虑污水的储存容积。如生产麦芽的排水，每日 6000m^3 污水，每天只排 6 次，即每次排水 1h 达到 1000m^3，其他时间无排水。其次排水点的高程问题。现代企业出现了高层工业厂房，有时高达 100m 或更高，排水时挟裹大量污染物和气体从上而下，能量巨大。污水处理前就要考虑消能问题，否则后续处理将无法正常运行。

有相当工业企业排水尚有事故排水，这在设计时应充分考虑事故排水带来的冲击负荷和其他影响。如草浆厂、乳制品厂等，要有相应的应对措施。

由于工业废水排水的复杂性，就要求处理工艺的设计者所选用的工艺和设备必须有针对性，要对症下药，对号入座，不能从简单的几个标准如 COD、BOD、SS、pH 就套用别人的工艺和设备。工业废水除上述指标外，突出影响处理的因素还很多，如高、低温度，高 SO_4^{2-}，高 NH_3-N，高、低 pH，高含盐量，高有毒物质(有机磷)，表面活性剂（发泡物质），染料等。目前在水处理设备的宣传上，一些用于生活污水或中水处理工艺上的组合设备，自称可以处理石化、轻工、矿山等工业废水，可能对某些设计人员产生误导，应严格界定这些设备的应用参数，避免产生不良后果。在造纸、制革等行业中已出现这样事例。

综上所述，工业废水处理应注重预处理，注重后处理才能稳定达标排放。

预处理的目的就是改善水质，为后续处理保证良好的处理边界条件。常采用的措施有截留有机、无机漂浮物，调整酸碱度，调整温度，消除无机盐类的影响，均匀水质改善污水的可生化性，降低产泡物质等。后处理的目的就是对稳定达标的保障和为今后污水回用保留一定的可能性接口，常采用的措施有澄清、脱色等。目前，一些污水处理装置或工程不能稳定达标，往往由于在后处理的工艺或装置的选择上不合理所致。比如现在很多接触氧化处理工艺中，出水选用斜板（管）沉淀池。由于出水中仍含有 DO、COD 斜板（管）本身再次成为生物膜载体，尤其夏季高湿时，沉淀池堵塞严重，大块生物膜上浮严重影响出水水质，工人不得不经常放水冲洗斜板（管）。

目前工业企业废水处理的项目资金和运行费用基本上是企业自理，即环境成本内部化。因此工业废水处理的项目上马和正常达标运行除受政府政策及管理制约外，更受到一次投资额及运行成本的制约。因此需要环保产业的同仁们加大科技投入，努力开发质量优异、投资低廉、节约能源的处理工艺和设备，这是目前工业废水处理行业维护生命力和保证持续发展的根本，也是工业废水处理先进性的体现。

当然，工业废水处理在体现其社会效益的同时，努力提高自身的经济效益，加大生产高附加值产品，高效使用资源和能源也是水处理工业及工业企业本身可持续发展的保证。由于我国水资源十分匮乏，一些用水大户企业从 20 世纪 80 年代就开始重视废水处理后回收利用。对于一些新建扩建项目从开始设计就确定了这一原则。如某啤酒厂建成的日处理 2000m³ 啤酒厂工业废水处理及回用的装置，采用酸化—接触氧化—气浮—消毒—无阀滤池—气压供水工艺，将处理后水卖给相邻的印染厂做洗布用水，活性污泥作为农肥供给园林部门使用。目前国内以废纸为原料的造纸废水在设计招标原则中均需做到处理后废水回用率 30%～80%。一般此类纸厂废水处理规模在 20000～60000 立方米/天，因此这项工作为造纸行业减轻污染和开发水资源有着重要的意义。

目前，国内的部分工业企业虽然存在着资金不足，污水处理工艺和设备水平较低的种种困难，但总体上工业废水处理和利用已取得较大发展，形成了一定工业规模。广大的工业企业建立了环保意识和环境保护体系。我们期望更多的有实力、有抱负的环保企业家建立自己的环保科研队伍，研究和开发工业废水处理与利用的新工艺、新设备，在工业水处理事业上再创辉煌。

八、国内工业废水集中处理与利用的典型技术

废水氧化还原法：把溶解于废水中的有毒有害物质，经过氧化还原反应，转化为无毒无害的新物质，这种废水的处理方法称为废水的氧化还原法。

在氧化还原反应中，有毒物质有时作为还原剂，这需要外加氧化剂如空气、臭氧、氯气、漂白粉、次氯酸钠等。当有毒有害物质作为氧化剂时，需要外加还原剂如硫酸亚铁、氯化亚铁、锌粉等。如果通电电解，则电解时阳极是一种氧化剂，阴极是一种还原剂。

1. 药剂氧化

废水中的有毒有害物质为还原性物质，向其中投加氧化助剂，将有毒有害物质氧化成无毒或毒性较小的新物质，此种方法称为药剂氧化法。在废水处理中用得最多的药剂氧化法是氯氧化法，即投加的药剂为含氯氧化物如液氯、漂白粉等，其基本原理都是利用产生的次氯酸根的强氧化作用。

氯氧化法常用来处理含氰废水，国内外比较成熟的工艺是碱性氯氧化法。在碱性氯氧化法处理反应中，pH 值小于 8.5 则有放出剧毒物质氯化氰的危险，一般工艺条件为：废水 pH 值大于 11，当氰离子浓度高于 100mg/L 时，最好控制在pH＝12～13。在此情况下，反应可在 10～15min 内完成，实际采用的是 20～30min。该处理方法的缺陷是虽然氰酸盐毒性低，仅为氰的 1‰。但产生的氰酸盐离子易水解生成氨气。因此，需让次氯酸将氰酸盐离子进一步氧化成氮气和二氧化碳，消除氰酸盐对环境污染的同时进一步氧化残余的氯化氰。在进一步氧化氰酸盐的过程中，pH 值控制是至关重要的。pH 值大于 12，则反应停止，pH 值 7.5～8.0，用硫酸调节 pH 值，反应过程适当搅拌以加速反应的完全进行。

2. 臭氧氧化

臭氧氧化法是利用臭氧的强氧化能力，使污水（或废水）中的污染物氧化分解成低毒或无毒的化合物，使水质得到净化。它不仅可降低水中的 BOD、COD，而

且还可起脱色、除臭、除味、杀菌、杀藻等功能，因而，该处理方法愈来愈受到人们重视。

3. 药剂还原与金属还原

药剂还原法是利用某些化学药剂的还原性，将废水中的有毒有害物质还原成低毒或无毒的化合物的一种水处理方法。常见的例子是用硫酸亚铁处理含铬废水。亚铁离子起还原作用，在酸性条件下（pH＝2～3），废水中六价铬主要以重铬酸根离子形式存在。六价铬被还原成三价铬，亚铁离子被氧化成铁离子，需再用中和沉淀法将三价铬沉淀。沉淀的污染物是铬氢氧化物和铁氢氧化物的混合物，需要妥善处理，以防二次污染。该工艺流程包括集水、还原、沉淀、固液分离和污泥脱水等工序，可连续操作，也可间歇操作。

金属还原法是向废水中投加还原性较强的金属单质，将水中氧化性的金属离子还原成单质金属析出，投加的金属则被氧化成离子进入水中。此种处理方法常用来处理含重金属离子的废水，典型例子是铁屑还原处理含汞废水。其中铁屑还原效果与水中 pH 值有关，当水中 pH 值较低时，铁屑还会将废水中氢离子还原成氢气逸出，因而，当废水的 pH 值较低时，应调节后再处理。反应温度一般控制在 20～30℃。

现代污水处理技术，按处理程度划分，可分为一级、二级和三级处理。

一级处理，主要去除污水中呈悬浮状态的固体污染物质，物理处理法大部分只能完成一级处理的要求。经过一级处理的污水，BOD 一般可去除 30%左右，达不到排放标准。一级处理属于二级处理的预处理。

二级处理，主要去除污水中呈胶体和溶解状态的有机污染物质（BOD，COD 物质），去除率可达 90%以上，使有机污染物达到排放标准。

三级处理，进一步处理难降解的有机物、氮和磷等能够导致水体富营养化的可溶性无机物等。主要方法有生物脱氮除磷法，混凝沉淀法，砂滤法，活性炭吸附法，离子交换法和电渗分析法等。

整个过程为通过粗格栅的原污水经过污水提升泵提升后，经过格栅或者筛滤器，之后进入沉砂池，经过砂水分离的污水进入初次沉淀池，以上为一级处理（即物理处理），初沉池的出水进入生物处理设备，有活性污泥法和生物膜法（其中活性污泥法的反应器有曝气池、氧化沟等，生物膜法包括生物滤池、生物转盘、生物接触氧化法和生物流化床），生物处理设备的出水进入二次沉淀池，二沉池的出水经过消毒排放或者进入三级处理，一级处理结束到此为二级处理，三级处理包括生物脱氮除磷法，混凝沉淀法，砂滤法，活性炭吸附法，离子交换法和电渗析法。二沉池的污泥一部分回流至初次沉淀池或者生物处理设备，一部分进入污泥浓缩池，之后进入污泥消化池，经过脱水和干燥设备后，污泥被最后利用。

4. 各个处理构筑物的能耗分析

（1）污水提升泵房

进入污水处理厂的污水经过粗格栅进入污水提升泵房，之后被污水泵提升至沉砂池的前池。水泵运行要消耗大量的能量，占污水厂运行总能耗相当大的比例，这与污水流量和要提升的扬程有关。

(2) 沉砂池

沉砂池的功能是去除密度较大的无机颗粒。沉砂池一般设于泵站前、倒虹管前，以便减轻无机颗粒对水泵、管道的磨损；也可设于初沉池前，以减轻沉淀池负荷及改善污泥处理构筑物的处理条件。常用的沉砂池有平流沉砂池、曝气沉砂池、多尔沉砂池和钟式沉砂池。

沉砂池中需要能量供应的主要是砂水分离器和吸砂机，以及曝气沉砂池的曝气系统，多尔沉砂池和钟式沉砂池的动力系统。

(3) 初次沉淀池

初次沉淀池是一级污水处理厂的主题处理构筑物，或作为二级污水处理厂的预处理构筑物设在生物处理构筑物的前面。处理的对象是SS和部分BOD_5，可改善生物处理构筑物的运行条件并降低其BOD_5负荷。初沉池包括平流沉淀池，辐流沉淀池和竖流沉淀池。

初沉池的主要能耗设备是排泥装置，比如链带式刮泥机，刮泥撇渣机，吸泥泵等，但由于排泥周期的影响，初沉池的能耗是比较低的。

(4) 生物处理构筑物

污水生物处理单元过程能耗要占污水厂直接能耗相当大的比例，它和污泥处理的单元过程能耗之和占污水厂直接能耗的60%以上。活性污泥法的曝气系统的曝气要消耗大量的电能，其基本上是联系运行的，且功率较大，否则达不到较好的曝气效果，处理效果也不好。氧化沟处理工艺安装的曝气机也是能耗很大的设备。生物膜法处理设备和活性污泥法相比能耗较低，但目前应用较少，是以后需要大力推广的处理工艺。

(5) 二次沉淀池

二次沉淀池的能耗主要是在污泥的抽吸和污水表面漂浮物的去除上，能耗比较低。

(6) 污泥处理

污泥处理工艺中的浓缩池，污泥脱水，干燥都要消耗大量的电能，污泥处理单元的能量消耗是相当大的，这些设备的电耗功率都很大。

5. 针对各个处理构筑物的节能途径

(1) 污水提升泵房

污水提升泵房要节省能耗，主要是考虑污水提升泵如何节约电能，正确科学的选泵，让水泵工作在高效段是有效的手段，合理利用地形，减小污水的提升高度来降低水泵轴功率N也是有效的办法，定期对水泵进行维护，减小摩擦也可以降低电耗。

(2) 沉砂池

采用平流沉砂，避免采用需要动力设备的沉砂池，如平流沉砂池。采用重力排砂，避免使用机械排砂，这些措施都可大大节省能耗。

(3) 初次沉淀池

初次沉淀池的能耗较低，主要能量消耗在排泥设备上，采用静水压力法无疑会明显降低能量的消耗。

(4) 生物处理构筑物

国外的学者通过能耗和费用效益分析比较了生物处理工艺流程，他们认为处理设施大部分的能量消耗是发生在电机这类单一的设备上，因而节能应从提高全厂功率因数、选择高效机电设备及减少高峰用电要求等方面入手。他们提出的节能措施既包括改善电机的电气性能，也包括解决运转的工艺问题，还包括污水厂产物中的能量回收（energy recovery）。

曝气系统的能耗相当大，对曝气系统能耗能效的研究总是涉及到曝气设备的改造和革新。新型的曝气设备虽然层出不穷，但目前仍然可划分为 2 种：第 1 种是采用淹没式的多孔扩散头或空气喷嘴产生空气泡将氧气传递进水溶液的方法，第 2 种是采用机械方法搅动污水促使大气中的氧溶于水的方法。微孔曝气，曝气扩散头的布局和曝气系统的调节都是节能的有效措施。在传统活性污泥处理厂曝气池中辟出前端厌氧区，用淹没式搅拌器混合的节能、生物除磷方案。这一简单的改造可以节省近 20%的曝气能耗，如果算上混合用能，节能达到 12%。自动控制系统应用于污水处理节能，曝气系统进行阶段曝气，溶解氧存在浓度梯度，既减少了能耗，又可以改善处理效果，减少污泥量。

生物膜法处理工艺采用厌氧处理可以明显降低能量的消耗。

(5) 二次沉淀池

二次沉淀池中对排泥设备的研究和排泥方式的改善是降低能耗的有效方法。

(6) 污泥处理

污泥处理系统节能研究主要集中于污泥处理的能量回收。从污水污泥有机污染物中回收能量用于处理过程早在 20 世纪初就已投入实践，但能源危机之前一直不受重视。目前有两种回收途径：一是污泥厌氧消化气利用，二是污泥焚烧热的利用。

消化气性质稳定、易于储存，它可通过内燃机或燃料电池转化为机械能或电能，废热还可回收于消化污泥加热。因此利用消化气能解决污水厂不同程度的能量自给问题。林荣忱等人比较了沼气发电机和燃料电池两种利用形式，认为燃料电池能量利用率高，具有很好的发展前途。对消化气的最大化利用是提高能效的主要方式。沼气发电机组并网发电的研究和应用在国内已有应用实例，是大型污水处理厂的沼气综合利用的可行途径。

另外一种能量回收方式是将城市固体废物焚烧场建在污水处理厂旁，将固废与污水污泥一起焚烧，获得的电能用于处理厂的运转。

城市污水处理的能耗分析研究与节能技术和手段的发展往往并不同步。由于污水处理能量平衡分析方法研究的欠缺，节能措施的制订和实施常常超前。而多数节能途径和手段常常由处理厂的操作管理人员结合各处理设施实际情况提出，具有经验性和个别性，不一定能适用于其他污水厂甚至是工艺相似的污水厂；另一方面，从广义上说，污水处理学科领域的技术创新、新材料和新设备的使用都蕴涵着节能增效的潜力，因而节能的途径和手段往往是很宽泛的。

污水处理是能源密集（energy intensity）型的综合技术。一段时期以来，能耗大、运行费用高，一定程度上阻碍了我国城市污水处理厂的建设，建成的一些处理厂也因能耗原因处于停产和半停产状态。在今后相当长的一段时期内，能耗问题将成为城市污水处理的瓶颈。能否解决耗污水厂的能耗问题，合理进行能源分配，已经成为决定污水处理厂运行效益好坏的关键因素。能耗是否较低，也是未来新的污水处理厂可行性分析的决定性因素，开发能效较高的污水处理技术，合理设计及运行污水处理厂，必将是未来污水处理厂设计和运行的必由之路。

第三节 膜技术与水处理剂的发展

一、膜技术的发展

随着我国膜科学技术的发展，相应的学术、技术团体也相继成立。它们的成立为规范膜行业的标准、促进膜行业的发展起着举足轻重的作用。半个多世纪以来，膜分离完成了从实验室到大规模工业应用的转变，成为一项高效节能的新型分离技术。自从膜技术发明以来，差不多每十年就有一项新的膜过程在工业上得到应用。

由于膜分离技术本身具有的优越性能，故膜过程现在已经得到世界各国的普遍重视。在能源紧张、资源短缺、生态环境恶化的今天，产业界和科技界把膜过程视为21世纪工业技术改造中的一项极为重要的新技术。曾有专家指出：谁掌握了膜技术谁就掌握了化学工业的明天。

20世纪80年代以来我国膜技术跨入应用阶段，同时也是新膜过程的开发阶段。在这一时期，膜技术在食品加工、海水淡化、纯水、超纯水制备、医药、生物、环保等领域得到了较大规模的开发和应用。并且，在这一时期，国家重点科技攻关项目和自然科学基金中也都有了膜的课题。

目前，这一潜力巨大的新兴行业正在以蓬勃的激情挑战市场，为众多的企业带来了较为显著的经济效益、社会效益和环境效益。

常用的膜分离过程介绍如下。

1. 微滤

鉴于微孔滤膜的分离特征，微孔滤膜的应用范围主要是从气相和液相中截留微粒、细菌以及其他污染物，以达到净化、分离、浓缩的目的。

具体涉及领域主要有：医药工业、食品工业（明胶、葡萄酒、白酒、果汁、牛奶等）、高纯水、城市污水、工业废水、饮用水、生物技术、生物发酵等。

2. 超滤

早期的工业超滤应用于废水和污水处理。随着超滤技术的发展，如今超滤技术已经涉及食品加工、饮料工业、医药工业、生物制剂、中药制剂、临床医学、印染废水、食品工业废水处理、资源回收、环境工程等众多领域。

3. 纳滤

纳滤的主要应用领域涉及：食品工业、植物深加工、饮料工业、农产品深加工、生物医药、生物发酵、精细化工、环保工业等领域。

4. 反渗透

由于反渗透分离技术的先进、高效和节能的特点，在国民经济各个部门都得到了广泛的应用，主要应用于水处理和热敏感性物质的浓缩，主要应用领域包括：食品工业、牛奶工业、饮料工业、植物（农产品）深加工、生物医药、生物发酵、制备饮用水、纯水、超纯水、海水、苦咸水淡化、电力、电子、半导体工业用水、医药行业工艺用水、制剂用水、注射用水、无菌无热源纯水、食品饮料工业、化工及其他工业的工艺用水、锅炉用水、洗涤用水及冷却用水等。

5. 其他

除了以上 4 种常用的膜分离过程，另外还有渗析、控制释放、膜传感器、膜法气体分离等。

二、水处理剂的发展及其重要性

1. 水处理剂发展的背景

(1) 人类生存的地球

人类生存的地球是一切生命的摇篮，人类一直认为宇宙是广袤的，地球是巨大的，自然资源是无穷无尽的。实际上，地球环境也的确是一个绚丽灿烂的世界，它赋予人类赖以生存和发展的物质基础。

地球环境可以分为五个圈，即大气圈、水圈、岩石圈、土壤圈和生物圈。这五个圈都是人类赖以生存的环境。我们抬头看见的天空，即蓝色的天就是大气圈，它约高 16km，在 1000km 高度空气即已经稀薄。真正影响人类生活的是 16km 高度以内的大气稠密区，各种气候和气象的变化都在这里不断发生，人类生命呼吸代谢也都依赖这个区内的空气。它既提供了人类需要的氧气，又像一层厚厚的罩衣，保护地球上的生物免受过多紫外线辐射的伤害。水圈有丰富的水，它占据着地球表面的 70.8%，平均深度为 3.8km。其中海水约占 97%。水圈的水是恒定的，它既不会增加也不会减少，只是处在不断的循环之中。地面、江、河、湖、海的水不断蒸发，变成云，在一定条件下，云变成雨雪降到地面，如此不断循环，形成了人类生活常见的天气变化。岩石圈是地球的地壳层，厚度在100km上下。其中包含着金属和非金属的矿物，这些矿物都是人类生活所必需的物质。土壤圈是岩石圈的表层，约几米到几百米。土壤养育了庄稼、植物和动物，地球上约有1/10面积是耕地或可耕地，大约有1.5亿平方公里。生物圈是人类生活的区域，生物、空气、水、土壤都是生物圈的组成部分，由于它与人类关系最密切，所以单独将它划为一个区域。

（2）地球资源的耗竭

地球资源是人类用于生活和生产的物质和能源的总称，包括土地资源、水资源、生物资源、矿产资源、气候资源、太阳能和风力资源等。这些资源有些是可以再生的，如生物资源、水资源、土地资源；有些是不可再生的，如矿产资源等。可再生资源也不是短时间可以更新的，而要一个相当长的时间。

土地资源在不断退化，包括水土流失、土地荒漠化的蔓延、土壤污染加剧，耕地面积不断减少，耕地质量日趋下降。我国荒漠化面积已占全国面积的27.32%，沙漠离北京只有12km。

水资源赤字扩大，包括地下水过度开采，水位不断下降，地面水调蓄能力减弱，地表水污染严重。

森林资源由于受到超额采伐，毁林开荒、严重的盗伐及森林虫灾、火灾等灾害的影响，受到严重破坏。我国是少林国家，森林覆盖率只有13%，不到世界平均水平的1/10，现在每年有200hm^2林地退化成无林地、疏林地和灌木林地。

草场资源面积不断减小，草种退化，草场沙化。我国草地退化面积已达到105万平方公里，并仍以每年2%的速度发展。

野生资源包括植物和动物，涉危物种数目不断增加。

矿产资源由于无序开采、非法开采，破坏和浪费严重。

（3）地球环境的恶化

环境是指影响人类生存和发展的各种天然的和经过人工改造的自然因素的总和，包括天气、水、海洋、土地、矿藏、森林、草场、城市和乡村等。地球环境的恶化是多方面的。

大气污染：主要表现在工业废气、燃煤排放的二氧化硫和飘尘、汽车尾气排放的氮氧化物等毒素物质所造成的烟尘、大气污染造成的酸雨、臭氧层破坏及温室效应导致地球变暖。

水污染：江、河、湖、海水体污染，污染物含量超过了水体的自然净化能力。

固体废弃物的污染：包括工业固体废弃物、城市垃圾、农业固体废弃物及放射性固体废弃物。

噪声污染：工业和交通工具所发出的不同频率和强度杂乱组成的超常声音是使人产生厌烦的声音。

上述四种污染，已被人们称为四大公害。我国每年由环境污染造成的损失达

1000亿元以上。

(4) 水资源的匮乏和污染

长期以来，人们都认为水是取之不尽用之不竭的。

最近我国617个城市调查中，有300个城市缺水，50多个城市严重缺水。有180个城市平均日缺水1200万立方米，相当于全国城市公共自来水供水能力的1/5。

我国废水总量2010年为480亿吨，其中工业废水为268亿吨，生活废水为212亿吨。工业废水的处理率为82.2%，达标率为56.8%。生活废水的处理率只有25%。

全国约有1/3的工业废水和4/5的生活废水未经过处理直接排入江、河、湖、海，使水环境遭到严重污染。据环保部门监测，全国城镇每天至少有1亿吨污水未经处理就直接排入水体。2010年前我国仅沿海城市和工厂直接排入的污水每年达78亿吨，主要有害物质128万吨，海洋成了巨大的垃圾场。

(5) 出路——持续发展战略

联合国环境计划署负责人劳斯·特普费尔在一份重要的报告中指出："人口和经济增长对环境造成的影响仍然要超过管理和技术的进步所取得的成果。我们正沿着一条不可持续发展的道路前进。"

由上所述，环境问题是我们发展的关键因素。单从现在的经济效益看，我国每年因环境污染造成的经济损失占国民生产总值的3.5%，如果算上职工生病的开支和为环境污染导致的疾病提供医疗保障的开支，以及环境恶化导致森林和耕地减少造成的损失，世界银行估计，污染将消耗我国高达8%的国民生产总值。这就是说，环境污染导致的恶果将使我国每年取得的经济增长化为乌有，全国人民辛苦一年的劳动果实因此而付诸东流。结论只有一个，走持续发展的道路。走持续发展道路将会有两个产业崛起：一个是绿色产业，一个是环保产业。

有益于环境的高新科技产业在21世纪已成为迅速崛起的绿色产业，绿色产业是21世纪的朝阳产业。

环保产业市场是一个前景广阔、商机无限的新兴市场。顾名思义，从事环保生产、销售、服务、研究、设计的单位都应该属于环保产业。环保产业包括：

材料——如金属、塑料、功能高分子等。

设备——如污水处理设备、空气净化设备、垃圾处理设备、噪声消除设备、污染监测与科研实验室设备等。

工艺——如电镀废水处理工艺、印染废水处理工艺、城市污水处理工艺等。

药剂——如絮凝剂、凝聚剂、杀菌剂、脱色剂等。水处理剂应是这个领域的重点。

2. 水处理剂与可持续发展

(1) 水处理剂和节水

节水首先要抓住比较集中使用的工业用水。在工业用水中，冷却水占的比例最大，约占60%～70%，因此节约冷却水就成为工业节水最紧迫的任务。

冷却水循环使用后，大大节约了用水量。但由于冷却水不断蒸发，水中盐类被浓缩，加上冷却水与大气接触，溶解氧与细菌含量大大增加，导致循环冷却水出现严重的结垢、腐蚀和菌藻滋生三大弊病，使热交换率大为降低，检修频繁，威胁生产正常进行。为此，必须在冷却水中加入阻垢剂、缓蚀剂、杀菌灭藻剂及与其配套的清洗剂、预膜剂、分散剂、消泡剂、絮凝剂等。这种加入化学药剂以防止循环水结垢、腐蚀、菌藻滋生的一套技术叫做化学水处理技术，它包括预处理、清洗、酸洗、预膜、正常投加、杀菌等工序。污水处理中的一级处理使用凝聚剂和絮凝剂也是回收利用污水的重要手段。化学水处理技术是当前国内外公认的工业节水最普遍的有效手段。

(2) 水处理剂的主要内容和发展历史

水处理化学品又名水处理剂。它包括工业、城建、环保方面的用于处理水的化学品，涉及冷却水、锅炉水、空调水、饮用水、污水及包括采油用水的工艺水。

化学处理就是用化学药剂来消除及防止结垢、腐蚀和菌藻滋生及进行水质净化的处理技术。它使用凝聚剂去除原水中的机械杂质，用阻垢剂防止结垢，用缓蚀剂抑制腐蚀，用杀菌剂阻止有害微生物的滋生，用清洗剂去除锈渣、老垢、油污等。循环冷却水处理技术在国外是20世纪30年代初开始发展的。2011年底的调查中，我国现有水处理剂生产厂260多家，品种120多个，年总产量约250万吨，年产值约12亿元。

絮凝剂、凝聚剂占了水处理剂总量的3/4，其中作为絮凝剂的聚丙烯酰胺(PAM) 又占了絮凝剂、凝聚剂的1/2，其余1/2为无机聚合物。

(3) 水处理剂与基本建设投资

我国建设急需各种投资，资金缺乏是长期面临的突出矛盾。为此，节省建设资金对“小康”建设有极大意义。

工业用水迅速增长，年平均增长率为5.4%，城市居民用水也有相应的增长。为了满足生产和生活用水的增长需要，只能采取开源节流的方针。据城建部门计算，建设一个水厂，平均每天、每立方米供水能力的工程造价约需300～400元，而供水量的85%要排入下水道成为污水。建设污水处理厂形成每天、每立方米污水处理能力的工程投资一般需要300～500元，处理费为0.1～0.15元/m^3。若把供水和排水工程合计投资按供水1万吨/年工程计算为2.1亿元。据城建部门预测，40个大中城市如年节水量达5亿立方米，则可节省投资10.5亿元。

节水的渠道从工业生产方面有三个途径：建设冷却塔，提高循环水浓缩倍数；改革工艺；污水处理回用。这三个途径的投资费用以建设冷却塔提高循环水浓缩倍数为最低。

第四节 工业废水治理的现状与工业水处理发展趋势

一、工业废水治理背景

我国是一个干旱缺水严重的国家，淡水资源总量为28000亿立方米，占全球水资源的6%，仅次于巴西、俄罗斯和加拿大，居世界第四位，但人均只有2300立方米，仅为世界平均水平的1/4、美国的1/5，在世界上名列121位，是全球13个人均水资源最贫乏的国家之一。

据监测，目前全国多数城市地下水受到一定程度的点状和面状污染，且有逐年加重的趋势。日趋严重的水污染不仅降低了水体的使用功能，进一步加剧了水资源短缺的矛盾，对我国正在实施的可持续发展战略带来了严重影响，而且还严重威胁到城市居民的饮水安全和人民群众的健康。

二、工业废水处理技术现状

现在的污水处理一般都采用传统的污水处理工艺，采用絮凝沉淀、砂滤系统，设计投加氯化铁药剂于A_2-O系统终沉池配水井中，强化生物除磷，降低终沉池出水中磷的浓度。沉淀后出水经提升泵站至砂滤池，采用气水反冲洗滤池，过滤后水至清水池，加压后进入回用水管网。如国内大多数污水处理厂等基本上都采用了这种污水处理系统。

传统的污水处理系统中，采用沉淀池进行污水凝沉淀，它不能形成颗粒凝聚的良好的条件，不能生成团粒形絮凝体，使得固液分离效率很低。

污水处理面临的问题如下。

1. 污水处理厂建设资金的短缺

我国虽然已建成污水处理厂400多座，但是还远远不能满足城市工农业生产和人民生活的需要，表现在某一个城市本身的处理率不高，也就是污水处理的量不够，还表现在大城市已开始着手进行污水处理厂建设的规划和建设计划工作。但在中小城市，特别是在西北部中小城市还没有将污水处理的规划建设纳入城市发展的议程。其主要原因之一就是没有专门建设资金，有的地区的水污染日趋严重，若等待有资金投入时再兴建污水处理厂，就会使环境趋于恶化，给人民生活带来不便，对人民身心健康带来危害，所以促使我们要多方筹措资金，加快水环境污染的治理，为子孙后代留下一个优美的生活环境。

2. 污水处理厂运行经费不能到位

全国目前已经建成投产运行的污水处理厂共计300多座，能够满负荷运行的污水处理厂不到1/3。没有满负荷运行的原因：大多数均是由于运行经费不能到位而造成的，有的省市没有收取污水处理费，有的是只收工厂、企业的，不收居民的，有的是工厂、企业、居民的都收了，但收费标准定得很低，远远不能满足污水处理厂正常运行所需的最低费用，使一些污水处理厂出现了能得到多少经费就处理多少吨污水的实际问题。这样下去既发挥不了建设污水处理厂应有的效益，也会使仪表、设备受损，同时也无法发挥污水处理厂专业管理人员的作用。

3. 进口设备的维修及设备备件的开发

由于大批的进口设备进入污水处理行业，经过几年的运转后，设备陆续会出现大小不等的损坏，特别是索赔期后的维修和正常的大修。这就需要有专业技能的技术人员来进行，请国外的专家来维修，维修成本将会大幅度增高实在难以接受，即使进口设备能够维持正常运转，也必须培养对进口设备维修保养的国内专业人员，使其掌握维修技能达到进口设备的维修标准。有了维修的专业人才还得有充足的备品配件，特别是一些将要淘汰的设备被引进中国，备品配件国外也不会再生产了，就需要国内自行测绘、加工制造，只有这样才能使进口设备发挥出它的作用，否则设备的损坏、配件的缺乏会影响污水处理厂的正常运行。

4. 污水处理工艺选择有一阵风的现象，不结合本地区的实际情况选热门工艺

选择热门工艺是在选择污水处理工艺时出现的，单纯追求工艺新，追求时髦工艺，不考虑本地区的进水水质、处理水量以及出水用途的问题，在我国已建成的一些污水处理厂中，本来进水水质都比较低，还要选择 A-B 法，结果不能得到充分的利用，造成设施设备的闲置。有的地区经处理的再生水直接用于农业灌溉，还过分强调除磷脱氮，采取 A-A-O 法，增大了建设投资也提高了日常运转成本，还有一些个别地区在建设污水处理厂时，看当时什么工艺流行就采取什么工艺。

5. 污水处理后的再生水得不到充分的利用

巨大的投资建设了污水处理厂，经过处理后的再生水不能得到充分利用，甚至有的地区还将处理后的再生水与未经处理的污水混在一起，有的地区没有将再生水回用却排入大海造成淡水资源的浪费。目前世界上的淡水资源极为匮乏，中国淡水资源的占有量在世界上排第 121 位，人均淡水占有量仅为 $2000m^3$。

6. 污泥没有真正达到无害化，没有最终处置的途径

污水经过各种不同工艺处理后，出水达到了国家规定的排放标准，但是在污水处理过程中污泥却未能得到妥善的处置，还会给环境造成二次污染。有些地区污泥不经过无害化处理，将污泥堆放在场外，任意取走不知下落。有的地区将污泥进行干燥用作农肥，重金属含量是否达标考虑得很少，对农作物有多大的危害也分析不足。国家环保部门禁止将污泥作为菜田、稻田的肥料，作为旱田的农肥需要对污泥的成分进行分析，重金属及有毒家物质不超标方能使用。污泥作为绿地用肥要有园林部门认可，有监测部门跟踪分析方能使用，总之污泥若没有最终处置的途径，会给环境带来再次污染的隐患。

7. 污水处理厂没有除臭装置

污水处理厂的进水池、格栅间、沉砂池、初沉池及污泥处理系统的储泥池、脱水机房（除离心机外）都会产生严重的臭气，既影响操作运行人员的身体健康，也给周围居民生活环境带来污染，特别是一些建设较早，周围过去是农田、水池、远离市区的污水处理厂，目前成为市区，污水处理厂周围盖起了民宅，形成了居民区，污水厂的周边百姓深受其害，应该多渠道解决除臭装置，因为污水处理厂本身就是消除污染保护环境的企业。

下面以造粒流化床技术在洗车废水回用处理中的应用为例介绍流化床在处理工业废水中的应用：

随着人们生活水平不断提高，汽车的数量也在不断上升，因此洗车业有着庞大的市场需求。现在，大小不同的洗车场遍布全国各地，但是多数的洗车场所都没有设置废水处理和回收设备，洗车水也只是经过简单的沉淀后就直接排入市政管道，不仅浪费了水资源，而且还对城市水环境造成了一定的污染。针对目前洗车业水污染和水资源浪费的现状，近年来我国市场上出现了各种洗车废水回用设备。有的基于多介质过滤器，陶粒吸附过滤器，超滤系统的截留、吸附、筛分原理来实现洗车废水处理后回用；有的采用常规的隔油沉淀、过滤、消毒方法。虽然经这些设备处理后的出水能达到洗车废水水质要求，但其共同的缺点是占地面积大、建设及运行费用都比较高，在投放市场的时候遇到不少困难。

然而，采用造粒流化床技术处理洗车废水时，洗车废水经过流化床装置处理后，出水的水质可达到洗车回用水的排放标准。造粒流化床法产生的污泥的含水率明显比常规混凝沉淀法产生的污泥低，不需要设置污泥浓缩设备。并且，造粒流化床法与传统的处理工艺比较，具有占地面积小、设备结构简单、投资和运行费用低等优点，因此将其用于洗车废水的回用处理，具有广阔的市场前景。

三、工业水处理发展趋势

国内水处理公司经历了两个世纪来的发展，“由初级到高级”、“由简易到完善”、“由治理到预防控制”逐渐形成了一门科学，走上了产业化发展的道路，并遵循可持续发展的内涵，发展成为水工业的重要组成部分！未来水处理将围绕着科技的革新向着低能耗、高效率、资源化的方向发展，主要表现在生物处理和膜分离技术的进展。

利用生物技术处理废水具有运行费用低、操作管理简便等优点，近年来在传统生化处理技术上发展起来的纯氧曝气法生物流化床等工艺使处理过程中单位体积内保持较高的微生物量，营养和代谢产物的传质速度加快，大大提高了处理效率和耐负荷冲击能力，处理过程的稳定性明显提高。用生物处理技术与其他处理技术结合开发出的一些组合处理工艺，如生物活性炭工艺生物膜反应器等，大大提高了净化能力，是水处理技术近期发展的一大特点。

随着人们节能意识的增强，不需供氧的厌氧生物处理技术也得到了很大的发展，厌氧生物滤池、厌氧生物流化床及上流式厌氧污泥床反应器在低浓度有机废水处理中的应用，使传统的厌氧处理工艺摆脱了分解效率低、停留时间长的弱点，由于工艺本身能耗少且将废水中的污染物转化成沼气作为能源，因此厌氧生物处理技术将是一种方向性的革新替代技术。

近年来，生物工程技术的迅猛发展为生物处理技术的发展提供了契机，利用现代生物技术筛选驯化高效降解菌种、固定化酶和固定化细胞技术处理一些难降解的废水，成为生物处理技术发展的必然趋势。

另一方面，一些新型膜材料的开发与应用为膜分离技术的发展注入了新的活力，市政供水及饮用水处理中，广泛采用的反渗透、超滤、微滤、离子交换膜、电渗析等占据了膜技术与膜产业的中心位置。

随着中低压膜材料的开发应用及膜供应价格的逐步降低，膜分离技术在工业废水及城市污水处理中的应用日益广泛。其操作简单、节约能源、可回收利用废水和有价值物质的优点越来越受到水处理工业界的重视与欢迎，已逐步成为开发水源、回用城市污水和工业废水的一种经济而有效的技术手段。

因此，膜技术产业必将成为 21 世纪前 20 年水工业高新技术产业中的朝阳产业。对工业废水处理工程案例与相关方面的内容将在第三章工业废水处理工程案例介绍。

第五节　城市污水控制与水处理关键技术

一、城市污水污染控制

自 1985 年以来，我国废水年排放总量一直维持在 350 亿～400 亿立方米/年左右。1996 年全国 666 个设市城市中 532 个城市没有污水处理厂，134 个城市建成的 309 座污水处理厂，城市污水处理总量仅为 44.6 亿立方米，其中经二级生化处理的仅占 6.9%，有 77.4%的城市污水未经任何处理直接排入水体。1997 年废水排放量达到最高值 416 亿立方米，其中工业废水排放量 227 亿吨，市政污水排放量 189 亿吨。1999 年城市污水污染负荷首次超过了工业废水污染负荷，2010 年废水排放量为 480 亿立方米，我国水污染的重点已经从工业点源为主的控制，逐步转变为以城市污水污染为主的控制。

二、中小城市污水处理关键适用技术发展

城市化是现代化的一个标志，中小城市是沟通大城市与小城镇及其周边地区的桥梁，大城市和小城镇的发展都离不开中小城市。

我国中小城市划分是指根据管理工作的需要，按市区（不包括市辖县）的非农

业人口总数多少对城市规模进行划分。在我国城市规模的分类为：城市人口在20万人以下的为小城市，20万～50万人为中等城市。

全国中小城市众多，仅小城市就占全国城市总数的60%以上，全国中小城市建设好了，国家的整体面貌就会发生根本变化；反之，如果只是少数几个大城市发展，众多的中小城市还很落后，那我们的国家就谈不上现代化，也很难参与国际竞争。所以，要十分重视中小城市的建设与发展。

全国400个中小城市，每年排放废水100亿立方米左右，水污染十分严重。发展中小城市是中国未来城市化的重点和方向。中小城市的健康发展，是促进区域经济社会发展、保障人民健康和国家走向持续发展的重要环节。目前中小城市的水污染不仅加剧了水资源的短缺，而且造成流域内居民发病率上升。

在我国中小城市中，建设城市污水处理厂是水污染防治的骨干工程。建设城市污水处理厂是纳入流域、区域水质管理规划并纳入社会经济发展规划的重要内容。为贯彻执行《中华人民共和国环境保护法》和《中华人民共和国水污染防治法》，使全国水环境状况基本上同国民经济的发展和人民生活水平的提高相适应，必须尽快扭转我国城市水环境污染的局面。因此，污水处理设施的建设和运行是我国中小城市当前水污染控制的重点。

我国在中小城市污水处理方面尚缺乏适用技术和设备制造技术，缺乏管理经验。建立中小城市污水管理体制和方法，掌握一批在中小城市具有代表性的污染源的治理技术和城市污水处理技术，可以大大推动我国污水处理设备产业的发展和促进中小城市持续发展。

1. 我国中小城市城市污水处理适用技术和工艺

我国城市污水处理技术从“七五”国家科技攻关开始逐步进行研究。“七五”和“八五”攻关项目在氧化塘、土地处理和复合生态系统等自然处理技术方面的研究较多，以这些成果为设计依据。建立了一些氧化塘、土地处理城市污水示范工程。在人工处理技术方面，“八五”对高负荷活性污泥、高负荷生物膜、一体化氧化沟技术进行了深入研究，引进、开发了A-B、A-A-O(A_2-O)、A-O、B-C、SBR等处理工艺，研究成果已被应用于大批污水处理厂；城市污水厂污泥处置问题在“九五”科技攻关中受到重视，并配套开发成套的污泥处理。“九五”期间工艺技术研究重点为中小城镇简易高效污水处理，实用的成套技术，解决人工处理能耗高、自然处理占地大等问题。

经过近二十五年的努力，我国在城市污水处理技术方面取得了较大的成就，攻关成果丰硕。就工艺技术的广度而言，与国际上的差距已经缩小。目前在水污染治理技术上，已能提供下列技术的工艺参数。传统活性污泥法技术包括传统法、延时法、吸附再生法和各种新型活性污泥工艺，如：SBR、A-B法和氧化沟技术等；A-O法和A_2-O技术；酸化（水解）-好氧技术；多种类型的稳定塘技术；土地处理技术等。这已经可以满足大多数城市污水治理的要求。

另外，国务院环境保护委员会《关于防治水污染技术政策的规定》中指出：积极开发和研究高效、低能耗和能源部分自给的人工生物处理等城市污水处理技术和工艺流程，以节约投资、降低维护费和运行费。建设部、国家环保总局和科技部新近联合颁布的《城市污水处理及污染防治技术政策（城建［2000］124号）》对我国城市污水的治理从处理工艺到具体的措施都作出了规定。结合我国的特点，中小城市城市污水处理适用技术和工艺的重要特点是“高效低耗”，高效低耗城市污水处理技术和工艺，目前并无一明确的数值界定，其特征必定会随不同的时间、技术的进步以及不同的应用条件而有所不同。从我国目前技术水平和经济水平的情况来看，适合我国中小城市使用的这类技术或工艺应具备以下特征：

① 吨水投资应该控制在1000元以下（不包括征地和特殊的地基处理费用）。

② 吨水直接运行费（主要包括工艺能耗、药剂费和人工费）应该控制在0.30元以下（如考虑脱氮除磷，吨水直接运行费应该控制在0.40元以下），其中对一般城市污水吨水处理能耗在0.20kW·h左右。

③ 尽量减少操作管理人员数量，操作管理人员数量为现有污水厂人员的1/3～1/2。

从当前污水处理工艺和技术研究、开发和应用的情况看，在采用国内工艺设备、日处理规模小于10万吨的前提下，下面所列的是技术可行且适合我国中小城市的高效低耗城市污水处理技术和工艺：

① 强化一级处理技术；

② 污水生态工程处理技术；

③ 污水物理化学处理技术；

④ 厌氧及不完全厌氧处理技术；

⑤ 高负荷生物化学污水处理工艺；

⑥ 高负荷生物滤池/固体接触和生物曝气滤池生物附着生长技术处理城市污水工艺；

⑦ 现有城市污水处理的革新工艺。

2. 我国中小城市城市污水处理关键技术

(1) 对城市污水处理关键技术的问题讨论

从20世纪60～70年代，氧化沟和SBR工艺发展迅速，近年来成为我国城市污水处理厂占主导性的工艺。而曝气生物滤池和一级强化工艺是国际上20世纪80年代末、90年代初新开发的、具有发展潜力的高效城市污水处理工艺。城市污水处理新工艺——水解-好氧生物处理工艺是我国自主知识产权的工艺。我国在近年引进了很多国外的新工艺，建立了相当多的工程，这些工作是我国在城市污水领域的宝贵财富，应该对此进行系统的总结。但我国的污水处理技术研究以单项研究为主，且偏重于工艺研究，缺乏足够的系统性、完整性，也缺乏综合性的比较研究和技术经济评价体系。这也是近年来，首先流行A-B工艺，然后流行三沟氧化沟以及其他形式的氧化沟，目前又在流行 SBR 工艺的原因所在。缺乏全面和综合比较能力，在很长的一段时间内国外的新技术和新产品就会不断冲击国内市场，国产技术总是无法在市场上占有一席之地。

从另一方面讲，目前我国城市污水处理厂普遍采用的工艺为普通活性污泥法、氧化沟法、SBR（间歇式活性污泥）法、A-B 法等，这与美国、德国等发达国家所采用的技术与工艺几乎处在同一水平上。上面各项技术是国外在水污染控制中，被证明是行之有效的技术。但以上的技术并不一定是先进的技术，特别是并不一定都完全适合我国的国情。

例如：目前国内大多采用国外引进的氧化沟、延时曝气的 SBR 等工艺。延时曝气是一种低负荷工艺，对于我国这样一个资源不足、人口众多的发展中国家，是否适合推广这种低负荷的活性污泥工艺是值得推敲的问题。首先，低负荷的曝气池的池容和设备是中、高负荷活性污泥工艺的几倍，所以相应的投资要高数倍；其次，延时曝气对污泥是采用好氧稳定的方法，其能耗比中、高负荷活性污泥要高40%～50%左右，能耗增加必然带来了直接运行费的增加，同时还要增加间接投资。据资料报道目前每千瓦发电能力脱硫需要投资 1000 美元，则每万吨污水增加的脱硫投资需要 70 万元。如果按脱硫投资为电站投资 10%计，则增加的电厂投资为 700 万元，这接近污水处理单位投资的 50%。从可持续发展角度讲，采用延时曝气的低负荷工艺，如氧化沟工艺等是不适合中国国情的。

城市污水污泥处理和处置方面，在我国还刚刚起步，与国外先进国家相比尚有较大差距。随着大量污水处理厂的投产，污泥产量将会有大幅度的增加。污泥厌氧消化的投资高，污泥处理费用约占污水处理厂投资和运行费用的 20%～45%。并且污泥厌氧消化处理技术较复杂。在我国仅有的十几座污泥消化池中，能够正常运行的为数不多，有些池子根本就没有运行。这也是导致我国近年大量采用带有延时曝气功能的氧化沟等技术的原因。所以采用高效（高负荷）、低耗污水处理工艺的关键之一是解决城市污水厂污泥处理技术，可以讲今后我国城市污水处理工艺的进步在很大程度上取决于污泥处理和利用技术的进步。能否解决好污泥问题是污水净化成功与否的决定性因素之一。为了解决这一问题有必要加强污泥处理与利用的研究。从污泥最终处置的出路来看，污泥农用从我国具体情况来说是最为可行和现实的处置方案。结合污泥的最终处置考虑污泥堆肥和利用，是适合我国国情的污泥处理工艺。

由于我国经济发展水平还较低，资金匮乏，投资力度不足等诸多因素，导致目前发达国家大批水处理环保企业采取贷款方式，大举进军我国水处理环保市场。近几年以来，我国开放了城市基础设施的建设，给水排水利用外资建设项目共约 200 个，总金额达 78 亿美元。由于外资的利用，特别是利用了欧洲发达国家的政府贷款（只能用于购买贷款国的设备），虽然推动了一批现代化污水处理厂的建设，但是增加了工程投资（国外设备的价格一般是国内设备的 4～6 倍）和今后的日常维护费用（需要外汇更新配件）。同时也严重抑制了国内污水处理设备制造业的发展。由于技术和资金投入不足，使国内污水处理设备无法达到国际水平。但总体上我国机电设备制造业经过适当重组、调整和改造，是能够制造所需的污水处理成套设备的。目前，我国城市污水处理约90%来自于国际各种贷款，基本被国际各大公司所占领。

（2）城市污水处理关键技术

① 用于二级处理的一级处理强化技术作为城市污水厂二级生物处理的前置处理——一级处理，其功能为去除污水中的漂浮物和悬浮物。由于一级处理投资少，动力消耗低，不但可去除一部分有机物，而且对后续二级生物处理影响较大。采用强化一级处理技术，可以降低城市二级污水处理厂的投资。

二级处理的一级处理强化技术分为两类：一类侧重于物化机理，另一类侧重于微生物的絮凝吸附原理。

化学强化一级处理工艺对TP、SS、BOD和重金属等的处理效果较好，耐冲击负荷的能力也较强。系统的基建投资、占地面积小于活性污泥法（包括A-O、A_2-O等工艺），而且运行管理灵活简便、处理过程稳定可靠、近期投资环境效益好。同时采用高效絮凝剂技术，具有投资低廉（为生化法的1/5～1/10），运行费用低的优点。

微生物絮凝剂强化一级处理，由于微生物絮凝剂絮凝效果好、投加量小、适用面广、无二次污染、絮体易于分离等优点，因而在废水脱色、油水分离、污泥脱水、畜牧场废水处理、瓦厂废水处理等方面已有广泛应用，效果显著。生物絮凝吸附法强化一级处理工艺，是利用微生物的絮凝吸附作用强化一级处理，与二级生物处理的本质区别在于二级生物处理主要利用生物氧化作用，将有机物矿化；而生物法强化一级处理则主要利用微生物的絮凝吸附作用快速去除污染物质，同时伴有少量的生物氧化。这就决定了它必然要比二级生物处理产生更多的污泥，但由于不投加任何药剂，其产泥量比物化处理产泥量少。

用于二级处理的一级处理强化技术的关键技术如下：

a. 无机絮凝剂与其他种类的絮凝剂复配使用的最佳协同作用效果；

b. 高效、廉价絮凝剂的优选；

c. 微生物絮凝剂在城市污水处理中的应用研究；

d. 生物絮凝吸附的工艺条件控制；

e. 冬季低温条件下的运行参数选择；

f. 一级处理工艺设备的优化选型。

② 曝气生物滤池工艺 曝气生物滤池工艺的主要特点如下：

占地面积小，基建投资省。曝气生物滤池之后不设二次沉淀池，可省去二次沉淀池的占地和投资。

出水水质高。由于填料本身截留及表面生物膜的生物絮凝作用，使得出水SS

很低，一般不超过 10mg/L。氧的传输效率很高，曝气量小，供氧动力消耗低。曝气生物滤池中，氧的利用效率可达 20%～30%，曝气量明显低于一般生物处理法。

抗冲击负荷能力强，耐低温。曝气生物滤池可在正常负荷 2～3 倍的短期冲击负荷下运行，而其出水水质变化很小。

易挂膜，启动快。曝气生物滤池在水温 10～15℃时，2～3 周即可完成挂膜过程。

此外，曝气生物滤池采用模块化结构，便于后期改、扩建。

曝气生物滤池在应用中尚需解决的关键技术如下：

滤池填料的比例。

曝气生物滤池和曝气系统的规范设计。

曝气生物滤池处理我国典型城市污水的水力负荷、容积负荷。

生物膜活性的研究。

生物氧化、脱氮和截留 SS 的特性。

曝气生物滤池反冲洗的基本要求和控制参数。

③ 革新的氧化沟工艺　现代氧化沟工艺具有运行灵活、处理效果好、脱氮效果好、污泥稳定程度高等工艺特点。如交替式氧化沟工艺通过将 2～3 条既联系又相对独立的单沟组合起来，通过改变氧化沟和操作方式，设置了相对独立的缺氧区与好氧区，形成 A-O 和 A_2-O 的工艺环境，不仅可达到去除 BOD、SS 的目的，而且可达到生物脱氮除磷的目的。从目前国内氧化沟的应用来看，其突出的工艺优点是基建费用低，操作简单，运行稳定，易于维护管理，剩余污泥量少而且稳定，处理效果稳定可靠，出水水质好。

在应用中，氧化沟工艺需进一步完善的关键技术如下：

a. 革新的氧化沟工艺脱氮、脱磷特性。

b. 大型氧化沟水力流态特征。

c. 革新的曝气系统设计。

d. 影响脱碳、脱氮、脱磷的关键工艺参数。

e. 革新的氧化沟配套系统的合理设计。

④ 革新的 SBR 工艺　SBR 法从问世以来，已经发展为城市污水处理的实用技术之一。其变种也有十几种之多，如 UNITANK 工艺、TCBS 工艺、MSBR 工艺等。革新的 SBR 工艺在城市污水应用中的重点是尽可能降低基建和运行费用，简化操作过程，提高系统的可靠性和灵活性。

革新的 SBR 工艺城市污水处理中的关键技术如下：

a. 为达到同时硝化反硝化的目的，准确控制溶解氧的设计；

b. 合理的滗水体积确定；

c. 典型污水水质脱碳、脱氮、脱磷的关键工艺参数；

d. 高效连续流 SBR 工艺的设计；

e. 革新的SBR工艺配套系统的合理设计。

⑤ 污水生态工程处理技术　这类技术的最大特点是，运行维护费用低廉、运行可靠、简易且节省能源和实现污水资源化。

城市污水生态工程处理技术，包括氧化塘系统和土地处理系统。近年来我国一些中小城市修建的污水氧化塘运行结果表明，设计施工和运行维护良好的氧化塘系统，其出水水质（SS、BOD、COD等）接近或达到常规二级处理出水水质，如辅之以必要的强化措施，完全可以达到标准的规定。对于水生植物塘、养鱼塘等生物或生态净化塘，其脱氮除磷和去除细菌能力等都高于二级处理，达到部分三级处理的效果，而塘系统的基建费单价仅为常规二级处理厂基建单价的1/5～1/3，运行维护费为常规二级处理的1/2。

当前城市污水生态工程处理技术的重点与技术包括：采用多种人工强化措施提高氧化塘的去污效率，如利用风能向塘内充氧，人工养殖水生动、植物，在塘内挂膜增大微生物栖息场所，布设人工软性、硬性填料等，对系统进行改善、组合，使之具备高效、快速和多功能的特点。采用光催化降解法，提高处理效率。在水中加入一定的光敏半导体材料，利用太阳能净化污水。

城市污水生态工程处理技术的关键技术如下：

a. 城市污水生态工程处理技术的设计路线；

b. 城市污水生态工程数学模型、工艺参数的优化，各处理单元的优化和组合，最优处理单元的设计；

c. 如何选取最佳的工艺组合形式，充分发挥单元构筑物的容积效应，在最小占地面积、最低工程造价情况下，达到城市污水出水水质标准的要求；

d. 城市污水生态工程处理工艺的关键结合点的连接；

e. 城市污水生态工程处理工艺生态调控点的特征和不同工况下的控制。

三、我国城市污水处理技术发展应用

水污染控制技术涉及到有关水处理技术研究开发、工程设计、工程实施、设备加工和运营管理等各个方面。但是，从水处理技术市场化和产业化的观点，特别是从投资结构的划分，水处理技术产业可以分为：①工艺技术；②工程和设备产业化；③设施运营产业化。根据我国“十二五”发展规划下一步主要任务是在以上三个方面进行重点发展。

1. 大力发展先进的水处理工艺技术

对于我国这样一个污染严重、资源短缺，并且处于社会主义初级阶段的国家，先进的水处理工艺的标准应该是适合我国国情、高效、低耗和低成本的污水处理技术。各类效率高、投入低、可达到一定治理深度的城市污水处理新技术，对经济尚不够发达而污染亟待治理的我国，尤其是绝大多数没有污水处理设施的17000多个建制镇，在一段时期内都将具有重要意义。因此，迫切需要一批能满足排放要求、处理效果好、基建和运行费用低的污水处理新技术和新工艺。因此，国家环保总局提出需要建立与我国现阶段国情相适应的、经济实用的先进工艺技术的示范工程，示范工程应该满足：①吨水投资低，吨水造价应该控制在800元以下；②运行费用低，吨水运行费应该控制在0.3元以下；③在工程中采用国产化的设备，并且采用总承包和实施运营的机制。

达到上述目标，需要在新工艺、新材料和高新技术的应用和示范上加大力度。众所周知高效工艺可以大幅度降低污水处理的基建投资，比如目前国内延时曝气的氧化沟和 SBR 工艺一般在 0.05～0.07kgBOD/(m^3·d)，与中、高曝气池负荷[0.3～0.5kgBOD/(m^3·d)] 相差几倍甚至到十倍，这样曝气池的投资也相应增加几倍甚至到十倍。从新工艺角度讲现有的物化-生化工艺、水解-好氧工艺、曝气生物滤池和高、中负荷的好氧工艺以及厌氧-好氧处理技术等工艺都是有希望的新工艺，但需进一步完善。要在短期内提高污水处理率，除了制定合理可行的产业技术经济政策、加大建设城市污水处理厂的投资力度外，必须依赖技术进步，尽快开展一些先进的污水处理工艺示范推广工作。

同样，新材料和新施工方法的利用可以降低工程造价。比如德国百乐卡（Biolack）技术，采用高密度聚乙烯作为水处理的构筑物的防渗材料，降低了水处理构筑物的造价。在污水处理构筑物方面可以推广国外先进的制罐技术，如拼装式反应器。将处理构筑物设备化，以快速低耗的设备型式，成套提供城市污水处理的单元反应器设备；提高水处理设备的成套化和设备化，将完整工艺技术、成熟自控技术以及严格的制造技术结合为一体，设计生产具有高科技含量的废水处理成套设备。

另外，高新技术的使用特别是高度自动控制系统，使电气控制、仪表、计算机一体化，即监、控、管一体化是环保厂生产过程自动化的必然要求和发展趋势。污水处理厂自控程度的提高，给运行管理机制改变、基建费用的降低和运行成本减少带来一系列好处，根据国际上发展的趋势，大力发展我国的环保自控技术和设备，是提高我国的环保工程管理水平和处理设施稳定运行的根本保障。

2. 大力推进水处理技术和设备的产业化

水污染控制的实施是通过工程设施和技术装备来实现的。当前水处理工程有以下特点：首先，工程中设备和施工技术含量及投资比例不断提高，从而反映了水处理工程技术的设备化、产业化和市场化的趋势。水污染控制的实施是通过工程设施和技术装备来实现的，我国需要建立污水处理成套设备产业基地；工程市场已由传统的承包方式引入了国际通用的"Turnkey"总承包的运作方式。参与这种工程和设备总承包的"工程公司"在国际已是一个跨行业的产业。工程公司一般是具有系统设计、工程管理、设备集成、安装调试和运行培训的综合能力的大型公司，我国目前还缺乏这样具有综合能力的大型专业工程公司。

(1) 超大型城市污水处理厂建设

污水量≥20万立方米/天这一类的城市污水处理厂在全国总共不超过100个，

但是占污水排放总量的30%～50%。在20世纪90年代初期和目前正在建设的超大型项目已有一部分，由于项目的重要性和资金来源有保障，近期建设的重点仍然是这一类的污水处理厂。根据国内外的经验对于超大型城市污水处理厂采用的工艺大多是比较成熟的传统活性污泥工艺，因此相关设备发展重点是大型污水处理厂的单项技术设备（特别是二级处理相关设备）。其中包括：

① 大型自动格栅除污设备；

② 各种成套除砂、洗砂设备；

③ 大型沉淀池刮吸泥设备；

④ 高效曝气设备；

⑤ 大型污水通用机械设备，如离心风机、污水泵等；

⑥ 大型浓缩、脱水一体化设备；

⑦ 污泥消化成套设备；

⑧ 沼气利用成套设备；

⑨ 配套的自控系统和仪器仪表等；

⑩ 污泥处理和处置成套设备，如堆肥、造粒装置等。

（2）大、中型城市污水处理厂建设

由于城市污水厂污泥采用厌氧消化处理技术，污泥厌氧消化的投资占污水处理厂投资的30%～40%，并且污泥厌氧消化处理技术较复杂。这一问题一直没有得到很好的解决，我国的污泥处理处置与利用起步晚，不论是科研开发，还是工程实践，均远远落后于发达国家和国内需求。因此根据大、中型城市污水处理厂的特点，近期众多城市采用低负荷氧化沟和SBR工艺好氧稳定污泥的方法，对于中型污水处理厂的发展重点是对已基本掌握的氧化沟法和SBR等处理工艺技术加速推广，同时要加快这几种工艺的专用设备的国产化、规模化生产，形成从设计、设备制造、项目建设到运行管理的总体能力。形成如下设备的生产能力：

① 氧化沟的曝气设备：如转刷、转盘和表曝机；

② 污泥浓缩、脱水一体化设备；

③ SBR工艺中的滗水器；

④ SBR专用曝气设备；

⑤ SBR自控设备。

（3）中、小城镇污水处理厂建设

对于我国大量的中、小城镇产生的污水量≤5万立方米/天的小型城市污水处理厂，是我国水污染控制的重点和难点。由于我国目前还处于社会主义发展的初级阶段。大多数中小城镇处于不太发达的农村地区，其造成污染的特点是量大面广，三湖三河治理是我国下一阶段的重点。根据这一特点必须开发中小城镇适用的简易高效污水处理成套技术，重点要解决城市污水处理厂的三高问题，即投资高、电耗高和运行费用高。以水解-好氧生物处理工艺、曝气生物滤池等为代表的低耗、高效工艺可以满足这一需求。因此对于小型城市污水处理厂需要做如下工作：

① 适用的简易、高效城市污水处理装置成套化；

② 简易高效城市污水处理装置的全自动化；

③ 污泥堆肥、造粒制肥技术成套化。

3. 大力鼓励水处理设施运营产业化

污水处理设施的运营产业化涉及两个层次的问题。其一是传统的技术服务的范围不断扩展。由于环境法规健全和执法力度的加强，对于水处理设备运行的达标率和完好率要求更高，因此技术要求的时效性不断加强；同时随着社会主义市场经济的发展，BOT 方式的引入在水处理领域也会逐步打破传统甲、乙方概念，产生甲、乙方角色互换，导致了类似于物业管理型的技术服务需求。这对技术服务提出了更高层次的要求。因此，技术服务范围的扩展、要求的加强和形式的更新等一系列变化，导致技术服务市场内涵的扩大。

其二是随着甲、乙方角色互换，资金筹措的方式发生了改变。计划经济导致目前绝大多数污水处理厂的现状是：由政府投入巨额资金或利用外国政府贷款建设，建成后多为事业单位编制，运行经费由政府有关部门核定拨给，相当一部分污水处理厂运行费用严重不足。这使污水处理厂的良好运行、投资回收、资金还贷等没有保证，甚至出现了即使“有钱建”也“无钱养”的局面。

采用 BOT 投资方式有利于降低工程投资，提高污水处理厂的运行管理水平，同时还能大大地减轻地方政府的经济压力，并加快基础设施建设步伐，满足全社会对公共工程和基础设施的需求。金融业也进入了水污染控制市场，今后各种基金、上市公司、投资公司和银行将加速投入这一市场，加剧这一市场的竞争，但是同时无疑会促进水污染控制市场的成熟和发展。因此，水污染控制市场具有设备化、专业化、资本化和开放性的特点，从事水污染控制的研究、设计和生产部门要适应这种产业化形式。

有关城市水处理与工程案例与相关方面的内容将在第四章工业废水处理工程案例中介绍。

第六节　膜法海水淡化技术与进展

一、概述

淡水资源短缺已经是世界性的难题，用水紧缺成为困扰我国北方和西部等许多城市发展的瓶颈之一。地球上 97%的面积被海洋覆盖，98%以上的淡水资源在海洋中，人们把目光投向海水利用，海水淡化、海水直接利用、浓缩海水综合利用等方面都是目前研究的重点内容。

全球水的总储量为 13.86 亿立方千米，海水就占有 96.5%，人类可取用的地表水和浅层地下水仅为0.79%，且随地域和季节变化分布极不均匀。为了向大海索取淡水，20世纪50年代初，膜技术便被优先提出来了，至70年代海水淡化技术在世界上实现了商品化，经过产品换代、工艺革新，目前已成为最经济的海水淡化和高盐度苦咸水脱盐技术。在政府支持下，我国海水淡化技术也取得了令人瞩目的业绩，成为具有自行设计、生产海水淡化装置的国家。

近几年来，我国海水淡化技术逐渐兴起，但多数仍仅局限于企业的生产用水，社会化应用的市场尚需培育。

海水淡化的社会化应用之所以未能形成规模化效应，原因主要有两个方面：首先是海水淡化生产成本过高，相对于自来水来说，比较价格并没有任何优势；其次是政策方面的缺失，目前为止，国家尚没有关于海水淡化企业的财税优惠政策，企业发展缺少具体的政策性支持。

据了解，现有的技术条件下，海水淡化的成本价格大约是每立方米7元，比现在自来水每立方米3元的价格多出一倍还多，成本太高，没有价格比较优势。

海水淡化是一项新兴的产业，要使其稳步发展好，为经济和社会发展做出更大的贡献，有利的政策环境是必不可少的，需要政府给予政策扶持。尽管早在2005年国家发改委就制定了《海水利用专项规划》，提出将对海水利用特别是从事有关海水淡化项目的企业进行政策性扶持，比如对从事有关海水利用特别是海水淡化的企业给予必要的税收优惠等。但是由于多方原因，相关的具体优惠政策还没有出台，这就使企业在开展海水淡化的社会化应用项目时，经常会面临巨大的技术和资金压力，不得不三思而后行。

海水淡化和利用应与发展循环经济、建设节约型社会结合起来，逐步实现海水对淡水资源的有效替代，使海水利用成为改变和优化水资源结构的有效途径；加快研究制定包括财政、价格、投资、土地、用电等方面的扶持政策和措施，引导和推动海水淡化的发展；广泛宣传海水淡化和利用对解决我国淡水资源紧缺、促进经济社会可持续发展、提高人民生活水平所起的重要作用，使海水利用的必要性、紧迫性家喻户晓，深入人心。

相信随着海水淡化技术的不断发展以及政策的逐步完善，其应用前景十分广阔。

二、海水淡化技术的应用与进展

1. 应用概况

海水淡化是指将35000mg/L的海水淡化至500mg/L以下的饮用水。目前，世界上装机应用的海水淡化方法主要有多级闪蒸（MSF）、多效蒸发（MED）和反渗透法（RO），半个世纪以来已养活了世界上1亿多的人口，促进了干旱沙漠地区和发达国家沿海经济和社会发展。

目前，海水淡化装置的年销售额达到100多亿美元，且以20%左右的年增长速度持续发展，供应商主要是美国和日本，应用地区主要是中东地区、地中海地区和加勒比海地区，其次是东南亚和北非地区。

我国海水淡化技术的应用从20世纪70年代初推广用小型电渗析（ED）海水淡化器开始，1981年建成了200m³/d ED淡化装置，“九五”期间相继建成了RO淡水装置，多为小型或示范工程（表1-2），并向马尔代夫和基里巴斯输出了ED和RO海水淡化装置。

表1-2 已建成有机膜的海水淡化装置

项目	日产量/m^3	承担单位	使用单位	完成时间
ED海水淡化装置	200	杭州处理中心	西沙部队	1981年
NF海岛苦水淡化装置	120	杭州处理中心	山东长岛县	1996年
RO海水淡化装置	500	杭州处理中心	浙江嵊泗县	1997年
RO海水淡化装置	200	广东新世纪水处理公司	大亚湾核电厂	1990年
RO海水淡化装置	1000	北京绿色源泉公司	大连长海县	1999年
RO海水淡化装置	200		上海宝钢	1999年
RO海水淡化装置	1000	杭州水处理中心	山东长岛县	2000年
RO海水淡化装置	1000	杭州水处理中心	浙江嵊泗县	2000年
RO苦咸水淡化装置	18000	文本玉柴绿源环境公司	沧化集团	2001年

2. 反渗透海水淡化技术的进展

2012年2月，国务院下发《关于加快发展海水淡化产业的意见》；随后，《“十二五”节能环保产业发展规划》、《“十二五”国家战略新兴性产业发展规划》等“十二五”规划相继出台，均提及要加强自主创新能力，加快海水淡化产业发展。

2012年8月29日由科技部和发改委发布了《海水淡化科技发展“十二五”专项规划》。

规划指出，预计到2015年，全球海水淡化市场规模将会达到700亿～950亿美元。从区域来看，未来20年国际海水淡化市场增长最快的仍然是中东地区，其次是美国、澳大利亚、阿尔及利亚、西班牙、印度和中国。

规划指出，“十二五”期间海水淡化科技发展的基本原则是：坚持战略布局与需求引导相结合；坚持自主创新与规模效益并重；坚持重点培育与配套发展相结合。

规划提出，“十二五”期间，通过本专项5年的实施，初步形成我国海水淡化技术创新体系。具体目标为：突破6项以上具有自主知识产权的海水淡化核心共性技术；研制6项以上具有自主知识产权的海水淡化关键装备；建设2～3座日产水5万吨以上的大型海水淡化示范工程，关键设备国产化率达75%以上；突破一批新技术、新材料和新工艺，使海水淡化能耗和制水成本在现有基础上降低20%以上；

形成80件以上海水淡化技术相关专利；组建2～3个海水淡化产业技术创新战略联盟，培育10家以上具有国际竞争力的海水淡化核心部件和设备制造企业，形成较为完善的海水淡化产业链。

据了解，海水是一种非常复杂的多组分水溶液。由于其含盐量非常高，而不能被直接使用，目前主要采用两种方法淡化海水，即蒸馏法和反渗透法。

反渗透，一种以压力差为推动力，从溶液中分离出溶剂的膜分离操作。对膜一侧的溶液施加压力，当压力超过它的渗透压时，溶剂会逆着自然渗透的方向作反向渗透。从而在膜的低压侧得到透过的溶剂，即渗透液；高压侧得到浓缩的溶液，即浓缩液。若用反渗透处理海水，在膜的低压侧得到淡水，在高压侧得到卤水。

简单来说，当纯水和盐水被理想半透膜隔开，理想半透膜只允许水通过而阻止盐通过，此时膜纯水侧的水会自发地通过半透膜注入盐水一侧，这种现象称为浸透，若在膜的盐水侧施加压力，那么水的自发流动将会受到抑制而减慢，当施加的压力达到某一数值时，水通过膜的净流量等于零，这个压力称为渗透压力，当施加在膜盐水侧的压力大于渗透压力时，水的流向就会逆转，此时，盐水中的水将流入纯水侧，上述现象就是水的反浸透（RO）处理的基本原理。

在各种膜分离技术中，反渗透技术是近年来国内应用最成功、发展最快、普及最广的一种。估计自1995年以来，反渗透膜的使用量每年平均递增20%；据保守统计，1999年工业反渗透膜元件的市场供应量为8in（1in=2.54cm）膜6000支，4in膜26000支。2000年和2001年的市场更为强劲，膜用量一年比一年有较大幅度的提高。据此估算，反渗透技术的应用已创造水处理行业全年10亿人民币以上的产值。国内反渗透膜工业应用的最大领域仍为大型锅炉补给水、各种工业纯水，饮用水的市场规模次之，电子、半导体、制药、医疗、食品、饮料、酒类、化工、环保等行业的应用也形成了一定规模。

反渗透将成为新世纪的主要海水淡化技术。工程稳定可靠与造水成本低廉是吸引用户的主要原因。

（1）膜与组件性能提高

世界各生产膜组件的公司仍十分重视RO膜与组件的技术创新，目的在于开发抗氧化、耐细菌侵蚀的新膜以及提高膜与组件的产水量、脱盐率等。这些工作已取得一定的进展，如美国DOW公司推出FILMTEC BW30LE－440膜元件，在约1.05MPa压力下，产水量43.5m^3/d，脱盐率大于99%，一个新元件几乎相当于换代前的两倍。Fluid Systems公司推出Premium TFC新元件，其苦咸水和海水膜元件的脱盐率分别高达99.7%和99.8%。日本的东丽公司和日东电工公司已开发出可耐9.0MPa的海水淡化膜，并已在西班牙建造了回收率高达60%的两段RO海淡化装置。见表1-3。

表 1-3 国外典型的海水反渗透组件

公 司	品名型号	膜材	膜构型	产水量/(m^3/d)	脱盐率/%
杜邦	Permasep B-10TWIN	聚酰胺	中空纤维	60.6	99.35
东洋纺	TOYOBO Helloes HM10255F	三醋酸纤维素	中空纤维	27.5	99.2～99.4
陶氏化学(FILMTEC)	SW-8040	聚酰胺	卷式复合膜	23	99.6
OSMONIC(DESAL)	Desal-11AD	聚酰胺	卷式复合膜	—	99.4
Fluid Systems	SW-30	聚酰胺	卷式复合膜	—	99.8
日东电工(Hydromantic)	NTR-70 SWC-S8	聚酰胺	卷式复合膜	16	99.6

（2）工程投资低

1990 年膜组件价格，按消费价格指数折算，仅为 1973 年的 40%。1990 年之后又有明显的下降。按从标准海水生产淡水计，目前工程投资为 MSF 在 1800～2000US＄/(m^3 · d)，低温 MED 在 1100～1600 US＄/(m^3 · d)，RO 在 700～900US＄/(m^3 · d)，且 RO 海水淡化厂建设快，1 万立方米的 RO 海水淡化厂可在 7 个月交付使用。

（3）能耗降低

采用功交换器（work exchanrye enerar recovear），将从 RO 组件排出的高压浓水的压力回收并传递给组件进水，其转换效率可高达 89%～96%。Scott A. Shumway 报道，一种新型的能回收装置已成功应用到 13600m^3/d 和 5000m^3/d 的反渗透海水淡化装置上，过程能耗为 2.6kW · h/m^3。Gord F. Leitner 指出加上预处理能耗，总能耗为 2.83kW · h/m^3。这是近几年在工艺方面的突出进展。

反渗透装置脱盐部分或级与级之间，可使用能量回收透平，以提高下一段或级的进水压力，提高产水量。原理示意见图 1-1。

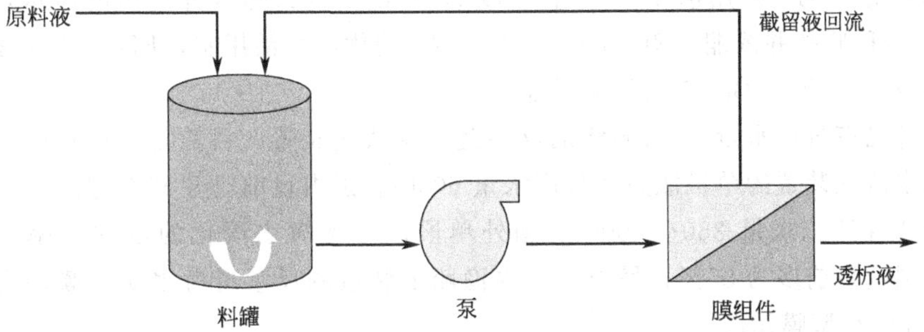

图 1-1 膜分离操作基本工艺流程

Steven J. Duranceau 等报道，1996 年佛罗里达水服务公司在 Marco 岛对现有 15000m^3/d 苦碱水淡化进行改造，通过使用段之间的能量回收透平，使系统的产水量增加 3780m^3/d，增幅达 25%。

一般段之间能量回收透平适用于苦咸水反渗透淡化（含盐量 7500～10500mg/L），淡化能耗降到 0.82kW · h/m^3。在反渗透海水淡化流程中，采用纳滤（NF）作为预处理，即 NF-RO 系统，NF 脱除部分硬度和 TDS，从而提高 RO 的操作压力和水回收率，可进一步降低能耗25%，造水成本可降低30%。

目前各种淡化方法在能耗方面都无法与RO竞争。RO为4～5kW·h/m³、ED为14～16kW·h/m³、MED为9～10kW·h/m³、MFS为12～14kW·h/m³。

3. 脱盐、浓缩在废水资源化方面的应用

海水淡化为高食盐水的深度脱盐技术，为提高原水回收率，对排放浓水的浓度也有一定要术，这与超滤、微滤处理污染或微污染水的技术特性大不相同，与高浓度废水处理，特别是无机系废水处理存有较多共性技术，但要特别注意膜对料液环境的适用程度。

反渗透处理电镀废水、放射性废水已很成熟。20世纪70年代开始用于镀镍漂洗废水处理，然后又用于镀铬、镀铜、镀锌、镀镉等废水处理。美国芝加哥API工艺公司采用B—9芳香族聚酰胺中空纤维膜组件处理Watt Ni漂洗水，废水含Ni^{2+} 650mg/L，经RO浓缩20倍达到13000mg/L、Ni^{2+}的分离率为92%。北京广播器材厂用醋酸纤维素膜处理亮镍和暗镍的漂洗废水，废水中Ni^{2+}为1510～2400mg/L。系统Ni^{2+}的回收率>99%。

由于ED海水淡化的耗电为RO的3倍，ED在海水淡化中的应用愈来愈少，其在苦咸水脱盐中仍有较大竞争优势。离子交换膜具有很强的耐酸、碱性，耐氧化性，在含酸、碱、盐高的废水处理中应用十分广泛。

我国ED、RO用于废水处理，以膜集成技术发展零排放工程为开发方向，不仅回收有效成分，真回收的淡水可做工艺或生活用水。如Al_2O_3生产零排放工程。将Al_2O_3生产废渣赤泥上的结合碱和附液碱，通过加石灰乳和通入蒸汽，从固相转移到液相，形成约含8g/L NaOH的复杂溶液，微孔过滤后进入电渗析，制取含碱<500mg/L的生产用水和工艺用NaOH。我国西部天然气井涌出的卤水，可用BD-RO流程脱盐并浓缩，RO制得<400mg/L的优质生活用水，BD可浓缩卤水达140g/L左右，提取Br、I或蒸发制盐。

国外已有日产水量10万吨级的反渗透海水淡化装置，目前正在运行的大型卷式膜海水淡化装置的单机能力为日产水量6000t。国内目前已建和在建的反渗透海水淡化装置日产水量350～1000t，国外单段反渗透海水淡化的水利用率最高达45%，国内目前多为35%，另外，国内渔船上装载的反渗透海水淡化膜多用直径为2.5in的小型膜元件。

目前国内批量生产海水淡化装置的公司不超过20家，2000年前，在河北建设的日产水量18000t的“亚海水”脱盐装置是国内最大的使用海水淡化膜的反渗透装置。然后几年内，国内海水淡化膜的应用进入了一个新时期，我国已建成了日产水万吨级的海水淡化装置3～5座。此外国内已开始商业生产海水淡化反渗透膜元件。

据联合国提供资料分析，中国水资源总量为28124亿立方米，居世界第6位，中国人均水资源量为2340m³，全球排在109位。到21世纪中叶，中国人口预测达

16 亿时，人均水资源为 1600m^3，成为严重缺水的国家。中国设立的 668 个城市中，缺水城市约 400 个，严重缺水的城市约 108 个。这些城市日缺水量为 1600 万立方米，全年缺水量为 200 亿立方米。中国每年工业、生活污水排放量已达约 600 亿立方米，90%的城市水域受到不同程度的污染，尤其南方城市由于采用地表水做水源，而地面水又受到不同程度的污染，因此导致水质性缺水。水是我国经济、社会发展的战略性资源。我国政府对水资源的开发、利用、保护十分重视。在海水淡化、苦咸水脱盐、废水回用中，RO 和 ED 脱盐技术将发挥重要作用。

中国的水资源分布不均，各地对水源的利用情况也有所不同，在北方，利用海水淡化来供水。

目前的主要困难是研制价格便宜、稳定、长期受压无损的反渗透膜。中国从 21 世纪初开始掌握自主反渗透膜生产技术，在政府的大力支持下，反渗透膜生产技术已列入国家计委高新技术产业化重点发展专项计划，由杭州水处理研究开发中心所属企业"杭州北斗星膜制品有限公司"承担并研发成功。目前反渗透膜市场 90%为进口膜，国产膜只占据了 10%左右的市场，中国的反渗透技术还有很长的路要走。

三、常用海水淡化技术的应用

反渗透法（RO）海水淡化技术是将海水加压，使淡水透过渗透膜而盐分被截留的淡化方法。反渗透主体设备主要由高压泵、反渗透膜、能量回收三部分组成，无论海水、苦咸水，亦无论大型、中型、小型都适应，是海水淡化技术近 30 多年来发展最快的，在中东国家、美洲和欧洲等的大中生产规模的装置都以反渗透为首选，也是我国目前的首选方法。

下面，介绍几个常用的海水淡化技术。

（1）多级闪蒸（MSF）

将经过加热的海水，引入到一个压力较低的空间内，由于环境压力低于受热海水的温度所对应的饱和蒸汽压，此时海水急速地部分汽化，产生蒸汽，经冷凝而变成淡水。利用这一原理便可做成依次多个压力逐级降低的闪蒸室进行蒸发。多级闪蒸海水淡化装置的规模可以较大，成为大型海水淡化工厂，并可以与热电厂建在一起，利用热电厂的余热加热海水，而水电联产将可以大幅度降低生产成本，现行大型海水淡化厂大多采用此法。

（2）多效蒸发（ME）

将加热后的海水经多个蒸发器串联运行的蒸发过程。主要是与火电站联合运行，但规模一般在日产万吨以下。这包括两种类型：一类是多效分裂式，20 世纪 70～80 年代较盛行，称为竖管蒸发（VTE），操作温度一般较高，顶温在 100～120℃，欧洲和亚洲一些火电厂都在使用；另一类是低温多效蒸馏（LT-MED），顶温在 70℃左右，较前者更具竞争力，是蒸馏法中最节能的方法之一。

(3) 压汽蒸馏 (VC)

海水预热后，进入蒸发器并在蒸发器内部分蒸发。所产生的二次蒸汽经压缩机压缩提高压力后引入到蒸发器的加热侧。蒸汽冷凝后得到淡水，如此实现热能的循环利用。其用电或蒸汽驱动，也属于最省能的淡化方法之一。但规模一般不大，多为日产千吨级。

(4) 电渗析法 (ED)

电渗析是以电位差为推动力，利用离子交换膜的选择透过性而脱出水中离子的淡化过程。电去离子 (EDI) 是一种电渗析和离子交换相结合的方法，在直流电场的作用下，实现电渗析过程，离子交换盐和离子交换连续再生过程。

(5) 冷冻法

即冷冻海水使之结冰，在液态淡水变成固态冰的同时盐被分离出去。从理论上分析，是最有前途的淡化方法之一，但目前未形成实用规模。我国海冰资源巨大，只是采集、融化、冰水除盐等的工耗、能耗以及相关设施问题，尚需进一步做工程研究。而人工冷却法，早在20世纪70年代美国就着手研究，问题是制冷、结冰、冰晶输送、融化以及冷量回收等单元过程太多，效率不高，成本过大。

四、最新沸石膜在海水淡化技术的应用与进展

上述工业化应用的海水或工业废水脱盐方法主要分为膜法和热法，前者主要以反渗透 (RO)、纳滤 (NF)、渗透汽化 (PV) 及电渗析 (ED) 为主，后者则包括多级闪蒸 (MSF)、低温多效蒸馏 (LT-MED) 及压汽蒸馏 (VC) 等。

相对于热法，膜法的能耗低，系统安装维护相对简单，应用非常普遍，且相关新技术还在不断研究开发中。目前用于膜法脱盐的膜材料主要为有机膜，但由于其易污染且寿命短，需要频繁清洗和更换膜材料，脱盐成本高，且大部分有机膜材料不能用于含有机溶剂或较高温度的含盐废水处理，因此开发化学稳定性好、耐高温且不易污染的膜材料意义重大。有机无机膜可用于脱盐过程，特别是新型的沸石膜材料，其种类多、耐高温、抗腐蚀，具有广阔的应用前景。

1. 沸石膜简介

沸石分子筛应用于分离是基于不同分子的尺寸大小、形状、极性及不饱和程度等性质差异。这种分离通常是依靠非稳态的变压吸附过程 (PSA)，在2个或多个装填分子筛的固定床之间通过吸附与脱附交替进行而完成。H. Suzuki 于1987年首次以专利形式报道了在多孔载体上合成的分子筛膜，从此沸石膜研究和应用得到快速发展。由于沸石膜的出现，非稳态分离过程转化为简单有效的稳态过程，可与催化反应等过程相耦合，实现反应分离一体化，既提高了反应转化率，又可节约能耗。此外，沸石膜还在量子尺寸的半导体团簇、化学传感器、金属防腐、低介电材料及太空材料等方面具有潜在的应用价值。虽然有机膜已在海水淡化、有机物分离

等领域实现商品化，但在分离中不可避免地会出现生化污染、浓差极化和膜溶胀等现象，大大限制了其使用范围。沸石膜作为一种新型的无机膜，与有机膜相比具有不发生溶胀、抗腐蚀和污染能力强、化学和热稳定性优异等特点。除此之外，沸石膜还具有分子筛特性：孔径均一（亚纳米级，一般<0.8nm），可利用分子筛孔道的选择性吸附和择形扩散等功能有效实现不同尺寸和不同性质分子的分离；沸石孔道内的阳离子可进行交换，沸石膜外表面可通过化学气相沉积法进行选择修饰，使膜孔径大小、催化和吸附性能变得可调，实现催化和分离的精确控制；沸石膜的硅铝比不同，具有不同的亲水、疏水性能和耐酸性能，可根据需要选择不同的沸石膜和硅铝比。沸石膜的这些特点使其具有更广阔的应用前景。1999 年日本三井造船公司就率先实现了 NaA 沸石膜的商业化生产及渗透蒸发膜分离装置的工业化应用，到目前为止世界已有 60 多套 NaA 沸石膜渗透蒸发装置投入到工业化运行中。而将沸石膜用于脱盐技术是近几年兴起的研究热点。

2. 沸石膜在海水淡化中的应用

(1) 沸石膜海水淡化原理

沸石膜主要通过孔道结构及表面电荷效应实现海水淡化或废水脱盐。理想的聚多晶沸石膜是连续的（晶体间充分交互生长）、无缺陷的薄膜，只包括均一的亚纳米级沸石孔道，一般情况下水合阴、阳离子、分子的动力学直径较大而很难或不能通过，此外经过离子交换改变沸石孔道的大小也可限制离子通过，因此具有非常理想的脱盐选择性。但由于固有性质及合成技术的不完善，制备出的沸石膜常存在一些不可避免的非分子筛孔道（通常指比沸石孔大的孔道，包括晶间孔、堆积孔和裂纹等），即沸石膜存在缺陷。因此减少沸石膜缺陷是提高沸石膜脱盐率的关键。根据工作压力和温度的不同，可将沸石膜脱盐技术分为反渗透和渗透汽化两大类，其分离原理如图 1-2 所示。

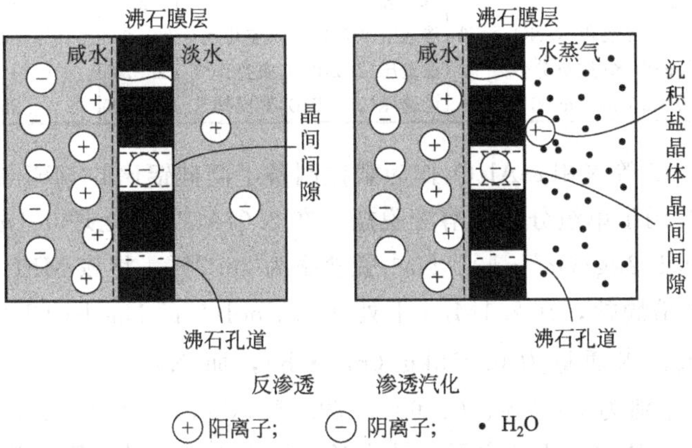

图 1-2 沸石膜脱盐原理

沸石膜反渗透脱盐主要依靠渗透压力作为驱动力，膜两侧均为液体；而沸石膜渗透汽化脱盐属于加热辅助型的分离过程，进料侧为液相，不需要较高的压力（也可以有压力驱动），且渗透通量相对较大，透过侧为气相，这样即使有少量盐离子透过膜，也会沉积在膜表面，不易进入已分离水相，因此脱盐率相对反渗透较高，但渗透汽化需要附加真空系统和冷凝系统。然而，不管反渗透还是渗透汽化脱盐都需要沸石膜具有选择性，即结构筛分、表面吸附离子的电荷排斥效应等分离特性。

(2) 沸石膜反渗透海水淡化

反渗透法是一种将海水或盐水加压，使淡水透过选择性渗透膜的淡化方法。这种膜只允许纯水通过而排斥盐离子。反渗透过程要求将环境温度下的咸水增压，然后使其暴露在半渗透性膜上，在无相变下经膜表面或孔道排除水中的盐分。反渗透法投资省、能耗小、操作方便，海水经反渗透处理后完全可达到 WHO 的饮用水标准。反渗透法淡化海水技术经过近 40 年的发展已相当成熟，工业上广泛应用的反渗透膜由有机聚合物材料制成，由于其易氧化、易污染、不耐细菌侵蚀，且水通量和脱盐率低，因此近几年沸石膜已成为研究开发的热点（见表 1-4）。

表 1-4 沸石膜脱盐性能

项目	膜材料	进料	驱动力	温度/℃	水通量/[kg/(m²·h)]	脱盐率/%
反渗透	MFI	0.1mol/L 无机盐单组分溶液	渗透压(2.1～3.4MPa)	室温	0.028～0.077	21.6～96.2
	MFI	0.1mol/L 无机盐单组分溶液	渗透压(2.75MPa)	10～60	0.214～0.430	97.8～99.3
	MFI	0.1mol/L 无机盐共混溶液	渗透压(0.69～2.76MPa)	室温	0.160～0.322	72.4～98.3
	MFI	质量分数为 0.5%的海水	渗透压(0.7MPa)	室温	0.5	−150～17
	SOD	水	渗透压(0.1～0.3MPa)	20～60	1.2～3.6	
	FAU	含 Cr(Ⅲ)废水	渗透压(0.82～4.5MPa)	25	1.278～2.826	97～99
渗透汽化	MFI	质量分数为 3.8%的海水	真空排气	25～90	0.22～0.86	97～99
	NaA	放射性含盐废水	真空排气	25	0.86～5.3	99.44～99.83
	NaA	海水、NaCl 溶液和 $NaNO_3$ 溶液	渗透压(2.2MPa),真空排气	30～200	0.622～6.111	>99.99
	SOD	0～35%的海水(质量分数)	渗透压(2.2MPa),真空排气	30～200	2～3.8	>99.99
	SOD	pH 值为 13.7 的 NaOH 溶液	渗透压(2.2MPa),真空排气	30～200	2.25	>99.99

Liangxiong Li 等采用 α-Al_2O_3 作为载体制备了高硅铝比的 MFI 型沸石膜（Silicalite-1 型），并用于单组分盐水溶液脱盐，在 2.07MPa 下处理 0.1mol/L NaCl 溶液，水通量为 0.112kg/(m²·h)，Na^+ 脱盐率为 76.7%。将该 MFI 型沸石膜用于多组分的盐水溶液脱盐，在 2.1MPa 下处理 0.1mol/L 的 $NaCl$-KCl-NH_4Cl-$CaCl_2$-$MgCl_2$ 进料溶液，水通量为 0.058kg/(m²·h)，而 Na^+、K^+、NH_4^+、Ca^{2+} 及 Mg^{2+} 的脱盐率分别为 58.1%、62.6%、79.9%、80.7% 及 88.4%。实验结果表明，分离通量、脱盐率与水合离子的动力学分子大小及扩散特征有关。该课题组还研究了离子浓度尤其是反离子浓度对水通量和脱盐率的影响。在多价态离子（如 Ca^{2+} 和 Al^{3+}）的存在下，水通量和 Na^+ 脱盐率均快速降低，这是由于沸石孔道吸

附了多价态的阳离子，增加了沸石膜的孔道直径，减少了沸石膜孔道对离子的屏蔽效应，降低了 Na^{+} 的通过阻力。

M. C. Duke 等采用不同硅铝比的 MFI 型沸石膜进行反渗透海水淡化研究，在 2.07MPa 下处理质量分数为 0.5% 的海盐溶液，Silicalite-1 型和 ZSM020 型（硅铝比=20）沸石膜在脱盐初始阶段的渗透通量均下降，而在整个实验中 2 种膜材料均保持负脱盐率，这种现象可用电荷排斥效应机理解释。M. Kazemimoghadam 制备了羟基 SOD 沸石膜，用于反渗透脱盐制取饮用水。

（3）沸石膜渗透汽化海水淡化

沸石膜渗透汽化技术是近 20 多年来发展起来的新型膜分离技术，其利用均相混合物中某种或某些组分能优先透过膜的特点，使原料侧中该种组分优先扩散透过膜，并在膜的另一侧汽化，达到分离混合物或浓缩物料的目的。该技术在替代精馏或吸附工艺脱水精制生化乙醇、异丙醇等化学品中应用最为广泛，而用于海水淡化只在近几年才受到关注。

沸石膜渗透汽化海水淡化属于加热辅助分离类型，其渗透通量可通过控制进料温度、改变载体类型和膜厚度进行调节，在沸石膜渗透汽化研究中水的通量可以达到 $40kg/(m^2 \cdot h)$，而且可以通过太阳能加热技术来解决进料加热预处理耗能问题。

沸石膜渗透汽化具有设备紧凑、操作简单、性能稳定、产水质量高等优点，可以在常压下进行，无需把海水加热到沸点，又可设计成潜热回收的形式，因此可望成为大规模、低成本制备淡水或含盐废水处理的有效方法。

M. C. Duke 等采用不同硅铝比 MFI 型沸石膜进行渗透汽化海水淡化，发现离子的脱盐率超过 97%，针对通量和脱盐率的变化分别提出了孔结构/表面荷电/离子交换/热膨胀协同机理和电荷排斥/结构筛分/表面汽化协同机理。

S. Khajavi 等介绍了羟基 SOD 沸石膜渗透汽化海水淡化性能。羟基 SOD 沸石膜属于较小孔径沸石膜（0.265nm），对海水、NaCl 溶液和 $NaNO_3$ 溶液都表现出很高的脱盐率，在 2.2MPa、30～200℃下运行超过 100h，其脱盐率>99.99%。SOD 沸石膜海水淡化通量大于纯水通量，且随盐浓度的增加而增加。

C. H. Cho 等研究了 NaA 沸石膜渗透汽化海水淡化性能。所制备 NaA 沸石膜的非沸石孔道尺寸不超过 0.8nm，其海水脱盐率为 99%，并因此提出了结构筛分/电荷排斥/表面汽化协同机理。

3. 沸石膜在复杂含盐废水处理中的应用

早在 20 世纪人们就成功利用天然沸石处理各种含盐废水，尤其是核废水、含重金属离子废水及其他有毒含盐废水。最近利用沸石膜处理复杂含盐废水引起学者的兴趣。

A. Malekpour 等用 NaA 沸石膜对模拟放射性废水进行脱盐处理，发现脱盐率高达 99%。实验中随着渗透汽化操作时间的增加，进料侧的离子浓度增加，渗透通量减小，这是由于部分非沸石孔道内沉积了盐晶体。

C. Covarrubias 等成功用 FAU 型沸石膜反渗透处理含 Cr^{3+} 废水，Cr^{3+} 去除率>95%。在分离初始阶段，Cr^{3+} 与 FAU 沸石膜孔道中的 Na^{+} 交换，待交换饱和后，FAU 沸石膜孔道变小，有效阻碍了 Cr^{3+} 通过，水通量也相应变小。此外，研究还发现渗透压的增加对 Cr^{3+} 去除率几乎无影响。综上所述，沸石膜具有优异的复杂废水脱盐能力，工业应用前景广阔。

总之，沸石膜是一类可用于海水淡化和复杂含盐废水处理的新型膜材料，相比有机膜，它耐高温、抗生化腐蚀、使用寿命长、渗透通量和脱盐率更高。

沸石膜能用于反渗透及渗透汽化水处理，尤其可用于复杂含盐废水处理。然而要将沸石膜用于工业脱盐水处理，还需解决几个关键难题：

① 改进沸石膜的制备技术，减少或消除沸石膜制备过程中的缺陷；

② 尽可能降低沸石膜的生产成本，延长沸石膜的使用寿命；

③ 需对沸石膜工业化脱盐工艺技术进行设计和应用推广。

随着脱盐技术研究的深入和工艺的成熟，沸石膜必将成为海水淡化或复杂含盐废水处理的重要膜材料之一。

第七节　膜技术与工业废水处理中的应用

一、概述

早在 1861 年 Schmidt 用牛心包膜截留阿拉伯胶，可作为世界上第一次超滤试验，到 1960 年，在 Loeb 和 Sourirajan 试验成功不对称反渗透醋酸纤维素膜的影响下，1963 年 Michaels 开发了不同孔径的不对称 CA 超滤膜。基于 CA 膜物化性质的限制，从 1965 年开始，不断有新品种的高聚物超滤膜问世，并很快商品化，1965～1975 年是超滤工艺大发展的阶段，膜材料从初期的不对称 CA 膜扩大到现在的聚砜（PSF）、聚丙烯腈（PAN）、聚醚砜（PES）以及各种高分子合金膜等，膜组件有板式、卷式和中空纤维等，在不同的生产过程中都已成功应用。目前所用超滤膜较多由高分子材料制成，随着工业上超滤技术的应用和发展，以金属、陶瓷、多孔硅铝等材料制成的无机膜，在 20 世纪 80 年代初期至 90 年代获得了重要发展。如 1980～1985 年，美国 UCC 公司开发的载体为多孔炭、外涂一层陶瓷氧化锆的无机膜可用作超滤膜管，美国 Alcoa/SCT 公司开发的商品名为 Membralox 的陶瓷膜管，能承受反冲，可采用错流（cross flow）操作。用无机膜进行超滤，比常规的分离技术更加经济有效。目前工业所用的无机膜几乎全部是多孔陶瓷膜或以多孔陶瓷为支撑体的复合膜。随着粉末技术的发展，很多优质价廉的烧结金属微孔管投入市场，它具有易于和金属构件组合、加工等优点。近年来，国外还有人烧结不锈钢微孔管内壁烧结孔径为 0.1nm 的 TiO_2 薄层，构成 Scepter 不锈钢膜。在本节膜技术与工业废水处理中的应用主要介绍超滤膜相关技术的应用，详细内容介绍将在第五章膜过滤技术与综合回收叙述。

近 30 年是超滤技术迅速发展的时期，超滤技术被广泛地应用于饮用水制备、食品工业、制药工业、工业废水处理、金属加工涂料、生物产品加工、石油加工等。

二、工业废水处理中的应用

目前膜法水处理技术在环境过程中的应用，主要是超滤、反渗透、渗析和电渗析等方法用于处理各工业废水。超滤技术因其操作压力低、能耗低、通量大、分离效率高，可以回收和回用有用物质和水，特别是通量大的特点，使得超滤成为废水处理工程采用的主要膜分离技术。

1. 电泳漆废水

国外超滤技术的较大规模应用开始于 20 世纪 70 年代，当时就是主要用于电泳涂漆工业。废水中的漆料是使用漆料总量的 10%～50%，采用超滤技术处理电泳漆废水不仅可以减少漆的损失和回用废水，而且可以使有害无机盐透过超滤膜从而提高了电泳漆的比电阻，调节和控制漆液的组成，保证电泳涂漆的正常运行。70 年代初期主要用 CA 膜管式超滤器处理阳极电泳漆废水，70 年代后期，改用框式、卷式、中空纤维式超滤器处理阴极电泳漆废水。国内一些汽车厂、电泳漆行业也采用超滤技术，如长春汽车轿车厂从 Aomicon 公司引进中空纤维式阴极电泳漆专用超滤器，由 30 根直径 7.62cm 的膜组件并联而成，总膜面积约 $75cm^2$，处理能力为 1.5t/h，装有循环液定时自动换向系统，以减少膜污染，延长膜清洗周期。北京某汽车厂原排放电泳漆废水量为 $200m^3/d$，工件带出漆液量 19.13L/h，经用超滤法处理后，保证了电泳槽漆液的电阻率大于 500Ω/cm，维持了电泳漆的固体含量稳定，对电泳漆的截留率为 97%～98%，排水量降到 $5m^3/d$，节省了大量补充的去离子水。中国科学院生态环境研究中心研制出荷正离子的中空纤维膜组件，对比实验表明结果良好，与进口膜性能相近，可以用于生产。无锡超滤设备厂对有关的超滤膜进行开发，以共聚丙烯腈为膜材料，二甲基乙酰胺为溶剂，添加适量致孔剂制取的荷正电荷超滤膜透液量大，性能稳定，涂料截留率高，抗污染性能好，已用于生产。我国许多厂家引进国外超滤装置，所以用性能优良的国产荷电超滤膜装置取代进口装置成为现在的新目标。

2. 化纤、纺织工业废水

化纤工业中有多种废水可用超滤法处理与回收。如回收聚乙烯醇（PVA），国外不少工厂已用于生产。日本某工厂采用 $8cm^2$ 的管式超滤器将 PVA 原液由 0.1% 浓缩到 10～15 倍，进口压力为 3.92×10^5Pa，出口压力为 1.96×10^5Pa，进料温度

55～66℃，膜的水通量为100～140L/(cm^2·h)，对PVA的分离率为98.2%，每天回收PVA 20kg，运行良好。

染料废水种类繁多，组成复杂，主要包括含盐、有机物的有色废水，氯化及溴化废水，含有微酸和微碱的有机废水，含有铜、铅、铬、锰、汞等阳离子的有色废水，含硫的有机物废水。废水量大，浓度高，色度高，毒性大，是治理难度最大的工业废水之一。上海印染厂最早采用醋酸纤维外压管式超滤装置处理还原染料废水并回收染料获得成功，中科院环境化学所也完成了用聚砜超滤膜管式和中空纤维式装置处理染料废水的现场实验，脱色率为95%～98%，COD去除率60%～90%，浓缩液含染料15～20 g/L，并被印染厂用于生产。

洗毛废水是纺织工业污染最严重的废水之一，洗毛废水中含有大量的悬浮物、油脂和合成洗涤剂，其中主要污染物是羊毛脂。羊毛脂是日用化工、医药工业的原料，也是很好的防腐剂和润滑剂，具有较高的经济价值。传统回收羊毛脂的方法回收率较低，而采用超滤技术处理洗毛废水取得了好的效果。国内的许多毛纺厂和洗毛厂采用超滤法处理洗毛废水工艺，该工艺包括预处理、超滤浓缩、离心分离和水回用四个系统，比传统的离心工艺羊毛脂回收率提高1～2倍。具体操作工艺条件为：料液温度50 ℃，操作压力0.12～0.35MPa，膜表面流速3m/s，膜平均水通量40L/(cm^2·h)，浓缩倍数为3～6倍，结果油脂截留率为98%～99%，COD截留率为90%～98%。

3. 造纸工业废水

造纸工业耗水量极大，造纸废水主要来源于去皮、浆化、洗净、漂白、抄纸等工序。用超滤技术处理造纸废水既可以对废水中某些有用成分进行浓缩回收，又可将透过水回用。开山屯化纤浆厂是国内制浆造纸行业中第一家引进了具有国际20世纪80年代先进水平的大型超滤设备，并成功地用于亚硫酸盐制浆废液的处理，在此基础上又用自制聚砜膜代替进口膜而取得成功，实验证明达到了DDS公司生产的FSN61PP超滤膜的水平。工艺为：将废液预热升温到50～70℃，打开进料阀，废液经过过滤器进入储罐内，超滤始终控制入口压力0.6MPa，出口压力0.3MPa，膜的工作温度60～65℃，膜工作面积2.25cm^2。结果成品的木质素磺酸浓度大于95%，还原物去除率大于85%，达到了对废液中高分子木质素磺酸的有效分离、纯化以及浓缩的目的。日本于1981年采用NTU-3508超滤组件建成了日处理4000m^3的管式膜装置，是世界上最大规模的装置。我国目前已具备生产此类超滤和反渗透膜组件的能力，并迅速推广。

4. 印钞废水

我国印钞业擦板废液的处理一直是困扰印钞行业的老大难问题。中科院上海原子核研究所与上海印钞厂、南昌印钞厂、西安印钞厂等合作，从1993年开始进行了用板式超滤器处理擦板废液的工作，并对原有的HPL-Ⅱ（A）型超滤器进行了改进，研制成功适用于处理印钞擦板废液的HPL-Ⅱ（B）型板式超滤器。经超滤处理后，透过膜的清液不含油墨，碱的含量不变，对COD的去除率为99%以上，对固含量为3%的擦板废液可浓缩至12%，废液的回收率为75%，且比采用中和法处理废液省力，节省大量资金。

5. 酿造工业废水

味精废液是含大量菌体等有机物、氯化物的黏性液体，COD高达70000mg/L，废液的排放对环境造成严重的污染，同时废液中还含有一些价值很高的代谢副产物。味精厂用CA、PS、PVC等超滤膜对味精废液进行处理，其操作条件为：操作压力0.25MPa，操作温度25℃，超滤浓缩倍数5～6倍。处理结果表明：透过液清澈透明，菌体去除率达98%以上。透过液经管道输入酱油厂用来生产味精酱油；对浓缩液进行超滤可得到含蛋白质和脂肪及核酸的价值很高的代谢副产物；超滤谷氨酸发酵液，透过液清澈透明，用来提取谷氨酸可大大提高纯度和提取率。

6. 含油废水的处理

乳化油废水是一种常见的工业废水，超滤法处理乳化油废水应用已有30多年。在1979年，联邦德国已有超过250个超滤设备被用于浓缩乳化油，所用膜组件为管式、卷式和板式，1989年膜生产单位提高为能处理乳化油废水的系列膜设备。采用荷电中空纤维膜处理含有氢氧化钠、磷酸盐、碳酸钠、硼酸钠、亚硝酸钠和非离子或阴离子表面活性剂的乳化油废水时，在温度50℃，进口压力0.12MPa，出口压力0.10MPa时，透过液通量达25～33L/(cm^2·h)，透过液含油量仅十几毫克/升。对于含有氢氧化钠、盐等水溶液和部分表面活性剂的透过液稍加调整即可回用脱脂。浓缩液进入油-水分离器，分离出来的油品可回收形成无排放体系。目前，上海宝钢采用Abcor公司管状膜的大型超滤设备来处理乳化油废水。中科院上海原子核研究所选用PSF100型超滤膜采用3块HPM型隔板并联成板式超滤器，在料液流速1.6m/s，平均压力0.3MPa，自然升温等运行条件下，先后进行2次连续浓缩运行，结果表明：油分截留率大于99%，COD的去除率达到95%，体积浓缩比高，超滤平均通量为30L/(cm^2·h)，处理乳化油废液效果很好。

含原油废水中含油量通常为100～1000mg/L，超过国家排放标准（10mg/L），故排放前必须进行除油处理。可采用中空纤维超滤膜组件和超滤设备，在操作压力为0.10MPa，废水温度40℃，膜的透水速度可达60～120L/(cm^2·h)，可以把含原油100～1000mg/L的废水处理达到环境排放标准10mg/L以下，也使处理后的水质达到了低渗透油田的注水标准。

金属加工过程中产生大量的含有切削油、悬浮物和洗涤剂的废水，必须进行处理才能排放。超滤处理可把废水分离成两部分：浓缩液中含有油和悬浮颗粒，透过液中几乎不含油。用超滤与微滤联合进行处理，先用微滤把油浓缩至10%，其中微滤膜的透水能力为 250L/(cm^2·h)，再进行超滤处理，可回收 85%的清洗剂。用超滤处理钢厂冷压车间的压延油废水时，先用 80 目筛网过滤后，含油废水进入循环槽，再经 60 目筛网过滤后进入超滤膜，超滤浓缩液进入油-水分离器，分离出的油含油量大于 90%，可进行燃烧处理，分离出的水返回循环槽进行超滤处理。超滤透过液可循环使用，超滤过程中的透水量和透过液的油分浓度都很稳定，不受供给水中油分浓度的影响。

处理石油开采产生的含油废水，可在油田用膜分离器中进行超滤与反渗透（或纳滤）的组合操作。先使分离出的水进入中空纤维超滤膜，透过液再进入反渗透膜（或纳滤膜），不但去除了悬浮物，还去除了溶解盐和溶解油，以满足特殊水质的要求。

用超滤处理各种乳化油废水的开发还在进行，分离效率已基本解决，而要攻克的难关是膜的污染与清洗问题。

7. 制革工业废水

制革工业脱毛用的原料主要是 Na_2S 和石灰，其废水产生量约占皮革污水总量的 10%，且毒性大，硫化物含量达 2000～4000mg/L，悬浮物和浊度值都很大，是皮革工业中污染最为严重的废水。在对废水进行处理时，用超滤法分离其中蛋白质，采用磺化聚砜类膜进行超滤，把浸灰废液的浓度提高 5～10 倍，膜不会出现堵塞现象，其处理效果优于一般净化技术。

超滤可回收 40%的 Na_2S、20%的石灰和 68%～70%的液体，回收大量的蛋白质，据估算，每吨盐腌皮可获得 30～40kg 的角蛋白，因而具有较好的经济效益。

8. 食品工业废水

生产大豆分离蛋白质会产生大量的高浓度有机废水，用超滤法处理废水，既可回收经济价值很高的可溶性蛋白和低聚糖，又解决了环保问题，并且与传统的处理方法相比，运行费用低，产出效益高，回收产品质量稳定，操作简便。

马铃薯生产淀粉的废液有机物含量高，COD 通常在 10000mg/L 左右，国外应用超滤技术去除马铃薯淀粉排放废水中的 COD 并浓缩回收可溶性蛋白质，国内也用膜装置为聚砜（PS）和聚丙烯腈（PAN）中空纤维超滤膜组件进行实验，工艺条件为：操作压力 0.10MPa，进料流量 70L/h，室温，超滤前调整料液 pH 3.5 左右（接近蛋白质等电点，截留率高）。实验结果表明超滤效果较好，废水的 COD 值由 8175mg/L 降为 3610mg/L，COD 去除率为 55.8%。膜污染后用 40℃、0.1mol/L 的 NaOH 溶液来清洗，恢复率在 90%左右。

超滤技术还用于摄影废水、放射性废水等废水的处理。

参考文献

[1] 蔡腾龙．开广水处理．台北：正文书局，1989.
[2] 褚志文．生物合成药物学．北京：化学工业出版社，2000.
[3] 国家环境保护局编．电镀废水治理技术综述．1992.
[4] 国家统计局．全国国民经济和社会发展统计公报．2005～2008.
[5] 中华人民共和国水利部．中国水资源公报．2000～2007.
[6] 王良均，吴孟周．石油化工企业用水及管理. 北京：烃加工出版社，1990.
[7] 郑能靖 石化工业冷却水处理技术. 安庆：安徽省安庆师范学院，1995.
[8] 王洪．高新科技知识漫谈．太原：山西教育出版社，1992.
[9] 中国科学报社．国情与决策．北京：北京出版社，1990.
[10] 何江川，韩永萍．超滤分离法在多糖分离提取中的应用．食用菌，2005，(1)：5-7.
[11] 毛悌和．化工废水处理技术．北京：化学工业出版社，2000：139-140.
[12] 许振良．膜法水处理技术．北京：化学工业出版社，2001：301-307.
[13] 郑领英，王学松．膜技术．北京：化学工业出版社，2000：156.
[14] 侯玉珍，王黎霓．超滤技术在治理味精废液中的应用．轻工环保，1994，16 (1)：6-10.
[15] 楼福乐．超滤法处理含乳化油废液．环境科学，1998，19 (4)：65-68.
[16] 高忠柏，苏超英．制革工业废水处理．北京：化学工业出版社，2001：29-32.
[17] 《污水涂磷脱氮技术研究与实践》(全国污水除磷脱氮技术研讨会论文集) 上海：2000.
[18] 钦佩，安树青，颜京松．生态工程学. 南京：南京大学出版社，1998.
[19] 钱易，米祥友．现代废水处理新技术. 北京：中国科学技术出版社，1993.
[20] 秦裕珩等．废水处理工艺手册 (内部交流资料)，1981.
[21] 胡主容．煤矿矿井水处理技术．上海：上海同济大学出版社，1996.
[22] 白添中．煤炭加工的污染与防治．太原：山西科学教育出版社，1989.
[23] 文一波．发展适合中国国情的城市污水处理技术. 中国环保产业，1999，8：pp21.
[24] 施红伟．间歇式活性污泥法在污水处理中的应用. 化工环保，1999，9 (5)：pp53-56.
[25] 王凯军．厌氧 (水解) 好氧处理工艺的理论与实践. 中国环境科学，1998，4 (18)：pp18-21.
[26] 许泽美．生物膜法在市政污水处理中的应用前景. 中国给水排水，1999，8 (15)：pp24-26.
[27] 张敬东，张家华．污水处理技术的新发展. 环境技术，1997，6：pp28-33.
[28] 聂军．生物过滤 BIOFOR 第三代生物膜反应池. 山东环境，1998，5：pp20-21.
[29] 汪永红．双沟式氧化沟技术在城市污水处理中的应用. 中国给水排水，1998. 6 (14)：p20-22.
[30] 于忠民．当代水污染防治的特点及发展. 中国给水排水，1997，3 (13)：pp26-28.
[31] 尤作亮，蒋展鹏等．城市污水强化一级处理的研究进展. 中国给水排水，1998，5 (14)：pp28-31.
[32] Cheng T W. Influence of inclination on gas-sparged crossflow ultrafiltration through an inorganic tubular membrane. Journal of Membrane Science，2002，196 (1)：103-110.
[33] Craig Alfed B，George C Cushnie. Centralized and group treatment. Seminar on Handing Electroplating Wastes：Financial Means and Technological Considerations. New York，1990.
[34] Roesler Norman. Organization and operation of centralized plants for the treatment of special wastes from the metal finishing industry. Economic and Technology Review Report. Washington：EPA，1987.
[35] Doug Snowdon. Shower water recovery by UF/RO. SAE paper No. 911455，21th Intersociety Conference on Enviromental Systems，San Francisco，July 1991.

[36] Weigert T, Altmann J, Ripperger S. CrossflowElectrofiltrationin pilot Scale. J of Membrane Sci, 1999, 159: 253-262.

[37] Ahmad A L, Ibrahim N, Bowen W R. Automated Electro-phoretic Membrane cleaning for Dead-end microfiltration andultrafiltration. Separation and Purification Tech, 2002, 29: 105-112.

[38] Yang G C, Yang TY, Tsai S H. Crossflow electromicro-fil-tration of oxide CMP wastewater. Water Research, 2003, 37: 785-792.

[39] W D Burrows, et al. Nonpotable reuse: development of health criteria and technologies for shower water recycle. Wat. Sci. Tech., 1991, 23 (9): 81-88.

[40] Lee S I, Weon S Y, Lee C W, et al. Removal of nitrogen and phosphate from wastewater by addition of bittern. Chemosphere, 2003, 51: 265-271.

[41] Milan Z, sanchez E, Pozas C, et al. Ammonia removal from anaerobically treated piggery manure by ion exchange in xolumns packed with homoionic zeolite. Chemical Engineering Journal, 1997, 66: 65-71.

[42] Lu W M, Hwang K J. Cake Foration in 2-D Cross FlowFiltra-tion. Aiche J., 1995, 41: 1443-1455.

[43] Daufin G, Kerherve F, Aimar P, et al. Electrofiltration of So-lution Amino Acids or peptides. J of Membrane Sci, 1995, 75: 105-115 .

[44] Henry J D, Lawler L F, Alex K C H. A Solid/Liquid Separa-tion Based on Crossflow and Electrofiltration. Aiche J, 1977, 23: 851-859.

[45] Visvanathan C, Aim R B. Application of an electric field forthe reduction of particle and colloidal membrane fouling incrossflow microfiltration. Sep. Sci. Tech., 1989, 24: 383-398.

第二章 膜技术与工业废水处理

第一节 概　述

近年来，膜分离技术受到世界各技术先进国家的高度重视，30 多年来，美国、加拿大、日本和欧洲技术先进国家，一直把膜技术定位为高新技术，投入大量资金和人力，促进膜技术迅速发展，使用范围日益扩大。

膜分离技术的发展和应用，为许多行业，如纯水生产、海水淡化、苦咸水淡化，电子、制药和生物工程、环境保护、食品、化工、纺织等工业，高质量地解决了分离、浓缩和纯化的问题，为循环经济、清洁生产提供依托技术。

第二节 工业废水处理基本方法

废水处理的目的就是对废水中的污染物以某种方法分离出来，或者将其分解转化为无害稳定物质，从而使污水得到净化。一般要达到防止毒物和病菌的传染；避免有异嗅和恶感的可见物，以满足不同用途的要求。

废物处理基本方法是用物理、化学或生物方法，或几种方法配合使用以去除废水中的有害物质，按照水质状况及处理后出水的去向确定其处理程度，废水处理一般可分为一级、二级和三级处理。

（1）一级处理采用物理处理方法，即用格栅、筛网、沉沙池、沉淀池、隔油池等构筑物，去除废水中的固体悬浮物、浮油，初步调整 pH，减轻废水的腐化程度。废水经一级处理后，一般达不到排放标准（BOD 去除率仅 25％～40％）。故通常为预处理阶段，以减轻后续处理工序的负荷和提高处理效果。

（2）二级处理是采用生物处理方法及某些化学方法来去除废水中的可降解有机物和部分胶体污染物。经过二级处理后，废水中 BOD 的去除率可达 80％～90％，即 BOD 含量可低于 30mg/L。经过二级处理后的水，一般可达到农灌标准和废水排放标准，故二级处理是废水处理的主体。但经过二级处理的水中还存留一定量的悬浮物、生物不能分解的溶解性有机物、溶解性无机物和氮磷等藻类增殖营养物，并含有病毒和细菌。因而不能满足要求较高的排放标准，如处理后排入流量较小、稀释能力较差的河流就可能引起污染，也不能直接用作自来水、工业用水和地下水的补给水源。

（3）三级处理是进一步去除二级处理未能去除的污染物，如磷、氮及生物难以降解的有机污染物、无机污染物、病原体等。废水的三级处理是在二级处理的基础上，进一步采用化学法（化学氧化、化学沉淀等）、物理化学法（吸附、离子交换、膜分离技术等）以除去某些特定污染物的一种“深度处理”方法。显然，废水的三级处理耗资大，但能充分利用水资源。

废水处理相当复杂，处理方法的选择，必须根据废水的水质和数量，排放到的接纳水体或水的用途来考虑。同时还要考虑废水处理过程中产生的污泥、残渣的处理利用和可能产生的二次污染问题，以及絮凝剂的回收利用等。常用的废水处理基本方法可以分为以下几种：

（1）物理法　废水处理方法的选择取决于废水中污染物的性质、组成、状态及对水质的要求。一般废水的处理方法大致可分为物理法、化学法及生物法三大类。

利用物理作用处理、分离和回收废水中的污染物。例如用沉淀法除去水中相对密度大于1的悬浮颗粒的同时回收这些颗粒物；浮选法（或气浮法）可除去乳状油滴或相对密度近于1的悬浮物；过滤法可除去水中的悬浮颗粒；蒸发法用于浓缩废水中不挥发性可溶性物质等。

（2）化学法　利用化学反应或物理化学作用回收可溶性废物或胶体物质，例如，中和法用于中和酸性或碱性废水；萃取法利用可溶性废物在两相中溶解度不同的“分配”，回收酚类、重金属等；氧化还原法用来除去废水中还原性或氧化性污染物，杀灭天然水体中的病原菌等。

（3）生物法　利用微生物的生化作用处理废水中的有机物。例如，生物过滤法和活性污泥法用来处理生活污水或有机生产废水，使有机物转化降解成无机盐而得到净化。

以上方法各有其适应范围，必须取长补短，相互补充，往往很难用一种方法就能达到良好的治理效果。一种废水究竟采用哪种方法处理，首先是根据废水的水质和水量、水排放时对水的要求、废物回收的经济价值、处理方法的特点等，然后通过调查研究，进行科学试验，并按照废水排放的指标、地区的情况和技术可行性而确定。

目前，我国主要采用以下几种废水处理基本方法：

1. 活性污泥工艺

活性污泥工艺是国内外城市污水处理工艺的主流，由于其较高的处理效率，运行稳定可靠，而被大中型污水处理厂广泛采用。成为典型的污水二级处理工艺，其主要工艺流程见图 2-1。

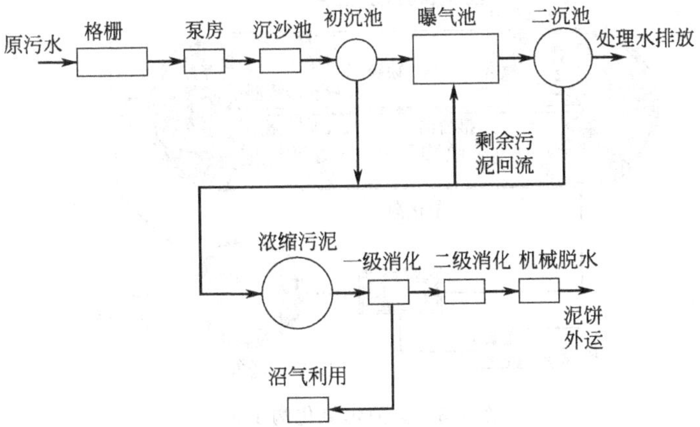

图 2-1　典型的污水二级处理工艺

主要设备：排污泵、格栅、吸沙机、刮吸泥机、曝气机、潜水搅拌机、滗水机、回流泵、压榨机等。

2. 氧化沟工艺

从本质上讲，氧化沟工艺（见图 2-2、图 2-3）是传统活性污泥法的一种变形和发展，最突出的优点是在保证稳定高效的处理效果前提下，占地面积小，运行管理简单，降低了总投资和运行费用，同时除氮、除磷的效果优于传统活性污泥法。氧化沟工艺也有许多类型，按池型、运行方式、曝气设备的差别，目前较流行的有两种：

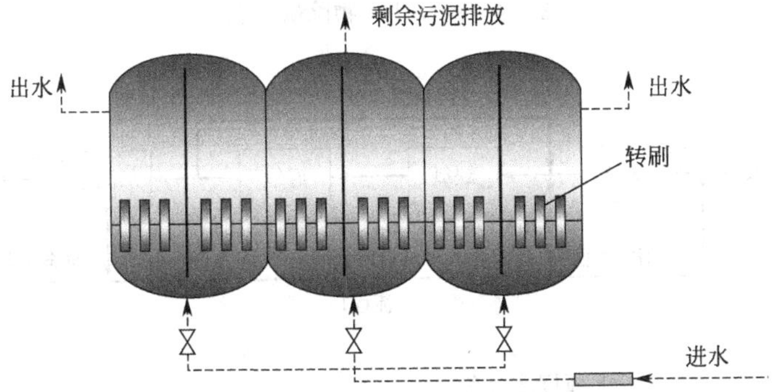

图 2-2　T 形氧化沟工艺图

（1）T 形氧化沟（三沟氧化沟）

（2）奥泊尔氧化沟

三个同心布置的圆，类似跑道，沟与沟之间有通道相连。

主要设备：排污泵、格栅、转刷曝气机、潜水推流器、污泥回流泵、刮吸泥机、压榨机等。

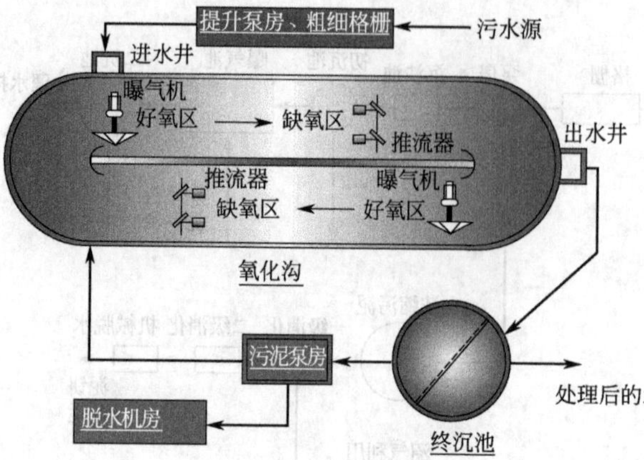

图 2-3 奥泊尔氧化沟工艺

3. A-O 法及 A-B 法

A-O 法及 A-B 法（见图 2-4、图 2-5）均为活性污泥的变形，A-O 法即厌氧好氧生物除磷工艺，A-B 法即吸附生物降解工艺。

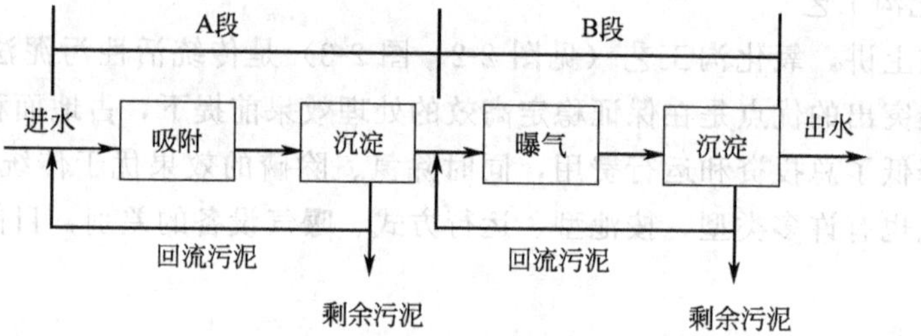

图 2-4 A-O 法生物除磷工艺

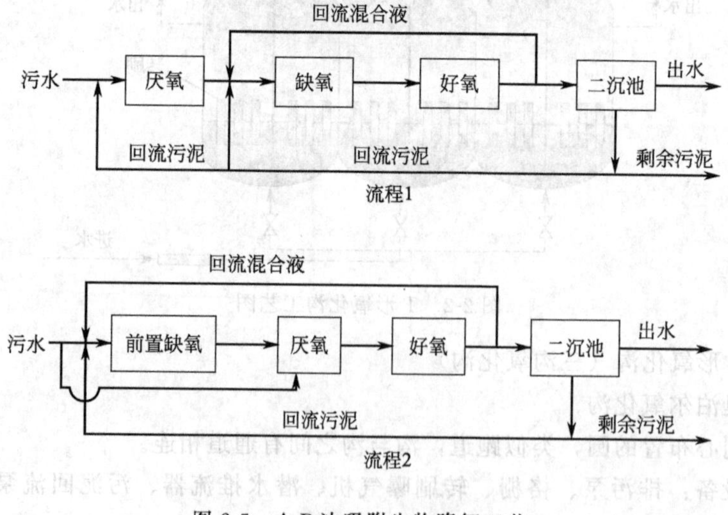

图 2-5 A-B 法吸附生物降解工艺

厌氧段不曝气，又不能使污泥沉降，所以在厌氧池中要配置机械搅拌设备。

A-B法由A段和B段组成，两段串联。A-B工艺没有一沉池，污水经预处理后，直接进A段曝气池，A曝排出的混合液在中沉池进行泥水分离，中沉池出水进入B段曝气，B曝排出的混合液进入二沉池进行泥分离。

第三节　工业废水处理技术

一、概述

工业废水的处理虽然早在19世纪末就已经开始，并且在随后的半个世纪进行了大量的试验研究和生产实践，但是由于许多工业废水成分复杂，性质多变，至今仍有一些技术问题没有完全解决。这点和技术已臻成熟的城市污水处理是不同的。

工业废水主要分布在电子、塑胶、电镀、五金、印刷、食品、印染等行业。从废水的排放量和对环境污染的危害程度来看，电镀、线路板、表面处理等以无机类污染物为主的废水和食品、印染、印刷及生活污水等以有机类污染物为主的废水是处理的重点。以下是几种比较典型的工业废水的处理技术。

二、表面处理废水

（1）磨光、抛光废水

在对零件进行磨光与抛光过程中，由于磨料及抛光剂等存在，废水中主要污染物为COD、BOD、SS。

一般可参考以下处理工艺流程进行处理：

废水→调节池→混凝反应池→沉淀池→水解酸化池→好氧池→二沉池→过滤→排放

（2）除油脱脂废水

常见的脱脂工艺有：有机溶剂脱脂、化学脱脂、电化学脱脂、超声波脱脂。除有机溶剂脱脂外，其他脱脂工艺中由于含碱性物质、表面活性剂、缓蚀剂等组成的脱脂剂，废水中主要的污染物为pH、SS、COD、BOD、石油类、色度等。

一般可以参考以下处理工艺进行处理：

废水→隔油池→调节池→气浮设备→厌氧或水解酸化→好氧生化→沉淀→过滤或吸附→排放

该类废水一般含有乳化油，在进行气浮前应投加$CaCl_2$破乳剂，将乳化油破除，有利于用气浮设备去除。当废水中COD浓度高时，可先采用厌氧生化处理，如不高，则可只采用好氧生化处理。

（3）酸洗磷化废水

酸洗废水主要在对钢铁零件的酸洗除锈过程中产生，废水pH值一般为2～3，还有高浓度的Fe^{2+}，SS浓度也高。

可参考以下处理工艺进行处理：

废水→调节池→中和池→曝气氧化池→混凝反应池→沉淀池→过滤池→pH回调池→排放

磷化废水又叫皮膜废水，指铁件在含锰、铁、锌等磷酸盐溶液中经过化学处理，表面生成一层难溶于水的磷酸盐保护膜，作为喷涂底层，防止铁件生锈。该类废水中的主要污染物为：pH、SS、PO_4^{3-}、COD、Zn^{2+}等。

可参考以下处理工艺进行处理：

废水→调节池→一级混凝反应池→沉淀池→二级混凝反应池→二沉池→过滤池→排放

(4) 铝的阳极氧化废水

所含污染物主要为pH、COD、PO_4^{3-}、SS等，因此可采用磷化废水处理工艺对阳极氧化废水进行处理。

三、电镀废水

电镀生产工艺有很多种，由于电镀工艺不同，所产生的废水也各不相同，一般电镀企业所排出的废水包括酸、碱等前处理废水，氰化镀铜的含氰废水、含铜废水、含镍废水、含铬废水等重金属废水。此外还有多种电镀废液产生。

对于含不同类型污染物的电镀废水有不同的处理方法，分别介绍如下：

(1) 含氰废水

目前处理含氰废水比较成熟的技术是采用碱性氯化法处理，必须注意含氰废水要与其他废水严格分流，避免混入镍、铁等金属离子，否则处理困难。

该法的原理是废水在碱性条件下，采用氯系氧化剂将氰化物破坏而除去的方法，处理过程分为两个阶段，第一阶段是将氰化物氧化为氰酸盐，对氰化物破坏不彻底，叫做不完全氧化阶段，第二阶段是将氰酸盐进一步氧化分解成二氧化碳和水，叫完全氧化阶段。

① 一级氧化破氰：pH值10～11；理论投药量：简单氰化物$CN^-:Cl_2=1:2.73$，复合氰化物$CN^-:Cl_2=1:3.42$。用ORP仪控制反应终点为300～350mV，反应时间10～15min。

② 二级氧化破氰：pH值7～8（用H_2SO_4回调）；理论投药量：简单氰化物$CN^-:Cl_2=1:4.09$，复合氰化物$CN^-:Cl_2=1:4.09$。用ORP仪控制反应终点为600～700mV；反应时间10～30min。反映出水余氯浓度控制在3～5mg/L。

处理后的含氰废水混入电镀综合废水里一起进行处理。

(2) 含铬废水

含六价铬废水一般采用铬还原法进行处理，该法原理是在酸性条件下，投加还原剂硫酸亚铁、亚硫酸钠、亚硫酸氢钠、二氧化硫等，将六价铬还原成三价铬，然后投加氢氧化钠、氢氧化钙、石灰等调 pH，使其生成三价铬氢氧化物沉淀从废水中分离。

还原反应条件控制：

加硫酸调整 pH 值在 2.5～3，投加还原剂进行反应，反应终点以 ORP 仪控制在 300～330mV，具体需通过调试确定，反应时间约为 15～20min。搅拌可采用机械搅拌、压缩空气搅拌或水力搅拌。

混凝反应控制条件：

pH 值：7～9；反应时间：15～20min。

(3) 综合重金属废水

综合重金属废水是由含铜、镍、锌等非络合物的重金属废水以及酸、碱前处理废水所组成。此类废水处理方法相对简单，一般采用碱性条件下生成氢氧化物沉淀的工艺进行处理。

处理工艺流程如下：

综合重金属废水→调节池→快混池→慢混池→斜管沉淀池→过滤→pH 回调池→排放

反应条件一般控制在 pH 值 9～10，具体最佳 pH 条件由调试时确定。反应时间，快混池为 20～30min，慢混池为 10～20min。搅拌方式以机械搅拌最好，也可用空气搅拌。

(4) 多种电镀废水综合处理

当一个电镀厂含有多种电镀废水，如含氰废水、含六价铬废水、含酸碱、重金属铜、镍、锌等综合废水，一般采取废水分流处理的方法，首先含氰废水、含铬废水应从生产线单独分流收集后，分别按照上述对应的方法对含氰、含铬废水进行处理，处理后的废水混入综合废水中与其一起采用混凝沉淀方法进行后续处理。

处理工艺流程如下：

含氰废水→调节池→一级破氰池→二级破氰池→综合废水池

含铬废水→调节池→铬还原池→综合废水池

综合废水→综合废水池→快混池→慢混池→斜管沉淀池→中间池→过滤器→pH 回调池→排放

四、线路板废水

生产线路板的企业在对线路板进行磨板、蚀刻、电镀、孔金属化、显影、脱膜等的工序过程中会产生线路板废水。线路板废水主要包括以下几种：

化学沉铜、蚀刻工序产生的络合、螯合含铜废水，此类废水 pH 值在 9～10，Cu^{2+} 浓度可达 100～200mg/L。

电镀、磨板、刷板前清洗工序产生的大量酸性重金属废水（非络合铜废水），含 Sn/Pb 废水，pH 值在 3～4，Cu^{2+} 小于 100mg/L，Sn^{2+} 小于 10mg/L 及微量的

Pb^{2+}等重金属。

干膜、脱膜、显影、脱油墨、丝网清洗等工序产生较高浓度的有机油墨废液，COD浓度一般在3000～4000mg/L。

针对线路板废水的不同特点，在处理时必须对不同的废水进行分流，采取不同的方法进行处理。

(1) 络合含铜废水（铜氨络合废水）

此类废水中重金属Cu^{2+}与氨形成了较稳定的络合物，采用一般的氢氧化物混凝反应的方法不能形成氢氧化铜沉淀，必须先破坏络合物结构，再进行混凝沉淀。一般采用硫化法进行处理，硫化法是指用硫化物中的S^{2-}与铜氨络合离子中的Cu^{2+}生成CuS沉淀，使铜从废水中分离，而过量的S^{2-}用铁盐使其生产FeS沉淀而去除。

处理工艺流程如下：

铜氨络合废水→调节池→破络反应池→混凝反应池→斜管沉淀池→中间水池→过滤器→pH回调池→排放

反应条件的控制要根据各厂水质的不同在调试中确定。一般在加硫化物等破络剂之前将pH调到中性或偏碱性，防止硫化氢的生成，也有的将pH调到略偏酸性。硫化物的投药量根据废水中铜氨络离子的量来确定，一般投放过量的药。在破络池安装ORP仪测定，当电位达到－300mV（经验值）认为硫化物过量，反应完全。对过量的硫化物采用投加亚铁盐的方法去除，亚铁的投加量根据调试确定，通过流量计定量加入。破络池反应时间为15～20min，混凝反应池反应时间为15～20min。

(2) 油墨废水

脱膜和脱油墨的废水由于水量较小，一般采用间歇处理，利用有机油墨在酸性条件下，从废水中分离出来生产悬浮物的性质而去除，经过预处理后的油墨废水，可混入综合废水中与其一起进行后续处理，如水量大可单独采用生化法进行处理。

处理工艺流程如下：

有机油墨废水→酸化除渣池→排入综合废水池或进行生化处理

当废水量少时，反应池内的油墨颗粒物在气泡上浮力的作用下浮出水面形成浮渣，可以用人工方法撇去；当水量大时，可用板框压滤机脱水，也可在撇渣后进行生化处理，进一步去除COD。

(3) 线路板综合废水

此类废水主要包括含酸碱、Cu^{2+}、Sn^{2+}、Pb^{2+}等重金属的综合废水，其处理方法与电镀综合废水相同，采用氢氧化物混凝沉淀法处理。

(4) 多种线路板废水综合处理

当一个线路板厂含有以上几种线路板废水时，应将铜氨络合废水、油墨废水、综合重金属废水分流收集，油墨废水进行预处理后，混入综合废水中与其一起进行后续处理，铜氨络合废水单独处理后进入综合废水处理系统。

处理工艺流程如下：

铜氨络合废水→调节池→破络反应池→混凝反应池→斜管沉淀池→中间水池

有机油墨废水→酸化除渣池→排入综合废水池

综合废水→综合废水池→快混池→慢混池→斜管沉淀池→中间池→过滤器→pH 回调池→排放

五、常见有机类污染物废水的处理技术

(1) 生活污水

较常用的生活污水处理方法是 A_2-O 法，处理工艺流程如下：

生活污水→格栅池→调节池→厌氧池→缺氧池→好氧池→混凝反应池→沉淀池→排放

(2) 印染废水

此类废水水量大、色度高、成分复杂，一般可采取水解酸化－接触氧化－物化法处理印染废水。处理工艺流程如下：

印染废水→调节池→混凝反应池 1→斜沉池→水解酸化池→接触氧化池→氧化反应池→混凝反应池 2→二沉池→中间池→过滤器→清水池→排放

(3) 印刷油墨废水

此类废水特点是水量小、色度深、SS 和 COD 等浓度高。可参考以下处理工艺：

油墨废水→调节池→混凝气浮池→水解酸化池→接触氧化池→混凝反应池→斜沉池→氧化池→过滤器→清水池→排放

第四节 常见的工业废水处理方法举例

一、废酸水处理方法

硫酸在化工、钢铁等行业广泛应用。在许多生产过程中，硫酸的利用率很低，大量的硫酸随同含酸废水排放出去。这些废水如不经过处理而排放到环境中，不仅会使水体或土壤酸化，对生态环境造成危害，而且浪费大量资源。近年来许多国家已经制定了严格的排放标准，与此同时，先进的治理技术也在世界各地迅速发展起来。

废硫酸和硫酸废水除具有酸性外，还含有大量的杂质。根据废酸、废水组成和治理目标的差异，目前国内外采用的治理方法大致可分为回收再用、综合利用和中和处理。

废硫酸中硫酸浓度较高，可经处理后回收再用。处理主要是去除废硫酸中的杂质，同时对硫酸增浓。处理方法有浓缩法、氧化法、萃取法和结晶法等。

(1) 浓缩法

该法是在加热浓缩废稀硫酸的过程中，使其中的有机物发生氧化、聚合等反应，转变为深色胶状物或悬浮物后过滤除去，从而达到去除杂质、浓缩稀硫酸的双重目的。这类方法应用较广泛，技术较成熟。在普遍应用高温浓缩法的基础上又发展了较为先进的低温浓缩法，下面分别加以介绍。

① 高温浓缩法　国内某化工厂三氯乙醛生产过程中有废硫酸产生，其中 H_2SO_4 质量分数为 65%～75%、三氯乙醛质量分数为 1%～3%、其他有机杂质的质量分数为 1%。该厂将其沉淀过滤后，用煤直接加热蒸馏，回收的浓硫酸无色透明，H_2SO_4 质量分数大于 95%，无三氯乙醛检出，而沉淀物经碱解、蒸馏和过滤后可回收氯仿。该厂废硫酸处理量为 4000t/a，回收硫酸创利润 55 万元/年。

日本木村-大同化工机械公司的废硫酸浓缩法是用搪玻璃管升膜蒸发和分段真空蒸发相结合，将废硫酸中 H_2SO_4 的质量分数从 10%～40%浓缩到 95%，其工艺可分为三段，前两段采用不透性石墨管加热器蒸发浓缩，后一段采用搪玻璃管升膜蒸发器浓缩，在每一段中 H_2SO_4 质量分数渐次升高，分别达到 60%、80%和 95%。加热过程采用高温热载体，温度为 150～220℃，可将有机物转变为不溶性物质，然后过滤除去，该工艺以 2t/h 的规模进行中试，5 年运转良好。该工艺适应能力很强，可用于含多种有机杂质的废硫酸的处理。

② 低温浓缩法　高温浓缩法的缺点在于：硫酸的强腐蚀性和酸雾对设备和操作人员的危害很大，实际操作非常麻烦。因此，近年来开发出了一种改进的浓缩法，称为汽液分离型非挥发性溶液浓缩法（简称 WCG 法）。

WCG 法的原理和工艺如下：将废稀硫酸由储槽用耐酸泵打入循环浓缩塔浓缩，然后经换热器加热后进入造雾器和扩散器强迫雾化并进一步强迫汽化，分离后的气体经高度除雾后进入气体净化器，净化后排放。分离后的酸液再度回到循环浓缩塔，经反复循环浓缩蒸馏，达到浓度要求后，用泵打入浓硫酸储罐。浓硫酸可作为生产原料再利用。

WCG 法浓缩装置主要由换热器、循环浓缩塔和引风机组成。换热器材质为石墨，浓缩塔材质为复合聚丙烯，泵及引风机均为耐酸设备。

该法与高温浓缩法相比，蒸发温度低（50～60℃），蒸汽消耗量小，费用低（浓缩每吨稀硫酸耗电和蒸汽的费用约为 30～60 元）。上海染化五厂生产分散深蓝 H-GL 产生的稀硫酸（H_2SO_4 质量分数为 20%），上海染化八厂、武汉染料厂、济宁染料厂生产染料中间体产生的稀硫酸，采用 WCG 法浓缩，都取得了明显的效果。

用 WCG 法浓缩稀硫酸应注意：a. 在浓缩过程中若有固体物析出，会影响传热效果和废酸的分离；b. 该装置非密闭，废酸中若有挥发性物质，会影响工作环境；

c. 装置的主体材料为复合聚丙烯，工作温度受主体材料的限制，不能超过 80℃；d. 该法仅适用于 H_2SO_4 质量分数小于 60%的稀硫酸。

(2) 氧化法

该法应用已久，原理是用氧化剂在适当的条件下将废硫酸中的有机杂质氧化分解，使其转变为二氧化碳、水、氮的氧化物等从硫酸中分离出去，从而使废硫酸净化回收。常用的氧化剂有过氧化氢、硝酸、高氯酸、次氯酸、硝酸盐、臭氧等。每种氧化剂都有其优点和局限性。天津染料八厂采用硝酸为氧化剂对蒽醌硝化废酸进行氧化处理，其操作过程为：将废酸稀释至 H_2SO_4 质量分数为 30%，使所含的二硝基蒽醌最大限度析出，经过滤槽真空抽滤后废酸进入升膜列管式蒸发器，在 112℃、88.1kPa 条件下浓缩，在旋液分离器中分离水蒸气和酸（此时 H_2SO_4 质量分数约为 70%），废酸再流入铸铁浓缩釜（280～310℃，真空度为 6.67～13.34kPa），用喷射泵带出水蒸气，使 H_2SO_4 质量分数达到 93%，然后流入搪瓷氧化缸，加入浓硝酸（HNO_3 质量分数为 65%）进行氧化处理，至硫酸呈浅黄色。反应中产生的一氧化氮气体用碱液吸收。

硫酸在高浓度（H_2SO_4 质量分数为 97%～98%）和高温条件下也具有较强的氧化性，它可以将有机物较为彻底的氧化掉。例如处理苯绕蒽酮废酸、分散蓝废酸及分散黄废酸时，将废酸加热至 320～330℃，把有机物氧化掉，部分硫酸被还原成二氧化硫。这种方法由于硫酸浓度和温度太高，有大量的酸雾产生，会造成环境污染，同时还要消耗一定量的硫酸，使硫酸收率降低，因此其应用受到很大限制。

(3) 萃取法

萃取法是用有机溶剂与废硫酸充分接触，使废酸中的杂质转移到溶剂中来。对于萃取剂的要求是：

① 对于硫酸是惰性的，不与硫酸起化学反应也不溶于硫酸；

② 废酸中的杂质在萃取剂和硫酸中有很高的分配系数；

③ 价格便宜，容易得到；

④ 容易和杂质分离，反萃时损失小。

常见的萃取剂有苯类（甲苯、硝基苯、氯苯）、酚类（杂酚油、粗二苯酚）、卤代烃类（三氯乙烷、二氯乙烷）、异丙醚和 N-503 等。

大连染料八厂用氯苯对含二硝基氯苯和对硝基氯苯的废硫酸进行一级萃取，使废水中的有机物含量由 30000～50000mg/L 下降到 200～250mg/L。济南钢铁厂焦化分厂用廉价的 C-I 萃取剂和 P-I 吸附剂处理该厂的再生硫酸也得到了良好的效果。该工艺是将再生硫酸经 C-I 萃取剂萃取分离后再依次用 P-I 吸附剂和活性炭吸附处理得到纯净的再生硫酸。为防止腐蚀，萃取罐和吸附罐用铅作为内衬。该厂废硫酸处理量为 500t/a，回收硫酸 250t，价值 7.5 万元。

与其他方法相比，萃取法的技术要求较高，萃取剂要同时满足上述要求并不容易，而且运行费用也较高。

(4) 结晶法

当废硫酸中含有大量的有机或无机杂质时，根据其特性可考虑选择结晶沉淀的方法除去杂质。

如南京轧钢厂酸洗工序排放的废硫酸中含有大量的硫酸亚铁，可采用浓缩-结晶-过滤的工艺来处理。经过滤除去硫酸亚铁后的酸液可返回钢材酸洗工序继续使用。

重庆某化工厂将 H_2SO_4 质量分数为 17%的钛白废酸在常压下浓缩、析出的结晶熟化后过滤，滤渣经打浆及洗涤后即为回收的硫酸亚铁。滤液再在 93.4kPa 真空度下浓缩结晶过滤，可得到 H_2SO_4 质量分数为 80%～85%的浓硫酸，第二次过滤的滤渣也转至打浆工序回收硫酸亚铁。

二、含磷废水处理方法

磷是引起水体富营养的根源，虽然城市污水的磷含量很低，但是其排放水量极大。如未经处理直接排入水体，将会严重污染水环境。磷虽然是一种构成生物体必不可少的营养物质，且本身没有毒性，但是当大量的磷同其他营养物质一起排入水体时，问题就产生了。藻类的大量生长使水体的生态平衡失调，导致了水体富营养化，由此产生的后果非常严重。

1. 钙法除磷

钙法除磷在沉淀法除磷中，化学沉析剂主要有铝离子、铁离子和钙离子，其中石灰和磷酸根生成的羟基磷灰石的平衡常数最大，除磷效果最好。投加石灰于含磷废水中，钙离子与磷酸根反应生成沉淀，反应如下：

$$5Ca^{2+} + 7OH^- + 3H_2PO_4^- \longrightarrow Ca_5(OH)(PO_4)_3 \downarrow + 6H_2O \qquad (1)$$

副反应：

$$Ca^{2+} + CO_3^{2-} \longrightarrow CaCO_3 \downarrow \qquad (2)$$

反应 (1) 的平衡常数 K_{S0} = 10～55.9。由上述反应可知除磷效率取决于阴离子的相对浓度和 pH 值。由式(1) 可知磷酸盐在碱性条件下与钙离子反应生成羟基磷酸钙，随着 pH 值增加反应趋于完全。当 pH 值大于 10 时除磷效果更好，可确保达到出水中磷酸盐的质量浓度<0.5mg/L 的标准。反应 (2) 即钙离子与废水中的碳酸根反应生成碳酸钙，它对于钙法除磷非常重要，不仅影响钙的投量，同时生成的碳酸钙可作为增重剂，有助于凝聚而使污水澄清。上述工艺中第一级反应及沉淀主要是除锌，控制 pH=8.5～9.0，投加聚合氯化铝，第二级反应及沉淀主要是钙法除磷，控制 pH = 11～11.5，出水经中和后排放或回用。出水水质达一级标准。

钙法除磷关键技术是利用氯化钙或石灰作为药剂，采用机械混合反应器和高效斜管沉淀器，控制适量反应、混合强度、沉淀表面负荷和反应 pH 值。

2. 炉渣

炉渣是钢铁冶炼过程中产生的固体废弃物，主要由 CaO、FeO、MnO、SiO_2、Fe_2O_3、P_2O_5、Cr_2O_5、Al_2O_3等氧化物组成，具有很多优良特性，其中所含的每种成分均可以利用。该方法的实验研究是在数个具塞锥形瓶中各加 200mL 模拟含磷废水和一定量的炉渣，置于振荡器上，在室温下振荡一定时间使吸附反应达到平衡后过滤，然后对清液进行磷的浓度测试，再通过比较溶液中磷的初始浓度和平衡浓度推算出其在吸附剂上的吸附量和磷的去除率。

研究表明：①随着炉渣用量的增加，磷的去除率也增加，但吸附量却下降；②吸附量开始是随时间的增长而增大，但吸附时间大于 2h 时，吸附量趋于稳定；③吸附量随废水中磷的浓度的上升而增大；④温度对炉渣吸附作用的影响很小；⑤溶液 pH 值对吸附效果有重要影响，当 pH 值为 7.56 时，磷的去除率为最高。

因此，用该法处理含磷废水时，当废液中磷的浓度为 2～13mg/L，炉渣用量为 5g/L，pH 值为 7.56，吸附时间为 2h 的条件下，磷的去除率可达 99%以上，残留液的浓度也低于国家排放标准，而且该法安全可靠，不会产生二次污染。

3. 加石灰

含磷废水加入大量石灰，调 pH=10.5～12.5 生成羟基磷灰石，沉淀物稳定，平衡常数大，生成 $Ca_{10}(OH)_2(PO_4)_6$的平衡常数为 90，是铝盐、铁盐生成磷酸盐沉淀物的 3～4 倍。平衡常数越大，生成的沉淀物越稳定，沉淀效果越好，脱磷更彻底，固液分离效果也好，处理含磷废水完全达标，P≤0.5mg/L。

加石灰提高废水 pH 值除磷的同时也使废水中的石油类、COD_{Cr}共沉得到净化，废水可达标排放。

4. 含磷废水处理工艺

含磷废水处理工艺设计中将电解抛光废水，化学抛光废水及其他废水统一流入废水调节池。将石灰（CaO 质量分数≥80%～90%）粉溶入加药槽，用泵将调节池中废水输入反应池，并在泵前加药，再加入 PAM（聚丙烯酰胺）0.5～1.0mg/L，经 10～15min，混凝反应后流入斜管沉淀池，上清液经 pH 回调后再经过滤，检测合格外排。下层渣液输入污泥浓缩池浓缩后经压滤脱水后干渣打包外运。各类废液再回废水调节池重新处理。

5. 化学沉淀法除磷

不锈钢电解抛光和铝件化学抛光产生的含磷废水均呈酸性，pH=1～3，在进水口放些石灰石起部分中和作用。研磨，去油生产线上产生的其他废水偏碱性，灰渣多，由于有较多的表面活性剂，COD_{Cr}也偏高，三股废水混合后 pH=4～7，先流入调节池第一格进行预处理，沉淀去除灰渣杂物，定期清理，以免堵管塞泵损坏设施。

加药箱中间设有隔板，石灰先放槽一侧溶解，清液流入一侧并与废水管连接，这样可防止大石灰渣堵塞弯管。

采用熟石灰粉［$Ca(OH)_2$］调 pH 用量大，且不便长期储存，与空气中 CO_2 作用在潮湿时会生成 $CaCO_3$，消耗了活性钙。采用活性较高的 CaO 粉末，一般 CaO 质量分数可达70%～90%，添加量10～20g/L，pH 值可调至10～12，待反应10～15mim 后，再加 PAM，如过早加 PAM，钙离子没有完全释放出来与 PO_4^{3-} 起反应就进入混凝反应中，部分 CaO 包在大分子团中未发挥作用就产生下沉，既浪费了原材料，又增加大量泥渣，以后 CaO 会反溶生成 $Ca(OH)_2$，使 pH 值上升，干扰外排废水 pH 值的稳定性。

加药箱中反应为 $CaO+H_2O = Ca(OH)_2$，输入废水管中后钙离子与磷酸盐反应生成羟基磷灰石沉淀 $10Ca^{2+}+6PO_4^{3-}+2OH^- = Ca_{10}(OH)_2(PO_4)_6\downarrow$，少量 CaO 微粒还继续反应，同时石灰还与废水中的碳酸氢钙反应生成碳酸钙 $Ca(HCO_3)_2+Ca(OH)_2 \longrightarrow 2CaCO_3\downarrow+2H_2O$，废水中还含有大量 SO_4^{2-}，会与 Ca^{2+} 反应生成硫酸钙沉淀。碳酸钙、硫酸钙均可作为助凝剂，在混凝反应中产生共沉，有利于各类有机杂物下沉。

在混凝反应池中，由 pH 计控制废水 pH＝10.5～11.5，在此氢离子浓度下磷的沉淀才有效，pH 值低时可加大石灰水进量，反应10～15min 后，磷酸根全部生成羟基磷灰石，再加入絮凝剂 PAM 立即产生较大矾花，使一些有机悬浮物、石油类吸附产生共聚沉淀，降低废水中的 COD_{Cr}。废水在混凝反应池中由第一池流入第二池时，搅拌速度由快到慢，使废水的流速由0.5～0.6m/s 减小到0.1～0.2m/s，防止增大的絮体破碎。经絮粒与絮凝剂继续碰撞，矾花尺寸进一步增大到0.6～1.0mm，达到重力沉淀的条件而下沉时，废水再自流入斜管沉淀池，为了增大沉淀面积，缩短沉淀时间，在沉淀区增设了60°蜂窝斜管，斜管长约1.2m，斜管上层保护水深0.8～1.0m，下层缓冲区为0.8m 的布水区。布水区以下是45°～60°的污泥斜斗，深约1.6m，便于收集池内污泥。采用这种导向流斜管沉淀池过流率可达 $36m^3/(m^2 \cdot h)$，处理能力比一般沉淀池大5～7倍。设计中将斜管内流速控制为0.5～0.7m/s，使下沉颗粒不易受紊流干扰而迅速下沉，达到固液分离。

用石灰处理含磷废水，产生的泥渣量较大，斜管沉淀池底的污泥通过底管排入污泥浓缩池，每天排泥1～2次，以免干结堵管。污泥浓缩池浓缩后，下层浓稠污泥泵入板框压滤机压滤后使固液分离，干渣打包外运。

废水经斜管沉淀后清水从上部溢出，再经 pH 回调，采用 pH 自动监控电磁泵加药，保证外排废水 pH＝6～9，再经综合过滤器过滤。综合过滤器利用化学纤维毛细纤维细密性和综合滤料的超细孔比表面积大的特点，能有效地去除0.5～10.0μm 级的微小悬浮物，滤过水的悬浮物含量在10mg/L 以下，使出水更清，各类指标均达国家排放标准，大部分处理后水可用于生产线。

三、含酚废水的处理方法

水处理技术对含酚废水的处理，最有效的方法是控制污染源，一是合理选择工艺流程、开发无公害工艺、无公害催化剂，使用无公害试剂的反应实现清洗工艺技术，减小废水量或降低废水中的含酚浓度。例如，目前对氨基酚生产主要采用铁还原法老工艺，生产1t成品出44t废水，废水量大，污染严重。近年来人们开发用硝基苯催化氧化法生产对氨基酚新工艺，1t成品，只排放10t含酚废水，使污染减少。二是选用有效的操作条件和生产设备，开发密闭循环生产酚类化合物系统尽量避免和减少污染物排入环境，实现"零排放"的清洁生产。三是加强企业的管理，对含酚废水采取有效处理、回收以及综合利用。

由于含酚废水的组成、酸碱性以及浓度的不同，处理方法也不一样，目前工业上处理含酚废水的方法一般分为物化法、化学法、生化法三大类。下面主要介绍最常见的方法。

1. 物化法

物化法是通过物理化学过程处理废水，除去污染物质的方法，因应用比较广泛，近年来发展很快。其主要方法有：吸附、萃取、反渗透、电渗析、液膜、汽提、超过滤等方法。

(1) 吸附法

吸附法广泛用于含酚废水的处理。吸附法是利用多孔性固体物质作为吸附剂，如活性炭、硅藻土、活性氧化铝、交换树脂、磺化煤等，以吸附剂的表面（固相）吸附废水中的酚（液相）污染物的方法，根据吸附剂与酚类化合物之间的作用力不同，其吸附机理兼有物理吸附、化学吸附和交换吸附。在含酚废水处理过程中，主要是物理吸附，有时是几种吸附形式的综合作用。选用吸附性能好、吸附容量大、容易再生、经久耐用的吸附剂是保证分离效果的关键。

(2) 萃取法

萃取法处理含酚废水有两种途径，一种是选用高分配系数的萃取法，采用特定的萃取工艺及装置，利用酚类化合物在有机相和水相中不同的溶解度及两相互不溶的原理，达到分离酚的目的，另一种是根据可配位反应原理，经单一萃取操作使废水中的含酚量低于国家排放标准。

(3) 液膜法

液膜法是近年发展起来的一种新型废水处理分离技术，液膜除酚采用水包油包水（WOW）体系。液膜由溶剂（如煤油）和表面活性剂构成。它是在分离的过程中使被分离的物质（酚）同时进行萃取与反萃取，通过液膜传递从而达到分离和浓缩的目的。液膜脱酚的过程为：乳状液通过搅拌形成许多细小的乳状液滴，分散在含酚废水中。这时，内水相为NaOH水溶液，外相为含酚废水。液膜内水相与外相相隔开。废水中酚能透过液膜进入内水相，作为弱酸与NaOH反应生成酚钠，酚钠不溶于油，而向水相（封闭相）进行扩散所以不会返回外水相而扩散到被处理的废水中，这样就可以达到分离之目的。液膜法工艺分为三步，具有工艺简单、高效快速、选择性高、分离效率高、乳液经破乳后可重复使用等优点。液膜法适用于对高低浓度含酚废水的处理，除酚率可达 99.9%。近年来国内外对液膜法处理含酚废水的研究取得了不少进展。20 世纪 90 年代初我国建成了 50t/d 的高浓度含酚废水的液膜处理工业装置，已用于塑料厂、石化厂等含酚废水厂的处理。近年发展了选择转基塔之最佳转速，调节废水及乳液之流量进行分离，经液膜处理，废水含酚量可下降到 0.5×10^{-6}以下等工艺。但由于液膜法操作技术要求高，液膜的稳定性总是未彻底解决，工业上未能广泛地推广应用这一新技术。据报道，液膜稳定性的问题最近已基本解决，广泛应用这一技术为期不远了。

2. 化学法

化学处理方法是利用物质之间进行化学反应的方法对石油化工废水的处理，是一种前景广阔的高效率的方法。在化学法中，常用的有中和法、沉淀法、氧化法、还原法、电解法、光催化法等。

(1) 沉淀法

在废水中添加化学物质，使之与酚产生沉淀。方法简单、经济，但处理后，废水含酚浓度较高，如果与其他方法一起使用，效果更好。最近发展起来的共缩聚法是化学沉淀法中的一种有效除酚方法。在高浓度含酚废水中加甲醛并在酸性或碱性催化剂存在下调整酚醛摩尔比，将废水中酚缩聚成为低分子热塑性或热固性树脂即为酚醛缩聚法。分离树脂后，废水再加尿素进行二步反应，残渣为无害物，可以废弃或焚烧。处理前废水含酚浓度可高达 30000mg/L 以上。处理后放入废水沉降过滤池，待取样化验合格后即可以排放，然后清理池内滤渣，使用尿缩聚法时，要调节废水中 pH＝9.7～10.0，加热制成酸性树脂并回收甲醛处理后的废水含酚量可降到 $(10\sim50)\times10^{-6}$，再经生物处理或稀释，达到排放标准。

还有一种是酸煮沉淀法，它是在含酚的废水中用盐酸加热进行缩聚反应，回收树脂，使含酚量由原来的 3%下降到万分之一。

(2) 氧化法

在废水中添加氧化剂，如 Cl_2、ClO_2、O_3、H_2O、$KMnO_4$等，使酚氧化分解，同时也氧化水中的还原性性质。化学氧化剂资源少，价格贵。通常用于低浓度含酚废水的处理。

(3) 电解法

在废水中加入适量电解质，在电解过程中，通过复杂的氧化过程，达到净化酚的目的。其特点是：不需使用氧化剂、还原剂等化学药品，可省掉后处理；单位体积设备处理能力大；利用电流和电压的变化很容易控制反应速率和类型，操作也很简单。但电解法只适用于低浓度含酚废水的深度处理，能耗及处理费用较高，会引起一些副反应等。

(4) 光催化法

此方法是国内新开发的一种处理含酚废水的技术，其特点是：可处理较高浓度的含酚废水；降解速度快，无二次污染；催化剂价廉易得；可回收反复使用，运行费用低；设备简单、投资少、效果好等。光催化法主要是处理共缩聚法回收树脂后的低浓度的含酚废水，在其中加入光催化剂，用光照射（紫外光或阳光），然后加热到60℃搅拌，通空气2h后取样测定，含酚量达到排放标准后即可停止反应。催化剂经回收后可循环使用。

含酚废水主要来自石油化工厂、树脂厂、塑料厂、合成纤维厂、炼油厂和焦化厂等化工企业。它是水体的重要污染物之一。由于工业门类、产品种类和工艺条件不同，其废水组成及含酚浓度差别较大，一般分为酸性、碱性、中性含酚废水和挥发、非挥发性含酚废水。

酚类化合物是一种原型质毒物，所有生物活性体均能产生毒性，可通过与皮肤、黏膜的接触不经肝脏解毒直接进入血液循环，致使细胞破坏并失去活力，也可通过口腔侵入人体，造成细胞损伤。高浓度的酚液能使蛋白质凝固，并能继续向体内渗透，引起深部组织损伤，坏死乃至全身中毒，即使是低浓度的酚液也可使蛋白质变性。人如果长期饮用被酚污染的水能引起慢性中毒，出现贫血、头昏、记忆力衰退以及各种神经系统的疾病，严重的会引起死亡。酚口服致死量为530mg/kg（体重）左右，而且甲基酚和硝基酚对人体的毒性更大。据相关报道，酚和其他有害物质相互作用产生协同效应，变得更加有害，促进致癌化。

含酚废水不仅对人类健康带来严重威胁，也对动植物产生危害。水中酚含量达到10^{-6}～2×10^{-6}时，鱼类就会出现中毒症状，超过4×10^{-6}～1.5×10^{-5}时会引起鱼类大量死亡，甚至绝迹。如果使用含酚废水灌溉农田，则会使农作物减产或枯死。含酚废水的毒性还可抑制水体中其他生物的自然生长速度，破坏生态平衡。

毫无疑问，含酚废水排入水体或用于灌溉均需经过处理，使之达到国家要求的排放标准。

四、电镀废水处理方法

一般电镀废水若不经过处理直接排入水中，会造成重大的危害。废水中的有毒有害物质会因动植物的摄食和吸收作用残留在体内，而后通过食物链到达人体内，对人体造成危害。有些废水中还带有难闻的恶臭，污染空气。如含铅电镀废水中铅会引起鱼类、水生物等中毒，严重者甚至死亡。铅经饮用水或食物进入人体消化道后，有5%～10%被人体吸收，当蓄积过量后，在骨骼中的铅会引起内源性中毒。当血铅到60～80μg/100cm^3时，就会出现头疼、疲乏、记忆衰退、失眠、食欲不振等症状。因此，研究出适用的电镀废水处理方法是目前污水处理事业中的重中之重。

目前电镀废水处理方法一般是采用物化法。对电镀废水处理方法很多：20世纪70年代流行树脂交换，80年代为电解法、化学法＋气浮等。30多年来在电镀废水处理实践中得出结论，树脂交换对处理贵稀金属离子废水、回收贵稀金属有它的优越性。

然而电镀废水处理方法虽多，有效的也不少，但可以做到整体达标的并不多。做得好的也有，如陕西福天宝公司的DTCR——重金属离子捕集剂，它通过DTCR与废水中重金属离子形成一种大分子的螯合物，然后经过絮凝，可以很好地去除电镀废水中的重金属离子，并达到国家标准。

下面针对几种电镀废水处理方法的优缺点进行分析。

电镀废水处理方法工艺设计是根据废水性质、组分及企业的情况和处理后排放水质参数的要求，经综合技术经济比较后确定的。

1. 电镀废水处理方法

(1) 电解法

一般用于中、小型厂，其主要特点是不需投加处理药剂，流程简单，操作方便，生产场地占地少，同时由于回收的金属纯度高，用于回收贵重金属有很好的经济效益。但当处理水量较大时，电解法的耗电较大，同时分离出来的污泥与化学处理法一样不易处置，所以现在已较少采用。同时对含氰废水处理不理想，所以含氰废水还要用化学法。

(2) 化学药剂+气浮法

采用化学药品氧化还原中和，用气浮上浮方法进行泥水分离，因电镀污泥密度大，并且废水中含有多种有机添加剂，实际使用时气浮分离不彻底，并且运行管理不便，到20世纪90年代末，气浮法应用越来越少。

(3) 化学药剂+沉淀

该方法是最早应用的方法，经过30多年不同处理工艺实际使用比较后。目前又回到了最早也是最有效的处理工艺上来，国外在电镀处理上也大多采用该方法，但实际固液分离运行时间长后，沉淀池会有污泥翻上来，出水难以保证稳定达标。

2. 电镀废水生产工艺

电镀废水从电镀生产工艺上可分为前处理废水、镀层漂洗废水、后处理废水以及废镀液、废退镀液四类。

3. 生物处理工艺

近年开发的电镀废水处理方法生物处理工艺现状如下。

小水量单一镀种运行效果高，许多大工程使用很不稳定，因水质水量难以恒定，微生物对水温、品种、重金属离子的浓度、pH值的变化难稳定适应，出现瞬间大批微生物死亡，发生环境污染事故，而且培菌不易，正在研究发展阶段。

五、含油废水处理方法

随着工业的发展，特别是石油化工的发展，含油废水的排放量与日俱增，同时其对环境的污染也日趋严重。石油废水的来源很广，它主要来自石油开采、加工、运输、石化工业产生的含油废水及各类机加工、零部件清洗等。石油废水中的油主要以漂浮油、分散油、乳化油、溶解油及油-固体物等形式存在。

混入废水中的油类多数以几种状态并存，极少以单一的状态存在，因此，需采用多级处理方法，经多级分别处理后才能达到排放标准。石油废水处理的难易程度随其来源及油污的状态和组成不同而有差异。其处理方法按原理可分为物理法（沉降、机械、离心、粗粒化、过滤、膜分离等）；物理化学法（浮选、吸附、离子交换等）；化学法（凝聚、酸化、盐析、电解等）；生物化学法（活性污泥、生物滤池、氧化塘等）。按处理深度可分为一级处理、二级处理和深度处理。本节对适用于不同情况的几种常见的石油废水处理方法做一介绍。

1. 膜分离法

膜分离法是在近 10 年来迅速发展起来的分离技术。

膜分离法处理含油废水是利用多孔薄膜为分离介质，截留含油废水中的油及表面活性剂而使水分子通过，达到油水分离目的。

膜分离技术的关键是膜和组件的选择。膜材料可分为高分子膜和无机膜，常用的高分子膜有醋酸纤维膜、聚砜膜、聚丙烯膜、聚偏氟乙烯膜等；常用的无机膜材料有氧化铝、氧化锆、氧化钛等。按孔径大小又可分为微滤、超滤、反渗透等。含油废水经超滤或反渗透处理后出水几乎不含油，最适合于排放要求高、处理量不大的含油废水。

膜分离法具有不需加其他试剂、不产生含油污泥、设备费用低、出水水质好等优点，但废水需经严格的预处理，且膜的清洗也较困难。随着新型优质的膜材料的开发，膜分离是一项较有发展前途的含油废水处理工艺。

2. 粗粒化法原理

粗粒化法的原理是利用油水两相对聚结材料亲和力的不同来进行分离。

此法含油废水处理工艺的关键是粗粒化材料，一般认为亲油、耐油、疏水性能好的材料分离效果好。

在分离过程中，水中细微的油粒附着在粗粒化材料表面，形成油膜，油膜增到一定厚度，在动力及水力的冲击下，并伴之以风的搅动，比较大的油珠从粗粒化材料表面脱落下来，利用油水相对密度差，以重力分离法将油珠从水中分离出来。或用吸油机将油提取出来。黄盛蓉采用聚丙烯吸油毡作为粗粒化层。用 PWT-4 型油水分离装置处理油库含油污水，处理后出水油量＜10mg/L。

粗粒化法除油的效果与表面活性剂的存在和多少有关。微量活性剂的存在表明能抑制粗粒化床的效果，因而粗粒化法不适用于乳状含油废水的去除。粗粒化法无需外加化学试剂，无二次污染，设备占地面积小，基建费用较低。

3. 沉降分离法

沉降分离法是利用油水两相的密度差及油和水的不相容性进行分离的。

沉降分离在隔油池中进行，常见的有平流式（API）、平行板式（PPI）、波纹板式（CPI）等形式。平流式隔油池的设计主要基于斯托克斯公式，由公式可求得一定表面积的隔油池所能除去的最小油滴直径。隔油池水流状态对除油能力和效果也有很大影响，最好的水流状态是层流状态，它有利于油滴的上升和固相的沉降。根据以上理论，进而设计出PPI式、CPI式、IPI式（斜板式）等高效隔油池。

这几种形式的隔油池与API式比较，占地面积省，去油能力、排油能力及安全程度等方面明显提高，因此已被广泛应用。该法设备结构简单，易操作，除油效果稳定，但此法只适用于除去水中不溶解的油类，如重油等，对溶解性油类或乳化油不适用。

4. 过滤法原理

过滤法的原理是利用颗粒介质滤床的截留、惯性碰撞、筛分等机理，去除水中油分。常见的颗粒介质滤料有石英砂、无烟煤、玻璃纤维、高分子聚合物等。过滤法一般用于含油废水的二级处理或深度处理。对某机车厂含油废水先经隔油、混凝沉淀，再经过滤，出水各项指标均达排放标准，油去除率可达95%，完全可用于有关生产车间。

过滤法设备简单，操作方便，投资费用低。但随着运行时间的增加，压力降逐渐增大，需经常进行反冲洗，保证正常运行。

对于油水密度差较小的废水或回用经过处理的水时，应使用过滤装置。对于粒度大、凝固点高的含油废水，在处理装置中应有加热、保温设备，在处理装置的选材上，要考虑温度的影响。

六、内电解法处理废水研究实例

一般内电解法是利用铁屑作为滤料组成滤池，废水经滤池发生的一系列电化学及物理化学反应，使污染物得到处理的一项新型废水处理技术。

本节研究实例，利用该法对废水进行预处理可降低废水中的COD_{Cr}的含量，去除水中色度，提高废水可生化性，并通过混凝作用降低污染负荷。内电解法具有使用范围广、处理效果好、使用寿命长、成本低廉、操作维护方便等优点。

本节内容总结了国内外对内电解的科研成果，论述其基本原理、工业应用、改进方式及发展中存在的一些问题，并与读者探讨了今后的研究应用及方向。

1. 基本原理

内电解法是利用废水中的有些组分在有导电介质存在时，自发进行电化学反应，同时兼有絮凝、吸附、共沉淀等综合作用的一种废水处理方法。如铁碳微粒在废水中接触后，利用氧化还原、絮凝等方式去除废水中污染物。

(1) 原电池反应

碳铸铁屑和惰性焦炭颗粒浸于电解质溶液时，形成微小原电池，在其作用空间上形成电场。在电位较低的铁阳极上，铁失去电子生成Fe^{2+}进入溶液，电子流向碳阴极。在阴极附近，溶液中溶解氧吸收电子生成OH^-，在偏酸性溶液中，阴极产生新生态［H］，进而形成氢气逸出。电极反应如下：

阳极（Fe）：

$$Fe \longrightarrow Fe^{2+} + 2e \qquad E_{0(Fe^{2+}/Fe)} = -0.44V$$

阴极（C）：

$$2H^{+} + 2e \longrightarrow 2[H] \longrightarrow H_2 \uparrow \text{(酸性环境)}$$

$$E_{0(H^{+}/H_2)} = 0V$$

$$O_2(g) + 2H^{+} + 2e \longrightarrow H_2O_2(aq)$$

$$E_{0(O_2/H_2O_2)} = +0.68V$$

充氧时：

$$O_2 + 4H^{+} + 4e \longrightarrow 2H_2O\text{(酸性溶液中)}$$

$$E_{0(O_2/H_2O)} = +1.23V$$

$$O_2 + 2H_2O + 4e \longrightarrow 4OH^{-}\text{(中性或碱性环境中)}$$

$$E_{0(O_2/OH^{-})} = +0.40V$$

(2) 氢的还原作用

电极阴极产生新生态氢具有较大的活性，能与废水中某些组分发生还原作用，破坏发色物质发色结构，使偶氮基断裂，大分子分解成小分子，硝基化合物还原为氨基化合物，达到脱色的目的，且使废水组成向易生化方向转变。

(3) 铁的混凝作用

从阳极得到的Fe^{2+}在有氧和碱性条件下会生成$Fe(OH)_2$和$Fe(OH)_3$。具有强吸附能力的$Fe(OH)_3$胶体吸附废水中的悬浮物、一些不溶物及不溶性染料，使其凝聚沉降。

(4) 铁屑的还原吸附和活性炭吸附作用

在弱酸性溶液中，比表面积丰富的铁屑利用其较高的表面活性吸附多种金属离子，促进金属去除。而铸铁是多孔性物质，利用高表面活性吸附废水中有机污染物。活性炭吸附能力强，废水中的固体颗粒易被它吸附。

(5) 电泳作用

在微电池周围电场作用下，废水中胶体状态的带电污染物在静电引力和表面能的作用下，向带有相反电荷的电极移动，附集并沉积在电极上而得以去除。

2. 应用研究

现在，内电解法被广泛应用到废水处理工艺中，如石化废水、电镀工艺废水、印染废水、单晶硅工业生产废水、PCB 络合废水等。

(1) 印染废水

张冀鄂等在实验中发现铁屑内电解法在印染废水预处理中，脱色率可达 90% 以上，去除部分 COD_{Cr}的同时废水 B/C 可达到 0.31。张亚静等实验发现铁碳内电解处理污染不严重的印染废水和可溶性染料时，脱色率可达 90% 以上，COD_{Cr}去除率达 70%左右。而利用内电解法和生物有氧过滤结合，处理含有溴乙酸的染料废水，大部分的污染物含量会减小。

（2）焦化废水

工业中，用生物法处理焦化废水中的氮，需大量硝酸盐回流，还要另加碳源维持微生物生长，处理时间长，投入成本大。潘碌亭等研究得出焦化废水经铁碳内电解处理，污染物质形态和结构发生变化，大分子难降解物质变为小分子易降解物质。且可去除大部分的酚和硫化物，使废水毒性降低。范可等的实验研究得出，内电解法对焦化废水处理后，COD_{Cr}去除率为55%～65%，出水COD_{Cr}的浓度可以达到钢铁工业污染物排放标准中二级排放标准。

（3）生活废水

生活废水污染物成分复杂多样，为达处理要求常需几种方法组成处理系统。林美强等用微电解-电解法处理餐饮废水的实验表明，微电解预处理废水可有效去除部分污染物，提高污水导电性，减少电极表面污垢，延长电极寿命，降低处理成本。且在适宜条件下，用铁屑微电解-共沉淀法处理屠宰场废水，色度去除率可达100%，COD_{Cr}去除率达92.68%。

（4）其他废水

在其他实验中，分别利用凝固法、电解法和内电解法对农药生产废水进行预处理。结果显示，内电解法是其中处理效果好、成本低的最具潜力方法。蒋珍菊等利用内电解法对油田废水进行处理实验发现，混凝沉降后的油气田废水，在一定条件下通过微电解装置，能完全脱色，COD大大降低，可生化性提高。且进水水质的差异对去除效果影响不大，工艺简单。

但对有些废水并没有利用内电解法进行大量处理，不仅是因为对铁碳内电解法的原理尚未完全了解，更是因为内电解法在处理污水的过程中仍存在一些需要研究改进的问题。

3. 影响因素

（1）酸碱度

由于各种废水中所含污染物种类不同，内电解法所需pH值也不同。一般由于pH值的降低提高了氧的电极电化，加大微电解电位差，COD去除率随pH值的减小而增大。但pH值过低会使溶铁量增大。而过量的H^+会与Fe和$Fe(OH)_2$反应，破坏絮凝体，产生多余有色的Fe^{2+}。

（2）铁碳投加比

在铁中加入活性炭，铁与活性炭形成原电池，加快电极反应，提高反应效率。但当碳的体积比铁的体积大时，COD去除率随着碳投加量的增加而降低。因为碳过量，不仅提高运行成本，而且会抑制微小原电池的电极反应。

（3）停留时间

停留时间长短决定了反应作用时间的长短。停留时间越长，氧化还原等作用进行得越彻底，但停留时间过长，会使铁的消耗量增加，溶出的Fe^{2+}大量增加，并氧化成为Fe^{3+}，造成色度的增加及后续处理的问题。

(4) 温度的影响

在一定的温度范围内，活化能基本不受温度变化影响，但温度升高增加反应物质的内能，有利于提高反应速率。从之前的实验来看，温度提高，电解速度增大，色度去除率增加。

(5) 曝气的影响

曝气可提高溶解氧浓度，增加原电池的阴极电极电势，加大原电池的电化学腐蚀动力，同时产生有利于反应的中间产物。其产生的气泡有利于溶液中铁碳填料的混合，可使填料相互摩擦而去除其表面沉积的钝化膜。但是，过大的曝气量会减少铁碳的接触，影响原电池反应。

4. 存在问题

目前，虽然对内电解法进行了多方面的实验研究和应用，但在理论上，对其反应过程中电极上实际发生的反应机理、反应产物和反应动力等方面仍有待继续深入研究，在运用中，内电解法也存在一定的问题需要改进和加强。

(1) COD_{Cr}去除效果不明显

张冀鄂等发现铁碳内电解去除 COD_{Cr}效果不是很明显，尤其是对高色度、高浓度的印染废水。肖羽堂等采用铁屑-煤渣联合处理染料化工厂的二硝基氯化苯废水，COD 去除率仅为 69.6%以上。何明等利用铁屑内电解法处理 PCB 络合废水中，有机物 COD 的去除率仅有 20%左右。

(2) 铁屑结块

内电解絮凝床中最常用的填料为钢铁屑和铸铁屑。钢铁屑含碳量低，内电解反应慢，处理效果差；铸铁屑中含碳量高，处理效果好，随处理时间的增加，铸铁屑的粒径逐渐减小，而铸铁屑强度低，易被压碎成粉末状而结块，降低了内电解的处理效率。

(3) 絮凝床堵塞

随内电解法絮凝床运行时间的增长，填料中聚集悬浮物增多，加上金属物质的浓集，易将填料孔隙堵塞，需定期反冲。铁屑密度大，需较强的冲洗强度，工程应用中须配套较大的设备，投资增大。

5. 改进工艺

(1) 添加剂强化铁碳预处理

吴烈善在模拟印染废水实验研究中发现氯化铁对铁碳内电解反应有促进作用，投加氯化铵可促进 COD 的去除。铁碳内电解预处理段增加铁离子含量可以改善后续工艺活性污泥沉降性能，提高 COD 去除率。樊金红等实验中发现催化剂可改善内电解法在中性或碱性废水中的处理效果，尤其是增加其在碱性废水中的处理能力。在其他实验中也发现，铁碳比例合适时，加入催化剂，如一定量的无机催化剂、溴化十六烷基、沸石等，铁碳内电解处理污水效果也会增加。

(2) 微波协同内电解作用

铁屑可以吸收微波能，当能量聚积到一定程度，温度达到气体着火点，会出现金属打火，气体致电现象，在常压下微波场内形成一种非稳态的放电等离子体，使铁屑表面结构发生明显改变。铁屑剧烈的“打火”在产生等离子体的同时也激发产生 Fe^{3+}、Fe^{2+} 以及强氧化剂 O_3、电弧（紫外光）等，可以强化铁屑表面及孔隙中的有机物降解。

（3）增强型内电解

增强型内电解是将铜混入铁或者在铁表面镀铜，以提高处理速度和效果的方法。黄浪等研究了镀铜铁屑-H_2O_2法预处理油田酸化废水。李国清采用镀铜铁屑-H_2O_2催化氧化降解处理含酚废水，实验表明脱色率和 COD 去除率均有很大提高。

（4）高压脉冲协同内电解

铁碳在 4-氯酚中形成大量的微电池，利用其氧化作用打断有些有机物之间的连接键，从而处理污染物。实验表明，高压脉冲在有铁碳内电解存在的条件下，对有机物的降解率增加，尤其是对污染物 4-氯酚的去除率大大增加。

除上述几种方法外，还有其他提高铁碳内电解处理效果的新方向。如与光催化氧化结合处理有机染料废水，利用臭氧协同内电解提高 COD 的去除效率，用镀铜磁性粒子强化内电解后处理硝基苯酚废水，内电解结合超声降解碱性品绿染料等。

6．研究及发展展望

由于内电解法在适宜条件下能对 COD 进行降解，在改进工艺或与其他方法结合后可以对高浓度 COD 的废水进行比较好的处理；其对废水色度具有良好的去除率，今后可运用于有色废水尤其是染料废水的处理；内电解法处理后废水生化性能提高，可运用在一些需要提高生化性能的污水预处理中。

内电解法作为一种新型的废水处理方法，虽然存在很多的不足和缺陷，但是经过多方面的研究和探索，相信在不久的将来会在废水处理工作中为环境保护做出更大的贡献。

七、多金属处理废水研究实例

海泡石是一类具有巨大比表面积、多微孔的良好吸附剂，近年来，一直用来吸附处理各类污染物，如重金属、有机物、各类大气污染物等。海泡石的吸附性能由于产地不同而有所差异，且海泡石原矿自带有方解石、石英石等各类杂质，大大影响了海泡石的吸附性能，因此，对海泡石原矿进行改性是势在必行的。

1．基本原理

上述研究表明，目前的改性方法可分为酸改性、热改性、有机改性、光改性等，单一方法改性海泡石只能处理单一组分废水，但是随着工业的发展，废水中重金属成分日益复杂，因此，必须研究一种新的方法对海泡石加以改性，使其能够有效去除废水中多种重金属。

本节研究实例，采用酸、热同时对海泡石进行联合改性，并以 Cu^{2+}、Pb^{2+}、

Zn^{2+}多金属废水为目标污染物，目的是为读者提供一条多金属废水处理的有效途径。

2. 研究实例

(1) 主要试剂和材料

海泡石原矿由湘潭九华碳素公司提供，海泡石含量20%，其化学组成（质量百分比）为：SiO_2 43.11%；Al_2O_3 9.37%；MgO 10.15%；H_2O 2.23%；CaO 15.51%；盐酸、五水硫酸铜、硝酸铅、硝酸锌及其他实验试剂均为分析纯；实验用水为一次蒸馏水。

(2) 主要仪器

气浴恒温振荡器（ZD-85）；pH计（PHS-3C）；原子吸收分光光度计（WFX-IF2B）；箱式电阻炉（SX-12-16）。

(3) 改性海泡石的制备

用不同浓度的HCl溶液在30℃恒温下浸泡海泡石不同时间，控制液固比为20∶1，烘干，再经不同温度焙烧4h，研磨过80目筛，实验备用。

(4) 静态吸附实验

采用五水硫酸铜、硝酸铅、硝酸锌和蒸馏水配制50mg/L含Cu^{2+}、Pb^{2+}、Zn^{2+}的模拟废水，不同浓度的污水皆由模拟废水与蒸馏水配制，移取50mL废水于250mL具塞锥形瓶中，调节pH值，置于恒温气浴恒温器中，加入一定量改性海泡石，按不同的实验要求，改变实验条件，进行振荡吸附（120r/min），反应后取上清液测定金属浓度，并根据吸附前后溶液中的离子浓度计算吸附率：

$$\phi=(c_0-c_i)\times 100\%/c_0$$

式中 ϕ——吸附率，%；

c_0、c_i——吸附始、末金属离子的浓度，mg/L。

3. 研究结果与讨论

(1) 酸浓度对Cu^{2+}、Pb^{2+}、Zn^{2+}去除效果的影响

分别采用0.4、0.5、0.6、0.7、0.8、0.9、1.0(mol/L)浓度的HCl对海泡石进行酸改性，再进行热改性。在吸附时间120min，离子初始浓度50mg/L，改性海泡石投加量4g/L，pH值为7.0，温度35℃条件下，考察不同酸浓度对改性海泡石吸附效果的影响，结果如图2-6所示。

由图2-6可知，酸浓度对海泡石的吸附性能影响较大，当酸浓度从0.4mol/L升高至0.9mol/L时，改性海泡石对金属离子的吸附能力也随之增大，当酸浓度为0.9mol/L时，吸附量最大。这是因为低浓度酸活化在保持海泡石的结晶结构形态不变的前提下，可去除海泡石矿的共生杂质方解石，也可使其骨架镁逐步脱除，进而打通海泡石的孔道，因此吸附性能得以提高，且随着酸浓度的增加，海泡石被酸活化的效果越好，但是当酸浓度过高时，骨架镁脱除过多，容易引起孔道坍塌，从而导致海泡石的吸附性能转而降低。

(2) 酸活化时间对 Cu^{2+}、Pb^{2+}、Zn^{2+} 去除效果的影响

采用 0.9mol /L 的 HCl 对海泡石进行 10、13、17、20、24、29、36、43(h) 不同时间酸改性，再进行热改性。在吸附时间 120min，pH 值为 7.0，离子初始浓度 50mg /L，改性海泡石投加量 4g/L，温度 35℃条件下，考察不同酸活化时间对改性海泡石吸附效果的影响，结果如图 2-7 所示。

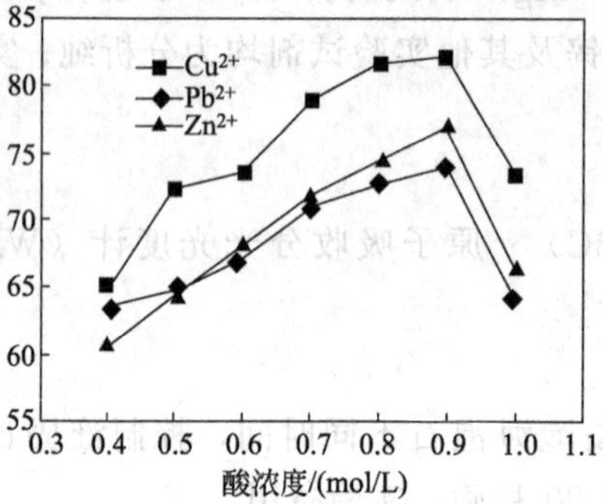

图 2-6 酸浓度对 Cu^{2+}、Pb^{2+}、Zn^{2+} 去除效果的影响

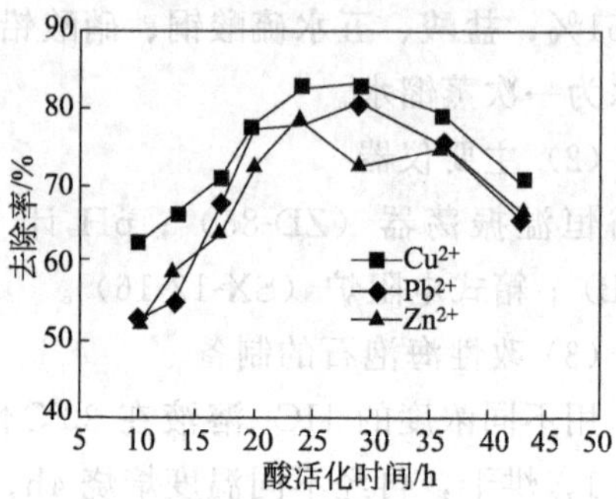

图 2-7 酸活化时间对 Cu^{2+}、Pb^{2+}、Zn^{2+} 去除效果的影响

由图 2-7 可知，改性海泡石对金属离子的吸附性能随着酸活化时间的增加而增强，改性海泡石对金属离子的吸附性能达到最大值时，Cu^{2+}、Pb^{2+}、Zn^{2+} 的去除率分别为 83.4%、80.9%、78.8%，在这之后改性海泡石的吸附性能有所下降，这可能是因为酸活化时间过长而使海泡石结晶基本结构遭到破坏，导致吸附能力下降。

(3) 焙烧温度对 Cu^{2+}、Pb^{2+}、Zn^{2+} 去除效果的影响

采用 200、300、400、450、500 (℃) 不同焙烧温度对已经过酸活化的海泡石进行热改性。在吸附时间 120min，离子初始浓度 50mg/L，改性海泡石投加量 4g/L，pH 值为 7.0，温度 35℃条件下，考察不同焙烧温度对改性海泡石吸附效果的影响，结果如图 2-8 所示。

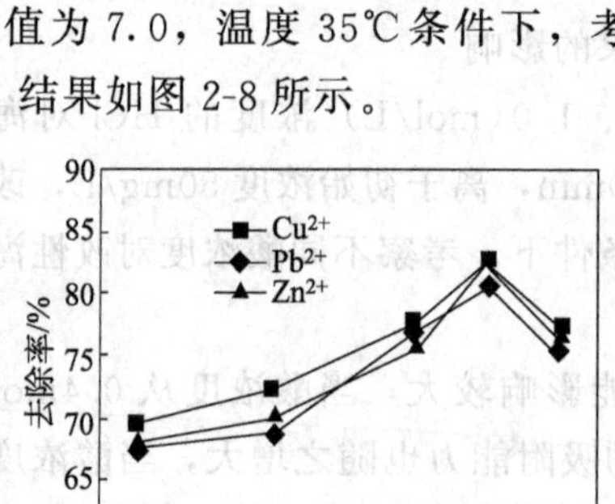

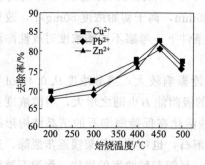

图 2-8 焙烧温度对 Cu^{2+}、Pb^{2+}、Zn^{2+} 去除效果的影响

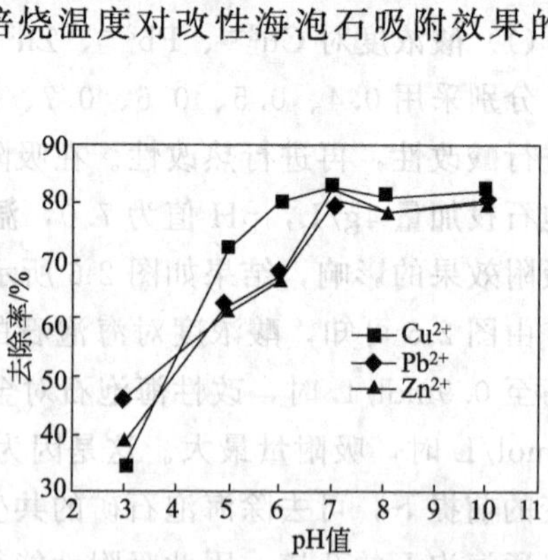

图 2-9 初始 pH 值对 Cu^{2+}、Pb^{2+}、Zn^{2+} 去除效果的影响

由图 2-8 可知，随着焙烧温度的增大，改性海泡石对金属离子的吸附率也逐渐增大，当焙烧温度为 450℃时，吸附率达到最大值，之后又转而降低。这是因为海泡石在低温处理阶段，内部的吸附水（包括纤维间吸附水和孔道内沸石水）被消除，在黏土中形成新的活性面，使 Si-OH 基转变成 Si-O 四面体结构，从而扩大了晶体中的通道，且结构格架不变，比表面积增加，表面活性提高，吸附能力增强。当温度高于 450℃时，海泡石结晶产生折叠作用，造成表面积减小，更高的温度会使纤维黏结和紧缩，孔道的孔径减小，致使比表面积降低，吸附能力随之下降。

(4) 初始 pH 值对 Cu^{2+}、Pb^{2+}、Zn^{2+} 去除效果的影响

在吸附时间 120min，离子初始浓度 50mg /L，改性海泡石投加量 4g /L，pH 值分别为 3.0、5.0、6.0、7.0、8.0、10.0，温度 35℃条件下，考察初始 pH 值对改性海泡石吸附效果的影响，结果如图 2-9 所示。

由图 2-9 可知，重金属离子的去除率随着 pH 值的升高逐渐增大，且在 pH 值达到 7 时，改性海泡石对三种金属离子都有很好的吸附作用，酸度过大会使吸附效果降低，这是因为当 pH＜5.0 时，大量的氢离子占据了海泡石的空穴，不利于金属离子吸附，在 pH 值较高时，水体系中氢氧根离子浓度增加，使水中的部分金属离子 Cu^{2+}、Pb^{2+}、Zn^{2+} 与氢氧根结合，生成氢氧化物沉淀，起到了金属离子去除的效果，实验结果证明，pH 值等于或大于 7.0 是改性海泡石对金属离子吸附的最佳酸度。

(5) 初始浓度对 Cu^{2+}、Pb^{2+}、Zn^{2+} 去除效果的影响

在吸附时间 120min，离子初始浓度分别为 20、30、40、50、60(mg/L)，改性海泡石投加量 4g/L，pH 值为 7.0，温度 35℃条件下，考察初始浓度对改性海泡石吸附效果的影响，结果如图 2-10 所示。

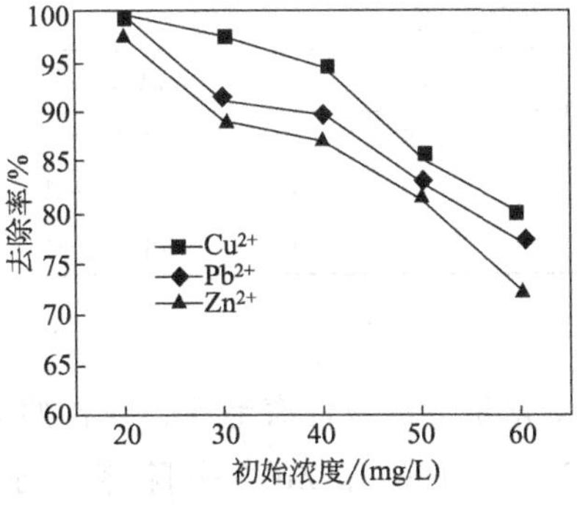

图 2-10 初始浓度对 Cu^{2+}、Pb^{2+}、Zn^{2+} 去除效果的影响

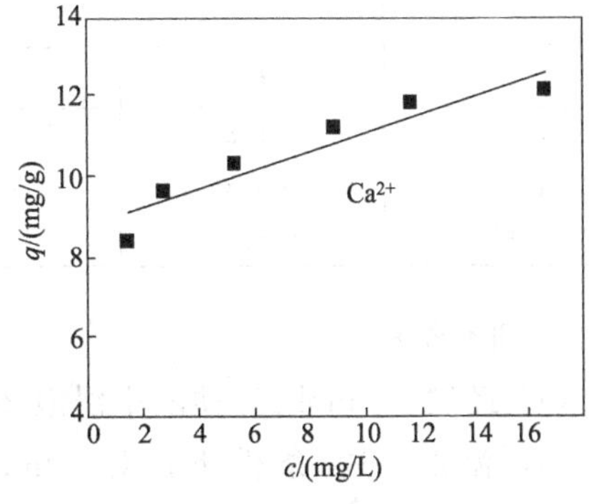

图 2-11 Cu^{2+}、Pb^{2+}、Zn^{2+} 的等温吸附线 (1)

由图 2-10 可知，随着重金属离子初始浓度的升高，去除率呈逐渐下降的趋

势，这是因为在改性海泡石投加量一定的情况下，对重金属离子的吸附量是有限的，当重金属离子浓度升高时，去除率就相应降低，另外，改性海泡石吸附重金属离子后，表面所带电荷与重金属离子相同，因此，吸附量达到一定时，海泡石与废水中的重金属之间产生静电排斥作用，从而影响了改性海泡石对重金属离子的吸附。

(6) Cu^{2+}、Pb^{2+}、Zn^{2+}在改性海泡石上的吸附等温线

改性海泡石对 Cu^{2+}、Pb^{2+}、Zn^{2+}吸附特征可通过 Freundlich 等温式进行拟合。拟合结果见表 2-1、图 2-11、图 2-12。由表 2-1 可知，Freundlich 方程对 Cu^{2+}、Pb^{2+}、Zn^{2+}拟合的 R^2 值都接近于 0.9，能很好描述改性海泡石对金属离子的吸附等温线。Freundlich 方程中 $1/n$ 值可作为改性海泡石对金属离子吸附作用的强度指标，其中 $0.1<1/n<0.5$ 表示吸附容易进行，由表 2-1 可看出，改性海泡石对 Cu^{2+}、Pb^{2+}、Zn^{2+}表现为易于吸附。

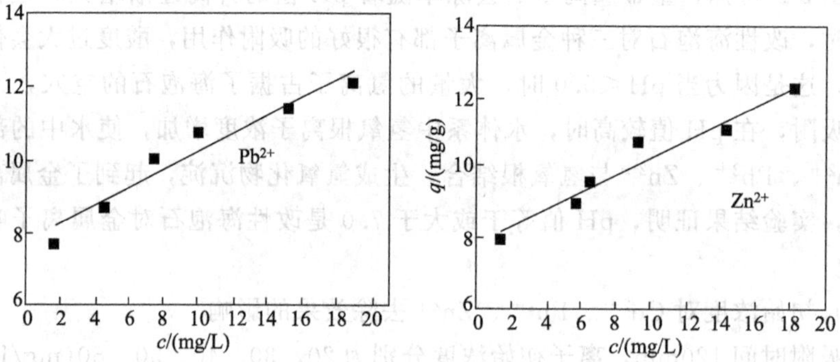

图 2-12 Cu^{2+}、Pb^{2+}、Zn^{2+}的等温吸附线 (2)

表 2-1 改性海泡石对 Cu^{2+}、Pb^{2+}、Zn^{2+}吸附等温线的拟合结果

重金属类型	Freundlich 方程 $q=Kc^{1/n}$			
	R^2	$1/n$	K	等温吸附式
Cu^{2+}	0.8687	0.11	6.19	$q=6.19c^{0.11}$
Pb^{2+}	0.9386	0.13	4.43	$q=4.43c^{0.13}$
Zn^{2+}	0.9538	0.13	5.89	$q=5.89c^{0.13}$

4. 研究结论

(1) 经过 0.9mol /L 盐酸中浸泡 29h，450℃焙烧后的改性海泡石，在初始 pH 值 7.0，温度 35℃ 条件下，对 50mg/L 的 Cu^{2+}、Pb^{2+}、Zn^{2+} 去除率分别为 83.4%、80.9%、78.8%；

(2) 改性海泡石对 Cu^{2+}、Pb^{2+}、Zn^{2+} 的吸附特征通过 Freundlich 等温吸附式进行拟合，且 $0.1<1/n<0.5$，证明改性海泡石对此三种重金属离子表现为易于吸附。

八、印制电路板污水处理及铜回收研究实例

1. 概述

印制电路板制造技术是一项非常复杂的、综合性很高的加工技术，可分为干法（设计和布线、模版制作、钻孔、贴膜、曝光和外形加工等）加工和湿法（内层板黑膜氧化、去孔壁树脂腻污、沉铜、电镀、显影、蚀刻、丝印、热风整平等）加工过程。尤其是在湿法加工过程中，需采用大量的水，因而有多种重金属废水和有机废水排出，成分复杂，处理难度较大。按印制电路板铜箔的利用率为30%～40%进行计算，那么在废液、废水中的含铜量就相当可观了。按10000m^2双面板计算（每面铜箔厚度为35μm），则废液、废水中的含铜量就有4500kg左右，并还有不少其他的重金属和贵金属。这些存在于废液、废水中的金属如不经处理就排放，既造成了浪费又污染了环境。因此，在印制板生产过程中的废水处理和铜等金属的回收是很有意义的，是印制板生产中不可缺少的部分。

众所周知，印制电路板生产过程中的废水，其中大量的是铜，极少量的有铅、锡、金、银、氰、氨、有机物和有机络合物等。

产生铜废水的工序主要有：沉铜、全板电镀铜、图形电镀铜、蚀刻以及各种印制板前处理工序（化学前处理、刷板前处理、火山灰磨板前处理等）。

以上工序所产生的含铜废水，按其成分大致可分为络合物废水和非络合物废水。为使废水处理达到国家规定的排放标准，其中铜及其化合物的最高允许排放浓度为1mg/L（按铜计），必须针对不同的含铜废水，采取不同的废水处理方法。

2. 含铜络合物污水处理方法

(1) 污水来源及其成分

① 化学沉铜工序　废水主要含有络合剂EDTA、酒石酸钠或其他络合剂与Cu^{2+}。其中，Cu^{2+}与络合剂形成极稳定的络合物，采用常规的中和沉淀法是无法处理Cu^{2+}的。

② 碱性蚀刻工序　废水中主要含Cu^{2+}及$NH_3 \cdot H_2O$，当NH_4^+含量较高以及在碱性条件下，Cu^{2+}与NH_4^+可形成铜氨络合物，无法用中和沉淀的方法来处理。

③ 微蚀（过硫酸铵-硫酸）工序　废水中主要含Cu^{2+}及NH_4^+。在酸性条件下，废水中的Cu^{2+}与NH_4^+无法生成络合物，但在碱性条件下，可形成络合物。

④ 其他工序　对于酸性去油、碱性去油、解胶、膨化等工序，根据所使用的化学药品，其废水都可能含有络合剂。因而不可采用一般的中和沉淀来处理。

(2) 国内外处理络合物污水的主要方法

① 离子交换法　采用离子交换法来处理络合物重金属有着许多优点：占地少，不需对废水进行分类处理，费用相对较低。但此方法有许多缺点：投资大，对树脂要求高，不便于控制管理等。

② 破络处理法　主要是通过强氧化来破坏络合剂的结构，使之形成非络合物，

这样，络合物废水经破络处理后，可采用一般的中和沉淀来处理。

③ 置换处理法　利用重金属络合物在酸性条件下不稳定，呈离解状态，通过添加 Fe^{2+} 将 Cu^{2+} 置换出来，然后再调高 pH 值，将 Cu^{2+} 沉淀出来。

④ 化学沉淀法　利用添加能与重金属形成比其络合物更稳定的沉淀物的化学药品，如 Na_2S、CaS 和 H_2S 等，从而达到去除重金属的目的。

⑤ 重金属捕集剂沉淀法　采用高分子重金属捕集剂，其能与重金属离子强力螯合，且不受重金属离子浓度高低的影响，均能与之形成沉淀，达到去除重金属的目的。

3. 含铜非络合物污水处理方法

(1) 污水来源

主要来源为全板电镀、图形电镀、酸性蚀刻以及其他一些工序产生的漂洗水。

(2) 处理非络合物污水的主要方法

主要是采用化学沉淀法。在废液呈碱性时，使其成为不溶性的氢氧化物沉淀、碳酸盐沉淀或硫化物沉淀。通常，往酸性废水中加入氧化钙，使废水呈碱性，并形成氢氧化物沉淀。

总之，综上所述，印制板生产废水的处理工作较为复杂，要想保证废水处理达标具有一定的难度。但只要各级领导重视，加强对职工进行环保法规和法令的宣传教育，提高广大职工的环保意识，就一定能使我国的环保水平迈上一个新台阶。

另一方面，各生产厂家要加大废水处理的资金投入，改造旧设备，保证废水处理设备能正常运转。此外，要积极引入新的废水处理技术，只有这样，才能真正确保废水处理达标，为我们营造出一个无污染的美好环境。

第五节　厌氧化水处理技术

一、概述

厌氧处理工艺在工业污水方面的应用已有 30 多年的历史。

近 20 年来，随着微生物学、生物化学等学科的发展和工程实践的积累，厌氧处理工艺克服了传统厌氧工艺水力停留时间长、有机负荷低等缺点，在处理高浓度有机废水方面取得了良好效果，并且在低浓度有机废水的水解酸化工艺上有了大量成功的实例。

厌氧过程一般可分为水解阶段、酸化阶段和甲烷化阶段。经研究并经工程实践证明，将厌氧过程控制在水解和酸化阶段，可以在短时间内和相对较高的负荷下获得较高的悬浮物去除率，并可将难降解的有机大分子分解为易降解的有机小分子，可大大改善和提高废水的可生化性和溶解性。

与传统厌氧工艺相比，水解酸化工艺不需要密闭池，也不需要复杂的三相分离器，出水无厌氧发酵的不良气味，因而也不会影响污水处理站厂区的环境，并且与好氧工艺相比，该工艺具有能耗低的优点。近年来，随着染料及染料助剂行业的快速发展，致使印染废水的可生化性越来越差，因此水解酸化工艺在印染废水处理工程上得到广泛的采用。

一般在印染废水的处理工程中普遍采用水解酸化工艺，针对不同的印染废水水质采用不同的水力停留时间和布水方式。

总结我们已有的工程实践，水解酸化效果取决于：第一，足够的污泥浓度；第二，良好的泥水混合；第三，污水足够的水力停留时间；第四，合适的污泥留存方式。在废水处理工程的运行过程中，在污泥浓度和水力停留时间一定的情况下，泥水混合和污泥留存决定着水解酸化处理效果的好坏。

一般水解酸化工艺可采用外加搅拌促使泥水混合的工艺措施，整个池内泥水也能形成良好的混合，但需要增加搅拌设备，出水需要增设沉淀池和厌氧污泥回流系统，以维持水解酸化池内的污泥浓度，但这样做会大大提高工程造价，工程占地面积也会有所增加。

水解酸化工艺中也有采用多点进水的工艺措施，但这样做往往造成布水均匀性和泥水混合不够，难以搅拌起来的厌氧污泥极易在池底部分区域形成污泥沉淀，从进水点到出水口出现水流短路现象。这样一来，水解酸化池的池容就得不到充分利用，实际水力停留时间大大小于理论水力停留时间，水解酸化工艺就难以取得良好的效果。

在水解酸化工艺中，一般采用升流式水解污泥床反应器，污水均匀布于整个池底部，废水在上升时穿透整个污泥层并进行泥水分离，上清液从集水槽出水进入后续好氧处理工序。布水均匀性和泥水混合采用脉冲布水器控制，进水首先进入脉冲布水器，储存3～5min的水量，然后自动形成虹吸脉冲，整个布水器内的水在10余秒内通过丰字形管道系统均匀布于池底，丰字形管道上布水孔的出孔流速大于2m/s，这样，池底部的泥水进行剧烈混合，充分反应。

经过水解酸化处理的废水pH值能从10降至8左右，部分印染废水（如活性红印染废水）色度的去除能达到70%～80%。良好的水解酸化处理工艺能大大提高污水的可生化性，进而提高后续好氧处理的去除率，是整个污水处理工程水质达标的重要措施。

二、厌氧生物滤池工艺

1. 概述

厌氧生物滤池（anaerobic biofilter，AF）由美国Standford大学的Young和Mc. Carty于1967年在生物滤池的基础上研发，是公认的早期高效厌氧生物反应器。

厌氧生物滤池是一种内部装填有微生物载体（即滤料）的厌氧生物反应器。厌氧微生物部分附着生长在滤料上，形成厌氧生物膜，部分在滤料空隙间悬浮生长。污水流经挂有生物膜的滤料时，水中的有机物扩散到生物膜表面，并被生物膜中的微生物降解转化为沼气，净化后的水通过排水设备排至池外，所产生的沼气被收集利用。

2. 滤料

在厌氧生物滤池中，其中心构造是滤料，滤料的主要功能是为厌氧微生物提供附着生长的空间。滤料的形态、性质及装填方式对滤池的净化效果和运行有着重要影响。理想的滤料应具备以下条件：

① 比表面积大，一般来说，比表面积越大，可以承受的有机负荷越高，有利于增加生物总量。

② 具有高孔隙率，孔隙率越高，在相同容积的反应器中，处理水量一定时，污水的实际停留时间越长，反应器的容积利用系数越高，而且高孔隙率对防止滤池堵塞，防止产生短流均有好处。

③ 利于生物膜附着生长，如表面粗糙的滤料比表面光滑的滤料为佳。

④ 具有足够的机械强度，不易破损或流失。

⑤ 化学和生物学稳定性好，不易受污水中化学物质的侵蚀和微生物的分解破坏，也无有害物质溶出，使用寿命较长。

⑥ 质轻，使反应器的结构荷载较小。

⑦ 价廉，取材方便。

在生产及试验研究中最常用的滤料有实心块状滤料、空心块状滤料、管流型滤料、交叉流型滤料纤维滤料等。

① 实心块状滤料　此类滤料价格低廉且容易得到，但质重、比表面积小、孔隙率低。采用此类滤料的滤池，生物量浓度低，限制了有机负荷，仅为 3～6kgCOD/(m^3·d)，在运行中易发生局部滤层堵塞以及随之产生的短流现象，影响运行效果。较常用的为直径 30～45mm 的砾石、碎石等。

② 空心块状滤料　呈圆柱形或球形，内部有形状、大小各异的孔隙。其比表面积和孔隙率均较实心块状滤料有很大增加，可以增大生物量浓度及相应的处理能力，减少滤料层的堵塞。此类滤料多用塑料制成，较常用的有波尔环等。

③ 管流型滤料　可形成管道水流，比表面积达 100～200m^2/m^3，孔隙率为 80%～90%，分别是实心块状滤料的 2～5 倍和 1.5 倍左右，采用此类滤料可获得较高的生物量浓度，使厌氧生物滤池的有机负荷达 5～15kgCOD/(m^3 · d)，且运行时不易堵塞。该种滤料质轻、稳定，但价格较高。

④ 交叉流型滤料　由不同倾斜方向的波纹管或蜂窝管所组成，倾斜角一般为 60°。当水流经滤层时，呈交叉型（或称折流型）流向，其比表面积和孔隙率与管流型滤料相近，但 COD 去除率高，工作特性较好，应用日益广泛。

⑤ 纤维滤料　比表面积和孔隙率均较大，污水流经滤池时，纤维随水漂浮，

可增强其上的生物膜与污水接触效果，提高有机物的传质效率。同时由于水流的剪切作用，还可使生物膜厚度不致过大，以保证较高的生物活性和良好的传质条件。但采用软性纤维滤料时，生物膜易产生结团现象。常用的纤维滤料有软性尼龙纤维滤料、半软性聚乙烯、聚丙烯滤料、弹性聚苯乙烯滤料等。

3. 构造特征

厌氧生物滤池根据水流方向的不同，可分为升流式和降流式两大类，降流式厌氧生物滤池亦称降流式固定膜反应器（DSFF）。近年来出现了升流式混合型厌氧反应器。

厌氧生物滤池除滤料外，还设有布水系统和沼气收集系统。布水系统的作用是使进水分布均匀，为防止堵塞，其孔口大小及流速应选用及控制适当。沼气收集系统的作用是收集产生的沼气作为能源加以利用，沼气收集系统上设有水封、气体流量计及安全火炬。厌氧生物滤池多为封闭型，可以保证良好的厌氧环境并尽可能多的收集沼气，其中滤料层低于污水水位，处于淹没状态。

升流式厌氧生物滤池的布水系统设于池底，污水由底部进入滤池后均匀向上流动，在滤料表面附着的、与滤料截留的大量微生物的作用下，污水中的有机物可被降解转化为甲烷和二氧化碳等，净化后的出水从池顶引出池外，沼气由顶部的沼气收集管收集，池内的生物膜不断新陈代谢，脱落的生物膜随出水带出，因此滤池后还需设置沉淀分离装置。目前运行的大多数厌氧滤池都是升流式厌氧滤池。

降流式厌氧滤池中，布水系统设于池顶，污水由顶部均匀向下直流到底部，生物反应产生的气体的流动可起一定的搅拌作用，因而无需复杂的配水系统，微生物附着在定向排列的滤料上，起降解有机物的作用。这种反应器不易堵塞，但固体沉积在滤池底部会给操作带来一定的困难。

新近出现的升流式混合型厌氧反应器综合了升流式厌氧污泥床与升流式厌氧生物滤池的特点，减小了滤料层的厚度，在滤池布水系统与滤料层之间留出了一定空间，使呈悬浮状态的颗粒污泥在其中生长、累积，增加了反应器中的总生物量，减少了滤池被堵塞的可能性。与升流式厌氧污泥床相比，可不设三相分离器，节省基建投资。其滤料层高度与滤池总高之比，宜采用2/3。

4. 运行特征

厌氧生物滤池适用于不同类型、不同浓度有机废水的处理，其有机负荷取决于污水性质及浓度，一般为0.2～16kgCOD/(m^3·d)，滤池中生物膜厚度约为1～4mm，生物量浓度沿滤料层高度而变化，如升流式厌氧生物滤池底部的生物量浓度可达其顶部的几十倍。实际运行结果表明，在相同水质条件及水力停留时间下，升流式厌氧生物滤池的COD去除率比降流式高，升流式混合型厌氧反应器则具更多运行上的优点。

温度是影响厌氧生物滤池处理效果的因素之一。厌氧生物滤池大多在中温条件（35℃）下运行。温度降低会影响处理效率，经验表明，温度骤降会使效率下降幅度增大，若长时间稳定在较低温的条件下运行，则会由于滤池中较长的固体停留时间而使温度影响减弱，因此为了节约加温所需能量，亦可在常温下运行。

滤池高度对处理效果有一定影响。研究表明，绝大部分 COD 是在 0.4m 以下被去除的，因此滤池内填料高度不必超过 1.2m。

采用升流式厌氧生物滤池，应注意当污水中悬浮固体浓度大于 COD 浓度的 10%时，为防止滤层堵塞现象发生，应进行适当的预处理以降低进水悬浮物浓度。

5. 评价

厌氧生物滤池具有以下优点：

① 处理能力比一般消化池高；

② 生物量浓度高，可获得较高的有机负荷；

③ 不需要专门的搅拌设备，装置简单，工艺自身能耗低；

④ 微生物菌体停留时间长，耐冲击负荷能力较强；

⑤ 无需回流污泥，运行管理方便；

⑥ 在处理水量和负荷有较大变化的情况下，运行能保持较大的稳定性。

厌氧生物滤池的主要不足是：

① 滤池容易堵塞，尤其是底部，因此主要适用于悬浮物浓度较低的溶解性有机废水处理；

② 对布水装置要求较高，否则易发生短流，影响处理效果；

③ 滤池的清洗尚无简单有效的方法。

三、升流式厌氧污泥床

1. 厌氧污泥床

升流式厌氧污泥床（up-flow anaerobic sludge bed，UASB）（见图 2-13）工艺具有厌氧过滤及厌氧活性污泥法的双重特点，能够将污水中的污染物转化成再生清洁能源——沼气。

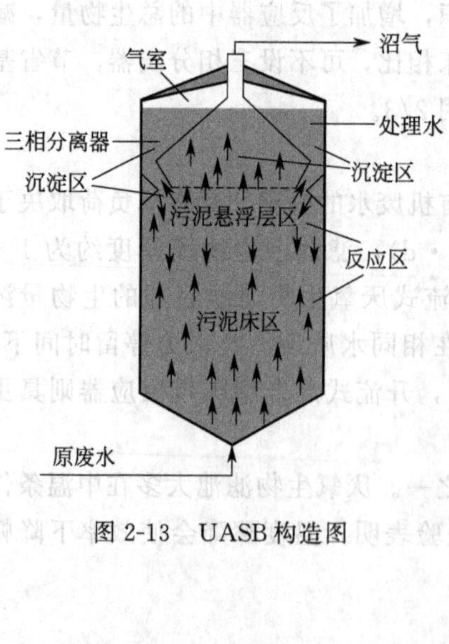

图 2-13 UASB 构造图

UASB 对于不同固含量污水的适应性强，且其结构、运行操作维护管理相对简单，造价也相对较低，技术已经成熟，正日益受到污水处理业界的重视，得到广泛的欢迎和应用。

2. UASB 工作原理

UASB 由污泥反应区、气液固三相分离器（包括沉淀区）和气室三部分组成。在底部反应区内存留大量厌氧污泥，具有良好的沉淀性能和凝聚性能的污泥在下部形成污泥层。要处理的污水从厌氧污泥床底部流入与污泥层中污泥进行混合接触，污泥中的微生物分解污水中的有机物，把它转化为沼气。沼气以微小气泡形式不断放出，微小气泡在上升过程中，不断合并，逐渐形成较大的气泡，在污泥床上部由于沼气的搅动污泥浓度较稀薄，污泥和水一起上升进入三相分离器，沼气碰到分离器下部的反射板时，折向反射板的四周，然后穿过水层进入气室，集中在气室的沼气用导管导出，固液混合液经过反射进入三相分离器的沉淀区，污水中的污泥发生絮凝，颗粒逐渐增大，并在重力作用下沉降。沉淀至斜壁上的污泥沿着斜壁滑回厌氧反应区内，使反应区内积累大量的污泥，与污泥分离后的处理出水从沉淀区溢流堰上部溢出，然后排出污泥床。

3. UASB 工艺

UASB 的主要优点是：

① UASB 内污泥浓度高，平均污泥浓度为 20～40gVSS/L；

② 有机负荷高，水力停留时间短，采用中温发酵时，容积负荷一般为 10kgCOD/(m^3 · d) 左右；

③ 无混合搅拌设备，靠发酵过程中产生的沼气的上升运动，使污泥床上部的污泥处于悬浮状态，对下部的污泥层也有一定程度的搅动；

④ 污泥床不填载体，节省造价及避免因填料发生堵塞问题；

⑤ UASB 内设三相分离器，通常不设沉淀池，被沉淀区分离出来的污泥重新回到污泥床反应区内，通常可以不设污泥回流设备。

主要缺点是：

① 进水中悬浮物需要适当控制，不宜过高，一般控制在 100mg/L 以下；

② 污泥床内有短流现象，影响处理能力；

③ 对水质和负荷突然变化较敏感，耐冲击力稍差。

第六节　臭氧处理技术

一、概述

臭氧与有机化合物的反应。臭氧化可用来测定烯烃的分子结构，也可用于合成醛、酮、酸、过氧酸和醇等。

当烯烃与臭氧反应时，可得到不稳定的臭氧化物，它具有爆炸性，通常加还原剂（如锌粉）催化分解为两个羰基化合物，它们正好分别与原烯烃 C═C 双键两侧的骨架相同。

分析测知两羰基化合物的结构后，就可推知该烯烃的分子结构。由于现代光谱仪器分析测定分子结构方面的迅速进展，用臭氧化来测定烯烃结构的重要性已有所下降。

1. 培安 Cube 臭氧化发展

自 1785 年由 van Marum 发现臭氧后，1886 年 Meritens 证实臭氧具有极强的杀菌能力，20 世纪初，开始作为自来水的消毒净化剂。随后证明臭氧还可有效地去除水中的酚、硫、铁、锰，降低 COD 和 BOD，并能脱色、除臭和杀藻。但由于臭氧设备费和运行费较高，未能广泛应用。第二次世界大战后，臭氧发生器的研制取得很大进展，其规模和效率也有了大幅度提高，特别是进入 20 世纪 70 年代，臭氧化技术得到迅速发展，因此已成为水处理的重要手段之一。

臭氧化技术应用以欧洲大陆最为普遍。法国和瑞士臭氧化工艺的应用有着悠久的历史，臭氧化设备也居世界领先地位；德国全国 85%的水厂采用了臭氧深度处理技术。目前这些国家在臭氧化技术发展的进程中仍处在世界前列。在 20 世纪 70 年代，世界上约有 1039 座水厂应用了臭氧消毒技术，而其中有近 1000 座位于欧洲。到 90 年代，应用臭氧技术的水厂在欧洲已近 2000 家左右，成为世界上最集中的地区。与此同时，多种复合型臭氧水处理技术首先在这些国家得到开发和正式投入生产应用。

在美国、加拿大、澳大利亚等国家，臭氧技术的发展在 20 世纪 60 年代以来一直比较稳定，但其应用规模都比较小，到了 80 年代，这些国家在臭氧技术的开发和应用上明显加快了步伐。以美国为例，1977 年，全美只有 2 个小型水厂应用臭氧，进入 80 年代以来，由于美国环保局提出了新的水质标准，对出厂水和管网水的消毒做了更加严格的规定，同时又对减少水中的消毒副产物做出进一步的限制，双重的压力迫使国内的水厂不得不考虑采用臭氧化、强化混凝和生物过滤等技术来达到供水要求。因而臭氧化深度处理技术改造已在全国范围内兴起。2000 年，已有 200 余座采用臭氧化工艺的水厂投入运行，进入 2010 年，美国又有 100 余座水厂应用了臭氧化技术，还有许多类似的水厂则正在设计或建设之中。

为了提高臭氧氧化的效果，近年来国内外逐渐开展了臭氧与 H_2O_2、UV 联合氧化工艺的研究，发现在 H_2O_2 或 UV 存在下，一些与臭氧不能直接反应的有机物得以氧化，但氧化的效果则与有机物的种类和水的 pH 值等密切相关，因而这一工艺尚难以实际应用。目前，解决饮用水微污染问题的有效途径之一是在对原水进行臭氧化以后，再进行过滤吸附处理，特别是臭氧化与粒状活性炭结合使用。

2. 臭氧反应特点

臭氧是氧的同素异构体，由 3 个氧原子组成，常温常压下是一种不稳定的淡紫色气体，并可自行分解为氧气。它的密度是氧气的 1.5 倍，在水中的溶解度是氧气的 10 倍。臭氧具有极强的氧化能力，在水中氧化还原电位仅次于氟而居第二位。臭氧本身的特性决定了臭氧化技术具有以下特点：

① 臭氧由于其氧化能力极强，可去除其他水处理工艺难以去除的物质；

② 臭氧化的反应速率较快，从而可以减小反应设备或构筑物的体积；

③ 剩余臭氧会迅速转化为氧气，既不产生二次污染，又能增加水中溶解氧；

④ 在杀菌和杀灭病毒的同时，可除嗅、除味；

⑤ 臭氧化有助于絮凝，可以改善沉淀效果。

3. 臭氧应用

臭氧与无机化合物或有机化合物反应生成不稳定的臭氧化物。

如干燥的氢氧化钾与臭氧作用生成臭氧化钾、水合氢氧化钾并放出氧。

乙烯臭氧化生成环臭氧乙烷等。

使水、废水或空气与臭氧接触，利用其强氧化作用，达到除臭、脱色、杀菌、去除有机物的目的。

有机化合物分子与臭氧发生的氧化反应，也称臭氧化反应，可以测定烯烃的分子结构，也可以合成醛、酮、过氧酸等多种有机化合物。

另外，聚合物臭氧化指臭氧与不饱和化合物中的不饱和双键起加成反应生成过氧化物的过程。过氧化物不稳定，进一步裂解生成小分子。如聚合物的臭氧化作用造成聚合物的降解。

4. 氧化反应操作过程

臭氧化反应是氧化反应，在有机合成过程中是非常重要的一类反应，是具有较高产率的快速反应，并且副反应少。但由于臭氧的高危险性，温度难以控制，容易爆炸，目前在药物合成中尽量避免其使用。

因此，在操作过程中要格外小心，在这里要注意几点：

① 要把反应瓶内的空气置换干净，氮气要多通入一段时间，充分排干净瓶内的氧气；

② 要时刻观察反应的温度，充分做好冷却措施；

③ 反应结束后，要用足够多的氮气排空反应体系内残留的臭氧，再淬灭；

④ 淬灭过程中，淬灭剂（通常用二甲硫醚）要尽量慢地加到反应体系内。

这一步是臭氧反应中最容易发生危险的步骤，要格外小心，通常要做好防护措施，由两个以上人员来操作。

不过，现在由于科学技术的发展，很多公司开始采用一些专门用来进行臭氧化反应的仪器。现在应用最为广泛的是由匈牙利 ThalesNano 公司生产的 O-Cube 臭氧仪。它将流动化学和臭氧发生装置结合在一起，从而实现了臭氧在实验室的安全利用和便利使用。O-Cube 由于微量反应体积、物料连续流动与臭氧反应，实现了－25～0℃安全的臭氧化反应，并且反应选择性和收率比超低温釜式反应大大提高。

二、臭氧化反应的特性与应用

1. 改善感官指标

大量研究和应用实践证实臭氧具有很强的脱色、嗅、味能力，能有效改善水的感官指标。

水的色度主要由溶解性有机物、悬浮胶体和颗粒物引起，其中光吸收和散射引起的表色较易去除，溶解性有机物引起的真色较难去除。致色有机物的特征结构是带双键和芳香环，代表物是腐殖酸和富里酸。臭氧通过与不饱和官能团反应、破坏碳碳双键而去除真色，去除程度取决于臭氧投加量和接触条件；同时臭氧可氧化铁、锰等无机呈色离子为难溶物；臭氧的微絮凝效应还有助于有机胶体和颗粒物的混凝，并通过颗粒过滤去除致色物。

水的嗅味主要由腐殖质等有机物、藻类、放线菌和真菌以及过量投氯引起，现已查明主要致臭物有土臭素、2-甲基异冰片、2,4,6-三氯回香醚等。一般水中异臭物质的阈值仅为0.005～0.01μg/L；臭氧去除嗅味效率非常高，一般1～3mg/L的投加量即可达到规定阈值。

2. 消毒杀菌

臭氧作为一种强氧化剂，它具有很强的消毒灭活能力，对一般细菌、大肠菌、病毒等特别有效。其杀菌能力比氯系列消毒剂要强几十倍到数百倍。

当臭氧浓度为0.01mg/L时，1min以下的接触时间即可杀死纯水中大肠杆菌，对于饮用水，最佳的臭氧数量为1～4mg/L，若要是99.9%的细菌和病毒失活则接触时间约为10～12min。20世纪70年代以后，人们逐渐认识到氯消毒会产生有害副产物THM。从而使臭氧代替氯进行消毒的应用大幅度增加。同时有研究表明：有代表性的有害氯化消毒副产物（DBPs）主要为三卤甲烷（THMs）和卤乙酸（HAAs）等，臭氧化通过两个途径控制DBPs：一是直接去除DBPs的前驱物质；二是转化前驱物质，从而利于后续工艺的协同去除。

3. 控制藻类

藻类问题普遍存在于世界各国的水处理实践中。藻类含量高时会影响混凝和沉淀，增加混凝剂量，堵塞滤池，缩短滤池过滤周期，致臭并产生藻毒素，和氯作用形成氯化消毒副产物，降低饮用水安全性。臭氧氧化作用，一是溶裂藻细胞，二是杀藻，使死亡的藻类易于被后续工艺去除。臭氧投加量直接影响藻细胞的溶裂程度。

4. 铁、锰和硫化氢、硫化物的去除

臭氧可以使有机物状态的铁的聚合物（腐蚀铁化合物）迅速氧化并发生沉淀，结合砂滤方法可有效去除铁，而臭氧除锰时不需要通常所需的高pH值，甚至在pH值为0.5这样低的情况下就可以发生完全氧化。臭氧还是去除水中硫化氢和硫化物的一种简单而有效的方法。总而言之，臭氧氧化技术用于脱色除臭、控制氯化消毒副产物、去除藻类和藻毒素、助凝、消毒杀菌、初步去除或转化有机污染物等，已在国内外不少水厂和居民饮用水中得到应用。

三、臭氧在空调水处理中的应用

1. 杀菌作用

臭氧是良好的氧化性杀生剂。臭氧与蛋白质结合，破坏细胞呼吸所需的还原酶的活性臭氧化后检验细菌的细胞时发现，细胞已失去维持生命的细胞质而被破坏。臭氧不仅能够氧化细菌，还能够氧化细菌的有机食物源，试验表明，臭氧杀灭了在冷却塔水池和壁面繁殖的藻类。将一丛水藻放在冷却塔水池中使其生长，当使用臭氧并将氧化还原电势维持在750mV，在一天内，水藻由亮绿色转变为黑绿色；四天内，由黑绿色转变为褐色并在一星期内死亡。臭氧杀生作用的效果与水的pH值、温度、有机物含量等因素有关。水中的臭氧浓度约为0.25mg/L时，就能很好地控制系统中的微生物数量，满足工业中对微生物的要求。

在用臭氧进行水处理时。一般将氧化还原电势保持在500mV以上及750mV以下。氧化还原电势低于500mV以下时，基本上就不能控制细菌和藻类的生长。在系统中，正确利用臭氧进行水处理，就可将其中的细菌总量数量级控制在10以内。那么，水系统中水的清晰度就可与维护很好的游泳池水相比。

2. 阻垢作用

冷却系统中的水垢控制对冷却系统高效运行来说是非常重要的。水垢附着在微生物膜上，称为生物黏泥。因为臭氧是一种很好的氧化性杀生剂，它可以除去水垢附着的微生物膜，正确使用臭氧进行处理，水系统中就不会有吸附水垢的微生物膜，从而达到减少的效果。但对水中溶解的磷酸钙、硅酸钙、硅酸镁等物质，当其阴、阳离子浓度的乘积超过其本身溶度积时，也会生成沉淀。这种水垢用臭氧也难以除去。在水中如有过量的磷酸根或SiO_2，则磷酸钙垢和硅酸盐垢一般不容易生成。

保持水质对保证系统无垢而言很重要。在高浓度水的循环中，钙和碳酸根从溶液中沉淀出来，以最常见的水垢——碳酸钙的形式悬浮在水中。在洁净的系统中，水垢粒子处于冷却系统的低速区（通常是冷却塔的冷水池）中，除了通过排污将悬浮的矿物质排除，过滤及物理除垢也是必要的。

3. 缓蚀作用

一般来说，臭氧并不被认为是缓蚀剂。但在应用实例中发现，臭氧既能杀菌灭藻，又能阻垢和缓蚀。试验表明，采用臭氧进行水处理的冷却系统中，绝大多数的系统具有较低的钢腐蚀率，在某些情况下，甚至90天金属试样的腐蚀量低于检测下限。

四、臭氧化生物活性炭深度处理工艺

我国饮用水水源不同程度地存在污染情况，这对以去除浊度和细菌为主的常规处理工艺往往很难使出水达到不断提高的饮用水水质标准的严格要求。因此，采用饮用水深度处理工艺已越来越显得必要。

1. 深度处理工艺

臭氧化生物活性炭深度处理技术，是集臭氧氧化、活性炭吸附、生物降解、臭氧消毒于一体，以去除污染的独特高效性而成为当今世界各国饮用水深度处理技术的主流工艺。在欧美等国家已迅速从理论研究走向实际应用，我国的昆明、北京、常州等城市已经先后采用臭氧化生物活性炭深度处理技术来提高饮用水水质，深圳、杭州、上海、广州等城市已经完成采用臭氧化生物活性炭深度处理技术的方案论证，正在进行工程的筹建或施工。但是，随着现代分析检测技术的进步和卫生毒理学研究的进展，臭氧化副产物、臭氧对饮用水生物稳定性影响和生物活性炭的微生物安全性等问题已经开始引起人们的关注。这样，有效的控制臭氧化副产物、提高臭氧处理饮用水的生物稳定性和生物活性炭的微生物安全性，将是此项技术研究的新热点。

2. 深度处理技术研究

(1) 试验装置研究

本研究主要是在中试装置上完成的，其主要设计参数如下。

处理流量：$3m^3/h$；

混合：机械混合，混合时间 6s；

反应：网格反应池，反应时间 23min；

沉淀池：斜管沉淀池，停留时间 36min；

砂滤池：均质石英砂滤料滤池，滤速 10m/h；

臭氧接触塔：塔高 6m，有效水深 5.7m，内径 400mm，采用微孔曝气的方式投加臭氧，臭氧化气与水在塔内逆流接触，接触时间 16min；

生物活性炭滤池：池高 4.9m，内部均分两格，采用小阻力配水系统，采用 ZJ-15 型柱状活性炭，炭层厚 2m，空床接触时间 10min，滤速 12m/h。

臭氧采用 Ozonia 公司的 CFS-1A 型臭氧发生器现场制备，以空气为气源，以自来水为冷却介质。

混凝剂采用碱式氯化铝（Al_2O_3 质量分数为 10%）。

(2) 试验研究结果

① 生物稳定性　饮用水的生物稳定性是指饮用水中有机营养基质能支持异养细菌生长的潜力，即细菌生长的最大可能性，给水管网中限制异养细菌生长的因素主要是有机物，但由于水中许多可生物降解物质浓度都较低，很难用化学的方法测定其具体浓度，因此国外研究人员提出了可同化有机碳（AOC）的概念，并提出了通过荧光假单胞菌的生长测定 AOC 浓度的生物方法。

由于 AOC 包括了许多易生物降解的化合物（如乙醇、氨基酸、羧酸等），为微生物提供了生成基质和代谢能量，因此它的浓度对水中微生物的生长有较大影响。从 AOC 被提出开始，人们就注意到了臭氧对它的影响，经过众多研究者十余年的努力，已经得出了水进行臭氧化会提高水中 AOC 浓度的结论。

实践证明，水经过臭氧化后，由于 AOC 的增加会造成管网中细菌的再繁殖，致使水中大肠杆菌和其他致病细菌的超标，这也可能是因为臭氧化中间产物分子量更小，更容易细菌降解的缘故。

表 2-2 是 AOC 在处理工艺流程中的变化情况。

表 2-2 AOC 在处理工艺流程中的变化情况

分析项目	原水	砂滤水	臭氧化水	炭滤水	消毒水
AOC/(μg/L)	126	108	194	101	90

从表 2-2 中数据可以看出：

a. 原水在絮凝、沉淀和过滤后，AOC 只有微小幅度的降低；

b. 臭氧化能够导致砂滤后水中 AOC 增加；

c. 生物活性炭对 AOC 表现出很好的去除作用，去除率达到 47.9%，绝对去除量为 93μg/L；

d. 经过生物活性炭处理后的水再加氯消毒，AOC 没有增加，还有所降低，达到 100μg/L 以下，可以认为达到了生物稳定性。

表 2-3 中数据反映了不同臭氧投加量对 AOC 的影响情况。

表 2-3 不同臭氧投加量对 AOC 的影响

分析项目	砂滤水	臭氧投加量/(mg/L)		
		1	3	4
AOC/(μg/L)	142	290	322	281

从表 2-3 中数据可以看出：

a. 当臭氧投加量只有 1mg/L 时，水中 AOC 就显著升高，增加了约 1 倍，绝对增加量为 148μg/L；

b. 之后大幅提高臭氧投加量，增加到 3mg/L，此时 AOC 升高的幅度却不大，只有 32μg/L；

c. 继续增加臭氧投加量，达到 4mg/L，则 AOC 不再升高，反有下降的趋势。

选择臭氧投加量为 3mg/L 时的臭氧化水进行生物活性炭滤池不同滤速对 AOC 的影响情况分析，结果列于表 2-4 中。

表 2-4 生物活性炭滤池不同滤速对 AOC 的影响

分析项目	臭氧化水	生物活性炭滤池滤速/(m/h)		
		16	12	6
AOC/(μg/L)	322	211	133	143

从表 2-4 中数据可以看出：

a. 臭氧化水中虽然 AOC 含量很高，但经过生物活性炭滤池（滤速为 16m/h）时就有大幅度降低，下降幅度达到 34.5%，绝对下降幅度为 111μg/L；

b. 如果调整生物活性炭滤池的滤速为 12m/h，臭氧化水中 AOC 就会被去除 58.7%，绝对去除量为 189μg/L；

c. 继续降低生物活性炭滤池滤速到 6m/h 时，生物活性炭对 AOC 的去除效果不再增加，基本保持稳定。

综合以上数据可以看出，在试验水质条件下，采用臭氧化工艺在解决水中存在水质问题的同时会导致水中 AOC 升高，但后续的生物活性炭工艺将有利于提高出水的生物稳定性。分析原因，活性炭对于小分子量有机物良好的吸附能力使它对 AOC 的去除效果较好，如果活性炭运行足够长的时间，形成生物炭时，它对 AOC 的去除率还会提高。因此，采用臭氧化工艺的同时必须在其后设置活性炭池来解决采用臭氧化工艺所带来的负面影响。

② 致突变活性　目前，Ames 试验是用来检测水体致突变活性大小的有效方法，单独使用 TA98 菌株（移码突变）可以检测出 83% 的致突变物，将 TA98 菌株和 TA100 菌株（碱基置换）结合使用，可以检测出 93% 的致突变物。因此，选择灵敏度较高的带 R 因子的 TA98 菌株和 TA100 菌株进行致突变试验。

Ames 试验以一定体积水样（通常以升计）所引起的回复突变菌落数表示结果，回复突变菌落数等于或超过自发回复突变菌落数的 2 倍，并且具有剂量反应关系和重现性者判定为阳性结果。为了便于直观判断，试验结果以诱变指数（MR）表示。MR 值为诱变回复突变菌落数与自发回复突变菌落数的比值，均以平均值计。MR 值越大说明该被测样品的致突变活性越高，MR≥2 为阳性结果。就被测水样致突变活性而言，为获得 MR=2 时所需水量越大，则说明该水样中有机污染物的致突变活性越低。

表 2-5 是处理工艺全流程 Ames 试验分析结果。

表 2-5　处理工艺全流程 Ames 试验分析结果

样品名称	试样浓度/(mg/L)	检测结果			
		TA98 菌株	MR	TA100 菌株	MR
原水	0.5	44.0±5.3	1.78	132.0±7.2	1.03
	1	60.3±11.2	2.44	143.7±7.6	1.13
	2	107.7±22.5	4.36	178.0±9.2	1.19
砂滤水	0.5	49.0±2.6	1.99	179.3±10.0	1.40
	1	72.7±7.0	2.94	260.0±27.4	2.04
	2	117.0±10.1	4.74	354.3±19.4	2.77

续表

样品名称	试样浓度/(mg/L)	检测结果			
		TA98 菌株	MR	TA100 菌株	MR
炭滤水	0.5	24.3±2.1	0.98	129.7±4.0	1.02
	1	36.3±4.0	1.47	175.7±6.7	1.38
	2	46.3±60	1.87	194.7±5.5	1.52
消毒水	0.5	24.0±5.3	0.97	131.0±5.6	1.03
	1	30.7±5.7	1.24	166.0±10.8	1.30
	2	48.3±0.6	1.96	192.7±7.5	1.51
阴性对照物		24.7±2.5		127.7±4.7	
阳性对照物		435.3±49.0		669.7±36.6	

从表 2-5 中数据可以看出：

a. 原水对 TA98 菌株更为敏感，1L 水即可达到阳性，而对 TA100 菌株不够敏感，在最大试验剂量条件下诱变指数仍然小于 2，没有达到阳性。因此，可以得出原水中的致突变活性主要是直接移码致突变物质所致；

b. 原水在经过絮凝沉淀和过滤处理后，水中的直接移码致突变物质含量没有降低，反而有所升高，同时直接碱基置换致突变物质含量较原水有较大升高；

c. 滤后水再经过臭氧化和炭滤池后，水中直接移码致突变物质含量和直接碱基置换致突变物质含量都有很大幅度的降低，最大降低幅度达到 60%；

d. 经过深度处理后的水再进行加氯消毒，水的致突变活性基本稳定。

以上结果说明，常规处理工艺过程可能由于水中有机污染物性质的变化，以及水中藻类等物质在砂滤池中的积累，导致滤后水的致突变活性增加。滤后水经过臭氧化后，这方面国内外研究结果相差较大，一般认为臭氧不会增加出水的致突变阳性，通常还能减少原来致突变阳性的水平，但也有进水为阴性，出水却变为阳性的报道。看来关于臭氧化后水的致突变情况比较复杂，可能与原水水质等因素有关。为此，今后还将更深入地研究臭氧化对水致突变性的影响。

③ 消毒副产物前质　氯化消毒副产物一直是给水处理领域十分关注的问题，特别是其中的三卤甲烷引起世界各国的广泛重视，深水集团 2010 年供水水质目标中规定出水中三卤甲烷含量不能超过 80μg/L。

关于生成三卤甲烷的反应机理尚不十分明确，但通常认为在消毒之前有效去除三卤甲烷前质将有利于控制三卤甲烷的生成。对于臭氧化去除三卤甲烷的研究结果相差很大，比较公认的结果是臭氧化去除三卤甲烷的效果波动较大，并且在容易产生中间产物的条件下，即使采用低浓度臭氧也会增加三卤甲烷而无抑制效果，只有在产生中间产物的前期以及臭氧处理的产物分解至最终产物时，才能起到抑制三卤甲烷的作用。

利用投加粉状活性炭的方法去除三卤甲烷前质被证明是有效的，并在实际中得到应用。但对于利用粒状活性炭去除三卤甲烷前质的效果则要根据其不同分子量组分来确定，中低分子量的三卤甲烷前质容易被粒状活性炭吸附，而大分子量组分的三卤甲烷前质不易进入粒状活性炭微孔中。

表 2-6 是三卤甲烷前质在处理工艺流程中的变化规律。

表 2-6 三卤甲烷前质在处理工艺流程中的变化规律

分析项目	原水	沉后水	砂滤水	臭氧化水	炭滤水
三卤甲烷前质/(μg/L)	388	341	385	173	166

从表 2-6 中数据可以看出：

a. 原水经过絮凝沉淀处理，对三卤甲烷前质具有一定的去除作用，去除率达到 12.1%；

b. 在沉后水经过滤池后，三卤甲烷前质出现升高现象，分析原因可能是藻类等有机物在滤池滤料中累积引起的，因为藻类属于三卤甲烷前质物；

c. 臭氧化对三卤甲烷前质具有很好的去除效果，去除率达到了 55.1%，绝对去除量为 212μg/L；

d. 生物活性炭对三卤甲烷前质的去除效果很有限，分析原因是粒状活性炭对三卤甲烷前质的去除主要依靠吸附作用，而装置中的粒状活性炭已经累积运行半年以上，吸附能力已明显降低（炭滤池中粒状活性炭的碘吸附力只有新炭碘吸附力的 50%～70%），同时，也可能炭滤池中藻类等有机物的累积对去除三卤甲烷前质有负面影响。

为了证实砂滤池对三卤甲烷前质的影响，归纳了砂滤池反冲洗前后的水样分析结果，列于表 2-7 中。

表 2-7 砂滤池反冲洗对三卤甲烷前质的影响情况

分析项目	原水	沉后水	滤后水
三卤甲烷前质(反冲洗前)/(μg/L)	320	262	350
三卤甲烷前质(反冲洗后)/(μg/L)	408	362	352

表 2-7 中数据表明砂滤池在工作周期中对去除三卤甲烷前质是有所不同的。

由于在消毒副产物的总致癌风险中，卤乙酸的致癌风险占 91.9%以上，而三卤甲烷的致癌风险只占 8.1%以下。因此，国际上建议将饮用水中卤乙酸浓度作为控制消毒副产物总致癌风险的首要指标参数。在进行三卤甲烷前质分析的同时，也进行了水中卤乙酸前质的分析。

表 2-8 是卤乙酸前质在处理工艺流程中的变化情况。

表 2-8 卤乙酸前质在处理工艺流程中的变化情况

分析项目	原水	沉后水	砂滤水	臭氧化水	炭滤水
卤乙酸前质/(μg/L)	257	231	210	121	80

从表 2-8 中数据可以看出：

a. 原水经过絮凝沉淀处理，对卤乙酸前质有一定的去除作用，去除率达到 10.1％，比对三卤甲烷前质的去除率要低一些；

b. 沉后水经过滤池后，卤乙酸前质进一步降低，没有出现升高现象（同时分析的三卤甲烷前质是升高的）；

c. 臭氧化对卤乙酸前质表现出很好的去除效果，去除率达到 42.4％，绝对去除量为 89μg/L；

d. 与对三卤甲烷前质不同，生物活性炭对卤乙酸前质表现出较好去除效果，去除率达到了 33.9％，绝对去除量为 41μg/L，国内的相关研究成果认为粒状活性炭是控制卤乙酸前质的较好方法。

综合分析试验数据可以认为，对于试验水质条件下，臭氧化与生物活性炭联合作用能够有效地去除水中氯化消毒副产物前质，但要注意经过砂滤池后三卤甲烷前质有升高现象。

（3）研究总结

① 采用臭氧化工艺会导致 AOC 升高，但后续生物活性炭工艺将有利于提高出水的生物稳定性；

② 原水经过常规处理工艺，水的致突变活性有所升高，但经过后续的臭氧化和生物活性炭处理，水的致突变活性明显降低，再进行加氯消毒，水的致突变活性基本稳定；

③ 臭氧化对三卤甲烷前质和卤乙酸前质均有很好的去除效果，生物活性炭对卤乙酸前质表现出较好去除效果，但对三卤甲烷前质的去除效果有限。

第七节 电渗析法处理技术

一、电渗析膜分离技术

1. 概述

电渗析是在外加直流电场作用下，利用阴、阳离子交换膜对水中离子的选择透过性，使一部分溶液中的离子迁移到另一部分溶液中去，达到浓缩、纯化、分离的技术。电渗析设备由一系列阴、阳膜置放在两电极之间而组成。

2. 离子交换膜

离子交换膜是一种由高分子材料制成的具有离子交换基团的膜，它具有离子选择透过作用。按照膜体的构造可分为异相膜和均相膜；按照膜的作用可分为阳膜、阴膜和复合膜。均相膜与异相膜相比，其电化学性能好，耐温性能也较好，但制造较复杂。

良好的离子交换膜应具备的条件有：离子选择透过性高，即阳膜只允许阳离子透过，阴膜则相反，而实际应用的离子交换膜的选择性透过率一般在 80%～95%，导电性好，膜的面电阻低，膜电阻通常为 2～10Ω・cm^2。化学稳定性好，能耐酸、碱，抗氧化，抗氯。平整性、均匀性好，无针孔，具有一定的柔韧性和足够的机械强度，渗水性低等。

3. 电渗析设备

电渗析设备又称电渗析器，由膜堆（包括离子交换膜、隔板）、极区（包括电极、极框、垫板）和压紧装置三大部分组成。隔板用于隔开阴、阳膜，隔板本身也是水流的通道。电极材料则一般采用石墨电极、钛涂钌电极、铅电极等。在每台电渗析装置中，膜的数量可达数百对。

4. 电渗析膜分离技术的应用

由于电渗析所需能量与处理水的盐度成正比，因此它不太适合处理海水及高浓度废水，而苦咸水的除盐是电渗析的主要用途。电渗析也可以作为离子交换制取纯水的预处理，通过预处理使离子交换柱的生产能力提高，延长交换周期，并节省再生剂的用量。

电渗析应用于给水处理时，由于电渗析器的浓室和淡室的进水往往是同一种原水，因此有时为了节约原水，浓水常常循环使用。

在电渗析技术应用的发展近况中，有一些趋势值得重视：①频繁倒极电渗析，每小时倒电极 3～4 次，对于消除和防止结垢有良好的效果；②离子导电隔网电渗析，即以离子交换材料制备导电隔网代替普通隔网和在隔室内充填阴、阳树脂，离子导电隔网具有较高的极限电流密度和除盐率；③高温电渗析，可将水加热至70～75℃，这时电渗析的工效大为提高，电耗则显著降低，但要求膜能耐高温、耐化学侵蚀，并有高的强度，这也是今后电渗析发展的方向之一。

二、工作原理及特点

利用半透膜的选择透过性来分离不同的溶质粒子（如离子）的方法称为渗析。在电场作用下进行渗析时，溶液中带电的溶质粒子（如离子）通过膜而迁移的现象称为电渗析。利用电渗析进行提纯和分离物质的技术称为电渗析法，它是 20 世纪 50 年代发展起来的一种新技术，最初用于海水淡化，现在广泛用于化工、轻工、冶金、造纸、医药工业，尤以制备纯水和在环境保护中处理三废最受重视，例如用于酸碱回收、电镀废液处理以及从工业废水中回收有用物质等。

电渗析与近年引进的另一种膜分离技术反渗透相比，价格便宜，但脱盐率低。当前国产离子交换膜质量很稳定，运行管理很方便，自动控制频繁倒极电渗析

(EDR) 运行管理更加方便。原水利用率可达 80%，一般原水回收率 在 45%～70%。电渗析主要用于水的初级脱盐，脱盐率在 45%～90%。它广泛被用于海水与苦咸水淡化；制备纯水时的初级脱盐以及锅炉、动力设备给水的脱盐软化等。

实质上，电渗析可以说是一种除盐技术，因为各种不同的水（包括天然水、自来水、工业废水）中都有一定量的盐分，而组成这些盐的阴、阳离子在直流电场的作用下会分别向相反方向的电极移动。如果在一个电渗析器中插入阴、阳离子交换膜各一个，由于离子交换膜具有选择透过性，即阳离子交换膜只允许阳离子自由通过，阴离子交换膜只允许阴离子通过，这样在两个膜的中间隔室中，盐的浓度就会因为离子的定向迁移而降低，而靠近电极的两个隔室则分别为阴、阳离子的浓缩室，最后在中间的淡化室内达到脱盐的目的。

实际应用中，一台电渗析器并非由一对阴、阳离子交换膜所组成（因为这样做效率很低），而是采用 100 对，甚至几百对交换膜，因而大大提高效率。

三、电渗析过程中基本以及次要过程

1. 基本性能

① 操作压力 0.5～3.0kgf/cm^2（1kgf=9.8N）左右。

② 操作电压 100～250V，电流 1～3A。

③ 本体耗电量每吨淡水约 0.2～2.0 度。

2. 在电渗析过程中，也进行以下次要过程

① 同名离子的迁移，离子交换膜的选择透过性往往不可能是百分之百的，因此总会有少量的相反离子透过交换膜。

② 离子的浓差扩散，由于浓缩室和淡化室中的溶液存在着浓度差，总会有少量的离子由浓缩室向淡化室扩散迁移，从而降低了渗析效率。

③ 水的渗透，尽管交换膜不允许溶剂分子透过，但是由于淡化室与浓缩室之间存在浓度差，就会使部分溶剂分子（水）向浓缩室渗透。

④ 水的电渗析，由于离子的水合作用和形成双电层，在直流电场作用下，水分子也可从淡化室向浓缩室迁移。

⑤ 水的极化电离，有时由于工作条件不良，会强迫水电离为氢离子和氢氧根离子，它们可透过交换膜进入浓缩室。

⑥ 水的压渗，由于浓缩室和淡化室之间存在流体压力的差别，迫使水分子由压力大的一侧向压力小的一侧渗透。显然，这些次要过程对电渗析是不利因素，但是它们都可以通过改变操作条件予以避免或控制。

四、电渗析器应用范围

1. 工作原理

电渗析器除盐的基本原理是利用离子交换膜的选择透过性。阳离子交换膜只允

许阳离子通过，阻挡阴离子通过，阴离子交换膜只允许阴离子通过，在外加直流电场的作用下，水中离子作定向迁移，使一路水中大部分离子迁移到另一路离子水中去，从而达到含盐水淡化的目的。

2. 应用范围

电渗析器具有工艺简单、除盐率高、制水成本低、操作方便、不污染环境等主要优点，广泛应用于水的除盐，具体应用在如下场合：海水及苦咸水淡化，根据试验资料，可将含盐量高达 60g/L 的苦咸水淡化成饮用水，解决沙漠地区的饮用水源问题；制取软水，可供低压锅炉给水，不需要食盐再生，还可节煤 20%左右。

深度除盐水及高纯水的前级处理，采用电渗析-离子交换法，扩大了原水适用于范围，广泛应用于电力、电子、化工、制药、科研化验等，降低制水成本 50%以上。节省离子交换法再生用酸碱 80%左右，延长再生周期五倍以上。用于饮料食品工业的提纯，使啤酒、汽水的质量提高，为创优质名牌产品创造了条件。电渗析器还可用于化工分离、浓缩及工业废水处理回收。

3. 构造及组装方式

(1) 构造

电渗析器由膜堆、极区和压紧装置三部分构成。

① 膜堆　由相当数量的膜对组装而成。

膜对：由一张阳离子交换膜，一张隔板甲（或乙），一张阴膜，一张隔板乙（或甲）组成。

离子交换膜：电渗析器的关键部件。

隔板：分浓、淡水隔板，交替放在阴、阳膜之间，使阴膜和阳膜之间保持一定的间隔，沿着隔板平面通过水流，垂直隔板平面通过电流。隔板厚 0.9mm。

② 极区　包括电极、极框和导水板。

电极：为连接电源所用。

极框：放置在电极和膜之间，以防膜贴到电极上去，起支撑作用。

③ 压紧装置　用来压紧电渗析器，使膜堆、电极等部件形成一个整体，不致漏水。

(2) 组装方式

电渗析器的组装是用“级”和“段”来表示，一对电极之间的膜堆称为“一级”。水流同向的每一个膜称为“一段”。增加段数就等于增加脱盐流程，也就是提高脱盐效率，增加膜对数，可提高水处理量。

电渗析器的组装方式可根据淡水产量和出水水质的不同要求而调整，一般有以下几种组装形式：一级一段；一级多段；多级一段；多级多段。

4. 辅助设备

电渗析器除本体以外尚须配备整流器、过滤器、酸洗设施、水泵仪表等辅助设备。

五、URE流程电渗析组合工艺

1. 概述

海洋二所20世纪70年代起开展用“四台电渗析器”和“电渗析器-填充床电渗析器”两个流程来处理放射性废水，获得了成功，但也发现在处理放化实验室排出的放射性废水时效果不理想。主要是该废水中组分复杂，特别是含有的有机大分子、络合物等，很难用电渗析工艺去除，影响了净化效果。

近年来，国内海洋二所研制了YM型磺化聚砜超滤膜，并做了超滤膜处理放射性废水的探索试验。对反渗透处理放射性废水的方法也做了研究。在此基础上，综合各种处理手段的优点，提出了用超滤(UF)-反渗透(RO)-电渗析(ED)组合工艺（简称URE流程）处理低水平放射性废水的新工艺。

2. 流程与设备

处理低放废水URE流程，国内一般采用海洋二所研制的YM型内压管式超滤器（磺化聚砜超滤膜，截留分子量为2万），膜面积$1.5m^2$，纯水通量250L/h（压力0.25MPa）。反渗透器为海洋二所研制的HRC型中空纤维组件，膜面积$40m^2$，纯水通量270L/h（压力1.3MPa）。电渗析器为400mm×800mm，一级一段，膜对40对，由海洋二所研制组装。

放化实验室排出的低放废水进入沉降槽，静止澄清24h后，上清液放入超滤原水槽，经超滤处理后，渗透液进入中间槽。同时启动反渗透器和电渗析器，反渗透器进一步脱盐和去污，渗透液可直接排放或流入混床进一步处理。电渗析起浓缩作用。超滤和电渗析处理的最终浓缩液留待固化处理。三个单元均采用循环式操作。

3. 全流程冷试验运行

冷试验累计运行147.5h，共处理模拟废水$14m^3$。

模拟废水按实际放射性废水组分配制，具体配方为：$NaHCO_3$ 60mg/L，$NaNO_3$ 146mg/L，NaCl 128mg/L，$CaCl_2$ 88mg/L，$MgCl_2$ 71mg/L，Na_2SO_4 7mg/L，30% TBP-煤油50mg/L，机油50mg/L，洗涤剂50mg/L。

冷试验运行情况分述如下：

(1) 超滤单元

在URE流程中，UF作为预处理除去大部分有机物和大分子物质，以保证RO的进水要求，提高ED的浓缩效果。

① 脱盐效果　与普通超滤膜不同，由于磺化聚砜超滤膜是荷电的，因而具有一定的脱盐能力。但脱盐率随原水中含盐量的增加和pH值的下降而降低（表2-9）。

② 影响通量的因素　原水的组成、浓度和温度都影响UF的通量。当原水不含有机物（指没有加入机油、洗涤剂等）和含有机物时的通量分别为73.87L/(m^2·h)和58.30L/(m^2·h)。此外随着料液浓度的提高，通量逐渐下降。而随着料液温度的提高，通量逐渐增加。

表 2-9 原水含盐量、pH 值对脱盐率的影响

原水含盐量/(mg/L)	原水 pH 值	渗透液含盐量/(mg/L)	脱盐率/%
980	6	899	8.3
1010	5	938	7.1
1050	4	1000	4.8

③ 浊度和化学耗氧量的变化　经超滤后，废水的浊度大大下降，确保了反渗透的进水要求。废水 COD 值下降表明，大部分有机物已被去除，使下游工艺处理更易进行（表 2-10）。

表 2-10 浊度 COD 值的变化

原水浊度/(mg/L)	渗透液浊度/(mg/L)	平均去浊率/%	原水 COD/(mg/L)	渗透液 COD/(mg/L)	COD 平均下降率/%
66～1575	0～1	99.9	248～1428	65～87	80.2

④ 膜的清洗方法试验　随着运行时间的延长，超滤通量逐渐下降，试验用化学清洗法、海绵球机械清洗法及其结合的方法来清洗，以恢复通量。

采用化学清洗法可较好地恢复通量，但再次运行时通量衰减较快，且有两次废液产生。而海绵球机械清洗时，只要将球洗阀门旋转 180°，使存放于阀门内的海绵球随料液进入管膜内，海绵球擦洗膜面后又回归入球阀内待用。清洗后的起始通量虽不如化学清洗法高，但通量可在较长时间内保持稳定。该方法简单，不影响生产，不产生两次废液，适合于放射性废水处理时采用。

（2）反渗透单元

在 URE 流程中，RO 用作深度净化。试验中对 RO 在流程中的位置及其他影响因素做了探索。

① 反渗透在 URE 流程中的位置　在起初的设想中，URE 流程为：UF-RO-ED，废水经超滤处理后，进入反渗透，由反渗透脱盐并浓缩 2 倍后，再由电渗析做进一步浓缩。但试验发现，当反渗透的进料液含盐量由于浓缩而增加时，其脱盐率下降，渗透液的含盐量也提高，加重了尾端处理的负担。为更好地发挥反渗透的作用，将其位置改为：UF-ED-RO，即经超滤处理后的料液先由电渗析脱盐，使料液含盐量降至 500mg/L 时，再由反渗透做进一步脱盐，经试验改动后，反渗透的脱盐率可稳定在 85%。

② 通量变化　在起始的 40h 运行中，RO 的通量从 141L/h 降至 112L/h (1.3MPa)，但在以后的 100 多小时运行中通量基本保持稳定，不再下降。可以认为由于采用 UF 作为预处理手段，RO 膜受污染的程度大大降低。初始阶段的通量下降是由于膜的压密效应引起的。

(3) 电渗析和离子交换单元

电渗析和离子交换在URE流程中主要分别作为浓缩和后级深度净化(表2-11、表2-12)。

表2-11 电渗析和离子交换单元冷试验结果

工艺单元	进料液含盐量/(mg/L)	渗出液含盐量/(mg/L)	脱盐率/%	最浓水含盐量/(mg/L)	浓缩倍数	电流效率/%
电渗析	1510	1342	11.1	7.5×104	49.7	45.2
离子交换	280	1	99.6			

表2-12 URE流程冷试验结果汇总

工艺单元	平均处理量/(L/h)	平均脱盐率/%	COD平均下降率/%	浓缩倍数	体积浓缩比①
超滤	70	6.9	80		56
反渗透	90	85.7	82.5		
电渗析	75	11.1		49.7	
离子交换	90	99.6			
总计		99.9	93.6	49.7	46.7

① 体积浓缩比=进料液体积/浓缩排污液体积。

4. 放射性废水处理试验

在全流程冷试验运行的基础上,进行了低放废水的处理试验。低放废水来自放化实验室实际污水,废水比放为7.4kBq/L,核素主要为$_{90}Sr$-$_{90}Y$和$_{137}Cs$,废水含盐量为800mg/L,为进一步验证膜对有机物的去除能力,仍向废水中加入与冷试验时相同的有机组分。热试验总计运行了104.5h,处理放射性废水7.5m^3。试验中对反渗透单元的进水浓度对脱盐、去污的影响做了进一步测定,对高价离子的去除情况也做了分析。

(1) 原水含盐量对反渗透单元去污率的影响

同冷试验结果相同,当原水含盐量较高时,RO脱盐率下降,去污率也下降。通过先启动ED,使RO的进料液含盐量保持在500mg/L左右时,RO脱盐率可达90%以上,去污率也提高到95%以上(表2-13)。

表2-13 原水含盐量对反渗透单元去污率的影响

原水含盐量/(mg/L)	渗透液含盐量/(mg/L)	脱盐率/%	原水放射性计数/cpm	渗透液放射性计数/cpm	去污率/%
1650	860	47.9	6.54	0.50	92.4
445.4	48.2	89.2	7.16	0.20	97.2

(2) 对高价离子的去除效果

热试验中测定了UF和RO对废水中Ca^{2+}、Fe^{3+}的去除率(表2-14)。

表 2-14 超滤、反渗透对 Ca^{2+}、Fe^{3+} 的去除效果

工艺单元	原水混合离子含量/(mg/L)	渗透液混合离子含量/(mg/L)	混合离子去除率/%	原水 Ca^{2+} 含量/(mg/L)	渗透液 Ca^{2+} 含量/(mg/L)	Ca^{2+} 去除率/%	原水 Fe^{3+} 含量/(mg/L)	渗透液 Fe^{3+} 含量/(mg/L)	Fe^{3+} 去除率/%
超滤	740	660	10.8	57.8	46.4	19.7	0.13	0	约 100
反渗透	445.2	48.2	89.2	22.9	1.14	95.0	0.23	0	约 100

结果表明：UF 和 RO 对二价离子的去除率都高于对混合离子的去除效果。对价态较复杂、价态较高的铁离子的去除率接近 100%，表明了膜分离方法去除高价的复杂离子是极为有效的。

(3) 全流程去污效果

全流程热试运行中，用 β-弱放射性测量装置测定总 β，HP-Ge 探头 S-85 多道分析器系统测总 γ，每 2h 取样测量一次，URE 流程的去污效果及用热释光方法测定 3H 的情况见表 2-15。

URE 流程热试验的结果表明：放射性的去除主要依靠反渗透（总 β 和总 γ 的去污率分别为 95.0% 和 93.7%）。该流程对 3H 无去除效果。表中最高剂量积累是在超滤和反渗透装置的一固定区域内，定时用 β-γ 辐射仪检测其放射性强度，发现热试期间最高剂量始终没有超过 7.74×10^{-6} c/kg，表明超滤器和反渗透器不会引起剂量积累。

(4) 全流程评价

根据全流程的冷、热试验结果，对 URE 流程做出如下评价。

① 超滤工艺取代了原流程中的凝聚沉降，减少了固体废物的处置设备，废水体积减缩比高，运行稳定，操作方便。超滤对废水中有机物去除效果明显，出水浊度低，满足了反渗透的进水要求，改善了下游工艺的净化效果。采用海绵球机械清洗的方法，可适当恢复其通量，清洗时不影响生产，不产生两次废液。

表 2-15 URE 流程去污效果

工艺单元	脱盐率/%	总β比放/10^3(Bq/L) 进液	总β比放/10^3(Bq/L) 出液	总β 去污率/%	总β 去污因子	总γ/(Bq/L) 进液	总γ/(Bq/L) 出液	总γ 去污率/%	总γ 去污因子	浓缩倍数	最高剂量率积累/10^{-6}(c/kg)	各单元渗出液 3H 比放/10^6(Bq/L)
超滤	9	8.88	5.74	35.4	1.5	190	170	10.5	1.1	11.8	7.74	4.81
反渗透	84.9	2.28	0.114	95.0	20.0	58.50	3.70	93.7	15.8		7.74	4.66
电渗析	18.8	2.30	1.35	41.3	1.7	58.50	44.40	24.1	1.3	45.8		4.88
离子交换	98.4	0.144	0.00276	98.1	52.2	3.70	0.81	78.1	4.6			4.66
URE 流程	99.83			99.97	3200			99.57	234.6	45.8		

注：原水的 3H 比放为 4.77×10^6，最浓水的 3H 比放为 4.55×10^6。

② 反渗透代替电渗析和填充床电渗析淡化效果显著（表 2-16）。在实际使用中反渗透的安装和运行要比电渗析或填充床电渗析简便得多。反渗透既可除去离子，也可除去复杂的大分子等物质，使净化效果提高。本试验中采用的反渗透器为低压型，在含盐量升高时其脱盐率和去污率下降，如在今后的试验中选用高压或中压型反渗透器，可望克服这一弱点，并可进一步提高脱盐、去污能力，以省去后级的离子交换单元，使流程更简化。

表 2-16 电渗析与反渗透去污效果比较

设备名称	脱盐率/%	出液比放/(Bq/L)	去污因子
淡化电渗析器(两台串联)	98.4	140.6	39.0
淡化电渗析器(第三台)	97.0	66.6	2.1
填充床电渗析器	99.6	62.9	16.3
反渗透器	84.9	113.9	20.0

③ 将四台电渗析器流程、电渗析-填充床电渗析器流程及 URE 流程处理放化实验室废水的情况做一比较。显然 URE 流程具有较高的去污能力（表 2-17）。

表 2-17 三种流程处理低放废水去污效果比较

流程名称	废水比放/(Bq/L)	去污因子	浓缩倍数
四台电渗析器	4.59×10^3	72	>100
电渗析-填充床电渗析器	1.75×10^4	280	>100
URE	8.88×10^3	3200	45.8

第八节 新型的生化联合工艺处理高浓度氨氮废水案例

一、概述

过量氨氮排入水体将导致水体富营养化，降低水体观赏价值，并且生成的硝酸盐和亚硝酸盐还会影响水生生物甚至人类的健康。因此，废水脱氮处理受到人们的广泛关注。

目前，主要的脱氮方法有生物硝化反硝化、折点加氯、汽提吹脱和离子交换法等。垃圾渗滤液、催化剂生产厂废水、肉类加工废水和合成氨化工废水等含有极高浓度的氨氮（500mg/L 以上，甚至达到几千毫克/升），以上方法会由于游离氨氮的生物抑制作用或者成本等原因而使其应用受到限制。高浓度氨氮废水的处理方法可以分为物化法、生化联合法和新型生物脱氮法。

二、物化法

1. 吹脱法

在碱性条件下，利用氨氮的气相浓度和液相浓度之间的气液平衡关系进行分离的一种方法。一般认为吹脱效率与温度、pH、气液比有关。

王文斌等对吹脱法去除垃圾渗滤液中的氨氮进行了研究，控制吹脱效率高低的关键因素是温度、气液比和 pH。在水温大于 25℃，气液比控制在 3500 左右，渗滤液 pH 值控制在 10.5 左右，对于氨氮浓度高达 2000～4000mg/L 的垃圾渗滤液，去除率可达到 90%以上。吹脱法在低温时氨氮去除效率不高。

王有乐等采用超声波吹脱技术对化肥厂高浓度氨氮废水（例如 882mg/L）进行了处理试验。最佳工艺条件为 pH＝11，超声吹脱时间为 40min，气水比为 1000∶1。试验结果表明，废水采用超声波辐射以后，氨氮的吹脱效果明显增加，与传统吹脱技术相比，氨氮的去除率在 90%以上，吹脱后氨氮在 100mg/L 以内。

为了以较低的代价将 pH 调节至碱性，需要向废水中投加一定量的氢氧化钙，但容易生水垢。同时，为了防止吹脱出的氨氮造成二次污染，需要在吹脱塔后设置氨氮吸收装置。

Izzet 等在处理经 UASB 预处理的垃圾渗滤液（2240mg/L）时发现，在 pH＝11.5，反应时间为 24 h，仅以 120 r/min 的速度梯度进行机械搅拌，氨氮去除率便可达 95%。而在 pH＝12 时通过曝气脱氨氮，在第 17 小时 pH 值开始下降，氨氮去除率仅为 85%。据此认为，吹脱法脱氮的主要机理应该是机械搅拌而不是空气扩散搅拌。

2. 沸石脱氨法

利用沸石中的阳离子与废水中的 NH_4^+ 进行交换以达到脱氮的目的。沸石一般被用于处理低浓度含氨废水或含微量重金属的废水。然而，蒋建国等探讨了沸石吸附法去除垃圾渗滤液中氨氮的效果及可行性。小试研究结果表明，每克沸石具有吸附 15.5mg 氨氮的极限潜力，当沸石粒径为 30～16 目时，氨氮去除率达到了 78.5%，且在吸附时间、投加量及沸石粒径相同的情况下，进水氨氮浓度越大，吸附速率越大，沸石作为吸附剂去除渗滤液中的氨氮是可行的。

Milan 等用沸石离子交换法处理经厌氧消化过的猪肥废水时发现 Na-Zeo、Mg-Zeo、Ca-Zeo、K-Zeo 中 Na-Zeo 沸石效果最好，其次是 Ca-Zeo。增加离子交换床的高度可以提高氨氮去除率，综合考虑经济原因和水力条件，床高 18cm（H/D＝4)，相对流量小于 7.8BV/h（单位时间液体中一个质点移动距离）是比较适合的尺寸。离子交换法受悬浮物浓度的影响较大。

应用沸石脱氨法必须考虑沸石的再生问题，通常有再生液法和焚烧法。采用焚烧法时，产生的氨气必须进行处理。

3. 膜分离技术

利用膜的选择透过性进行氨氮脱除的一种方法。这种方法操作方便，氨氮回收率高，无二次污染。蒋展鹏等采用电渗析法和聚丙烯（PP）中空纤维膜法处理高浓度氨氮无机废水取得良好的效果。电渗析法处理氨氮废水 2000～3000mg/L，去除率可在 85%以上，同时可获得 8.9%的浓氨水。此法工艺流程简单、不消耗药剂、运行过程中消耗的电量与废水中氨氮浓度成正比。PP 中空纤维膜法脱氨效率>90%，回收的硫酸铵浓度在 25%左右。运行中需加碱，加碱量与废水中氨氮浓度成正比。

乳化液膜是种以乳液形式存在的液膜，具有选择透过性，可用于液-液分离。分离过程通常是以乳化液膜（例如煤油膜）为分离介质，在油膜两侧通过 NH_3 的浓度差和扩散传递为推动力，使 NH_3 进入膜内，从而达到分离的目的。用液膜法处理某湿法冶金厂总排放口废水（1000～1200mg NH_4^+-N/L，pH 值为 6～9），当采用烷醇酰胺聚氧乙烯醚为表面活性剂用量为 4%～6%，废水 pH 值调至 10～11，乳水比在 1∶8～1∶12，油内比在 0.8～1.5。硫酸质量分数为 10%，废水中氨氮去除率一次处理可达到 97%以上。

4. MAP 沉淀法

主要是利用以下化学反应：

$$Mg^{2+}+NH_4^{+}+PO_4^{3-} \longrightarrow MgNH_4PO_4$$

理论上讲以一定比例向含有高浓度氨氮的废水中投加磷盐和镁盐，当 $[Mg^{2+}][NH_4^{+}][PO_4^{3-}]>2.5\times10^{-13}$ 时可生成磷酸铵镁（MAP），除去废水中的氨氮。穆大纲等采用向氨氮浓度较高的工业废水中投加 $MgCl_2\cdot6H_2O$ 和 $Na_2HPO_4\cdot12H_2O$ 生成磷酸铵镁沉淀的方法，以去除其中的高浓度氨氮。结果表明，在 pH 值为 8.91、Mg^{2+}、NH_4^{+}、PO_4^{3-} 的摩尔比为 1.25∶1∶1，反应温度为 25℃，反应时间为 20min，沉淀时间为 20min 的条件下，氨氮质量浓度可由 9500mg/L 降低到 460mg/L，去除率达到 95%以上。由于在多数废水中镁盐的含量相对于磷酸盐和氨氮会较低，尽管生成的磷酸铵镁可以作为农肥而抵消一部分成本，投加镁盐的费用仍成为限制这种方法推行的主要因素。海水取之不尽，并且其中含有大量的镁盐。Kumashiro 等以海水作为镁离子源试验研究了磷酸铵镁结晶过程。盐卤是制盐副产品，主要含 $MgCl_2$ 和其他无机化合物。Mg^{2+} 约为 32g/L，为海水的 27 倍。Lee 等用 $MgCl_2$、海水、盐卤分别作为 Mg^{2+} 源以磷酸铵镁结晶法处理养猪场废水，结果表明，pH 是最重要的控制参数，当终点 pH≈9.6 时，反应在 10min 内即可结束。由于废水中的 N/P 不平衡，与其他两种 Mg^{2+} 源相比，盐卤的除磷效果相同而脱氮效果略差。

5. 化学氧化法

利用强氧化剂将氨氮直接氧化成氮气进行脱除的一种方法。折点加氯是利用在水中的氨与氯反应生成氨气脱氨，这种方法还可以起到杀菌作用，但是产生的余氯会对鱼类有影响，故必须附设除余氯设施。在溴化物存在的情况下，臭氧与氨氮会发生如下类似折点加氯的反应：

$$Br^- + O_3 + H^+ \longrightarrow HBrO + O_2$$

$$NH_3 + HBrO \longrightarrow NH_2Br + H_2O$$

$$NH_2Br + HBrO \longrightarrow NHBr_2 + H_2O$$

$$NH_2Br + NHBr_2 \longrightarrow N_2 + 3Br^- + 3H^+$$

Yang 等用一个有效容积 32L 的连续曝气柱对合成废水（氨氮 600mg/L）进行试验研究，探讨 Br/N、pH 以及初始氨氮浓度对反应的影响，以确定去除最多的氨氮并形成最少的 NO_3^- 的最佳反应条件。发现 NFR（出水 NO_3^--N 与进水氨氮之比）在对数坐标中与 Br^-/N 成线性相关关系，在 $Br^-/N > 0.4$，氨氮负荷为 3.6～4.0kg/(m^3 · d) 时，氨氮负荷降低则 NFR 降低。出水 pH＝6.0 时，NFR 和 BrO^--Br（有毒副产物）最少。BrO^--Br 可由 Na_2SO_3 定量分解，Na_2SO_3 投加量可由 ORP 控制。

三、生化联合法

物化方法在处理高浓度氨氮废水时不会因为氨氮浓度过高而受到限制，但是不能将氨氮浓度降到足够低（如 100mg/L 以下）。而生物脱氮会因为高浓度游离氨或者亚硝酸盐氮而受到抑制。实际应用中采用生化联合的方法，在生物处理前先对含高浓度氨氮的废水进行物化处理。

卢平等研究采用吹脱-缺氧-好氧工艺处理含高浓度氨氮垃圾渗滤液。结果表明，吹脱条件控制在 pH＝9. 5、吹脱时间为 12h 时，吹脱预处理可去除废水中 60%以上的氨氮，再经缺氧-好氧生物处理后对氨氮（由 1400mg/L 降至 19.4mg/L）和 COD 的去除率＞90%。

Horan 等用生物活性炭流化床处理垃圾渗滤液（COD 为 800～2700mg/L，氨氮为 220～800mg/L)。研究结果表明，在氨氮负荷 0.71kg/(m^3 ·d) 时，硝化去除率可达 90%以上，COD 去除率达 70%，BOD 全部去除。Fikret 等以石灰絮凝沉淀＋空气吹脱作为预处理手段提高渗滤液的可生化性，在随后的好氧生化处理池中加入吸附剂（粉末状活性炭和沸石)，发现吸附剂在 0～5g/L 时 COD 和氨氮的去除效率均随吸附剂浓度增加而提高。对于氨氮的去除效果沸石要优于活性炭。

膜-生物反应器技术（MBR）是将膜分离技术与传统的废水生物反应器有机组合形成的一种新型高效的污水处理系统。MBR 处理效率高，出水可直接回用，设备少，占地面积小，剩余污泥量少。其难点在于保持膜有较大的通量和防止膜的渗漏。李红岩等利用一体化膜生物反应器进行了高浓度氨氮废水硝化特性研究。研究结果表明，当原水氨氮浓度为 2000mg/L、进水氨氮的容积负荷为 2.0 kg/(m^3 · d) 时，氨氮的去除率可达 99%以上，系统比较稳定。反应器内活性污泥的比硝化速率在半年的时间内基本稳定在 0.36/d 左右。

四、新型生物脱氮法

近年来国内外出现了一些全新的脱氮工艺，为高浓度氨氮废水的脱氮处理提供了新的途径，主要有短程硝化反硝化、好氧反硝化和厌氧氨氧化。

1. 短程硝化反硝化

生物硝化反硝化是应用最广泛的脱氮方式。由于氨氮氧化过程中需要大量的氧气，曝气费用成为这种脱氮方式的主要开支。短程硝化反硝化（将氨氮氧化至亚硝酸盐氮即进行反硝化），不仅可以节省氨氧化需氧量而且可以节省反硝化所需碳源。Ruiza 等用合成废水（模拟含高浓度氨氮的工业废水）试验确定实现亚硝酸盐积累的最佳条件。要想实现亚硝酸盐积累，pH 不是一个关键的控制参数，因为 pH 值在 6.45～8.95 时，全部硝化生成硝酸盐，在 pH＜6.45 或 pH＞8.95 时发生硝化受抑，氨氮积累。当 DO＝0.7mg/L 时，可以实现 65％的氨氮以亚硝酸盐的形式积累并且氨氮转化率在 98％以上。DO＜0.5mg/L 时发生氨氮积累，DO＞1.7mg/L 时全部硝化生成硝酸盐。刘俊新等对低碳氮比的高浓度氨氮废水采用亚硝酸型和硝酸型脱氮的效果进行了对比分析。试验结果表明，亚硝酸型脱氮可明显提高总氮去除效率，氨氮和硝态氮负荷可提高近 1 倍。此外，pH 和氨氮浓度等因素对脱氮类型具有重要影响。

刘超翔等短程硝化反硝化处理焦化废水的中试结果表明，进水 COD、氨氮、TN 和酚的浓度分别为 1201.6、510.4、540.1、110.4（mg/L）时，出水 COD、氨氮、TN 和酚的平均浓度分别为 197.1、14.2、181.5、0.4（mg/L），相应的去除率分别为 83.6％、97.2％、66.4％、99.6％。与常规生物脱氮工艺相比，该工艺氨氮负荷高，在较低的 C/N 值条件下可使 TN 去除率提高。

2. 厌氧氨氧化（ANAMMOX）和全程自养脱氮（CANON）

厌氧氨氧化是指在厌氧条件下氨氮以亚硝酸盐为电子受体直接被氧化成氮气的过程。ANAMMOX 的生化反应式为：

$$NH_4^+ + NO_2^- \longrightarrow N_2\uparrow + 2H_2O$$

ANAMMOX 菌是专性厌氧自养菌，因而非常适合处理含 NO_2^-、低 C/N 的氨氮废水。与传统工艺相比，基于厌氧氨氧化的脱氮方式工艺流程简单，不需要外加有机碳源，防止二次污染，有很好的应用前景。厌氧氨氧化的应用主要有两种：CANON 工艺和与中温亚硝化（SHARON）结合，构成 SHARON-ANAMMOX 联合工艺。

CANON 工艺是在限氧的条件下，利用完全自养性微生物将氨氮和亚硝酸盐同时去除的方法，从反应形式上看，它是 SHARON 和 ANAMMOX 工艺的结合，在同一个反应器中进行。孟了等发现，深圳市下坪固体废弃物填埋场渗滤液处理厂溶解氧控制在 1mg/L 左右，进水氨氮＜800mg/L，氨氮负荷＜0.46kg NH_4^+/(m^3·d) 的条件下，可以利用 SBR 反应器实现 CANON 工艺，氨氮的去除率＞95％，总氮的去除率＞90％。

Sliekers 等的研究表明 ANAMMOX 和 CANON 过程都可以在汽提式反应器中运转良好，并且达到很高的氮转化速率。控制溶解氧在 0.5mg/L 左右，在汽提式反应器中，ANAMMOX 过程的脱氮速率达到 8.9kgN/(m^3·d)，而 CANON 过程可以达到 1.5kgN/(m^3·d)。

3. 好氧反硝化

传统脱氮理论认为，反硝化菌为兼性厌氧菌，其呼吸链在有氧条件下以氧气为终末电子受体，在缺氧条件下以硝酸根为终末电子受体。所以若进行反硝化反应，必须在缺氧环境下。近年来，好氧反硝化现象不断被发现和报道，逐渐受到人们的关注。一些好氧反硝化菌已经被分离出来，有些可以同时进行好氧反硝化和异养硝化（如 Robertson 等分离、筛选出的 Tpantotropha. LMD82.5）。这样就可以在同一个反应器中实现真正意义上的同步硝化反硝化，简化了工艺流程，节省了能量。

贾剑晖等用序批式反应器处理氨氮废水，试验结果验证了好氧反硝化的存在，好氧反硝化脱氮能力随混合液溶解氧浓度的提高而降低，当溶解氧浓度为 0.5mg/L 时，总氮去除率可达到 66.0%。

赵宗胜等连续动态试验研究表明，对于高浓度氨氮渗滤液，普通活性污泥的好氧反硝化工艺的总氮去除率可达 10%以上。硝化反应速率随着溶解氧浓度的降低而下降；反硝化反应速率随着溶解氧浓度的降低而上升。硝化及反硝化的动力学分析表明，在溶解氧为 0.14mg/L 左右时会出现硝化速率和反硝化速率相等的同步硝化反硝化现象。其速率为 4.7mg/(L·h)，硝化反应 KN=0.37mg/L，反硝化反应 KD=0.48mg/L。

在反硝化过程中会产生 N_2O，产生新的污染，其相关机制研究还不够深入，许多工艺仍在实验室阶段，需要进一步研究才能有效地应用于实际工程中。另外，还有诸如全程自养脱氮工艺、同步硝化反硝化等工艺仍处在试验研究阶段，都有很好的应用前景。

五、研究的重点

虽然处理高浓度氨氮废水的处理方法有多种，但是目前还没有一种能够兼顾流程简单、投资省、技术成熟、控制方便以及无二次污染等各个方面的方法。如何经济有效的处理高浓度氨氮废水仍是摆在环境工程工作者面前的一道难题，如何将新型高效的生物脱氮工艺投入实际应用以及简单实用的生化联合工艺应该成为今后研究工作的重点。

第九节 垃圾渗滤液污水处理案例

一、概述

城市垃圾是城市环境治理的一大难题。垃圾转运站、焚烧场或填埋场的垃圾渗滤液是由各种化合物和沤化腐烂物质生成，含有浓度极高的BOD、COD、含氮化合物、含磷化合物、有机卤化物及硫化物、无机盐类等，不仅气味恶臭，而且其中不少是致癌物。若排放地表，污染环境，溶入地下，污染水源，是城市环境和人体健康的一大危害。而且垃圾填埋时间越久，其渗滤液的浓度就越高、危害就越大。

近些年来生活垃圾处理越来越受到人们的重视，国家专门制定了新的国家标准GB 16889—2008《生活垃圾填埋污染控制标准》。

1. 垃圾渗滤液的特性

垃圾渗滤液是一种高浓度有机废水，其成分复杂、水质水量变化大。垃圾渗滤液的来源主要有直接降水、地表径流、地表灌溉、地下水、垃圾自身的水分、覆盖材料中的水分和垃圾生化反应的生成水等。影响垃圾渗滤液成分的因素主要有：垃圾成分、场地气候条件、场地的水文地质降雨条件、填埋条件及填埋时间等。这就决定了垃圾渗滤液的水质水量的变化大，且变化规律复杂。COD_{Cr}、BOD_5、氨氮的含量较高，且随填埋时间的延长，垃圾中的有机氮转化为无机氮，氨氮质量浓度升高。由于垃圾降解产生的CO_2溶解使得垃圾渗滤液呈微酸性，这种偏酸性的环境加剧了垃圾中不溶于水的碳酸盐、金属及其金属氧化物等发生溶解，因此渗滤液中含有较高浓度的金属离子。

垃圾渗滤液的难处理还表现为它的变化性。一是产生量呈季节性变化，雨季明显大于旱季。二是污染物组成及其浓度的季节性变化。平原地区填埋场干冷季节渗滤液中的污染物组成和浓度较低。三是污染物组成及其浓度随填埋年限的延长而变化。填埋层各部分物化和生物学特征及其活动方式都不同，“年轻”填埋场（使用5年以内）的渗滤液pH值较低，BOD、COD、VFA、金属离子浓度和BOD/COD较高，“年老”填埋场（使用10年以上）的渗滤液pH近中性，BODs、COD、VFA浓度和BOD/COD较低，金属离子浓度下降，但氨氮浓度较高。因此在选择垃圾渗滤液处理工艺时要适应垃圾渗滤液的变化特性，由于垃圾渗滤液的复杂变化，因此只有稳定运行，才可以对其进行较好的处理。

对于垃圾渗透液的有机污染物浓度高、含有对生物有抑制性的有毒有害重金属、负荷变化大、污染物成分复杂等特性，导致废液可生化性差，若沿用传统的污水处理技术将无法满足新的排放要求。而国内外最新推出的一些技术，虽然达到了排放要求，但投资巨大，运行成本高昂，还有些处理技术虽然理论上能达到排放要求，但未经实际工程验证，存在较大风险。

国内近几年来的探索和试验研究，结合现有的技术条件和工程实践经验，成功开发出具有国内先进水平的城市垃圾渗滤液处理新工艺，以最新一代的电絮凝ECS技术进行预处理、结合高效的生物处理技术、外置管式TMBR和RO反渗透技术，简称EAOMR垃圾渗滤液处理工艺，出水可完全满足最新的国家标准排放要求。

2. EAOMR 垃圾渗滤液处理工艺

① 垃圾渗滤液废水由管渠引入废水处理系统的集水调节池。

② 废水由泵提升进入水解酸化池，降解长链大分子污染物，改善废水的可生化性，降低 COD，提高 B/C。

③ 废水由泵提升进入电絮凝 ECS 系统，调整 pH 后，废水进入电絮凝 ECS 装置。在去除废水中各类污染物的同时，进一步改善废水的可生化性。

④ 电絮凝 ECS 出水进入絮凝沉淀池（电絮凝 ECS 出水池），进一步去除废水中的污染物，上清液重力流入生化系统。

⑤ 废水经高效生物系统 A_2-O 处理后，上清液由泵打入硅藻土絮凝反应器，混合液进入 TMBR 系统。

⑥ 管式膜 TMBR 系统的清水进入 RO 系统。RO 反渗透过滤系统的出水，即可进行回用或达标排放。

⑦ 来自电絮凝 ECS 装置、沉淀池的污泥或浮渣进入污泥浓缩池浓缩，浓缩污泥由泵打入污泥脱水系统。浓缩池上清液回到集水池。

⑧ 管式膜 TMBR 系统的浓水回流到生物处理系统，提高生物处理系统的污泥浓度，进而提高生物处理系统的效率。

3. 工艺流程核心技术

电絮凝 ECS 技术是当今世界最新一代电化学水处理技术。该技术利用电化学反应原理，借助外加电压作用产生电化学反应，把电能转化为化学能，对废水中的有机或无机污染物进行氧化及还原反应，进而凝聚、浮除，将污染物从水体中分离，可以有效地去除废水中的 COD、重金属、SS、油、磷酸盐等各种有害污染物，同时大大提高废水的可生化性。

电絮凝 ECS 设备依据电解及电凝聚原理，以可溶性金属铁为极板，当废水进入电絮凝 ECS 装置后在电场和磁场的作用下，水溶液离解为 H^+ 与 OH^-。

电絮凝 ECS 装置无需加药，每个反应单元发生如下反应。

① 除六价铬　阴极上发生还原反应，产生氢分子，并有二价及三价铁析出。反应式如下：

$$2H^+ + 2e \longrightarrow 2H \longrightarrow H_2$$

此种新生态氢 [H] 具有很强的还原能力，将六价铬还原成三价铬，然后以氢氧化铬沉淀去除。

$$Cr_2O_7^{2-} + 6Fe^{2+} + 14H^+ \longrightarrow 2Cr^{3+} + 6Fe^{3+} + 7H_2O$$

$$CrO_4^{2-} + 3Fe^{2+} + 8H^+ \longrightarrow Cr^{3+} + 3Fe^{3+} + 4H_2O$$

$$Cr^{3+} + 3OH^- \longrightarrow Cr(OH)_3 \downarrow$$

$$Fe^{3+} + 3OH^- \longrightarrow Fe(OH)_3 \downarrow$$

② 除重金属离子　金属极板受电化学作用，以离子状态溶于水中，电絮凝过

程中 H^+ 大量消耗，OH^- 逐渐增多，水溶液逐渐变为碱性（pH 值 7～9），并生成稳定氢氧化物沉淀。

$$Cr^{3+} + 3OH^- \longrightarrow Cr(OH)_3 \downarrow$$

$$Cu^{2+} + 2OH^- \longrightarrow Cu(OH)_2 \downarrow$$

$$Ni^{2+} + 2OH^- \longrightarrow Ni(OH)_2 \downarrow$$

③ 除磷　铁极板受电化学作用析出的 Fe^{2+} 被氧化成 Fe^{3+} 和磷酸根反应沉淀，而且能与其他金属形成共沉淀达到最好的除磷效果。

$$Fe^{3+} + PO_4^{3-} \longrightarrow FePO_4 \downarrow$$

④ 混凝作用除 SS　可溶性金属极板在阳极上解离出的 Fe^{2+} 与水溶液中 OH^- 作用，生成 $Fe(OH)_3$。反应式如下：

$$Fe^{2+} + 2OH^- \longrightarrow Fe(OH)_2$$

$$4Fe(OH)_2 + O_2 + 2H_2O \longrightarrow 4Fe(OH)_3$$

上述反应产生的 $Fe(OH)_3$ 活性很强，能与水中有机和无机杂质凝聚产生胶羽，以去除废水中悬浮物。比铝盐、铁盐之混凝剂对废水中的悬浮物以及难以沉淀的细微离子等凝聚去除效果更好。

⑤ 浮除作用除油脂和胶体　在电絮凝过程中，阳极与阴极表面不断产生氧气和氢气，并以微细气泡形式逸出，可以附于废水中的絮状物及油类物质，令其密度变小，浮至水面，产生气浮作用，它比传统气浮法用释放器溶气水产生的气泡更微小，效果更强。

在本工程中，主要利用电絮凝 ECS 装置中的氧化、还原、混凝和浮除作用，可有效地去除废水中的 COD、BOD、各种金属离子、SS 等有害污染物，同时极大提高废水的可生化性。

4. 硅藻土絮凝反应器技术

硅藻土絮凝反应器系统具有集絮凝、吸附和过滤为一体的功能，对污水中的 COD、SS、BOD、P 有很强的去除能力。由于硅藻土表面的不平衡电位能中和悬浮粒子的电荷，使其相斥电位受到破坏而与硅藻土凝集成较大的絮花。另一方面，由于其巨大的比表面积和表面吸附性，脱稳胶体极易被吸附到硅藻土上，且附着了污染物质的硅藻土颗粒间相互吸附能力大，可快速形成粒度和密度较大的絮体，絮体的稳定性好。在专用反应器中，污水经过设备内的过滤系统之后得到进一步净化。

在絮凝反应器内可完成混凝、吸附和沉淀。硅藻土水处理剂的絮凝作用、沉降速度与脱水功能比 PAC、PAM 等高分子絮凝剂效果显著，从而使处理后的水质更为清净。

5. 管式膜 MBR 技术

膜生物反应器（TMBR）是膜分离技术与生物技术相结合的新型废水处理技术，是废水处理技术的一项创新。由于膜的使用，彻底改变了传统生化的一些基本特性。它利用膜分离设备将生化反应池中的活性污泥和大分子物质截留住，使得活性污泥浓度因此大大提高，水力停留时间（HRT）和污泥停留时间（SRT）大大缩短，由于活性污泥浓度的较大提高，因此难降解的物质在反应器中也不断反应、降解。因此，膜生物反应器工艺通过膜分离技术大大强化了生物反应器的功能。由于膜的放置形式不同，膜生物反应器分为浸没式（也叫内置式或一体式）和外置式（或分体式）。由于处理垃圾渗滤液生化污泥浓度较高，常常是15～30g/L，因此浸没式中空纤维 MBR 很容易造成堵塞、断丝和瘫痪。管式膜 MBR 技术是外置式形式，通过水泵将污泥打入膜管内，在压力的驱动下进行膜分离，出水透过膜进入产水箱，而污泥回到生化池继续参与生化。

管式膜管件是由德国 BERGHOF 集团制造提供的，BERGHOF 是世界上专门从事管式膜生产的公司，具有30多年的生产历史，在使用管式膜 TMBR 技术进行污水处理领域（如垃圾渗滤液、焦化废水、高浓度工业污水、石化污水等），特别是在垃圾渗滤液 TMBR 处理方面一直处于世界领导者的地位。

6. RO 反渗透技术

反渗透 RO 膜技术又称逆渗透技术。逆渗透的英文是 reverse osmosis，是经过多年精心研制而成的高科技水处理技术，已在不同类型的水处理工程中得到广泛应用。这种薄膜分离技术是依靠逆渗透膜在压力下使溶液中的溶剂与溶质进行分离的过程。渗透是一种物理现象。逆渗透就是在有盐分的水中（如原水）施加比自然渗透压力更大的压力，使水由浓度高的一方渗透到浓度低的一方，把原水中的水分子压到膜的另一边，而原水中的细微杂质、胶体、有机物、重金属、细菌、病毒及其他有害物质都经污水出口排放掉。由于逆渗透膜的孔径仅0.0001μm，一个细菌要缩小4000倍，过滤性病毒也要缩小200倍以上才能通过，所以其有效去除率高达96%以上。

反渗透法具有设备构型紧凑，占地面积小，单位体积产水量及能量消耗少等优点。它是在没有相变的情况下，依靠大于渗透压的压力推动，通过膜的毛细管作用流出淡化的水，而且它还具有膜的筛分作用，能除去极小的细菌、病毒。RO 膜分离技术已在许多领域得到应用，例如，超纯水制造，锅炉水软化，食品、医药的浓缩，城市污水处理，化工废液中有用物质的回收。

二、渗滤液回喷技术在渗滤液处理中的应用

渗滤液是一种高浓度、成分复杂、难降解的污水，其处理问题已成为全球环保行业的热门话题。对于垃圾焚烧发电厂来说，垃圾渗滤液的处理也一直是一个难题。

随着对垃圾资源化利用的逐步升级，国内垃圾焚烧及发电厂的建设也日渐兴起，而垃圾渗滤液的处理问题也随之显得尤为突出。

用传统的物化法或生物法来处理垃圾渗滤液，不仅效果较差、难以达标，还会

存在占地面积大、建成时间长等问题；如果采用包括纳滤、反渗透等在内的 MBR（即膜+生化结合）工艺进行处理，则会存在投资高、工艺复杂、运行费用高、处理后的浓缩液造成二次污染等各类问题。

在发达国家，垃圾焚烧电厂的渗滤液处理已普遍采用了回喷焚烧技术（见图 2-14）。这种技术的主要优点包括：

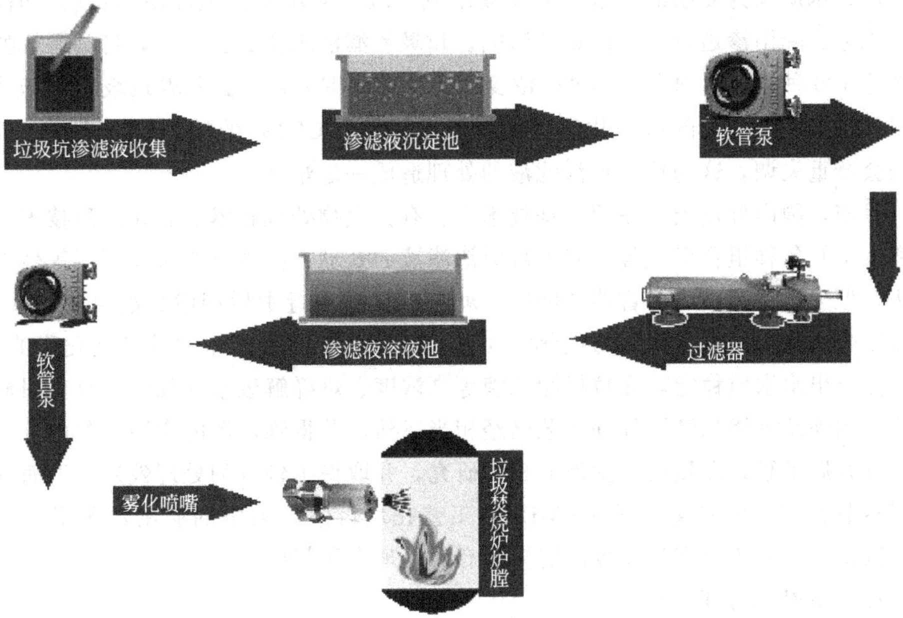

图 2-14 渗滤液回喷工艺流程图

① 可充分分解处理垃圾渗滤液，或者进一步处理其他处理方式产生的浓缩液，避免二次污染。

② 建造、运营、维护成本低，自动控制程度高，操作方便。

由于采用雾化喷射，使渗滤液在炉膛内均匀蒸发，保证了燃烧工况，不会对电厂的发电效率产生实质影响。

③ 在保证焚烧质量的时候进行喷射，适度降温，减少过热烟气对炉膛的损害，防止结焦情况的产生。

④ 不改变炉膛烟气成分，不会增加烟气净化部分的负荷。

⑤ 有利于减小炉膛出口烟气的氮氧化物含量。

⑥ 有助于增加垃圾焚烧量。

作为一种先进、成熟的处理工艺，回喷燃烧法处理垃圾渗滤液特别适合于分类水分多的国内生活垃圾，而且随着国内多个已建和在建的垃圾焚烧项目上相继采取了这种技术，其成熟稳定性也经受住了实际工程的考验。

垃圾渗滤液的回喷焚烧技术将随着国内垃圾焚烧发电厂的兴起而日益得到

推广。

三、管式膜 TMBR 技术在垃圾渗滤液废水处理中的应用案例

垃圾渗滤液，又称渗沥水或浸出液，是垃圾在堆放或者填埋过程中由于发酵、降雨及径流的影响以及地表水的浸泡而滤出的污水。垃圾渗滤液是一种有机污染负荷较高、水质极为复杂的废水，受垃圾组成、垃圾含水率、填埋规律、填埋时间、填埋工艺、降雨渗透量等多因素的影响。垃圾渗滤液水质成分复杂，各类有机物成分多达 100 种以上；氨氮、COD_{Cr}浓度高，变化范围大；并且随着垃圾填埋场使用年限的增加，渗滤液的可生化性逐渐降低，氨氮和 COD_{Cr} 的比例以及营养元素比例均会严重失调，这均给垃圾渗滤液的处理造成一定难度。

目前，国内外垃圾渗滤液处理技术主要有：生物处理技术、物化处理技术、膜分离技术及各种组合形式等。我国垃圾渗滤液的处理方法主要为厌氧好氧等生物处理法，但生化法存在一个普遍的问题，就是垃圾场运行中后期渗滤液可生化性差，导致生化法出水难以达标。与生化法相比，膜分离技术受原水水质的变化影响小，能够保持出水水质稳定，在垃圾渗滤液等高浓度、难降解废水的处理中具有明显的优势。国外垃圾渗滤液膜处理工艺已经相当成熟，并得到广泛的应用。国内近年来也陆续开展了膜处理垃圾渗滤液的相关研究，并取得了较好的处理效果。下面重点介绍本节管式膜生物反应器（TMBR）工艺在垃圾渗滤液中的应用及典型工程案例，以期对有关企业实现垃圾渗滤液的有效处理有所帮助。

1. TMBR 工艺简介

TMBR 是外置式膜生物反应器，通过水泵将污泥-废水混合液打入膜管内，在压力的驱动下进行膜分离，出水透过膜进入产水箱，而污泥回到生化池继续参与生化，没有浓缩液排出。典型外置式 TMBR 工艺流程为：废液→预处理→调节池→TMBR 池(管式超滤膜)→RO→出水，见图 2-15。

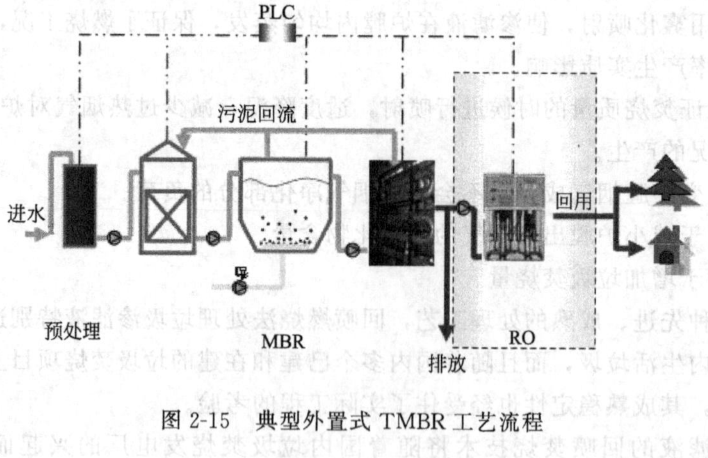

图 2-15　典型外置式 TMBR 工艺流程

TMBR 技术是用膜过滤替代传统活性污泥法的二沉池，通过超滤（UF）进行固液分离，将粒径大于 0.02mm 的颗粒、悬浮物等截留在系统内，可使生化池内的污泥浓度从 3～5g/L 提高到 20～30g/L，甚至可达到 40g/L 或更高，并且无需太多考虑污泥沉降和膨化的问题。出水无菌体及悬浮物。由于反应器内保持较高的活性污泥浓度，难降解的物质在反应器中也不断反应、降解，而水力停留时间（HRT）却能大大缩短。工程占地面积小；剩余污泥量小；运行费用较低。根据不同情况，TMBR 出水后续可用 NF 或 RO 做深度处理。TMBR 工艺通过膜分离技术大大强化了生物反应器的功能。垃圾渗滤液经 TMBR 处理后，一般能满足间接排放要求。

2. 工程案例及技术方案

(1) 工程描述

该工程将 BERGHOF 管式膜应用于上海江桥生活垃圾焚烧厂垃圾渗滤液处理系统，是 BERGHOF 管式膜处理垃圾渗滤液的众多应用工程中的个例。

上海江桥生活垃圾焚烧厂工程是目前中国建成的最大的现代化千吨级生活垃圾焚烧厂，主要处理上海各地区的生活垃圾，日处理垃圾能力达 1500t，是上海市重大工程之一。配套建设的污水处理设施主要处理该厂垃圾渗滤液、生产废水/生活污水等污水。该厂垃圾渗滤液收集后，垃圾热值达到设计值时，渗滤液回喷炉内焚烧处理，在试运行或垃圾热值偏低时，渗滤液由专用槽车运到污水厂处理，处理后达标排放。

渗滤液经过预处理后，用污水泵将污水送入生化脱氮池，在生化脱氮池中 COD、氨氮、TN 得到大部分去除；之后出水进入 BERGHOF 管式膜 TMBR 处理系统，将粒径大于 30nm 的颗粒、悬浮物、细菌等截留在系统内。TMBR 处理段有单独的循环泵以产生较大的表面流速，可达 1～3m/s，可有效避免膜管堵塞。膜管由清洗泵冲洗，清洗后的清洗水循环回到清洗槽。每个月加化学药剂清洗一次。

出水排放执行《生活垃圾填埋污染控制标准》二级标准（GB 16889—1997），处理后排入市政管网。处理工艺简图见图 2-16。

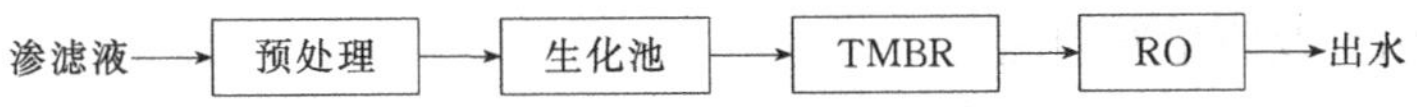

图 2-16　工艺流程

(2) 主要工艺设计参数

垃圾焚烧厂渗滤液出水比一般的垃圾填埋厂渗滤液出水要高，本项目设计原水水质及设计产水水质要求见表 2-18。

TMBR 段采用管式膜，该管式膜性能及膜组件参数见表 2-19。

表 2-18 设计原水水质及设计产水水质要求

设计要求	原水水质	产水水质	设计要求	原水水质	产水水质
COD/(mg/L)	55000	300	SS/(mg/L)	600	200
BOD_5/(mg/L)	30000	150	NH_3-N/(mg/L)	1000	25

表 2-19 亲水性管式膜最大操作压力性能

项目	单位	参数	项目	单位	参数
膜材料		PVDF	最大操作压力	kPa	0.6MPa
纯水通量	L/(m^2·h)	>750(100kPa)	最大操作温度	℃	60(pH 值 5～10)
膜面积	m^2	27.2	pH 值		2～10(60℃)
膜管直径	mm	8.0	耐氯	10^{-6}h	250000(25℃)
孔径	nm	30nm			

该工程 TMBR 段用膜数量为 10 支，分为两个膜组，每组 5 支膜，每个膜组设计通量为 200～220m^3/d，设计表面流速 3.3m/s，能耗仅为 3～6kW·h/m^3，低能耗 TMBR 管式超滤基本运行参数见表 2-20。

表 2-20 运行参数

操作方式	错流	膜压损	0.2～0.6bar
运行压力	1bar/支	化学清洗时间	4～8h
通量	70L/(m^2·h)	能耗	3～6kW·h/m^3
单根组件产水量	1.9m^3/h	跨膜压差	0.8bar
化学清洗频率	1 个月		

注：1bar=10^5Pa。

(3) 工程运行效果

垃圾渗滤液处理设施于 2006 年 7 月正式投入运行，垃圾渗滤液用 TMBR 工艺处理后，BOD、SS 和浊度的去除率都大于 98%，COD 的去除率在 78%～98%。整个处理系统一直运行稳定，出水水质远远超出要求。该工艺技术流程短、占地面积小、运行费用低，有非常好的应用前景。

(4) 膜污染及膜堵塞问题

目前制约膜技术发展的一个重要问题是膜污染及膜堵塞，污水中纤维太多、流速太慢或部分膜管流速太慢、非正常停机等均会容易造成膜管堵塞，主要表现为膜通量降低、清洗后通量恢复效果差、膜进口处压力异常升高、膜出口处压力异常降低、泵流量下降等现象。

BERGHOF 管式超滤膜在世界各地的应用案例已有 1000 余项，无需反冲，定期化学清洗就可以恢复通量，使用寿命可达 7 年以上。化学清洗时建议在 pH 值范围 1～11、温度低于 40℃的条件下进行膜清洗。使用的化学清洗试剂有：双氧水（最大浓度 1000μg/g）；氢氧化钠溶液（pH 值最大 11）；硝酸（pH 值最小 1）；磷酸（pH 值最小 1）；磷酸钠；柠檬酸；草酸；EDTA 溶液。

上海江桥垃圾渗滤液废水处理工程于 2006 年 7 月开始运行后，每个月进行一次常规化学清洗，至 2007 年 8 月 23 日出现膜堵塞问题，主要表现为：膜通量下降，第一组通量下降到 $6m^3/h$，第二组通量下降到 $5m^3/h$，采用常规方法对该膜系统进行化学清洗，清洗水呈浓黑胶状，通量恢复效果不明显。

后采取下述方法对该膜组件除堵：首先用清水冲洗，然后用硅橡胶软管轻轻地、缓慢地通入堵塞的膜管内，然后通水（可使用扬程 5～10m 的泵）慢慢清开堵塞；之后用次氯酸钠溶液（200～500μg/g，浓度根据清洗效果逐步提高）浸泡 24h 或以上，最后用清水冲洗，保证单支膜清洗水通量达到 $5\sim6m^3/h$。

通过以上方法，单组膜通量由 $5m^3/h$ 提高到 $10m^3/h$，效果明显。膜通后，运行效果稳定，未再次出现膜堵塞问题。

造成膜堵塞的可能原因很多：系统停机后没有及时冲洗或者冲洗不干净，特别是突然停机的时候；泵压小，膜表面流速太低（原则上表面流速不要低于 2.5m/s，对于 8 寸膜循环泵的流量不要低于 $165m^3/h$）；污泥浓度过高（大于 40g/L 或更高），污泥性状不好（含有较多黏性物质，如原油、焦油、PAM 等）；调试阶段，污泥未经有效预处理便应用，前处理系统缺少过滤装置，污泥中含有较多的纤维，特别是长于 5mm 的纤维等，均可能造成膜管堵塞。日常规范运行可有效降低膜堵塞的发生，膜管堵塞一般可以从膜组件的进水端很容易观察到，建议每两周卸下弯头观察膜管是否堵塞。

3. 前景与展望

目前膜分离技术处理垃圾渗滤液在国外已经成熟，该技术具有受原水水质影响小、出水水质好、运行稳定和占地面积小等明显优势。我国膜分离技术发展至今已有 40 多年历史，但与世界发达国家相比还有较大差距。国内近年来开始将 MBR 用于垃圾渗滤液的处理。浸没式 MBR 处理工艺容易造成膜断丝，且运行维护费用高，不方便清洗，管式膜 TMBR 技术逐渐在国内应用并得到推广。

德国 BERGHOF 管式膜膜管直径从 5mm 到 12.5mm，具有优异的强度，工作压力可达 10bar；抗污染、抗氧化、耐酸碱性（pH 1～13），工作温度可高达 80℃；纯水通量高达 $750L/(m^2 \cdot h)$，即使直接过滤活性污泥浓度高达 40g/L 的生化污水，膜通量仍然高达 $80\sim140L/(m^2 \cdot h)$，是浸没式超滤膜的 5～10 倍；无需反冲，2～8 周化学清洗一次，易于清洗和更换；使用寿命长达 7 年以上。BERGHOF 管式膜在垃圾渗滤液处理方面具有优越的抗污染性能和针对性。随着垃圾渗滤液处理要求的日益提高以及 TMBR 膜处理技术的日益成熟，相信 TMBR 管式膜技术在垃圾渗滤液处理中的应用具有广阔的前景。

第十节　电镀废水处理技术案例

一、概述

1. 电镀废水处理技术的发展

国内电镀废水的治理工作在起步阶段，普遍存在电镀厂点多而分散、布局不合理、生产技术落后等现象，且处理废水仅限于铬、氰两种，废水处理率极低。随着电镀工艺的不断改进和废水治理技术的不断发展，20 世纪 80 年代以来，废水治理的镀种有所增加，处理方法也从单项治理技术向综合治理技术发展，电镀废水治理向社会化、设备化、系列化发展越来越成为人们的共识和努力的方向。但由于种种因素所限，国内目前依然主要遵循谁污染谁治理的原则，与国际上一些技术发达国家各种形式的社会化、专业化治理相比还有一定差距。

随着改革开放的不断深入以及国内外信息交流的不断加强，业内人士充分注意技术发展的动态，开阔思路，增进共识，天津经济技术开发区电镀废水处理中心正是在这种形势下应运而生的，开发区从电镀厂点的规划和布局着手，结合自身条件和国内外技术优势，不惜财力物力建此项目，以达到控制和治理污染的目的，并满足开发区经济可持续发展的需要。

2. 电镀废水处理技术的使用

电镀是利用化学和电化学方法在金属或其他材料表面镀上各种金属。电镀技术广泛应用于机器制造、轻工、电子等行业。电镀废水的成分非常复杂，除含氰（CN^-）废水和酸碱废水外，重金属废水是电镀业潜在危害性极大的废水类别。

电镀废水的治理在国内外普遍受到重视，研制出多种治理技术，通过将有毒治理为无毒、有害转化为无害、回收贵重金属、水循环使用等措施消除和减小重金属的排放量。随着电镀工业的快速发展和环保要求的日益提高，目前，电镀废水治理已开始进入清洁生产工艺、总量控制和循环经济整合阶段，资源回收利用和闭路循环是发展的主流方向。

电镀废水水质较复杂，电镀废水中含有铬、锌、铜、镍、镉等重金属离子以及酸、碱、氰化物等具有很大毒性的杂物。电镀废水成分复杂，污染物可分为无机污染物和有机污染物两大类，水质变化幅度大，且电镀废水毒性大，含有大量的重金属离子，若不经处理直接排放会对周边水体造成极大的污染。

针对我国目前电镀行业废水的处理现状进行统计和调查，广泛采用的电镀废水处理方法主要有 7 类：

① 化学沉淀法，又分为中和沉淀法和硫化物沉淀法；

② 氧化还原处理，分为化学还原法、铁氧体法和电解法；

③ 溶剂萃取分离法；

④ 吸附法；

⑤ 膜分离技术；

⑥ 离子交换法；

⑦ 生物处理技术，包括生物絮凝法、生物吸附法、生物化学法、植物修复法。

3. 电镀重金属废水治理技术的现状

传统的电镀废水处理方法有：化学法、离子交换法、电解法等。但传统方法处理电镀废水存在如下问题：

① 成本过高——水无法循环利用，水费与污水处理费占总生产成本的15%～20%；

② 资源浪费——贵重金属排放到水体中，无法回收利用；

③ 环境污染——电镀废水中的重金属为“永久性污染物”，在生物链中转移和积累，最终危害人类健康。

二、天津经济技术开发区电镀废水处理中心案例

1. 项目规模和工艺流程

① 中心位于开发区南海路东侧，第十三大街与第十四大街之间，在开发区污水处理厂的南侧，占地约6000m^2。

② 中心主要处理企业电镀工艺生产中产生的漂洗废水，处理能力为1000m^3/d。其中：锡铅电镀废水750m^3/d，含氰镀铜废水150m^3/d，含铬镀锌废水100m^3/d。

③ 工艺流程：本次工艺采用“分散预处理、收集与集中处理及管理相结合”的总体原则，分为企业现场处理和中心处理两部分。

④ 本次工艺采用流动处理车分质处理各企业的电镀漂洗水，上述三类电镀废水在电镀厂点应经过一定的预处理，水质应达到表2-21设计要求，并且废水中不能含有螯合物、油、有机溶剂等对树脂有害的物质，达到要求后才能进入流动处理车。

表 2-21 流动处理车进水水质

含氰镀铜废水	项目	CN^-	pH	Cu
	浓度/(mg/L)	<0.5	>7	20～80
锡铅电镀废水	项目	Pb	pH	Sn
	浓度/(mg/L)	20～100	2～4	20～100
含铬镀锌废水	项目	Cr	pH	Zn
	浓度/(mg/L)			

⑤ 出水水质：移动处理单元出水为去离子水，可根据用户要求达到排放标准或回用于电镀工艺。

中心处理部分的排水水质符合《开发区执行环境标准》中污染物标准中有关第一类、第二类污染物最高允许排放浓度的要求。

2. 系统描述

(1) 移动处理单元

各电镀厂点产生的漂洗废水分质输送至厂内设置的储存调节池，然后由“中心”派流动处理车到现场，人工将移动处理装置的进出水接口与原水调节池及回用水储池相连接，按下控制柜上的“启动”按钮，系统开始自动运行，通过车上的活性炭过滤柱-离子交换柱处理后，出水送车间回用水储池循环回用。处理过程中，处理水量及出水电导率值自动显示，连续记录，当出水水质超过回用水指标时，报警并自动关闭阀门和水泵，显示离子交换树脂已饱和，需回“中心”进行再生。

所谓移动处理车为 10 辆 20 尺标准集装箱，箱内设有过滤筒、活性炭柱、阳离子交换柱、阴离子交换柱等处理设备、监控设备以及管线、阀门、仪表等，每辆车处理能力为 $10m^3/h$，由牵引车拖动，往返于各电镀厂点和废水处理中心之间。

流动处理车工艺布置示意图见图 2-17（只是对于不同镀种，车内阴离子交换柱的数量和是否设混床略有不同）。

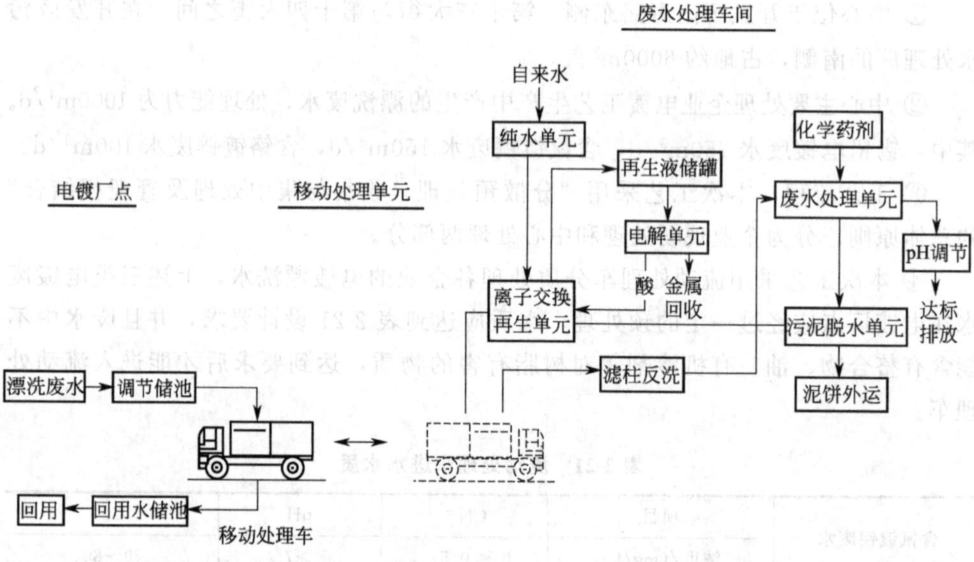

图 2-17 流动处理车工艺布置示意图

(2) 废水处理车间

废水处理车间由离子交换再生单元、电解单元、纯水单元、废水处理单元、污泥脱水单元等组成。离子交换树脂在现场达到饱和后，流动处理装置由拖车运回“中心”废水处理车间完成中心处理部分。

移动处理装置中的离子交换树脂饱和后，在离子交换再生单元进行再生，再生系统每天可容纳 5 辆车同时进行再生。再生周期为 4 天。

电解单元采用 6 组隔膜电解装置，回收锡铅及铜移动单元阳柱再生液中的酸及金属，电解后的有机酸回用于离子交换树脂的再生。

纯水单元产水能力为5.0m^3/h，包括两个过滤器、一个阳离子交换柱和一个阴离子交换柱，产生的纯水储存在两个纯水储罐中，提供再生过程所需的反冲洗水、淋洗水及配制药剂等用水。

再生过程中产生的酸性废水、碱性废水、混合床废水及含铬废水等分别被收集在各自的储罐中，再生液被收集在其废水储罐中，这些废水中含有超标的金属离子及酸、碱等，因此需对各种废水（液）进行处理。废水处理单元包括化学处理部分和“抛光”部分，化学处理的目的是通过向废水中投加氧化剂、絮凝剂、还原剂及酸、碱等完成去除Cr^{6+}、调节pH值、金属离子沉淀等过程，“抛光”部分采用选择性离子交换柱，用于除去水中剩余的金属离子，并通过中和及最终pH值控制使出水达到排放标准。

中和反应沉淀过程中产生的污泥在污泥处理单元经泵提升至污泥储槽中进行浓缩，浓缩后的污泥加絮凝剂后加压至板框压滤机脱水，上清液排入废水反应池进一步处理。

(3) 自控系统

为提高监控系统运行可靠性，提高处理中心科学管理水平，自控设计采用现场总线（field bus）式分布控制系统、DCS系统。水质连续测量仪表是监控系统的关键设备，系统构成及设备选择的原则是运行可靠、技术先进、便于维修、节约投资。

车间内设中心控制室，用于监控管理全中心生产工况的各个参数以及各个设备的运行状态（正常、故障、报警），对主要设备在运行中发生的事故状态进行声、光报警及打印，同时采取保护措施；显示方式有系统图、流程图、趋势图等，可对主要的测量数据进行趋势分析；并对电解系统、离子交换柱再生设备、纯水等装置进行监控，在监控过程中能改变其运行方式为手动、自动，能通过输入手段对机电设备进行远程的启停操作。

3. 意义与展望

目前，电镀废水处理中心已完成设备调试和清水试运行，并受到区内相关企业的广泛关注。对于有电镀生产工艺的企业，按照国家有关规定，必须对其产生的废水进行污染治理，且电镀废水处理技术及管理专业性较强，各企业都必须为此投入人力、物力进行可靠的专项治理，在一定程度上给企业带来了主业产品以外的生产负担，而且分散于各企业的废水处理设备由于投资高、开机率不足等原因，造成社会资源的严重浪费，特别是处理工艺技术水平的参差不齐及运行管理人员的素质差异，也给相关部门造成管理方面的难度，将电镀废水集中处理，可以克服上述弊端，变分散处理为集中处理，并由此产生了新的社会服务类型，成为今后环保或污染治理发展的新趋势。

电镀废水的社会化治理已逐渐成为社会共识，是提高治理效益、降低投资和运行耗费的重要潜在因素。组建电镀废水处理中心，与各企业分散建立电镀废水处理车间、就地处理电镀废水相比，可以减少治理总投资30%～50%，提高废水处理设备利用率，便于能源和资源的有效回收，变单纯污染治理为综合利用，使投资发挥最大效益，处理后的废水部分回用，既有利于节约用水，又可极大减轻对开发区污水处理厂出水进一步深度处理及污泥综合利用的压力和对环境的污染。

在今后的运行管理中，应侧重于在现有镀种的基础上摸索经验，注重治理投资与治理效益的合理性，并适应发展的需要，增加新的镀种处理，更好地为企业服务。

三、电镀重金属废水治理

1. 电镀重金属废水治理技术

(1) 化学沉淀

化学沉淀法是使废水中呈溶解状态的重金属转变为不溶于水的重金属化合物的方法，包括中和沉淀法和硫化物沉淀法等。

① 中和沉淀法　在含重金属的废水中加入碱进行中和反应，使重金属生成不溶于水的氢氧化物沉淀而加以分离。中和沉淀法操作简单，是常用的处理废水方法。

实践证明在操作中需要注意以下几点：a. 中和沉淀后，废水中若pH值高，需要中和处理后才可排放；b. 废水中常常有多种重金属共存，当废水中含有Zn、Pb、Sn、Al等两性金属时，pH值偏高，可能有再溶解倾向，因此要严格控制pH值，实行分段沉淀；c. 废水中有些阴离子如卤素、氰根、腐殖质等有可能与重金属形成络合物，因此在中和之前需经过预处理；d. 有些颗粒小，不易沉淀，则需加入絮凝剂辅助沉淀生成。

② 硫化物沉淀法　该方法是加入硫化物沉淀剂使废水中重金属离子生成硫化物沉淀而除去的方法。与中和沉淀法相比，硫化物沉淀法的优点是：重金属硫化物溶解度比其氢氧化物的溶解度更低，而且反应的pH值在7～9，处理后的废水一般不用中和。硫化物沉淀法的缺点是：硫化物沉淀物颗粒小，易形成胶体；硫化物沉淀剂本身在水中残留，遇酸生成硫化氢气体，产生二次污染。为了防止二次污染问题，英国学者研究出了改进的硫化物沉淀法，即在需处理的废水中有选择性地加入硫化物离子和另一重金属离子（该重金属的硫化物离子平衡浓度比需要除去的重金属污染物质的硫化物的平衡浓度高）。由于加进去的重金属的硫化物比废水中的重金属的硫化物更易溶解，这样废水中原有的重金属离子就比添加进去的重金属离子先分离出来，同时防止有害气体硫化氢生成和硫化物离子残留问题。

(2) 氧化还原处理

① 化学还原法　电镀废水中的Cr主要以Cr^{6+}形态存在，因此向废水中投加还原剂将Cr^{6+}还原成微毒的Cr^{3+}后，投加石灰或NaOH产生$Cr(OH)_3$沉淀分离去除。化学还原法治理电镀废水是最早应用的治理技术之一，在我国有着广泛的应

用，其治理原理简单、操作易于掌握、能承受大水量和高浓度废水冲击。根据投加还原剂的不同，可分为 $FeSO_4$ 法、$NaHSO_3$ 法、铁屑法、SO_2 法等。

应用化学还原法处理含 Cr 废水，碱化时一般用石灰，但废渣多；用 NaOH，则污泥少，但药剂费用高，处理成本大，这是化学还原法的缺点。

② 铁氧体法　铁氧体技术是根据生产铁氧体的原理发展起来的。在含 Cr 废水中加入过量的 $FeSO_4$，使 Cr^{6+} 还原成 Cr^{3+}，Fe^{2+} 氧化成 Fe^{3+}，调节 pH 值至 8 左右，使 Fe 离子和 Cr 离子产生氢氧化物沉淀。通入空气搅拌并加入氢氧化物不断反应，形成铬铁氧体。其典型工艺有间歇式和连续式。铁氧体法形成的污泥化学稳定性高，易于固液分离和脱水。铁氧体法除能处理含 Cr 废水外，特别适用于含重金属离子的电镀混合废水。我国应用铁氧体法已经有几十年历史，处理后的废水能达到排放标准，在国内电镀工业中应用较多。

铁氧体法具有设备简单、投资少、操作简便、不产生二次污染等优点。但在形成铁氧体过程中需要加热（约 70℃），能耗较高，处理后盐度高，而且有不能处理含 Hg 和络合物废水的缺点。

③ 电解法　电解法处理含 Cr 废水在我国已经有 20 多年的历史，具有去除率高、无二次污染、所沉淀的重金属可回收利用等优点。大约有 30 多种废水溶液中的金属离子可进行电沉积。电解法是一种比较成熟的处理技术，能减少污泥的生成量，且能回收 Cu、Ag、Cd 等金属，已应用于废水的治理。不过电解法成本比较高，一般经浓缩后再电解经济效益较好。

近年来，电解法迅速发展，并对铁屑内电解进行了深入研究，利用铁屑内电解原理研制的动态废水处理装置对重金属离子有很好的去除效果。

另外，高压脉冲电凝系统（high voltage electrocagulation system）为当今世界新一代电化学水处理设备，对表面处理、涂装废水以及电镀混合废水中的 Cr、Zn、Ni、Cu、Cd、CN^- 等污染物有显著的治理效果。高压脉冲电凝法比传统电解法电流效率提高 20%～30%；电解时间缩短 30%～40%；节省电能达到 30%～40%；污泥产生量少；对重金属去除率可达 96%～99%。

(3) 溶剂萃取分离

溶剂萃取法是分离和净化物质常用的方法。由于液-液接触，可连续操作，分离效果较好。使用这种方法时，要选择有较高选择性的萃取剂，废水中重金属一般以阳离子或阴离子形式存在，例如在酸性条件下，与萃取剂发生络合反应，从水相被萃取到有机相，然后在碱性条件下被反萃取到水相，使溶剂再生以循环利用。这就要求在萃取操作时注意选择水相酸度。尽管萃取法有较大优越性，然而溶剂在萃取过程的流失和再生过程中能源消耗大，使这种方法存在一定局限性，应用受到很大的限制。

(4) 吸附法

吸附法是利用吸附剂的独特结构去除重金属离子的一种有效方法。利用吸附法处理电镀重金属废水的吸附剂有活性炭、腐殖酸、海泡石、聚糖树脂等。活性炭装备简单，在废水治理中应用广泛，但活性炭再生效率低，处理水质很难达到回用要求，一般用于电镀废水的预处理。腐殖酸类物质是比较廉价的吸附剂，把腐殖酸做成腐殖酸树脂用于处理含 Cr、含 Ni 废水已有成功经验。有相关研究表明，壳聚糖及其衍生物是重金属离子的良好吸附剂，壳聚糖树脂交联后，可重复使用 10 次，吸附容量没有明显降低。利用改性的海泡石治理重金属废水对 Pb^{2+}、Hg^{2+}、Cd^{2+} 有很好的吸附能力，处理后废水中重金属含量显著低于污水综合排放标准。另有文献报道蒙脱石也是一种性能良好的黏土矿物吸附剂，铝锆柱撑蒙脱石在酸性条件下对 Cr^{6+} 的去除率达到 99%，出水中 Cr^{6+} 含量低于国家排放标准，具有实际应用前景。

(5) 膜分离技术

膜分离法是利用高分子所具有的选择性来进行物质分离的技术，包括电渗析、反渗透、膜萃取、超过滤等。用电渗析法处理电镀工业废水，处理后废水组成不变，有利于回槽使用。含 Cu^{2+}、Ni^{2+}、Zn^{2+}、Cr^{6+} 等金属离子废水都适宜用电渗析处理，已有成套设备。反渗透法已大规模用于镀 Zn、Ni、Cr 漂洗水和混合重金属废水处理。采用反渗透法处理电镀废水，已处理水可以回用，实现闭路循环。液膜法治理电镀废水的研究报道很多，有些领域液膜法已由基础理论研究进入到初步工业应用阶段，如我国和奥地利均用乳状液膜技术处理含 Zn 废水，此外也应用于镀 Au 废液处理中。膜萃取技术是一种高效、无二次污染的分离技术，该项技术在金属萃取方面有很大进展。

(6) 离子交换处理法

离子交换处理法是利用离子交换剂分离废水中有害物质的方法，应用的离子交换剂有离子交换树脂、沸石等，离子交换树脂有凝胶型和大孔型。前者有选择性，后者制造复杂、成本高、再生剂耗量大，因而在应用上受到很大限制。离子交换是靠交换剂自身所带的能自由移动的离子与被处理的溶液中的离子通过离子交换来实现的。推动离子交换的动力是离子间浓度差和交换剂上的功能基对离子的亲和能力，多数情况下离子先被吸附，再被交换，离子交换剂具有吸附、交换双重作用。这种材料的应用越来越多，如膨润土，它是以蒙脱石为主要成分的黏土，具有吸水膨胀性好、比表面积大、较强的吸附能力和离子交换能力，若经改良后其吸附及离子交换的能力更强，但是却较难再生。天然沸石在对重金属废水的处理方面比膨润土具有更大的优点：沸石是含网架结构的铝硅酸盐矿物，其内部多孔，比表面积大，具有独特的吸附和离子交换能力。研究表明，沸石从废水中去除重金属离子的机理，多数情况下是吸附和离子交换双重作用，随流速增加，离子交换将取代吸附作用占主要地位。若用 NaCl 对天然沸石进行预处理可提高吸附和离子交换能力。通过吸附和离子交换再生过程，废水中重金属离子浓度可浓缩提高 30 倍。沸石去除铜，在 NaCl 再生过程中，去除率达 97%以上，可多次吸附交换，再生循环，而且对铜的去除率并不降低。

（7）生物处理技术

由于传统治理方法有成本高、操作复杂、对于大流量低浓度的有害污染难处理等缺点，经过多年的探索和研究，生物治理技术日益受到人们的重视。随着耐重金属毒性微生物的研究进展，采用生物技术处理电镀重金属废水呈现蓬勃发展势头，根据生物去除重金属离子的机理不同，可分为生物絮凝法、生物吸附法、生物化学法以及植物修复法。

① 生物絮凝法　生物絮凝法是利用微生物或微生物产生的代谢物进行絮凝沉淀的一种除污方法。微生物絮凝剂是一类由微生物产生并分泌到细胞外，具有絮凝活性的代谢物。一般由多糖、蛋白质、DNA、纤维素、糖蛋白、聚氨基酸等高分子物质构成，分子中含有多种官能团，能使水中胶体悬浮物相互凝聚沉淀。至目前为止，对重金属有絮凝作用的约有十几个品种，生物絮凝剂中的氨基和羟基可与Cu^{2+}、Hg^{2+}、Ag^{+}、Au^{2+}等重金属离子形成稳定的螯合物而沉淀下来。应用微生物絮凝法处理废水安全方便无毒、不产生二次污染、絮凝效果好，且生长快、易于实现工业化。此外，微生物可以通过遗传工程、驯化或构造出具有特殊功能的菌株。因而微生物絮凝法具有广阔的应用前景。

② 生物吸附法　生物吸附法是利用生物体本身的化学结构及成分特性来吸附溶于水中的金属离子，再通过固液两相分离去除水溶液中的金属离子的方法。利用胞外聚合物分离金属离子，有些细菌在生长过程中释放的蛋白质，能使溶液中可溶性的重金属离子转化为沉淀物而去除。生物吸附剂具有来源广、价格低、吸附能力强、易于分离回收重金属等特点，已经被广泛应用。

③ 生物化学法　生物化学法指通过微生物处理含重金属废水，将可溶性离子转化为不溶性化合物而去除。硫酸盐生物还原法是一种典型生物化学法。该法是在厌氧条件下硫酸盐还原菌通过异化的硫酸盐还原作用，将硫酸盐还原成H_2S，废水中的重金属离子可以和所产生的H_2S反应生成溶解度很低的金属硫化物沉淀而被去除，同时H_2SO_4的还原作用可将SO_4^{2-}转化为S^{2-}使废水的pH值升高，因许多重金属离子氢氧化物的离子积很小而沉淀。有关研究表明，生物化学法处理含Cr^{6+}为30～40mg/L的废水去除率可达99.67%～99.97%。有人还利用家畜粪便厌氧消化污泥进行矿山酸性废水重金属离子的处理，结果表明该方法能有效去除废水中的重金属。赵晓红等人用脱硫肠杆菌（SRV）去除电镀废水中的铜离子，在铜质量浓度为246.8mg/L的溶液，当pH值为4.0时，去除率达99.12%。

④ 植物修复法　植物修复法是指利用高等植物通过吸收、沉淀、富集等作用降低已有污染的土壤或地表水的重金属含量，以达到治理污染、修复环境的目的。植物修复法是利用生态工程治理环境的一种有效方法，它是生物技术处理企业废水的一种延伸。

利用植物处理重金属，主要由三部分组成：a. 利用金属积累植物或超积累植物从废水中吸取、沉淀或富集有毒金属；b. 利用金属积累植物或超积累植物降低有毒金属活性，从而可减少重金属被淋滤到地下或通过空气载体扩散；c. 利用金属积累植物或超积累植物将土壤中或水中的重金属萃取出来，富集并输送到植物根部可收割部分和植物地上枝条部分，通过收获或移去已积累和富集了重金属植物的枝条，降低土壤或水体中的重金属浓度。在植物修复技术中能利用的植物有藻类、草本植物、木本植物等。

藻类净化重金属废水的能力，主要表现在对重金属具有很强的吸附力，利用藻类去除重金属离子的研究已有大量报道。褐藻对 Au 的吸收量达 400mg/g，在一定条件下绿藻对 Cu、Pb、La、Cd、Hg 等重金属离子的去除率达 80%～90%，马尾藻、鼠尾藻对重金属的吸附虽然不及绿海藻，但仍具有较好的去除能力。

草本植物净化重金属废水的应用已有很多报道。凤眼莲是国际上公认和常用的一种治理污染的水生漂浮植物，它具有生长迅速，既能耐低温、又能耐高温的特点，能迅速、大量地富集废水中 Cd、Pb、Hg、Ni、Ag、Co、Cr 等多种重金属。有关研究发现凤眼莲对钴和锌的吸收率分别高达 97%和 80%。此外，还有很多草本植物具有净化作用，如喜莲子草、水龙、刺苦草、浮萍、印度芥菜等。

木本植物具有处理量大、净化效果好、受气候影响小、不易造成二次污染等优点，受到人们广泛关注。同时对土壤中 Cd、Hg 等有较强的吸附积累作用，胡焕斌等人的试验结果表明：芦苇和池杉对重金属 Pb 和 Cd 都有较强富集能力。

2. 电镀重金属废水治理技术展望

随着全球可持续发展战略的实施，循环经济和清洁生产技术越来越受到人们关注。电镀重金属废水治理从末端治理向清洁生产工艺、物质循环利用、废水回用等综合防治阶段发展。未来电镀重金属废水治理将突出以下几个方面：

① 贯彻循环经济、重视清洁生产技术的开发与应用；提高电镀物质、资源的转化率和循环使用率；从源头上削减重金属污染物的产生量，并采用全过程控制、结合废水综合治理、最终实现废水零排放。

② 电镀重金属废水的处理技术很多，其中生物技术是具有较大发展潜力的技术，具有成本低、效益高、不造成二次污染等优点。随着基因工程、分子生物学等技术的发展和应用，具有高效、耐毒性的菌种不断培育成功，为生物技术的广泛应用提供了有利条件。对于已经污染的、范围大的外环境，可采用植物修复技术治理，在治污的同时，不仅美化了环境，还可以获得一定的经济效益。

③ 综合一体化技术是未来电镀废水治理技术的热点。电镀废水种类繁多，各种电镀工艺差异很大，仅使用一种废水治理方法往往有其局限性，达不到理想的效果。因此，综合多种治理技术特点的一体化技术应运而生。

综上所述，虽然化学法、物理化学法、生物化学法都可以治理和回收废水中的重金属，但通过生物化学法处理重金属污水成本低、效益高、容易管理、不给环境造成二次污染、有利于生态环境的改善。但生物化学法也有一定的局限性，无论是植物还是微生物，一般都具有选择性，只吸取或吸附一种或几种金属，有的在重金属浓度较高时会导致中毒，从而限制其应用。尽管如此生物化学法的研究和发展仍有广阔前景，许多学者通过基因工程、分子生物学等技术应用，使生物具有更强的吸附、絮凝、整治修复能力。

我们应该充分利用自然界中的微生物与植物的协同净化作用，并辅之以物理或化学方法，寻找净化重金属的有效途径。

第十一节 城市污水处理中的化学除磷与生物脱氮除磷工艺举例

一、概述

由于广泛使用含磷洗涤剂，我国城市污水中普遍含有一定量的磷，一般为 5～10mg/L。磷是藻类繁殖所需各种成分中的限制性因素之一，水体中磷含量的高低与水体富营养化程度有密切的关系。同时，对于引发水体富营养化而言，磷的作用远大于氮的作用，水体中磷的浓度达到一定数值时就可以引起水体的富营养化。因此，在污水处理中进行除磷是必要的。我国《城镇污水处理厂污染物排放标准》（GB 18918—2002）中明确规定，自 2006 年 1 月 1 日起建设的污水处理厂总磷指标的一级 A 排放标准为 0.5mg/L。

污水中的磷可以通过化学和生物两种方法去除。生物除磷是一种相对经济的除磷方法，但由于现阶段生物除磷工艺还无法保证出水总磷稳定达到 0.5mg/L 标准的要求，所以常需要采用或辅助以化学除磷措施。

生物脱氮除磷的功能是有机物去除、脱氮、除磷三种功能的综合，因而其工艺参数应同时满足各种功能的要求。如能有效的脱氮或除磷，一般也能同时高效的去除 BOD_5。但除磷和脱氮往往是相互矛盾的，具体体现的某些参数上。

二、化学除磷工艺

1. 化学除磷原理

化学除磷主要是通过化学沉析过程完成的，化学沉析是指通过向污水中投加无机金属盐药剂与污水中溶解性的盐类（如磷酸盐）反应生成颗粒状、非溶解性的物质。实际上投加化学药剂后，污水中进行的不仅是沉析反应，同时还发生着化学絮凝作用，即形成的细小的非溶解状的固体物互相黏结成较大形状的絮凝体。

2. 化学除磷药剂

为了生成非溶解性的磷酸盐化合物，用于化学除磷的化学药剂主要是金属盐药剂和氢氧化钙。许多高价金属离子药剂投加到污水中后都会与污水中的溶解性磷离子结合生成难溶解性的化合物，但出于经济原因考虑，用于磷沉析的金属盐药剂主要是Fe^{3+}盐、Fe^{2+}盐和Al^{3+}盐，这些药剂是以溶液和悬浮液状态使用的。除金属盐药剂外，氢氧化钙也用作沉析药剂，反应生成不溶于水的磷酸钙。

污水化学除磷中常用的药剂类型详见表2-22。

表2-22 污水净化常用药剂

类型	名称	分子式	状态
铝盐	硫酸铝	$Al_2(SO_4)_3 \cdot 18H_2O$	固体
		$Al_2(SO_4)_3 \cdot 14H_2O$	液体
		$nAl_2(SO_4)_3 \cdot xH_2O + mFe_2(SO_4)_3 \cdot yH_2O$	固体
	氯化铝	$AlCl_3$	液体
		$AlCl_3 + FeCl_3$	液体
	聚合氯化铝	$[Al_2(OH)_nCl_{6-n}]_m$	液体
二价铁盐	硫酸亚铁	$FeSO_4 \cdot 7H_2O$	固体
		$FeSO_4$	液体
三价铁盐	氯化硫酸铁	$FeClSO_4$	液体（约40%）
	氯化铁	$FeCl_3$	液体（约40%）
熟石灰	氢氧化钙	$Ca(OH)_2$	约40%的乳液

3. 化学除磷工艺

化学除磷工艺可按化学药剂的投加地点来分类，实际中常采用的有：前置除磷、同步除磷和后置除磷。

(1) 前置除磷

前置除磷工艺的特点是化学药剂投加在沉砂池中、初沉池的进水渠（管）中、或者文丘里渠（利用涡流）中。其一般需要设置产生涡流的装置或者供给能量以满足混合的需要。相应产生的沉析产物（大块状的絮凝体）在初沉池中通过沉淀被分离。如果生物段采用的是生物滤池，则不允许使用铁盐药剂，以防止对填料产生危害（产生黄锈）。

前置除磷工艺由于仅在现有工艺前端增加化学除磷措施，比较适合于现有污水处理厂的改建，通过这一工艺步骤不仅可以除磷，而且可以减小生物处理设施的负荷。常用的化学药剂主要是石灰和金属盐药剂。前置除磷后控制剩余磷酸盐的含量为1.5～2.5mg/L，完全能满足后续生物处理对磷的需要。

(2) 同步除磷

同步除磷是目前使用最广泛的化学除磷工艺，在国外约占所有化学除磷工艺的50%。其工艺是将化学药剂投加在曝气池出水或二沉池进水中，个别情况也有的将药剂投加在曝气池进水或回流污泥渠（管）中。目前已确定对于活性污泥法工艺和生物转盘工艺可采用同步化学除磷方法，但对于生物滤池工艺能否将药剂投加在二次沉淀池进水中尚值得探讨。

（3）后置除磷

后置除磷是将沉析、絮凝以及被絮凝物质的分离在一个与生物处理相分离的设施中进行，因此也叫二段法工艺。一般将化学药剂投加到二沉池后的一个混合池中，并在其后设置絮凝池和沉淀池（或气浮池）。

对于要求不严的受纳水体，在后置除磷工艺中可采用石灰乳液药剂，但必须对出水 pH 值加以控制，如可采用 CO_2 进行中和。

采用气浮池可以比沉淀池更好地去除悬浮物和总磷，但因为需要恒定供应空气，因而运行费用较高。

三种除磷工艺的优缺点汇总见表 2-23。

表 2-23　各种化学除磷工艺比较

工艺类型	优　点	缺　点
前置除磷工艺	1. 能降低生物处理构筑物负荷，平衡负荷的波动变化，从而降低能耗； 2. 与同步除磷相比，活性污泥中有机成分不会增加； 3. 现有污水厂易于实施改造	1. 总污泥产量增加； 2. 影响反硝化反应（底物分解过多）； 3. 对改善污泥指数不利
同步除磷工艺	1. 通过污泥回流可以充分利用除磷药剂； 2. 如果将药剂投加到曝气池中，可采用价格较便宜的二价铁盐药剂； 3. 金属盐药剂会使活性污泥重量增加，从而可以避免污泥膨胀； 4. 同步除磷设施的工程量较小	1. 采用同步除磷工艺会增加污泥产量； 2. 采用酸性金属盐药剂会使 pH 值下降到最佳范围以下，对硝化反应不利； 3. 硝酸盐污泥和剩余污泥混合在一起，回收磷酸盐较为困难，此外在厌氧状态下污泥中磷会再释放； 4. 回流泵会破坏絮体，但可通过投加高分子絮凝助凝剂减小这种危害
后置除磷工艺	1. 硝酸盐的沉淀与生物处理过程相分离，互不影响； 2. 药剂投加可以按磷负荷的变化进行控制； 3. 产生的磷酸盐污泥可以单独排放，并可以加以利用	后置除磷工艺所需投资大、运行费用高，但当新建污水处理厂时，采用后置除磷工艺可以减小生物处理二沉池的尺寸

三、生物脱氮除磷工艺

在城市生活污水处理厂，传统活性污泥工艺能有效去除污水中的 BOD_5 和 SS，但不能有效去除污水中的氮和磷。如果含氮、磷较多的污水排放到湖泊或海湾等相对封闭的水体，则会产生富营养化导致水体水质恶化或湖泊退化，影响其使用功能。因此，在对污水中的 BOD_5 和 SS 进行有效去除的同时，还应根据需要，考虑污水的脱氮除磷。其中 A-A-O（厌氧-缺氧-好氧）为同步生物脱氮除磷工艺的一种。

1. 工艺原理及过程

A-A-O 生物脱氮除磷工艺是活性污泥工艺，在进行去除 BOD、COD、SS 的同时可生物脱氮除磷。

在好氧段，硝化细菌将入流污水中的氨氮及由有机氨氮形成的氨氮，通过生物硝化作用转化成硝酸盐；在缺氧段，反硝化细菌将内回流带入的硝酸盐，通过生物反硝化作用转化成氮气逸入大气中，从而达到脱氮的目的；在厌氧段，聚磷菌释放磷，并吸收低级脂肪酸等易降解的有机物；而在好氧段，聚磷菌超量吸收磷，并通过剩余污泥的排放，将磷去除。以上三类细菌均具有去除 BOD_5 的作用，但 BOD_5 的去除实际上以反硝化细菌为主。污水进入曝气池以后，随着聚磷菌的吸收、反硝化菌的利用及好氧段的好氧生物分解，BOD_5 浓度逐渐降低。在厌氧段，由于聚磷菌释放磷，TP 浓度逐渐升高，至缺氧段升至最高。在缺氧段，一般认为聚磷菌既不吸收磷，也不释放磷，TP 保持稳定。在好氧段，由于聚磷菌的吸收，TP 迅速降低。在厌氧段和缺氧段，NH_3-N 浓度稳中有降，至好氧段，随着硝化的进行，NH_3-N 逐渐降低。在缺氧段，由于内回流带入大量 NO_3-N，NO_3-N 瞬间升高，但随着反硝化的进行，NO_3-N 浓度迅速降低。在好氧段，随着硝化的进行，NO_3-N 浓度逐渐升高。

2. A-A-O 脱氮除磷系统的工艺参数及控制

A-A-O 生物脱氮除磷的功能是有机物去除、脱氮、除磷三种功能的综合，因而其工艺参数应同时满足各种功能的要求。如能有效的脱氮或除磷，一般也能同时高效去除 BOD_5。但除磷和脱氮往往是相互矛盾的，具体体现的某些参数上，使这些参数只能局限在某一狭窄的范围内，这也是 A-A-O 系统工艺系统控制较复杂的主要原因。

(1) F/M 和 SRT

完全生物硝化是高效生物脱氮的前提。因而，F/M（污泥负荷）越低，SRT（污泥龄）越高。脱氮效率越高，而生物除磷则要求高 F/M 低 SRT。A-A-O 生物脱氮除磷是运行较灵活的一种工艺，可以以脱氮为重点，也可以以除磷为重点，当然也可以二者兼顾。如果既要求一定的脱氮效果，也要求一定的除磷效果，F/M 一般应控制在 0.1～0.18kg BOD_5/(kgMLVSS · d)，SRT 一般应控制在 8～15 天。

(2) 水力停留时间

水力停留时间与进水浓度、温度等因素有关。厌氧段水力停留时间一般在 1～2h 范围内，缺氧段水力停留时间为 1.5～2.0h，好氧段水力停留时间一般应在 6h。

(3) 内回流与外回流

内回流比 r 一般在 200%～500%，具体取决于进水 TKN 浓度以及所要求的脱氮效率。一般认为，300%～500%时脱氮效率最佳。内回流比 r 与除磷关系不大，因而 r 的调节完全与反硝化工艺一致。

(4) 溶解氧 (DO)

厌氧段 DO 应控制在 0.2mg/L 以下，缺氧段 DO 应控制在 0.5mg/L 以下，而好氧段 DO 应控制在 2～3mg/L。因生物除磷本身并不消耗氧，所以 A-A-O 脱氮除磷工艺曝气系统的控制与生物反硝化系统一致。

（5）BOD_5/TKN 与 BOD_5/TP

对于生物脱氮来说，BOD_5/TKN 至少应大于 4.0，而生物除磷则要求 $BOD_5/TP>20$。运行中应定期核算入流污水水质是否满足 $BOD_5/TKN>4.0$，$BOD_5/TP>20$。如果其中之一不满足，则应投加有机物补充碳源。为了提高 BOD_5/TKN 值，宜投加甲醇做补充碳源。为了提高 BOD_5/TP 值，则宜投加乙酸等低级脂肪酸。

（6）pH 控制及碱度核算

A-A-O 生物除磷脱氮系统中，污泥混合液的 pH 值应控制在 7.0 之上；如果 $pH<6.5$，应外加石灰，补充碱度不足。

3. 工艺运行异常问题的分析与排除

传统活性污泥工艺的故障诊断及排除技术，一般均适用于 A-A-O 脱氮除磷系统。如果某处理厂控制水质目标为：$BOD_5\leqslant25mg/L$；$SS\leqslant25mg/L$；$NH_3\text{-}N\leqslant3mg/L$；$NO_3\text{-}N\leqslant7mg/L$；$TP\leqslant2mg/L$。则当实际水质偏离以上数值时，属异常情况。

现象一：$TP<2mg/L$，$NH_3\text{-}N<2mg/L$，$NO_3\text{-}N>7mg/L$。

其原因及解决对策如下：

① 内回流比太小。增大内回流。

② 缺氧段 DO 太高。如果 $DO>0.5mg/L$，则首先检查内回流比 r 是否太大。如果太大，则适当降低。另外，还应检查缺氧段搅拌强度是否太大，形成涡流，产生空气复氧。

现象二：$TP<2mg/L$，$NH_3\text{-}N>3mg/L$，$NO_3\text{-}N>5mg/L$，$BOD_5<25mg/L$。

其原因及解决对策如下：

① 好氧段 DO 不足。如果 $1.5mg/L<DO<2.0mg/L$，则可能只满足 BOD_5 分解的需要，而不满足硝化的需要，应增大供气量，使 DO 处于 2～3mg/L。

② 存在硝化抑制物质。检查入流中工业废水的成分，加强上游污染源管理。

现象三：$TP>2mg/L$，$NH_3\text{-}N<3mg/L$，$NO_3\text{-}N>5mg/L$，$BOD_5<25mg/L$。

其原因及解决对策如下：

① 入流 BOD_5 不足。检查 BOD_5/TKN 是否大于 4，BOD_5/TP 是否大于 20，否则应采取增加入流 BOD_5 的措施，如跨越初沉池或外加碳源。

② 外回流比太小，缺氧段 DO 太高。检查缺氧段 DO 值，如果 $DO>0.5mg/L$，则应采取措施，见“现象一”。外回流比太大，把过量的 $NO_3\text{-}N$ 带入厌氧段，应适当降低回流比。

现象四：$TP>2mg/L$，$NH_3\text{-}N<3mg/L$，$NO_3\text{-}N<5mg/L$，$BOD_5<25mg/L$。

其原因及解决对策如下：

① 泥龄太长。可适当增大排泥，降低 SRT。

② 厌氧段 DO 太高。如果 $DO>0.2mg/L$，则应寻找 DO 升高的原因并予以排

除。首先检查是否搅拌强度太大，造成空气复氧，否则检查回流污泥中是否有 DO 带入。

③ 入流 BOD_5 不足。检查 BOD_5/TP 值。如果 BOD_5/TP<20，则应外加碳源。

参考文献

[1] 楼福乐. 水处理技术，1981，(增刊)：1.

[2] 楼福乐. 水处理技术，1984，(5)：35.

[3] 陆晓峰. 水处理技术，1988，(3)：81.

[4] 杨学富. 制浆造纸工业废水处理. 北京：化学工业出版社，2001.

[5] 蓝淑澄. 活性炭水处理技术. 北京：中国环境科学出版社，1992.

[6] [日] 炭素材料学会编. 活性炭基础与应用. 高尚愚，陈维译. 北京：中国林业出版社，1984.

[7] 陈岳松. 湿式氧化再生活性炭研究. 上海：同济大学硕士研究生论文，1999.

[8] 张会平，钟辉，叶李艺. 化工科技，1999，7 (4)：35238.

[9] 张果金，周永璋等. 南京化工大学学报，1999，21 (6) ：23.

[10] 张会平，傅志鸿等. 化工科技，2000，8 (1)：124.

[11] 朱自强. 超临界技术 2 原理和应用. 北京：化学工业出版社，2000.

[12] 臧志清，周瑞美. 环境科学研究，1998，11 (5)：61264.

[13] 王三反. 中国给水排水，1998，14 (2)：24226.

[14] 傅大放，邹宗柏等. 中国给水排水，1997，13 (5)：729.

[15] 舒文龙. 我国焦化废水处理技术的现状、进展及适用技术的选择 (上). 环境工程，1992，10 (4)：54～56.

[16] 王文斌，董有，刘士庭. 吹脱法去除垃圾渗滤液中的氨氮研究. 环境污染治理技术与设备，2004，5 (6)：51.

[17] 贾剑晖. 氨氮废水处理过程中的好氧反硝化研究. 南平师专学报，2004，(2)：10-20.

[18] 赵宗升，李炳伟，刘鸿亮. 高氨氮渗滤液处理的好氧反硝化工艺研究. 中国环境科学，2002，22 (5)：412-415.

[19] [苏] B. A. 高尔什可夫著. 煤炭工业企业废水的净化及利用. 胡益之等译. 太原：山西科学教育出版社，1987.

[20] 鲍其鼐. 工业循环水处理面临新挑战//中国化工学会工业水处理专业委员会. 2008 全国水处理技术研讨会论文集. 2008：12-43.

[21] 王有乐，翟钧，谢刚. 超声波吹脱技术处理高浓度氨氮废水试验研究. 环境污染治理技术与设备，2004，2 (2)：59.

[22] 蒋建国，陈嫣，邓舟等. 沸石吸附法去除垃圾渗滤液中氨氮的研究. 给水排水，2003，129 (13)：6.

[23] 杨晓奕，蒋展鹏，潘咸峰. 膜法处理高浓度氨氮废水的研究. 水处理技术，2003，9 (2)：85.

[24] 郑冀鲁，范娟，阮复昌. 印染废水混凝脱色技术的分子结构基础. 环境污染与防治，2002：23-25.

[25] 胡晓东，何芳. 间歇曝气工艺中污泥膨胀问题. 环境工程，2002，20 (5)：18-19.

[26] 田晴，陈季华. 染整废水处理的工程实践，环境工程，2001，19 (6)：7-8.

[27] 高东，雷乐成. 用兼氧、好氧生物接触氧化-气浮工艺处理高浓度印染废水. 环境污染与防治，2000，22 (4)：20-22.

[28] 孙锦宜. 含氮废水处理技术与应用. 北京：化学工业出版社，2003.

[29] 穆大刚，孟范平，赵莹等. 化学沉淀法净化高浓度氨氮废水初步研究. 青岛大学学报（工程技术版），2004，19（2）：1.

[30] W R Herald，R C Roberts，MLM-2448，2538，2864，2795（1976-1981）.

[31] Paul Fu，et al. Selecting membranes for removing NOM and DBP precusors. J. AWWA，1994，84（11）：55-72.

[32] Kwaku Tano-Debrah，Seijiro Fukuyama，et al. Inoculum for the Aerobic Treatment of Wastewater with High Concentrations of Fats and Oils. Bioresource Technology，1999，69（2）：133-139.

[33] Morton method of filtering（US Patent），1930，June 10，No1762560.

[34] Belfort G，Davis R H，Zydney A L. The Behavior of Suspen-sions and Macromolecular Solutions in Crossflow Microfiltration. J. of Membrane Sci. 1994，96：51-58.

[35] Eisenberg，Talbert N. Reverses osmosis treatment of drinking water. Stoneham：Butterworth Publishers，1986：27.

[36] Peter Eriksson. Nanofiltration extends the range of membrane filtration. Environmental Progress，1988，7（1）：58-62.

[37] K Chin Kee. Evaluation of Treatment Efficiency of Processes for Petroleum Refinery Wastewater. Water Science and Technology，1994，29（8）：47-50.

[38] S Syamsiah. A Krol，Lindsay Sly，Peter Bell. Adsorption and Micro-bial Degradation of Organic Compounds in Oil Shale Retort Water [J]. SPE Production Engineering，1993，72（6）：855-861.

[39] Foley G，Malone D M. Modelling the Effects of Particle Polydis-persity in Crossflow Filtration. J. Membrane Sci.，1995，99：77-88.

第三章 工业废水处理工程案例

第一节 工业废水用电解法技术处理的应用案例

一、概述

电解法水处理技术，主要是利用电解原理对水进行电化学处理。除了氧化还原作用外，还有气浮、凝聚、杀菌消毒、调整 pH 值和吸附共沉淀等多种功能，可以去除多种污染物。在环境保护日益受到重视，而工业和城市迅速发展的今天，水资源的紧张已成为束缚经济发展的关键因素之一，客观上要求发展新型的易于自动化操作、便捷、稳定的污水回用处理工艺，而电解法正是以其多种优势对解决受水质水量困扰的工业与城市用水紧张问题提出了新的思路，污水处理后，不但去除了有毒有害物质，而且还可用于工业、市政杂用、家用中水等。

二、电解法处理技术发展

用电解法处理废水的历史，可以追溯到 1889 年英国人尝试用铁电极来处理城市污水。在 20 世纪 40 年代就有人提出利用电解法处理废水，但由于电力缺乏，成本较高，因此发展缓慢。20 世纪 60 年代初期，随着电力工业的迅速发展，电解法开始引起人们的注意。

短短的几十年中，电解法处理废水工艺已有了很大的发展。1969 年，Backnurst 等提出流化床电极（fluid bed electrode，FBE）设计。这种电极与平板电极不同，有一定的立体构型，比表面积是平板电极的几十倍甚至上百倍，电解液在孔道内流动，电解反应器内的传质过程得到了很大的改善。

1973 年，M. Fleischmamm、F. Goodridge 及其合作者成功研制了复极性固定床电极（bipolar bed electrode，BPBE）。槽内电极材料在高梯度电场的作用下复极化，形成复极粒子，分别在小颗粒两端发生氧化-还原反应，每一个颗粒都相当于一个微电解池。由于每个微电解池的阴极和阳极距离很小，迁移就容易实现。同时，由于整个电解槽相当于无数个微电解池串联组成，因此效率成倍提高。中国从 20 世纪 60 年代开始，就在不断地研究和应用电解法处理含铬、含氰、含酚、印染、制革等多种不同类型的工业废水。

三、电解法去除污染物的机理

电解法作为一种对各种污水处理适应性强、高效、无二次污染的处理方法，其处理基于以下原理：

1. 氧化作用

电解过程中的氧化作用可以分为直接氧化和间接氧化。直接氧化即污染物直接在阳极失去电子而发生氧化；间接氧化利用溶液中的电极电势较低的阴离子，例如 OH^-、Cl^- 在阳极失去电子生成新的较强的氧化剂的活性物质 [O]、Cl_2 等，利用这些活性物质使污染物失去电子，起氧化分解作用，以降低原液中的 BOD_5、COD_{Cr}、NH_3-N 等。

2. 还原作用

电解过程中的还原作用亦可分作两类。一类是直接还原，即污染物直接在阴极上得到电子而发生还原作用。另一类是间接还原，污染物中的阳离子首先在阴极得到电子，使得电解质中高价或低价金属阳离子在阴极上得到电子直接被还原为低价阳离子或金属沉淀。

3. 凝聚作用

可溶性阳极例如铁、铝等阳极，通以直流电后，阳极失去电子后，形成金属阳离子 Fe^{2+}、Al^{3+}，与溶液中的 OH^- 生成金属氢氧化物胶体絮凝剂，吸附能力极强，将废水中的污染物质吸附共沉而去除。

4. 气浮作用

电气浮法是对废水进行电解，当电压达到水的分解电压时，在阴极和阳极上分别析出氢气和氧气。气泡尺寸很小，分散度高，作为载体沾附水中的悬浮固体而上浮，这样很容易将污染物质去除。电气浮法既可以去除废水中的疏水性污染物，也可以去除亲水性污染物。

四、电解法工艺的研究现状和在回用水处理中的应用

1. 电解法工艺的研究现状

目前，国内电解法水处理的研究应用已有一定的基础，马志毅等研究了电凝聚对悬浮物和有机物去除的功效，并对 7 种废水进行了电解工艺的研究，得到 COD_{Cr} 的去除率介于 8.1%～81.3%；BOD 的去除率介于 55.6%～79.5%，悬浮物去除率平均为 95.03%；浊度去除率平均为 89.3%。范彬、曲久辉等研究了异养-电极-生物膜联合反应器膜除地下水中的硝酸盐，得到当处理 NO_3-N 浓度为 40mg/L 的进水时，反应器的脱硝率为 98% 以上，出水的亚硝酸盐的浓度在 0.1mg/L 以下。许文林、王雅琼研究了用固定床化学反应器处理含铜废水，用这类反应器可有效地处理含 Cu^{2+}、Pb^{2+}、Ag^+、Hg^+ 等重金属离子的废水，使水质

达到排放标准，同时回收相应的金属，是一种经济有效的处理方法，目前国外已有成功的中试装置和工厂。杨卫县等研究了用复极性固定床电极处理偶氮类染料活性蓝和络合染料活性艳绿废水的效果，COD去除率可达到50%以上，脱色率可达98%以上；对于蒽醌染料废水，脱色率近100%，COD去除率可达90%以上。赵少陵等用活性碳纤维电极电解处理印染废水和染料废水，结果表明：在色度去除方面总体上并不比广泛使用的Fenton试剂逊色，有的染料废水用电解法处理优于Fenton试剂法。垃圾渗滤液的BOD/COD为0.1～0.2，是一种难生物降解废水，经电解法处理后，其BOD/COD可提高到0.5，废水可生化性良好。需要特别指出的是，电解法处理技术还具有去除NH_3-N和NO_2-N的作用，这一点在废水的深度处理中显得尤为重要。

随着我国经济的迅速发展，人口的增加，人民生活水平的逐步提高，工业化和城市化步伐的加快，用水量急剧增加，排放量也相应增加，加剧了淡水资源的短缺和水环境的污染。因此研究、开发和应用投资低、能耗低和运行费低的电解法回用水处理技术尤显重要。

2. 电解法处理微污染水

微污染水的特点是污染较轻，这类水水质良好，由于BOD很低，传统的生物法处理则难以取得效果，而使用电解法处理该类水有极大的优势，它适应水质水量变化大，负荷率低的要求。

用电解法与生物法结合起来处理微污染水已有研究报道。与单纯的生物膜法相比，电解法与生物膜法结合工艺的主要优点体现在利用电极上，一是利用电极作为生物膜的载体，二是利用电场微电解水释放出的H^+为反硝化提供供氢体。生物反硝化需要原水有足够大的C/N才能顺利进行，因此常常需要外加碳源。而微污染水中的有机物含量相对较低，所以利用电解产生的游离H^+是一种解决措施。数据表明，亚硝酸盐氮去除率可达85%～95%；硝酸盐氮去除率比单纯生物膜法提高近20%～30%，可达60%～80%；COD去除率可达41%～50%；说明采用这种方法处理微污染水不仅可能，而且可以更加彻底地去除硝酸盐氮，很好地控制亚硝酸盐氮的生成。

实验结果证明电解法不但操作便捷，无二次污染，而且处理出水同样能达到回用水的标准，同时电解法处理后的水，不易滋生细菌，便于蓄存。

对于其他一些轻度污染的污水，例如，沐浴废水、城市污水厂二级生物处理后的出水等，开发电解法处理工艺，达到回用水标准，将有很大的实用价值。

3. 电解法处理工业废水

工业废水水质复杂，且大多含大量有毒有害物质，用生物处理受到诸多生物生长因素的制约而效果不佳，而且驯化污泥需投入大量时间。电解法的应用克服了该方面的缺点，电解法不但可以去除有机物，还可以去除色度。纺织印染厂中产生的高色度污水经过电解法处理，色度、COD、SS等去除效果良好。经过处理的废水可循环使用，或者加入水质稳定剂后用作工艺冷却水等。

例如，含铬废水的再利用，以 $Cr_2O_7^{2-}$ 形式存在于废水中的六价铬是剧毒物质，应用炭粒填料床作为阴极的电解工艺处理 $Cr_2O_7^{2-}$，将 Cr(Ⅵ) 还原为 Cr(Ⅲ)，由于这个反应中大量消耗氢离子，造成阴极附近溶液的 pH 值上升。这样一来，Cr(Ⅲ) 就以 $Cr(OH)_3$ 的形式沉积在炭粒填料床中，将 Cr(Ⅵ) 从溶液中去除，对沉积在填料床中的 $Cr(OH)_3$，周期性地用次氯酸钠处理，可使其重新氧化为 Cr(Ⅵ)。处理后的溶液可直接作为 Cr(Ⅵ) 加入生产氯酸钠的电解液中循环使用。这一技术成功的关键，在于炭粒颗粒的选择和阴极电位的精确控制，在运行成本方面，通常电解法工艺比相应的化学氯氧化工艺要低，从环境保护的观点看，这一工艺更显优越。

第二节 工业油脂废水用生物降解技术处理的应用案例

一、概述

工业油脂废水是含油废水中的一类，在食品加工、肉类联合加工、合成洗涤剂厂及餐饮业的生产过程中都不断有这类废水排出。由于此类水中多数含有表面活性剂物质，油脂呈现出良好的乳化性和亲水性，少量油脂就能导致水体 COD_{Cr}、BOD_5 的值迅速超高，更增加了处理的难度。对这类废水若用化学絮凝、吸附、臭氧氧化、电解等方法处理，不但效果不明显，且投资大，流程复杂，化学法还有产生二次污染的可能。相比之下，微生物能利用油脂作为生长所需的碳源和能源，并在酶的催化下将其水解成甘油、脂肪酸，最后降解为 H_2O、CO_2 等代谢产物。

因此，生物法具有成本低，投资省，无二次污染的优点。近几十年来，国内外对生物法处理含油废水的研究逐渐形成热点，但目前文献多集中于石油类的研究，对油脂废水的报道还不多见。本节内容将以油脂为生长限制性底物，筛选出 2 株高效降油菌进行除油实验，同时还考察了混菌对油脂的降解条件，并对其生化反应动力学做了初步讨论。

二、油脂废水与培养方法

1. 富培养基

牛肉膏 1g，蛋白胨 2g，酵母膏 1g，NaCl 1g，H_2O 200mL，pH 6.0。

2. 无机盐培养液

$K_2HPO_4 \cdot 3H_2O$ 1g/L，$KH_2PO_4 \cdot 3H_2O$ 1g/L，$Na_2HPO_4 \cdot 3H_2O$ 1g/L，NaCl 0.5g/L，$MgSO_4 \cdot 7H_2O$ 0.05g/L。

3. 分析项目与仪器

pH 测定用玻璃电极酸度计；溶氧值用 MO128 型溶氧测定仪；油含量 E. oil

(mg/L) 使用 OCMA-220 型油分浓度分析仪 (E. oil 值代表废水中的总油含量);菌体重用 Stuorali 电子分析天平。

4. 高效降油菌的分离及驯化

将取自油脂加工厂废水的活性污泥悬浮液接种于含油 300mg/L 无机盐培养液中，置于 30℃恒温摇床上进行培养，每 24h 后补充少量油脂，7 天为一周期，每周期结束后将老菌液逐步移至油含量为 600mg/L、900mg/L、1200mg/L...3000mg/L 的无机盐培养液中进行驯化，最后划平板分离，并将分离纯化到的单菌移种到斜面上保存。单菌经鉴定为芽孢杆菌属和产碱杆菌属。

将分离到的单菌移至同一富培养液中驯化培养，每 48h 后，将菌液一分为二，分别加入同样体积的富培养液中进行增殖，重复此步骤多次，16 天后将所有细胞悬液用离心机分离 (9000r/min)10min，将菌体收集集中，再用 0.02mol/L，pH=7 的 Na_2HPO_4-NaH_2PO_4 缓冲液洗涤 3 次，用无菌水将菌体洗至消毒过的烧瓶中待用。

三、生物降解与结果

生物降解是一个相当复杂的生化反应体系，影响反应速率的因素很多，除了菌种和基质的结构特性外，还包括基质浓度和操作条件的影响。只有在适宜的条件下，细菌才能够存活、生长和繁殖，其中温度、pH 值、溶氧值等操作因素对它们的影响较大，下面分别进行讨论。

1. 废水初始 pH 值对除油效果的影响

在初始油含量 E. oil=1500mg/L 条件下，控制 $T=30℃$，$n=200r/min$，投菌量=5.8g/L(湿重)，改变水的 pH 值，6h 及 24h 后分别测量水中油含量的除去率，其结果见图 3-1。

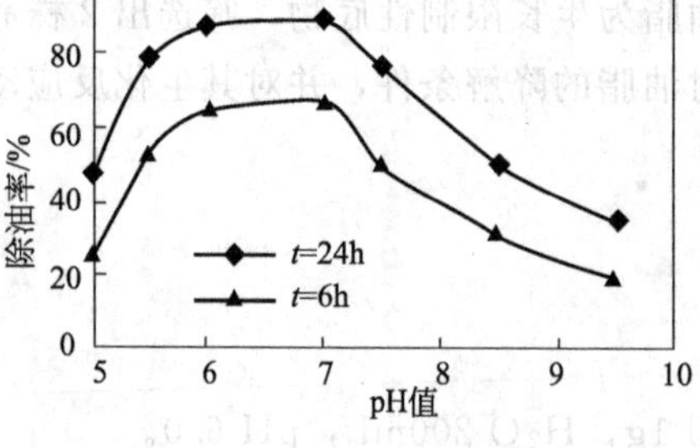

图 3-1 pH 对除油率的影响

图 3-1 表明，pH=5.5～7.0，混菌能有效地去除废水中的油脂浓度，并随着停留时间的延长，除油率逐渐增大，当 HRT=6h 时，除油率为 53.4%～67.0%；当 HRT=24h 时，除油率达 79.5%～88.6%，另外，当 pH<5.0 或 pH>9.0 时，不利于水中油脂的去除，除油率迅速降低。

分析认为，pH 值对除油率的影响，主要表现在对细胞内酶分子的活性作用上，随着 pH 值变化，酶分子上的酸性及碱性氨基酸侧链基团处于不同的解离状态，具有催化活性的基团在总酶量中的比例不同，使得酶分子的催化能力也不一样。在 pH=5.5～7.0 范围内，总酶量中活性基团的比例迅速增加，酶分子的催化能力增强，混菌对油脂降解力增大。

2. 温度的选择

在其他条件相同的状况下，即 E. oil＝1500mg/L，pH＝6.5，n＝200r/min，投菌量＝5.8g/L(湿重)，控制不同的环境温度，测量总油量在水中的降解率。其结果见图 3-2。

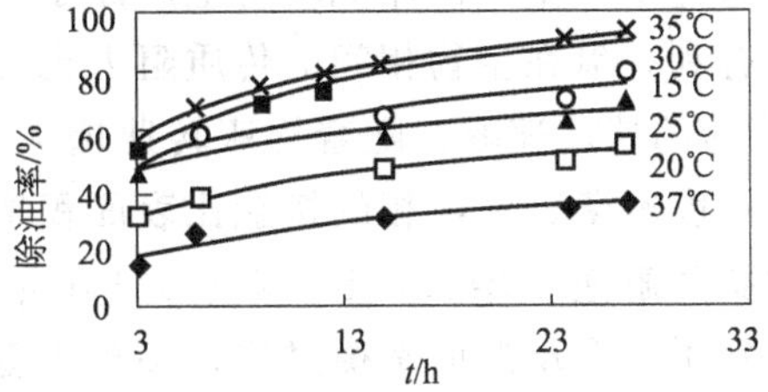

图 3-2 温度对除油率的影响

从图 3-2 可看出：混菌最适降解温度为 25～35℃。在此范围内，微生物繁殖速率加快，24h 后除油率可达 61.6%～88.7%，并以 30℃时除油效果最佳，除油率达 90%左右，以后再升高温度，除油率不但不升反而略有降低，37℃时测得除油率仅为 67.5%。另外，低温对除油也不利，当 T＝20℃时，除油效果明显下降，除油率为 48.2%；当 T＝15℃时，除油率仅为 32.0%。

因此，可看出，除油菌属嗜温菌类，在高温及低温状况下，部分细菌进入内源呼吸期，开始代谢自身细胞内的营养物质，并逐渐死亡，此时，细菌的生长、繁殖速率放缓，导致除油效率下降。

3. 废水中溶氧值的选择

在 T＝30℃，pH＝6.5，E. oil＝1500mg/L 条件下，分别调节不同的摇床转速，测定水中的 DO 值，重复三次，取其平均值，测定结果见表 3-1。

表 3-1 废水中溶氧值与转速的关系（T＝30℃）

转速/(r/min)	0	60	100	140	180	220	260
溶氧值/(mg/L)	0.70	3.51	4.90	5.28	6.19	7.01	7.10

随后，控制上述条件不变，向废水中投加相同体积的菌液 [5.8g/L(湿重)]，调节摇床转速，测得在不同溶氧值下油含量的去除率，其关系曲线见图 3-3。

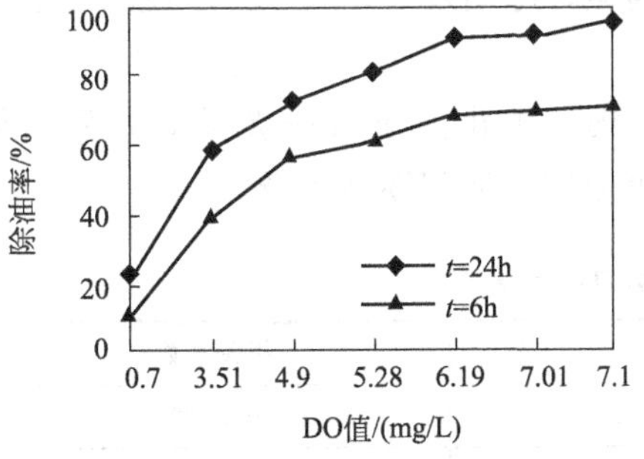

图 3-3 DO 值对除油率的影响

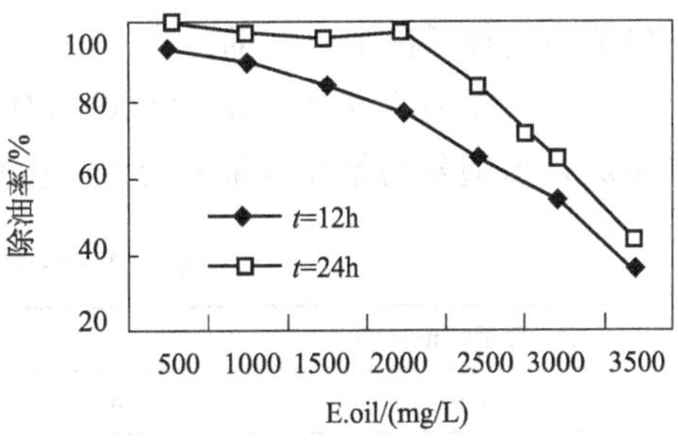

图 3-4 初始油含量对除油率的影响

首先，从表 3-1 可以看出，随着摇床转速的增大，水中溶氧值不断增大。其次，从图 3-3 DO 值与除油率关系曲线可知，在 DO<6.19mg/L 范围内，除油率随溶氧值的增加而迅速增加；当 DO=6.19mg/L 时，除油效率到达较高值，约为 90.7%，此后，除油效率提高幅度不大，随溶氧变化放缓。分析认为，本实验条件下，由于菌体能均匀地悬浮于水中，营养物质的吸收及代谢物的分散都非常有利，氧在生物相间的传质阻力也可忽略，生化反应控制步骤仅取决于氧在气-液间的传质速率。随着摇床转速增大，引起水中溶氧值不断增加，气膜和液膜的厚度减薄，气液相的接触比表面积增大，氧传递阻力减小，氧传质速率提高，油脂降解速率增大；当 DO=6.19mg/L 时，氧传质速率与油脂降解率相匹配，达到了一个动态的平衡过程，除油率达到较高值 90.7%。此后，当溶氧值继续增高时，整个反应过程受菌体自身生长及代谢速率制约，导致总降解速率增加不大。另外，经处理后，水中异味明显消失，说明菌体对异味消除有一定成效。

4. 油脂降解动力学

考察有机物降解速率是定量掌握其生物降解规律的一个重要方面，本研究在这方面做了一些工作。

取一定量的菌悬液接种于含油废水中，控制温度为 30℃，$n=220$r/min，pH=7.0，考察混菌对初始油含量从 500mg/L 至 4000mg/L 范围内油脂的降解效果，结果见图 3-4。图 3-4 说明在相同的投菌量及初始油含量下，除油率随时间的增加而增大。如油含量 E. oil=1000mg/L 时，HRT=12h 后，除油率为 89.5%，HRT=24h 后，除油率增大到 98.0%。另外，在同一时间内，除油率随着油值增大而减小。当油含量 E. oil≤2000mg/L 时，混菌对油脂的降解效果很好，HRT=24h 后，除油率最高可达到 99.6%左右，几乎完全降解；而油含量 E. oil>2000mg/L 后，除油率迅速下降，当 E. oil=4000mg/L 时，HRT=24h，测得除油率仅为 42.5%。此现象说明 E. oil=2000mg/L 是一个临界点，油脂浓度高于临界点值后，对微生物的活性会产生抑制作用，生化反应为基质控制步骤，水中油脂浓度越高，生化反应速率越低。此时，若想提高整体除油效果，应考虑增设除浮油或稀释等预处理手段加以辅助。

另外，在油含量 E. oil≤2000mg/L 范围内，生化反应为一级反应方程（见表 3-2），但随着初始油含量的增大，生化降解速率常数却逐渐下降。

表 3-2 油脂降解动力学方程

总油含量/(mg/L)	动力学方程	相关系数
500	$\ln S=0.2612t+509.66$	0.9909
1000	$\ln S=0.1537t+884.68$	0.9873
1500	$\ln S=0.1298t+1126.5$	0.9689
2000	$\ln S=0.0968t+1521.0$	0.9436

第三节　工业染料废水用水解-酸化-好氧处理的应用案例

一、概述

本节内容将借助于国内某染料集团公司，以工业染料废水用水解-酸化-好氧处理为题说明的应用案例。

某染料集团公司以生产还原染料及中间体为主，废水排放量为 $4000m^3/d$，经一级处理系统处理后，绝大部分染料中间体被去除掉，一级处理后的出水 COD 在 1500～2000mg/L，二级处理采用生物法，因水中含有难降解的蒽醌和蒽酮及中间体，再加之含有磺酸盐、醇类等溶剂物质及 SO_4^{2-}、Cl^-、Br^- 等无机物，使得废水生化处理难度增加；同时，由于废水间歇式排放，水质水量变化剧烈，就更增加了处理难度。

本节将对上述废水生化处理难度以及水解-酸化-好氧工艺处理染料废水内容展开介绍。

二、废水一级处理工艺

该染料集团公司以前只有一套日处理 $1000m^3$ 废水的一级处理装置，日处理量平均只有 $720m^3$，处理水量仅占排污总量的 21%，大量未经处理的工业废水直接排入硅河。由于未经处理的废水中含有大量的染料及中间体，废水的 pH 值不稳定，有时是酸性废水，有时是碱性废水，再加之含有大量的有机物，故严重地污染了受纳水体。随着企业技改步伐的加大，新产品不断上马，使得废水量逐年增加。与此同时，淮河流域水污染综合防治工作已全面展开，为此，某染料集团近年又建成了 $4000m^3/d$ 的一级处理装置，并投入运行，该装置的处理流程见图 3-5。

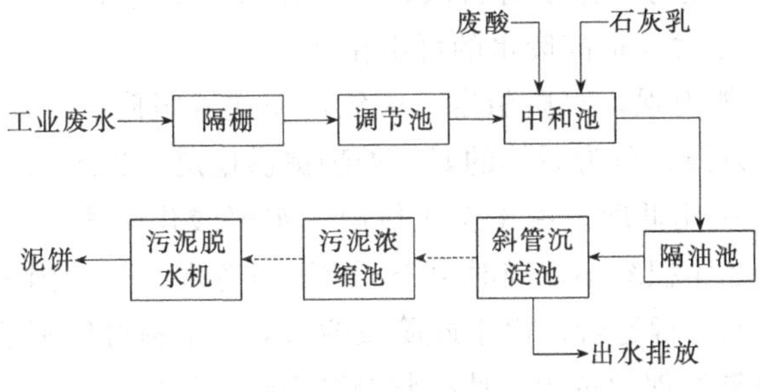

图 3-5　染料废水一级处理流程图

废水一级处理采取废水调节、中和及沉淀等几个步骤，设计出水指标应达到 COD 小于 600mg/L、石油类小于 30mg/L、SS 小于 150mg/L、pH 值为 6.5～8.5。从运行效果来看，除 COD 在 300～2000mg/L 范围内波动，其他指标均达到设计要求。

该公司现生产染料及中间体20～30种，常年生产8～9种，但均为AQ（蒽醌）系列还原染料。AQ还原染料及中间体属多环稠苯大分子化合物，易溶于强酸、难溶于水，且毒性较大，几乎不为生物降解。而一旦酸度减小，则由于溶解度迅速降低，很容易从水中脱稳析出，故经过一级中和沉降处理后，废水中的染料及中间体沉降，COD大幅度下降，而在染料合成中排放的低分子溶剂是构成废水中稳定COD的主要成分，使废水的可生化性显著增加。因此一级处理装置对减少染料废水中污染物的排放量及毒性起到了积极的作用；同时，也为废水进行生物处理打下良好的基础。

三、水解-酸化-好氧工艺处理染料废水

生物法处理废水具有效率高、日常运行费用低、操作简单、处理能力大、易于管理其优点，因此在染料生产废水处理的实际工程中应用最为广泛。生物处理法包括活性污泥法、生物膜法以及厌氧-好氧处理法，虽然这些方法在处理特定的染料生产废水中取得了一定的效果，但仍存在很大的问题，其中最关键的还是技术上的问题。由于单一的活性污泥法或生物膜法以及简单的厌氧-好氧组合技术不适应染料生产废水的处理，因此根据染料生产废水的特点，如何消除废水中的有毒有害及难降解的大分子物质，已成为染料生产废水能否进行生物处理的关键。

从现有生物处理技术来看，厌氧处理工艺可以解决这一关键问题，但完整的厌氧处理过程适用于COD浓度在2000mg/L以上的废水，且投资大，运行管理复杂，对污染废水不宜采用。通过总结和借鉴现有废水处理技术，对染料废水采用厌氧处理前段——水解和酸化过程，再进行好氧生物处理是行之有效的，其原因阐述如下。

① 提高了废水的可生化性。通过水解和酸化过程，可以将复杂的大分子有机物降解为易于生物处理的小分子有机酸、醇，并通过少量CO_2等气体的释放，去除部分COD，同时可大大提高废水的可生化性。

② 抗冲击负荷能力强，水质稳定。厌氧污泥起着吸附和水解、酸化的双重作用，抗冲击负荷能力强，可为后续的好氧处理提供稳定的进水水质。

③ 运行稳定，费用低廉。由于反应控制在水解酸化阶段，反应进行得比较迅速，故使水解酸化池体积缩小，同时由于不需要设置水、气、固三相分离器，结构简单，故可大大降低工程造价。由于此阶段的厌氧微生物可使硫酸盐还原释放出部分H_2S，减轻了好氧处理的负担，使得整个系统运行稳定。

④ 操作简单，易于管理。由于反应只控制在水解酸化阶段，故对环境条件的变化适应性较强，运行操作比较简单，易于维护管理。

水解酸化工艺是区别于传统厌氧反应工艺的新型处理工艺，它能够在常温下迅速将固体物质转化为溶解性物质，大分子物质分解为小分子物质，可以大大提高废

水 BOD_5 和 COD 的比值，缩短后续好氧处理工艺的水力停留时间。缩小占地面积，它不需要密闭的反应池，不需要水、气、固三相分离器和连续搅拌，降低了造价，也便于维护。同时，由于反应控制在水解、酸化阶段，故出水无厌氧发酵所具有的强烈刺激的不良气味，有助于改善废水处理厂的环境。产泥量少，有利于污泥的处理。另外，水解酸化对中等浓度的有机废水（COD 为 1500～2000mg/L）很适用。因此采用以水解-酸化-好氧处理为主体的工艺来处理染料及中间体的废水是适宜的。

由于采用单一的好氧处理对染料废水很难达到高效、稳定的处理效果，研究和开发高效、经济、节能的染料及中间体废水生化处理技术迫在眉睫。通过利用厌氧阶段（水解）酸化过程和好氧处理工艺对某染料集团染料废水的小试、中试研究后，得到如下的研究成果。

① 采用水解-酸化-好氧生物处理工艺，对染料生产废水进行二级生化处理是行之有效的，且具有运行稳定、抗冲击负荷能力强、运行费用低廉、维护管理简单的特点。但是，必须在一级处理充分发挥其功能的前提下，处理效果才加以保证。该工艺的最佳运行参数是水解段 HRT 为 6h，酸化段 HRT 为 7h，好氧段 HRT 为 6h，DO 为 3～5mg/L。

② 在进水 COD 浓度为 400～1500mg/L 范围内时，出水的 COD 平均在 200mg/L 以下。当进水 COD 浓度低于 600mg/L，去除率在 70%左右；当 COD 浓度在 600～1500mg/L 时，去除率最高，在 85%左右；当 COD 浓度大于 1600mg/L 时，去除率逐渐下降。因此，在生物量相对稳定，环境条件适宜的情况下，对于整个系统而言，存在着最佳进水浓度范围，而对于微生物而言存在着最佳底物浓度范围。

③ 整个处理工艺的效率取决于好氧处理单元，因为水解-酸化作用仅能去除 5%～15%的 COD，甚至出现负去除率，而且厌氧污泥增长速率很慢，污泥量基本上保持不变，因此，如何保证曝气池中的生物量和充足的 DO 最为重要。水解和酸化作用已为好氧处理创造了良好的条件。曝气池中的生物量可以通过 SV、SVI、MLSS、MLVSS 控制，稳定运行条件下，各参数的最佳值是：SV 介于 12%～28%，SVI 为 50～110，MESS 浓度为 1.88～2.6g/L，MLVSS/MLSS 为 30%～50%。

④ 当 DO 大于 3mg/L 时，处理效率较高。当 DO 小于 2mg/L 时，去除率逐渐下降，此时丝状菌大量出现，污泥构散，沉降性能极差。及时加大曝气量，增加污泥回流量，此问题就可以得到解决。

⑤ 实验研究表明，无论是单组分为主的染料生产废水，还是综合染料生产废水，对水解和酸化作用来说影响较小，但对于好氧作用影响较大。一般来讲，以单组分为主的染料生产废水比综合性废水更易于处理。

⑥ 当进水水质发生变化时，COD 去除率要下降 10%～20%，经过 24～48h 的

稳定运行后，可以恢复正常状态。如果长期连续运行，就会大大缩短这一时间，这是因为微生物需要经过培养和驯化，逐步适应水质变化的缘故。

⑦ 水质变化及运行效果可以通过微型动物种类和数量定性反映出来。钟虫、水熊等少数种类适应性较强，称之为广谱型微型动物；而轮虫、草履虫、吸管虫等种类适应性差，水质变化反应敏感，称之为窄谱型微型动物。当广谱型微型动物的数量急剧减少甚至消失时，说明废水有很强的毒性。当水熊大量生长时，污泥松散，沉降性能差，预示着污泥膨胀将要发生。

⑧ 通过对 NH_4^+-N 的测定，证明了水解过程中发生了加氨反应，而酸化过程发生了脱氨作用，最终使大分子有机物变成小分子的有机酸、醇等，再经过好氧处理生成 H_2O 和 CO_2 而被彻底矿化。硫化物经过水解作用后含量增加很多，但对于后续好氧处理单元影响不大。

四、二级生物处理系统工程

某公司以生产还原染料及中间体为主产生的废水中除含酸、碱、盐外，还含有流失的染料、中间组分、溶剂等多种有机物，成分复杂，水质水量变化较大，采用二级生物处理工程的设计处理能力要求 4000m³/d，是在原有一级处理设施的基础上改造成水解-酸化-好氧处理工艺，将水中 COD 由一级出水的 1500mg/L 降至 200mg/L 以下，以达到行业废水排放标准。

二级生物处理系统进水与原一级处理系统出水相衔接，其中包括新建水解反应池 2 座，酸化反应池 2 座，组合式曝气沉淀池 1 座，并将原有氧气库改建为鼓风机房。

(1) 工艺流程

该公司染料废水二级生物处理工艺流程如图 3-6 所示。

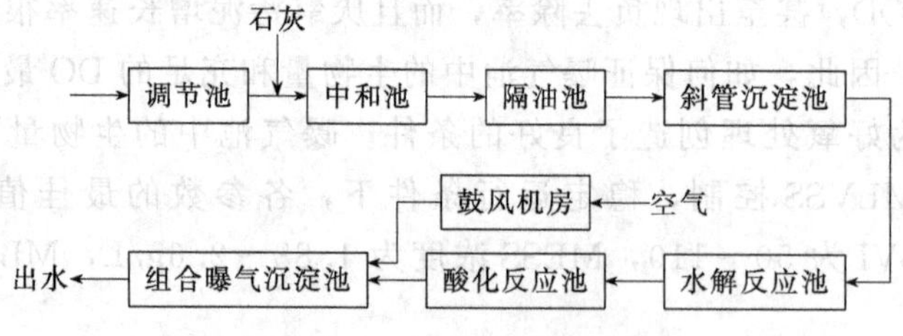

图 3-6 二级处理工艺流程图

(2) 工艺说明

① 水解反应池 水解反应池为 2 座钢筋混凝土池，为使池中布水均匀，并减少水流扰动，采用旋转布水器，水力停留时间为 7h，有效水深为 7.56m。在水解反应池内加设 ZY 笼球形厌氧填料，厚度为 0.5m，以防止浮泥流失。

② 酸化反应池 酸化反应池包括钢筋混凝土池 2 座，水力停留时间为 5h，有效水深为 6.25m。为便于池中污泥的沉降、积累，酸化反应池的沉淀区直径由 10m

放大到 12m，进水亦采用旋转布水器，上部加设 ZY 笼球形厌氧填料。

③ 组合式曝气沉淀池　为减少占地，将曝气池和二次沉淀池合建为组合式曝气沉淀池，气水比为 8.3∶1，采用微孔曝气，有效水深为 4.2m，停留时间为 7h。曝气池平面尺寸为 20m×14m，曝气池分为 4 个廊道，每个廊道分为 3 个格，其中一格加设厚度为 1.5m 的交叉流填料。

二次沉淀池采用方形的竖流式沉淀池，边长为 7m，有效水深为 3.78m，中心管直径为 1.22m。

由于染料是批式生产，废水量变化较大，组合曝气沉淀池出水通过变频调速泵调节回流水量，以保持进入二级生物处理系统中水力负荷均匀稳定。为补充水解、酸化反应池的生物量，同时降低污泥处理费用，好氧剩余污泥可排入水解、酸化反应池。

④ 鼓风机房　鼓风机房利用原有氧气库改建，平面尺寸为 7.8m×6m。选用 SS-R150-150A 型罗茨风机 3 台，其中 1 台备用，供气能力为 12.11m^3/min，风压为 5m。

五、曝气处理染料化工混合废水

某公司生产废水中含染料、中间体、化肥、有机合成材料等多种污染污物，废水处理厂设计处理水量 19.2 万立方米/年（目前为 13.7 万立方米/年），采用亚深层编流式曝气处理染料化工混合废水，是国内化工系统最大最完善的废水处理厂。

1. 水质及设计指标

该公司废水处理厂的进水水质及各处理装置对不同污染物的去除率见表 3-3。

表 3-3　各级处理装置设计处理效果

项　目	BOD_5 /(mg/L)	去除率 /%	COD /(mg/L)	去除率 /%	悬浮物 /(mg/L)	去除率 /%	备　　注
进水水质	200～250		400～500		150		1. 染料厂水质：COD 700～44000mg/L；pH 值为 1～2；酸度为 40～50mg/L 2. 总出口、处理水达国家标准
预处理	137～190	5	380～480	5	100	33	
生化处理	19～24	90	114～144	70	50	50	
浓度处理			85.5～108	25	≤20	60	

2. 工艺流程

工艺流程中一级处理（预处理）采用曝气除油沉淀池，二级处理（生化处理）采用亚深层鼓风曝气池，深度处理采用脉冲澄清池（混凝沉淀）。工艺流程简图可见图 3-7。

染料厂、水泥厂、电石厂的化学废水经隔油沉淀预处理后，与化肥厂含氮废水和生活污水在混合池混合，用轴流泵提升至高位槽经配水井流入亚深层编流式曝气池生化处理。二沉池出水经脉冲混凝沉淀，清水在接触池加氯消毒后排放。污泥浓缩后用板框压滤脱水，污泥用焚烧法处理。

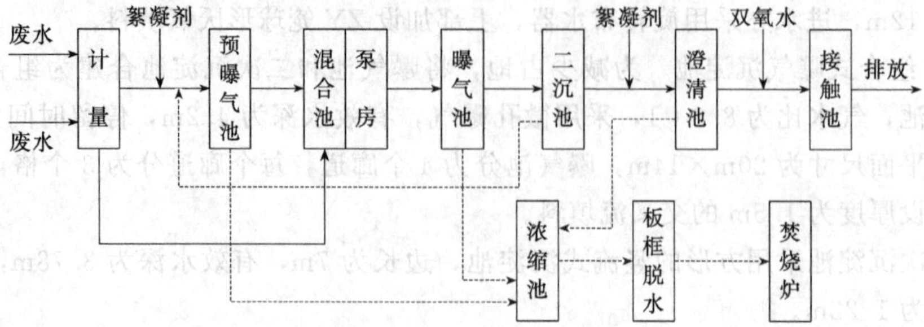

图 3-7 污水处理流程示意图

3. 主要装置的工艺参数

(1) 预曝气除油沉淀池

预曝气除油沉淀池是由预曝气池、隔油沉淀池（56.8m×54m）组合而成的，预曝气时间为 10min，曝气强度为 $23m^3/(m^3$ 废水·h)，空气量约为 $4000m^3$。混合反应时间为 12min，斜板沉淀池水平流速为 8～9mm/s，斜板间停留时间为 20min。絮凝剂聚氯化铝浓度为 5～10mg/L。

(2) 亚深层编流式曝气池

曝气池（60m×40m×7.2m）总容积为 $691200m^3$，聚乙烯曝气头 5120 个，布置在水面下 7.03m。污泥负荷为 0.3kg BOD_5/(kg MLSS·d)。污泥浓度为 2g/L，回流比为 50%，曝气时间为 8.5h。

(3) 辐流式二沉池

辐流式二沉池 ϕ37m，设桁架式刮泥吸泥机。表面负荷为 $1.27m^3/m^2$，上升流速为 0.35mm/s。停留时间 1.91h，周边圆形三角堰出水。

(4) 脉冲澄清池

脉冲澄清池 6 座，每座处理能力为 $1333m^3/h$，每座脉冲池（25.8m×17m×6m）停留时间为 1.42h。池中有脉冲发生器，以气动隔膜阀程控自动排泥。脉冲周期 40s（充水时间为 20s，放水时间为 10s），脉冲时高低水位差 Δh 为 0.5m。清水层上升流速为 0.862mm/s。

(5) 接触池

接触池容积为 $175m^3$，停留时间为 1.32min，内设四道隔板使氯水和污水充分混合接触，氯投加量 10mg/L。

(6) 污泥脱水间

设 3 个污泥池（$\phi=3m$，$H=4m$，$V=28m^3$），聚氯化铝投加量按污泥质量的 6%计。板框压滤机 6 台，滤饼含水率为 75%，滤布为锦纶中丝滤布。

4. 处理效果

某公司污水处理厂处理运行情况见表 3-4。

表 3-4　某公司污水厂预处理运行情况简表

日期	COD/(mg/L)			BOD_5/(mg/L)			SS/(mg/L)			苯系物/(mg/L)		
	进水	出水	去除率/%	进水	出水	去除率/%	进水	出水	去除率/%	进水	出水	去除率/%
10月份平均值	466.5	432.2	7	180.7	161.3	11	275.0	157.9	43	8.03	4.42	55

日期	硝基物/(mg/L)			氨基物/(mg/L)			油/(mg/L)		
	进水	出水	去除率/%	进水	出水	去除率/%	进水	出水	去除率/%
10月份平均值	14.8	14.62	2	8.80	7.69	13	6.6	3.1	52

(1) 预处理

COD、BOD_5、SS、油、色度去除率分别为 7%、11%、3%、52%、4%；苯系物去除率为 55%；氨基物去除率为 13%；硝基物沸点太高，不易挥发，短时间吹脱去除率仅 4%。

(2) 废水生化处理

生化处理各项指标去除率大约为：COD57%，BOD_5 92.3%，油 26.6%，苯系物（苯、甲苯、氯苯、二甲苯）92%；酚类（苯酚、二甲酚）78.7%；污水处理成本 0.60 元/m^3 废水。

第四节　食品废水处理工程工艺设计的案例

一、奶制品废水处理

奶制品废水是炼乳、干酪、奶油、乳制清凉饮料、冰激凌以及乳制品点心生产过程中排出的废水。废水主要来自容器及设备的清洗水，主要成分含有制品原料。奶制品工业废水具有污染物浓度较高、易生化降解、悬浮物含量高等特点。奶品工业包括乳场、奶品接收站和奶品加工厂。乳场废水主要来自于洗涤水和冲洗水；奶品接收站废水主要是运送奶品所用设备的洗涤水；奶品加工厂废水包括各种设备的洗涤水、地面冲洗水、洗涤与搅拌黄油的废水以及生产各种乳制品的废水。

目前对奶品的废水处理方法一般采用的是物化法（气浮、混凝沉淀、吸附等），去除效果不好，运行费用高，管理不便。现阶段的处理方法除进行适当预处理外，一般均宜采用生物处理。如对出水水质要求很高或因废水中有机物含量很高，可采用两级曝气池或两级生物滤池等。

二、常用的奶制品废水处理工艺

下面，介绍几种常用的奶制品废水处理工艺：

(1) 生物接触氧化法

该方法于20世纪70年代由日本初创，它是在生物反应器内装载填料，利用微生物自身的附着作用，在填料表面形成生物膜，使污水在与生物膜接触过程中得到净化。它比活性污泥法有一定的优势，在奶制品废水处理中得到了广泛应用。但由于奶业废水中的进水COD比较高，处理中一般采用两级接触氧化工艺。但该法对于较大型污水厂填料需要量过大，不便于运输和装填，且污泥排放量大。

(2) 好氧处理工艺

20世纪80年代初，奶制品废水处理主要采用好氧技术处理，包括活性污泥法、生物滤池法和接触氧化法等。传统活性污泥法由于污泥产量大，脱N能力差，操作管理技术要求严，目前，已被其他工艺代替。

(3) 厌氧-好氧处理技术

针对不同废水中污染物的浓度及处理特性，采用厌氧-好氧主体组合工艺进行适当的工艺组合，在厌氧水解产酸段，可使难降解有机物分解成易降解的水分子有机物，在厌氧反应器中利用容积负荷高、动力能耗低的特点，将有机负荷大幅度降低，再利用好氧生物反应器处理有机废水的优势，使处理水达标排放。

(4) SBR法及改进工艺

SBR法（序批间歇活性污泥法）是20世纪70年代由Zrvine等研究出来的奶制品废水处理方法，应用十分广泛，CASS工艺是对SBR方法的改进，即循环式活性污泥法。它的运行分3个阶段：进水-曝气-回流阶段、沉淀阶段及涉水-排泥阶段。整个反应池分为3个区：选择区、预反应区及主反应区。各区可以交替进水，易于自动化操作，废水与回流污水混合后，进入生物选择区，该区内不曝气，利用微生物大量吸附废水中的有机物，能快速有效地降低废水中的有机物浓度；预反应区采用半限制性曝气方式，溶解氧控制在0.5mg/L以内，有机物初步降解；主反应区为好氧曝气，溶解氧控制在2～3mg/L；进行硝化和降解有机物。

(5) 处理方案的确定

综合比较以上工艺，好氧生物处理对低浓度废水有较高的COD去除率（大于90%），但是需要大量的投资和场地，能耗较高，受外界环境（温度等）影响较大。厌氧生物处理对高浓度废水有较高的COD去除率，它克服了好氧生物处理的大多数缺点，还能进行生物质能转化，大幅度降低处理成本，因而越来越多的厂家采用。其最大缺陷是出水的COD浓度仍然很高，难以达到污水综合排放标准的要求，虽然土地利用系统能够改善水质，节约水源，增加土壤有机质的含量，但是占地面积大，易产生臭味，还可能引起土壤盐碱化。

要想得到理想的处理效果，实现奶制品废水处理的环境效益和经济效益相统一，必须采用将两种或三种技术结合使用，才是解决奶业污水问题的根本出路。

因此本奶制品废水处理设计采用好氧-厌氧处理方法。该方法占地面积小，一次性投资少，运行费用低，运行稳定性好，操作管理十分方便，适用于奶业污水厂的废水处理。

具体工艺流程见图 3-8。

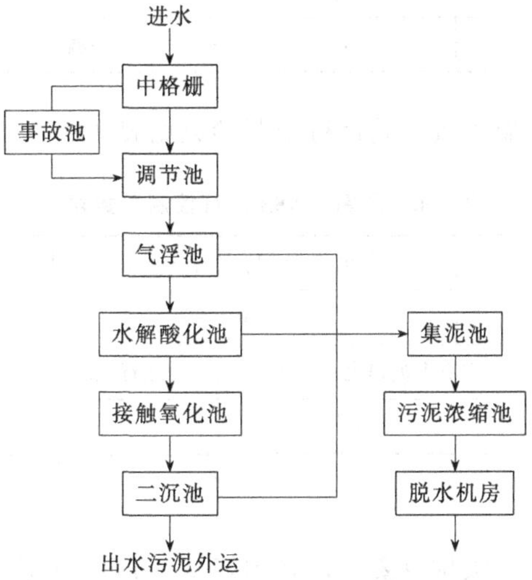

图 3-8 工艺流程图

奶制品废水集中排入格栅间，首先通过格栅去除较大的颗粒悬浮物，然后自流入调节池使废水的水质和水量调节均衡，出水经过提升泵进入水解酸化池进行反应，再由水解酸化池进入接触氧化池，最后进入二沉池，二沉池出水达标排放，排出污泥进入污泥处理设备，最终污泥外运。

三、乳品工艺处理废水案例

某乳品总厂以酸奶、果蔬奶、鲜奶、纯奶等乳制品为主要产品，该厂在生产过程中有大量的废水排放，主要来自洗瓶水、刷罐水、冲洗水、蔬菜脱水污水等。其有机物含量较高，并且极易降解。

过去该厂采用气浮方法处理该废水，但只能去除胶体有机物，不能去除溶解性有机物，尽管出水清澈，但 COD_{Cr} 浓度仍较高。并且，污泥又排放进入下水道，没有起到污染物去除作用。系统运行费用高，管理不便，不能长期安全运行。随着环保要求的提高，该厂拟对污水处理系统进行重建。通过实验室研究后，提出了厌氧-好氧的处理工艺，其中，厌氧采用上流式厌氧污泥床（UASB）技术，好氧采用不需机械曝气的滴滤床（TF）技术。

1. 废水的水质水量

该乳品厂乳品生产排放的废水中主要含有大量的可溶性有机物（糖类、脂肪酸、蛋白质、淀粉等），可生化性很好，不含有毒有害物质，呈乳白色，COD_{Cr} 浓度在 800～1000mg/L 左右，属中高浓度有机废水。废水排放量为 300～400m^3/d，其废水水质情况见表 3-5。

表 3-5 乳品厂加工废水水量水质

水量/(m^3/d)	COD_{Cr}/(mg/L)	BOD_5/(mg/L)	pH	温度	SS/(mg/L)	色度/倍
350	1000	600	5～6	中温	100	50

UASB 采用的是中温厌氧，其运行控制参数见表 3-6。

表 3-6 厌氧 UASB 运行控制参数表

尺寸/m	HRT/h	有机负荷/[kg/(m^3·d)]	COD_{Cr}去除率/%
6×5×9	12	2.0	85
接种污泥浓度/(g/L)	空塔上流速度/(m/h)	运行温度/℃	有效体积率/%
70	0.6	35～37	67

2. 好氧处理

厌氧出水不能达到一级排放要求，采用好氧（TF）法进一步处理。TF 内添加无机固体活性生物填料，通过自动旋转布水器将厌氧出水均匀地洒布在 TF 填料表面，利用自然通风进行供氧。TF 出水部分进行回流，以保证水力负荷及布水器转速的需求。TF 的运行控制参数见表 3-7。

表 3-7 TF 运行控制参数表

尺寸/m	有效容积/m^3	过滤速度/(m/h)	布水器转速/(r/min)
ϕ6×45	120	1	3

有机负荷/[kg/(m^3·d)]	COD_{Cr}去除率/%	HRT/h	水力负荷/[kg/(m^3·d)]	回流率/%	运行温度
0.4	45	4	1	100	常温

整个处理系统自开始正式运行至今，经受了停产不进水、检修、二次启动、浓度及水力条件变化等各种波动，运行一直很正常，出水水质也非常稳定。其处理情况见图 3-9。

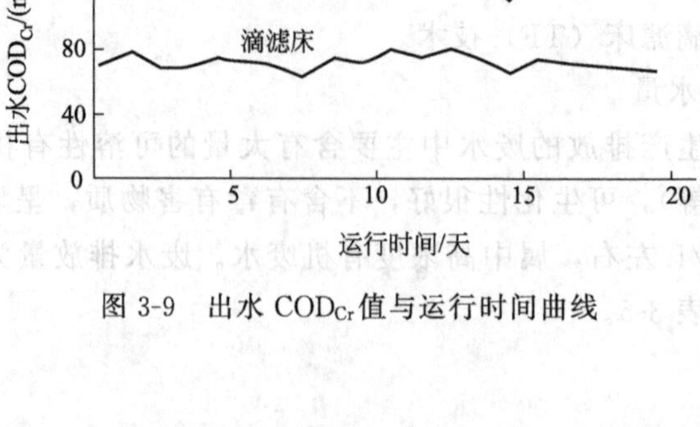

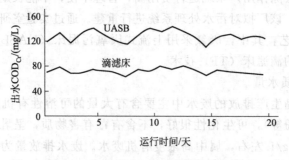

图 3-9 出水 COD_{Cr}值与运行时间曲线

第五节　中密度纤维板废水处理工程工艺设计案例

一、概述

中密度纤维板生产废水主要来源于水洗工序木片原料的洗涤水和热磨工序木塞螺旋的挤出水，其中含有纤维素、半纤维素、树脂、单宁、果胶质等可溶性有机物，以及大量的泥砂、树皮屑、木屑等机械颗粒及悬浮物。中密度纤维板生产厂的废水量及水质因所用木片的树种及水洗工艺的不同而有所差异。本节以福州人造板厂污水处理系统的调试、运行及系统扩容技改的讨论为例，对中密度纤维板废水处理工艺的完善进行探讨。

二、废水特点及排放要求

1. 水量及水质特点

中密度纤维板生产废水量为3000t/d，其中：中纤板一分厂2400t/d；中纤板二分厂600t/d。水质情况见表3-8。从该表可知：①中纤板生产废水 $m(BOD_5)$: $m(COD_{Cr})<0.25$，可生化性较差；②悬浮物浓度高，可沉降性较好。

表3-8　中纤板生产废水水质

检测项目	pH	COD_{Cr}/(mg/L)	BOD_5/(mg/L)	SS/(mg/L)	挥发酚/(mg/L)	氨氮/(mg/L)
原水水质	6.0～6.4	2500	620	2000	0.07	40

2. 废水排放要求

外排废水的水质需符合《污水综合排放标准》(GB 8978—1996) 中的二级标准。

三、原污水处理工艺

一般原污水处理工艺流程如污水经混凝、沉淀一级处理后，出水80%经砂滤后回用于一分厂，20%进入生物接触氧化池（内设射流曝气器及空心球填料）进行好氧生化降解，经沉淀、砂滤后送至清水池，达标排放或由泵送至二分厂回用。系统中产生的污泥由泵送至污泥浓缩池浓缩后，用板框压滤机脱水，泥饼与调节池捞出的沉渣一并送往废料焚烧炉与干木质废料混合燃烧，作为中纤板二分厂的生产热源，以达到废物资源再利用的目的。

1. 原工艺存在问题

(1) 废水的含渣量大

废水中含有大量的泥砂、树皮屑、木屑等颗粒物，因格栅对它们的隔除效果较差，使其大量沉积或悬浮于调节池中，挤占了调节池的有效容积，使水力停留时间缩短，出水水质变差。从而增加混凝工序的药剂消耗量；另外，还需对调节池定期进行人工清理，影响整个系统的正常连续运行。

（2）加药管道偏小，影响药剂的正常投加

溶药间至混凝池的输药管线长度有60多米，设有弯头13个，加药泵的压力损失较大。输药管道的管径仅为$\phi25$，加之管道内壁结垢及药剂中杂质滞留等因素的影响，经常出现堵塞及输送不畅等问题，影响混凝剂、助凝剂的投加平衡，降低复配混凝效果。

（3）生物接触氧化池的曝气（充氧）不均匀

原有射流曝气池分为两格，单格平面尺寸为7.2m×5m，单池平面面积较大，每格池子用2台射流曝气器进行曝气，水的搅动作用不足，有1/3水面形成死角，部分空心球填料堆积在水面而无法随水流翻滚，影响池子整体的布水和布气效果，不利于充分发挥接触氧化池的生化降解作用。

（4）清水池容积偏小，系统水量难以平衡

进入生物接触氧化池的废水，经生物接触氧化、沉淀和砂滤后进入清水池，除回用于二分厂、提供溶药水和少量排放外，还要提供砂滤罐的反冲洗用水。砂滤罐反冲洗时，在短短的十几分钟内需消耗近$50m^3$清水，而清水池的有效容积仅为$54m^3$，水量难以平衡。操作人员为了同时保证清水池的几路用水需要，往往在反冲洗砂滤罐的前后一段时间内增大接触氧化池的进水量，以补偿反冲洗水量的消耗。由于在短时间内突然提高生物接触氧化池的水力负荷，造成清水池的水质指标变差，通常需要40～48h方可基本恢复正常。

2. 对原工艺的改造对策

① 针对废水含渣量大的问题，我们采取两个措施。a. 在调节池增设了1台行车机械抓斗，定期将废渣由池内抓出，经堆渣场自然干化24h后，送至废料炉作为燃料。b. 将调节池改为调节沉淀池。即将调节池中隔墙的底部过水口封掉，改底部过水为不同高度的溢流过水，使其在保留调节池功能的同时，提高对废渣和悬浮颗粒的截留能力，以降低后续处理构筑物的负荷。

② 针对加药管道偏小问题，我们采取的措施是：a. 对堵塞机会相对较少的混凝剂（硫酸铝）输送管每3个月接入高压清水反向清洗一次，每半年用5%工业烧碱溶液进行一次化学清洗；b. 对堵塞较频繁且状况较严重的助凝剂（石灰）输送管，将管径由$\phi25$改为$\phi40$，将输送泵由功率为1.1kW的渣浆泵改为3kW的1PN型泥浆泵，并增设中间过渡稳流罐，采用大流量间断输送至过渡稳流罐，靠重力自流稳定投加，防堵塞效果良好。

③ 针对生物接触氧化池的曝气（充氧）不均匀问题，我们在每格曝气池中分别增设了2台射流曝气器，并通过射流器位置和方向的调整，使池中废水形成局部“环流”，带动球形填料充分翻滚，使池子各处充氧均匀，曝气系统改造后，接触氧化池的出水质量有了明显的提高。

④ 为了解决清水池容积偏小，系统水量难以平衡这一问题，我们将中纤板二分厂回用水的取水点由清水池改至回用池。由于木片水洗以去除泥砂及其他异物为目的，对用水的要求不高，经一段时间的运行证明，回用水池的水质完全可以满足中纤板二分厂的水洗要求，从而保持了整个系统的水量平衡，避免了生物接触氧化池因水力负荷的突然增大而造成出水水质的急剧波动，确保外排废水达标排放。

经过半年多的调试和整改，中纤板生产废水经处理后，循环回用率达到了95%，外排的废水达到了国家综合排放标准的二级新、扩、改标准，检测数据见表3-9。

表3-9　改造后污水处理场外排废水检测结果

pH	COD_{Cr}/(mg/L)	BOD_5/(mg/L)	SS/(mg/L)	NH_3-N/(mg/L)	挥发酚/(mg/L)	甲醛/(mg/L)
6.51	109.2	32.6	79.6	<0.1	0.10	0.14
6.55	103.4	31.4	82.9	<0.1	<0.10	0.12
6.65	99.8	29.7	76.3	<0.1	0.11	0.12

四、扩容改造方案

根据生产发展规划，中纤板一、二分厂的生产能力预计将提高到原设计生产能力的两倍，这必然会导致废水量的大幅度增加。因此，仅运行原有的污水处理系统，其出水将难以达到排放要求，必须对污水处理系统进行相应的扩容改造。其特点如下：

① 采用生产废水的清污分流。将高浓度的热磨挤出水与低浓度的木片洗涤水分别收集，并分别进行处理，针对性较强。热磨挤出水及木片洗涤水的水质情况见表3-10。

表3-10　热磨挤出水与木片洗涤水水质情况

检测项目	pH	COD_{Cr}/(mg/L)	BOD_5/(mg/L)	SS/(mg/L)	挥发酚/(mg/L)	氨氮/(mg/L)
热磨挤出水	5.8～6.2	9670	2901	2105	0.30	76
木片洗涤水	6.2～6.5	800	195	1233	0.03	12

② 充分利用现有系统中的构筑物，仅增加了新建调节池和水解酸化池及清污分流所需的收集管网，投资省且占地少。

③ 对高浓度的工业废水，采用水解酸化工序进行预处理，不但可以去除废水中的部分有机物，而且可以大大提高废水的可生化性，为后续接触氧化处理工序取得较好的有机物降解效果提供了保证。此外，由于水解酸化处理产生的污泥量相对较少，可降低污泥处理费用。

④ 将生化处理工序（水解酸化池和接触氧化池）置于物化处理工序（混凝池）之前，可大大减少药剂的投加量，不仅可降低运行成本，而且能够避免原工

艺出现的因混凝沉淀出水中 Al^{3+} 浓度偏高而抑制微生物、影响生化处理效果的现象。

⑤ 低浓度废水经一级物化处理后即予回用；高浓度废水经处理后也充分考虑利用，保留了原处理工艺注重资源综合利用的特点。

第六节 纺织浆粕黑液处理工程的设计与运行案例

一、工艺技术方案

利用棉短绒制取浆粕的过程，会产生大量黑液，其水质与麦草蒸煮黑液类似，但也有区别，主要是浆粕黑液中没有大量泥砂、麦秆及分离出的木质素，但有大量的棉短绒，以及在150℃高温与碱性条件下分离的纤维素、半纤维素、蜡质、油脂与果胶等，还有这些物质的分解产物，如各种低聚糖、脂肪酸盐、脂肪醇等。工艺技术方案经试验研究及在原有完全混合活性污泥法的基础上，采用了厌氧、好氧生物处理，结合物化处理的技术方案。

二、运行效果

某工程于1999年底竣工，至今运行正常，达到了设计排放标准：COD_{Cr} 250mg/L，BOD_5 102mg/L，SS 158mg/L，pH 6～9，色度50倍，详见表3-11。

表 3-11 黑液处理系统运行结果

项 目	COD_{Cr}/(mg/L)	BOD_5/(mg/L)	SS/(mg/L)	pH	色度/倍
原污水	5240～6848	1786～2316	1463～2500	9～10	2100～3870
水解沉淀池出水	3258～4519	1251～1712	586～920	7.5～8	1760～3150
厌氧沉淀池出水	1299～1785	325～438	320～417	7.6～8.0	1080～2010
综合调节池原水	1547～2030	397～559	637～845	7.5～8.6	640～1090
SBR出水	701～852	147～223	269～351	7.5～8.0	812～1260
沉淀池出水	212～248	43～72	84～123	7.6～7.9	65～110

三、主要处理构筑物

该工程设计处理浓黑液6500m^3/d，加上其他废水全系统处理水量为14400m^3/d。实际处理水量分别约为6000m^3/d和13000m^3/d。

污水污泥主要处理构筑物、相关设备及实际运行参数见表3-12，表3-12中 t 为停留时间，H_0 为有效水深。

表 3-12 污水污泥主要处理构筑物、相关设备及实际运行参数

名称	数量/座	工艺尺寸	运行参数	设备名称规格
高浓度水调节池	1	30m×20m×4m	H_0 2.5m，t 6h	
初沉池	2	10m×10m×6m	t 2.4h	
水解池	1	30m×20m×5.5m	t 12h，Nv 4～4.3kg[COD]/(m^3/d)	潜水搅拌机 QWO75
沉淀池	2	ϕ12m×4m	t 2.25h	中心传动刮泥机 PNJ12
UBF 罐	12	ϕ11m×12m	t 36h，Nv 0.9～1.2kg[COD]/(m^3/d)	孔板流量计
沉淀池	2	ϕ12m×4m	t 2.25h	中心传动刮泥机 PNJ12
综合废水调节池	1	40m×30m×4m	H_0 2.5m，t 5.6h	
SBR 池	4	45m×18m×5.5m	Σt 9～12h	鼓风机 JSE200-72.7
反应池	2	28m×12m×5m	t 0.5h	
沉淀池	2	ϕ12m×4m	t 2h	
沉淀池	2	20m×70m×3m	t 2h	蜂窝斜管 ϕ50
浓缩池	2	16m×16m×6m	t 24h	
脱水间	1	36m×155m×6m		2m 带机 120m^2 板框

四、主要处理构筑物和设备运行分析

1. 水解池

水解池为完全混合式，由隔墙分为两廊道，内设 6 台 7.5kW 的潜水搅拌机，混合液于水解沉淀池沉淀后，污泥回流。水解池启动时，投入干污泥使混合液保持 14000mg/L 的浓度。6 个月时，池底污泥浓度达到 18000～24000mg/L，距池底 0.5m 以上污泥浓度达到 2300～7400mg/L，水解池对 COD_{Cr} 去除率为 30%～41%，BOD_5 去除率为 27%～36%，混合液碱度由 2600mg/L 降至 1800mg/L 左右，pH 值由 11～9 降至 8～7 左右，VFA 达到 490～600mg/L 左右，VFA 与碱度比值为 0.26～0.32 左右。这表明厌氧水解发挥了去除有机质和将大分子复杂有机物酸化分解的作用。低聚糖、脂肪酸盐、醇可水解为各种简单有机酸。厌氧水解池设计有待研究。例如：按污泥负荷还是按水力停留时间设计，构造形式（悬浮型与固着型、平流与竖流）与适用性。笔者认为，水解池的负荷可以达到后续厌氧处理负荷的 4～6 倍；水解池宜选竖流式，依靠配水口的强烈搅动保证水与泥的混合，可利用泵的能量，并且形式简单；采用平流式池体构造简单，但没有很强的混合措施，难免局部沉淀。

2. 厌氧复合床反应器（UBF）

采用 12 个 ϕ11m 的钢结构厌氧复合床反应器（UBF），启动时投 70×10t 干泥（含水率约 70%），启动时 COD_{Cr} 3000～4000mg/L。进水量为设计值的 25%，随着时间推移和污泥浓度变化逐渐增加试运行负荷。8 个月时，UBF 达到比较稳定

的处理效果，COD_{Cr}和 BOD_5 去除率分别有 51%～62%和 75%～80%。各罐均有持续的厌氧气产生，因未加热，运行负荷不高，一般在 1.0～1.5kg/(m^3 · d)。厌氧罐大，因制作不精，出水溢流不均；出气管超高太小，初期常导致虹吸排水；罐底大，排泥不均匀；孔板式流量计易被污泥堵塞；各罐之间负荷不均，出水、泡沫、浮渣的差异亦较大。

新型的厌氧反应器，内设布水器、污泥床、填料床、三相分离器，具有稳定高效的厌氧处理作用。各厌氧反应器是否应保证一致的负荷呢？只要单个反应器的负荷变化不大，各反应器之间存在一定的差异是可以允许的。但各反应器的出水与出气宜独立设置，否则会因出水、出气负荷不同，导致排水系统和集气系统的问题，如：出水少之处泡沫多并漏出，无法判断各罐产气量差异等。厌氧罐是圆形还是方形，是钢结构还是钢筋混凝土结构，决定于许多因素，例如：防腐与保温、有效容积比与单池容积、三相分离器形式数量与高度、施工技术与时间。若单池容积太大，面积大、高度又受限制，为降低三相分离器高度，要设多个集气罩时，宜采用方形钢筋混凝土形式，也利于整体与三相分离器的设计、制作与安装。

3. SBR 池与混凝沉淀池

SBR 池 4 座，配 SL-600 散流式曝气头 1152 个，潜水器 16 个。SBR 池启动时，引入原曝气池污泥，至 4 个月时，投入含 75%左右的干泥 20×10t。至 7 个月时，COD_{Cr}去除率为 46%～57%，BOD_5 去除率为 55%～70%。SBR 池出水再混凝沉淀处理，出水 COD_{Cr}为 240～270mg/L，已能达到排放要求。

SBR 法与混凝沉淀法比较，就本工程而言，在去除污染负荷上，SBR 法占 44%左右，混凝沉淀法占 56%左右；在工程投资上，SBR 法是混凝沉淀法的 8.3 倍；在运行费用上，SBR 法为 0.25 元/m^3 左右，混凝沉淀法为 1.0 元/m^3 左右，为 SBR 法的 4 倍左右。本工程采用 SBR 与混凝沉淀法结合，发挥了各自的优势。

SBR 池采用先进的 SB-250 伸缩式滗水器，构造简单，无电气部件与旋转接头，自动随水升降，排水能力大且可调节。但曝气池中泡沫多时，气体切换管易被沫渣堵塞，要经常维修。

4. 浮渣与泡沫清除系统

厌氧罐、水解沉淀池与厌氧沉淀池有浮渣，设刮除装置时，须设浮渣清除系统（集渣井、滤渣箱、潜污泵）。

浆粕黑液含果胶、蜡和油脂，及其分解产生的高级糖、低级糖、脂肪酸盐、脂肪醇等起泡物，黏性大，易起泡。泡沫的存在对工艺和设备运行、水质监测均有影响，例如：影响曝气池 DO 污泥检测，影响厌氧罐污泥测试，堵塞滗水器的气体切换管，影响环境卫生。这种泡沫只有靠去除起泡物来消除，本工程运行 9 个月后，水解沉淀池、厌氧罐、厌氧沉淀池、SBR 池的泡沫已减少了 60%～70%，经混凝处理后，厂总排水口（有跌水落差）已无泡沫。

第七节　电镀废水处理过程中二次污染工程的工艺设计案例

一、概述

电镀、石化和制药是当今全球三大污染工业。电镀废水的排放量约占废水总排放量的10%，占工业废水排放量的20%。电镀废水不仅量大，而且对环境造成的污染也严重，因为电镀废水中不仅含有氰化物等剧毒成分，而且含有Cr、Zn、Cu、Ni等自然界不能降解的重金属离子。因此对电镀废水的治理历来受到各国政府的重视，对电镀废水各种治理方法和工艺的研究也很多，其中主要有化学沉淀法、电解法、离子交换法和膜处理法等，化学法是目前国内外应用最多的，而且随着pH-ORP自动控制仪的使用，化学法处理电镀废水有逐渐增加的趋势。

然而化学法处理电镀废水虽然具有技术成熟、投资小、费用低、适应性强、自动化程度高等诸多优点，但其缺点也是显而易见的：首先，化学法会产生大量的污泥，难以处理；另外，由于化学法要向水中加入大量化学药剂，使出水的含盐量高，难以回用，如果出水外排不仅有可能造成二次污染，还浪费了宝贵的水资源。

二、电镀污泥的处置及二次污染

电镀污泥是化学法处理电镀废水的最大缺陷。由于电镀废水自身就含有Cr、Zn、Cu、Ni等重金属离子，在处理过程中又加入次氯酸钠、硫化钠、硫酸亚铁、氢氧化钠或氢氧化钙等各种化学药剂，因此沉淀的电镀污泥成分很复杂，这给电镀污泥的处理和利用带来困难。对电镀污泥的处置，目前国内外还没有特别有效的方法，国外大都采用填埋或固化处理。在我国，电镀污泥部分被送至砖厂烧砖，部分与煤混合燃烧后混入炉渣，而有些企业则将电镀污泥随意露天堆放。这些简单的处理方法都有可能造成污泥的二次污染。

1. 露天堆放造成二次污染

污泥的主要污染成分是$Cr(OH)_3$，当弃露于空气中，在碱性条件下，能被空气中的O_2氧化，使Cr^{3+}可逆性地转变成Cr^{6+}。在常温（25℃）下，该反应的自发性由化学自由能决定。

一般反应自发进行，从实验测定结果也证实暴露在空气中的含铬污泥可与O_2反应生成六价铬。因此电镀污泥若不加处理而任意弃置，受到风吹雨淋，会四溢漂流，致使污染扩散，给环境带来严重后果。

2. 混入黏土中烧砖造成污泥的二次污染

电镀污泥中的铬、铁主要以氢氧化物的形态存在，即$Cr(OH)_3$、$Fe(OH)_3$和$Fe(OH)_2$，在烧制过程中，当温度达到200℃时，这些物质就会发生分解生成各自的氧化物，反应如下：

$$2Cr(OH)_3 = Cr_2O_3 + 3H_2O$$
$$Fe(OH)_2 = FeO + H_2O$$
$$2Fe(OH)_3 = Fe_2O_3 + 3H_2O$$

上述反应随温度的升高而加剧，所以在烧砖过程中，电镀污泥中的铬、铁主要以氧化物形态存在。在更高温度下，铬的氧化物形态发生变化：

$$2Cr_2O_3 + 3O_2 = 4CrO_3$$

此时，Cr^{3+}被氧化为Cr^{6+}。在电镀污泥形成过程中，掺入大量 NaOH 或 $Ca(OH)_2$，而一般黏土中含有石英、长石及碳酸盐等，当把电镀污泥与黏土一起混合烧砖时，其物相组成以及焙烧条件与铬酸盐工业很相似，可能发生生成铬酸钠的反应，使三价铬氧化为六价铬。

3. 掺入煤中焚烧入渣造成六价铬污染

将污泥拌入煤中燃烧，则在锅炉高温（1200℃）条件下，污泥中 $Cr(OH)_3$ 变成 Cr_2O_3，同时，Cr^{3+}受到高温活化，无形中加速了与 O_2 的反应：

$$2Cr_2O_3 + 3O_2 = 4CrO_3$$

该反应为吸热反应，高温下的反应速率会大大加快，污泥中的 Cr^{3+} 转化为 Cr^{6+} 进入炉渣。

三、处理后的出水外排造成的二次污染

1. 活性氯对水体造成二次污染

在用碱性氯化法处理含氰废水时，常用的氯氧化剂主要有次氯酸钠、次氯酸钙和液氯等，有时由于加入的氯氧化剂过量，造成最终出水中含有少量的活性氯。通常，活性氯含量达 0.002mg/L 时就会对水生动植物产生毒害作用。

2. 重金属对水体造成二次污染

由于不同重金属离子沉淀的最佳 pH 值不同，如果在电镀废水的处理过程中，最终溶液的 pH 值偏离某金属氢氧化物最小溶解度 pH 点，则有可能造成该金属离子沉淀不完全或沉淀后返溶，从而使出水中某些重金属离子的含量过高，对水体造成污染。

3. Cr^{3+}氧化为Cr^{6+}对水体或土壤造成二次污染

对于铬来说，国家规定的排放标准为：$[Cr^{6+}]<0.5$mg/L，[总铬]<1.5mg/L，由于在排放的废水中有可能含有因沉淀不完全而溶解的 Cr^{3+}，这部分 Cr^{3+} 在一定条件下会被重新氧化为 Cr^{6+} 而污染环境，当排出的废水进入地下或渗入土壤后，由于土壤环境的不同，对铬的氧化或还原能力亦不同，如果土壤中的有机物含量低而锰氧化物含量高，则 Cr^{3+} 被氧化为 Cr^{6+} 的趋势将大于 Cr^{6+} 被还原为 Cr^{3+} 的趋势，因此在这样的土壤环境中，Cr^{3+} 就有可能被氧化为 Cr^{6+} 而重新污染环境。

尽管目前对水中 Cr^{3+} 被氧化为 Cr^{6+} 的机理尚有争议，但在水中 Cr^{3+} 被氧化为 Cr^{6+} 而对环境可能造成污染这一点上，人们的认识是一致的。

有研究表明，当 Fe^{3+} 存在时，Cr^{3+} 有可能通过光诱导氧化生成 Cr^{6+}，具体反应如下：

$$Fe^{3+} + OH^- \xrightarrow{h\nu} Fe^{2+} + \cdot OH$$

$$\cdot OH + Cr^{3+} \longrightarrow Cr^{4+} + OH^-$$

$$\cdot OH + Cr^{4+} \longrightarrow Cr^{5+} + OH^-$$

$$\cdot OH + Cr^{5+} \longrightarrow Cr^{6+} + OH^-$$

相加得：

$$3Fe^{3+} + Cr^{3+} \xrightarrow{h\nu} 3Fe^{2+} + Cr^{6+}$$

此外，亦有人认为，锰氧化物 Mn（Ⅲ、Ⅳ）的存在也能导致 Cr^{3+} 氧化为 Cr^{6+}。

由此可见，在电镀废水的治理中，不能仅仅考虑到废水的达标排放；对于电镀污泥以及出水的合理处置和利用，也是关系到整个废水处理工程成败与否的关键一环，两者应放在同等重要的位置。

四、应采取的措施

对于化学法处理电镀废水所存在的污泥以及处理后出水外排有可能造成的二次污染问题，通常采用以下的治理措施：

1. 合理选择药剂，严格控制加药量

用次氯酸钠代替漂白粉可以减少氧化破氰时产生的污泥量。传统的化学沉淀还原法一般单独使用亚铁盐还原 Cr^{6+}，这将导致产生大量的 $Fe(OH)_3$ 沉淀，从而导致污泥量过大；若采用先加 Na_2S 还原，再用亚铁盐还原沉淀工艺，则还原彻底且沉淀污泥量少。

2. 改进工艺流程

为了使氧化还原反应完全或沉淀完全，往往要向废水中投加过量的氧化剂（如次氯酸钠）和还原剂（如硫化钠或硫酸亚铁），这不仅造成药剂上的浪费，而且还会增加污泥量以及出水的含盐量。如果将化学法和其他处理方法（如电渗析）联合使用，则不但能够节约药剂、减少污泥量，而且化学法处理后的上清液经电渗析处理后，淡水可以达到回用标准，实现电镀废水的闭路循环，既不污染环境，又充分利用了水资源。

3. 污泥的资源化或无害化处理

由于电镀废水水质、选用化学药剂的不同，导致电镀污泥的组成复杂且多变，从而给电镀污泥的处置和利用造成困难。电镀污泥的资源化目前大都还处于实验室研究阶段，因为经济上无利可图，污泥的资源化还很难在工业上应用。电镀污泥的无害化处理也同样面临经济上的困难。因此对于污泥的处理，一方面需要探索更经济有效的处理方法，更重要的还是需要企业对环保的重视以及政府和环保部门的行政干预。

第八节　环氧树脂高浓度废水治理与生化处理工艺的设计案例

一、概述

双酚A和环氧氯丙烷在氢氧化钠的作用下生成环氧树脂粗品，其副产物为NaCl和H_2O。环氧树脂粗品需进行精制，才能成为商品环氧树脂。目前国内外进行精制的工艺均采用溶剂萃取法，即在环氧树脂粗品、NaCl、H_2O及过量的NaOH的混合物中，加入溶剂。

由于NaCl、H_2O、NaOH不溶于溶剂，利用密度的差异，将NaCl、H_2O及NaOH从树脂溶液中分离出来，为了确保树脂残留的Cl^-含量足够低，一般还需进行四次水洗，随着水洗次数的增加，树脂中Cl^-含量不断降低，废水中的COD也随之降低。

第一、第二次水洗排放出来的废水，其COD值达到7000～15000μg/g，根本无法进行生化处理，第三、第四次水洗排放出来的废水，其COD值一般小于6000μg/g，可直接进行生化处理。本书讨论的即为环氧树脂高浓度废水的治理。

二、环氧树脂高浓度废水治理闭路循环新工艺

环氧树脂高浓度废水组分比较复杂，主要可分为三大类：

① 有机物：由双酚A和环氧氯丙烷缩聚反应生成环氧树脂中的大分子中间产物，其中还含有少量未完全反应的原料，如双酚A和有机溶剂甲苯等，成分比较复杂，俗称老化树脂。

② 无机离子：如Na^+、Cl^-、OH^-等。

③ 水：树脂洗涤中引入的自来水。

这种复杂成分的废水目前在国内还没有成熟的企业乐于接受的治理技术。为此，某石化总厂与某轻工大学生物工程学院合作，首先在实验室规模上研制成功了环氧树脂高浓度废水治理闭路循环新工艺，其工艺路线如下（见图3-10）。

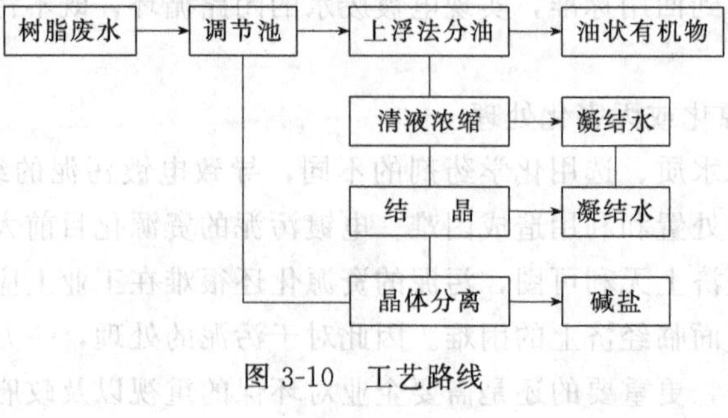

图3-10　工艺路线

其工艺过程为：将第一、第二次水洗排放废水（高浓度废水）混合进入废水调

节池，添加絮凝剂，使有机物（下面简称油）与水相分层，油浮于水相之上。

采用上浮溢流法分离除油，除油后的水溶液浓缩，在结晶釜内使浓缩液结晶（结晶主体为 NaCl，还有少量为 NaOH，以下称为碱盐），碱盐结晶与母液分离，其母液循环进入废水调节池，物流主体构成封闭循环圈。

由于物流主体构成封闭循环圈，各单元操作的物性在循环初期均随循环批数的增加发生了较大幅度的变化，与原废水有较大差异。

控制各单元操作的工艺条件，使循环在 5～6 批时达到平衡态，即各操作点物性不再变化而在某一数值的上下浮动。在平衡态下操作周而复始。

三、闭路循环圈的进出物料

进入循环圈的物料是树脂洗水时排放的第一、第二次高浓度废水，离开循环圈的有：

① 油，即老化树脂，是树脂缩聚反应过程中的中间产物、副产物、反应过头的即分子量过大的树脂以及少量没有完全溶解的树脂、甲苯等，黏性仍很强，可作为黏合剂、涂料添加剂或制造低等级树脂的原料，目前正在研究开发中。

② 碱盐，主要为 NaCl、小部分为 NaOH，可以作为氯碱行业的原料，或直接作为印染助剂等，市场前景较为广阔。

③ 蒸发凝结水，pH≈6.5，接近中性，Cl^-<80μg/g，COD<500μg/g，可作为树脂第一、第二次洗涤用水。

四、实验数据与综合治理要求

采集第一、第二次树脂洗涤时排放的高浓度废水，以混合后进行化验，其结果为干物质浓度 10.2%，相对密度 1.06，NaOH 2.4%。

按照闭路循环的工艺，以上述废水为原料，不间断连续循环 6 批，其结果见表 3-13。

注：第 6 批在操作时，有少量母液带入蒸发凝结水中，即便如此，Cl^- 浓度也只有 81.7μg/g，低于自来水中的规定浓度 250μg/g，作为第一、第二次洗涤用水应符合要求。

表 3-13 废水原料连续循环状况

项 目	循环批次	1	2	3	4	5	6
混合废水	体积/mL	1000	1082	1110	1100	1130	1111
	浓度/%	10.2	12.8	14.0	14.3	15.2	15.0
蒸发凝结水	体积/mL	880	915	928	905	937	930
	COD/(μg/g)	0	42.7	0	0	42.7	81.7
	pH	5.5	5.5	5.5	5.5	6.0	7.0
	Cl^-/(μg/g)	0.73	2.03	0.51	0	17.1	63.1

续表

项 目	循环批次	1	2	3	4	5	6
碱盐结晶母液	体积/mL	82	110	100	130	111	127
	相对密度	1.23	1.24	1.32	1.27	1.28	1.30
	NaOH/%	20.4	29.4	38.4	36.4	41.6	42.0
	浓度/%	44	48.4	55	54	58	58.5
	COD/(μg/g)	161000	182000	209000	196000	278000	205000
碱盐晶体	干重	67.1	86.3	97.8	92.1	101.1	101.5
	NaOH/%	3.04	5.56	7.20	7.28	6.12	7.52
	水分/%	9.4	9.6	14.4	13.4	7.3	6.7

从表 3-13 可知，运行到第 5 批已基本接近平衡，因此采用环氧树脂高浓度废水治理闭路循环新工艺既可解决高浓度废水的环境污染问题，又可变废为宝，降低废水治理运行成本，增加副产品的销售收入，是较为先进的废水综合治理工艺技术。

五、10000t 环氧树脂高浓度废水治理装置的设计

根据实验结果，某石化总厂与某轻工业大学食品学院进行了联合设计，投资概算为 300 万元人民币，选用的主要设备见表 3-14。

表 3-14 主要设备

序号	设 备 名 称	数量	序号	设 备 名 称	数量
1	药剂溶解罐	1	7	真空泵	1
2	混合调节罐	1	8	离心机	2
3	隔油池	1	9	母液储罐	1
4	三效蒸发系统	1	10	凝结水储罐	1
5	结晶釜	2	11	液碱储罐	1
6	老化树脂储罐	1	12	泵	10

六、废水治理装置在运行过程中的处理

该公司的 10000t 环氧树脂高浓度废水治理装置安装完毕，进行调试运行，又经过对各工艺操作参数的摸索调整及正常运行。开始，在试运行及正常运行阶段，该公司对离开闭路循环圈的物料进行了监测，蒸发凝结水温度为 70～80℃，pH 值为 6.0～7.0，Cl^- 为 80～175μg/g，NaOH 浓度为 27%～32%，NaCl 含量为3%～5.7%，相对密度为 1.32～1.38，碱盐中 NaCl 含量为 92%～94%，NaOH 含量为 2.5%～3.7%，水分为 4.0%～5.3% 。

该工艺操作比较容易掌握，流程比较合理，离开循环圈的物料均得到了有效的利

用，蒸发凝结水作为第一、第二次洗涤用水，NaOH 作为树脂缩聚反应的原料，碱盐作为印染助剂销售，运行成本较低。经过四个月的试运行和运行，达到了设计要求。

七、环氧树脂废水生化处理工艺分析

1. 厌氧处理

由于废水中的 COD_{Cr} 浓度较高，大于 2000mg/L，且含有较高浓度的甘油物质，需经过厌氧生物处理使之降解。废水中的甘油在微生物的作用下，先转化为磷酸甘油醛 S，然后再转化成为丙酮酸，并进入丙酮酸代谢途径，厌氧生化处理后的废水再经 SBR 生化法进一步处理。

2. SBR 处理工艺分析

序批式间歇活性污泥法（简称 SBR）是近年来应用日趋广泛的一种污水生物处理新技术，作为一种废水处理工艺，兼均化、初沉、生物降解等功能，无污泥回流系统，具有如下优点：①生化反应推动力大，效率高，可多池串联或并联组合，运行灵活；②集曝气、沉淀、排水各种功能于一池，工艺简洁，布置紧凑，能较大幅度降低能耗和减少占地面积；③污泥不易膨胀、泥龄长，沉降性能好，剩余污泥量少，仅为普通曝气工艺的 50%；④耐冲击负荷，处理能力强，运行操作较为灵活，曝气、沉淀时间可根据水质情况进行调整，保证了出水水质；⑤脱氮除磷效果明显；⑥集厌氧（缺氧）和耗氧两类特征各异的微生物于一体，装置结构简单、造价低，设备费、运行管理费低。

3. 废水处理预期效果

见表 3-15、表 3-16。

表 3-15　综合废水水质结果

项　目	pH	COD_{Cr}	BOD_5	甲苯	ECH	SS
		mg/L	mg/L	mg/L	mg/L	mg/L
含甲苯废水处理后	6～9	约 1500	约 900	<6		
含 ECH 废水处理后	6～9	约 12000	约 8500		<1.5	
其他废水	6～9	200	120			150

表 3-16　废水处理效果分析

分析项目	COD_{Cr}	BOD_5	甲苯	ECH	SS
	mg/L	mg/L	mg/L	mg/L	mg/L
处理前	约 2100	约 1200	<2.0	<0.2	<100
厌氧生物处理后	<1000	<100	<0.2	—	<70
SBR 生物处理后	<350	<20	<0.1	—	<70
达标情况分析	达标	达标	达标		达标
排放标准	350	20	0.1		70

4. 膜技术的利用

含甘油废水可用反渗透膜技术处理，使用较多的是醋酸纤维素膜。用不对称的醋酸丁酯纤维素及醋酸纤维素反渗透管状膜，可以从石化废水中分出甘油，在4.2～5.6MPa压力下操作，其选择性最好；采用多级反渗透装置，并以对流湍流式进水，则可回收31%以上的甘油，从水中除去92%以上的无机盐，出水再用生化法处理。

5. 化学氧化法

含甘油废水可用臭氧处理，其氧化产物均可被生化氧化。在紫外光照的催化下，可加速臭氧氧化反应的进行，甘油的分解速率能得到大大的增加。

环氧树脂废水治理闭路循环是一种全新的工艺，具有运行成本操作容易掌握，无二次污染等特点。

第九节　制药污水处理工程的工艺设计

一、概述

目前我国生产的常用药物达2000种左右，按其特点可分为抗生素、有机药物、无机药物和中草药四大类。不同种类的药物采用原料的种类和数量各不相同，生产工艺及合成路线区别也较大，导致不同品种药物生产工艺产生的废水水质和特点也存在较大的差异。

医用废水成分复杂、浓度和盐分高、色度和毒性大，往往含有种类繁多的有机污染物质，这些物质中有不少属于难生化降解的物质，可在相当长的时间内存留于环境中。特别是对人类健康危害极大的“三致”（致癌、致畸、致突变）有机污染物，即使在水体中浓度低于10^{-9}级时仍会严重危害人类健康，采用医用水处理工艺很难达标排放。

为了寻找一种更加实用、有效、成本较低的医用水处理方法，本节将现有的方法做了一番讨论，并从新思想、新技术这一思路出发，提出医药废水处理方法的发展方向。

二、医药废水的处理方法

目前医药废水的处理方法可大致归纳为以下几类。

1. 内电解法

内电解法的原理是利用铁屑中铁与石墨组分构成微电解的负极和正极，以充入的污水为电解质溶液，在偏酸性介质中，正极产生具有强还原性的新生态氢，能还原重金属离子和有机污染物。负极生成具有还原性的亚铁离子。生成的铁离子、亚铁离子经水解、聚合形成的氢氧化物聚合体以胶体形式存在，它具有沉淀、絮凝吸附作用，能与污染物一起形成絮体、产生沉淀。应用内电解法可去除废水中部分色度、部分有机物，并且提高废水的生化处理性能，增加生物处理对有机物的去除效果。

实验证明，在内电解后，废水的可生化性能明显提高，这主要是由于在内电解的过程中产生的新生态氢和亚铁离子具有较强的还原性，能与废水中的难降解的有机物发生氧化还原反应，破坏其化学结构，从而提高了生物降解性能。此外。在电极氧化和还原的同时，废水中某些有色物质也由于参加氧化还原反应而被降解，从而使废水的色度降低。

2. 催化氧化法

在催化剂作用下，废水中的有机物可以被强氧化剂氧化分解，有机物结构中的双键断裂，由大分子氧化成小分子，小分子进一步氧化成二氧化碳和水，使 COD 大幅度下降，BOD/COD 值提高，增加了废水的可生化性，经深度处理后可达标排放。用催化氧化法处理医药工业废水，可以克服传统生化处理医药废水效果不明显的不足，有效地破坏有机物分子的共轭体系，达到去除 COD、提高可生化性的目的。催化氧化法中，选择催化剂和氧化剂是关键。选择合适的催化剂和氧化剂，在适宜的工艺条件下处理的废水再经过二次处理后可达标排放。如在活性炭载带过渡金属氧化物催化剂的催化作用下，采用氧化剂处理医药废水，不但处理成本低，氧化性远高于次氯酸钠，而且不会生成三卤甲烷等致癌物质。

3. 吸附法

吸附法处理废水是通过活性炭、磺化煤等吸附剂和吸附质（溶质）间的物理吸附、化学吸附以及交换吸附的综合作用来达到除去污染物的目的。其具有以下特点：

① 活性炭对水中有机物吸附性强；

② 活性炭对水质、水温及水量的变化有较强的适应能力，对同一种有机污染物的污水，活性炭在高浓度或低浓度时都有较好的去除效果；

③ 活性炭水处理装置占地面积小，易于自动控制，运转管理简单；

④ 活性炭对某些重金属化合物也有较强的吸附能力，如汞、铅、铁、镍、铬、锌、钴等；

⑤ 饱和炭可经再生后重复使用，不产生二次污染；

⑥ 可回收有用物质，如处理高浓度含酚废水，用碱再生后可回收酚钠盐。

大量的研究和实践已经证明活性炭是一种优良的吸附剂，它在工业废水处理中有着特殊的处理效果。但是由于生产原料的限制和价格昂贵，导致它的推广应用受到了限制，而以褐煤、焦渣、炉渣和粉煤灰等为吸附剂处理工业废水的研究变得十分活跃，所以吸附剂再生问题能否解决是该方法能否为厂家所接受的关键所在。

4. 混凝沉淀法

混凝是水处理中的一道重要工序，通过混凝沉淀过滤，可大幅度降低水中的浑浊度、色度，去除水中的悬浮物和杂质。混凝过程是一个十分复杂的物理化学过程，它是在一定的pH、温度等条件下，向废水中加入一定量的混凝剂，通过搅拌使其与污水中的悬浮状水不溶物和过饱和物等发生反应沉淀下来，使废水由浑浊变得澄清。

混凝效果的好坏与混凝剂种类、水中杂质、浑浊度、pH值、水温、药剂的投加量和水力条件等因素密切相关，其中，混凝处理的关键是投加混凝药剂。性能优越的混凝剂不仅水处理效果好，成本还低。

5. 厌氧生物处理

废水厌氧生物处理是利用厌氧微生物的代谢过程，在无需提高氧气含量的情况下把有机物转化为无机物和少量的细胞物质，这些无机物主要包括大量的沼气和水。这种处理方法对于低浓度有机废水，是一种高效省能的处理工艺；对于高浓度有机废水，不仅是一种省能的治理手段，而且是一种产能方式。

厌氧生物处理技术现已广泛应用于世界范围内各种工业废水的处理，它的处理工艺主要有普通厌氧消化、厌氧接触工艺、上流式厌氧污泥床（UASB)、厌氧流化床、厌氧生物转盘等。该工艺将环境保护、能源回收和生态良性循环有机结合起来，能明显地降低有机污染物，用厌氧处理高浓度有机废水有较高的处理效果，BOD去除率可达90%以上，COD去除率可达70%～90%，并将大部分有机物转化为甲烷。用该法处理废水成本比好氧处理要低，设备负荷高，占地面积少，产生剩余污泥量较少，可直接处理高浓度有机废水，不需要大量稀释水，并可使在好氧条件下难以降解的有机物进行降解，但它仍有不足之处，其初次启动过程较慢，对有毒物质较为敏感，操作控制因素比较复杂，且出水COD浓度高于好氧处理，仍需要后续处理才能达到较高的排水标准。

如孙剑辉等研究的用铁屑作为填料的UBF酸化反应器与UASB组成的两相厌氧系统能够稳定、高效地处理Zn 5-ASA废水。实验结果表明：此系统在UBF与UASB的HRT分别控制在5.95h和11.43h时，UBF与UASB的OLR（以COD计）分别高达58.44kg/(m^3·d)和17.01kg/(m^3·d)。对COD和BOD_5的总去除率分别达90%和95%左右，具有系统运行稳定、处理效率高等优点，系统中UBF反应器所选用的铁屑填料，通过微电解作用，能够有效提高废水的可生化性，且可省去通常的调碱工序，为难降解有机废水的处理开辟了新途径。

三、医药污水处理设计

我国目前生产的常用药物达2000种左右，不同种类的药物采用原料的种类和数量各不相同，生产工艺及合成路线区别也较大，导致不同品种药物生产工艺产生的水质和特点也存在较大的差异。

对于种类繁多、成分复杂的医药的处理，仍然是目前国内外水处理的难点和热点。目前，医药用单一的处理方法较难处理，往往通过组合工艺处理达标。

医用特点如下：

① 含有糖类、苷类、有机色素类、蒽醌、鞣质体、生物碱、纤维素、木质素等多种有机物，具有一定毒性；

② SS高，含泥砂和药渣多，还含有大量的漂浮物；

③ COD浓度大，一般在20000mg/L左右，浓度大的可高达60000mg/L，并且水量变化大；

④ 色度高，一般色度大于500倍。

四、医用污水处理设计案例

（1）某制药厂以生物发酵方法生产硫氰酸红霉素原料药

年产量80t，主要原材料为：淀粉、玉米浆、豆饼粉、豆油、硫酸锌、液碱等。

（2）发酵工程制药

是指利用微生物代谢产物生产药物。此类药物有抗生素、维生素、氨基酸、核酸、有机酸、辅酶、酶抑制剂、激素以及其他生理活性物质。

抗生素工业属于发酵工业的范围。发酵是指某些物质（糖和蛋白质等）通过微生物代谢作用转化为其他物质的过程。抗生素发酵是通过微生物在培养基中代谢产生具有抗菌或抑菌作用的药物。

抗生素的生产主要是以微生物发酵法进行生物合成，少数也可用化学合成方法生产。此外，还可将生物合成法制得的抗生素用化学、生物或生化方法进行分子结构改造而制成各种衍生物，称为半合成抗生素。

（3）医用污水处理工艺

发酵合成制药属于高浓度有机，浓度和水量波动较大，由于其易于生物降解，故首选采用生化处理工艺。在对国内外现行各种制药处理工艺的研究基础上，结合该厂的特点，确定采用预处理、两相厌氧-好氧（A_2-O法）工艺。成套设备材质为钢、钢筋混凝土结构，且该地处北方，故采用露天与室内布置相结合的方式。

（4）医用污水处理流程

来自发酵车间的高浓度有机，自流进入调节池，在调节池中进行均质和调节水量。再用泵提升进入反应沉淀池，在该池内先进行中和（碱或酸液）及化学絮凝（聚合氯化铝）反应，形成大颗粒矾花，通过平流式沉淀池把污水中大部分悬浮物（菌丝体）去掉，确保后级生化处理系统的平稳运行。

经预处理去掉残留的悬浮物和菌丝体，自流进入水解酸化池，控制反应器处于中温发酵条件，pH 6.5～7.5，通过部分回流方式控制反应器的水力负荷和毒物浓度，将非溶解态有机物转变为溶解态有机物，将难生物降解物质转变为易生物降解物质，提高可生化性，以利于后续处理。水解酸化池出水用泵送入厌氧反应池，借助甲烷菌的作用使大部分有机物转化为甲烷。

厌氧反应池出水经过吹脱沉淀池除去有害气体，再经过一套好氧生物处理装置进一步处理，达到较好的处理效果。

(5) 医用污水处理工艺说明

① 调节池（集水池） 由于制药排放的不规则性与水质的不均匀性，故设置一个集水池来调节水量和均化水质。调节池设计水力停留时间 28h（原有），设计有效容积为 $120m^3$，规格为 4000mm×9000mm×3500mm，设备材质为钢混。池内设置两台潜污泵（一备一开）以提升污水进入后级污水处理站进行进一步处理。

② 酸碱中和絮凝沉淀装置 因 pH 值偏酸性，为保证后级生化系统顺利进行而设置。它采用碱液为中和剂，进沉淀池前依次投加中和剂和絮凝剂，通过管道混合器充分混合后进入平流沉淀池，规格为 4310mm×7120mm×3300mm（分为两套系统，一套处理高浓度，另一套处理加入低浓度后的混合物）。

五、发酵制药生物处理工艺设计

1. A_2-O 系统组成

该系统是在 A-O 的基础上改进和发展而成的。其主要由 3 个单元组成，即水解酸化、甲烷化区及主曝气、沉淀反应区三个主体。

① 沉淀池中通过自流进入酸化区，酸化区的厌氧污泥吸附中的有机物同时把其中溶解性有机物质通过酶反应机理而迅速去除，酸化区设计水力停留时间 14h，设计有效容积 $60m^3$。

② 酸化区的出水由泵提升进入甲烷化区，使污泥中的硝酸盐被微生物的自身氧化所消耗，同时防止污泥膨胀，甲烷化区设计水力停留时间 80h，设计有效容积为 $335m^3$。

甲烷化区设计出水在吹脱调节池与低浓度相混合后经混凝沉淀处理，进入曝气区，氧化有机物，使有机物在此得到充分降解，曝气区设计水力停留时间为 31.5h，设计有效容积为 $210m^3$。

好氧处理后进入二沉池，采用竖流式沉淀池，沉淀后达标排放。二沉池污泥部分回流进入曝气池，部分排入污泥浓缩池。

③ 厌氧处理采用两步和复合厌氧法，即厌氧酸化和上流式厌氧污泥床-厌氧滤池复合法，具有如下特点：

第一，耐冲击负荷能力强，运行稳定，避免了一步法不耐高有机酸浓度的缺陷；

第二，两阶段反应不在同一反应器中进行，互相影响小，可更好地控制工艺条件；

第三，厌氧消化效率高，尤其适于处理含悬浮固体多、难消化降解的高浓度有机。

2. A-O 法处理医疗废水工艺设计举例

医院污水法处理根据医院污水可生化性的特点，最适宜采用生化法处理，属中、小型污水处理工程。但由于医院广泛使用消毒剂，极易造成微生物生长不利，对生物处理造成威胁，处理效果不好。

A-O 法是众多生化处理方式中处理效果较好的一种，但由于医院污水的特殊性，往往造成挂膜不好甚至失败，因此，挂膜好坏直接关系到污水处理工程的成功与否。

（1）前置反硝化技术

前置反硝化技术，简称 A-O 法，采用硝化和反硝化的生物脱氮方式，实现对污水的降解处理。硝化是在好氧条件下将氨氮氧化成硝酸盐，反硝化是在厌氧条件无分子氧但有硝酸盐态氧下和具有有机物供给反硝化菌碳源时才能完成。

A-O 法在工程中先将污水引入缺氧段，以污水中的有机物作为碳源，对硝酸盐进行反硝化脱氮，有机物得到初步降解；出水进入好氧段，有机物在此进一步降解和氨氮的硝化，并将硝化后的出水混合液回流至段，为段提供足够的硝酸盐进行反硝化。在段后仍设二沉池，沉淀污泥回流至段以保证充分的微生物量。

（2）A-O 法污水处理工艺

A-O 法污水处理工艺见图 3-11。

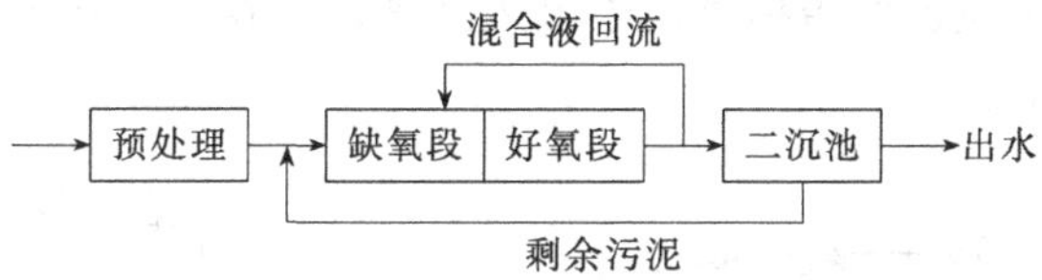

图 3-11　A-O 法污水处理工艺

目前，有关生化法挂膜技术、方法研究较少，挂膜好坏对整个系统运行尤其 O 段处理效率至关重要。常用的挂膜方法是采用循环挂膜法，即把预先培养好菌种污泥与污水混合后，泵入反应器中，出水流入循环池，经过 2～3 天密闭循环后，以小流量进水对生物进行驯化，然后逐渐加大进水量，直至生物膜新陈代谢出现，微生物生长良好，挂膜结束，而后加大进水投入试运行。循环挂膜法一般需要 2～3 周的时间才能成功，时间长，操作也不方便，另一方面，采用这种方式形成的生物膜固着不太理想，当冲击负荷较大时易脱落，从而导致恢复周期长，甚至需重新挂膜。

（3）调试及运行实例

某医院采用 A-O 法处理污水，设计处理量 4.5m^3/h，按常规调试法，发现氨氮去除率较低，O 段溶解氧为 0.2mg/L，镜检未发现原生动物和后生动物，填料上有少量丝状菌，排泥少。综合以上分析认为挂膜不好，需重新挂膜。

取啤酒厂污水处理站二沉池污泥做菌种污泥，投入到 O 段，同时加入尿素

5kg、磷酸二氢钾 1.5kg，用A段出水加满O段，停止进水，闷曝 24h，溶解氧控制在时间内待闷曝结束后，用A段水更换 1/2 O段水量，投加营养盐，闷曝，重复上述操作三次后目测可见填料上已附有浅黄色膜状物。此时可进水驯化，按设计进水量 20%注水，当 COD 去除率达到 5%～60%时，再按 40%、60%、80%注水。全负荷进水后，COD 去除率在 85%左右时，镜检可见大量菌团，并有原生动物和后生动物，微生物生长、生物膜新陈代谢良好，挂膜培养结束，即投入试运行。工程试运行几个月后，监测结果表明处理效果良好。调试、运行结果见表 3-17。

表 3-17 调试、正常运行水质分析结果 单位：mg/L

时段	项目	泵水	A段	O段	二沉池	总排口
调试	COD	330	215	161	138	86
	氨氮	35	—	—	—	31
	磷酸盐	3.56	—	—	—	0.90
运行	COD	379	217	71.5	50	47
	氨氮	37	—	—	—	7.2
	磷酸盐	3.48	—	—	—	0.64

另外，保持O段溶解氧浓度和及时排出二沉池污泥对出水氨氮的处理效果非常重要，同一浓度溶解氧下不同排泥次数，氨氮的去除率不同，不同工艺条件下的运行见图 3-12，出水氨氮的指标决定于上述因素，而在实际运行时却往往被忽视，造成处理效果不稳定。

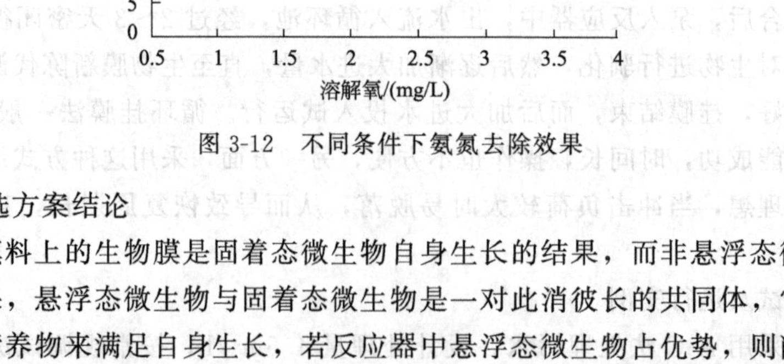

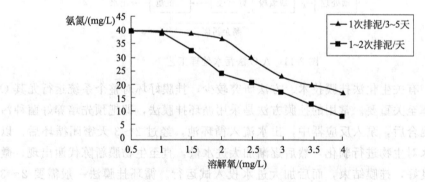

图 3-12 不同条件下氨氮去除效果

3. 优选方案结论

载体填料上的生物膜是固着态微生物自身生长的结果，而非悬浮态微生物黏附作用的结果，悬浮态微生物与固着态微生物是一对此消彼长的共同体，它们在反应器中争夺营养物来满足自身生长，若反应器中悬浮态微生物占优势，则削弱生物膜中固着态微生物的生长，使挂膜速度减慢。挂膜初期，尽量减少反应器中悬浮态微生物的数量，固着态微生物就会快速繁殖，所以，为促使固着态微生物快速繁殖生长，调整初期运行参数是关键，闷曝是快速简捷的解决方法之一。

初期投入菌种污泥和营养盐，具备了反应器中微生物生长应必需的条件，闷曝使微生物在填料上快速繁殖生长，部分换水，使剩余悬浮态微生物得以排出；继续投加菌种污泥和营养盐，促使固着态微生物在此条件下高速繁殖，保证了今后运行时填料所覆盖的微生物数量。挂膜和驯化阶段采用较大的曝气强度，可使附着在填料上的固着态微生物能够适应较强的冲击负荷，有助于整个系统稳定，这在实际工程中已得到证实。

就目前生化法污水处理技术，A-O 法处理医院污水，在投资、占地面积、运行费用、电气自动化程度等诸多方面具有优势，可作为中、小型医院生活污水处理优选方案。

第十节　印染废水处理工程的工艺设计案例

一、概述

印染废水是纺织工业产生的污染最为严重的废水，其排放量占工业废水总排放量的 10%以上，是当前最主要的水体污染源之一，印染废水的综合治理是一个迫切需要解决的问题。

印染行业是工业废水排放大户，据不完全统计，全国印染废水每天排放量为 $3\times10^6\sim4\times10^6m^3$。印染废水具有水量大、有机污染物含量高、色度深、碱性大、水质变化大等特点，属难处理的工业废水。

印染废水主要包括毛纺厂的染色、缩绒和洗毛过程中产生的以羊毛脂、酸性染料、助剂为主要污染物的废水，棉布印染厂在退浆、煮练、漂白、丝光、染色和印花过程中产生的浆料、染料、助剂、纤维蜡质和果胶为污染物的废水，苎麻纺织印染厂脱胶、染色和整理过程中产生的以苎麻胶质以及染料和助剂为主要污染物的废水，丝绢纺织厂在缫丝、精练、染色以及整理过程中产生的以丝胶与染料、助剂为污染物的废水，针织厂在碱缩、煮练、染色和后处理时产生的纤维蜡质和染料、助剂为污染物的废水。

近年来由于化学纤维织物的发展，仿真丝的兴起和印染后整理技术的进步，使 PVA 浆料、人造丝碱解物（主要是邻苯二甲酸类物质）、新型助剂等难生化降解有机物大量进入印染废水，其 COD 浓度也由原来的数百毫克/升上升到 2000～3000mg/L，从而使原有的生物处理系统 COD 去除率从 70%下降到 50%左右，甚至更低。

印染废水成分复杂，化学需氧量（COD）根据废水品质的不同从 400mg/L 到 2500mg/L 不等，不可生化需氧量相对较小，可生化性（BOD_5/COD）差，悬浮物达到 100～400mg/L，是较难处理的工业废水之一。

传统的生物处理工艺已受到严重挑战；传统的化学沉淀和气浮法对这类印染废

水的COD去除率也仅为30%左右。因此开发经济有效的印染废水处理技术日益成为当今环保行业关注的课题。

二、印染废水来源、水质、水量

1. 来源

印染加工的四个工序都要排出废水，预处理阶段（包括烧毛、退浆、煮练、漂白、丝光等工序）要排出退浆废水、煮练废水、漂白废水和丝光废水，染色工序排出染色废水，印花工序排出印花废水和皂液废水，整理工序则排出整理废水。印染废水是以上各类废水的混合废水，或除漂白废水以外的综合废水。

2. 水质及水量

印染废水的水质随采用的纤维种类和加工工艺的不同而异，污染物组分差异很大。一般印染废水pH值为6～10，COD_{Cr}为400～1000mg/L，BOD_5为100～400mg/L，SS为100～200mg/L，色度为100～400倍。但当印染工艺及采用的纤维种类和加工工艺变化后，废水水质将有较大变化。如当废水中含有涤纶仿真丝印染工序中产生的碱减量废水时，废水的COD_{Cr}将增大到2000～3000mg/L以上，BOD_5增大到800mg/L以上，pH值达11.5～12，并且废水水质随涤纶仿真丝印染碱减量废水的加入量增大而恶化。当加入的碱减量废水中COD_{Cr}的量超过废水中COD_{Cr}的量20%时，生化处理将很难适应。印染各工序的排水情况如下。

（1）退浆废水

水量较小，但污染物浓度高，其中含有各种浆料、浆料分解物、纤维屑、淀粉碱和各种助剂。废水呈碱性，pH值为12左右。上浆以淀粉为主的（如棉布）退浆废水，其COD、BOD值都很高，可生化性较好；上浆以聚乙烯醇（PVA）为主的（如涤棉经纱）退浆废水，COD高而BOD低，废水可生化性较差。

（2）煮练废水

水量大，污染物浓度高，其中含有纤维素、果酸、蜡质、油脂、碱、表面活性剂、含氮化合物等，废水呈强碱性，水温高，呈褐色。

（3）漂白废水

水量大，但污染较轻，其中含有残余的漂白剂、少量醋酸、草酸、硫代硫酸钠等。

（4）丝光废水

含碱量高，NaOH含量在3%～5%，多数印染厂通过蒸发浓缩回收NaOH，所以丝光废水一般很少排出，经过工艺多次重复使用最终排出的废水仍呈强碱性，BOD、COD、SS均较高。

（5）染色废水

水量较大，水质随所用染料的不同而不同，其中含浆料、染料、助剂、表面活性剂等，一般呈强碱性，色度很高，COD较BOD高得多，可生化性较差。

（6）印花废水

水量较大，除印花过程的废水外，还包括印花后的皂洗、水洗废水，污染物浓度较高，其中含有浆料、染料、助剂等，BOD、COD均较高。

（7）整理废水

水量较小，其中含有纤维屑、树脂、油剂、浆料等。

（8）碱减量废水

是涤纶仿真丝碱减量工序产生的，主要含涤纶水解物对苯二甲酸、乙二醇等，其中对苯二甲酸含量高达75%。碱减量废水不仅pH值高（一般>12），而且有机物浓度高，碱减量工序排放的废水中COD_{Cr}可高达90000mg/L，高分子有机物及部分染料很难被生物降解，此种废水属高浓度难降解有机废水。

三、印染废水水处理技术

根据污染物的不同，印染废水处理方法大致可分为生物法、化学法和物理化学法3大类。由于废水成分复杂，单一处理方法往往不能达到理想的处理效果，因此采用几种方法的组合来完成对印染废水的彻底处理。本节对这3类印染废水处理技术进行了分析与归纳。

（1）吸附法

吸附法是采用多孔状物质的粉末或颗粒与印染废水混合，或使废水通过由颗粒状物质组成的滤床，使废水中染料与助剂等污染物吸附于多孔物质表面而除去，是应用较多的物理处理方法。陈孟林等研究了树脂吸附与H_2O_2-V_2O_5催化氧化再生处理印染废水，发现印染废水中COD的去除率达到81.92%。王代芝研究了粉煤灰吸附处理印染废水，发现在搅拌20min后，COD去除率为73.51%，色度去除率为89.17%。王湖坤等研究了活性炭作为吸附剂处理印染废水，废水COD去除率达85.7%，脱色率达82.9%。

吸附法单独使用时适用于低浓度印染废水的深度处理，具有投资省、方法简便易行的优点。在实际应用中，吸附法主要考虑吸附剂的选择以及吸附饱和后吸附剂的处理，特别是吸附剂的再生能力，以减少二次污染，降低处理成本，提高废水处理的综合效益。

常用吸附剂主要有活性炭、工业废料（如煤渣）、天然植物废料（如木炭）以及人工合成树脂等。由于印染废水的水质复杂，单一的吸附处理无法达到理想的效果，实际应用中需要进一步开发适用性广的吸附剂，同时需要开发吸附技术与其他相关技术的组合工艺。

（2）混凝法

混凝法是在废水中加入絮凝剂，使污染物等胶粒凝聚絮凝成沉淀物而被除去的物理处理方法，是一种应用广泛的印染废水处理技术。吴伟等研究了聚合氯化铝混凝剂处理印染废水，发现在加入量为160mg/L时，COD去除率平均可达34.6%。郭敏晓等研究了聚合硫酸铁（PFS）和聚丙烯酰胺（PAM）复配处理印染废水工艺，认为PFS投加量为100mg/L，搅拌速度200r/min，搅拌时间0.5min，PAM投加量为0.5mg/L，搅拌速度60r/min，搅拌时间5min，沉淀0.5h，混凝处理后出水中COD达到500mg/L以内，达到市政入下水道标准，且处理成本低廉。张艮林等研究了聚硅酸氯化铝（PASC）混凝法与Fenton均相氧化对印染废水强化处理，结果表明该法特别适用于处理同时含有亲水性和疏水性染料的印染废水。

张彦等研究了混凝组合工艺处理印染废水，装置运行结果表明COD、BOD_5及色度的去除率分别达90%、93.14%和97.14%。

四、印染工业废水集中处理的设计举例

1. 设计水质水量

(1) 设计水量

根据现有工业企业排放水量的统计以及工业区今后的发展规划，确定新建污水处理厂规模为14000m³/d。

(2) 设计水质

根据原有污水处理厂多年的运行资料以及现有蓄水池水样取样分析，并按照环保部门的要求，确定新建污水处理厂进出水水质见表3-18。

表 3-18 进出水水质一览表

水质	COD/(mg/L)	BOD/(mg/L)	pH	SS/(mg/L)	色度/倍
进水水质	800～1000	280～350	8～10	400～600	500～600
出水水质	100	20	6～9	70	50

2. 处理工艺流程

见图3-13。

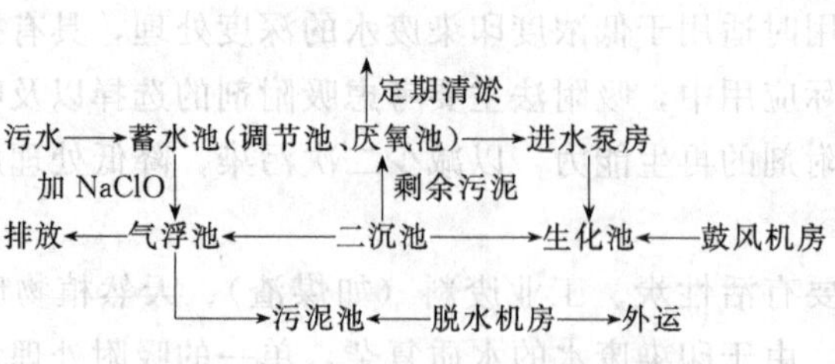

图 3-13 污水处理厂工艺流程图

印染工业在我国比较发达，废水的主要特点是废水色度、COD浓度较高，废水中含有染料、浆料、助剂、油剂、酸碱、纤维杂质及无机盐等，其处理工艺相对成熟，国内多数印染废水均采用厌氧-好氧生物处理工艺，厌氧水解的主要作用是使印染废水中的难降解有机物及其发色基团解体、被取代或裂解，从而降低废水的

色度，改善其可生化性，提高其 BOD_5/COD_{Cr} 比值；好氧段的主要作用是氧化分解厌氧反应后的产物，包括一些易降解小分子有机物及染料中的某些发色基团等，在好氧段中进一步去除。在一定停留时间内（厌氧 10h，好氧 10h），处理出水能达到《纺织染整工业水污染物排放标准》GB 4287—92 的二级排放标准。但由于国家当时新的排放标准（GB 8978—96）的执行，印染工业废水经厌氧-好氧工艺处理不能保证新的排放要求（COD_{Cr}＜100mg/L，色度＜50 倍），必须增加三级处理措施。原有污水厂有一套小型气浮设施，经设备调试运转后效果良好，因此，本工程设计中不再对三级处理设施进行小试，直接选用气浮和次氯酸钠脱色作为污水厂处理水达标排放的把关措施。

3. 主要建构筑物及设备

（1）厌氧水解池

原有蓄水池改造，设置水下推进器和污泥回流泵，钢筋混凝土结构，尺寸为 65m×45m×5m，有效容积 14000m^3，污水停留时间 1 天。

（2）进水泵房

进水泵房 1 座，平面尺寸 6.5m×7.0m×5.3m，内设潜水泵三台（单台 Q=300m^3/h，H=9m，N=18.5kW），两用一备。

（3）生化池

生化池 1 座，钢筋混凝土结构，分两格，单格处理能力 7000m^3/d，单格尺寸为 52.25m×18.00m×5.10m，有效容积 4232m^3，水力停留时间（HRT）14.50h，污泥混合液浓度 X=2.5g/L，污泥回流比 R=100%，污泥负荷 0.12kg BOD_5/(kg MLSS·d)，污泥龄（SRT）20 天，为有效克服污泥膨胀，在每格中设置导流墙，使污水在曝气池中呈推流式运行方式，生化池中安装微孔曝气头，平均氧利用率达 18%，采用鼓风曝气方式供气。

（4）二沉池

表面负荷 q=0.79m^3/(m^2·h)，沉淀时间 t=2h，圆形钢筋混凝土结构，2 座，单座处理能力 7000m^3/d，尺寸为 $D\times H$=22m×4.0m，池中安装吸泥机。设计中考虑二沉池的表面负荷较低的原因在于：

① 确保固液分离效果，保证出水水质；

② 保证回流污泥的浓度，在污水的生物处理系统中，生化系统中生物量的保证是污水厂运行成功的关键，有机物能否得到降解取决于系统中降解该有机物的微生物的数量，一般小型印染废水厂均设置填料以提高生物量，因为填料价格较高，一般不在大型污水厂中应用，故设计中考虑保证二沉池中固液分离效果，提高回流污泥浓度，同时延长污泥龄。

（5）浅层气浮池

浅层气浮为圆形成套钢设备，2 套，单套处理能力 300m^3/h，尺寸为 $D\times H$=10m×0.7m。浅层气浮装置是在传统气浮理论的基础上，成功地运用了“浅池理论”和“零速”原理，集凝聚、气浮、撇渣、沉淀、刮泥为一体的先进、高效净化设备，主要特点为：原水进水口、净化水出水口均为移动式，进水口自身以原水出流速度并以相反的方向回旋，混合废水的水平流速相对流出装置为零，零流速状态大大改善气浮过程中液体紊流，缩短原水中的气泡上浮时间，池子中水的流态基本上相对静止，原水中的悬浮物从池底浮到表面的速度快（可达40～100mm/min），有效水深只需400～500mm。

(6) 污泥池

圆形钢筋混凝土结构，2座，尺寸为$D\times H=22m\times 4.0m$，池中安装搅拌机。

(7) 鼓风机房

砖混结构，1座，尺寸为19.5m×8.4m×6.3m，内设三台离心鼓风机（单台$Q=80m^3/min$，$H=5.5m$，$N=110kW$），两用一备。

(8) 脱水机房、加药间

砖混结构，1座，尺寸为20m×10m×4.5m，内设1m带式压滤机1台及气浮加药设备1套，加药间内设次氯酸钠发生器四套（三用一备，单套加氯量2.0kg/h，$N=5kW$）。

(9) 综合楼

砖混结构，建筑面积350m²，内设中控室、会议室、办公室等。

4. 技术经济参数

技术经济状况参数见表3-19技术经济参数一览表。

表3-19 技术经济参数一览表

吨水投资/(元/吨水)	吨水占地/(m²/吨水)	吨水电耗/(度/吨水)	运行费用/(元/吨水)	环境效益/(COD削减吨/年)
1500	0.93	0.67	1.15	4088

5. 工程特色分析

(1) 工业区内各工厂企业废水的集中处理

① 统一财力、统一建设、统一管理，既避免了环境的进一步恶化，又解决了企业的后顾之忧，据有关统计资料显示：集中处理污水厂吨水投资、运行费和能耗将比各厂分散治理的费用降低30%～60%，充分发挥了环境效益。

② 由于各厂水质水量均有较大的波动，各厂分散处理难度大、效果差，而集中处理对水量水质均得以调节，使处理效果稳定。

(2) 充分利用原有构筑物，节约了污水厂投资

原有已建的蓄水池在扩建工程中起到以下三个作用：①调节池，均化水质水量；②厌氧水解池，由于蓄水池容量较大，HRT=1天，实际调节池容只需4h左右，因此，充分利用原有蓄水池进行分格改造，内设水下推进器，回流剩余污泥进行厌氧水解；③剩余污泥的稳定池，二沉池剩余污泥排入大容量的蓄水池，在厌氧

水解的同时完成污泥的稳定。

(3) 加药方式简单、灵活

气浮工艺前均应有混凝反应阶段，一般水厂污水厂均设置单独的混凝反应池或加管道混合器，本工程结合实际，通过设计计算，认为通过二沉池能满足工艺上的混合要求，污水在管道中的时间也能满足反应时间要求，故气浮加药管直接设置在二沉池出口处。

(4) 吨水投资及吨水占地低于一般工业污水厂

从本工程技术参数中可以看出，本工程吨水投资及吨水占地较为理想，低于一般工业污水厂。但吨水运行费用稍高，主要原因在于三级处理设施——浅层气浮运行费用较大，电费、药剂费消耗较大，该部分运行费用达 0.40 元/吨。根据老污水厂的运行经验以及现有的污水进水水质，提高运行管理水平，主要是厌氧水解池的运行效果，废水最后经次氯酸钠脱色处理是能够达到排放要求的，气浮只是作为污水厂出水达标排放的把关措施。

第十一节　医药抗生素废水处理工程优化设计案例

一、抗生素制药废水的特点

1. 抗生素及其废水产生背景

抗生素类药品是目前国内消耗较多的品种，大多数属于生物制品，即通过发酵过程提取制得，是微生物、植物、动物在其生命过程中产生的化合物，具有在低浓度下选择性抑制或杀灭其他微生物或肿瘤细胞能力的化学物质，是人类控制感染性疾病、保护身体健康及防治动植物病害的重要化学药物。目前，我国生产抗生素的企业达 300 多家，生产占世界产量 20%～30%的 70 个品种的抗生素，产量年年增加，现已成为世界上主要的抗生素制剂生产国之一。目前抗生素生产中筛选和生产、菌种选育等方面仍存在着许多技术难点，从而出现原料利用率低、提炼纯度低、废水中残留抗生素含量高等诸多问题，造成严重的环境污染。

2. 抗生素废水的来源及特点

抗生素生产包括微生物发酵、过滤、萃取结晶、提炼、精制等过程。以粮食或糖蜜为主要原料生产抗生素的废水主要来自分离、提取、精制纯化工艺的高浓度有机废水，如结晶液、废母液等，种子罐、发酵罐的洗涤废水以及发酵罐的冷却水等。因此废水有以下特点：

(1) COD 含量高

抗生素废水的 COD 一般都在 5000～80000mg/L。主要为发酵残余基质及营养物、溶剂提取过程的萃取余液、经溶剂回收后排出的蒸馏釜残液、离子交换过程中排出的吸附废液、水中不溶性抗生素的发酵过滤液以及染菌倒罐废液等。这些成分浓度高，如青霉素废水COD_{Cr}浓度为15000～80000mg/L，土霉素废水COD_{Cr}浓度为8000～35000mg/L。

（2）废水中SS浓度高（500～25000mg/L）

抗生素废水中SS主要为发酵的残余培养基质和发酵产生的微生物丝菌体，如庆大霉素废水SS为8000mg/L左右，青霉素废水为5000～23000mg/L。

（3）成分复杂

抗生素废水中含有中间代谢产物、表面活性剂和提取分离中残留的高浓度酸、碱和有机溶剂等原料，成分复杂。易引起pH波动，影响生化效果。

（4）存在生物毒性物质

废水中含有微生物难以降解、甚至对微生物有抑制作用的物质。发酵或者提取过程中因生产需要投加的有机或无机及生产过程中排放的残余溶剂和残余抗生素及其降解物等，在废水中，这些物质达到一定浓度会对微生物产生抑制作用。

（5）硫酸盐浓度高

如链霉素废水中硫酸盐含量为3000mg/L左右，最高可达5500mg/L，青霉素为5000mg/L以上。

（6）其他

此外，抗生素废水还有色度高、pH波动大、间歇排放等特点，是处理成本高、治理难度大的有毒有机废水之一。

二、抗生素废水处理

抗生素生产废水属于难降解有机废水，特别是残留的抗生素对微生物的强烈抑制作用，可造成废水处理过程复杂、成本高和效果不稳定。因此在抗生素废水的处理过程中，采用物理处理方法或作为后续生化处理的预处理方法以降低水中的悬浮物和减少废水中的生物抑制性物质。

1. 抗生素废水处理物理方法

目前应用的抗生素废水处理物理方法主要包括混凝、沉淀、气浮、吸附、反渗透和过滤等。

① 抗生素废水处理混凝法是在加入凝聚剂后通过搅拌使失去电荷的颗粒相互接触而絮凝形成絮状体，便于其沉淀或过滤而达到分离的目的。采用凝聚处理后，不仅能有效地降低污染物的浓度，而且废水的生物降解性能也得到改善。在抗生素制药工业废水处理中常用的凝聚剂有：聚合硫酸铁、氯化铁、亚铁盐、聚合氯化硫酸铝、聚合氯化铝、聚合氯化硫酸铝铁、聚丙烯酰胺（PAM）等。

② 沉淀是利用重力沉淀分离将密度比水大的悬浮颗粒从水中分离或除去。

③ 气浮法是利用高度分散的微小气泡作为载体吸附废水中的污染物，使其视密度小于水而上浮，实现固-液或液-液分离的过程。通常包括充气气浮、溶气气浮、化学气浮和电解气浮等多种形式。

④ 吸附法是指利用多孔性固体吸附废水中某种或几种污染物，以回收或去除污染物，从而使废水得到净化的方法。常用的吸附剂有活性炭、活性煤、腐殖酸类、吸附树脂等。该方法投资少、工艺简单、操作方便、易管理，较适宜对原有污水厂进行工艺改进。

⑤ 反渗透法是利用半透膜将浓、稀溶液隔开，以压力差作为推动力，施加超过溶液渗透压的压力，使其改变自然渗透方向，将浓溶液中的水压渗到稀溶液一侧，可实现废水浓缩和净化目的。

⑥ 吹脱法，当氨氮浓度大大超过微生物允许的浓度时，在采用生物处理过程中，微生物受到 NH_3-N 的抑制作用，难以取得良好的处理效果。赶氨脱氮往往是废水处理效果好坏的关键。在制药工业废水处理中，常用吹脱法来降低氨氮含量，如乙胺碘呋酮废水的赶氨脱氮。

2. 抗生素废水处理化学方法

(1) 光催化氧化法

该技术可有效地降解制药废水中的有机物浓度，且具有性能稳定、对废水无选择性、反应条件温和、无二次污染等优点，具有很好的应用前景。以 TiO_2 作为催化剂，利用流化床光催化反应器处理制药废水，考察了在不同工艺条件下的光催化效果，结果表明：进水 COD 分别为 596mg/L、861mg/L 时，采用不同的试验条件，光照 150min 后光催化氧化阶段出水 COD 分别为 113mg/L、124mg/L，去除率分别为 81.0%、85.6%，且 BOD_5/COD 值也可由 0.2 增至 0.5，提高了废水的可生化性。但是，光催化氧化法仍然存在不足，目前应用最多的 TiO_2 催化剂具有较高的选择性且难以分离回收。因此，制备高效的光催化剂是该方法广泛应用于环保领域的前提。

(2) Fe-C 处理法

Fe-C 技术是被广泛研究与应用的一项废水处理技术。以充入的 pH 值 3～6 的废水为电解质溶液，铁屑与炭粒形成无数微小原电池，释放出活性极强的[H]，新生态的 [H] 能与溶液中的许多组分发生氧化还原反应，同时产生新生态的 Fe^{2+}，新生态的 Fe^{2+} 具有较高的活性，生成 Fe^{3+}，随着水解反应进行，形成以 Fe^{3+} 为中心的胶凝体，从而达到对有机废水的降解效果。在常温常压下利用管长比固定的浸滤柱内加装活性炭-铁屑为滤层，以 Mn^{2+}、Cu^{2+} 作为催化剂，对四环素制药厂综合废水的处理结果表明，活性炭具有较大的吸附作用，同时在管中形成的 Fe-C 微电池，将铁氧化成氢氧化铁絮凝剂，使固液分离、浊度降低。

三、抗生素废水生物处理方法

1. 好氧处理法

常用于制药废水的好氧生物法主要包括：普通活性污泥法、加压生化法、深井曝气法、生物接触氧化法、生物流化床法、序批式间歇活性污泥法（SBR）等。

（1）活性污泥法

目前，国内外抗生素废水处理比较成熟的方法是活性污泥法。由于加强了预处理，改进了曝气方法，使装置运行稳定，到20世纪70年代已成为一些工业发达国家的制药厂普遍采用的方法。但是普通活性污泥法的缺点是废水需要大量稀释，运行中泡沫多，易发生污泥膨胀，剩余污泥量大，去除率不高，常必须采用二级或多级处理。因此近年来，改进曝气方法和微生物固定技术以提高废水的处理效果已成为活性污泥法研究和发展的重要内容。加压生化法相对于普通活性污泥法提高了溶解氧的浓度，供氧充足，既有利于加速生物降解，又有利于提高生物耐冲击负荷能力。

（2）生物接触氧化法

兼有活性污泥法和生物膜法的特点，具有较高的处理负荷，能够处理容易引起污泥膨胀的有机废水。在制药工业生产废水的处理中，常常直接采用生物接触氧化法，或用厌氧消化、酸化作为预处理工序来处理制药生产废水。但是用接触氧化法处理制药废水时，如果进水浓度高，池内易出现大量泡沫，运行时应采取防治和应对措施。

生物流化床将普通的活性污泥法和生物滤池法两者的优点融为一体，因而具有容积负荷高、反应速率快、占地面积小等优点。

（3）序批式间歇活性污泥法

具有均化水质、无需污泥回流、耐冲击、污泥活性高、结构简单、操作灵活、占地少、投资省、运行稳定、基质去除率高于普通的活性污泥法等优点，比较适合于处理间歇排放和水量水质波动大的废水。但SBR法具有污泥沉降、泥水分离时间较长的缺点。在处理高浓度废水时，要求维持较高的污泥浓度，同时，还易发生高黏性膨胀。因此，常考虑投加粉末活性炭，以减少曝气池泡沫，改善污泥沉降性能、液固分离性能、污泥脱水性能等，以获得较高的去除率。

直接应用好氧法处理抗生素废水仍需考虑废水中残留的抗生素对好氧菌存在的毒性，所以一般需对废水进行预处理。

2. 厌氧处理法

厌氧生物处理是指在无分子氧条件下通过厌氧微生物（包括兼性微生物）的作用将废水中的各种复杂有机物分解转化成甲烷和二氧化碳等物质的过程，也称厌氧消化。由于厌氧处理过程中起主要代谢作用的产酸菌和产甲烷菌具有相对不同的生物学特征，因此可以分别构造适合其生长的不同环境条件，利用产酸菌生长快，对毒物敏感性差的特点将其作为厌氧过程的首段，以提高废水的可生化性，减小废水的复杂成分及毒性对产甲烷菌的抑制作用，提高处理系统的抗冲击负荷能力，进而保证后续复合厌氧处理系统的产甲烷阶段处理效果的稳定性。用于抗生素废水处理的厌氧工艺包括：上流式厌氧污泥床（UASB）、厌氧复合床

(UBF) 等。

① UASB 能否高效和稳定运行的关键在于反应器内能否形成微生物适宜、产甲烷活性高、沉降性能良好的颗粒污泥。UASB 反应器具有厌氧消化效率高、结构简单等优点。但在采用 UASB 法处理制药生产废水时，通常要求 SS 含量不能过高，以保证 COD 去除率。

上流式厌氧污泥床过滤器（UASB＋AF）是近年来发展起来的一种新型复合式厌氧反应器，它结合了 UASB 和厌氧滤池（AF）的优点，使反应器的性能有了改善。该复合反应器在启动运行期间，可有效地截留污泥，加速污泥颗粒化，对容积负荷、温度 pH 值的波动有较好的承受能力。

② 复合式厌氧反应器兼有污泥和膜反应器的双重特性。复合式厌氧反应器对乙酰螺旋霉素生产废水的处理表明，反应器的 COD 容积负荷率为 8～13kg/(m^3 · d)，可获得满意的出水，采用加压上流式厌氧污泥床（PUASB）处理废水时，氧浓度显著升高，加快了基质降解速率，能够提高处理效果。UBF 法兼有污泥和膜反应器的双重特性。反应器下部具有污泥床的特征，单位容积内具有巨大的表面积，能够维持高浓度的微生物量，反应速率快，污泥负荷高。反应器上部挂有纤维组合填料，微生物主要以附着的生物膜形式存在，另一方面，产气的气泡上升与填料接触并附着在生物膜上，使四周纤维素浮起，当气泡变大脱离时，纤维又下垂，既起到搅拌作用又可稳定水流。经单独的厌氧方法处理后的出水 COD 仍较高，难以实现出水达标，一般采用好氧处理以进一步去除剩余 COD。

③ 光合细菌处理法（PSB），光合细菌（photosynthesis bacteria，PSB）中红假单胞菌属的许多菌株能以小分子有机物作为供氢体和碳源，具有分解和去除有机物的能力。因此，光合细菌处理法可用来处理某些食品加工、化工和发酵等工业的废水。PSB 可在好氧、微好氧和厌氧条件下代谢有机物，采用厌氧酸化预处理常可以提高 PSB 的处理效果。PSB 处理工艺具有承受较高的有机负荷、不产生沼气、受温度影响小、有除氮能力、设备占地小、动力消耗少、投资低、处理过程中产生的菌体可回收利用等优点。

3. 厌氧-好氧处理方法及与其他方法的组合

单独的好氧处理或厌氧处理往往不能满足废水处理要求，而厌氧-好氧处理方法及其与其他方法的组合处理工艺在改善废水的可生化性、耐冲击性，降低投资成本，提高处理效果等方面明显优于单独处理方法，使其成为制药废水的主要处理方法。

絮凝沉淀＋水解酸化＋SBR 工艺对于抗生素废水处理是一条行之有效的方法，是一种经济合理且适合我国的有效的处理工艺。

将厌氧水解处理作为各种生化处理的预处理，因不需曝气，大大降低了生产运行成本，可提高污水的可生化性，降低后续生物处理的负荷，大量削减后续好氧处理工艺的曝气量，降低工程投资和运行费用，因而被广泛应用于难生物降解的化工、造纸、制药等高浓度有机工业废水的处理中。但是，在污泥的培养驯化过程中，好氧污泥与缺氧污泥中含有的细菌对环境十分敏感，虽然系统具有一定的抗冲击能力，但如长时间处在超负荷运转条件下，会出现硝化反应变得缓慢，导致 NO_2-N 积累偏高，使系统运行停留在亚硝化阶段，从而导致出水水质难以得到保证。

天方药业股份有限公司以生物发酵法生产抗生素为主，主要产品是乙酰螺旋霉素。该企业于 1998 年第一期废水处理工程验收达标并投产运行后，分别于 2000 年、2002 年进行了两次扩建，使其废水处理站总处理能力达 4500m³/d。现拟进行第三次扩建，本次设计在前三期工程的设计以及运行经验总结的基础上，提出了更为合理的工艺流程，改进了单体设计，从而节约工程投资，并确保处理水质达标排放。

（1）过程与方法

① 废水水质、水量　抗生素生产废水有机污染程度变化大，部分废水属高浓度有机废水，废水中含有残留的抗生素和溶剂，对微生物具有一定的抑制作用，同时废水中含有不少生物发酵代谢所产生的生物难降解物质，其综合生物降解性能差。扩建废水处理工程设计的进出水水质见表 3-20。

表 3-20　扩建废水处理工程设计的进出水水质

项目	COD/(mg/L)	pH	SS/(mg/L)	BOD_5/(mg/L)
进水	7470～10500	5.8～8.5	376～2000	3350～5160
出水	≤300	6～9	≤150	≤100

注：处理后水质达到国家《污水综合排放标准》(GB 8978—1996) 生物制药工业二级排放标准。

制药生产现有发酵吨位 3600t，拟扩建发酵吨位 2000t，扩建规模约占现有规模的 60%，现有废水处理工程能力为 4500m³/d，扩建工程设计流量为 2700m³/d。

② 工艺流程及改进　扩建工程工艺流程与现有废水处理工艺流程分别如图 3-14和图 3-15 所示。

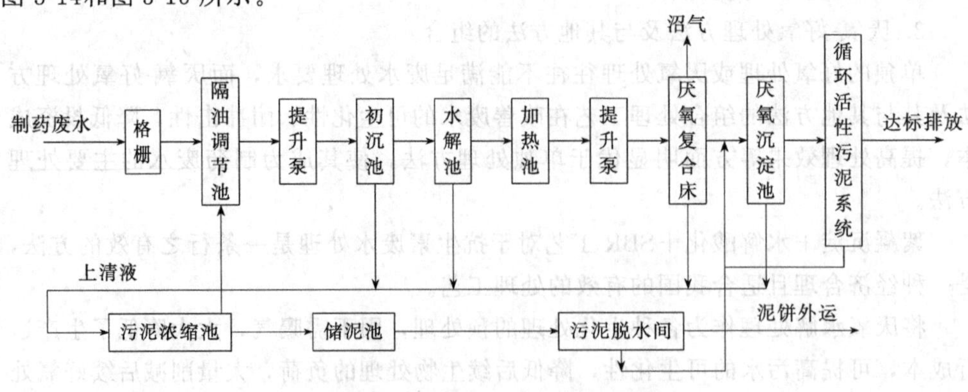

图 3-14　扩建工程废水处理工艺流程

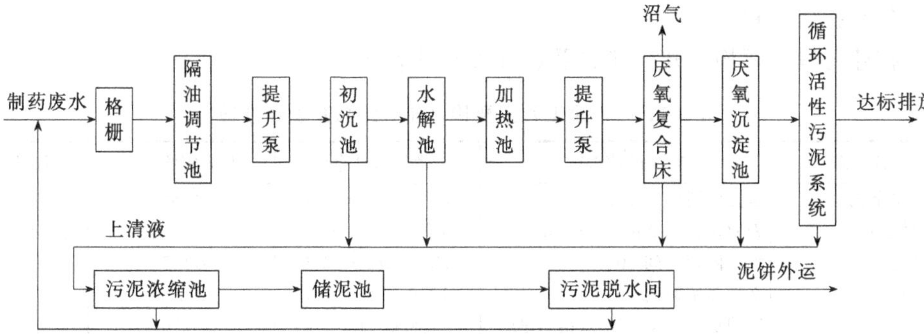

图 3-15 现有废水处理工艺流程

与现有废水处理工艺流程相比，扩建工程在以下几个环节做了改进。

a. 调节池前置 调节池前置有三个优点。(a) 废水由车间排放口流到废水处理站的过程中，溶剂不断上浮、聚集，相当于增加了隔油池的表面负荷，但现有工艺在隔油池前有一次提升，在水泵叶轮的强烈搅动和切削作用下，原来已经聚集析出的溶剂又重新乳化分散，隔油池的处理效率下降。本次设计将隔油池、调节池、水泵集水池合建一体，其隔油表面负荷较现有水泵集水池的隔油表面负荷大幅度降低，有利于溶剂析出，并避免了上述不利因素。(b) 减少了一级提升泵，提高了总提升效率。(c) 调节池后的提升流量为平均时流量，大大降低了初沉池的表面负荷，有利于提高初沉效率。初沉池的沉淀效果直接影响后续处理的效果，当废水中SS浓度较高时，由于初沉池在调节池前，废水排放水质水量不均匀，进入初沉池的水质水量变化较大，当大水量高SS浓度的废水进入初沉池时，初沉池的处理效果较差，出水中SS浓度较高，含有高浓度SS的废水进入水解池时，酸化水解菌被部分沉淀下来的颗粒物覆盖，使酸化菌和废水之间的传质受阻，酸化效果大幅度下降。调节池前置是初沉池水量负荷、处理效果稳定的保证，也有利于后续处理工艺的稳定运行。

b. 地面加热与储热 现有工程在地面上16m高处的50m水塔内加热与储热，一方面存在当蒸汽管处于负压状态时废水向蒸汽管倒流的可能性；另一方面蒸汽加热造成水塔震动明显，引发噪声较大。为此，四期在水解池后建地面加热与储热池，先在地面将水解池出水加热，再用提升泵直接向各UBF配水。由于加热与储热池建于地面，比加热塔单位容积造价大大降低，故可以将加热与储热池的容积适当放大，从而提高UBF进水温度的稳定性。

c. 好氧污泥回流至厌氧沉淀池 好氧污泥含水率高，沉降性能差，剩余好氧污泥直接排至污泥浓缩池对污泥浓缩池负荷增加较多，浓缩后污泥含水率较高，增大了压滤前加药量。本次设计将好氧污泥排至厌氧沉淀池，使好氧污泥和厌氧排水中的污泥混合，可改善好氧污泥的沉降性能，降低污泥含水率，减少污泥总量，节约污泥脱水费用。上述改进在系统运行中逐一得到体现。

(2) 扩建工程

扩建工程主要构（建）筑物及设计参数见表 3-21。

表 3-21　扩建工程主要构（建）筑物及设计参数

名　称	主要设计参数	规格尺寸/m	有效容积/m^3	数量
隔油调节池	水力停留时间 12h	47.0×10.0×3.8	1350	1
初沉淀池	表面负荷 1.2m^3/(m^2·h)	15.0×7.5×6.5	200	1
水解池	水力停留时间 10h	24.0×10.0×5.5	1125	1
加热池	水力停留时间 1h	10.0×2.5×6.0	115	1
UBF 反应器	容积负荷 5kg COD/(m^3·d)	ϕ8.0×12.0	5250	10
厌氧沉淀	表面负荷 1.4m^3/(m^2·h)	15.0×7.5×6.5	200	1
CASS 反应池	容积负荷 0.9kg COD/(m^3·d)	32.0×18.0×5.5	2880	1
污泥浓缩池	水力停留时间 2 天	ϕ14.0×4.5	615	1

(3) 厌氧反应器的启动

接种污泥：用原有工程 UBF 反应器污泥床中污泥，接种污泥已经颗粒化。原有工程废水（含有部分淀粉生产废水）与新建工程废水水质基本相同。接种污泥质量浓度为 52.42kg/m^3（以 SS 计），VSS/TSS＝0.8，颗粒污泥粒径 0.1～4μm，单体 UBF 反应器中接种厌氧污泥的总体积为 50m^3，接种污泥总量 2621kg (TSS)。

调试运行期在冬季，室外温度最低达到－10℃。调试初期加热池设定温度为 32℃，由于初始进水量较小为 6m^3/h，水力停留时间达 4 天，反应器温度衰减很快，反应区温度为 27℃，微生物反应速率明显降低。将加热池温度提高至 37℃，反应区温度保持在 30℃以上，反应器的启动才顺利进行。反应器接种污泥已经历抗生素废水的驯化，根据微生物的生长特性，厌氧反应器的启动过程不经细菌生长的迟缓期，直接进入对数期和稳定期。有机负荷直接反映了食物与微生物之间的平衡关系。反应器内污泥浓度在启动期变化较快，所以难以用污泥负荷反映运行情况。容积负荷直观易得，通过控制反应器的进水量增加容积负荷，完成了 UBF 反应器的启动。启动期 UBF 进水量和容积负荷变化曲线见图 3-16，UBF 进出水 COD 和 COD 去除率变化曲线见图 3-17。

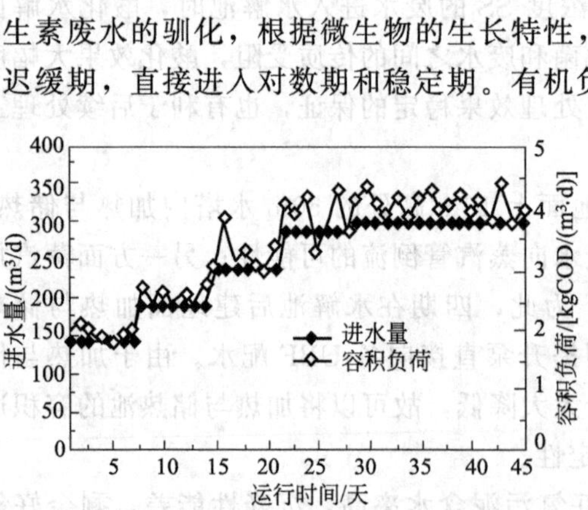

图 3-16　UBF 进水量和容积负荷变化曲线

由图 3-16 可知，UBF 进水量由 150m^3/d 提高至 300m^3/d，容积负荷也从平均 2kgCOD/(m^3·d)，提高至 4.1kgCOD/(m^3·d)，达到了设计要求，启动期历时 35 天。较原有工程启动期历时半年，启动时间大为缩短。启动初始负荷的选择是系统顺利启动的关键，虽然接种污泥经过驯化，并含有一定量的颗粒污泥，但由于接种污泥

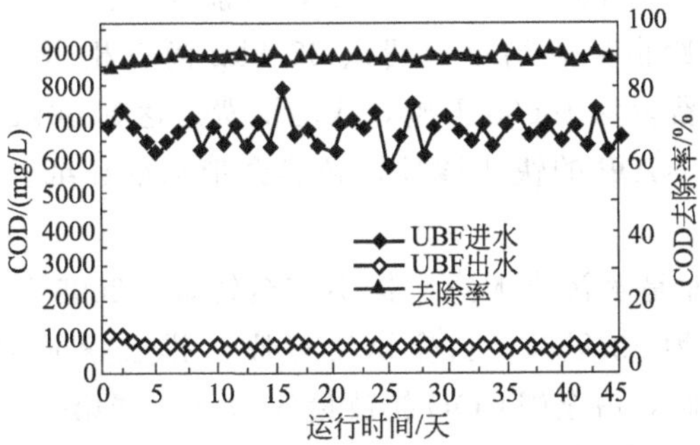

图 3-17 UBF 进出水 COD 及其去除率变化曲线

量较少，若初始负荷过高，容易造成反应器挥发酸积累，污泥流失，直至启动失败。经过多次实验证明 2kgCOD/(m^3·d) 的初始负荷对于本实验所接种的污泥量是合适的。启动时容积负荷有波动，并没有对启动过程造成很大影响。

由图 3-17 可知，启动期间 UBF 进水的 COD 为 5729～7910mg/L，平均值为 7120mg/L；UBF 出水的 COD 为 612～1040mg/L，平均值为 735mg/L，平均去除率为 90%。调试的开始阶段，由于微生物对新环境适应需要一个过程，表现在出水 COD 偏高，有时超过 1000mg/L，COD 去除率在 85%左右，经过一段时间后，出水 COD 逐步降至 700～800mg/L，去除率也稳定在 90%。启动后 45 天测定距反应器底部 1m 高度取样口污泥浓度，达到 69mg/L，并且大部分为颗粒污泥。同时对供应污泥反应器的运行情况研究发现，该反应器的处理效果没有受到影响。

总之，扩建工程调节池前置保证了隔油池的处理效果，减少了一级提升，并保证了初沉池负荷的稳定性。地面加热与储热节省了工程投资，降低了噪声，并有利于加热温度的稳定。好氧污泥在厌氧沉淀池沉淀后，减小污泥含水率、污泥总量，节约污泥脱水费用。

扩建工程 UBF 反应器接种 50m^3 同种废水厌氧颗粒污泥，经 35 天完成反应器的启动。启动结束时负荷达 4.1kgCOD/(m^3·d)，系统运行稳定，COD 平均去除率为 90%。由此可见，对厌氧处理的扩建可缩短调试时间，节省污泥的购置和运输费用。

第十二节 工业造纸废水处理技术及回用

一、概述

造纸工业在国民经济中占有一定的地位，纸和纸板的消费水平是衡量现代化水平与文明程度的重要标志之一。我国自改革开放以来，随着国民经济的发展和人民生活水平的不断提高，纸和纸板的生产量以年均 10%以上的速度递增，其中

2001～2010年间，平均每年增长 12.8%。但是，目前我国国民人均年纸张消费量还不高，只有 43.6kg，距世界人均年消费量 62.8kg 尚有相当差距。据预测，到 2015 年，纸及纸板总消费量为 10000 万吨，人均消费量达到 60kg 左右。因此，随着我国国民经济的发展，GDP 的快速增长，必然会带来纸和纸板的生产与消费量的更快速的增长。

众所周知，造纸工业是水污染大户。据不完全统计，2005 年全国县及县以上造纸企业排放废水量约为 32 亿吨，占全国工业废水排放量的 12%，居第三位；COD 排放量为 380 余万吨，占全国 COD 排放量的 46%，居第一位。由此可见，为了控制污染，保护环境，迫切需要解决造纸工业同环境保护协调发展的问题。

2010 年以来，为了保护我国的自然环境和生态平衡，减轻造纸工业污染，特别是制浆黑液对环境的污染，我国的造纸工业已经逐渐摒弃“以草为主”，改变“小而散”的局面，对原料结构、产品结构进行了很大的调整。以商品浆和废纸取代自制浆，建设了一批有竞争力的大、中型造纸企业，生产白纸板、白卡纸、箱板纸、瓦楞纸等适应市场和人民生活需要的各种产品。以浙江省为例，目前以商品浆和废纸为原料的纸板及机制纸产量占全省造纸年产量的 72.8%左右。因此，如何搞好以商品浆和废纸为原料的造纸废水处理，是减少造纸工业水污染的重要和主要的组成部分。

造纸工业既是水污染大户又是用水大户。例如，以商品浆和废纸为原料的造纸生产，根据规模、设备状况、生产管理等因素，吨纸水耗为数十吨至上百吨之间，一座年产 10 万吨的造纸厂，每日耗水量约 25000～35000m^3。为了节省我国有限的水资源，寻求经处理后造纸废水的回用可行性，亦是一个摆在我们面前具有现实意义和长远意义的新课题。

目前我国的造纸废水处理的污水主要存在以下问题：

① 在造纸工业中所需水量很大，如果产 1t 纸需耗用水 100m^3，排出的纸浆废水也随之增长。纸浆废水是典型的高污染、高耗能的有机废水。

② 造纸工厂排出的纸浆废水中，含有木素、糖类、树脂皂、硫醇类等物质。纸浆废水是一种典型的高污染、高耗氧、难生化降解的有机废水，其主要污染物化学性质稳定，对微生物活性具有强烈的抑制作用，难以采用生化处理。

③ 纸浆废水中主要含有半纤维素、木质素、无机酸盐、细小纤维、无机填料以及油墨、染料等污染物。木质素、半纤维素主要形成废水的 COD 及 BOD_5；细小纤维、无机填料等主要形成 SS；油墨、染料主要形成色度和 COD。这些污染物综合反映出废水的 SS、COD 指标均较高，且可生化性较差。

二、造纸废水来源及污染成分与性状

造纸工业是能耗、物耗高，对环境污染严重的行业之一，其污染特性是废水排放量大，其中 COD、悬浮物（SS）含量高，色度严重。

1. 污染成分

废纸类造纸废水是以废纸、商品浆（大多为进口漂白木浆）为主要原料，生产多种规格的白纸板、白卡纸、箱板纸、瓦楞纸等产品。排放的废水主要来自废纸的碎浆、筛选、浮选及抄纸过程中产生的废水，如根据生产需要有脱墨工序的话，则还有脱墨废水等。废水中的主要成分是细小悬浮性纤维、造纸填料、废纸杂质和少量果胶、蜡、糖类，以及造纸生产过程中添加的各类有机及无机化合物。废水的特点是 SS、COD 均较高。在 COD 的组成中，非溶解性 COD 较高，约占 60%以上，溶解性 COD 较低，溶解性 COD 较难生物降解。

2. 水量和水质

目前，国内造纸企业因原料、设备、工艺操作等不同，排水量差异较大。通常吨纸产品的排水量在 100～200m^3，低者小于 50m^3，高者超过 200m^3。废水水质因排水量而异。吨纸产品排水量低，则排放废水中污染物浓度高；反之亦然。据测算，在一般情况下，造纸（废纸类）的产污系数为 70～90kgCOD/t 纸。据此推算废水水质如下：

吨纸产品排水量为 60.0m^3 左右时，SS 2000～2500mg/L，COD 2200～3000mg/L；

吨纸产品排水量为 100.0m^3左右时，SS 700～1100mg/L，COD 800～1200mg/L；

吨纸产品排水量为 150.0m^3 左右时，SS 500～800mg/L，COD 600～900mg/L；

吨纸产品排水量为 200.0m^3 左右时，SS 400～600mg/L，COD 500～600mg/L。

3. 废水回用

根据造纸生产工艺，碎浆、打浆和冲网工序中的生产用水，对 SS 的要求较高，而对 COD 的要求不高。如碎浆、打浆用水，一般要求 SS≤100mg/L，冲网用水 SS≤30mg/L，COD 可在 150～200mg/L。若在处理过程中能有效降低 SS，并且去除大部分 COD，则使处理水水质有可能满足诸如打浆、冲网等生产用水的要求，从而实现部分处理水生产回用，减少排放量。

三、造纸废水处理技术与方法

下面详细介绍了造纸废水处理主要的技术方法。

1. 物理化学处理法

（1）重力沉降法

造纸废水中悬浮物质主要有树皮、纤维、纤维碎屑、填料和涂料等。去除的方法有重力沉降、气浮和筛滤。筛滤投资大，应用少。重力沉降和气浮是在造纸废水处理中去除悬浮物的主要方法。在一级沉淀池前设置机械格栅和沉砂池，格栅除污机通常可使用链式机械格栅、螺旋细格栅机，格栅用来去除大块悬浮物与漂浮物，沉砂池可以预先除砂，防止沉淀池和管理堵塞、磨损，为防止沉砂中带有有机物，常采用曝气沉砂池，分离的杂质使用螺旋砂水分离机进行输送分离。一级沉淀池最常用的是辐流式沉淀池，设有机械刮泥机装置，其次是平流式沉淀池。

（2）气浮法

造纸污水处理中的白水气浮法处理技术是使空气在一定压力的作用下溶解于水中，再经过减压释放形成极微小的气泡，使其与处理的白水混合，微小气泡沾附于白水中的纤维或细小填料上，一起上浮于水面并被去除，达到白水净化的目的。气浮设备根据溶气水制备的方法可分为压缩空气法、插管法、射流法等。

（3）混凝法

化学混凝法是废水处理的常用方法，可以有效降低废水中的浊度和色度，在造纸废水处理中应用十分广泛，既可以作为独立的处理工艺，也可以与其他处理方法配合使用，用于预处理段、中间处理段和最终处理段。可以作为初级处理的手段，也可以作为二级处理、深度处理的一种工艺。采用化学混凝沉淀法，利用适当的絮凝剂，将造纸污水中细小纤维和固体颗粒悬浮物沉淀，沉淀后的泥浆做适当处理后可作为箱板纸浆加以利用，水可以作为工业循环水回用。

（4）化学氧化法

造纸污水处理中一般使用化学氧化法来去除造纸污水中的色度。常用的化学氧化剂包括氯、二氧化氯、臭氧、过氧化氢、高氯酸及次氯酸钠等。为使工艺过程经济，往往把化学氧化处理放在生物处理的前边，作为预处理，去除不易生物降解的物质，减少色度和有毒物质等。使用臭氧发生器、次氯酸钠发生器、二氧化氯发生器等环保设备来制取相应的氧化剂。

（5）还原法

采用还原剂改变有毒、有害污染物质的价态，可消除或减轻其污染程度。

（6）高级氧化工艺 AOPs

以产生氧化自由基为主体的氧化技术，利用高活性自由基进攻大分子有机物并与之反应，从而破坏有机分子结构，达到氧化去除有机物的目的，实现高效的氧化处理。具体有湿式空气氧化法、超临界水氧化法、光化学氧化法、化学氧化法、物理方法等。

（7）吸附法

现代化制浆厂由于蒸煮废液已充分回收利用，因此排放废水中的漂白废水已成为主要污染源。漂白废水不仅含有较高的 BOD 和 COD，而且更突出的是色度和氯酚类的毒性。吸附法对生化处理后的造纸废水处理的深度处理有着广泛的应用前景。

吸附法是使用过滤器，利用多孔性的固体物质，使水中的物质被吸附在固体表面上，用于除臭、除有机物、胶体、微生物和余氯等。吸附的特点是处理效果好、吸附剂可以再生。

常用的吸附剂有：

① 活性炭吸附剂，活性炭过滤器能有效去除水中大多数有机污染物；

② 离子交换树脂，具有较高的比表面积，虽然微孔不如活性炭丰富，但是孔径大小、表面极性可以方便控制，抗有机物污染能力强；

③ 黏土矿物类吸附剂，包括硅藻土、蒙脱土、膨润土、高岭土、沸石、氧化铝、锰矿石等。吸附法在造纸废水处理的深度处理中具有重要作用，活性炭是去除水中氯化物最有效的方法，随着排放标准的不断提高，吸附法将成为造纸废水处理中不可缺少的处理工艺。

(8) 膜分离技术

膜分离技术是20世纪初出现、60年代后迅速崛起的新型高效分离技术，现已发展成为重要的分离方法，具有操作压力低、操作过程无相变化等优点。利用高分子膜对混合溶液在压力下进行处理，按膜孔径的大小，一般可分为微滤、超滤、纳滤和反渗透。造纸污水处理中应用的膜分离技术主要是超滤和反渗透，可极大地降低环境污染负荷，具有成本低、效率高、运行管理方便、自动化程度高等特点，MBR膜生物反应器近年来在造纸废水处理中也得到了应用。

2. 生物处理技术

生物处理技术是利用微生物的新陈代谢功能，使造纸废水中呈溶解和胶体状态的有机污染物被降解并转化为无害稳定的物质，从而净化废水的造纸污水处理方法，是去除BOD、COD不可缺少的二级生物处理过程，兼有去除SS、脱色、除臭等作用。

(1) 好氧生物处理

在有氧条件下，借助于好氧微生物（主要是好氧菌）的作用来降解污染物。根据好氧微生物在处理系统中的不同状态可分为活性污泥法和生物膜法。通常采用微孔曝气器、转碟曝气机、转刷曝气机进行曝气充氧。

(2) 厌氧生物处理

利用兼性厌氧菌和专性厌氧菌在无氧的条件下降解有机污染物，复杂的有机化合物被降解和转化为简单、稳定的化合物，同时释放能量，大部分能量以甲烷的形式出现。不需另加氧源，运行费用低，产生的污泥量少且性质稳定、易于处理，不仅可以用于高浓度和中浓度有机废水的处理，也适用于低浓度有机废水的处理。造纸废水处理的厌氧生物处理工艺和环保设备有：厌氧生物滤池、上流式厌氧滤池、升流式厌氧床UASB、厌氧流化床AFB、厌氧附着膜膨胀床AAFEB、厌氧浮动膜生物反应器AFBBR和厌氧折流板反应器ABR等。

(3) 好氧厌氧组合处理

把厌氧法与好氧法组合起来对废水处理的组合工艺，造纸污水处理的好氧厌氧组合方法有厌氧-好氧（A-O)、缺氧-好氧（A-O）以及厌氧、缺氧和好氧三段处理（A-A-O或A_2-O）等。

四、造纸废水处理过程与工艺

1. 造纸废水的综合利用途径

造纸工业废水是制浆造纸生产过程中所产生的废水。造纸工业生产分为两个主要工艺阶段，即制浆和抄纸。制浆是把植物原料中的纤维分离出来，制成浆料，再经漂白；抄纸则是把浆料稀释、成型、压榨、烘干制成纸张。这两项工艺都要耗用大量的水，其中大部分作为废水排出。造纸工业废水的特点是废水排放量大，BOD高，废水中纤维悬浮物多，而且含二价硫和带色，并有硫醇类恶臭气味。制浆造纸废水的成分很复杂，其组分不仅取决于纸浆的方法，也取决于所产品种和原料种类等多种因素。

造纸工业废水中的悬浮物质主要来自备料工段的树皮、草屑、泥砂以及随水排放的炉灰、矿渣、制浆造纸各工序流失的纤维、填料等；废水中BOD主要来源于制浆蒸煮工序，如纤维素分解生成的糖类、醇类、有机酸等，在化学浆中，蒸煮废液的BOD_5发生量占80%以上；废水中的COD和着色物质主要来源于制浆蒸煮工序的木素及其衍生物；废水中的有毒物质主要有蒸煮废液中的粗硫酸盐皂、漂白废水中的有机氯化物（如二氯苯酚、氯邻苯二酚等），还有微量的汞、酚等，但这些有毒物通常含量甚微，其中关于漂白废水中的有机氯化物的毒性和“三致”作用，在发达国家中已引起越来越大的关注。

在我国，由于草类纤维原料比重大（约占60%），企业规模小，生产工艺和设备落后，原材料、能源、耗水量大，使我国的制浆造纸工业的污染格外严重。

2. 造纸废水预处理过程水量和水质调节

由于造纸工业在生产过程中废水排放的多样性，使排出的废水的水质及水量在一日内有一定的变化，因此要求对废水进行调节，均衡水质，使其能够均匀进入后续处理单元，提高处理效果。

总结废水的调节，主要分为：水量调节和水质调节。

废水处理设备及构筑物都是按一定的水量标准设计的，要求均匀进水，特别是对生物处理系统更为重要，为了保证后续处理系统的正常运行，在废水进入处理系统之前，预先调节水量，使处理系统满足设计要求。

根据造纸工业工艺的不同，废水的水量、水质不同，调节池的停留时间也各不相同，当处理水量比较小时，停留时间可选大些，当处理水量比较大时，停留时间可根据具体情况选小些，一般为4～8h。

虽然废水在进入调节之前通过格栅、纤维回收等措施去除了大部分的悬浮物，但还是会有一部分的悬浮物特别是纸浆流进调节池，为了防止沉淀，同时为了加强废水的均匀性，可考虑在调节池内增加曝气装置，可有效改善废水的水质特性。

3. 废纸造纸废水处理过程工艺调试方法

废纸造纸废水处理过程工艺调试方法，如调试的主要内容、调试方法、异常现象处理方法及注意事项等内容，在这里不讨论，由下面工程案例详细分析。

4. 回用要解决的问题与处理技术

(1) 回用要解决的问题

造纸废水主要为有机和无机物所污染，废水中的SS和COD含量高，而N、P含量偏低。根据国家排放标准的规定和回用水的要求，此类废水要解决的主要问题是去除SS和COD污染物质。

废水中的COD由非溶性COD和可溶性COD两部分组成，通常，在造纸（废纸类）废水中，非溶性COD占COD组成总量中的大部分，因此，当SS被除去时，非溶性COD同时亦可大部分被除去。

废水中的BOD同COD的比值一般约为0.15～0.25，生化性较差，大部分BOD和可溶性COD主要应用生物方法去除。

(2) 废水处理过程中处理技术

一般废纸造纸废水处理过程工艺采用厌氧处理技术，对高浓度的造纸（废纸类）废水，如脱墨废水先进行预处理，而后再同其他废水混合进行好氧处理。这种处理方法的前提是需要有相应的生产工艺和先进的生产设备相配套，提高废水中可溶性COD的浓度，使之能适宜进行厌氧处理。而在我国的台湾地区，比较广泛采用的是物化-生化处理方法。使处理水水质达到排放要求。

目前，国内常用的处理技术通常有：

① 气浮或沉淀法　采用气浮或沉淀方法，通过投加混凝剂，可去除绝大部分SS，同时去除大部分非溶解性COD及部分溶解性COD和BOD 。其典型的处理工艺流程如下：

废水→筛网→集水池→气浮或沉淀→排放

气浮和沉淀均为物化处理方法，处理效果与选用的设备、工艺参数、混凝剂等有关，其COD去除率一般高于制浆中段水的COD去除率，通常能达到70%～85%。对吨纸废水排放量>150m^3、浓度较低的中小型废纸造纸企业，通过气浮或沉淀处理，出水水质指标可达到或接近国家排放标准。

② 气浮或沉淀法同生物处理法相结合　对于吨纸废水排放量较低、废水含COD较高的大中型废纸造纸企业，期望通过单级气浮或沉淀的物化方法达到国家一级排放标准有较大的难度，因为可溶性COD、BOD主要需通过生化方法才能有效去除。一般，采用物化加生化的处理方法。典型工艺流程如下：

废水→筛网→调节→沉淀或气浮→A-O或接触氧化→二沉池→排放

A-O（缺氧-好氧）处理工艺，通过缺氧段的微生物选择作用，只是对有机物进行吸附，吸附在微生物上的有机物则在好氧段被氧化分解。因此A段停留时间短，约为40～60min。

在利用废纸生产再生纸工艺过程中有部分废水产生，所产生的废水，建设单位在项目计划中提出将视情况予以分别处理，对于其中含有纸纤维浓度较高的废水，建设单位将尽量循环利用，并回收其中的纸纤维，再生纸生产一般可以循环回用30%，这样一来既可减少污染物的排放，同时也可以增加企业经济效益；对于不能循环利用的废水，建设单位也将进行净化处理，达到相应的排放标准后才排放。

对这类排出的废水要求“深度净化中水回用”，尽量减少污染物排放总量，以减轻对环境造成的污染。

(3) 集回收、回用和废水处理于一体的综合处理技术

由上述可知，目前国内外对造纸（废纸类）废水的处理大多着眼于使处理水水质达标排放上。我们认为，根据造纸（废纸类）生产的特点和所产生废水的性状，将废水处理同纤维回收、废水回用结合起来作为一个完整的系统加以考虑，似乎更为合理，使废水处理更能适应环境保护和生产发展的要求。我们经过近10年的工程实践，拟制了较能符合我国国情的造纸（废纸类）废水综合处理技术。

这种技术的基本要点是：

① 采用斜网过滤，以去除相当部分的SS和非溶性COD，并且可以进行纤维回收回用；

② 采用高效浅层或混凝沉淀，去除大部分SS和非溶性COD，部分水可回用于碎浆、打浆生产用水；

③ 采用A-O法生化处理，出水达标排放，视需要，部分水再经过滤，使出水SS≤30mg/L，可回用于造纸冲网生产用水。

五、工程案例

案例1：国内常用的再生纸废水处理工艺工程案例

根据废纸在生产过程中是否需要经过脱墨处理，可将再生纸废水处理工艺分为非脱墨废水处理工艺和脱墨废水处理工艺。

1. 非脱墨废水性质及处理工艺

在用白色废纸生产文化纸和卫生纸以及用废纸生产箱板纸和纸板芯层等的过程中所产生的废水，都属于非脱墨废水。

(1) 涡凹气浮工艺

图3-18为废水的涡凹气浮处理工艺流程。整个工艺流程完全可实现废水的零排放，并且涡凹气浮工艺还具有处理成本低、投资低、处理效率高、运行稳定等优点，非常适合无化学制浆的中、小型企业采用。

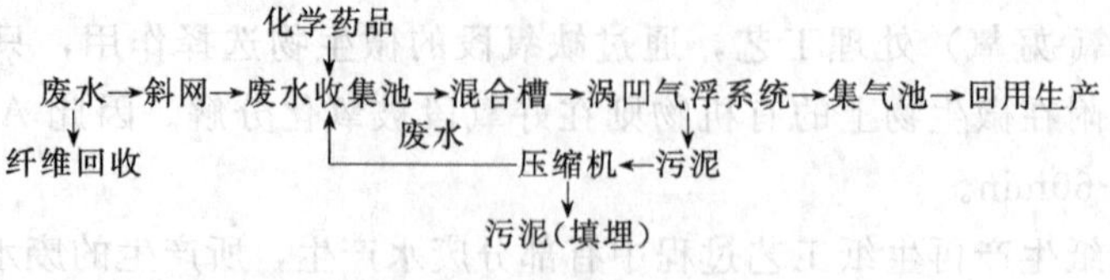

图3-18 一级涡凹气浮（CAF）工艺

（2）化学混凝沉淀工艺

图 3-19 为废水的化学混凝沉淀处理工艺流程。混凝沉淀工艺是在混凝剂的作用下使废水中的悬浮物、胶体和可絮凝的其他物质凝聚成“絮团”，在絮团沉淀后进行固液分离。其优点是过程简单，效率高，投资少。

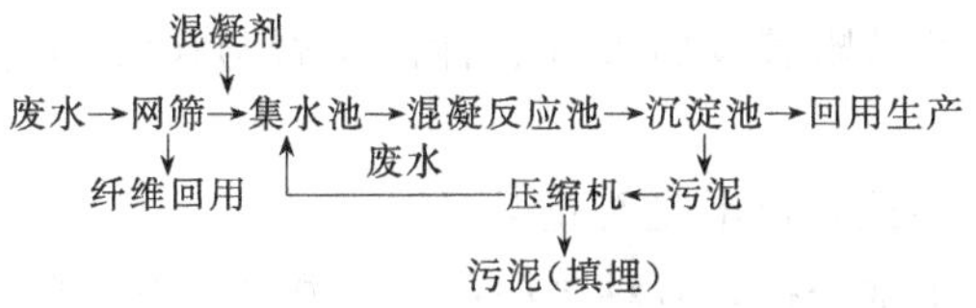

图 3-19　化学混凝沉淀工艺

2. 脱墨废水性质及处理工艺

废旧新闻纸、书籍、杂志废纸等在回用生产的过程中，必须要经过脱墨处理。

3. 絮凝-生化处理工艺

对于脱墨再生纸厂要实现废水的零排放，其过程要比非脱墨再生纸厂复杂和困难得多，必须对废水进行五级处理：澄清、生化曝气、过滤、微过滤和反向渗透。目前，对于我国纸厂来说还是不经济实用的。图 3-20 是针对我国纸厂情况设计的一套三级处理工艺。

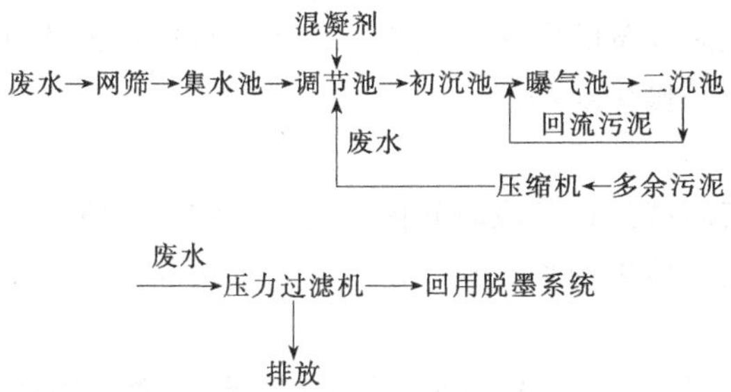

图 3-20　絮凝-生化处理工艺

案例 2：国内废纸造纸废水处理工艺调试方法案例

1. 调试内容及目的

调试的主要内容有：①带负荷试车，解决影响连续运行可能出现的各种问题，为下一步工作打好基础；②生物膜的培养，从城市污水处理厂或相类似造纸厂引入活性污泥、生物培养基；③生物膜的培养、驯化，其目的是选择、培养适应实际水质的微生物；④确定符合实际进水水质水量的运行控制参数，在确保出水水质达标的前提下，尽可能简单化控制规程，以便于今后的运行指导。

2. 调试方法

（1）准备工作

① 人员准备

a. 工艺、化验、设备、自控、仪表等相关专业技术人员各一人。

b. 接受过培训的各岗位人员到位，人数视岗位设置和可以进行的轮班数而定。

② 其他准备工作

a. 收集工艺设计图及设计说明、自控、仪表和设备说明书等相关资料。

b. 检查化验室仪器、器皿、药品等是否齐全，以便开展水质分析。

c. 检查各构筑物及其附属设施尺寸、标高是否与设计相符，管道及构筑物中有无堵塞物。

d. 检查总供电及各设备供电是否正常。

e. 检查设备能否正常开机，各种阀门能否正常开启和关闭。

f. 检查仪表及电控系统是否正常。

g. 检查维修、维护工具是否齐全，常用易损件有无准备。

h. 购置絮凝剂、混凝剂。

(2) 带负荷试车

开启水处理设施、管道中所有阀门和闸阀，启动进水泵送水，根据各构筑物进水情况，沿工艺流程适时启动其他设备。在此过程中应做好以下几方面工作：①检查进线总电流是否符合要求，变配电设备工作是否正常，各种设备工作情况是否正常以及能否满足设计要求，仪器仪表工作是否正常，自控系统能否满足设计要求；②用容积法校核进、出水流量计计量是否准确，校核在线监测仪，检测进、出水水质、流速，测量并记录设备的电压、电流、功率和转速；③及时解决试车过程中发现的问题；④编制设备操作规程。

(3) 生物膜的培养

生物膜的培养实质就是在一段时间内，通过一定的手段，使处理系统中产生并积累一定量的微生物，使生物膜达到一定厚度，其培养方式主要有静态培养和动态培养。

① 静态培养　所谓的静态培养是：为了防止新生微生物随水流走，尽可能地提供微生物与填料层的接触时间，为加快生物膜的形成，开始阶段为了避免由于造纸废水营养单一，故每天一次以 BOD_5 ∶N∶P＝100∶5∶1 比例投加尿素、二胺、白糖等营养底物。首先将接种污泥 50m³ (5%生化有效体积) 和废水按 1∶1 的比例稀释混合后用泵打入生化池内，再泵入 20%～40%生化体积的生产废水，然后剩余体积加清水储满池子开始曝气培养。生化池内填料的堆放体积按反应池有效容积 35%～40%计。静置 20h 不曝气，使固着态微生物接种到填料上，然后曝气 24h，静置 2h 后排掉反应器中呈悬浮状态的微生物。再将配制好的混合液加入重复操作，6 天后，填料表面已全部挂上生物膜，第 7 天开始连续小水量进水。

② 动态培养　经过 7 天的闷曝培养，填料表面已经生长了薄薄一层黄褐色生物膜，故改为连续进水，进行动态培养，调整进水量，使污水在生化池内的停留时间为 24h，控制溶解氧在 2～4mg/L (用溶氧仪测定溶解氧)。约 15 天之后，填料

上有一些变形虫、漫游虫（用生物显微镜观察），手摸填料有黏性、滑腻感，在20天以后出现鞭毛虫、钟虫、草履虫游离菌等原生动物。再经过20天的培养出现轮虫、线虫等后生动物，标志生物膜已经长成，可以开始连续小水量工业运行。

（4）生物膜的驯化

驯化的目的是选择适应实际水质情况的微生物，淘汰无用的微生物，对于有脱氮除磷功能的处理工艺，通过驯化使硝化菌、反硝化菌、聚磷菌成为优势菌群。具体做法是首先保持工艺的正常运转，然后，严格控制工艺控制参数，DO平均应控制在2～4mg/L，好氧池曝气时间不小于5h，在此过程中，每天做好各项水质指标和控制参数的测定，当生物膜的平均厚度在2mm左右，生物膜培养即告成功，直到出水BOD_5、SS、COD_{Cr}等各项指标达到设计要求。

（5）工艺控制参数的确定

设计中的工艺控制参数是在预测水量、水质条件下确定的，而实际投入运行时的污水处理工程，其水量、水质往往与设计有适当的差异，因此，必须根据实际水量、水质情况来确定合适的工艺运行参数，以保证系统正常运行和出水水质达标的同时尽可能降低能耗。

① 工艺参数内容　需确定的重要工艺参数有进水泵站的水位控制，初沉池、二沉池排泥周期，浅层气浮处理量、加药量，生物接触氧化池溶解氧DO、温度、pH值、生物膜厚、微生物的生长状态及种类，二沉池泥面高度等。

② 确定方法　进水泵站水位在保证进水系统不溢流的前提下尽可能控制在高水位运行。用每天排除泥量的体积和集泥容积对比来确定排泥周期，排泥量体积小于集泥容积。浅层气浮处理能力由厂区所排污水量确定，PAC、PAM的投加量由实际混凝、絮凝情况定，理论与实际不太一样。生物接触氧化池DO一般控制在2～4mg/L、不需污泥回流、常温控制、pH值在6.8～7.2，微生物的生长状况及种类可由生物显微镜观察。

（6）工艺控制规程

工艺操作规程主要是用来指导系统运行的，是工艺运行的主要依据，其主要包含以下几方面的内容：①各构筑物的基本情况；②各构筑物运行控制参数；③设施设备运行方式；④工艺调整方法；⑤处理设施维护维修方式。工艺操作规程应在运行工艺参数稳定确定后编制。

（7）调试中的其他工作

污水厂要正常稳定的运行，还应有一套完善的制度，其主要包括管理制度、岗位职责、操作规程、运行记录、设备、设施维护工作档案记录等，在调试过程中可分步完成上述工作。

3. 异常现象处理方法及注意事项

① 在生物膜培养的初始阶段，采用小负荷进水方式，使填料层表面应逐渐被膜状污泥（生物膜）所覆盖。

② 试运行中，应严格监测生物接触氧化池内DO、温度、pH值变化、微生物生长状态及种类。

③ 严格控制生物膜的厚度，保持好氧层厚度2mm左右，应不使厌氧层过分增长，保证生物膜的脱落均衡进行。

④ 生物接触氧化在运行过程中应注意，在低、中、高负荷时，DO控制不当均有可能发生生物膜的过分生长与脱落，故应控制污泥负荷在0.2～0.3kgBOD_5/kgMLSS。

⑤ 浅层气浮的加药处理出水水质应以满足生化设计进水水质条件为准，保证气浮加药的稳定以利于后续生化处理，因不同厂家生产的PAC含有大约6%～7%的Ca粉容易使生化池泛白，经曝气反应生成$CaCO_3$包裹生物膜的表面，造成生物膜接壳，致使生物膜严重脱落，影响生化的正常运行。同时因聚合氯化铝中Al^{3+}、Cl^-对微生物的生长或多或少的抑制，建议投加聚铁，Fe^{3+}是微生物生长的微量元素。

⑥ 运行前对所有设施、管道及水下设备进行检查，彻底清理所有杂物，以避免通水后管道、设备堵塞和维修水下设备影响调试的顺利进行。

⑦ 培菌初期，曝气池会出现大量的白色泡沫，严重时会堆积整个生化池走道板，这一问题是培菌初期的正常现象，只要控制好溶解氧和采取适当的消泡措施就可以解决。

⑧ 运行后期发现二沉池出水带有絮状生物膜，并且从沉淀池底部污泥斗易翻团状污泥，故应尽快排出沉淀池底部污泥斗污泥，减少污泥在二沉池的停留时间。

4. 调试

一般生产企业必须经过一个半月的调试运行，污水处理站各构筑物、设备均能满足设计要求，整个系统运行正常、稳定，处理规模和出水水质均能达到设计要求，才可以通过相关验收。

第十三节　冶炼废水处理与铜冶炼含砷污水处理案例

一、概述

冶炼废水处理冶金工业产品繁多，生产流程各成系列，排放出大量废水，是污染环境的主要废水之一。冶金废水的主要特点是水量大、种类多、水质复杂多变。

炼铁、炼钢、轧钢等过程的冷却水及冲浇铸件、轧件的水污染性不大；洗涤水是污染物质最多的废水，如除尘、净化烟气的废水常含大量的悬浮物，需经沉淀后方可循环利用，但酸性废水及含重金属离子的水有污染。

二、冶炼废水处理方法与技术

对于冶炼废水处理方法的选择，要根据冶炼废水的水质、水量、出水标准来选择。

(1) 酸洗废水的处理

轧钢等金属加工厂都产生酸洗废水，包括废酸和工件冲洗水。酸洗每吨钢材要排出 1～2m^3 废水，其中含有游离酸和金属离子等。如钢铁酸洗废水含大量铁离子和少量锌、铬、铅等金属离子。少量酸洗废水，可进行中和处理并回收铁盐；较大量的则可用冷冻法、喷雾燃烧法、隔膜渗析法等方法回收酸和铁盐或分离回收氧化铁。若采用中性电解工艺除氧化铁皮，就不会出酸洗废水。但电解液须经过滤或磁分离法处理，才能循环使用。

(2) 冷却水的处理

冷却水在冶金废水中所占的比例最大。钢铁厂的冷却水约占全部废水的 70%。冷却水分间接冷却水和直接冷却水。间接冷却水，如高炉炉体、热风炉、热风阀、炼钢平炉、转炉和其他冶金炉炉套的冷却水，使用后水温升高，未受其他污染，冷却后，可循环使用。若采用汽化冷却工艺，则用水量可显著减少，部分热能可回收利用。

直接冷却水，如轧钢机轧辊和辊道冷却水、金属铸锭冷却水等，因与产品接触，使用后不仅水温升高，水中还含有油、氧化铁皮和其他物质，如果外排，会对水体造成淤积和热污染，浮油会危害水生生物。处理方法是先经粗颗粒沉淀池或水力旋流器，除去粒度在 100μm 以上的颗粒，然后把废水送入沉淀池沉淀，除去悬浮颗粒；为提高沉淀效果，可投加混凝剂和助凝剂；水中浮油可用刮板清除。废水经净化和降温后可循环使用。冷轧车间的直接冷却水，含有乳化油，必须先用化学混凝法、加热法或调节 pH 值等方法，破坏乳化油，然后进行上浮分离，或直接用超过滤法分离。所收集的废油可以再生，作为燃料用。

(3) 洗涤水的处理

冶金工厂的除尘废水和煤气、烟气洗涤水，主要是高炉煤气洗涤水、平炉和转炉烟气洗涤水、烧结和炼焦工艺中的除尘废水、有色冶金炉烟气洗涤水等。这类废水的共同特点是：含有大量悬浮物，水质变化大，水温较高。每生产 1t 铁水要排出 2～4m^3 高炉煤气洗涤废水，水温一般在 30℃ 以上，悬浮物含量为 600～3000mg/L，主要是铁矿石、焦炭粉和一些氧化物。废水中还含有剧毒的氰化物以及硫化物、酚、无机盐和锌、镉等金属离子。氰化物含量因炼生铁和锰铁而不同，分别为 0.1～2mg/L 和 20～40mg/L。

废水中的氰化物可用氯、漂白粉或臭氧等把氰化物氧化为氰酸盐，也可投加硫酸亚铁，使氰化物成为无毒的亚铁氰化物，还可用塔式生物滤池等进行生物处理。高炉煤气洗涤水水量大，用上述方法处理氰化物很不经济，因此，大多是用沉淀池澄清废水，然后循环使用。生产特种生铁（如锰铁等）的高炉烟气洗涤水中的悬浮物难以沉降，通常要用混凝剂进行混凝沉淀。除沉淀法外，还可采用磁凝聚法、磁滤法和高梯度磁力分离法处理。沉渣经真空过滤或压力过滤脱水并烘干后，可作为烧结的原料。

高炉烟气洗涤水，用高炉的水淬粒化炉渣进行过滤，既可去除悬浮物，又可降低水的硬度，有利于水质稳定，是一种经济有效的方法。炼钢的平炉、转炉都产生烟气洗涤废水，每炼1t钢要排出2～6m^3废水，水质由于炼钢工艺不同，或同一炉钢处于冶炼过程的不同时间，差别很大，通常pH值为6～12，水温40～60℃，悬浮物2000～10000mg/L，还含有氟化物、硝酸盐等。这种废水处理方法是先用水力旋流器或其他粗颗粒分离器除去60μm以上的大颗粒，然后通过沉淀池沉淀，除去悬浮的细颗粒。由于颗粒细小以及水的热对流，自然沉淀效果不好，因此要投加混凝剂，或用磁凝聚法，有时兼用磁凝聚法和高分子絮凝剂，经济且效果较好。废水澄清后可循环使用。沉淀的污泥经脱水、干燥后可作为烧结原料，或制成球团作为炼钢冷却剂。

(4) 炼焦废水的处理

黑色冶金业中的焦化厂每生产1t焦炭，约产生0.25～0.50m^3含有酚、苯、焦油、氰化物、硫化物、吡啶等有害物质的废水，通常称为含酚废水。含酚废水经处理后，可掺入高炉烟气洗涤水或作为冷却水使用。

有色冶金废水处理铜、铅、锌等重金属冶炼厂含重金属离子的废水，主要来自洗涤冶炼烟气、湿法冶炼和冲洗设备等。由于矿石中除了要提炼的主金属外，还伴有多种有色金属，因此，有色金属冶炼厂的废水常常同时含有多种金属离子和有害物质。

治理措施是：加强生产管理，减少废水量，回收有用金属。通常采用的处理方法是石灰中和法，主要是控制废水的pH值，使重金属离子变成氢氧化物沉淀下来；或采用硫化法，向废水中通入硫化氢，使重金属离子变成重金属硫化物后加以提取；砷和氟等有害物质可与钙离子生成难溶的化合物而沉淀分离出来。此外，还可以采用离子交换法、浮选法、反渗透法等回收有用金属，净化废水。

(5) 冲渣水的处理

冶金工厂的冲渣水，水温高，水中含有很多悬浮物和少量金属离子，应过滤、冷却后循环使用。

常用的冶炼废水处理技术有以下几种：

(1) 化学沉淀法

化学沉淀法是使废水中呈溶解状态的重金属转变为不溶于水的重金属化合物的方法，包括中和沉淀法和硫化物沉淀法等。

(2) 离子交换处理法

离子交换处理法是利用离子交换剂分离废水中有害物质的方法，应用的离子交换剂有离子交换树脂、沸石等，离子交换树脂有凝胶型和大孔型。前者有选择性，后者制造复杂、成本高、再生剂耗量大，因而在冶炼废水处理应用上受到很大限制。

（3）生物处理技术

根据生物去除重金属离子的机理不同可分为生物絮凝法、生物吸附法、生物化学法以及植物修复法。无论是植物还是微生物，一般都具有选择性，只吸取或吸附一种或几种金属，有的在重金属浓度较高时会导致中毒，从而限制其应用有一定的局限性。

在有色冶炼行业中应用最古老、最有效、最经典的含重金属离子冶炼废水处理工艺是化学沉淀法。

化学沉淀法有如下优点：①简单、价廉；②可大批量处理；③通过重量核算产物准确。工程中主要使用的沉淀药剂是氢氧化物与硫化物。

但使用氢氧化物沉淀剂存在如下问题：①处理后水 pH 值高，需要中和后才可排放；②废水中有些阴离子和有机物易与重金属形成络合物，中和之前需经预处理；③部分重金属离子的氢氧化物颗粒小，不易沉淀。使用硫化物沉淀剂亦存在如下问题：在处理过程中易生成硫化氢气体，造成环境污染。

三、铜冶炼含砷污水处理案例

国内铜冶炼企业在 20 世纪 90 年代开始得到了快速发展，冶炼能力的上升加大了对原料铜精砂的需求。为了生产需要，一些企业降低了对原料的质量要求，特别是原料中砷的含量。国家有关质量标准规定原料中 $As<0.3\%$，但国内有些矿山生产的铜精砂中 As 含量较高，个别原料中 $As>1\%$。产生的后果是给企业的环境治理带来难度，使某些企业的大气排放和污水排放超标。

1. 含砷工业污水的组成

（1）污酸

铜精砂中砷一般以铜的硫化物形态存在，主要是以砷黝铜矿（$3Cu_2S \cdot As_2S_3$）和硫砷铜矿（Cu_3AsS_4）形式存在。含砷矿物在采选过程中基本不溶于水而赋存在铜精砂中。在熔炼过程中，铜精砂中的砷由于高温绝大部分进入冶炼烟气中，并以 As_2O_3 的形态存在。而冶炼烟气通过净化、干吸、转化的工艺流程制成硫酸。制酸工艺采用一转一吸时，烟气中 As_2O_3 绝大部分进入制酸尾气中，经尾气处理系统进行处理和回收，使尾气达标排放。但现有尾气处理工艺存在着处理费用高，且尾气排放难以达标的问题，所以冶炼烟气制酸企业大都通过技术改造尽可能采用两转两吸制酸工艺，使制酸尾气能够达标排放。而烟气中的 As_2O_3 及其他杂质则进入定期抽出的污酸中，再对污酸进行处理，回收其中有用金属。分析一些企业的排出污酸中含砷量一般均达 3～10g/L，特殊情况高达 20g/L，并含其他有害杂质。如贵冶和金隆铜业公司的污酸成分，见表 3-22。

表 3-22 污酸成分及杂质含量 单位：g/L

成分	H_2SO_4	As	F	Cu	Fe	Bi	Cd
贵冶	529.9	5.281	1.181	1.348	0.545	0.410	0.149
金隆	1340.0	1.4	5.900	0.100	13.100		

(2) 污水

冶炼企业的工业污水主要来源于电收尘冲洗、硫酸车间地面冲洗水和其他工况点被污染的生产水。水量大，成分复杂，含有 As、Cu、Pb、Zn、Cd 等有害离子，需进行深度处理后才能达标排放。有代表性的厂区工业污水成分见表 3-23。

表 3-23 污水水质成分 单位：g/L

成分	H_2SO_4	As	F	Cu	Fe	Zn	Cd
贵冶	3920	440		620	300	600	
金隆	1314	182.8	86.1	172.6	547	307	0.03

2. 含砷污水的处理

(1) 高砷污酸的处理

① 处理原理 化工企业在硫酸生产中排出污酸一般采用石灰乳多段中和即可达到预期效果，而铜冶炼企业硫酸生产中的污酸由于高砷杂质的存在，必须采用硫化法除砷及铜离子后，再进行中和法处理，才能使工业污水达标排放。目前国内厂家污酸处理主要采用硫化→中和→氧化工艺或中和→硫化→氧化工艺。经生产实践验证，取得了满意的效果。

污酸处理流程中各段反应机理分别如下。

a. 中和反应生成石膏

$$CaCO_3 + H_2SO_4 = CaSO_4 + H_2O + CO_2 \uparrow$$

b. 硫化脱铜

$$Cu^{2+} + S^{2-} = CuS \downarrow$$

c. 硫化脱砷

$$3Na_2S + As_2O_3 + 3H_2O = As_2S_3 \downarrow + 6NaOH$$

② 影响因素 由于污酸中硫酸含量约为 100g/L，pH≈0，在中和反应过程中一般控制 pH=1.5～3.5，故对后续除砷反应影响甚微。污酸中砷主要以三价砷的形态存在，即 AsO^+，分析砷的电位-pH 图，在硫化去砷反应中，应控制氧化还原电位在 −50～+50mV，经生产实践证明，在此控制条件下，砷的去除率可达 95%，而铜的去除率可达 98%以上。

采用分步硫化工艺处理污酸，在处理后的反应液中砷浓度一般低于 100mg/L，能够回收污酸中的有用金属，并为污水处理站的达标排放创造了条件。但硫化工艺设备投资和处理成本较高，处理成本中 Na_2S 的费用约占处理费用的 20%～30%，吨酸处理成本约百元。高投入和高成本制约了一些中小型企业对该工艺的运用。

已有资料显示采用电沉积法处理含砷污酸其成本低于硫化法，目前已形成试验规模，相信能很快在生产中得到运用。

（2）含砷污水的处理

① 处理原理 铜冶炼企业均设有污水处理站，处理硫酸车间污水和全厂生产污水。一般进入厂污水处理站污水的特点是处理量大，成分复杂。

铜业公司和冶炼厂的综合污水水质见表 3-23。

重金属离子，特别是砷离子，给污水处理工艺的选择带来一定的难度。按照 GB 8978—1996 限定的砷排放浓度为 0.5mg/L，在设计选取的工艺指标中，砷离子的总去除率要达到 99%，才能使处理水达标排放。采用简单的石灰乳中和工艺不能保证水质达标排放。

在近几年投产的大型铜冶炼企业和进行技术改造的环境治理企业，对含砷酸性污水处理均采用了石灰乳两段中和加铁盐除砷工艺，经生产实践证明，该工艺是行之有效的，在砷离子达标排放时，其他重金属离子均能达标排放。

② 影响因素

a. pH 影响 二段中和控制 pH＝10～11，使上述反应中的铁砷盐和钙盐在碱性条件下完全沉淀。在上述反应中，要保证砷的去除率达到 99%，关键在控制二段中和反应的条件，依据有关去砷的试验资料，见图 3-21。二段中和反应控制 pH＝9～11时，可使出水中 As＜0.5mg/L。

b. Fe/As 的影响 分析不同 pH 值与铁盐共沉曲线图，当 Fe/As＞10 时，处理出水中的砷＜0.5mg/L，在生产中，对不同的含砷酸性水按上述控制参数及反应条件进行调整，都取得了较好的处理效果。

③ 凝聚剂的影响 在上述反应后添加凝聚剂有助于中和产物的快速沉淀，PAM 具有较好的吸附、桥联作用，使铁砷盐及钙盐在浓缩池中能够快速沉淀。

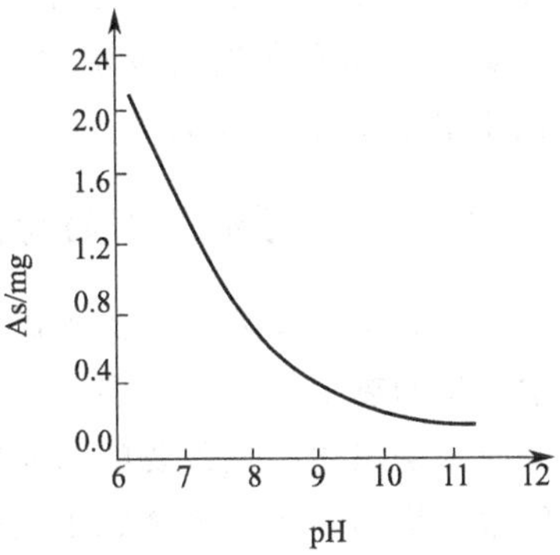

图 3-21 不同 pH 值对除砷的影响

④ 设备的影响 两段中和加铁盐去除含砷污水处理工艺，处理效果的优劣与工艺装备及测控设施的先进可靠程度有关，关键设备及仪表采用目前国内外的先进产品，能为整个处理工艺的达标运行奠定可靠的基础。

3. 中和渣的处理

脱水后的中和渣主要成分是石膏和铁砷盐，含其他重金属碱式盐 [$Cu(OH)_2$，$Zn(OH)_2$等]，在目前阶段，回收其中的有用金属难度大，生产成本高。为了不造成二次污染，必须对中和渣进行妥善处理，通常采用永久渣场填埋。

总之，①铜冶炼企业含砷污水处理采用硫化法和石灰乳两段中和加铁盐除砷工艺，能够达到预期目标，但污酸处理存在着处理成本高的问题，有待于新的处理工艺运用，目前国内已有院校试验电沉积法处理含砷污酸，其成本低于硫化法，将给企业带来明显的经济效益。

② 目前铜冶炼企业含砷工业污水虽然经处理后做到了达标排放，但在处理水返回使用、降低处理成本方面仍有许多工作可做，这些工作与企业体制、管理水平有着明确的联系。做好这些工作可明显提高企业的经济效益和环境效益。

四、焦化废水中难降解有机物处理案例

（一）概述

焦化废水是一种含有大量有毒有害物质的有机废水。其有机组分除85%的酚类化合物以外，还包括脂肪族化合物、杂环化合物和多环芳香族化合物等。一般来讲，酚类物质比较容易被生物降解，而杂环化合物、多环化合物等则难以被生物降解。正是由于这些难降解物质的存在，使得焦化废水经普通活性污泥法处理后其出水水质不能达到国家规定的排放标准。据对24家焦化厂污水处理系统出水水质的统计：COD_{Cr}含量低于150mg/L者，仅占12.5%，低于200mg/L者仅占29.2%。为此，现有的焦化废水处理工艺必须进行技术改造。我们选择了焦化废水中比较具有代表性的3种难降解物质——喹啉、吲哚和吡啶，再加上焦化废水中含量最高的酚（采用苯酚），构成了试验模拟废水。通过试验研究，以了解难降解物质在焦化废水中的处理性能，为提高焦化废水的处理效果及工艺改进提供必要的试验数据。

（二）焦化污水处理的特点

焦化废水主要来自炼焦和煤气净化过程及化工产品的精制过程，其中以蒸氨过程中产生的剩余氨水为主要来源。蒸氨废水是混合剩余氨水蒸馏后所排出的废水。剩余氨水是焦化厂最重要的酚氰废水源，是含氨的高浓度酚水，由冷凝鼓风工段循环氨水泵排出，送往剩余氨水储槽。

剩余氨水主要由三部分组成：装炉煤表面的湿存水、装炉煤干馏产生的化合水以及添加入吸煤气管道和集气管循环氧水泵内的含油工艺废水。剩余氨水总量可按装炉煤14%计。剩余氨水在储槽中与其他生产装置送来的工艺废水混合后，称为混合剩余氨水。混合剩余氨水的去向，有的是直接蒸氨，有的是先脱酚后蒸氨，有的是与富氨水合在一起蒸氨，还有的是与脱硫富液一起脱酸蒸氨，脱酸蒸氨前要进行过滤除油。

焦化厂还含一些其他废水，其所占比例不大，污染指标也较低，这里就不介绍了。焦化废水特点：焦化废水所含污染物包括酚类、多环芳香族化合物及含氮、氧、硫的杂环化合物等，是一种典型的含有难降解的有机化合物的工业废水。焦化

废水中的易降解有机物主要是酚类化合物和苯类化合物吡咯、萘、呋喃、咪唑类属于可降解类有机物。

难降解的有机物主要有吡啶、咔唑、联苯、三联苯等。焦化废水的水质因各厂工艺流程和生产操作方式差异很大而不同。

一般焦化厂的蒸氨废水水质如下：COD_{Cr} 3000～3800mg/L、酚 600～900mg/L、氰 10mg/L、油 50～70mg/L、氨氮 300mg/L 左右。

针对焦化废水处理污水处理工艺特点，制定了经济、高效率的焦化污水处理方案。

1. 预处理

生物处理前的预处理方法通常是物理和化学方法，如气浮法、吹脱法、混凝沉淀法、折点氯化法等，主要目的是使二级生化处理工艺的进水达到可生化处理的范围。在预处理工艺中，吹脱法主要用于蒸氨，气浮法用于除油。

2. 生物处理

强化反硝化/硝化工艺是先进的生物脱氮技术应用到焦化废水治理领域的一种生物处理工艺，使氨氮和 COD 去除率达到 90%以上，比较以往的治理工艺，强化反硝化/硝化工艺具有系统适应能力强，运行稳定、操作简单、成本低、去除污染物范围广的特点。HSB（high solution bacteria）是高分解力菌群的英文缩写，是由 100 多种菌种组成的高效微生物菌群，专门应用于废水处理。根据不同废水水质，对微生物筛选及驯化，针对性选择多种微生物组成的菌群并将其种植在废水处理槽中，通过对微生物生长不息、周而复始的新陈代谢过程，分解不同污染物形成相互依赖的生物链和分解链，突破了常规细菌只能将某些污染物分解到某一中间阶段就不能进行下去的限制。其最终产物为 CO、H_2O、N_2 等，达到废水无害化的目的。

3. 深度处理

当时国内焦化废水处理主要依照的标准是《污水综合排放标准》（GB 8978—1996），COD 一级标准是 100mg/L，氨氮是 25mg/L。随着国家水质标准的提高，主流工艺 AO 及其变形工艺对城市生活污水和工业废水进行二级生化处理后，出水要达到回用标准可能还有一段距离，尤其是 COD 的去除率有待进一步提高，需要进行深度处理。在深度处理工艺中，高级氧化凭借其反应时间短、去除污染物彻底、处理后的废水可完全回收利用等优势，专家预计不久会用于各种废水深度处理中，尤其是高浓度工业废水领域。

此外，膜处理技术也有其自身的优点，如高效的分离过程、低能耗等，而且随着膜技术日益成熟，相信也会用于废水的深度处理中。

4. 试验材料与方法

（1）工艺流程与试验装置

经分析与筛选，工艺流程选择中温水解（酸化）、好氧两段 SBR 工艺。试验采

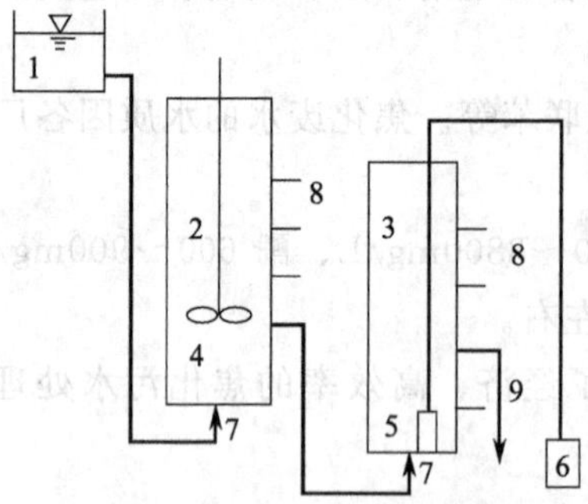

图 3-22 两段 SBR 工艺流程

1—高位水箱；2—水解（酸化）SBR 反应器；3—好氧 SBR 反应器；4—搅拌器；5—曝气头；6—曝气器；7—进水口；8—取样口；9—排水口

用的两个反应器均为圆柱形。其中水解（酸化）段的反应器有效容积为 5L，好氧段反应器的有效容积为 3L。工艺流程见图 3-22。其中，水解（酸化）段用温控仪控制水温在 35℃左右，好氧段用可自动控温的加热棒控制水温在 20℃左右。

（2）试验用水水质

试验采用模拟废水，其中 4 种污染物的大致浓度为：苯酚 500mg/L、喹啉 100mg/L、吲哚 40mg/L、吡啶 40mg/L。并配以 NaH_2PO_4 和 NH_4Cl 作为磷源和氮源，碳、氮、磷的比例为 $m(C):m(N):m(P)=100:5:1$。

（3）试验测定项目及方法

每天对 4 种污染物的浓度、pH、DO 进行测定，定期测定 COD_{Cr}。其中 4 种污染物的测定，水解段采用液相色谱法；好氧段采用紫外分光光度法；DO 的测定采用 YSI Model 58 型溶解氧测定仪；COD_{Cr} 的测定采用 30min 回流法。

5. 试验结果与分析

（1）好氧段不同入流时间对处理效果的影响

在 SBR 工艺系统中入流时间是一个很重要的参数，对于有毒性的污水，如果入流期过短，则会因为入流期的基质积累形成抑制，此时，所积累的浓度越大，反应速率反而减小，从而延长了反应周期；如果入流期过长，则反应速率较低，也会延长反应周期。因此，有必要在 SBR 工艺中控制入流时间，使反应不受抑制的影响，同时又获得较高的反应速率。

为了确定好氧段的最佳入流时间，我们采用了 3 种入流时段：2h、4h、6h 进行试验研究（其中好氧段的进水均经过 8h 的中温水解酸化），相应的反应时间分别为 6h、4h 和 2h，试验处理效果见表 3-24～表 3-26。

表 3-24 2h 入流、6h 反应时的处理效果

水样	污染物浓度/(mg/L)					pH 值
	苯酚	喹啉	吲哚	吡啶	COD_{Cr}	
好氧进水①	306	17.1	12.4	25.8	1256	7.37
好氧出水	0	10.6	8.09	12.8	72.4	7.92
去除率/%	100	38.0	34.8	50.4	94.2	

① 好氧进水为经 8h 水解（酸化）后的出水，数值为多次测定结果的平均值。

注：MLSS=5.2g/L，SVI=68.1。

表 3-25　4h 入流、4h 反应时的处理效果

水样	污染物浓度/(mg/L)					pH 值
	苯酚	喹啉	吲哚	吡啶	COD_{Cr}	
好氧进水	306	17.1	12.4	25.8	1295	7.40
好氧出水	0	5.87	3.75	5.99	42.5	7.87
去除率/%	100	65.7	69.8	76.8	96.7	

注：MLSS=5.0g/L，SVI=70.3。

表 3-26　6h 入流、2h 反应时的处理效果

水样	污染物浓度/(mg/L)					pH 值
	苯酚	喹啉	吲哚	吡啶	COD_{Cr}	
好氧进水	306	17.1	12.4	25.8	1324	7.42
好氧出水	0	13.7	9.23	15.2	103	7.88
去除率/%	100	19.9	25.0	41.1	92.2	

注：MLSS=5.3g/L，SVI=75.4。

从以上试验数据可以看到：在 3 种入流条件下，当反应结束时，苯酚的去除率达到 100%，喹啉、吲哚以及吡啶都有不同程度的降解，但以 4h 入流条件下反应结束时降解程度最大。4h 入流、4h 反应时的处理效果均优于其他状态的处理效果。苯酚、喹啉、吲哚和吡啶的去除率分别达到 100%、65.7%、69.8%和 76.8%。图 3-23～图 3-25 分别为入流时间 2h、4h、6h 时 3 种难降解物质的降解曲线对比图。从图中可以看到，在入流时间为 4h 时降解速率最快，出水中喹啉、吲哚和吡啶的浓度也最低，因此，我们选定 4h 为最佳入流时间，在后面讨论不同的水解（酸化）时间对好氧段处理效果的影响时，入流时间均采用 4h。

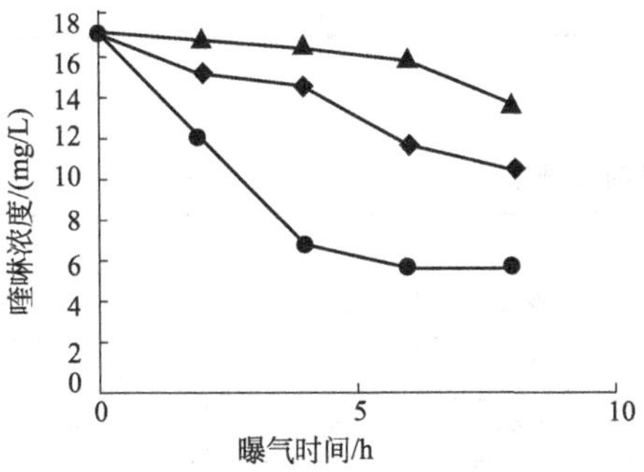

图 3-23　3 种入流条件下喹啉降解曲线的对比

—◆— 2h 入流；—●— 4h 入流；—▲— 6h 入流

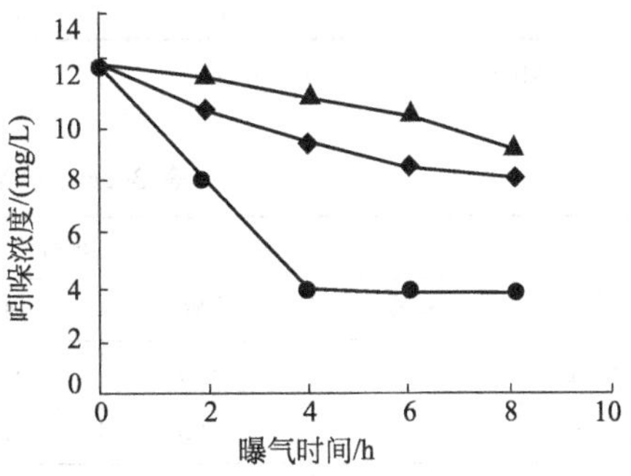

图 3-24　3 种入流条件下吲哚降解曲线的对比

—◆— 2h 入流；—●— 4h 入流；—▲— 6h 入流

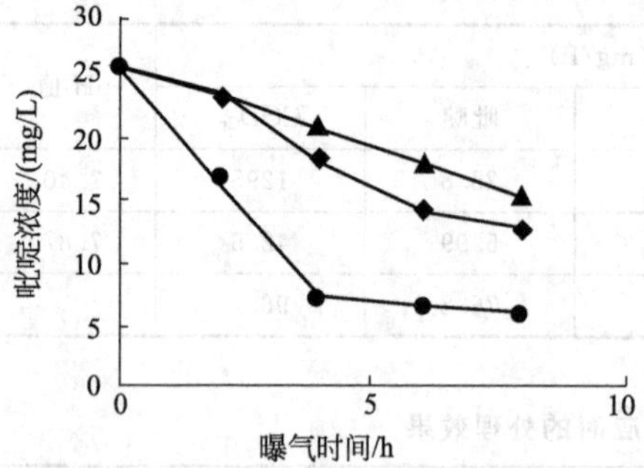

图 3-25　3 种入流条件下吡啶降解曲线的对比
—◆—2h 入流；—●—4h 入流；—▲—6h 入流

(2) 不同水解（酸化）时间对处理效果的影响

确定了最佳入流时间后，在此入流条件下，我们又分别对不同水解（酸化）时间对好氧段处理效果的影响做了试验研究，水解时间分别取 6h、4h、2h，然后进行 8h（入流 4h、反应 4h）的好氧处理，对其处理效果进行对比，拟确定一个对模拟废水比较适合的水解（酸化）时间。水解（酸化）6h、4h、2h 后，经 8h 好氧处理后的结果见表 3-27～表 3-29，水解（酸化）时间为 8h 时的处理效果见表 3-25。

表 3-27　水解 6h 时的处理效果

水样	污染物浓度/(mg/L)					pH 值
	苯酚	喹啉	吲哚	吡啶	COD_{Cr}	
好氧进水	323.6	19.65	13.1	26.5	1137	7.43
好氧出水	0	7.20	3.08	4.16	50.7	7.93
去除率/%	100	63.3	76.5	84.3	95.5	

注：MLSS=5.6g/L，SVI=80.0 。

表 3-28　水解 4h 时的处理效果

水样	污染物浓度/(mg/L)					pH 值
	苯酚	喹啉	吲哚	吡啶	COD_{Cr}	
好氧进水	345.7	24.6	14.9	30.2	1226	7.42
好氧出水	0	8.56	3.28	8.65	52.8	8.01
去除率/%	100	65.2	78.0	74.7	95.7	

注：MLSS=5.8g/L，SVI=78.2。

表 3-29　水解 2h 时的处理效果

水样	污染物浓度/(mg/L)					pH 值
	苯酚	喹啉	吲哚	吡啶	COD_{Cr}	
好氧进水	365.5	33.3	17.6	35.6	1378	7.38
好氧出水	0	9.33	5.40	7.94	83.5	7.99
去除率/%	100	72.0	69.3	77.7	93.8	

注：MLSS=6.8g/L，SVI=82.1 。

从表 3-25、表 3-27～表 3-29 的试验数据可以看出，水解（酸化）时间为 2h、4h 时，出水中 3 种难降解物质的含量明显高于水解（酸化）时间为 6h 和 8h 时出水中的含量。

图 3-26～图 3-28 分别为 4 种水解（酸化）时间时，喹啉、吲哚、吡啶在好氧段降解曲线的对比。由图可以看出：对于喹啉，水解（酸化）时间越长，去除效果越好，但是经好氧段后去除效果提高不大；对于吲哚，除了水解（酸化）时间为 2h 时去除效果较差以外，其他 3 种水解时间下，处理效果接近；而对于吡啶，水解（酸化）时间为 2h 和 4h 时去除效果稍差，水解（酸化）时间为 6h 和 8h 时的去除效果几乎相同。综上所述，我们认为 6h 的水解（酸化）时间比较适宜。

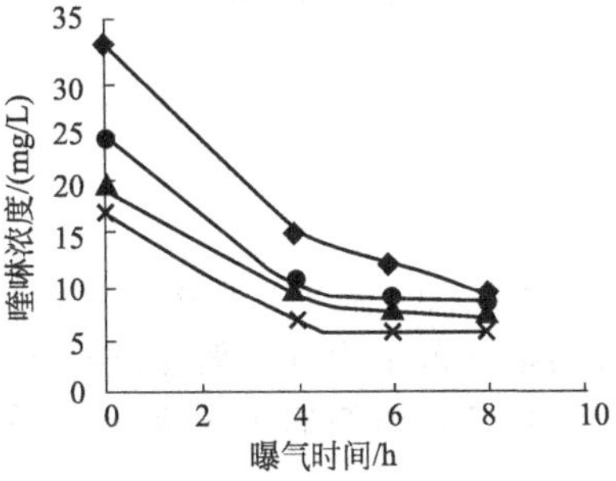

图 3-26 4 种水解时间下喹啉在好氧段降解曲线的对比
◆ 2h 水解；● 4h 水解；▲ 6h 水解；× 8h 水解

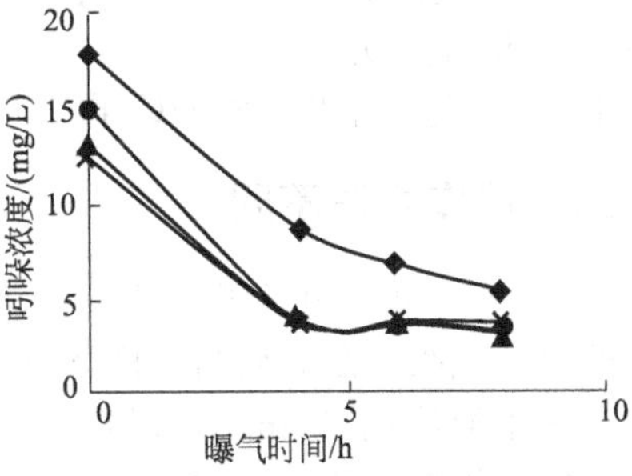

图 3-27 4 种水解时间下吲哚在好氧段降解曲线的对比
◆ 2h 水解；● 4h 水解；▲ 6h 水解；× 8h 水解

总之，①采用水解（酸化）、好氧两段 SBR 工艺能有效去除焦化废水中典型的难降解物，其中喹啉、吲哚的去除率在 90% 以上，吡啶的去除率接近 90%，苯酚的去除率为 100%。②水解（酸化）段的时间长短对后续的好氧处理也有一定的影响，水解 2h、4h 时的处理效果明显低于水解 8h 的处理效果，而水解 6h 的处理效果与水解 8h 的处理效果相差不大，因此我们认为水解时间为 6h 比较适宜。③由于焦化废水是一种有毒抑制性废水，因此，入流时间的长短对其处理效果影响比较大，水解（酸化）6h，好氧段入流期为 4h 时处理效果最佳。

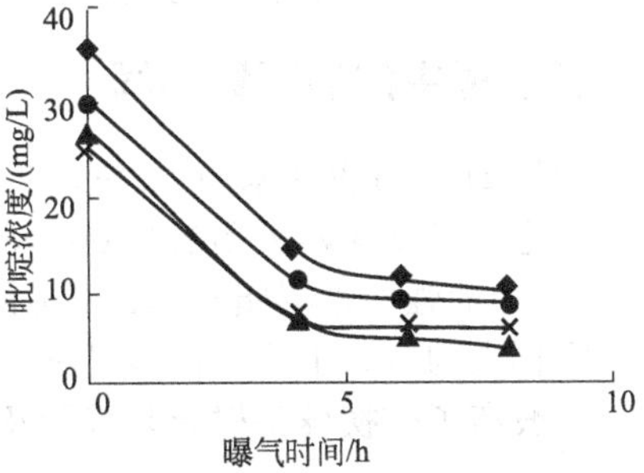

图 3-28 4 种水解时间下吡啶在好氧段降解曲线的对比
◆ 2h 水解；● 4h 水解；▲ 6h 水解；× 8h 水解

第十四节 硫酸再生阳离子交换树脂的应用案例

一、概述

离子交换树脂是用于软化水的交换剂，在使用一段时间后，吸附的杂质接近饱和状态，就要进行再生处理，使之恢复原来的组成和性能。目前，国内树脂的再生常用化学药剂酸碱法，使失效的树脂恢复交换能力，酸的使用通常采用 HCl 或 H_2SO_4，碱的使用一般采用 NaOH。

目前，国内一般企业采用脱盐水的装备有：40m³/h 固定床、120m³/h 双室浮动床系列。工艺流程是：原水→阳离子交换器→除炭器→中间水箱→阴离子交换器→脱盐水箱。

在生产中，采用酸碱法再生离子交换树脂，阳离子交换树脂的再生原来一直采用 HCl，但再生过程产生的大量含 Cl^- 废液难以处理，为解决废水的排放问题，将再生剂改为 H_2SO_4。

下面就 H_2SO_4 再生和 HCl 再生进行比较。

二、操作方法不同

① H_2SO_4 再生相对于 HCl 再生来说要复杂一些：HCl 再生采用的是一步再生法，即进行预喷射后，将再生酸浓度一次性调节到指标范围内（一般控制在 3%～4%），再生液流速≤5m/h，以稳定的浓度、流速将需要消耗的再生剂量消耗完，开始后面的置换、清洗步骤。

② H_2SO_4 再生采用的是两步再生法，即进行预喷射后，将再生酸浓度调节到 0.7%～1.5%，再生液流速 7～10m/h，第一步再生消耗再生剂总量的 60%；第二步再生在第一步再生浓度的基础上，将再生液浓度直接调节到 1.5%～3.0%，再生液流速 5～7m/h，第二步再生消耗再生剂总量的 40%，当需要消耗的再生剂量全部消耗完时，开始后面的置换、清洗步骤。

三、再生剂消耗量不同

采用 HCl 再生和采用 H_2SO_4 再生消耗的酸量不同，生产成本不同。

固定离子交换器采用的是 001×7 的强酸性树脂，双室浮动离子交换器采用的是 001×7 的强酸性树脂和 D113-Ⅲ的大孔弱酸性树脂，树脂在不同的交换器和使用不同再生剂时，工作交换容量不一样。

一般离子交换设备树脂装载量及树脂的参数如表 3-30 所示。

表 3-30 一般离子交换设备树脂装载量及树脂的参数

树脂型号	001×7	D113-Ⅲ	备注
固定床装载量/m³	4.0		
双室浮动床装载量/m³	7.85	2.82	
树脂工作交换容量/(mol/m³)	1000	2300	HCl 再生
树脂工作交换容量/(mol/m³)	650		H_2SO_4 再生固定床
树脂工作交换容量/(mol/m³)	900	1600	H_2SO_4 再生双室浮动床

通过计算可得酸消耗量，如表 3-31 所示。

表 3-31　酸消耗量

固定离子交换器		双室浮动床离子交换器	
消耗 HCl 量/kg	消耗 H_2SO_4 量/kg	消耗 HCl 量/kg	消耗 H_2SO_4 量/kg
219(100%)	203.84(100%)	680.24(100%)	680.72(100%)
730(30%)	208(98%)	2267.48(30%)	694.62(98%)

从表 3-31 中数据可以看出，固定床系列 H_2SO_4 再生酸消耗量较 HCl 再生低，成本下降 1.813 元/次，双室浮动床系列 H_2SO_4 再生消耗酸量与 HCl 相当，生产成本上升 6.28 元/次（该公司生产的 HCl 为 335.00 元/吨，H_2SO_4 为 344.00 元/吨）

HCl 再生和 H_2SO_4 再生阳离子交换树脂运行情况比较见表 3-32。

表 3-32　HCl 再生和 H_2SO_4 再生阳离子交换树脂运行情况

项目	硬度/(mmol/L)	脱盐水电导率/(μS/cm)	pH 值	周期制水量/m^3	备注
固定床系列	0.02	3.5	7～8	640	HCl 再生阳床
浮动床系列	0.01	3.1	7～8	2900	
固定床系列	0.023	3.17	7～8	644	H_2SO_4 再生阳床
浮动床系列	0.01	3.2	7～8	3000	

从表中数据可以看出，H_2SO_4 再生和 HCl 再生相比，装置周期制水量和出水指标基本一致。

四、废液排放量和处理废液成本不同

离子交换树脂运行一个周期后再生时排出的酸、碱性废液量，在处理一般水质的原水时，约占除盐系统出力的 5%～10%，对于阳离子交换树脂而言，采用 HCl 和采用 H_2SO_4 再生由于在操作控制上有区别，产生的废液量不同，使生产成本不同。

(1) 脱盐水装置再生操作参数

如表 3-33 所示。

表 3-33　脱盐水装置再生操作参数

项　目	固定床			浮动床		
	阳床		阴床	阳床		阴床
	HCl	H_2SO_4	NaOH	HCl	H_2SO_4	NaOH
	再生	再生	再生	再生	再生	再生
小反洗流量/(m^3/h)	30	30	30			
小反洗时间/min	20	20	20			

续表

项目	固定床			浮动床		
	阳床		阴床	阳床		阴床
	HCl再生	H_2SO_4再生	NaOH再生	HCl再生	H_2SO_4再生	NaOH再生
预喷射流量/(m^3/h)	10	14	10	16	22	16
预喷射时间/min	5	5	5	5	5	5
进再生液浓度/%	3	0.8 2	1.5	3	0.8 2	2.5
进再生液流量/(m^3/h)	10	14 10	10	16	22 16	16
进再生液时间/min	45	65 30	42	85	140 55	82
置换流量/(m^3/h)	10	10	10	16	16	16
置换时间/min	30	30	30	30	30	30
清洗流量/(m^3/h)	30	30	30	35	35	35

(2) 废液排放量计算

① 酸性废液排放量 Q_1 计算　一般只考虑中和前阳离子树脂交换器酸性废水排放量，阴离子树脂交换器少量酸性废水的排放量忽略不计，按下式计算：

$$Q_1 = V_1 + V_2 + V_3 + V_4 + V_5 \quad m^3/\text{周期}$$

式中：V_1——反洗（或逆流再生的小反洗）水量，m^3；

V_2——进交换器稀再生液的体积，m^3；

V_3——置换水量，m^3；

V_4——正洗水量，m^3；

V_5——逆流再生时顶压前的放水量 m^3。

根据上式计算，可得酸性废水排放量，如表 3-34 所示。

表 3-34　酸性废水排放量

项目	固定床		浮动床	
	HCl 再生	H_2SO_4 再生	HCl 再生	H_2SO_4 再生
V_1/(m^3/周期)	10.00	10.00	0.00	
V_2/(m^3/周期)	8.98	21.44	25.97	68.21
V_3/(m^3/周期)	5.00	5.00	8.00	8.00
V_4/(m^3/周期)	15.00	15.00	17.50	17.50
V_5/(m^3/周期)	2.01	2.00	0.00	00.00
Q_1/(m^3/周期)	40.99	53.44	51.47	93.71

从表 3-34 中可以看出 H_2SO_4 再生较 HCl 再生产生的废水量多。

② 碱性废水排放量 Q_2 计算　一般只考虑中和前阴离子树脂交换器碱性废水的排放量。

$$Q_2=V_2+V_3+V_4 \quad m^3/周期$$

式中各符号含义同前。

根据计算可得碱性废水排放量，如表 3-35 所示。

表 3-35　碱性废水排放量

项目	固定床	浮动床
V_2/(m^3/周期)	7.00	23.23
V_3/(m^3/周期)	5.00	8.00
V_4/(m^3/周期)	15.00	17.50
Q_2/(m^3/周期)	27.00	48.73

③ 自行中和时剩余酸量的计算　水处理站内酸碱自行中和后，剩余的酸量 G_4 按下式计算：

废酸液中能被废碱液中和部分的酸量 $G_3=G_2N_1/40$　kg/周期

$$剩余酸量\ G_4=G_1-G_3 \quad kg/周期$$

式中　G_2——阴离子交换器再生时消耗的 NaOH 量，kg；

N_1——再生用酸的摩尔质量；

G_1——阳离子再生时消耗的酸量，kg。

根据计算可得固定阴离子交换器再生消耗 100% NaOH 为 102.94kg，双室浮动床阴离子交换器再生消耗 100% NaOH 为 546.36kg；根据上式计算可得，离子交换器再生废液经过自行中和后，剩余的酸量、中和剩余酸需 100%的 NaOH 量如表 3-36 所示。

表 3-36　酸需 100%的 NaOH 量

项　　目	固定床		浮动床	
	HCl 再生	H_2SO_4 再生	HCl 再生	H_2SO_4 再生
G_3/(kg/周期)	93.93	126.10	498.55	669.29
G_4/(kg/周期)	125.07	77.74	181.69	11.44
剩余酸量消耗 100%的 NaOH/kg	137.06	31.73	199.11	4.67

从表 3-36 中数据可以看出，中和废水成本方面，H_2SO_4 再生较 HCl 再生成本有所下降，其中固定床系列成本降低 163.26 元/周期，浮动床系列成本降低 301.388 元/周期。

五、推广应用结论

总之，国内硫酸再生阳离子交换树脂的应用，通过实践的总结归纳为以下几点。

① H_2SO_4再生阳离子交换树脂效果与HCl再生效果相当，但H_2SO_4再生操作较HCl再生复杂，并且由于再生时浓度控制得低，再生耗时较HCl再生长，废水排放量较HCl再生高。

② H_2SO_4再生阳离子交换树脂酸消耗成本比HCl再生稍高，但H_2SO_4再生产生的废水、中和处理成本较HCl再生产生的废水、中和处理成本低得多，使脱盐水装置总生产成本降低，并且废水中SO_4^{2-}比Cl^-易处理，对环保排水有利。因此，硫酸再生阳离子交换树脂值得推广。

第十五节　石油化工废水处理工程实例

一、化肥厂低浓度甲醇废水的回用处理

(1) 概述

在大型氮肥生产工艺中，有许多环节的生产废水仅受轻度污染或温度有所提高(热污染)。全国几十家的氮肥企业，每天产生的工艺冷凝液和尿素水解水有几十万吨，是潜力巨大的废水资源，它的排放实质就是水资源的严重浪费。将这类废水作为水资源回收利用，是氮肥生产最经济的选择，对环境保护也会起到积极的作用。

大庆石化公司化肥厂是一个年产合成氨30×10^4t、尿素48×10^4t的大型氮肥厂，所排放的工艺冷凝液、尿素水解水及尿素蒸气冷凝液均属受轻度污染的工业废水，年排放量约130万立方米，其中主要的污染物为甲醇。因此，治理这种低浓度甲醇废水，并使之应用于工业废水的回用，具有重要的社会效益、经济效益和环境效益。对于这种污染物，采用物理吸附的方法不能达到预期的目的。哈尔滨工业大学与大庆化肥厂联合攻关，利用固定化生物活性炭作为主体工艺对该废水进行处理，其目的是利用活性炭的物理吸附能力和微生物的降解能力协同去除污染物甲醇。

化肥厂生产工艺的废水总水量为$100m^3/h$；在各个工艺排出的生产废水水质各不相同，现分述如下。

① 合成氨工艺冷凝液　在化肥厂合成氨生产过程中，需要利用水蒸气与天然气反应制取水煤气。为了保证转化过程的彻底进行，实际生产过程中所通入的蒸汽量往往要高于理论值，如合成转化工段所采用的水碳比理论值为2.0，而实际运行中往往控制水碳比为3.5。多余的水蒸气经冷却进入变换器分离罐凝结成水，即成为工艺冷凝液。

在合成气的转化过程中，大量过热水蒸气参与的一段、二段转化工艺过程如下：

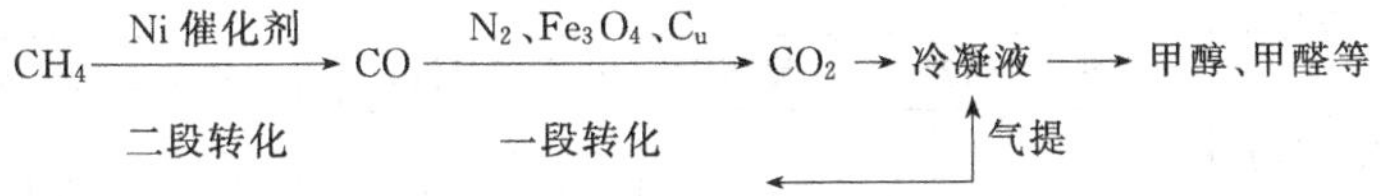

上述物质在转化过程中将会有副产物生成，这些副产物主要是甲醇、甲醛、甲酸、CH_3NH_2和 NH_2OH 等有机物。

工艺冷凝液中所含污染物主要为氮（NH_3）和甲醇（CH_3OH），水质检验结果为：pH 值为 6.0；甲醇为 74mg/L；NH_3 为 4.7～56mg/L；COD 为 80～270mg/L。

② 尿素水解水　尿素水解水是尿素生产中的副产物，尿素生产过程主要是氨与 CO_2反应，生成氨基甲酸铵（甲铵），甲铵脱水生成尿素。有关化学反应式为

$$2NH_3 + CO_2 \longrightarrow NH_4COONH_2$$

$$NH_4COONH_2 \longrightarrow CO(NH_2)_2 + H_2O$$

从上述反应方程式看出，从甲铵转变为尿素过程中的副产物是水，脱出的这部分水经水解后除去水中大量的 NH_3和 CO_2即为尿素水解水。

尿素水解水所含污染物为少量的氨和甲铵，pH 值在 9.0 以上，水质分析结果为：pH 值大于 9.0；尿素为 5mg/L；甲醛为 0～3mg/L；COD 为 20～150mg/L；CO_3^{2-} 为 0.4mg/L；电导率为 9.0μS/cm^2。

③ 尿素蒸气冷凝液　尿素车间 CO_2压缩机透平使用的是电厂送来的压力为 38.5kg/m^2、温度为 365℃的中压蒸汽；另一部分是工艺反应中用来加热的蒸汽。这两股蒸汽一股集中在 905-F，另一股集中在 905-C，混合后成为尿素的蒸气冷凝液。这部分冷凝液流量为 100m^3/h，温度为 56℃。因该废水水质较好，改造前有 30m^3/h 左右送回电厂，剩余 70m^3/h 水进入水汽车间冷凝液回收罐供脱盐水系统使用。但因工艺限制仅能部分回收，其中近 50m^3/h 水无法利用，被排放掉。尿素冷凝液水的水质优于前两种废水，各项水质指标：pH 值为 7.0～9.0；NH_4^+ 为 0.072mg/L；Na^+ 为 0.042mg/L；HCO_3^- 为 0.12mg/L；CO_3^{2-} 为 0.08mg/L；电导率为 16μS/cm^2；SiO_2 为 0.01mg/L；总碱度为 0.2mmoL/L。

从以上数据可以看出，生产废水的水质随工艺生产操作情况不同而有较大的变化。

(2) 废水处理工艺流程

从合成氨工艺冷凝液、尿素水解水和尿素蒸气冷凝液的水质数据可知，该厂产生废水为低浓度有机废水，主要污染物是甲醇。废水处理的工艺流程如图 3-29 所示。

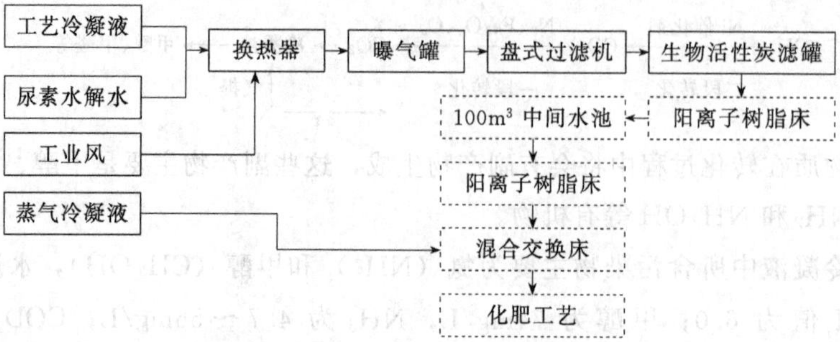

图 3-29 废水处理工业化流程图

将原有的冷凝液储罐改制成曝气混合罐，使工艺冷凝液、尿素水解水等在其内部进行混合与曝气充氧，提高废水的含氧量；利用盘式过滤机去除因混合曝气产生的甲醛肟的铁络合物等沉淀物，以利于后续生物活性炭滤的正常运行；利用活性炭上人工固定化的生物工程菌对废水中微量的有机物进行吸附降解，其出水再进入原有的阳树脂床和阴树脂床等装置。

工业化中将水质较好的尿素蒸气冷凝液全部回收到脱盐水系统，设计流量为 $50m^3/h$。

(3) 主要设备设计参数

① 盘管式换热器 材质为碳钢；换热面积为 $312m^2$；冷却水水量为 $200m^3/h$；冷却水水温为20℃；pH 值为 7.0±0.5。

② 曝气罐 有效容积为 $120m^3$；停留时间为40min；空气用量为 $75m^3/h$；pH 值为 8.0±0.5。

③ 盘式过滤机 处理水量为 $200m^3/h$；停留时间为5min；过滤等级为 55μm。

④ 生物活性炭滤罐 设计处理能力为 $100m^3/h$；滤罐直径为 2.5m；滤罐有效容积为 $10m^3$；停留时间为 40min。

⑤ 处理后水质 处理后的水 pH 值介于 7.0～8.0；甲醇浓度小于 5mg/L；COD 浓度小于 12mg/L；NH_4^+-N 最大浓度为 10mg/L。

(4) 运行情况

① 盘管式换热器 因为工艺冷凝液和尿素水解水属高温废水，不利于生物活性炭对废水的处理，所以对这两股水必须进行必要的降温处理。

工艺冷凝液和尿素水解水在进入换热器前混合，经换热后的混合液出水水温可降至 40℃以下，流量为 $100m^3/h$。

② 曝气罐 曝气罐的作用是对两股废水进行必要的混合与曝气充氧，增加水中溶解氧的含量，以利于生物活性炭对废水中的有机污染物的氧化分解；同时由于工业风的吹入，可对混合液起到进一步的降温作用。

曝气罐是利用原水预处理工艺中的 $120m^3$ 储水罐，其内壁包有不锈钢铁皮，可防止高温液体对罐体的腐蚀。在罐内设置空气管和曝气头。通入空气量（工业风）为 $75m^3/h$，空气温度为 20℃。为保持生产工艺所需的脱盐水量，还需加入澄清水，澄清水的设计水量是 $50m^3/h$。

混合液在该反应器内的停留时间为 45min，曝气后的出水温度可以进一步降低到 35℃以下，pH 值接近 8，这样就可以满足后续工艺的要求。

③ 中间加压泵　中间加压泵是利用原脱盐水系统泵房内的 2 台卧式离心泵，水泵流量为 $150m^3/h$，扬程为 80m。

④ 机械过滤　工艺冷凝液和尿素水解水相互混合后，会产生一种黄色絮状物，它能堵塞活性炭的孔隙，抑制生物工程菌的分解作用，故在生物活性炭过滤罐的前段，设置一个过滤设备，有效地去除废水混合后生成的杂质。选用的设备是 1 台从以色列进口的盘式过滤机，目的是减轻生物炭滤罐的处理负荷。

⑤ 生物活性炭滤罐　生物活性炭具有除臭、除色、除重金属的功效；同时由于活性炭具有较大的比表面积，因而可以利用活性炭对水中微小粒子的吸附作用，截留甲醇等有机污染物；而固定在活性炭上的高效生物工程菌对甲醇等有机污染物具有很强的氧化分解能力，可以有效地降解有机物（BOD 和 COD）。

生物活性炭滤罐内部采用 PVC 滤帽配水系统和三角堰进水方式。经过炭滤罐的吸附、降解，混合液的出水水质就可以达到进脱盐水系统的要求。

⑥ 脱盐水系统　脱盐水系统原有设施不变，只是将尿素蒸气冷凝液由 1 台管道加压泵接入到混合交换床，这样改造后的工艺就可以同时回收三股废水。

（5）运行周期及工艺特点

① 生物活性炭滤罐运行周期　脱盐水系统原工艺中有 2 台普通活性炭滤罐，其运行周期是 1 天，即每天都要对炭滤罐进行反冲洗。改造后的生物炭滤罐运行周期是 15～25 天，这就极大地降低了工人劳动强度，还节省了冲洗水量。

② 树脂床运行周期　根据化肥厂水汽车间生产日报表的分析，工业化前，阳树脂床再生周期平均为 2.5 天。工业化后，阳树脂床平均 7 天再生一次，运行周期延长了 2 倍多，其再生所需用的化学试剂、再生水量也相应降低。

③ 工艺特点　工艺所选用的各种国内外设备均在其相应的领域具有国际或国内的先进水平。

该项目是在已有厂房内增设和更新设备，只需为生物活性炭滤罐做混凝土基础及排水沟，并无大规模的土建施工。

根据工艺操作的需要，增加了流量、温度、电导率、pH 值等在线控制仪表，自动化程度高，运行操作方便。

该工艺中只有部分设备反洗时产生反洗废水，此外并无其他污染物产生，反洗废水由厂区管网进入大庆石化公司水汽厂废水处理厂，经统一处理后可达标排放。

（6）综合评价

采用生物工程技术筛选、培养和驯化的工程菌与活性炭形成的生物活性炭对含甲醇等微污染有机废水的处理是行之有效的，且出水水质稳定，完全能够达到回用脱盐水系统的标准。

工业化改造提出的工艺流程是合理的，当原废水中COD浓度控制在40mg/L以下时，生物活性炭对废水中COD的去除率可以在90%以上，超过了设计值所确定的70%的去除率，出水水质优于原工艺中普通活性炭滤器。

生物活性炭的稳定运行取决于进水的pH值、COD浓度、NH_4^+-N、水温、DO等指标，所以控制工艺中影响上述指标的各类条件是保证废水回收工艺稳定、高效运行的关键。

该项目实施后，每年直接回收的生产废水就有130万立方米，为企业节约的原水费用为300万元，大大降低了脱盐水工艺的处理成本。

通过生物活性炭运行周期及树脂床制水量的对比，表明本废水回用工程带来的经济效益是显著的，社会效益和环境效益是十分巨大的。

含甲醇微污染废水回收的工业化改造是成功的，工艺的选择是适宜的，减轻了对环境的污染，为企业的可持续发展提供了必要的保障。

二、乙烯废水处理

1. 概述

乙烯废水一般不是指单独的乙烯生产装置的废水，而是包括同时配套的化工生产装置产生的废水及生活污水等。它具有成分复杂、特征污染物较多、污染较严重等特点。本节所选的工程实例为某乙烯厂的废水处理装置。其生产废水含第一期的乙烯、乙醛、乙酸、丁辛醇、高压聚乙烯、低压聚乙烯、原料罐区、成品罐区的生产废水；第二期的线型低密度聚乙烯、甲基叔丁基醚的生产废水；第三期的苯乙烯、聚酯工程的生产废水。

该废水处理厂设计处理能力为1200m^3/h，占地面积4hm^2，由生化处理、高速过滤、活性炭吸附和再生、剩余污泥处理四部分组成。

2. 废水水质与工艺流程

(1) 综合废水水质

pH值为6～9；SS浓度为100～500mg/L；BOD_5浓度为400～600mg/L；COD浓度为1000mg/L。

(2) 废水处理工艺流程

废水处理的工艺流程如图3-30所示，乙烯综合废水进入沉砂池，截留水中无机颗粒；然后进入隔油池，去除可能存在的浮油；经隔油池后的废水进入原水池进行水质水量调节，再由原水提升泵将废水提升至中和池，在中和池内投加硫酸，中和碱性水质。呈中性的废水流入曝气池进行活性污泥法生化处理，生化处理后的废水经过高速过滤器，进一步截留废水中的悬浮物，然后再经活性炭吸附塔再次吸附，去除废水中的悬浮物和COD。最后，用水泵提升送出。

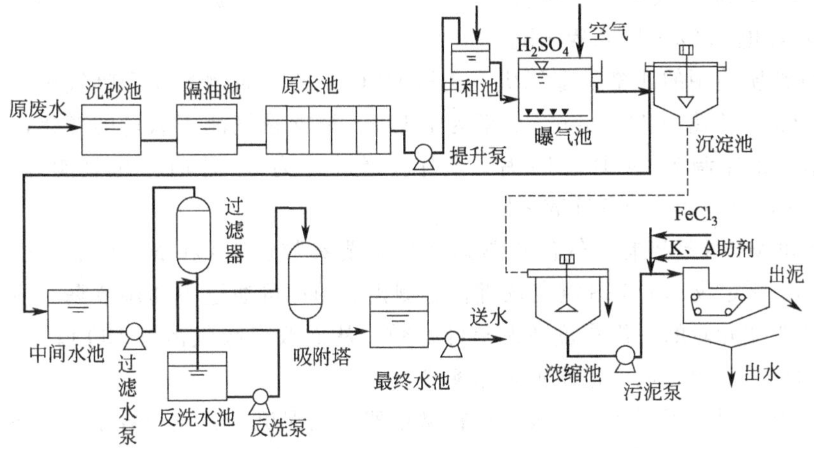

图 3-30 乙烯废水处理工艺流程

3. 工作过程及设计参数、处理效果

(1) 预处理及生化处理

预处理及生化处理主要由原水池、隔油池、中和池、曝气池和沉淀池完成。自界区外来的废水首先进入沉砂池，以除去废水中所含的重质 SS，然后溢流至原水池。原水池用作：设备检修后再开工时的储水池；高浓度废水的缓冲池；事故储水池；水质均匀池。因此，在正常情况下，两个系列原水池其中的一个系列按 35% 负荷运转，另一个系列为备用。为防止 SS 在原水池沉积，池中设空气搅拌装置，强度为 $0.02m^3/min$，并采用时间程序控制器，分别对各系列的 10 个池子轮流进行搅拌。

原水池各系列的第一池有隔油功能，当生产装置发生事故而原水中又含有大量油分时，能将油分离出去，以免影响曝气池的正常运行。

混合废水中含乙酸钠 300mg/L。实验表明，在充氧条件下，由于乙酸钠的存在，使混合废水的 pH 值由 6～9 提高到 11 左右，这不利于生化处理的正常运行。为保持曝气池中水的 pH 值在 6～8 左右，需在中和池内加酸，将水的 pH 值调至 4～6，然后再进入曝气池。根据来水的 pH 值，可直接投加 98%（质量分数）的浓硫酸，也可投加 10%（质量分数）的稀硫酸，投加方式及数量均按水的 pH 值自动调节。

该处理厂所采用的曝气池为完全混合矩形曝气池（阶段曝气方式），曝气池与沉淀池分建。曝气池共设 8 间，每个系列 4 间。自中和池来的废水，可分别进入 1～4 间中的任何一间，最后自第 4 间流入沉淀池。曝气池的设计参数和运转情况如下：污泥浓度为 4000～5000mg/L；DO 值为 0.5～1.0mg/L；水温为 15～35℃；进水 BOD_5 浓度为 400～600mg/L；出水 BOD_5 浓度不超过 20mg/L，去除率在 96% 以上；进水 COD 浓度不超过 1000mg/L；出水 COD 浓度不超过 60mg/L，去除率在94%以上；曝气效率（以单位功率所溶入的O_2计）为1.6～2.0kg/kW；去除1kg BOD耗电0.82～1.0kW·h。

曝气池所使用的西格马曝气机是美国CLOW公司研制的新型曝气机。叶轮直径为2.64m，转速为41r/min，功率为75kW。根据曝气池需氧量的变化，叶片的片数可由32片调为24片、16片、8片。当叶片为32片时，充氧能力为97～135kW·h，耗电为55～75kW·h。

DO和MISS是控制曝气池正常运转的主要参数。DO和MISS是通过安装于池内的DO测定仪和MISS测定仪进行监测指示的；可通过手动调节曝气池的液位调节器来改变叶轮的浸没深度或调整叶片数，从而改变曝气池的DO值；MISS值可通过调节回流污泥量或进水流量来实现。

沉淀池为圆形辐流式，内设中心柱型桁架式刮泥机。其设计数据，表面负荷为$12m^3/(m^2 \cdot d)$；污泥负荷（以SS计）为$150kg/(m^2 \cdot d)$；排泥浓度为10000mg/L；回流比为0.67；刮泥机转速为0.025r/min；电机功率为0.75kW。

（2）高效过滤（三级处理的预处理）

高效过滤器的水量为$27600m^3/d$（包括反洗水、冲洗滤布水等）；滤速为10～15m/h；SS捕集负荷为$20kg/(m^2 \cdot$周期$)$；流入SS浓度为40mg/L；出水SS浓度小于10mg/L。

过滤器型式为立式圆筒下向流压力过滤器；尺寸为ϕ5000mm×5000mm，5台；过滤面积为$19.6m^2$/台；滤料为无烟煤和石英砂，上层无烟煤厚1 200mm，下层石英砂厚600mm。通常情况下5台过滤器并列运转。

反冲洗由时间程序控制器控制，对5台过滤器依次进行全自动反洗；当压力损失达58.8～78.4kPa（0.6～0.8kgf/cm^2）时，紧急自动反洗；也可随时手动反洗。

（3）活性炭吸附

活性炭吸附塔的最大处理水量为$1135m^3/h$（含滤布冲洗水、活性炭输送水等）；滤速L_v通常为5～25m/h，设计值为20m/h；体积流速S通常为1～5L/h，设计值为2L/h。活性炭对COD的吸附量，新炭为0.07g/g，再生炭为0.05g/g。

进水BOD_5浓度为20mg/L，SS浓度为8mg/L；出水BOD_5浓度小于10mg/L，实际值为4～5mg/L；出水COD浓度小于40mg/L，实际值小于30mg/L。

吸附塔的型式为立式圆筒固定床下向流；尺寸为ϕ5000mm×4000mm，活性炭层高3000mm；每塔装活性炭$60m^3$，质量为26.4t。

该处理厂共设12个吸附塔，分成3个系列，每系列4个，其中每个系列是3塔运转。4个塔的通水顺序为：1→2→3→4，2→3→4→1，3→4→1→2，4→1→2→3，1→2→3→4…

为降低吸附塔的压力损失，通过时间程序控制器依次对各吸附塔定期进行反洗，反洗时的压力损失约为9.81kPa（0.1kgf/cm^2）；当压力损失达39.2kPa（0.4kgf/cm^2）时可人为强制反洗。反洗流速为20m/h，滤床膨胀率为30%，反洗时间为 15min。

活性炭的输送分为三种情况。①自吸附塔向废炭储槽的输送，采用压槽输送方式，水力输送物流的固液比为 1∶19。②自储槽向再生炉的输送，采用水射器，水射器的动力源为加压过滤水，输送物流固液比为 1∶39。自再生炭储槽向吸附塔的输送也采用此种方法。③自再生炉向再生炭储槽的输送，用固体泵输送，输送物流固液比为 1∶39。

(4) 活性炭再生

再生能力最大时为 630kg/h（湿炭），其中活性炭为 300kg/h，COD 浓度为 15kg/h，水分为 315kg/h。再生能力正常时为 425kg/h（湿炭），其中活性炭为 200kg/h，COD 浓度为 10kg/h，水分为 215kg/h。

再生的工艺流程是，自活性炭吸附塔排出的废炭，暂储存于废炭储槽，然后用设置在储槽底部的喷射器送至废炭漏斗内，废炭量是依靠斗内的废炭液面控制系统进行自动控制的。废炭自漏斗底部被送至螺旋输送器，在此将水分去除到 50%（质量分数）以下后，则连续定量地送至再生炉。再生好的炭一出来就进入急冷槽。再生炉进炭量的调节是通过安装于活性炭漏斗底部的自动阀的开关计时器控制的。为使急冷槽的活性炭总是处于流动状态，需通水搅拌，该水量一降低，流量就发出报警，自动停止再生。急冷槽内的再生炭和水一起用活性炭输送泵抽提，以浆液状态送至再生炭储槽，之后再用喷射器自废炭储槽送至活性炭吸附塔。

再生炉为钢板制的圆筒形壳体，直径为 2800mm，高为 5700mm。炉内衬耐火砖，内部由耐火砖砌的炉床将炉子分为 6 段。中心有以 0.6～2r/min 转速旋转的轴，每段有 2 根或 4 根耙臂安装于轴上。

再生炉热负荷正常为 2.07×10^6 kJ/h（49.44×10^4 kcal/h），最大为 2.73×10^6 kJ/h（65.23×10^4 kcal/h）。炉内温度，一段为 400℃，二段为 500℃，三段为 650℃，四段为 800℃，五、六段为 900℃。炉内压力（正压）设计值为 19.6h（2mmH_2O），使用值为 9.81h（1mmH_2O）；停留时间为 30～45min。炉内剩余氧量小于 1%（体积分数）；再生损失为 5%～7%。

(5) 污泥浓缩脱水

来自沉淀池的污泥由各系列的回流污泥泵提升至浓缩池，所排剩余污泥量可通过流量计进行指示调节。

经充分浓缩的污泥由刮泥机收集于池底的坑内，然后用泵输送至污泥储存池。若想变更污泥的浓缩率，可根据浓缩污泥浓度计的指示值，调节浓缩污泥计量槽的排放量。

浓缩了的污泥，在凝聚反应槽中投加凝聚剂（$FeCl_3$）及高分子凝聚助剂（K 助剂、A 助剂）后进入脱水机进行脱水。使用 $FeCl_3$ 原液，浓度为 45%（质量分数），用计量泵连续定量供给。K、A 助剂为粉状，储存于助剂定量供给器的漏斗里，通过计时器程序自动定量地送至助剂罐。助剂的溶解是由装在各助剂罐上的液面控制系统和上述计时器程序自动操作的。溶解了的K、A助剂用助剂泵送至反应槽。

设计界区内产生的污泥量最大为6600kg/d干基（包括流入的全部SS及BOD_5的35%），正常为6000kg/d。排放的污泥浓度为10000mg/L（沉淀池排泥），最大量为660/m^3/d，正常量为600m^3/d。

污泥脱水采用高压带式脱水机，由日本因卡公司生产制造。通过重力及真空吸滤进行浓缩，然后以低压滚压、高压挤压连续进行脱水处理。滤布的冲洗使用工业水连续进行。为防止滤布跑偏，滤布上设有通过空压自动调整偏移的设施。当调偏设施发生故障时，可发出报警并紧急自动停车。脱水机的处理能力为275kg/h×11m^3/h，滤布速度为1～4m/min，电机功率为2.2kW×4P。辅助机械包括油压装置、真空风机、真空泵和真空罐等。

(6) 污泥焚烧炉

焚烧炉采用立式多段炉，直径为5100mm，最大处理能力为2350kg/h（含水80%），焚烧温度为800℃。

4. 综合评价

处理设施在线分析仪表齐全，报警、联锁、调节比较完善，并在过滤和吸附装置处设置了时间程序控制系统。其自动化程度高、运行管理方便、劳动强度较低。同时，还能准确迅速地检测出影响废水处理装置正常运行的各项指标，并能采取相应的措施。因而，工艺运行稳定，出水质量好于原设计参数。

三段脱水的脱水机可使泥饼含水率降至70%以下，好于一般带式脱水机，大大降低了最终处置的负担。

处理工艺的构筑物均加盖保护，既杜绝了废气挥发产生异味，又可避免冬季水温的降低，在实际运行中效果良好。

工艺所选活性炭再生炉在微正压下操作，这样，就可避免外界氧进入炉内，从而减少再生损失，使再生损失率维持在5%～7%，而国内同样的再生炉再生损失率一般在10%左右。

工艺流程较长，对污染物去除彻底。出水如经进一步净化，则较容易进行回用。如果在工艺运行中加强操作管理，提高出水质量，也有达到回用水质标准的可能。在实际应用中，部分工程已经开始把沉淀池出水作为过滤器的反洗水，过滤器出水作为活性炭吸附塔反洗水及废炭输送水，吸附塔出水作为滤布冲洗水等，均大大降低了清洁水的用量，达到了资源综合利用的目的。

三、石化废水的综合解决方案

石化行业的废水主要由石油开采和炼制过程中产生的含各种无机盐和有机物的废水组成，其含有油、氨、盐和酚等污染物，成分非常复杂，排放量大，处理难度大，既浪费资源又污染环境，给水体造成极大的危害。传统的化学淤浆法、生化降解法等都无法有效解决问题。

国内采用专利膜分离技术，以最大的资源利用率、最小的污染排放为宗旨，对石油化工行业的各类废水进行深度处理，处理后可达标排放或回用，同时回收有用物质，节约资源，为石油化工行业提供清洁的生产技术，与传统方法相比具有显著的优势。见石化废水处理整体流程图（图 3-31）。

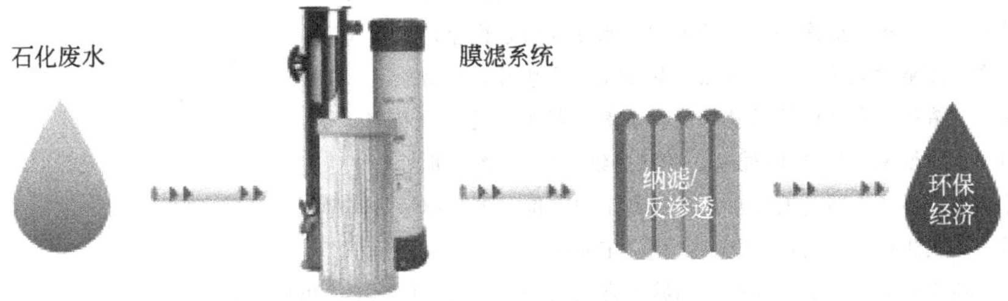

图 3-31　石化废水处理整体流程图

四、在石油化工污水处理中的应用

含油污水：原油经水洗、相分离后，产生大量含油和盐的废水，且油含量较高，如果直接排掉就会造成原油的浪费和大量的废水，用凯发膜产品可以将其油水分离再利用，既回收了原油，又节约了用水。

合成纤维污水：聚酯纤维一般需要用强碱水解、重整来提高纤维性能，水解后污水中含有一定水解产物，用超滤膜将悬浮固体和胶体除去，再将透过液酸化，经纳滤膜浓缩后重新用来生产聚酯纤维。处理后浓缩的油剂回用于再纺纤维上油，成品纤维性能良好。

含氨及胺的污水：在氨肥、合成纤维、炼油等石油化工行业的生产过程中，会产生大量含氨废水。利用膜滤系统处理含氨污水，氨的脱除率可达 90%，革除了水洗工序，实现了氨的零排放，并使氨得到了很好的回收。

含酚污水：含酚污水中主要有苯酚、邻甲酚、硝基酚、氯代酚和氨基酚等，它们毒性大，需去除后才能排放。采用中空纤维膜蒸馏技术处理含酚污水，再经过反渗透与纳滤做到环保处理。

橡胶、塑料工业：橡胶工业污水中含有大量无机盐，不宜直接回用。凯发运用反渗透法处理，对 TDS、硬度离子、有机物去除率一般大于 90%，无机盐去除率在 85%左右，对可溶性 SiO_2 和碱度去除率在 70%左右。

五、石油化工污水发展前景

利用膜分离技术或膜法集成技术处理石油化工污水，能达标排放，还可以实现回用，并回收有价值的副产物，技术上可行，与传统的化学淤浆法、生化降解法等污水处理方法相比，具有显著的优势。随着人们对环境和能源问题的日益重视，以及石油化工工业的发展和水的再利用以及环保的要求，膜分离作为一种有效的新型分离技术，在石油化工污水处理中一定有着极其广泛的应用前景。

参考文献

[1] 贺延龄．废水的厌氧生物处理．北京：中国轻工业出版社，1998

[2] 鲍其鼐．论节约工业冷却用水的关键．水处理信息报导，2004（1）：5-8.

[3] 周本省．工业水处理技术．北京：化学工业出版社，1997.

[4] 余淦申．造纸废水处理技术及其工程实例．浙江造纸，98年第4期．

[5] 陈蔚等．造纸废水的A/O处理．浙江造纸，98年第4期．

[6] 余淦申．A/O法处理造纸废水技术及其工程实例．水工业学术研讨会，香港，1999.

[7] 许振良．膜法水处理技术．北京：化学工业出版社，2001：34.

[8] 金熙，项成林．工业水处理技术问答及常用数据．北京：化学工业出版社，1989．

[9] 崔玉川等．煤炭矿井水处理回用工艺技术．太原工业大学学报，1992：3.

[10] 李霞．工业节水的对策与措施浅谈．新疆钢铁，2006（2）：50-52.

[11] 高宝玉，岳钦艳，王淑仁．含铝离子聚硅酸絮凝剂的研究．环境科学，1990；11（5）：37-41.

[12] 高宝玉，岳钦艳．可用于多种污水净化处理的新型高分子无机混凝剂PSAA. 油田化学，1994；11（1）：84-86.

[13] 田秀君，张葆宗．聚合铝混凝处理水中残余铝测定方法研究．工业水处理，1995；15（2）：23-24.

[14] 黄华耀．治污增效，节水减排的措施——提高循环水浓缩倍数．氮肥技术，2007，28（1）：52-54.

[15] 崔玉川，李思敏，李福勤．工业用水处理设施设计计算．北京：化学工业出版社，2003：6.

[16] 阿部光雄．当代离子交换技术．北京：化学工业出版社，1991：1-10.

[17] 赵瑞华，凌开成．电渗析废水处理技术．太原理工大学学报，2000，31（6）：721-724.

[18] 冯逸仙，杨世纯．反渗透水处理工程．北京：中国电力出版社，2000：1-10.

[19] 姜忠英，夏明芳．反渗透在水污染控制中的应用．污染防治技术，2003，16（1）：21-23.

[20] 谭永文，张维润．反渗透工程的应用及发展趋势．膜科学与技术，2003，23（4）：110-115.

[21] 李红岩，高孟春，杨敏等．组合式膜生物反应器处理高浓度氨氮废水．环境科学，2002，23（5）：62.

[22] 李定龙，申晶晶，姜晟等．电吸附除盐技术进展及其应用．水资源保护，2008，24（4）：63-66.

[23] 孙晓慰，朱国富．电吸附水处理技术（EST）的原理及构成．工业用水与废水，2002，33（4）：18-20.

[24] 陈慧婷．电吸附方法在水处理领域的研究进展及其应用现状．西南给排水，2004，26（2）：1-5.

[25] 刘俊新，王秀蘅．高浓度氨氮废水亚硝酸型与硝酸型脱氮的比较研究．工业用水与废水，2002，33（3）：1-4

[26] 刘超翔，胡洪营，彭党聪等．短程硝化反硝化工艺处理焦化高氨废水．中国给水排水，2003，19（8）：11.

[27] 孟了，陈永，陈石．CANON工艺处理垃圾渗滤液的高浓度氨氮．给水排水，2004，30（8）：24.

[28] 葛四顺．电吸附技术对回用水进行深度除盐的试验分析．石油和化工设备，2008，34（6）：80-83.

[29] 冷廷双，范丽娜．电吸附除盐技术用于首秦公司回用水中试研究．给水排水，2008，34（7）：59-62.

[30] 卢平，曾丽璇，张秋云等．高浓度氨氮垃圾渗滤液处理方法研究．中国给水排水，2003，19（5）：44.

[31] Hasse D，Spriatos N. Polymeric Basic Aluminum Silicate-Sulfate EP patent. 1990.

[32] Kumashiro K，Ishiwatari H，Nawamura Y. A pilot plant study on using seawater as a magnesium source for struvite precipitation. Paper presented at Second International Conference on the Recovery of

Phosphorus from Sewage and Animal Wastes, Noordwijkerhout, The Netherlands, 2001 .

[33] Yang M, Kazuya U, Haruki M. Ammonia removal in bubble column by ozonation in the presence of bromide. Wat. Res. , 1999, 33 (8): 1911-1917.

[34] Horan N J, Gohar H, Hill B. Application of a granular activated carbon-biolofical fluidised bed for the treatment of landfill leachates containing high concentrations of ammonia. Wat. Sci. Tech. , 1997, 36 (2-3): 369-375.

[35] Fikret K, Yunus M P. Adsorbent supplemented biological treatment of pretreated landfill leachate by fedbatch operation. Bioresource Technology, 2004, 94: 285-291.

[36] Ruiza G, Jeisonb D, Chamya R. Nitrification with high nitrite accumulation for the treatment of wastewater with high ammonia concentration. Water Research, 2003, 37: 1371-1377.

[37] Izzet O, Mahmut A, Ismail K, et al. Advanced physico-chemical treatment experiences on young municipal landfill leachates. Waste Management, 2003, 23: 441-446.

[38] Olav A, Sliekers K A, Third W A, et al. CANON and Anammox in a gas-lift reactor. FEMS Microbiology Letters, 2003, 218: 339-344.

[39] Hasegawa T, Hashimeto K, Onitsuka T. Characteristic of metal-polysilicate coagulants. Water Sci Tech, 1991; 23 (7): 1713-1722.

[40] Arnold-Smith A K, Christie R M. Polyaluminum Silicate Sulfate-A New Coagulant for Potable and Wastewater Treatment. Proc of the 5th Gothenburg Symposium, France, 1992

[41] Jekel M R, Heinmann B. Residual aluminum in drinking-water treatment. J WSRT-Aqua, 1989; 38: 281-288

[42] Miller R G, Kopfler F C. The occurrence of aluminum in drinking water. J AWWA, 1981; 84: 84-91

[43] Oren Y, Soffer A. Water desalting by means of electrochemical parametric pumping. Journal of Applied Electrochemistry, 1983. 13 (7): 473-487.

[44] Luhy G, et al. Removal of organic contaminants from coal conversion process condenstate. JWPCF, 1983, 55 (2): 275-281.

[45] LVan Dijk, et al. Membrane bioparticle for wastewater treatment: the state of the art and new developments Wat. Sci. Tech. , 1997, 35 (10): 35.

第四章 城市水处理工程项目案例

第一节 概 述

一、城市污水处理厂

城市污水是指排入城市排水管道中的生活污水和城镇生活区的工业废水，实际上是混合污水，因此城市污水的性质随各种污水的混合比例和工业废水中特殊的污染物而有很大差异。城市污水中生活污水的比例较大，因此具有生活污水的一切特征；但在不同的城市，因工业的规模和性质不同，城市污水的性质又不可避免地受工业废水的影响。

从污染源排出的污（废）水，因含污染物总量或浓度较高，达不到排放标准要求或不适应环境容量要求，从而降低水环境质量和功能目标时，必须经过人工强化处理的场所，这个场所就是污水处理厂。

一般分为城市集中污水处理厂和各污染源分散污水处理厂，处理后排入水体或城市管道。有时为了回收循环利用废水资源，需要提高处理后出水水质时则需建设污水回用或循环利用污水处理厂。

处理厂的处理工艺流程是由各种常用的或特殊的水处理方法优化组合而成的，包括各种物理法、化学法和生物法，要求技术先进，经济合理，费用最省。

二、城市污水处理厂工艺

1. 处理厂工艺要求

城市污水处理厂工艺目前仍在应用的有一级处理、二级处理、深度处理，国内外最普遍流行的是以传统活性污泥法为核心的二级处理。二级处理的任务是大幅度地去除废水中的有机污染物，以 BOD 为例，一般通过二级处理后，废水中的 BOD 可去除 80%～90%，如城市污水处理后水中的 BOD 含量可低于 30mg/L。需氧生物处理法的各种处理单元大多能够达到这种要求。

2. 城市常用的污水处理方法

城市污水处理厂的污水处理方法要根据污水水质、污水水量及出水水质标准等进行选择。一般污水处理厂常用的污水处理方法有化学处理法、物理处理法、和生物处理法三类。

三、城市污水处理厂污泥的处理与处置

城市污水处理的污泥问题是一直困扰着城市污水处理厂的棘手问题。污泥的处理处置涉及到的问题很多，错综复杂，以下仅根据以往的认识和经验谈谈几点看法。

(1) 污泥的稳定化处理首选厌氧消化。

一般来说，污泥量小时用好氧消化，污泥量大时则用厌氧消化。污泥厌氧消化可以使有机物消化分解，污泥不再腐败；同时，通过中温消化，大部分病原菌、蛔虫卵被杀灭并作为有机物被降解。经此处理后污泥达到稳定化、无害化的目的，伴生的沼气可作为能源加以利用。污泥厌氧消化在发达国家被广泛采用，欧美、日本、独联体等国家，用厌氧消化处理污泥占污泥总量的一半以上。

(2) 对于污泥的最终处置途径坚决主张施用于农田。

污泥中的有机物分解产生的腐殖质可以改良土壤结构，避免板结，而其中丰富的 N、P、K 等营养元素和 Ca、Mg、Zn、Cu、Fe 等微量元素是植物生长必需的，施用于农田能够增加土壤肥力、促进农作物的生长。所以将污泥从污染物转化为一种可利用的资源是一种科学而且成本低的处置方式，符合经济循环发展的思想。

(3) 呼吁并主张从上游污染源头上严格控制排入城市污水处理厂的重金属、有毒有害物质。

为了保证污泥的无害化和施用于农田的最终处置途径，提议城市污水处理厂应加强自己的水质化验能力：首先搞清楚各上游污染源排放污水的水质并限定其排放标准，然后严格、日常性地监测进水水质，一旦发现某项指标不正常，则可以找到其源头，配合政府制定相关政策标准对该污染源单位进行处罚。通过这种方式保证污泥的重金属、有毒有害物质含量被控制在允许范围内。

四、“十二五”我国城市污水处理厂的处理率提升

据国家发展和改革委员会介绍，截至 2010 年年底，我国已建成投运城镇污水处理厂 2832 座，处理能力 1.25 亿立方米/天，分别比 2005 年增加了 210% 和 108%。全国城市污水处理率达到 77.4%，比 2005 年提高 25 个百分点。

据国家发改委提供的信息，同期，我国 90%以上的设市城市和 60%以上的县城建成投运了污水处理厂，16 个省（自治区、直辖市）实现了县县建有污水处理厂。

2009 年，全国污水处理厂平均运行负荷率达到 78.95%，基本扭转了大量污水处理设施建成后不运行或低负荷运行的局面。2010 年～2012 年连续三年保持全国污水处理厂平均低负荷运行的局面。2011 年～2012 年全国城市污水处理率达到

78%～80.55%比2010年提高20个百分点。

国家编制的《"十二五"全国城镇污水处理及再生利用设施建设规划》(以下简称"规划")发布。突出了配套管网建设、提升污水处理能力等建设重点。

"规划"指出：突出重点，科学引导。重点建设和完善污水配套管网，提高管网覆盖率和污水收集率。通过加强技术指导和资金支持，加快污泥处理处置及污水再生利用设施建设。科学确定设施建设标准，因地制宜选用处理技术和工艺。

加强监管，促进运行。建立健全有效的监管和绩效考核制度，强化对城镇污水处理设施建设和运营全过程的监督管理，促进设施正常运行。

主要目标如下：

到2015年，全国所有设市城市和县城具有污水集中处理能力。

到2015年，污水处理率进一步提高，城市污水处理率达到85%(直辖市、省会城市和计划单列市城区实现污水全部收集和处理，地级市85%，县级市70%)，县城污水处理率平均达到70%，建制镇污水处理率平均达到30%。

到2015年，直辖市、省会城市和计划单列市的污泥无害化处理处置率达到80%，其他设市城市达到70%，县城及重点镇达到30%。

到2015年，城镇污水处理设施再生水利用率达到15%以上。

全面提升污水处理设施运行效率。到2015年，城镇污水处理厂投入运行一年以上的，实际处理负荷不低于设计能力的60%，三年以上的不低于75%。

"十二五"期间各项建设任务目标为：新建污水管网15.9万千米，新增污水处理规模4569万立方米/天，升级改造污水处理规模2611万立方米/天，新建污泥处理处置规模518万吨(干泥)/年，新建污水再生利用设施规模2675万立方米/天。

规划实施后，将新增COD削减能力约280万吨/年，新增氨氮削减能力约30万吨/年。

第二节 城市污水处理厂设计与污水处理工艺案例

一、概述

为了加强城市污水治理，保护水环境，中央增加了投资力度。20世纪末，我国城市污水治理力度较大的1998年，分两批下达的城市污水治理项目达117项，投资约300亿元。1999年又下达近百亿国家债券资金，支持城市污水处理厂建设。为了确保污水处理厂建设后的正常运行，国家已明确在水价中增收排污费。

根据国家(包括地方)财力，自从提出至2000年我国污水处理率要求达到25%，2010年达到40%以后，21世纪的前10年各方面做出努力后达到了上述目标。

二、合理确定建设规模

对一个城市来说，需根据城市总体规划和排水规划，分期分批地建设污水管网和污水处理厂，要根据水环境保护的目标，分期实施，逐步到位。城市排水工程建设是一项系统工程，涉及城区管渠改造，污水的收集、输送（包括泵站），污水处理和排放利用，以及污泥处置等问题；在河网城市，还需考虑上游、下游和水体自净问题。

合理的确定设计的污水水量和污水水质，直接涉及工程的投资、运行费用和费用效益。不少城市由于市区污水管道未形成系统，缺乏长期积累的污水水质水量资料，一般采取按规划面积、人口和工业发展的预测来推导污水量，并提出生活污水量、工业废水量和公建、商业污水量各自所占的比例，其不确定因素较多，因此提出的设计污水量往往偏大。实际上，按规划计算的污水量与可能污水量、实际可能收集到的污水量和根据需要与可能进行处理的污水量是不同的，设计的污水量在很大程度上取决于污水管网普及率和实际可能收集到的近、远期污水量，并分期建设污水处理厂。要充分认识城区内管网改造的复杂性和艰巨性，有的取决于旧城市的改造和道路的改造，有的埋了干管，支管迟迟未建成，致使许多已建成的污水处理厂在相当一段时间内“吃不饱”。对设计的污水水质，应该对现有实测的水质资料进行分析（包括工业废水正在限期达标排放的水质水量变化和管渠内地下水的渗入量），对雨污合流和老城区排水系统需科学地确定污水管道的截流倍数（干管和支管可采用不同的截流倍数）。现在设计的需处理污水水质偏高的问题是普遍存在的，设计的污水水量和污水水质要通盘考虑，留余地过大，既增加投资亦会使设备闲置或低效运行。

三、城市污水处理厂的工艺选择

污水处理厂的工艺选择应根据原水水质、出水要求、污水厂规模，污泥处置方法及当地温度、工程地质、征地费用、电价等因素慎重考虑。污水处理的每项工艺技术都有其优点、特点、适用条件和不足之处，不可能以一种工艺代替其他一切工艺，也不宜离开当地的具体条件和我国国情。同样的工艺，在不同的进水和出水条件下，取用不同的设计参数，设备的选型并不是一成不变的。

具体工程的选择要求包括：

① 技术合理　技术先进而成熟，对水质变化适应性强，出水达标且稳定性高，污泥易于处理。

② 经济节能　耗电小，造价低，占地少。

③ 易于管理　操作管理方便，设备可靠。

④ 重视环境　厂区平面布置与周围环境相协调，注意厂内噪声控制和臭气的治理，绿化、道路与分期建设结合好。

1. 关于活性污泥法

当前流行的污水处理工艺有：A-B 法、SBR 法、氧化沟法、普通曝气法、A-A-O 法、A-O 法等，这几种工艺都是从活性污泥法派生出来的，且各有其特点。

(1) A-B 法 (adsorption-biooxidation)

该法由德国 Bohuke 教授首先开发。该工艺对曝气池按高、低负荷分两级供氧，A 级负荷高，曝气时间短，产生污泥量大，污泥负荷 2.5kgBOD/(kgMLSS·d) 以上，池容积负荷 6kgBOD/(m^3·d) 以上；B 级负荷低，污泥龄较长。A 级与 B 级间设中间沉淀池。二级池子 F/M (污染物量与微生物量之比) 不同，形成不同的微生物群体。A-B 法尽管有节能的优点，但不适合低浓度水质，A 级和 B 级亦可分期建设。

(2) SBR 法 (sequencing batch reactor)

SBR 法早在 20 世纪初已开发，由于人工管理烦琐未予推广。此法集进水、曝气、沉淀、出水在一座池子中完成，常由四个或三个池子构成一组，轮流运转，一池一池地间歇运行，故称序批式活性污泥法。现在又开发出一些连续进水、连续出水的改良性 SBR 工艺，如 ICEAS 法、CASS 法、IDEA 法等。这种一体化工艺的特点是工艺简单，由于只有一个反应池，不需二沉池、回流污泥及设备，一般情况下不设调节池，多数情况下可省去初沉池，故节省占地和投资，耐冲击负荷且运行方式灵活，可以从时间上安排曝气、缺氧和厌氧的不同状态，实现除磷脱氮的目的。但因每个池子都需要设曝气和输配水系统，采用滗水器及控制系统，间歇排水水头损失大，池容的利用率不理想，因此，一般来说，并不太适用于大规模的城市污水处理厂。

(3) A-A-O 法 (anaerobic-anoxic-oxic)

由于对城市污水处理的出水有去除氮和磷的要求，故国内 10 年前开发此厌氧-缺氧-好氧组成的工艺。利用生物处理法除磷脱氮，可获得优质出水，是一种深度二级处理工艺。A-A-O 法的可同步除磷脱氮机制由两部分组成：一是除磷，污水中的磷在厌氧状态下 (DO<0.3mg/L)，释放出聚磷菌，在好氧状况下又将其更多的吸收，以剩余污泥的形式排出系统；二是脱氮，缺氧段要控制 DO<0.7mg/L，由于兼氧脱氮菌的作用，利用水中 BOD 作为氢供给体 (有机碳源)，将来自好氧池混合液中的硝酸盐及亚硝酸盐还原成氮气逸入大气，达到脱氮的目的。为有效除磷脱氮，对一般的城市污水，COD/TKN 为 3.5～7.0 (完全脱氮 COD/TKN>12.5)，BOD/TKN 为 1.5～3.5，COD/TP 为 30～60，BOD/TP 为 16～40 (一般应>20)。

若降低污泥浓度、压缩污泥龄、控制硝化，以去除磷、BOD_5 和 COD 为主，则可用 A-O 工艺。

有的城市污水处理的出水不排入湖泊，利用大水体深水排放或灌溉农田，可将除磷脱氮放在下一步改扩建时考虑，以节省近期投资。

(4) 普通曝气法及其变法

本工艺出现最早，至今仍有较强的生命力。普曝法处理效果好，经验多，可适应大的污水量，对于大厂可集中建污泥消化池，所产生沼气可作为能源利用。传统普曝法的不足之处是只能作为常规二级处理，不具备除磷脱氮功能。

近几年在工程实践中，通过降低普通曝气池容积负荷，可以达到脱氮的目的；在普曝池前设置厌氧区，可以除磷，亦可用化学法除磷。采用普通曝气法去除 BOD_5，在池型上有多种形式（如下面所述的氧化沟），工程上称为普通曝气法的变法，亦可统称为普通曝气法。

(5) 氧化沟法　本工艺 20 世纪 50 年代初期发展形成，因其构造简单，易于管理，很快得到推广，且不断创新，有发展前景和竞争力，当前可谓热门工艺。氧化沟在应用中发展为多种形式，比较有代表性的如下。

帕式（Passveer）简称单沟式，表面曝气采用转刷曝气，水深一般在 2.5～3.5m，转刷动力效率 1.6～1.8kgO_2/(kW·h)。

奥式（Orbal）简称同心圆式，应用上多为椭圆形的三环道组成，三个环道用不同的 DO（如外环为 0，中环为 1，内环为 2），有利于除磷脱氮。采用转碟曝气，水深一般在 4.0～4.5m，动力效率与转刷接近，现已在山东潍坊、北京黄村和合肥王小郢的城市污水处理厂应用。若能将氧化沟进水设计成多种方式，能有效抵抗暴雨流量的冲击，对一些合流制排水系统的城市污水处理尤为适用。

卡式（Carrousel）简称循环折流式，采用倒伞形叶轮曝气，从工艺运行来看，水深一般在 3.0m 左右，但污泥易于沉积，其原因是供氧与流速有矛盾。

三沟式氧化沟（T 形氧化沟），此种形式由三池组成，中间作为曝气池，左右两池兼做沉淀池和曝气池。T 形氧化沟构造简单，处理效果不错，但其采用转刷曝气，水深浅，占地面积大，复杂的控制仪表增加了运行管理的难度。不设厌氧池，不具备除磷功能。

氧化沟一般不设初沉池，负荷低，耐冲击，污泥少。建设费用及电耗视采用的沟型而变，如在转碟和转刷曝气形式中，再引进微孔曝气，加大水深，能有效地提高氧的利用率（提高 20%）和动力效率［达 2.5～3.0kgO_2/(kW·h)］。

2. 关于曝气生物滤池

曝气生物滤池实质上是常说的生物接触氧化池，相当于在曝气池中添加供微生物栖附的填（滤）料，在填料下鼓气，是具有活性污泥特点的生物膜法。曝气生物滤池（BAF）20 世纪 70 年代末起源于欧洲大陆，已发展出法、英等国设备制造公司的技术和设备产品。由于选用的填料不同，以及是否有脱氮要求，设计的工艺参数是不同的，如要求处理出水 BOD_5、SS＜20mg/L，去除 BOD_5 达 90%以上的工艺，其容积负荷为 0.7～3.0kgBOD_5/(m^3·d)，水力停留时间为 1～2h；以消化（90%以上）为主的工艺，其容积负荷为 0.5～2.0kgBOD_5/(m^3·d)，水力停留时间为 2～3h。

一般认为，生物膜法处理城市污水，在国内尚需积累经验，处理规模不宜过大，以 $5\times10^4m^3/d$ 左右为宜。国外（主要在欧洲）处理水量有达到 $36\times10^4m^3/d$ 的，这与其填料材质、自控手段和先进的反冲洗装置有关，也与其有长期积累的运行管理经验有关。

3. 关于 UNITANK 工艺

UNITANK 工艺和类似的 TCBS 工艺、MSBR 工艺一样，都是 SBR 法新的变形和发展。它集“序批法”、“普通曝气池法”及“三沟式氧化沟法”的优点，克服了“序批法”间歇进水、“三沟式氧化沟法”占地面积大、“普通曝气池法”设备多的缺点。

典型的 UNITANK 工艺是三个水池，三池之间水力连通，每池都设有曝气系统，外侧的两池设有出水堰及污泥排放口，它们交替作为曝气池和沉淀池。污水可以进入三池中的任意一个，采用连续进水、周期交替运行。在自动控制下使各池处在好氧、缺氧及厌氧状态，以完 成有机物和氮磷的去除。

UNITANK 工艺由比利时 Seghers 公司首先建在我国的澳门特区，处理水量 $14\times10^4m^3/d$（不下雨时平均处理水量为 $7\times10^4m^3/d$），池型封闭，设计采用的容积负荷为 0.58kgBOD/($m^3\cdot d$)，总的反应池体积为 46800m^3，曝气池水力停留时间为 8h，出水的 BOD_5、SS<20mg/L。

这类一体化工艺是传统活性污泥工艺的变形，可以采用活性污泥工艺的设计方法对不同的污染物加以去除，如考虑硝化，其负荷一般在 0.05～0.10kgBOD_5/(kgMLSS·d)，硝化率视污水温度而异。如果要求污泥稳定化，其污泥负荷和污泥龄要远远超过硝化时的数值。

容积利用率低是此类一体化工艺共同的主要问题，就是说在一个较长停留时间的曝气系统内，有 50%左右的池容用于沉淀。

UNITANK 工艺的成功与否有赖于系统采用稳定可靠的仪表及设备，因此引进技术，消化、吸收和开发先进的自控系统是应用此工艺的关键问题。一般认为，UNITANK 工艺不太适用于大型（$>10\times10^4m^3/d$）的城市污水处理厂。

四、科学的进行工艺方案比较

城市污水处理投资大，运行费用高，如不包括引进处理设备和引进沼气发电设备，每处理 1m^3 污水投资宜控制在 1000 元，运行费（包括折旧费）宜控制在 0.5 元/m^3 左右。由于现在污水处理率还不高，按用水量的 0.8 计算污水量，收 0.2～0.3 元/m^3 排水费，基本上能维持处理设备的运行。

为了降低投资和运行成本，因地制宜的进行工艺方案（主要是生物处理方案）比较是必要的。进行多种工艺方案的比较，说明处理工艺技术的发展，是好事。现在经常碰到的问题是，工艺方案比较往往不够科学，有的对工艺已有倾向和爱好，先入为主，对倾向的工艺只说优点，对不赞成的工艺强调缺点；有的把自己的小型试验数据与别的已上工程的工艺比；有的是将处理 BOD_5 为主的工艺与处理 BOD_5 同时进行除磷脱氮的工艺比。实际已运行的不少污水处理厂，其出水水质较好与其进水水量和水质远未达到设计指标有关，各厂情况不同，不可简单地比较出水指标；有的投资包括厂外工程费用（如道路、电负荷增容等）；有的投资包括征地费用（而此费用在各地出入很大）；有的工艺建设投资低，运行费用高；有的工艺投资高，运行费用低；有的工艺处理污水的投资低，而污泥量较多增加了污泥的处理成本。应该看到，同样的工艺，采用的设计参数不同，其结果也是不同的。作为负责任的单位，对工艺方案的比较力求客观全面，在同等进水、出水条件下，其设计参数应包括对各种污染物的去除率、曝气时间、污泥负荷和容积负荷、曝气量和氧的利用率（及动力效率）、污泥产量（及污泥指数）等做全面分析，数据丰富就可以集思广益，扬长避短，根据技术上合理，经济上合算，管理方便，运行可靠且有利于近、远期结合的原则，进行工艺方案的优化抉择。

对一定规模（如 $10\times10^4m^3/d$）以上的城市污水处理厂，应做污泥稳定处理，通常采用中温消化，沼气利用，有条件的可设沼气发电（如北京高碑店、天津东郊），这要花费不少投资，技术设备相当复杂，设备需要引进。不处置由污水处理带来的污泥，污水处理是不完整的，脱水后污泥的最终处置要具体落实，不留后患。

国内有些环保公司提出对污水处理厂投资采用多方集资和融资方案（如环保公司和业主出资50%，其余50%资金由银行贷款），然后通过收取的排污费逐年偿还，这种方法是有积极意义的。但有两个问题需要明确：一个是出资的环保公司采用的工艺和设计参数需要通过评议，选用的设备需通过招标，正如国外贷款（包括政府贷款），其工艺和设备需评议和招标一样；另一个是要明确污水处理厂的股权和产权问题，需制定相应的政策和协议。

有的环保公司在报上一再宣传采用曝气生物滤池和气浮池替代沉淀池技术处理城市污水，投资可减至400元/m^3，占地可减少4/5，运转费用可减少一半，操作人员可减少9/10，这完全是误导。建设部要求城市污水厂绿化占全厂1/3面积，再加上道路及辅助设施、办公生活设施，总面积约占全厂的1/2。减少曝气池和沉淀池面积绝不可能使总的面积减少一半。从技术上看，用气浮池代替沉淀池，对于代替初沉池来说是行不通的，对于代替二沉池需做具体比较（包括土建、设备、电耗、管理等方面）。另外，还应对大规模气浮装置的技术可行性做出评估。

五、污水处理工艺

污水处理工艺流程是用于某种污水处理的工艺方法的组合。通常根据污水的水质和水量，回收的经济价值，排放标准及其他社会、经济条件，经过分析和比较，必要时，还需要进行试验研究，决定所采用的处理流程。一般原则是：改革工艺，减少污染，回收利用，综合防治，技术先进，经济合理等。在流程选择时应注重整体最优，而不只是追求某一环节的最优。

1. 化学强化生物除磷污水处理工艺

污水处理过程中，我国的主要河流和湖泊由于受磷污染，富营养化严重，国家环保局为控制磷污染，对磷排放制定了比较严格的标准。化学强化生物除磷污水处理工艺以除去污水中有机污染物和各种形态的磷为主，此污水处理工艺将化学除磷和生物除磷一体化，通过厌氧消化生物系统中活性污泥产生挥发性有机酸，作为聚磷菌生长的基质或称之为营养物，使聚磷菌在活性污泥中选择性增殖，并将其回流到生物系统中，使生物污水处理系统工作在高效除磷状态；同时污泥在厌氧条件下产生的磷释放，通过化学除磷消除。这是一种高效市政污水处理工艺技术，满足了我国现阶段为解决水体富营养化，需要在常规二级污水处理基础上进一步除磷的要求。

2. 循环间歇曝气污水处理工艺

我国经济发展水平各地相差较大，经济发展滞后的城市还不能拿出很多资金用于污水治理，因此，怎样利用有限的资金，降低环境污染，是很多城市政府面临的问题。在污水处理方面，直到不久前，一些城市还采用一级或一级强化处理工艺技术，出水达不到国家二级排放标准对除去有机污染物的要求。循环间歇曝气工艺充分发挥高负荷氧化沟处理效率高的优点，又充分利用序批式活性污泥污水处理工艺出水好的特点，保证了系统出水达到国家污水排放一级标准在除去有机污染物方面的要求。在投资和运行费用上比通常以除去有机污染物为主的二级生物污水处理系统降低30%左右，是适合我国现阶段污水处理要求的工艺技术。

3. 旋转接触氧化污水处理工艺

旋转接触氧化污水处理工艺技术是在生物转盘技术基础上，结合生物接触氧化技术优点发展起来的新一代好氧生物膜处理技术。旋转接触氧化污水处理工艺技术和成套设备提供了一种简单和可靠的污水处理方法。整个污水处理系统中的转轴是唯一的转动部分，一旦机器出了故障，一般机械人员都可以进行维修。系统生物量会根据有机负荷的变化而自动补偿。附在转盘上的微生物是有生命的，当污水中的有机物增加时，微生物随之增加，相反，当污水中的有机物减少时，微生物随之减少。所以该污水处理系统的工作效果不容易受到流量和负荷的突然变化和停电的影响。运行费用低，只有其他曝气污水处理系统耗电的1/8～1/3。占地面积仅相当于常规活性污泥法的一半。由于生物系统中生长的微生物种类多，能够高效处理各种难降解工业污水。

六、污水处理工程的建设程序

1. 污水处理工程的设计

污水处理工程是城市市政建设、工业企业建设或排污达标治理的一个重要部分，其建设须按国家基本建设程序进行，现行的基本建设程序一般分编制项目建议书、项目可行性研究、项目工程设计、工程和设备招投标、工程施工、竣工验收、运行调试和达标验收几个步骤。这些建设步骤基本包括了项目建设的全过程，它们也可划分为三个阶段。

（1）第一阶段项目立项阶段

该阶段需根据城市市政规划或环境保护部门要求，分析项目建设的必要性和可行性。本阶段以确定项目为中心，一般由建设单位或其委托的设计研究单位编制项目建议书和项目可行性研究报告，通过国家计划部门、投资银行或企业计划部门论证便可获得立项，对于某些小规模项目，只编制污水处理工程方案设计，并通过投资部门的论证便可立项。

（2）第二阶段工程建设阶段

包括工程设计、工程和设备招投标、工程施工、竣工验收等过程。

① 工程设计项目立项后，设计单位根据审批的可行性研究报告进行施工图设计，其任务是将可行性研究报告确定的设计方案具体化，要将污水处理厂（站）区、各处理构（建）筑物、辅助构（建）筑物等的平面和竖向布置精确地表达在图纸上，其设计深度应能满足施工、安装、加工及施工预算编制要求。在施工图设计之前，可能还需进行扩大初步设计，进一步论证技术可靠性、经济合理性和投资准确性。

② 工程设备招投标是经过比较投标方的能力、技术水平、工程经验、报价等，来选定工程施工单位和设备供应单位的过程，该过程是保证工程质量和节省工程投资的基础。

③ 工程施工是项目建设的实现阶段，包括土建施工、设备加工制造及安装的全过程。本阶段设计人员应向施工单位和设备供应单位进行技术交底，施工单位要按设计图纸施工，施工人员发现问题或提出合理化建议，应经过一定手续才能变动，施工时，为了总结设计经验，应及时解决施工中出现的技术问题，或根据具体情况对设计做必要的修改和调整，设计人员有计划地配合参加施工。对一般设计项目，指派主要设计人员到施工现场，解释设计图纸，说明工程目的、设计原则、设计标准和依据，提出新技术的特殊要求和施工注意事项；对重大或新技术项目，必要时应派现场设计代表，随时解决施工中存在的设计问题。

④ 竣工验收是全面检查设计和施工质量的过程，其核心是质量，不合格工程必须返工或加固。

（3）第三阶段项目验收阶段

包括联动试车、运行调试、达标验收等过程。联动试车由施工单位、设备供应单位、建设单位共同完成，检查设备及其安装的质量，以确保能正常投入使用。试运行的目的是要确保处理系统达到设计的处理规模和处理效果，并确定最佳的运行条件，对于生物处理系统，往往要用较长时间来完成“培菌”任务。达标验收是由环境保护部门检验处理系统出水是否达到排放标准。污水处理工程的设计内容、设计工作按建设项目所处理的对象不同可划分为城市污水处理厂工程设计和工业企业废水处理站工程设计，由于污水来源、性质、水量及处理工艺方面差别较大，使其设计工作亦有所不同。设计工作按建设项目技术的复杂程度可划分为两个阶段（初步设计和施工图设计）或一个阶段（施工图设计）；同样可按污水处理规模大小或重要性划分为两阶段设计或一阶段设计。技术复杂、处理规模大、重要的项目一般按两阶段设计，技术复杂程度、处理规模、重要性均小的按一阶段设计。两阶段设计时，必须在上阶段设计文件得到上级主管部门批准后方允许进行下阶段的设计工作。

2. 设计的前期工作

设计的前期工作主要是可行性研究，以可行性研究报告（大型、重要的项目）或工程方案设计（小型、简单的项目）的文件形式表达，主要是论证污水处理项目的必要性、工艺技术的先进性与可靠性、工程的经济合理性，为项目的建设提供科学依据。可行性研究报告是国家投资决策的重要依据，主要内容如下。

① 总论项目编制依据、自然环境条件（地理、气象、水文地质）、城市社会经济概况或企业生产经营概况；城市或企业的排水系统现状、污染源构成、污水排放量现状、污水水质现状、项目的建设原则与建设范围、污水处理厂建设规模、污水处理要求目标（设计进水、出水水质）。

② 工程方案污水处理厂厂址选择及用地；污水处理工艺方案比较（比较方案工艺技术与总体设计、工艺构筑物及设备分析、技术经济比较），处理水的出路（回用水深度处理工艺选择）；工程近、远期结合问题；节能、安全生产与环境保护，推荐方案设计（污水污泥及回用水处理工艺系统平面及高程设计、主要工艺设备及电气自控、土建工程、公用工程及辅助设施）；生产组织及劳动定员。

③ 工程投资估算及资金筹措，工程投资估算原则与依据，工程投资估算表，资金筹措与使用计划。

④ 工程进度安排。

⑤ 经济评价总论（工程范围及处理能力、总投资、资金来源及使用计划）；年经营成本估算；财务评价。

⑥ 研究结论、存在问题及建议。

3. 初步设计

初步设计的主要目的如下：①提供审批依据，进一步论证工程方案的技术先进性、可靠性和经济合理性；②投资控制，提供工程概算表，其总概算值是控制投资的主要依据，预算和决算都不能超过此概算值；③技术设计，包括工艺、建筑、变配电系统、仪表及自控等方面的总体设计及部分主要单元设计，各专业所采用的新技术论证及设计；④提供施工准备工作，如拆迁、征地三通（水、电、路）一平（墙）并与有关部门签订合同；⑤提供主要设备材料订货要求，即设备与主材招标合同的技术规格书的依据，包括污水、污泥、电气与自控、化验等方面设备与主材的工艺要求、性能、技术规格、数量。初步设计的任务包括确定工程规模、建设目的、投资效益、设计原则和标准、各专业个体设计及主要工艺构筑物设计、工程概算、拆迁征地范围和数量、施工图设计中可能涉及的问题及建议。初步设计的文件应包括设计（计算）说明书、工程量、主要设备与材料、初步设计图纸、工程总概算表。初步设计文件应能满足审批、投资控制、施工图设计、施工准备、设备订购等方面工作依据的要求。

（1）初步设计说明书

① 设计依据

a. 可行性研究报告的批准文件；

b. 建设单位（甲方）的设计委托书；

c. 其他有关部门的协议和批件；

d. 建设单位（甲方）提供的设计资料清单（名称、来源、单位、日期）。

② 城市或企业概况及自然条件

a. 城市现状与总体规划，或企业生产经营现状及发展。

b. 自然条件方面资料

(a) 气象，包括气温、湿度、雨量、蒸发量、冰冻期及冻土深度、冰温、风向等；

(b) 水文，包括地表水体的功能、地理位置、方向、水位、流速、流量等，地下水的分布埋深、利用等；

(c) 工程地质，包括污水处理厂建址地区的地质钻孔柱状图、地基承载能力、地震等级等。

c. 有关地形资料，包括污水处理厂及相关地区的地形图。

d. 城市污水排放现状及环境污染问题。

③ 处理要求污水排放应达到国家的排放标准或环境保护部门要求。

④ 工程设计

a. 设计污水处理水质水量在分析排水系统污水的平均流量、高峰流量、现状流量、预期流量等水量资料基础上，确定污水处理厂设计规模（包括近期处理能力和总处理能力）；根据城市或企业排污状况，在分析主要污染源（必要时做一定时间污染源监测）和混合污水现状监测资料的基础上，确定污水厂设计进水水质指标。

b. 厂址选择说明结合城市现状和总体规划，具体说明厂址选择的原则和理由，并说明已选厂址的地形、地质、用地面积及外围条件（即三通一平）。

c. 工艺流程的选择说明主要说明所选工艺方案的技术先进性、合理性，尤其要说明所采用新技术的优越性（技术经济方面）和可靠性（技术方面）。

d. 工艺设计说明说明所选工艺方案初步设计的总体设计（平面和高程布置）原则，并说明主要工艺构筑物的设计（技术特征、设计数据、结构形式、尺寸）。

e. 主要处理设备说明说明主要设备的性能构造、材料及主要尺寸，尤其是新技术设备的技术特征、构造形式、原理、施工及维护使用注意事项等。

⑤ 处理厂内辅助建筑（办公、化验、控制、变配电、药库、机修等）和公用工程（供水、排水、采胶、道路、绿化）的设计说明。

⑥ 处理厂自动控制和监测设计说明。

⑦ 处理厂污水和污泥的出路。

⑧ 存在的问题及对策建议。

a. 工程量　列出本工程各项构（建）筑物及厂区总图所涉及的混凝土量、钢筋混凝土土量、建筑面积等。

b. 设备和主要材料量、挖土方量、回填土方量　列出本工程的设备和主要材料清单（名称、规格、材料、数量）。

c. 工程概算书说明概算编制依据、设备和主要建筑材料市场供应价格、其他间接费情况等。列出总概算表和各单元概算表。说明工程总概算投资及其构成。

d. 设计图纸各专业（工艺、建筑、电气与自控）总体设计图（总平面布置图、系统图），比例尺（1∶200）～（1∶1000），主要工艺构筑物设计图（平面、竖向），比例尺（1∶100）～（1∶200）。

（2）施工图设计

施工图设计在初步设计或方案设计批准之后进行，其任务是以初步设计的说明书和图纸为依据，根据土建施工、设备安装、组（构）件加工及管道（线）安装所需要的程度，将初步设计精确具体化，除污水处理厂总平面布置与高程布置、各处理构筑物的平面和竖向设计之外，所有构筑物的各个节点构造、尺寸都用图纸表达出来，每张图均应按一定比例与标准图例精确绘制。施工图设计的深度，应满足土建施工、设备与管道安装、构件加工、施工预算编制的要求。施工图设计文件以图纸为主，还包括说明书、主要设备材料表。

① 施工图设计说明书

a. 设计依据初步设计或方案设计批准文件，设计进出水水质。

b. 设计方案扼要说明污水处理、污泥处理及气体利用的设计方案，与原初步设计比较有何变更，并说明理由，设计处理效果。

c. 图纸目录、引用标准图目录。

d. 主要设备材料表。

e. 施工安装注意事项及质量、验收要求。必要时另外编制主要工程施工方法设计。

② 设计图纸

a. 总体设计

(a) 污水处理厂总平面图比例尺（1∶100）～(1∶500)，包括坐标轴线、构筑物与建筑物、围墙、道路、连接绿地等的平面位置，注明厂界四角坐标及构（建）筑物对角坐标或相对距离，并附构（建）筑物一览表、总平面设计用地指标表、图例。

(b) 工艺流程图又称污水污泥处理系统高程布置图，反映出工艺处理过程及构（建）筑物间的高程关系，应反映出各处理单元的构造及各种管线方向，应反映出各构（建）筑物的水面、池底或地面标高、池顶或屋面标高，应较准确地表达构（建）筑物进出管渠的连接形式及标高。绘制高程图应有准确的横向比例，竖向比例可不统一。高程图应反映原地形、设计地坪、设计路面、建筑物室内地面之间的关系。

(c) 污水处理厂综合管线平面布置图应标示出管线的平面布置和高程布置，即各种管线的平面位置、长度及相互关系尺寸、管线埋深及管径（断面）、坡度、管材、节点布置（必要时作详图）、管件及附属构筑物（闸门井、检查井）。必要时可分别绘制管线平面布置和纵断面图。图中应附管道（渠）、管件及附属构筑物一览表。

b. 单体构（建）筑物设计图

各专业（工艺、建筑、电气）总体设计之外，单体构（建）筑物设计图也应由工艺、建筑、结构（土建与钢）、电气与自控、非标准机械设备、公用工程（供水、排水、采暖）等施工详图组成。

(a) 工艺图比例尺（1∶50）～(1∶100)，表示出工艺构造与尺寸、设备和管道安装位置与尺寸、高程。通过平面图、剖面图、局部详图或节点构造详图、构件大样图等表达，应附设备、管道及附件一览表，必要时对主要技术参数、尺寸标准、施工要求、标准图引用等做说明。

(b) 建筑图比例尺（1∶50）～(1∶100)，表示出水平面、立面、剖面的尺寸、相对高程，表明内、外装修材料，并有各部分构造详图、节点大样、门窗表及必要的设计说明。

(c) 结构图比例尺（1∶50）～(1∶100)，表达构（建）筑物整体及构件的结构构造、地基处理、基础尺寸及节点构造等，结构单元和汇总工程量表，主要材料表，钢筋表及必要的设计说明，要有综合埋件及预留洞详图。钢结构设计图应有整体装配、构件构造与尺寸、节点详图，应表达设备性能，加工及安装技术要求，应有设备及材料表。

(d) 主要建筑物给水排水、采暖通风、照明及配电安装图。

③ 电气与自控设计图

a. 厂（站）区高、低压变配电系统图和一、二次回路接线原理图，包括变电、配电、用电、启动和保护等设备型号、规格和编号。附材料设备表，说明工作原理，主要技术数据和要求。

b. 各种控制和保护原理图与接线图，包括系统布置原理图。引出或列入的接线端子板编号、符号和设备一览表以及运行原理说明。

c. 各构筑物平、剖面图，包括变电所、配电间、操作控制间电气设备位置、供电控制线路铺设、接地装置、设备材料明细表和施工说明及注意事项。

d. 电气设备安装图，包括材料明细表、制作或安装说明。

e. 厂（站）区室外线路照明平面图，包括各构筑物的布置、架空和电缆配电线路、控制线路和照明布置。

f. 仪表自动化控制安装图明细表以及安装调试说明。

g. 非标准配件加工详图。

④ 辅助设施设计图　辅助与附属建筑物建筑、结构、设备安装及公用工程，如办公、仓库、机修、食堂、宿舍、车库等施工设计图。

⑤ 非标准设备设计图　某些简单金属构件的设计详图可附于工艺设计图中。由几种不同形式的零配件、构件组成的成套设备，又没有现成的设备可使用，其功能较独立，构造较复杂，加工不简单的设备或大型钢结构处理装置，应视为非标准设备，专门进行施工（制作、安装）图设计。

a. 总装图表明构件零配件相互之间组装位置、制作加工与安装的技术要求、设备性能、使用须知及其他注意事项，必要时应有节点详图，附构件、零配件一览表。

b. 部件图表明构件加工制作详图、组装图、制作和装配精度要求。

c. 零件图零件的加工制作详图，须说明加工精度、技术指标、材料、数量等。

第三节　城市污水处理厂与水处理工艺工程实例

一、概述

UNITANK 是一种新颖的活性污泥法工艺，它集中了传统活性污泥法和 SBR 的优点，处理单元一体化，经济、运转灵活，在欧洲及亚洲已有近 200 座此种工艺的污水处理厂建成。

石家庄高新技术产业开发区污水处理厂（以下简称石家庄高新区污水处理厂）日处理污水 10 万吨，采用比利时政府混合贷款。经过工艺方案比较和论证，结合贷款国技术特点，决定采用 UNITANK 工艺。

二、UNITANK 工艺介绍

1. UNITANK 工艺基本构造

UNITANK 又称交替式生物处理池，其基本单元由三个矩形池组成（A、B、C 池），相邻池通过公共墙开洞或池底渠连通。三个池中都安装有曝气系统，可以是微孔曝气头、表曝机或潜水曝气机；外侧两个池（A 和 C 池）设有固定式出水堰及剩余污泥排放装置，它们交替作为曝气池和沉淀池，中间的池子（B 池）只能作为曝气反应池。另外，污水通过闸门控制可以进入任意一个池子，采用连续进水，周期交替运行。如图 4-1 所示。

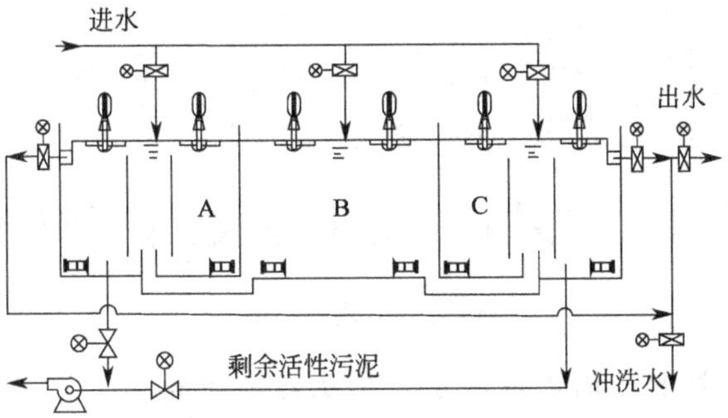

图 4-1 交替式生物池示意图

2. UNITANK 运行方式

UNITANK 运行按周期运行，一个周期包括两个主阶段和两个中间阶段。

第一主阶段，污水首先进入 A 池，该池处于曝气状态，因上个阶段进行沉淀操作，积累了大量活性污泥且浓度较高。进水与活性污泥混合，有机物被吸附，部分被降解。混合液继续流入 B 池，该池通常连续曝气，有机物得到进一步的降解，同时在推流过程中，A 池的活性污泥进入中间池，再进入 C 池，实现污泥在各池的重新分配。最后，混合液进入处于沉淀状态的 C 池，进行泥水分离，处理后的出水通过出水堰排放，剩余污泥由该池排出。

中间阶段的作用是完成曝气池到沉淀池的转换。在中间阶段，污水进入 B 池，原出水侧池仍处于沉淀出水状态，另一侧池开始进入沉淀状态，为出水做准备。

因为侧池在曝气状态时，出水槽内进满泥水混合液，所以侧池进入沉淀状态后，开始的出水不能作为处理后的出水直接排放，需先冲洗排入处理系统，待出水澄清后，方可外排。

第二主阶段，污水先进入 C 池，污水及混合液的流动方向与第一阶段相反。

三、UNITANK 水处理工程

1. 处理规模及进出水水质

污水厂处理城市污水，设计处理污水量 10 万吨/天，占地 7.2hm^2，污水处理厂进水水质的主要指标为：COD≤600mg/L，BOD≤400mg/L，SS≤400mg/L；出水水质要求：BOD_5≤30mg/L，SS≤30m/L，COD≤120mg/L。

2. 处理工艺流程

原污水进入格栅间，在此拦截污水中漂浮物，由污水泵提升，经细格栅进一步去除水中杂质，进入沉砂池去除砂粒，然后进入 UNITANK 池，去除 BOD_5 等污染物，混合液经沉淀分离，澄清液进入接触池加氯消毒（季节性）后排出。剩余污泥经污泥泵送至集泥池，经机械浓缩脱水处理后，泥饼外运，工艺流程如图 4-2 所示。

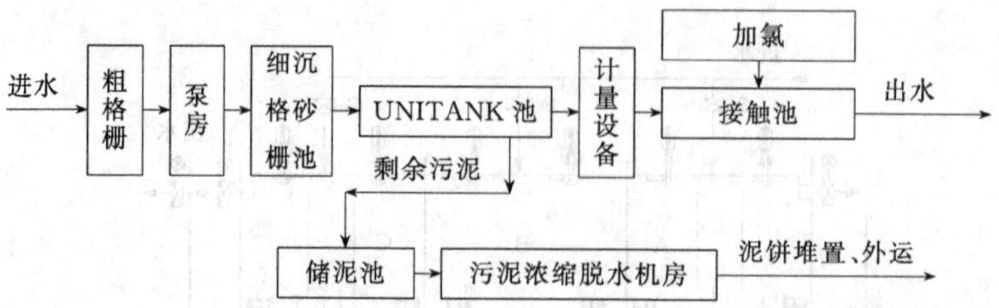

图 4-2 工艺流程图

堰的形式即单侧堰或周边堰出水，可决定池子是否为正方形。一般当池子边长较小时（小于 25m），两侧池采用单侧堰出水，池形可为长方形，池间连通采用池壁开洞方式，洞口在边池（A 和 C 池）一侧加导流板，见图 4-3，目的是使进水沿池底流动，流态接近平流式沉淀池，导流板同时可防止中间池的曝气干扰侧池的沉淀。当池子尺寸较大时，两侧池可采用周边出水堰，池形为正方形，中间池的池间连通管出口设在侧墙池底边，两侧池的池间连通管出口设在池中心，外加稳流筒，见图 4-1，出水沿池底流动，流态接近中心进水、周边出水的辐流式沉淀池。

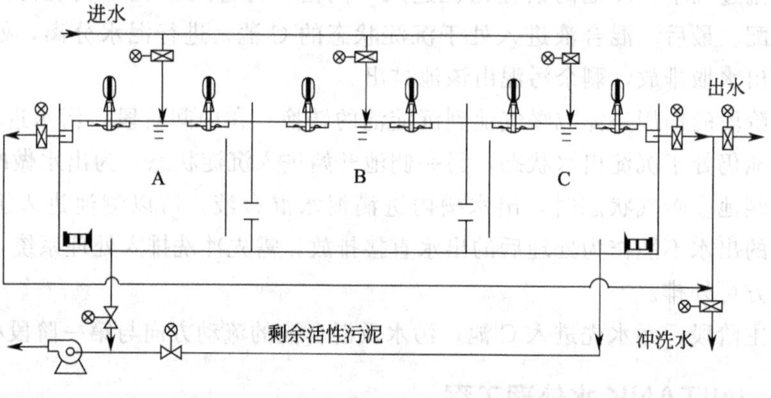

图 4-3 侧墙连通交替式生物池示意图

处理厂规模大，UNITANK 池共为六个组，分三个系列，每个组由三个正方形反应池组成，单池净尺寸为长×宽×高＝35m×35m×7m，有效水深 6m。两侧池采用周边堰出水。每组内三个反应池由池底渠道连通，两侧池的连通渠出水口位于池中心，设有稳流筒，防止进水对沉淀污泥的扰动。

此外，根据实际工程情况，中间池的尺寸可与两侧池的尺寸不同。当进水污染物浓度较高时，整个池容较大，边池（A 和 C 池）的表面负荷可能过低，这样会造成一定程度的浪费，因此可考虑适当减小边池（A 和 C 池）的尺寸，加大中间池的容积，在保证处理效果的前提下，缩减部分投资。当进水污染物浓度较低时，整个池容较小，边池（A 和 C 池）的表面负荷可能过高，可考虑采用适当加大边池（A 和 C 池）的尺寸、减少中间池容积的办法，降低边池（A 和 C 池）的表面负荷。

四、UNITANK水处理工程选择和设计

1. 冲洗水系统的选择和设计

由于在曝气阶段，两侧池的出水堰内进入了混合液，沉淀初期被污染的出水不能直接排放，需经冲洗水系统外排。冲洗水排放系统一般有两种形式。第一种，由电动闸门控制，冲洗出水经管渠，排入处理厂进水泵房。该方法运行管理较简单，不用添加设备，但对进水泵房会产生一定的水力冲击负荷，如果UNITANK运行系列较多，运行时序岔开，那么冲击负荷相对较低，对进水影响较小。第二种，由电动闸门控制，冲洗出水直接进入冲洗水池，池内设潜水泵，将冲洗水送至中间池。该方法不会对进水泵房产生影响，但需加设冲洗水池和冲洗水泵，运行管理较复杂，如果UNITANK运行系列较少，该种方法较适合。

石家庄高新区污水处理厂因规模大、系列多，因此冲洗水系统采用第一种形式，即冲洗水直接排至进水泵房。每组生物池中两侧池的出水均进入到中间池边的一条公共出水渠道，该渠道上安装两台电动闸门，具有两种功能，分别作为出水渠道和冲洗水渠道使用。在沉淀出水的初期，公共渠道上的出水闸门关闭，冲洗水闸打开，冲洗水经冲洗水管入厂区污水管，然后排入处理厂进水泵房。进水泵房的平均流量短时内增加1/6。当出水水质正常时，打开出水闸门，关闭冲洗水闸，出水进入总出水管道排出处理厂。

2. 曝气系统的选择和设计

UNITANK工艺可以采用表面机曝气和微孔器曝气两种形式。针对这两种形式在UNITANK工艺中的特点做如下对比（见表4-1）。

表4-1 UNITANK工艺中的特点

项目	表面曝气机	微孔曝气器
电耗	高	低，不稳定
曝气系统工程造价	底10%～20%	高
曝气器充氧效率	低，稳定	高，随使用时间增长，效率逐渐降低
维修管理	电机维修在水面，不影响正常运转	维修时需将全池放空，且随运行时间加长，维修频率提高
池底沉泥	极少	有，且不均匀
沉淀池表面负荷	一般较低	一般较高，需加设斜板沉淀，降低表面负荷。运行时斜板上容易滋生生物膜；维修曝气头时。需拆掉斜板
缺氧/厌氧/好氧运行模式	开/关曝气机，易操作	开/关单池曝气管，会给其他池中曝气头带来气量冲击，不易操作

由以上对比可以看出，表面曝气机更适合UNITANK工艺，占地允许情况下，建议尽量采用表面曝气机曝气。

石家庄高新区污水处理厂曝气系统采用表曝机和潜水搅拌机相结合的方式。表曝机选用比利时AQUA公司生产的浮动式高速表曝机，它可以适应因水流方向改

变而造成的水面起落；另外其安装简单，只需缆绳固定。由于高速表曝机的电机直接驱动螺旋叶轮，不需要减速装置，因此检修量少，维护方便。

3. 污泥排放系统的选择和设计

UNITANK 工艺通常有两种排放剩余污泥的方式，即连续排泥和间歇排泥。连续排泥是指在运行期间连续排放混合液，剩余污泥泵容量较低，基本不需要控制，但是由于剩余污泥浓度低，后续污泥浓缩脱水的负荷将会加大，间歇排泥是指在特定时段集中排泥，如在沉淀末期排泥，该方式剩余污泥泵容量较高，需要控制排泥时间及排泥闸，但该方式剩余污泥浓度较高，后续污泥浓缩脱水的负荷较低。

石家庄高新区污水处理厂规模较大，泥量大，为了减少污泥处理部分的投资，剩余污泥采用间歇排泥方式，排泥时间设在沉淀后期。全厂共设两座剩余污泥泵房，在污泥泵房内共安装污泥泵 6 台，分别负责 6 组交替式生物处理池的排泥。每个污泥泵经管道由电动阀门控制分别从处理单元中的 2 个沉淀池中抽泥，排泥时间设在沉淀后期。排泥管道按 2 台污泥泵同时工作设计。

五、UNITANK 工艺特点

第一，与传统活性污泥法相比，可不设回流污泥系统及沉淀池刮泥机，投资低，同时由于设备种类较少，便于维护管理，降低了日常检修费用。

第二，根据进水水质和出水水质要求调整运行周期和时序，在曝气期内设置非曝气阶段，可形成厌氧、缺氧和好氧交替状态，实现除磷脱氮功能，运转灵活。

第三，采用矩形池结构，生物池共用隔墙布置，可节省土建费用和工程建设用地。

第四，系统为连续运行，出水采用固定堰，不设浮动式滗水器，水面基本恒定，另外池中约有 2/3 的设备同时运行，与 SBR 工艺相比，其容积和设备利用率高。

UNITANK 工艺虽有许多优点，但也有一定的适用范围。在选择该工艺时应该考虑以下问题：

第一，进水 BOD 浓度较高时，建议考虑采用两级 UNITANK 工艺。本书介绍的是单级 UNITANK 工艺，即进水只经过一级生物池处理，当进水水质较高时，如 BOD 高于 500mg/L 时，可采用两级 UNITANK 工艺，即用两级生物池处理，第一级生物池按高负荷厌氧或好氧方式运行，第二级按低负荷好氧方式运行，目前，西格斯公司已有两级 UNITANK 工艺的工程业绩。

第二，出水水质有除磷要求时，应慎重考虑是否选用该工艺。该工艺除磷脱氮过程的原理是：通过在沉淀末期和曝气期中间加入非曝气搅拌期，形成缺氧和厌氧状态，完成脱氮和生物除磷功能。但是，从实际运行看，很难形成生物除磷的理想状态。因为，在非曝气搅拌期，水中大量的硝酸盐会消耗溶解性 BOD，降低有效 BOD/P 值；进水中溶解性 BOD 在生物池内被大量稀释，除磷菌可摄取的 BOD 量减少，在厌氧段磷释放不彻底，因此生物除磷功能很难保证。从工程业绩看，西格斯公司自 1987 年至 1997 年已有 187 座该工艺处理厂投产，但无生物除磷记录。所以，选择该工艺生物除磷时应慎重考虑。

第三，处理水量过大时，应充分考虑该工艺的复杂性。由于工艺运行、结构设沉降缝和抗浮等原因的限制，处理池每格的尺寸宜控制在 40m×40m 范围内。当处理水量增加时，处理单元数也会增加，致使配水、出水、冲洗水和剩余污泥排放等设备随着单元数而增加，大大提高了实际运行的复杂程度。从自动控制方面看，10 万吨/天处理规模的污水厂，氧化沟工艺的 I/O 数量只需 1200 点，而该工艺为 3000 点以上，随着处理单元数量增加，其控制量也将成倍增加。所以，该工艺在规模较大处理厂应用时，应进行全面考虑。

综上所述，UNITANK 工艺更适用于中小型污水处理厂，在一定的范围内，可以替代其他活性污泥法，有独特的优点，并具有较强的竞争力。

第四节 城市污水除磷脱氮工艺关键技术的发展

一、概述

从 20 世纪 70 年代中期人们发现并开始研究污水除磷工艺技术以来，已有大量关于除磷机理的研究论文发表，国内外也有众多的污水处理厂采用各种除磷工艺技术。有的污水处理厂在实际运行中除磷效果较好，也有的污水处理厂在实际运行中除磷效果不尽如人意。因不了解除磷效果不好的污水处理厂的具体情况，在这里不妄加评论。

下面只就某开发区水质净化一厂在实际运行中污水除磷脱氮工艺关键技术进行探讨，仅供参考。

二、污水除磷脱氮工艺基本情况

某开发区水质净化一厂日处理污水设计能力为 80000m^3，工艺流程如下：

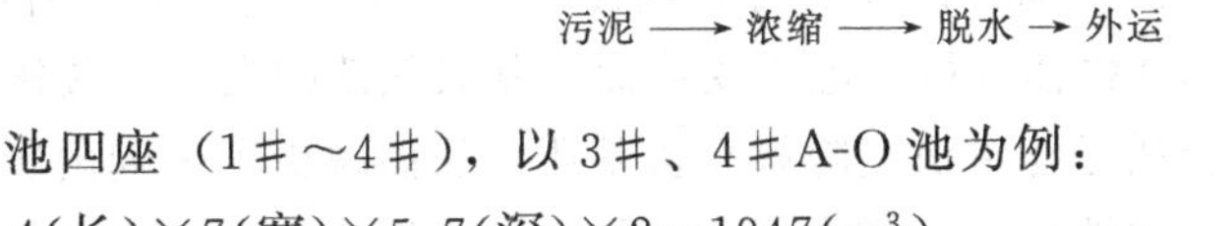

共有 A-O 池四座（1＃～4＃），以 3＃、4＃A-O 池为例：

A 段：24.4(长)×7(宽)×5.7(深)×2＝1947(m^3)

O 段：28.0(长)×8(宽)×5.7(深)×3＝3830(m^3)

3＃、4＃系统日处理污水能力 50000m^3，污水在 A 段停留时间为 75min，在 O 段停留时间为 150min，总停留时间为 225min 左右。为避免外来空气带入 A 段，

A-O 池采取液下进水，A 段采用液下搅拌器。

3＃、4＃A-O 池 A 段和 O 段 DO 及 MLSS 见表 4-2。

表 4-2 参数表 单位：mg/L

项目		A 段	O 段	MLSS
3＃A-O 池	8 月	0.103	2.171	2.608
	11 月	0.223	2.159	2.050
4＃A-O 池	8 月	0.095	2.348	2.402
	11 月	0.205	2.309	1.954

某开发区水质净化一厂的出水 TP 一般都在 0.5mg/L 以下，而脱水后的污泥中 P（以 P_2O_5 计）的含量近 10%。

某开发区水质净化一厂二级处理除磷情况见表 4-3。

表 4-3 进出水 TP 月平均值 单位：mg/L

年份	全年总水量	日平均水量	COD		BOD_5		SS		$N\text{-}NH_3$		TP	
			进水	出水	进水	出水	进水	出水	进水	出水	进水	出水
1998 年	13146130	36017	501.89	60.96	200.61	9.55	246.44	16.30	22.66	11.73	4.78	0.53
1999 年	13905917	38098	453.87	62.27	190.54	13.25	201.61	12.38	25.62	15.69	5.03	0.59
2000 年	14921448	40763	724.65	65.70	268.53	16.57	421.88	19.59	29.02	19.21	5.31	0.43

三、A-O 法除磷的机理

A-O 法除磷的机理大家公认的是聚磷菌先在 A-O 池的 A 段处于无氧状态，在此状态下，聚磷菌吸收污水中含有的乙醇、甲酸、乙酸、丙酸等易生物降解的有机物储于细胞内作为营养源，同时将细胞内已有的聚合磷酸盐以 PO_4^{3-}-P 的形式释放于水中。而在有氧状态下，聚磷菌将细胞内存在的有机物质进行氧化分解产生能量，这时能将污水中的 PO_4^{3-}-P 超量吸收于细胞内，又以聚磷酸盐的形式储存在细胞内，这些磷最终以污泥的形式排出，从而达到从污水中去除磷的目的。

四、污水中除磷的影响因素

1. 溶解氧（DO）的影响

溶解氧的影响包括两方面。首先必须在厌氧区中控制严格的厌氧条件，这直接关系到聚磷菌的生长状况、释磷能力及利用有机基质合成 PHB 的能力。由于 DO 的存在，一方面 DO 将作为最终电子受体而抑制厌氧菌的发酵产酸作用，妨碍磷的释放；另一方面会耗尽能量快速降解有机基质，从而减少了聚磷菌所需的脂肪酸产生量，造成生物除磷效果差。其次是在好氧区中要供给足够的溶解氧，以满足聚磷菌对其储存的 PHB 进行降解，释放足够的能量供其过量摄磷之需，有效地吸收废水中的磷。一般厌氧段的 DO 应严格控制在 0.2mg/L 以下，而好氧段的溶解氧控制在 2.0mg/L 左右。

该厂的实践证明，如果在绝氧区（A段）DO符合要求，细胞内磷释放情况好，同时在好氧区（O段）DO符合要求，则细胞吸收磷的情况就好，也就是说在A段必须大量释放磷的情况下，才能在O段过量吸收磷，从而达到从污水中很好的除磷效果，这一点对于除磷特别重要。某厂有一个实际情况可以证明：因鼓风机系统出现故障，只能开一台鼓风机，3＃、4＃A-O池O段DO只有0.2mg/L，结果3＃二沉池出水TP是5.61mg/L，4＃二沉池出水TP是3.63mg/L。该厂鼓风机系统恢复正常，开两台鼓风机供气，3＃、4＃A-O池O段DO≥2.5mg/L，3＃、4＃二沉池出水TP检不出。这一实际情况非常有力地说明聚磷菌在绝氧条件下大量释放磷，在供氧充足时就会大量吸收磷。一般A-O池A段的溶解氧都在0.2mg/L以下，O段的溶解氧一般控制在2.0～3.0mg/L。

在这里需要特别强调指出的是：在O段DO一定要保证＞2.0mg/L，这一点除对保证聚磷菌过量摄磷特别重要外（否则吸收磷就大大减少），还有更为重要的一点是防止在二沉池及以后流程中聚磷菌体内的磷因DO不够而释放出来。如果只注意在A-O池中除掉磷，而不关注对聚磷菌摄磷以后的保护，就会发生厌氧释放磷，就会前功尽弃，导致二沉池出水含磷浓度高，或二沉池排出来的污泥中所含磷在以后的流程中释放出来。上述观点有些资料已经提到，但有的厂在实际运行中并未给予足够重视，而只过分考虑节电，A-O池O段出水DO尽量低，又加之污泥在二沉池停留时间过长，造成二沉池内缺氧，使“吃饱”了磷的聚磷菌在缺氧状态下将体内的磷又释放出来。某开发区水质净化一厂，污泥在二沉池内停留时间是150min左右，经检测二沉池内污泥TP高达23.00mg/L，如果这些磷不保护好（用足够的DO）而释放出来，势必造成二沉池出水含磷量过高。

2. BOD的影响

（1）BOD负荷和有机物性质

废水生物除磷工艺中，厌氧段有机基质的种类、含量及其与微生物营养物质的比值（BOD_5/TP）是影响除磷效果的重要因素。不同的有机物为基质时，磷的厌氧释放和好氧摄取是不同的。根据生物除磷原理，分子量较小的易降解的有机物（如低级脂肪酸类物质）易于被聚磷菌利用，将其体内储存的多聚磷酸盐分解释放出磷，诱导磷释放的能力较强，而高分子难降解的有机物诱导释磷的能力较弱。厌氧阶段磷的释放越充分，好氧阶段磷的摄取量就越大。

另一方面，聚磷菌在厌氧段释放磷所产生的能量，主要用于其吸收进水中低分子有机基质合成PHB储存在体内，以作为其在厌氧条件压抑环境下生存的基础。因此，进水中是否含有足够的有机基质提供给聚磷菌合成PHB，是关系到聚磷菌在厌氧条件下能否顺利生存的重要因素。

一般认为，进水中BOD_5/TP要大于15，才能保证聚磷菌有着足够的基质需求而获得良好的除磷效果。为此，有时可以采用部分进水和省去初沉池的方法，来获得除磷所需要的BOD负荷。

首先是BOD负荷（F/M），它是A-O法生物除磷工艺的一个关键参数。A-O法除磷工艺中起主要作用的是聚磷菌，而聚磷菌大多为不动菌属，其生理活性较弱，只能摄取有机物中极易分解的部分，通俗地讲即只能吃“极其可口”的食物，例如乙酸等挥发性脂肪酸，对于BOD_5中的大部分有机物，例如固态的BOD_5部分、胶态的BOD_5部分，聚磷菌是难以吸收的，甚至对已溶解的葡萄糖，聚磷菌也都“懒”得摄取。因此，有机物尤其是低分子有机物是激发聚磷菌同化作用的必备条件，A-O生物除磷工艺应保持较高的BOD负荷。

（2）BOD_5及TP监测

有文献报道，通过试验确定：BOD负荷在0.21～0.50kgBOD_5/(kgMLSS·d)时，磷的去除和有机物的去除都达到了较好的效果；BOD负荷在0.20kgBOD_5/(kgMLSS·d)以下时，除磷效果有所下降；BOD负荷在0.10kgBOD_5/(kgMLSS·d)时，除磷效果极差。这一试验结果也验证了上述理论。

在某厂的实际运行中，BOD负荷控制0.3～0.5kgBOD_5/(kgMLSS·d)，除磷效果较好，二级出水TP基本在0.50mg/L以下。

由于该厂连续三个月二级出水TP较高，超过0.50mg/L，但其他监测项目均正常达标，但采取了调整曝气量、控制回流比等调控方式，效果均不明显，经过反复分析研究，一般认为是由于进水BOD_5较低或者进水BOD_5中溶解性BOD_5（亦称$SBOD_5$）较低，造成BOD负荷过低，聚磷菌不能充分进行同化作用，降低了对磷的摄取能力。于是，决定超越初沉池，以保证A-O池内具有足够的营养物供给聚磷菌。这样调整的效果非常好，TP很快就降到0.50mg/L以下。超越初沉池前后数据见表4-4、表4-5。

表4-4 超越初沉池前BOD_5及TP监测数据

时间	BOD_5月平均值/(mg/L)		TP月平均值/(mg/L)	
	进水	出水	进水	出水
5月份	275.10	5.55	7.36	1.88
6月份	176.58	21.23	4.18	0.57
7月份	336.04	10.60	2.79	0.61

表4-5 超越初沉池后BOD_5及TP监测数据

时间	BOD_5月平均值/(mg/L)		TP月平均值/(mg/L)		备注
	进水	出水	进水	出水	
8月份	159.21	7.52	2.38	0.36	
9月份	108.68	6.18	2.48	0.27	
10月份	129.28	6.88	5.50	0.57	曝气影响

在超越初沉池的运行中，不一定要完全超越，一般情况下可以部分超越，应根据进水BOD和曝气池中的污泥浓度以及二沉池出水的TP来综合考虑，并兼顾到剩余污泥的排放量。

其次是 BOD_5/TP。一般认为，要保证除磷效果，应控制进入厌氧段的污水中 BOD_5/TP 大于 20，以保证聚磷菌对磷的有效释放。如能测得溶解性 BOD_5（或称滤过性 BOD_5），简称 $SBOD_5$，使 $SBOD_5$/TP 大于 20，则运行控制将更加准确合理，除磷效果将更为理想。

3. 氧化态氮的影响

(1) 厌氧区硝态氮

硝态氮包括硝酸盐氮和亚硝酸盐氮，其存在同样也会消耗有机基质而抑制聚磷菌对磷的释放，从而影响在好氧条件下聚磷菌对磷的吸收。另一方面硝态氮的存在会被部分生物聚磷菌（气单胞菌）利用作为电子受体进行反硝化，从而影响其以发酵中间产物作为电子受体进行发酵产酸，抑制了聚磷菌的释磷和摄磷能力及 PHB 的合成能力。

(2) 氧化态氮的浓度问题

A-O 法除磷的前提是聚磷菌在厌氧段内大量释放磷，然后进入好氧段才能超量摄取磷，但是厌氧段中氧化态氮的存在会抑制聚磷菌的同化作用，其原因是氧化态氮可以激发回流污泥中脱氮菌的活力，而脱氮菌具有较高的繁殖速度和同化多种基质的能力，导致聚磷菌得不到足够的营养物而不能充分释放磷，也就无法在好氧段大量吸收磷。因此氧化态氮的存在将严重影响系统的除磷效果。但是在生产实际中不可避免地要有一些氧化态氮进入厌氧段，只是要尽量控制其进入量，有文献报道厌氧区内氧化态氮的浓度低于 1.5mg/L 时，对磷的释放影响较小。

4. 污泥龄（SRT）的影响

由于生物脱磷系统主要是通过排出剩余污泥而去除磷，因此剩余污泥量的多少将决定系统的脱磷效果。而泥龄的长短对污泥的摄磷作用及剩余污泥的排放量有着直接的影响。

一般来说，泥龄越短，污泥含磷量越高，排放的剩余污泥量也越多，越可以取得较好的脱磷效果。短的泥龄还有利于好氧段控制硝化作用的发生而利于厌氧段的充分释磷，因此，仅以除磷为目的的污水处理系统中，一般宜采用较短的泥龄。但过短的泥龄会影响出水的 BOD_5 和 COD，若泥龄过短可能会使出水的 BOD_5 和 COD 达不到要求。资料表明，以除磷为目的的生物处理工艺污泥龄一般控制在 3.5～7 天。

另外，一般来说厌氧区的停留时间越长，除磷效果越好。但过长的停留时间并不会太多地提高除磷效果，且会有利于丝状菌的生长，使污泥的沉淀性能恶化，因此厌氧段的停留时间不宜过长。剩余污泥的处理方法也会对系统的除磷效果产生影响，因为污泥浓缩池中呈厌氧状态会造成聚磷菌的释磷，使浓缩池上清液和污泥脱水液中含有高浓度的磷，因此有必要采取合适的污泥处理方法，避免磷的重新释放。

A-O 法除磷是通过将富含磷的剩余污泥排出到系统外而实现的，而且也是生物除磷的唯一途径，只有维持较高的剩余污泥排放量才能保证系统的除磷效果，这样系统的泥龄也不得不相应降低。因此 A-O 法除磷系统要求较低的泥龄，一般认为 SRT 应在 7～10 天，也有人认为 SRT 在 3 天左右时，系统仍能维持比较好的除磷效率，故最佳值为 4～5 天。如果 SRT 过高，剩余污泥排放量较小，污泥“夹带”排出系统的磷的总量不多，系统的除磷效率就会大大降低，同时，聚磷菌多为短泥龄微生物，SRT 较高时，污泥的活性和沉降性能均会下降；但 SRT 也不能过低，这会导致混合液污泥大量流失，对降解 BOD_5 和除磷反而不利，所以降低系统的 SRT，必须以保证 BOD_5 的有效去除为前提。

该厂实际运行中，SRT 一般控制在 7 天左右，除磷效果较好。另据报道，美国的 Hyperion 污水处理厂在 22～24℃时，SRT 可降低至 3.1天，而出水的磷仅为 0.4mg/L。可见 SRT 的一般范围不是绝对的，应根据进水水质、BOD_5（或 $SBOD_5$）/TP 的值、系统的 MLSS 值的波动做相应的调整，总体应着眼于总除磷量。

5. 回流比（R）的影响

前已述及，A-O 工艺保证除磷效果的极为重要的一点，就是使系统污泥在曝气池中“携带”足够的溶解氧进入二沉池，其目的就是为了防止污泥在二沉池中因厌氧而释放磷，但如果不能快速排泥，二沉池内泥层太厚，再高的 DO 也无法保证污泥不厌氧释磷，因此，A-O 系统的回流比不宜太低，应保持足够的回流比，尽快将二沉池内的污泥排出。但过高的回流比会增加回流系统和曝气系统的能源消耗，且会缩短污泥在曝气池内的实际停留时间，影响 BOD_5 和 P 的去除效果。如何在保证快速排泥的前提下，尽量降低回流比，需在实际运行中反复摸索。一般认为，R 在 50%～70%的范围内即可。该厂的污泥回流比基本上控制在 50%左右。

6. 水力停留时间（HRT）的影响

对于运行良好的城市污水生物脱氮除磷系统来说，一般释磷和吸磷分别需要 1.5～2.5h 和 2.0～3.0h。总体来看，似乎释磷过程更为重要一些，因此，我们对污水在厌氧段的停留时间更为关注，厌氧段的 HRT 太短，将不能保证磷的有效释放，而且污泥中的兼性酸化菌不能充分地将污水中的大分子有机物分解为可供聚磷菌摄取的低级脂肪酸，也会影响磷的释放；HRT 太长，也没有必要，既增加基建投资和运行费用，还可能产生一些副作用。

总之，释磷和吸磷是相互关联的两个过程，聚磷菌只有经过充分的厌氧释磷才能在好氧段更好的吸磷，也只有吸磷良好的聚磷菌才会在厌氧段超量的释磷，调控得当会形成一个良性循环。该厂在实际运行中摸索得到的数据是：厌氧段 HRT 为 1 小时 15 分～1 小时 45 分，好氧段 HRT 为 2 小时～3 小时 10 分较为合适。

7. pH 的影响

pH 对磷的释放和吸收具有不同的影响。pH 值偏低时，有利于聚磷菌对聚磷酸的水解，磷的释放速率和释放量较大；试验证明 pH 值在 6～8 的范围内时，磷的厌氧释放比较稳定。pH 值偏高时，有利于磷的吸收，其吸收速率和吸收量较大。pH 值低于 6.5 时生物除磷的效果会大大下降。综合考虑，曝气池混合液的 pH 值应控制在 6.5～8.0 的范围内。该厂进水的 pH 值始终稳定在此范围内未发现 pH 对除磷产生影响。

8. 温度的影响

温度对除磷效果的影响不如对生物脱氮过程的影响那么明显，因为在高温、中温、低温条件下，不同的菌群都具有生物脱磷的能力，但低温运行时厌氧区的停留时间要更长一些，以保证发酵作用的完成及基质的吸收。实验表明在 5～30℃的范围内，都可以得到很好的除磷效果。

该厂测定了一年各月份的水温，对照出水水质，未发现污水温度的变化影响除磷工艺的正常运行。水温记录见表 4-6。

表 4-6 一年各月份污水温度

月份	1 月份	2 月份	3 月份	4 月份	5 月份	6 月份	7 月份	8 月份	9 月份	10 月份	11 月份	12 月份
温度/℃	16～17	16～17	18	18～19	19～21	21～22	22～28	23～25	22～24	21～22	19～20	17～18

五、影响除磷因素中的关键结论

从污水中除磷说难也难，说容易也容易。只要抓住诸多影响除磷因素中的关键因素，从污水中除磷也就不是一件很难的事情了。从该厂多年除磷实践来看，在诸多影响除磷的因素中，从其重要程度的排列来看，我们认为 A-O 池的 DO 是最重要的，即在 A-O 池的 A 段必须保持小于 0.2mg/L 的 DO，如果 DO 大于 0.2mg/L，除磷效果必然下降。在 O 段如果 DO 小于 2.0mg/L，即使在 A 段 DO 小于 0.2mg/L，除磷效果也必然不行。如果在 A 段 DO 大于 0.2mg/L，在 O 段 DO 又小于 2.0mg/L，那除磷效果就更不行了。另外要特别注意对“吃饱了磷”的摄磷菌的保护，以免这些磷在 A-O 池以后的流程中因缺氧而释放出来。其次是 BOD 负荷（F/M），它是 A-O 法生物除磷工艺的一个关键参数，A-O 生物除磷工艺应保持较高的 BOD 负荷。再就是把富含磷的污泥尽快排出去，也就是说泥龄要短，但是要兼顾除氮所需的泥龄。

第五节 城市污水处理厂再生利用技术的发展与城市水处理工程的建设

水是人们生活和社会生产必需的基本资源之一，水资源状况直接影响社会经济发展和人民生活水平的提高。随着经济发展、人口的增长和人们物质文化生活水平的提高，世界各地对水的需求日益增长，水资源匮乏已成为许多国家的突出问题。前联合国秘书长德奎利亚尔曾讲到：“过去人类最可怕的是战争，未来人类最可怕的是水资料的紧缺。”目前已有40多个国家和地区缺水，水资源已成为当今世界各国发展社会经济的制约因素，引起普遍关注，特别是缺水国家正在寻求解决水资源问题。

我国的水资源并不丰富，人均占有量为2200m^3，约为世界人均资源量的1/4，而且水资源在时间和空间上分布极不平衡，南方多北方少。目前我国有400多个城市缺水，其中110个城市严重缺水，日缺水量达1600万立方米，年缺水量60亿立方米。由于缺水，每年影响工业产值2000多亿元，水资源匮乏已经成为制约社会经济发展的重要因素之一。另一方面，我国目前城市污水每年的排放量为450多亿立方米，城市污水处理率仅为20%左右，大部分污水未经处理或有效处理就直接排放掉，水污染又促使水资源短缺进一步加剧，形成了恶性循环。为解决缺水，一些严重缺水城市采取污水回用来缓解水资源的紧张状况。将城市污水净化后进行回归，是一项一举多得、造福子孙后代的有益事业。

一、城市污水处理与再生利用

进水水质水量特性和出水水质标准的确定是城市污水处理工艺选择的关键环节，也是我国当前城市污水处理工程设计中存在的薄弱环节。城市污水管网的完善，对城市污水处理厂设计规模和设计水质的确定至关重要，目前我国大多数城市管网不配套，造成城市污水处理规模和水质难以合理确定，投入运行后实际值与设计值往往相差较大，效能难以充分发挥。

在国内城市污水处理厂的综合调查中，获得了87个城市污水处理厂的设计进水水质和最近一年的月平均实际进水水质情况。

统计分析结果表明，在调查的城市污水处理厂中：①设计进水COD值一般选择400～600mg/L，占调查总数的74.2%，低于400mg/L和高于700mg/L的分别占20%和5.7%；②设计进水BOD_5值一般选择200mg/L左右，占总数的87.2%，选择高于400mg/L的仅占6.4%；③设计进水SS值一般选择200mg/L，占总数的78.8%，选择大于350mg/L的仅占10.6%。城市污水处理厂的实际进水水质与设计进水水质的比值能够反映出污水处理厂设计进水水质的准确程度，调查研究结果表明，在调查的城市污水处理厂中：①实际进水COD与设计进水COD比值低于1.0的占65.8%。高于1.0的占34.3%；②实际进水BOD_5与设计进水BOD_5比值低于1.0的占83%，高于1.0的占17%；③实际进水SS与设计进水SS比值低于1.0的占61.6%，高于1.0的占38.3%。

对于城市污水处理工艺方案及其设计参数的确定，进行必要的水质水量特性分析测定和动态工艺试验研究是国际通行的做法，有些发达国家甚至开展连续多年的全面水质水量特性测定和中试研究。在国内，由于体制和资金来源等方面的问题，在污水处理工艺方案的确定过程中虽然不太可能开展大规模的前期试验研究，但进行水质特性分析与短期动态工艺试验的条件还是具备的，不应该忽视。

因此，污水处理技术政策中要求，应切合实际地确定污水进水水质，优化工艺设计参数。必须对污水的现状水质特性、污染物构成进行详细调查或测定，做出合理的分析预测。在水质构成复杂或特殊时，应进行污水处理工艺的动态试验，必要时应开展中试研究。积极审慎地采用高效经济的新工艺，对在国内首次应用的新工艺，必须经过中试和生产性试验，提供可靠设计参数后再进行应用。

一般城市污水主要污染物是易降解有机物，所以目前绝大多数城市污水处理厂都采用好氧生物处理法。如果污水中工业废水比重很大，难降解有机物含量高，污水可处理性差，就应考虑增加厌氧处理改善可处理性的可能性，或采用物化法处理。

污水的有机物浓度对工艺选择有很大关系。当进水有机物浓度高时，AB 法、厌氧酸化/好氧法比较有利。AB 法中的 A 段只需较小的池容和电耗就可去除较多的有机物，节省了基建费和电耗，污水有机物浓度越高，节省的费用就越多。厌氧处理要比好氧处理显著节能，但只有在浓度较高时才显示出优越性。当有机物浓度低时，氧化沟、SBR 等延时曝气工艺具有明显的优势。在要求除磷脱氮的场合须选用稳定可靠的生物除磷脱氮工艺。

1. 城市污泥的处理处置

在我国的城市水污染治理中，污水处理厂污泥处理处置费用约占工程投资和运行费的 25％～45％。污水处理厂污泥处理处置高昂的投资及其运行费用，一方面使得目前国内大部分污水处理厂未对污泥进行稳定处理或处理工艺的配套设施不完善，另一方面也使得建有完善污泥处理设施的污水处理厂常因其运行费用较高而基本停用。随着我国城市污水处理设施的普及、处理率的提高和处理程度的深化，污泥的产生量将有较大的增长，2010 年，我国城市污水处理厂的湿污泥年产量达 2000 余万吨，预计到 2015 年，我国城市污水处理厂的湿污泥年产量将达 2800 余万吨，污泥的处理处置将成为难题。而通过技术改进和革新，降低污水处理厂的污泥产生量；研究开发先进的污泥处理工艺，提高污泥处理系统的效率，降低污泥处理成本；研制出技术先进、经济高效的国产污泥处理成套设备；积极进行污泥资源化利用研究等是解决当前及今后我国城市污水处理厂污泥处置问题的有效途径。

根据我国污水处理技术政策，城市污水处理产生的污泥，应采用厌氧、好氧和堆肥等方法进行稳定化处理，也可采用卫生填埋方法予以妥善处置；处理能力在 $10^5 m^3/d$ 以上的污水二级处理设施产生的污泥，宜采取厌氧消化工艺进行处理，产生的沼气应综合利用：处理能力在 $10^5 m^3/d$ 以下的污水处理设施产生的污泥，可进行堆肥处理和综合利用；采用延时曝气技术的污水处理设施，污泥需达到稳定化；采用物化强化处理的污水处理设施，产生的污泥须进行妥善的处理和处置；经过处理后的污泥，达到稳定化和无害化要求的，可农田利用；不能农田利用的污泥，应按有关标准和要求进行卫生填埋处置。

2. 城市污水的再生利用

在我国，花费大量投资建设了城市污水处理厂，但经过处理后的再生水并没有得到充分利用，有的地区甚至还将处理后的再生水与未经处理的污水混在一起，有的地区没有将再生水合理再用却直接排入大海造成淡水资源的浪费。因此，在城市污水处理决策中应充分考虑污水的再生利用。城市污水处理厂出水可用作农业用水、市政杂用水、工业冷却用水、工业生产用水、地下水补充等；另一方面，城市污水处理厂出水也可看作是水文循环的组成部分，将合乎质量要求的出水排放到河流水体中，使河流水体能维持或变成供下游使用的原水源，不仅经济可行，而且可减少风险并发挥河流自净能力。

在我国的城市污水处理技术政策中，提倡各类规模的污水处理设施按照经济合理和卫生安全的原则，实行污水再生利用。发展再生水在农业灌溉、绿地浇灌、城市杂用、生态恢复和工业冷却等方面的利用。城市污水再生利用，应根据用户需求和用途，合理确定用水的水量和水质。污水再生利用，可选用混凝、过滤、消毒或自然净化等深度处理技术。因此，缺水城市和水环境污染严重的地区，在规划建设远距离调水之前应积极实施城市污水再生利用工程，同时做好非投资性或低投资性的节水减污工作。

城市污水再生利用规划建设要依照客观需要和实际可能的原则，按照远期规划确定最终规模，以现状水量及用水需求为主要依据确定实施规模。城市污水再生利用技术选择与工程实施要考虑国情、实际条件和用户需求，城市污水再生利用规模、处理程度、处理流程、输水方式、再生水质、使用用途的选择上，既要满足要求，又要经济合理。目前城市污水再生利用应着重于农业灌溉、市政杂用、景观水体、生活杂用、工业冷却、生态环境和补充地表水。

城市污水再生处理工艺应根据处理规模、水质特性、再生水用途及当地的实际情况和要求，经全面技术经济比较后优选确定。工艺选择的主要技术经济指标包括：再生处理单位水量投资、再生处理单位水量电耗和成本、占地面积、运行性能可靠性、管理维护难易程度、总体经济与社会效益等。城市污水再生利用的工程设计，应对再生水水源的现状水质特性、污染物构成进行详细调查或测定，做出合理的分析预测；应切合实际并安全可靠地确定再生水水源水质和再生处理水水质要求，采用不同的单元工艺组合，优化工艺设计参数。

二、城市供水与再生水水源水质和要求

1. 城市供水水质问题

(1) 城市供水水质标准

我国现行的《生活饮用水卫生标准》GB 5749—2006 是 2007 年颁布执行的。

(2) 水源污染问题

我国七大水系和内陆河流 110 个重点河段，符合地面水环境质量标准 1、2 类的占 32%，3 类的占 29%，属于 4、5 类的占 39%。长江、黄河、珠江部分河段污染严重，淮河、松花江、辽河流域水污染严重。城市地面水的 136 条流经城市的河

流中，3、4、5及超5类的共有118条，太湖、巢湖、滇池富营养化。城市地下水超采或海水入侵现象日益突出。由于水源污染给城市给水水质处理带来了极大的困难，其具体表现为：

① 处理后水质感官性指标不良，色度高、有异味、臭，这固然与水中氨氮、过锰酸盐指数高有关，另一方面也与水中溶解氧低下有关。富营养化的湖泊水，藻类繁殖，产生土味素（geosmin）及二甲基异莰醇（2-MIB）等物质。藻类还产生致病、致癌毒素。

② 由于氨氮的存在，降低加氯的消毒作用，造成过滤除锰困难，另一方面生成氯胺（NH_2Cl）致突变物。若采用折点加氯消毒、加氯量大，造成消毒后水中的TTHMs及其他消毒副产物的增加，其中有致突变物、致癌物，特别是MX及E-MX在纳克/升（ng/L）数量级即具致突变性。

③ 源水中有毒害物及三致物质难以去除，常规水处理工艺只能去除分子量在10000以上的物质，对于1000～10000的化合物只能去除20%～30%，对于500～1000分子量的物质基本上不能去除。水中三致物的分子量大多在500以下，常规工艺去除困难，其他有毒有机物、无机物的情况也差不多。

④ 有些污染物目前还难以检测，富营养湖泊水中藻类繁殖，产生三类藻毒素：肝毒素（heptotoxins）、神经毒素（neruotoxins）和酯多糖毒素（lipopolysaccharides），目前尚缺少检测方法及水中容许浓度的限量。因此，尚未见通过水处理去除藻毒素情况的报道。

⑤ 管网水水质不稳定。水质污染造成混凝剂、消毒剂剂量增加，降低了水的pH值，增加了水的不稳定性；有机物污染导致管网水可生化的有机碳（BDOC）或可同化性有机碳（AOC）浓度增加，细菌易于繁殖滋生，腐蚀管道，恶化水质。

处理污染原水成为当前水处理工作者需要解决的课题。首先要强化常规处理工艺，优化水处理工艺的技术参数；有必要时增加化学的、物理的或生物化学的预处理；在常规滤池前或后增加活性炭过滤或臭氧活性炭过滤，已经证明对去除有机污染物、降低Ames致突变试验的致突变率MR值是很有效的。根本的解决方法还是要靠贯彻落实环境保护法、水污染防治法。

2. 城市污水带状污泥的问题

城市以往垃圾简单填埋处理的渗滤水主要是依靠下层土地来净化，但是，日久天长或地质构造环境发生变化，渗滤水往往对地下水或周围环境造成污染。调查结果表明，所有的垃圾简单填埋处理后，在填埋场周围的地下水均受到污染，许多有毒有害物质在一般地下水中不存在，却在填埋场周围的地下水中出现。因此，现代意义的垃圾卫生填埋处理已形成底部密封型结构，或底部和四周都密封的结构，从而防止了渗滤水的流出和地下水的渗入，并且对渗滤水进行收集和处理，有效地保证了环境的安全。

（1）垃圾渗滤水的来源

垃圾渗滤水产生的主要来源有：

① 降水的渗入，降水包括降雨和降雪，它是渗滤水产生的主要来源；

② 外部地表水的流入，这包括地表径流和地表灌溉；

③ 地下水的流入，当填埋场内渗滤水水位低于场处地下水水位，并没有设置防渗系统时，地下水就有可能渗入填埋场内；

④ 垃圾本身含有的水分，这包括垃圾本身携带的水分以及从大气和雨水中的吸附量；

⑤ 垃圾地降解过程中产生的水分，垃圾中的有机组分在填埋场内分解时会产生水分。

这些含有高浓度污染物质的渗滤水是垃圾填埋处理中最主要的污染源，如果不采取有效措施加以控制，则会污染地表水或地下水。

（2）垃圾渗滤水的产生量

渗滤水的产生量受多种因素的影响，如降雨量、蒸发量、地面流失、地下水渗入、垃圾的特征、地下层结构、表层覆土和下层排水设施情况等：

① 降雨量和蒸发量是影响渗滤水产生的重要因素，这可以从当地的气象资料来获得。

② 填埋场表面的斜坡很重要，在平缓的斜坡上，水易于集结，因而大量渗滤，而在较陡的斜坡上，水容易流掉，从而减少了到达垃圾中的水量。垃圾填埋场的最终覆土层一般做成中心高、四周低的拱形，保持1%～2%的坡度，这样可使部分降雨沿地表流走。但当表面准斜坡大于8%左右时，表面径流就有可能侵蚀垃圾堆的顶部覆盖物，使填埋场暴露，因此，表面斜坡应小得足以预防表面侵蚀。

③ 填埋最终覆土后，表面上长有植物，可以通过根系吸收水分，并通过叶面蒸发作用减少渗滤水发生量。

④ 地下水的渗透，要根据场内渗滤水水位和场外地下水来定，对于防渗情况良好的填埋场，可以不考虑渗滤水的渗出和外部地下水的渗入。

渗滤水产生量波动较大，但对于同一地区填埋场，其单位面积的年平均产生量是在一定范围内变化的。

（3）垃圾渗滤水的水质特征

由于渗滤水的来源使得渗滤水的水质具有与城市污水不同的特点：

有机物浓度高，渗滤水中的BOD_5和COD浓度最高可达几万毫克/升，主要是在酸性发酵阶段产生，pH值达到或略低于7，BOD_5与COD比值为0.5～0.6。

金属含量高，渗滤水中含有十多种金属离子，其中铁和锌在酸性发酵阶段较高，铁的浓度可达200mg/L左右，锌的浓度可达130mg/L左右。

水质变化大，渗滤水的水质取决于填埋场的构造方式，垃圾的种类、质量、数量以及填埋年数的长短，其中构造方式是最主要的。

氨氮含量高，渗滤水中的氨氮浓度随着垃圾填埋年数的增加而增加，可以高达

1700mg/L左右。当氨氮浓度过高时，会影响微生物的活性，降低生物处理的效果。

营养元素比例失调，对于生化处理，污水中适宜的营养元素比例是BOD_5∶N∶P＝100∶5∶1，而一般的垃圾渗滤水中的BOD_5/P大都大于300，与微生物生长所需的磷元素相差较大。

其他特点，渗滤水在进行生化处理时会产生大量泡沫，不利于处理系统正常运行。由于渗滤水中含有较多难降解有机物，一般在生化处理后，COD浓度仍在500～2000mg/L范围内。

(4) 垃圾渗滤水的影响因素

垃圾填埋场结构直接影响到渗滤水的降解和稳定。欧美国家由于缺乏填埋场早期稳定化或土地再利用的必要性，多采用厌氧性填埋方式，同时回收甲烷气体用于发电。但厌氧性填埋方式对渗滤水中污染物质分解速度慢，并且近年来由于甲烷气破坏臭氧层，使这些国家开始采用好氧性填埋方式。好氧性填埋是利用鼓风机直接向宽厚的填埋场中鼓风，通常情况下，好氧性结构的垃圾填埋场能够使渗滤水中污染物质快速降解，并很快达到稳定。但好氧性垃圾填埋场的建设和维护费用相当高，而且对运行操作要求十分严格。日本福冈大学的Matsufji教授根据填埋层中空气的存在状况，提出并开发了“准好氧性填埋方式”。

与垃圾的厌氧性和好氧性填埋相比，准好氧性结构能够渗滤水中污染物质快速降解，从而使渗滤水水质稳定化时间明显缩短。实际中由于准好氧性结构的垃圾填埋场在费用上与厌氧性填埋没有大的差别，而在有机物分解方面又与垃圾的好氧性填埋相近，因此，得到越来越广泛的应用。

另外，渗滤水的化学特性还取决于以下几个方面：

① 垃圾的组成成分　垃圾的组成成分直接影响到渗滤水的化学特性。

② 垃圾的加工　填埋前将垃圾破碎能增大垃圾的表面积，增加填埋场的密度，降低垃圾对水的渗透性，增大垃圾的持水能力，从而增长了垃圾与水的接触时间，加速垃圾的降解，使渗滤水中污染物的浓度增加。

③ 填埋时间　垃圾填埋后，其填埋年龄不同，降解速率及持水能力和水的渗透性能均不相同，产生渗滤水的组成及其各组成浓度均不相同。通常，埋填时间越长，渗滤水的浓度越低。

④ 填埋场的供水　填埋场的供水速率大小直接决定了填埋场内垃圾的湿度。当供水率很小时，垃圾场内垃圾的湿度小于60%，垃圾的降解速率不能达到最大值。当供水率很大时，渗滤水就会被供水所稀释。

⑤ 填埋场的深度　当垃圾的透水性能相同时，填埋场越深，渗滤水的填埋场内滞留时间越长，渗滤液的强度越大（所含组分浓度越高）。

3. 管网水水质问题

城市管网与其输送的水构成一个复杂的化学、生物化学反应系统。管网在水压降低时，会因抽吸作用吸入含有氨及可同化性有机碳（AOC＞0.25mg/L）；而余氨不足时，有害细菌及微生物会繁殖；地下水库会因渗入地面水或地下水而污染；管道检修会造成管网污染；屋顶水箱会因小动物进入或长期不清洗、消毒而水质恶化；pH值<6.5、硬度<50mg/L的水，对铜有腐蚀作用；二氧化碳>50mg/L，溶解氧和硬度高的地下水会使铜腐蚀成麻面；铅在我国只用于管道接头，低pH值及低碱度的水对铅的溶解力最强；水泥砂浆管道涂衬会有NH_3污染，NH_3会在管道中转化成亚硝酸，沥青涂衬会释放出苯并(a)芘致癌物，应禁止使用。

微生物在管道中形成低pH值或者高浓度腐蚀性离子的微区（micro zones），导致发生氧化过程或腐蚀产物的去除及保护膜的脱落，硫酸盐还原菌及铁细菌在腐蚀中作用较大，硝酸还原菌及产甲烷菌也有作用。管网水无余氯，特别是“死端”余氯消失，细菌性腐蚀最易发生，管垢或腐蚀产物多的地方问题较多。异型链球菌耐干燥，往往用于检查新排管道或修复管道后的污染检查。

由于水中化学物质的组成有时会呈腐蚀性，有时会呈沉积性；或者由于管材金属与管材中的杂质而导致化学腐蚀。

一些研究者对国内34个主要城市资料的统计，地面水水厂出厂水水质基本稳定的占21%，腐蚀性的占50%，经微结垢的占29%。地下水水厂出厂水基本稳定的约占50%，有腐蚀性的占30%，轻微腐蚀性的占20%。对占全国总供水量42.44%的36个城市调查，出厂水平均浊度为1.3度，而管网水增加到1.6度；色度由5.2度增加到6.7度；铁由0.09mg/L增加到0.11mg/L；细菌总数由6.6cfu/mL增加到29.2cfu/mL。尽管如此，表4-7表明全国自来水公司管网水质4项指标的合格率还是较高的，但也反映了一些日供水几千或几万立方米自来水公司合格率较低的情况。我们还缺少对管网水的深入研究，一些初步的统计数据发现管网水的挥发性酚、阴离子合成洗涤剂、硝酸盐，这些生物可降解物质较出厂水分别降低了29%～38%、12%～33%、7%～62%，可能为涂层释出的苯并(a)芘增加了50%～180%。某城市发现管垢厚达16～20mm，赤色、有腥味，含16种金属元素，检出铁细菌、埃希氏大肠杆菌等6种微生物。根据上海、天津等市定期测定管网粗糙系数统计，发现无防腐措施的管道输水能力已降低了1/3以上。管道结垢，输水水质恶化，管道输水能力下降已成为一个需要解决的问题。为此，要提高出厂水的水质稳定性，稳定管网水中的余氯，降低水中的可生化或可同化的有机碳和氨浓度，做好管道防护，选用新管材，加强管道埋设、检修和维护管理，建立管网水力学模型及水质模型，设置管网水质自动监测仪器，将有助于水质管理。

表4-7 全国自来水公司管网水水质合格率统计 单位：%

年份	浊度			余氯			细菌			大肠菌群		
	最高	最低	平均	最高	最低	平均	最高	最低	平均	最高	最低	平均
1989年319城市	100	61.0	97.46	100	22.6	93.36	100	25	97.87	100	8.42	77.95
1995年519城市	100	62.24	98.26	100	45.9	94.05	100	75	99.04	100	70.0	99.06

4. 水质检测问题

建设部组建了国家城市供水水质监测网，监测网由国内各地区水质监测站组成，受建设部委托，行使一定行政监督职能。目前已建立了近 50 个监测站，并能按国家标准《产品质量检验机构计量认证技术考核规范》（JJG 1021—90）通过了国家级计量认证，这对监督各地供水水质，落实建设部制定“十一五目标”起到了良好的作用，但是从当前情况来看还存在下列问题：

① 监测站以《生活饮用水卫生标准》（GB 5749—2006）及《地面水环境质量标准》（GB 3838—2002）检测项目为依据进行计量认证，根据“目标”要求检测项目。为了落实建设部制定“十一五目标”项目的检测要求，建设部有关部门正在研编所需检测方法。实现检测两个标准项目还需一个较长的过程。

② 根据 2010 年调查统计，三、四类自来水公司都不能独立完成 GB 5749—2006 要求检测的 32 项，四类自来水公司要能检测 27 项（即 GB 5749—2006 中有关有机物 7 项，放射性 2 项，银 1 项，共 10 项，委托有关单位检测）。这一问题某些地方通过建立省级水质监测站解决了，未建省级监测站的地方恐未能解决。

③ 由于我国水污染的情况，三、四类自来水公司仅仅监测 32 项是不够的，还应结合当地具体水污染情况增加检测项目。例如，有造纸厂的城市应检测苯酚、氯酚、有机氯类化合物，有皮革加工行业的城市应检测苯、甲苯、有机氯等。

④ 各国家级监测站都有良好的实验室，备有常规仪器设备及现代化大型仪器，具备检测水中各种常量、微量物质的条件，又有一批专业检验人员，在几年的工作中已做出了一定的成绩。但是，如何发挥其潜力，在我国水源保护、水质处理、水质监督方面做出更大的贡献是值得探讨的。

5. 城市污水处理技术发展问题

（1）城市污水处理工艺

我国城市污水处理技术从“七五”国家科技攻关开始逐步进行研究。“七五”和“八五”攻关项目在氧化塘、土地处理和复合生态系统等自然处理技术方面的研究较多，以这些成果为设计依据，建立了一些氧化塘、土地处理城市污水示范工程。在人工处理技术方面，“八五”对高负荷活性污泥、高负荷生物膜、一体化氧化沟技术进行了深入研究，引进、开发了 A-B、A-A-O、A-O、B-C、SBR 等处理工艺，研究成果已被应用于大批污水处理厂；城市污水厂污泥处置问题在“九五”科技攻关中受到重视，并配套开发成套的污泥处理方法。“九五”期间工艺技术研究重点为中小城镇简易高效污水处理实用的成套技术，解决人工处理能耗高、自然处理占地大等问题。

经过“九五”、“十五”和“十一五”期间的努力，我国在城市污水处理技术方面取得了较大的成就，攻关成果丰硕。就工艺技术的广度而言，与国际上的差距已经缩小。目前在水污染治理技术上，已能提供下列技术的工艺参数。传统活性污泥法技术包括传统法、延时法、吸附再生法和各种新型活性污泥工艺，如 SBR、A-B

法和氧化沟技术等；A-O 法和 A_2-O 技术；酸化（水解）-好氧技术；多种类型的稳定塘技术；土地处理技术等。这已经可以满足大多数城市污水治理的要求。

（2）城市污水处理技术问题讨论

20 世纪 60～70 年代，氧化沟和 SBR 工艺发展迅速，近年来成为我国城市污水处理厂占主导性的工艺。而曝气生物滤池和一级强化工艺是国际上 20 世纪 80 年代末、90 年代初新开发的、具有发展潜力的高效城市污水处理工艺。城市污水处理新工艺——水解-好氧生物处理工艺是我国自主知识产权的工艺。我国在近年引进了很多国外的新工艺，建立了相当多的工程，这些工作是我国在城市污水领域的宝贵财富，应该对此进行系统的总结。但我国的污水处理技术研究以单项研究为主，且偏重于工艺研究，缺乏足够的系统性、完整性，也缺乏综合性的比较研究和技术经济评价体系。这也是近年来，首先流行 A-B 工艺，然后流行三沟氧化沟以及其他形式的氧化沟，目前又在流行 SBR 工艺的原因所在。缺乏全面和综合比较能力，在很长的一段时间内国外的新技术和新产品就不断冲击国内市场，国产技术总是无法在市场上占有一席之地。

从另一方面讲，目前我国城市污水处理厂普遍采用的工艺为普通活性污泥法、氧化沟法、SBR（间歇式活性污泥）法、A-B 法等，这与美国、德国等发达国家所采用的技术与工艺几乎处在同一水平上。上面各项技术是国外在水污染控制中，被证明是行之有效的技术。但以上的技术并不一定是先进的技术，特别是并不一定都完全适合我国的国情。

例如：目前国内大多采用国外引进的氧化沟、延时曝气的 SBR 等工艺。延时曝气是一种低负荷工艺，对于我国这样一个资源不足、人口众多的发展中国家，是否适合推广这种低负荷的活性污泥工艺是值得推敲的问题。首先，低负荷的曝气池的池容和设备是中、高负荷活性污泥工艺的几倍，所以相应的投资要高数倍；其次，延时曝气对污泥采用好氧稳定的方法，其能耗比中、高负荷活性污泥要高 40%～50%左右；能耗增加固然带来了直接运行费的增加，同时还要增加间接投资。据资料报道目前每千瓦发电能力脱硫需要投资 1000 美元，则每万吨污水增加的脱硫投资需要 70 万元。如果按脱硫投资为电站投资 10%计，则增加的电厂投资为 700 万元，这接近污水处理单位投资的 50%。从可持续发展角度讲，采用延时曝气的低负荷工艺如氧化沟工艺等是不适合中国国情的。

从城市污水污泥处理和处置方面，在我国还刚刚起步，与国外先进国家相比尚有较大差距。随着大量污水处理厂的投产，污泥产量将会有大幅度的增加。污泥厌氧消化的投资高，污泥处理费用约占污水处理厂投资和运行费用的 20%～45%。并且污泥厌氧消化处理技术较复杂。在我国仅有的十几座污泥消化池中，能够正常运行的为数不多，有些池子根本就没有运行。这也是导致我国近年大量采用带有延时曝气功能的氧化沟等技术的原因。所以采用高效（高负荷）、低耗污水处理工艺的关键之一是解决城市污水厂污泥处理技术，可以讲今后我国城市污水工艺的进步在很大程度上取决于污泥处理和利用技术的进步。能否解决好污泥问题是污水净化成功与否的决定性因素之一。为了解决这一问题有必要加强污泥处理与利用的研究。从污泥最终处置的出路来看，污泥农用从我国具体情况来说是最为可行和现实的处置方案。结合污泥的最终处置考虑污泥堆肥和利用，是适合我国国情的污泥处理工艺。

由于外资的利用，特别是利用了欧洲发达国家的政府贷款（只能用于购买贷款国的设备），虽然推动了一批现代化污水处理厂的建设，但是增加了工程投资（国外设备的价格一般是国内设备的 3～5 倍）和今后的日常维护费用（需要外汇更新配件）。同时也严重抑制了国内污水处理设备制造业的发展。由于技术和资金投入不足使国内污水处理设备无法达到国际水平。但总体上我国机电设备制造业经过适当重组、调整和改造是能够制造所需的污水处理成套设备的。2010 年以来，我国城市污水处理由 90％减少到 70％来自于国际各种贷款，基本被国际各大公司所占领。

三、城市污水再生利用的途径分析与规划实施

随着城市化进程的加快和经济的快速增长，水资源短缺和严重污染已成为制约经济发展和改善人类生存条件的重要因素。正是在这样的形势下，污水资源化和中水回用技术可以有效解决这一难题而引起关注。污水资源化就是将城市生活污水进行深度处理后作为再生资源回用到适宜的位置。污水再生利用是指城市污水或生活污水经处理后达到一定水质要求，可在一定范围内重复使用。污水的再生与回用是保护水资源和使水资源增值的有效途径，是缓解城市水资源短缺、保障供水安全的重要措施，也是社会和经济可持续发展战略的关键环节，而且这在技术上可行，经济上适用，已经成为世界各国解决水问题的必选策略。

1. 城市污水回用的主要途径

（1）农业回用

经过处理后的城市污水，从水质上看，可以满足灌溉农田的要求。再生水在农业回用中，要保证农作物的卫生质量、保证土壤的质量、保证地下水的质量不受到影响。城市市区污水厂处理后出水用于农业灌溉的范围确定为适宜污灌区和控制污灌区中的一般污灌区。

（2）市政杂用回用

市政杂用水中，主要是道路冲刷和浇洒绿地用水，其余还有冲洗车辆用水、家庭冲厕建筑施工降尘用水等。此类用水对水质要求不高，但在使用中有可能会与人体直接或间接接触。按照《生活杂用水水质标准》（GB/T 18920—2002），城市污水二级处理后，基本已达到绿化、扫除等杂用水的要求。

（3）工业回用

污水回用于工业可用于冷水循环系统补充水、锅炉补充水、生产工艺水、厂区绿化。一是对再生水工业回用，确保供水的保证率，绝不能因再生水断水而停产；

二是要保证工业产品的卫生质量、工业用水系统的卫生质量；三是作为冷却水补充水时，必须确保工业冷却水系统不会因为污水水质硬度、微生物等指标达不到要求而受到影响。

(4) 景观环境用水

污水不再直排城区内河，采用强化混凝、快速砂滤等工艺进行适度处理，将尾水的总磷酸盐、SS等指标进一步降低后，排入内河用作景观水。这种方法的处理量大、易于实施、效果明显、工程费用低，达到水质在河道景观水体中的深度处理净化和河道生态修复一举两得的效果。

要按照先易后难、远近结合的原则，确定以景观河道、工业园区和市政家居三个领域作为提高污水回用率的实质性突破口，优先发展对用水量大、配套设施要求不高的工业企业冷却洗涤用水回用，优先发展节水效果明显、对水质要求不高的城市景观河网环境用水等方面。一方面鼓励进行大规模污水处理和再生，另一方面鼓励企业和小区，采用分散处理的方法，进行分散化的污水回用，积极推进再生水资源在社会生活各方面的使用。

2. 城市污水回用系统优化分析

中水系统是一个系统工程，是给水工程技术、排水工程技术、水处理工程技术、建筑环境工程技术等的有机综合，不是给排水工程和水处理设备的简单拼接。按中水系统服务的范围分为3类：

(1) 建筑中水系统

建筑中水系统是指单幢建筑物或几幢相邻建筑物所形成的中水系统。建筑中水系统适用于建筑内部排水系统为分流制，即生活污水单独排入城市排水管道或化粪池，以优质杂排水或杂排水作为中水水源的中水系统。

(2) 小区中水系统

小区中水系统是指小区内各建筑物所形成的中水系统，其中水源水取自建筑物内排放的污废水。目前居住小区内多为分流制，以优质杂排水或杂排水为中水水源。居住小区和建筑物内部供水管网也分为生活饮用水和中水供水管网两种配水管网系统。该系统工程规模较大，水质较复杂，管道复杂，但集中处理的处理费用较低，且可节水30%～35%左右。

(3) 城市中水系统

城市中水系统以该城市污水处理厂的2级处理的出水和部分雨水作为中水源，经加压提升后输送到中水处理站，处理达到生活杂用水水质指标后供本城市作为杂用水使用。城市中水系统不要求建筑内外排水系统必须污水分流排放，但城市必须具有污水处理厂。城市和建筑内部供水管网分为生活饮用水和杂用水配水系统。该系统工程规模大，投资大，处理水量大，处理工艺复杂，一般短时间内较难实现。

以上三种方式的选用，应根据其各自的特点及当时当地的实际情况而定。鉴于目前我国情况，资金缺乏，人们对污水回用认识不足，实际工程应用少，所以寻找投资省、见效快、成本低的污水回用技术是改变人们的用水观念、实行节水目的、缓解供水矛盾、推广普及污水回用的重要一环。因此，从集中式住宅区和大型公共建筑着手，建立污水回用系统，利用分期建设、逐步完善的方针发展我国的污水回用事业是适合我国国情且切实可行的举措。见表 4-8、表 4-9。

表 4-8　污水量预测和 2015 年达到的处理量投资预测

年份	2010 年	2015 年
城市污水量/($10^8 m^3/a$)	780	4680
静态投资/亿元	2500	15000
城镇污水量/($10^8 m^3/a$)	270	4050
静态投资/亿元	1500	9000
城市污水投资总计/亿元	3000～4000	45000

表 4-9　水污染控制投资构成中各个部分的比例

项目	咨询服务	土建工程	通用设备	专用设备	自控仪表	其他
投资比例	3%～5%	35%～45%	5%～15%	10%～15%	5%～10%	20%～30%
投资额/亿元	200	1600	400	500	300	1000

3. 城市污水再生利用的规划与实施

目前我国尚未建立系统的城市污水再生利用规划指标体系。在城市建设总体规划中，虽然均进行了城市的供水及排水规划，但在水资源的综合利用方面缺乏统一的规划，尤其是城市污水再生利用规划。随着城市污水处理设施建设的加快及污水再生利用工作的逐步开展，没有统一的规划进行协调，势必会造成重复建设和决策失误。因此，城市污水再生利用应纳入城市总体规划以及城市水资源合理分配与开发利用计划，在综合平衡、科学论证基础上，针对城市实际情况进行总体规划，确定其应有的位置和作用。

（1）我国城市污水再生利用规划和实施工作

具有面广量大、复杂多样的特点，需要投入大量的资金和一定的先进技术，有必要逐步建立国家、多元化用水户、多渠道的投资体系，大幅度增加投入。但城市污水再生利用的规划和实施要同时依照客观需要、科学合理和实际可能的原则，不能盲目进行。进行大规模城市污水再生利用的城市，必须同时做好节水工作，尤其首先做好非投资性或低投资性的节水减污工作。鼓励严重缺水地区或城市开展试点，总结经验，然后在全国推广。工程建设必须具备一定的条件和资金。

另一方面，我国城市污水中工业废水约占 40%～50%，比发达国家要高得多，相比之下，水质可能更加恶劣，处理难度更大，这种情况在缺水城市更为突出。除非投入更高的处理费用，否则同样的处理流程并不能使净化处理水达到理想的水质。因此，在确定城市污水处理和再生利用的要求上必须体现自己的特点，工程实施要考虑国情和实际条件。在城市污水再生利用的再生水质、使用用途、处理程度、处理流程、输水方式的选择上，要综合平衡、远近结合，既要满足功能要求和用水水质需求，又要因地制宜、经济合理。过高的目标与要求，将可能适得其反，难以实现或者影响城市污水再生利用的推动。

现阶段受经济条件约束，城市污水的净化处理程度不可能太高，供再生利用的二级出水和再生水一般只能满足工农业和市政的用水要求。应根据这一特点，合理安排再生水的使用，并采取相应措施，保证使用安全。

(2) 强化城市污水处理与再生利用的协调发展

城市污水的收集与处理是城市污水再生利用的重要前提条件，我国的城市污水管网建设严重滞后于城市发展，二级生物处理率不到15%，影响了城市污水再生利用的潜力与规模。因此，强化城市污水管网与污水处理工程设施的建设是推动城市污水再生利用的关键。

当前我国城市污水处理工程建设处于大发展时期，但由于城市污水处理工程主要是以地方为主的项目，不少地方政府对污水再生利用的认识还不到位，缺水优先考虑的是调水。与此同时，城市污水处理工程建设项目在各个阶段都没有很好的手段来贯彻国家现有政策，城市污水处理厂的建设规模及工艺选择往往是地方政府自主决定。由于许多中小城市缺乏建设污水处理厂的经验以及少数国外投资者的错误导向，污水处理工艺及设备的选择往往不够规范，有些污水处理工艺及设备并不适合我国国情，造成运行管理和设备更新的困难，高价设备的大量进口使污水处理工程投资居高不下，从而在一定程度上影响了城市污水处理与再生利用工作的开展。

另一方面，我国绝大多数城市污水处理厂的规划、设计与建设目标是达标排放，工艺选择往往没有考虑污水的大规模再生利用，因此今后城市污水处理厂的建设，既要满足区域水污染控制要求与相应的排放标准，也要与城市污水的再生利用需求与水质要求密切协同，两者相互促进。城市污水的排放要求和再生要求应是适当、统一和相互协调的。在某些地区，可以通过开展城市污水再生利用工作来促进城市污水收集与处理工程的建设与完善。

(3) 强化城市污水再生利用的技术研究与保障

我国城市污水再生利用事业的发展必须紧密依靠科技进步，从始到终都要有新技术、高技术的保证和支持。目前我国城市污水再生利用技术发展和设备开发难以满足快速增长的再生利用工程建设和运行管理需求，今后城市污水再生利用的技术发展应着重于已有技术的集成化、综合整治、产业化和工程化，需要对已有技术不断改进和更新，加强新工艺、新流程、新技术和设备产品的研究、开发和推广应用，并注重示范性工程的研究和建设。通过工程化和生产性测试，着重解决城市污水再生利用于农业、生态、市政和工业中存在的水质净化技术、水质稳定技术、水质保障技术、安全用水技术、工程技术、运行管理技术和成套技术设备问题。

(4) 健全城市污水再生利用法规政策与技术标准

我国的城市污水再生利用工程建设起步晚，工程设施设计、建设的标准、规范及相关的配套政策均不完善。城市污水再生利用目标是多方面的，包括农业生态、市政杂用、工业用水、生活杂用及补充地下水等，每个目标对水质的要求不同，编制出台不同用水目标的再生水水质标准是进行城市污水再生利用的重要前提。因此，要重视城市污水再生利用政策、法规和技术标准的研究和配套，并在实践中验证，随时修订和改进，并开展相应的管理体制研究。制定鼓励城市污水再生利用工程建设与运营的管理政策和经济政策，采取行之有效的鼓励政策和行政管理手段，促进工、农业生产部门和市政用水部门积极使用再生水。在城市污水再生利用工程的可行性研究、立项、设计、建设或改造中，要建立相应的规范和标准，改革管理体制和服务体系，保障每一个再生水使用单位，在卫生安全、生产过程、产品质量等方面，享有免受不良影响的基本权益。

(5) 通过经济政策推进城市污水再生利用及市场化运营

我国城市节水治污工作还没有形成一套适应市场经济的运行模式，水价太低依然是主要原因之一。许多节水治污工程，包括城市污水再生利用工程，直接经济效益有限，更多地体现在社会效益、环境生态效益和缓解水资源供需矛盾上，而国家又缺乏优惠发展政策。这些原因的存在，致使许多用水户节水减污积极性不高，节水减污（尤其是污水再生利用）并没有真正变成企业、用水户的自发与自觉行动，处于比较被动的状态。一部分决策人员缺乏对水资源紧缺、资源宝贵的认识，节水意识较差。认为自来水价格低廉，对生产成本影响不大，再生水再便宜，也省不了多少钱。另一方面，欲用者顾虑重重，一怕使了再生水，丢了新鲜水的使用权；二怕使上再生水后，供水无保证而影响生产；三怕为使用再生水，还要投资进行供水系统改造，经济上不合算。因此，国家及城市有关管理部门有必要积极推动现行水价政策的改革。要实行“按（水）质定价”，将各种水源的供水价格差距拉开，尤其是再生水与自来水之间应有较大的价差，使水资源的利用趋向结构合理。

另一方面，城市再生水用水者的权益必须得到保障，再生水使用单位与供水部门（再生水厂或再生水供水公司）以合同或协议的形式，就再生水供给的水质、水量、水压及其稳定性，供水事故的应急处理和损失赔偿责任，再生水的计量、收费与使用保证等具体使用事项，做出明确的保证和规定，以增强用户的使用信心。同时保留再生水使用单位的新鲜水使用权。保留被替代的用水设施和保留供水指标。在再生水因故不能保证使用时，可恢复原先的水源使用，以解除再生水使用单位用水的后顾之忧。但无故随意使用备用水，应给予处罚。

(6) 加强城市污水再生利用的宣传教育转变用水观念

要利用各种宣传形式，向群众和再生水使用单位普及城市污水再生利用的科学知识，帮助人们克服污水再生利用的心理障碍和对使用再生水的不信任感。要高度重视城市污水再生利用示范工程，进行“眼见为实”的宣传教育。城市污水处理厂或再生水厂应率先试用示范工程出水，向社会提供再生水利用的实际样板。

第六节 城市净水厂与水处理工程项目举例

一、城市生活饮用水处理

饮用水（又称生活饮用水）是指人们的饮水和生活用水，主要通过饮水和食物经口摄入体内，并可通过洗漱、洗涤物品、沐浴等生活用水接触皮肤或呼吸摄入人体。饮用水与人体健康和生活质量密切相关，其重要性不亚于食品。

1. 生活饮用水原则

生活饮用水必须符合以下三个原则：

① 没有污染。

② 没有退化（充满生命活力的水）。

③ 符合人体生理需要（含有人体相近的有益矿质元素，pH 值呈弱碱性的水）。

随着工业废水、城乡生活污水的排放量和农药、化肥用量的不断增加，许多饮用水源受到污染，水中污染物含量严重超标。饮用水水质中感观和细菌学指标超标问题依然严重，且越来越多的化学甚至毒理学指标超标。由于水质恶化，直接饮用地表水和浅层地下水的城乡居民饮水质量和卫生状况难以保障。据调查，我国城市约 1 亿人口饮用水不能完全符合生活饮用水卫生标准，农村有 3.6 亿人饮水不安全，农村约有 1.9 亿人饮用水有害物质含量超标，易导致疾病流行，有的地方还因此发生重大传染病，个别地区癌症发病率居高不下，因此，我们必须对受污染的生活饮用水处理后才能使用。

生活饮用水处理技术及其工艺在 20 世纪初期就已形成雏形，并在饮用水处理的实践中不断得以完善。

2. 生活饮用水处理工艺

生活饮用水处理工艺的主要去除对象是水源水中的悬浮物、胶体物和病原微生物等。生活饮用水处理工艺所使用的处理技术有混凝、沉淀、澄清、过滤、消毒等。由这些技术所组成的生活饮用水处理工艺目前仍为世界上大多数水厂所采用，在我国目前 95%以上的自来水厂都是采用常规处理工艺，因此常规处理工艺是生活饮用水处理系统的主要工艺。混凝是向原水中投加混凝剂，使水中难以自然沉淀分离的悬浮物和胶体颗粒相互聚合，形成大颗粒絮体（俗称矾花）。沉淀使混凝形成的大颗粒絮体通过重力沉降作用从水中分离。澄清则是把混凝与沉淀两个过程集中在同一个处理构筑物中进行。过滤是利用颗粒状滤料（如石英砂等）截留经过沉淀后水中残留的颗粒物，进一步去除水中的杂质，降低水的浑浊度。消毒是饮用水处理的最后一步，向水加入消毒剂（一般用液氯）来灭活水中的病原微生物。在以地表水为水源时，饮用水常规处理的主要去除对象是水中的悬浮物质、胶体物质和病原微生物，所需采用的技术包括混凝、沉淀、过滤、消毒。

(1) 活性炭在生活饮用水处理中的应用

① 饮用水深度处理 水源水→常规处理→粉状炭吸附→消毒→出厂水水源水→常规处理→臭氧氧化→粉状炭吸附→消毒→出厂水水源水→常规处理→臭氧氧化→生物活性炭→消毒→出厂水

② 饮用水物化预处理 在饮用水物化预处理中，主要使用粉状炭吸附水中的有机物和有异臭、异味的物质，与混凝剂同时投加。对于季节性严重污染的水源水，可以设立投加粉状炭的水源水质恶化应急处理系统。

(2) 臭氧氧化在生活饮用水处理中的应用

臭氧是一种强氧化剂，它可以通过氧化作用分解有机污染物。臭氧在水处理中的应用最早是用于消毒，如 20 世纪初法国 Nice 城就开始使用臭氧。到 20 世纪中期，使用臭氧的目的转为去除水中的色、臭。20 世纪 70 年代以后，随着水体有机污染的日趋严重，臭氧用于水处理的主要目的是去除水中的有机污染物。目前欧洲已有上千家水厂使用臭氧氧化作为深度处理的一个组成部分。

臭氧可以分解多种有机物、除色、除臭。但是因为水处理中臭氧的投加量有限，不能把有机物完全分解成二氧化碳和水，其中间产物仍存在于水中。经过臭氧氧化处理，水中有机物上增加了羧基、羟基等，其生物降解性得到大大提高，如不加以进一步处理，容易引起微生物的繁殖。

另外，臭氧处理出水再进行加氯消毒时，某些臭氧化中间产物更易于与氯反应，往往产生更多的三卤甲烷类物质，使水的致突变活性增加。某些有机物被臭氧氧化的中间产物也具有一定的致突变活性。因此，在饮用水处理中，臭氧氧化一般并不单独使用，或者是用于臭氧替代原有的预氯化，或者是在活性炭床前设置臭氧氧化与活性炭联合使用。

(3) 生物预处理

生物预处理是指在常规净水工艺前增设生物生活饮用水处理工艺，借助于微生物的新陈代谢活动，对水中的氨氮、有机污染物、亚硝酸盐、铁、锰等污染物进行初步的去除，减轻常规处理和深度处理的负荷，通过综合发挥生物预处理和后续处理的物理、化学和生物的作用，努力提高处理后出水水质。

① 生活饮用水处理生物预处理采用好氧生物膜法。已经开发实用的处理技术主要有：生物接触氧化法和淹没式生物滤池法。生物接触氧化法采用挂满弹性填料或纤维束填料的水池，池中设有穿孔管曝气装置，供给生物处理所需要的氧。淹没式生物滤池法采用颗粒填料作为生物生长的载体，一般采用陶粒填料，池型与给水处理的砂滤池相似，只是在滤料下增加了穿孔管曝气系统。水的流向多采用升流式，滤池定期（几天到一个月）进行气水反冲洗，洗去截留的悬浮物和多余的生物膜。淹没式生物滤池法具有填料比表面积大，生物量高，对氨氮和有机物的处理效果好，有过滤作用，有较好的除藻功能，在低温条件（>5℃）下仍有较好的处理效果，可承受一定的进水悬浮物浓度等优点。不足之处是基建费高于生物接触氧化法。淹没式生物滤池法既可以用于预处理，设在常规处理之前；也可以设在混凝沉

淀之后、砂滤之前，对其进行生物处理。

② 生物预处理有如下的去除效果：

a. 能够有效去除水中可生物降解的有机物，减低消毒副产物的生成，提高水质的生物稳定性，降低后续常规处理的负荷，改善常规处理的运行条件（如降低混凝剂的投加量，延长过滤周期，减小加氯量等）。饮用水生物预处理可以去除进水中 80%左右的可生物降解有机物，如以高锰酸盐指数（耗氧量）表示，生物预处理的去除率一般在 20%～30%。对高锰酸盐指数去除率偏低的原因是：(a) 水源水中有机物包括了可生物降解和不可生物降解两大部分；(b) 高锰酸盐的氧化能力低，对一些可生物降解有机物测不出，如草酸等。如果采用预臭氧-生物处理工艺，将可以大大提高生物预处理对有机物的去除效果。

b. 能够有效去除水中的氨氮　在生活饮用水处理生物预处理构筑物中氨氮在亚硝化菌的作用下先被生物转化为亚硝酸盐，再在硝化菌的作用下进一步转化为硝酸盐。生物预处理对氨氮去除率可以达到 70%～90%，例如，在进水氨氮质量浓度为 2～3mg/L 的条件下，出水在 0.1mg/L 左右。在饮用水生物预处理中，对氨氮的硝化比去除有机物更容易实现，所需要的水力停留时间也较短。采用生物硝化去除氨氮的预处理已经成为饮用水预处理的一个重要处理目的。

二、给水厂净水工艺与水处理工程项目前景与发展趋势

1. 给水净水工艺的发展过程

给水处理的主要任务和目的就是通过必要的处理方法去除水中的杂质，以价格合理、水质优良安全的水供给人们使用，并提供符合质量要求的水用于工业。

给水处理的方法应根据水源水质和用水对象对水质的要求而确定。在逐渐认识到饮用水存在水质污染和危害的同时，人们也开始了长期不懈的对饮用水净化技术的研究和应用。到 20 世纪初，饮用水净化技术已基本形成了现在被人们普遍称之为常规处理工艺的处理方法，即混凝、沉淀或澄清、过滤和消毒。这种常规处理工艺至今仍被世界上大多数国家所采用，一直是饮用水处理的主要工艺。

饮用水常规工艺的主要目标是去除水源水中的悬浮物、胶体杂质和细菌。混凝是向原水中投加混凝剂，使水中难以自然沉淀分离的悬浮物和胶体颗粒互相聚合，形成大颗粒的絮体。沉淀是将混凝后形成的大颗粒絮体通过重力分离。过滤则是利用颗粒状滤料（石英砂等）截留经沉淀后出水中残留的颗粒物，进一步去除水中杂质，降低水中的浑浊度。过滤之后采用消毒方法来灭活水中致病微生物，从而保证饮用水的卫生安全性。

在 20 世纪 70 和 80 年代，给水工程技术人员面临的主要问题是工程的投资效益，即如何以最低的工程总投资来完成简单的处理目标。因此，在这段时期里，研究出了许多比较经济的净水技术和工艺，这些研究包括改进沉淀池设计，出现了斜管沉淀池、斜板沉淀池和气浮池等快速澄清工艺，还有快速过滤工艺和将絮凝、沉

淀和过滤工艺组合在一起的专用集成设备。

然而，到了 20 世纪 80 和 90 年代，新的问题出现了，即饮用水中存在的微量有机物对人体健康的长期潜在危害。因此，出现了新的水质污染指标和规定，例如，总三卤甲烷、挥发性有机物和最大污染物浓度等。为了对待这些新情况，满足净水处理要求，工程技术人员和研究人员已经成功地设计出去除水中有机污染物的方法。这些方法，如化学氧化、活性炭吸附和强化混凝处理等，在过去的 10 多年里一直是主要的研究方向。

2. 不同的水质参数对应不同的水处理工艺

本节综观一下给水净水工艺的发展历程，我们可以得出结论，即不同水质参数对应不同的水处理工艺。表 4-10 列出针对不同水质参数而选择的不同处理方法。

表 4-10　目前最通用的给水处理方法

水质参数	工艺组成
浊度	快速砂滤池(常规方式):絮凝,沉淀,过滤
	快速砂滤池(直接过滤方式):絮凝,过滤
	膜过滤
色度	絮凝/快速砂滤池
	吸附:粒状(粉状)活性炭,离子交换树脂
	氧化作用:臭氧,氯,高锰酸钾,二氧化氯
嗅味	氧化作用:臭氧,氯;高锰酸钾,二氧化氯
	生物活性炭
挥发性有机物(VOC)	空气吹脱
	粒状活性炭
	两种(吹脱和粒状活性炭)技术联用
三卤甲烷和腐殖酸	前驱物的去除:强化混凝,粒状活性炭,生物活性炭
	氯化副产物的去除:粒状活性炭,空气吹脱
有机化合物	离子交换树脂
	生物活性炭
	膜过滤
细菌和病毒	过滤(部分去除)
	消毒(灭活):氯,二氧化氯,氯胺,臭氧

从表 4-10 可以看出，结合混凝工艺的快速砂滤池是给水处理中最通用的处理方法。然而，在常规处理工艺基础上，增加的预氧化和吸附以及二者的联用是解决当前水源遭到污染的主要方法，另外，在我国生物预处理技术也已经开始得到应用。这里新提出的膜过滤将是未来很有发展前途的净水处理技术。

3. 净水工艺的比较及发展趋势

目前我国各自来水厂的水源大都遭受生活污水与工业废水的污染，原水中有机物氨氮浓度增加，使水带色、味；有的水厂是从湖泊、水库取水，由于原水藻类(包括藻类分泌物）增加，使出水色、腥味增加。这些原水经水厂常规工艺净化，浊度不易得到很好控制，滤池易堵塞（藻类影响），出水有机物浓度高（生物不稳定，易使输配水管道中细菌滋生，恶化水质），氨氮浓度高，加氯量增加进而使消毒副产物（如三卤甲烷、卤乙酸等）量增加，提高了饮用水的致癌风险，使出厂水有异味，水质下降，往往会遭受居民的抱怨和投诉。因此，对给水厂的现有工艺进行改造势在必行。

（1）净水厂的工艺改造

净水厂的工艺改造有以下几种方法：①增加深度处理构筑物，如活性炭吸附（或者臭氧-活性炭联用）技术；②增加预处理构筑物，如生物预处理（接触氧化池或生物滤池）；③不增加常规工艺前、后的净化构筑物，在现有工艺上改造，如强化混凝、强化过滤、优化消毒；④综合采用前面几种技术。

具体来说，给水厂净水系统技术改造的内容主要包括如下几个部分：

① 针对水源水的污染特性，增设必要的预处理设施。预处理技术包括投加化学氧化剂，如臭氧、高锰酸钾；投加吸附剂，包括粉末活性炭和活化黏土；生物氧化技术等。特别是生物氧化预处理技术（如曝气生物滤池），由于本身存在的一些优点，自 20 世纪 80 年代以来，在许多国家得到重视。我国部分城市水厂也已经开始了这方面的工作。

② 混凝技术改造。改造的基本方法可因地制宜选用静态混合器、利用水泵和加装机械搅拌混合器等。

③ 絮凝技术改造。改造的基本原则是创造适宜的水力条件，使絮凝的各段过程中尽量接近最佳 GT 值。对打碎絮体的部位需扩大断面积，对 GT 值过小的部位加装网格或阻流装置。如要适当增加絮凝时间，则可适当地占用一些沉淀池空间来解决。

④ 沉淀池、澄清池的技术改造。改造的基本方法是加装斜管或斜板。

⑤ 过滤技术改造，改造为煤和砂的双层滤料滤池；可考虑采用轻质（煤或陶粒滤料）、粒径较粗、滤层较厚的均匀滤料。滤池采用气水联合反冲洗，改善冲洗效果，节约冲洗水量。

⑥ 助滤剂的应用。在进滤池的水中再加注少量（一般为 1～3mg/L）的混凝剂或微量（一般几十微克/升）高分子絮凝剂，能明显改善水的过滤性能，显著提高去除率。这是改善过滤出水水质的一个非常重要的措施。投加助滤剂后，出水浊度明显降低，但运行周期会相应缩短。经试验，采用助滤剂方案时，如运行周期尚长，可不改变滤层，否则要同时把滤层改为双层滤料或均粒滤层并加装表面冲洗以改善冲洗效果。

⑦ 增设活性炭吸附或生物活性炭（臭氧-活性炭联用）深度处理设施，进一步控制出厂水中的有机污染物的浓度，减少卤代物质的生成量。

⑧ 在无条件建立活性炭滤池时，可在过滤前投加粉末活性炭（PAC），或将滤池改造为活性滤池。

⑨ 优化消毒工艺，使用氯胺、二氧化氯、臭氧等消毒剂，降低消毒副产物的

产生量，提高饮用水的卫生安全性。

⑩ 采用膜技术，可以替代常规工艺和深度处理工艺，并可以去除部分溶解性无机盐。

⑪ 水厂自动控制的技术改造，目的是减低能耗，优化工艺参数，保证出水水质。

这里需要特别指出的是，活性炭吸附技术最能有效地去除水中的有机物，将是今后给水净水厂首先应考虑增加的深度处理构筑物。但从经济角度来看，根据我们的估算，采用活性炭吸附技术每处理 $1m^3/d$ 水的投资将在 80～100 元，运转费将增加 0.15 元/m^3 左右。从目前来看，恐怕在短时间内还难以实现。生物预处理技术对氨氮、亚硝酸盐氮有很好的去除（80%～95%），对铁、锰的去除有相当效果，对有机物也有较好的去除效果（10%～25%）；对色、味的去除也有一定效果，还能减少药剂投加量。生物预处理技术运转费便宜，仅需增加费用 0.09 元/m^3，但基建面积较大，投资高，$1m^3/d$ 约为 100～120 元。

当然，在我国当前的经济和技术条件下，最经济可行的办法是在现在净水工艺基础上进行改造。采取强化混凝与强化过滤的办法，可以不增加构筑物，因此单位水量 $1m^3$ 改造费用只需 20～25 元，运转费用只需增加 0.03～0.05 元/m^3。氨氮及亚硝酸盐氮去除率 80%～90%，有机物 COD_{Mn} 去除率 15%～20%。下面重点介绍一下常规工艺的强化即强化混凝和强化过滤。

（2）强化混凝

可以有以下几种方法：

① 多投混凝剂使有机物的水化壳压缩，水解的阳离子与有机物阴离子电中和，消除有机物对无机胶体的影响，从而使无机胶体脱稳。

② 投加絮凝剂，增加吸附、架桥作用，使有机物易与絮体附着而下沉。

③ 投加氧化剂，使有机物被氧化。

④ 调整混合与絮凝反应的时间，使药剂充分发挥作用，即从水力条件上改进。

⑤ 调整 pH，一般有机物多时，pH 5～6 效果好。

⑥ 根据试验研究结果，以投加絮凝剂、改善水力条件共同进行能取得好的效果，且经济可行。

（3）强化过滤

强化过滤滤池主要功能是发挥滤料与脱稳颗粒的接触凝聚作用而去除浊度、细菌。如果滤料洗涤不干净，滤料表面就会积泥，当预加氯时抑制了滤料中生物的生长，因此滤料层没有或较少生物降解作用。如果不预加氯，滤料层中就会有生物作用，滤池出水中氨氮有所降低，亚硝酸盐氮增加就是具有亚硝酸盐菌的结果。

强化过滤就是让滤料既能去浊，又能降解有机物，降解氨氮、亚硝酸盐氮。这样，就需要在滤料中培养生物膜，要既有亚硝酸盐菌，又要有硝酸盐菌，使氨氮、亚硝酸盐氮都得到有效去除。

强化过滤技术的难点是：

① 选择滤料（有利于细菌生长）；

② 控制反冲洗强度，既能冲去积泥，又能保持一定的生物膜；

③ 要保证出水浊度小于 1.0 NTU；

④ 要使滤池的微环境有利于生物膜成长；

⑤ 其他技术问题，如冲洗水的强度、膨胀率等。

综合给水厂的净水工艺状况，我们把不同工艺的机理、功能、净水效果和费用比较列为一个表格，便于分析和比较，具体详见表 4-11。

表 4-11　给水工程构筑物技术经济指标

工艺	作用机理	功能	去除效果/%						增加费用	
			有机物 COD_{Mn}	氨氮	亚硝酸盐	色嗅味	AOC	Ames 致突活性	基建费/[元/(m^3·d)]	运转费/[元/(m^3·d)]
常规工艺	混凝、接触凝聚	除浊、消毒	20	10～20	负增长	一定	少量	负增长		
活性炭吸附	物理吸附、部分生物降解	去除有机物	20～50	少量	少量	很有效	部分	很有效	80～100	0.12～0.15
臭氧活性炭	化学氧化、物理吸附、生物降解	去除有机物	20～50	80～90	80～90	很有效	很有效	很有效	35～40	0.05
生物预处理	生物降解、吸附、絮凝	去除氨氮、亚硝酸盐氮、有机物	10～25	85～90	90	部分	有效	不明显	100～120	0.10
强化混凝	创造良好水力条件、吸附架桥	充分发挥混凝作用	增加 8～10	基本无	基本无	少量	少量	不明显	5	0.02～0.03
强化过滤	生物降解、絮凝吸附	去除氨氮、亚硝酸盐氮、部分有机物	10～15	80～90	80～90	少量	部分	少量	15～20	0.01～0.02

表 4-11 选取气水反冲 V 形滤池作为生物陶粒池、双阀滤池作为活性炭滤池投资（直接费）计算，间接费以直接费的 50%计，再乘以价差调整系数 2 进行投资估算。估算中生物陶粒池滤速采用 6m/h，活性炭滤池采用 10m/h，臭氧发生装置以产 $1kgO_3/h$ 投资 37.5 万元计算，生产 $1kgO_3$ 耗电 35kW·h，每千瓦时以 0.8 元计，折旧以 15 年回收计算。运转管理人工费以每月 1000 元计。

4. 生物预处理发展前景

综合给水厂不同净水工艺的去除指标和经济上增加的费用，我们得出的基本结论是，在我国现有经济和技术条件下，在优先考虑强化常规工艺的前提下，增加预处理和深度处理将是今后我国水厂进行改造的主要方向。在预处理中，生物预处理发展前景广阔。在深度处理中，活性炭或者生物活性炭（即臭氧-活性炭联用）将是主要的发展趋势。

三、广东省南海市第二水厂净水工艺工程举例

广东省南海市第二水厂由广东南海自来水股份公司负责建设，中国市政工程中南设计研究院设计，南海市第二建筑工程总公司施工。工程投资为4.6亿元，为中外合资项目。获湖北省勘察设计“四优”二等奖及部级优秀设计项目。

1. 工艺设计

南海市第二水厂位于南海市小塘镇，设计总规模为$10^6m^3/d$，一期工程为$25\times10^4m^3/d$。水厂以北江水为水源，其水量充沛，水质良好，达到国家地面水环境中Ⅱ类水质标准。

2. 水厂净水工艺流程

水厂净水工艺流程为：管道混合器混合 →折板絮凝池→平流沉淀池→气水反冲均粒滤料滤池→清水池→送水泵房→用户。水厂净化主要设计参数如下：絮凝时间为20min；沉淀时间为1.6h，水平流速为16mm/s；气水反冲滤池滤速为8.6m/h，气冲强度为$16L/(s\cdot m^2)$，水冲强度为$4.6L/(s\cdot m^2)$，表洗强度为$2.2L/(s\cdot m^2)$。水厂平面布置按照水厂不同功能要求，将厂区分为生产区、厂前区、维修区，各区之间既互相独立，互不干扰，又不乏有机联系，并注重了水厂最终建成后的整体性、合理性，同时充分考虑到近期的相对完整性及审美要求，使最终规模形成后，整个厂区协调一致。见图4-4。

图4-4　广东省南海市第二水厂全景

投产后水厂最高供水量为$22\times10^4m^3/d$，出厂水水质均达到设计要求。净水过程中的沉淀池排泥、滤池反冲洗、加药间投氯投矾均达到自控标准，且运行情况良好。水厂内各构筑物有关流量、压力、浊度、余氯、pH值等重要参数及各设备运行状态能正常进行巡检、采集、显示、打印记录。南海市第二水厂总规模为

$10^6 m^3/d$，占地面积 $19.933hm^2$，单位水量占地面积为 $0.199\ m^2/m^3$ 水。

3. 净水技术比

现在存在各种净水技术，而各种净水技术各有优点，现将我们日常中用到的一般流行技术做出对比，以帮助选购合适自己的净水器（见表 4-12）。

表 4-12 各种净水技术比

净水方式	原　理	优点	缺点
煮沸	完全除去有害细菌	杀死细菌	无法除去微粒或有机化合物，无法除去水中的颜色、异味，费时、不经济、不方便
蒸馏	水加热后变成蒸汽，借此除去部分污染物质，而蒸汽会在另一个干净的容器内冷却还原为水	干净之纯水	造水缓慢，噪声大，会产生大量的热，不含矿物质氯或三氯甲烷，蒸馏后温度反而更高，耗电，造水成本高
RO 渗透	以水压的力量将水冲过一层薄膜，薄膜有滤除污染物的作用	干净之纯水	造水慢
紫外线	水经紫外线照射可将细菌、微生物杀死	杀细菌和病毒	不能有效除去有机物，无法除去水中颜色异味
活性炭	水流经活性炭表面，活性炭会吸附水中的污染物	可去氨、三氯甲烷等有机化合物，可吸附颜色、异味	不能除细菌、病毒长时间会滋生细菌、成为细菌的温床
超滤膜	以密集的微孔（0.1～0.01μm）过滤水中的污染物质	迅速滤除各种微生物、细菌及其他病毒	不能除去氯、三氯甲烷等各种有机物，无法除去颜色、异味
臭氧	利用臭氧的氧化分解作用，除去氯、三氯甲烷等有机物	完全杀菌、除味、除色	处理过的水中杂质需沉淀后再使用
离子交换	因离子交换过程将钙、镁吸附并以钠取代之	改善口感	无法去除细菌、病毒或有机化合物，饮水中钠含量高

所以没有一种技术是完美的技术，我们选用的净水器都采用多种技术结合，选用食品级高级滤材，解决气味、重金属、细菌、氯气等各种不同的问题。

第七节　城市污水处理厂与水处理工程举例

一、城市一体化生活污水处理

一体化生活污水处理的设计主要是对生活污水和与之相类似的工业有机污水的处理，其主要处理手段是采用目前较为成熟的生化处理技术接触氧化法，水质设计参数也按一般生活污水水质设计计算，按进水平均为 BOD_5 200mg/L 计，出水 BOD_5 按 20mg/L 计，共由六部分组成：①初沉池；②接触氧化池；③二沉池；④消毒池，消毒装置；⑤污泥池；⑥风机房、风机。

1. 一体化生活污水处理装置

现代污水处理技术发展的总趋势是在保证出水水质的前提下尽可能地缩短和简

化工艺流程。那么，围绕时空要素，克服传统污水处理工艺流程复杂的弊端，通过对构筑物合理的一体化设计，利用最合理的时空安排，完成池体连续稳定工作的一体化装置，便符合这一污水处理技术发展的总趋势。

污水处理一体化装置既可以把曝气和沉淀等操作按时间或空间顺序进行调配，也可以把曝气、沉淀单元或不同工艺的构筑物进行合建。

其目的都是为了尽量减少占地面积、降低造价和运行费用，空间和时间则是此类工程设计的关键因素。

国内外学者对污水处理一体化装置已经进行了广泛的研究工作，主要是结合一些传统的污水处理工艺（如 A-O、氧化沟、MBR 和 SBR 等）设计制造各种一体化生活污水处理装置，现有的一体化生活污水处理装置除一体化氧化沟外都比较适用于中小规模的污水处理。

2. 现有一体化生活污水处理装置

（1）A-O 一体化生活污水处理装置

经大量实践检验，A-O 工艺对生活污水能取得较好的处理效果，包括其良好的脱氮除磷效果。

A-O 一体化生活污水处理装置是一种将缺氧、好氧段组成一个整体的污水处理装置，若再把沉淀池组合进来，起到二沉池的作用，则可进一步提高出水水质。其主要特点有：①占地少、运行成本低、管理容易；②耐冲击负荷、出水水质好；③可将出水回流至反应器进水口，形成“前置式反硝化生物脱氮系统”，取得较好的脱氮效果；④处理能力相对有限，大都适用于中小规模的污水处理。

（2）一体化氧化沟

一体化氧化沟又称合建式氧化沟（combined oxidationditch），曝气净化与固液分离操作在同一个构筑物中完成，无需建造单独的二沉池，污泥自动回流，可应用于较大规模的污水处理工程中。一体化氧化沟最早由 Pasveer 教授于 1954 年在荷兰 Voorschoten 研制成功，规模型开发研究始于 20 世纪 80 年代，美国称之为 ICC（interchannel clarifier）型氧化沟。

它的主要特点有：①不设初沉池和单独的二沉池，流程短且占地少，建造及运行费用低，管理简便；②污泥自动回流且回流及时，剩余污泥量少且性质稳定；③抗冲击负荷能力强，硝化和脱氮作用明显，并有一定的除磷效果；④沉淀器会对主沟的水力条件产生一定程度的不利影响，如增加水头损失、污泥回流不充分等，从而影响到氧化沟的整体处理效果。

一体化氧化沟技术开发至今已得到了迅速发展，根据沉淀器置于氧化沟的部位进行区分可概括为 3 类：沟内式、侧沟式和中心岛式一体化氧化沟。这 3 种形式国内都有工程实践，国外的发展更为丰富。

3. 一体化膜生物反应器

一体化膜生物反应器是将膜组件内置于生物反应器，集膜过滤和生物反应器的优点于一身的污水处理一体化装置。

其主要特点有：①将膜分离设备取代二沉池进行泥水分离，并且剩余污泥少，具有技术、管理、投资和占地等方面的综合优势；②膜组件通常放置于生物反应器内，无需污泥回流设备，比膜外置式的能耗低得多，而且能大幅度去除细菌和病毒，出水水质好；③膜组件下方设有穿孔管曝气，在膜表面形成循环流可减轻膜面污染和臭味的产生；④膜组件比较容易堵塞，需要清洗和更换，带来操作上的不便。

4. SBR一体化生活污水处理装置

SBR工艺是将曝气、反应、沉淀、排水、闲置这些单元操作按时间顺序在同一个反应池中反复进行。一体化SBR反应器是SBR操作工艺与厌氧、好氧等生物过程相结合而构成的一体化装置。

其主要特点是：①流程简单、曝气池容积小、不设二沉池、不需污泥回流及池容利用率高；②出水好且水质稳定，并可取得较好的脱氮效果；③运行和操作灵活、管理方便。

5. 一体化生物电化学反应器

一体化生物电化学反应器（bioelectrochemicalreactor，BER）是将电化学的方法（电凝聚和电气浮等）与生物处理过程结合起来的一体化装置。它具有同时除去水中有机物、细菌、有毒重金属和其他毒物，降低浊度的优点，但存在电能和电极材料消耗大等缺点。

6. 其他一体化生活污水处理装置

除以上一体化装置外，还有许多利用各种物理、化学和生物的方法，针对不同特性污水进行设计，将多个处理过程集成于一体的一体化装置。

如针对生活污水，将生物接触氧化法改进得到以下工艺：调节池—一段接触氧化池—一段沉淀池—二段接触氧化池—二段沉淀池—消毒池，已应用于XHS系列一体化污水处理设备中；Albin Pintar等则使用离子交换＋接触氧化的方法处理生活污水。

针对含油污水，使用水解＋微滤的工艺可以取得较好的处理效果。

Sheng H. Lin等采用汽提＋Fenton氧化＋SBR的工艺处理COD达80000mg/L的高浓度污水，COD去除率高达99%以上。

二、北小河污水处理厂的改扩建工程项目举例

北京城市排水集团有限责任公司实施的北小河污水处理厂改扩建及再生水利用工程，将改造现为4万立方米/天的污水处理设施，新建6万立方米/天污水处理设施，达到污水处理10万立方米/天、生产城市杂用再生水5万立方米/天、高品质再生水1万立方米/天的能力。

北小河污水处理厂已在2008年为北京奥林匹克公园提供再生水和景观用水，发挥了很大作用。该项目是目前全球同类项目中最大的工程。

1. 工艺设计

北京北小河污水处理厂改扩建工程，新建 6 万立方米/天的膜生物反应器（MBR）处理设施，由西门子工业系统及技术服务集团下属的西门子水处理技术部提供最先进的膜生物反应（MBR）技术。

采用超滤膜技术的膜生物反应技术，该项西门子技术是世界上最先进的膜生物反应技术。西门子的供货范围包括工艺及具体设计、机械设备、电气自动化系统、仪表及现场服务。

2. 设计标准

总占地面积 $6hm^2$、扩建可用地仅 $1.7hm^2$（包括清水池及配水泵房）、扩建处理能力 $6\times10^4 m^3/d$，处理后出水要求达到城市杂用水水质标准。

（1）设计进水水质

见表 4-13。

表 4-13　设计进水水质

序号	项目	单位	设计进水	序号	项目	单位	设计进水
1	生化需氧量(BOD_5)	mg/L	280	5	氨氮(NH_3-N)	mg/L	45
2	化学需氧量(COD_{Cr})	mg/L	550	6	总磷(以 P 计)	mg/L	10
3	悬浮物(SS)	mg/L	340	7	水温	℃	13～25
4	总氮(TN)	mg/L	65				

（2）设计出水水质

见表 4-14。

表 4-14　设计出水水质

序号	项目	单位	设计出水	序号	项目	单位	设计出水
1	生化需氧量(BOD_5)	mg/L	≤6	6	浊度	NTU	≤0.5
2	化学需氧量(COD_{Cr})	mg/L	≤30	7	总大肠菌群	个/L	≤3
3	悬浮物(SS)	mg/L	2	8	溶解氧	mg/L	≥1.5
4	氨氮(NH_3-N)	mg/L	≤1.5	9	色度	度	≤15
5	总磷(以 P 计)	mg/L	≤0.3				

3. 系统组成

预处理系统：包括粗格栅、提升泵房、沉砂池、细格栅（1mm 筛网）。

生物反应池：包括厌氧区、缺氧区、好氧区。

膜过滤系统（MOS）。

紫外消毒。

清水池。

处理出水配水系统或进入后续 RO 系统。

三、小红门污水处理厂与污泥石灰工程项目举例

小红门污水处理厂是北京第二大污水处理厂，为解决其脱水污泥最终出路，缓解污泥处置的巨大压力，减少污泥对环境的负面影响，在污水厂内增添污泥石灰处理工程，使污泥得以处理，含水率下降并灭菌稳定。

此工程入选“2010 年污泥处理处置特别关注案例”及“2011 年污泥处理处置十大推荐案例”。见图 4-5。

图 4-5 小红门污水处理厂

1. 工艺设计

本工程主要包括系统设计、核心设备供货安装、调试试运行及相关技术服务等内容。于 2009 年 10 月正式动工，期间克服了冬季低温进泥调试运行的困难，于 2010 年 4 月通过全部单项系统验收，并移交给业主。

2. 污泥处理工艺

(1) 石灰干化法

工程采用的污泥处理工艺为石灰干化法，设计处理脱水后的泥饼≥21t/h，泥饼含水率平均为 80.9%，石灰投加率为 20%～30%，处理后出泥固含率低于 40%。

工程通过满负荷运行，本工程系统基本实现了可靠运转，实际日处理脱水泥饼 600～800t，达到了关于脱水污泥尽快得到进一步的脱水减量和灭菌处理的目标，为后续的污泥处置提供有利条件。

(2) 机械驱动流化床工艺与技术路线

通过设计优化，处理系统紧凑地安装在原有的污泥装车棚，混合反应器采用国际先进成熟的机械驱动流化床工艺技术。

工程建成后，为优化项目运行及更好的开展污泥石灰干化工艺，展开了一系统实验研究工作。

3. 工程项目处理效果

该工程项目一般处理后的污泥含水率降至 60%，经过堆置后成品含水率可进一步降低，处理后的污泥未检出大肠杆菌菌群。

通过实验分析及应用实践，表明该技术路线投资省、运行费用低，可达到无害化、稳定化及半干化的处理效果。且污泥得到改性，易于储存和运输，为污泥的进一步处置和利用提供了多种选择，不失为一种适合目前国情的处理路线。

四、广州白云区太和垃圾渗透液污水工程项目举例

见图 4-6。

1. 工艺设计

广州白云区太和垃圾渗透液污水工程，处理水量 $25m^3/d$ 。

2. 处理工艺

采用物化＋ABR＋氧化沟＋CMBR 工艺。

技术优势：一体化超声波振动膜生物反应器（CMBR）是某公司研究开发的新产品。

图 4-6　一体化超声波振动膜生物反应器（CMBR）

3. 膜生物专利技术

它是将优势菌循环载体（硅藻悬浮球）生物膜法、高频超声波超临界氧化技术、低频超声波在线膜清洗技术及膜分离技术组合成一体的创新型膜生物反应高级污水处理专利技术。

第八节　城市污水处理厂与中水回用工程项目举例

一、城市中水处理工程项目举例

1. 城市中水的用途

在城市生活、生产用水中，约 40％的水是与人们生活紧密接触的，对水质要求严格。而多达 60％的水使用于工业用水、农业灌溉、环卫用水和绿化用水等方面，如将这部分用中水替代，在水质标准上是完全允许的，同时节约了大量的新鲜水源。

目前工业冷却用水与工厂的运转联系紧密，用水量相对稳定。而随着城市基础设施建设的不断发展，相应的环卫、绿化、景观等方面的市政杂用水也随之增加，对用水便捷性和供水形式多样化提出了更高的要求，用水潜力比较大。

所谓中水，是污水处理厂将收集来的生活污水、工业废水、雨水等城市污水，在污水厂中经过传统的活性污泥法，达到去除有机物、重金属离子等目的，使污水水质达到河湖排放标准，然后将水送到深度处理厂，经过混凝、沉淀、过滤、消毒传统工艺过程或利用膜技术深度处理，从而得到的水称为中水。

在城市生活、生产用水中，约有 40％的水是与人们生活紧密接触的，例如洗浴、饮用等，这些方面对水质要求很高，不能用中水替代；还有多达 60％的水是用于工业用水、农业灌溉、环卫用水、冲洗地面和绿化用水等方面，其中部分对水质要求不高，若使用中水不仅在水质上完全符合用水标准，而且将节约大量的新鲜水源，有着极好的发展前景。今天，回用水的资源利用问题已经提高到新辟水源的高度上来认识。

2. 城市推广使用中水

(1) 园林绿化用水

① 绿化用水　据园林、绿化部门（北京市）提供的绿化用水量测算依据为：每天每平方米用水 $0.002m^3$。

北京市各公园实际调查用水量是根据多年公园水表计量的平均数估算出来的。实际上公园绿化用水量标准达不到园林部门规定的 $0.002m^3/(d \cdot m^2)$ 标准，在夏季用水高峰的一个月内用水量要高于这个值，在其他的时间里要小于这个值，尤其在冬天是不浇水的，所以平均实际用水量仅为 $0.00153m^3/(d \cdot m^2)$。由于目前公园均以湖水或地下水用于绿化，价格偏低。而中水水价难以降到湖水或地下水的水平，因此建议政府应有效限制河湖水、地下水用于绿化，并规定合适的中水价格，使中水用于绿化既经济合理又可行。

② 河湖补水　为了保持各公园湖面水质良好和北京市一定的防洪调蓄能力，每年护城河都要向各公园按期补水若干次。按北京市总体规划每年河道换水 6～8 次，每次换水 1m 深。

北京市每年都要用密云水库的新鲜水源给护城河补水，且用水量巨大。通过实测现况河湖水质与"地面水环境质量标准"的对比分析，现况河湖水只能达到Ⅴ类标准，要使河湖水质达到Ⅳ类，就应加大湖水的流动性，在频繁的替换中保持水质的新鲜，避免湖中厌氧情况的出现。目前中水管线已铺到了各公园的湖边，这样就为连续补水提供了可能，使每年 6～8 次的补水量平均分配到每周或更小的时间段内，使湖体在不断流动中自我更新。另一方面，河湖补水只能来源于上游密云、怀柔等水库高质量水体，用于大量补充观赏用水是对水资源的极大浪费。若用中水代替新鲜水源给河湖补水，在水质上完全可以满足要求，又为国家节约大量的新鲜水源，而且用水不受季节影响。中水使用受到用户的影响，如没有工业用水和河湖补水，在冬季就要面临无用水户的问题。所以在中水项目规划阶段应保证一定量的河湖补水，确保在一年内的中水使用效率，避免资产闲置。

③ 公园内冲洗厕所　中水的另一用途就是冲洗厕所，可在卫生间实现双路供水。中水用于冲洗厕所可以节约大量清洁水源。为了改变北京市公共厕所卫生条件差的现状，建议应该大力提倡对二类厕所（人工清洗一天两次）的改造，特别是几大公园应尽快实施，这样公园内的厕所用水量还会不断增加。若使用中水完全可以满足要求。

④ 公园内道路冲洗　为了实现公园内的道路冲刷，应加强设备投资，为各公园配备水车等设施。园林绿化部门制订完善的路面冲洗计划，实现每天一次中水冲洗路面，以提高公园内的道路景观水平。

(2) 配合城市环境综合治理，发挥中水效应

空气含尘量高是导致北京市空气污染较严重的一个重要原因，目前可吸入颗粒物已经成为北京市大气污染的首要污染物，而且根据国家气象局专家预测，我国已

进入了沙尘暴多发阶段。我们应采取有力的措施有效降低空气中的可吸入颗粒物，在治理的同时应加强人工降尘。目前人工降尘的方法是环卫部门定时派水车浇洒路面，由于受水车载水体积所限，浇洒范围达不到理想的压尘目的。所以我们不妨借鉴国外的方法，在城市主要干道沿线铺设中水管线，并配设相应的喷头，在保证用水量充足的前提下，可将现行的水车喷洒改为中水冲洗路面，提高压尘效果。可先选定特定路段进行试点，采用水车与喷头相结合的方式，逐步实现中水降尘。实现北京市水清、天蓝的保证。北京市中水工程一期、二期工程在2008年北京奥运会前如期完成，主要供应二环、三环及四环路沿线环卫用水及公园绿化用水，四环路全长约65km，沿线左右各100m范围为四环百米绿化带，其绿化喷灌工作主要由朝阳园林局、海淀园林局负责，其中由朝阳园林局负责的东四环部分，从四元桥至小红门一段长20.5km，沿线绿化总面积380万平方米，绿化用水量3900m^3/d。目前管线与四环路接合部增设取水口，并从水源六厂向北沿四环路增铺中水管线。同时开发酒仙桥污水处理厂中水回用项目，也引至四环路供应环卫、绿化部门用水，与本工程形成南北同时供应中水，充分满足四环路用水量，并使用水调配自如。四环路百米绿化工程是北京市未来的绿色屏障，也增强了北京市的环保形象，实现了与四环路绿化工程同期完成。从2011年开始，北京市中水工程三期、四期工程，正在向五环及六环路沿线环卫用水及公园绿化用水进行。

(3) 中水用于小区

将中水引入小区，实现双路供水是建设节水型城市的重要体现，小区中的冲厕用水、绿化用水、洗车用水等方面都可以用中水代替。如天津市梅江小区就拟将中水管线直接引入用户的马桶内用于冲厕，既避免了居民误饮误用，又使得管理收费方便易行。为了使中水引入小区，首先应加大中水宣传力度，在社会上普及中水概念，增强节水意识，通过各种喜闻乐见的宣传形式逐步消除人们心理上的障碍。其次制定相应的法规，并加强法规约束力，保证小区规划阶段同时考虑中水回用。再次应在水处理技术的创新应用上下工夫，研究更经济实用的水处理办法，提高中水水质，扩大小区使用范围。

(4) 中水洗车

目前北京市内共有约1000万辆车，将来汽车数量还会增加，与之相应的洗车站也应不断增加，才能满足使用需要。但对于用新鲜水源冲洗车辆，很多缺水城市都很难接受继续增加洗车站点。如北京市就制定了限制洗车站用水量，提高用水价格，并在超出用水范围后追加高额水费。若使用中水洗车就不存在无水可用的问题，中水在水质、水量上都能满足要求，并具有以下优势：第一，节约用水；第二，中水水价一定比现行洗车水价低廉，各用户容易接受，推广起来比较容易；第三，水量丰富，可以节省循环设备的投资，用于引进先进洗车设备，提高工作效率；第四，能发挥洗车站的宣传效应，在已铺中水管线适宜地点多建洗车站点，宣传中水使用，给人以较直观的印象。高碑店污水处理厂中水泵站正在进行试点建设，采用了国际先进的中空纤维膜处理技术，对二沉出水进行处理后，用于洗车和景观用水。

（5）工业冷却水

工业冷却水用量大，且不受季节影响，中水回用工程在规划阶段应充分考虑工业用户。

3. 城市中水处理方法

中水是指生活污水经过处理后，达到规定的水质标准，可在一定范围内重复使用的用水。中水设施，是指中水的水处理、集水、供水以及计量、检测等设施。中水主要用于厕所冲洗、园林灌溉绿化、道路保洁、汽车洗刷以及景观补水、冷却设备补充用水等。中水处理是指各种排水经处理后，达到规定的水质标准，可在一定范围内重复使用的非饮用水。中水处理方法一般是按照生活污水中各种污染物的含量、中水用途及要求的水质，采用不同的处理单元，组成能够达到水处理要求的工艺流程。

中水原水相对于城市污水具有流量小、可生化性较好的特点，属于可生化降解的有机污水。根据国内外的实践经验，对该类污水的治理多以生物治理单元为主，结合物化法，能达到回用的要求。中水回用的处理技术按其机理可分为物理处理法、物理化学法和生物化学法等。

（1）物理处理法

膜滤法，适用于水质变化大的情况。采用这种流程的特点是：装置紧凑，容易操作，受负荷变动的影响小。膜滤法是在外力的作用下，被分离的溶液以一定的流速沿着滤膜表面流动，溶液中溶剂和低分子量物质、无机离子从高压侧透过滤膜进入低压侧，并作为滤液而排出；而溶液中高分子物质、胶体微粒及微生物等被超滤膜截留，溶液被浓缩并以浓缩形式排出。

（2）物理化学法

适用于污水水质变化较大的情况。一般采用的方法有：砂滤、活性炭吸附、浮选、混凝沉淀等。这种流程的特点是：采用中空纤维超滤器进行处理，技术先进，结构紧凑，占地少，系统间歇运行，管理简单。

（3）生物化学法

生物化学法（简称生化法）利用自然界的各种细菌、微生物，将废水中有机物分解转化成无害物质，使废水得以净化，适用于有机物含量较高的污水。一般采用活性污泥法、接触氧化法、生物转盘等生物处理方法。或是单独使用，或是几种生物处理方法组合使用，如接触氧化 ＋ 生物滤池，生物滤池 ＋ 活性炭吸附，转盘＋砂滤等流程。这种流程具有适应水力负荷变动能力强、产生污泥量少、维护管理容易等优点。

按目前已被采用的方法大致可分为 4 类：

（1）生物处理法

利用水中微生物的吸附、氧化分解污水中的有机物，包括好氧和厌氧微生物处理，一般以好氧处理较多。

（2）物理化学处理法

以混凝沉淀（气浮）技术及活性炭吸附相结合为基本方式，与传统的二级处理相比，提高了水质，但运行费用较高。

（3）膜分离技术

采用超滤（微滤）或反渗透膜处理，其优点是SS去除率很高，占地面积与传统的二级处理相比减少了很多。

（4）生物处理法和膜分离技术结合

中水回用新技术膜生物反应器（MBR），具有出水水质稳定、运行成本低、操作简单、维护方便等特点，出水水质完全符合国家中水回用标准。

当前，中水开发与回用技术得到了迅速的发展，在美国、日本、英国等国家得到了广泛的应用，也使中水处理技术越来越臻于完善。

4. 几种城市常用中水处理技术

实际上中水处理是把水质较好的生活污水经过比较简单的技术处理后，作为非饮用水使用。下面要介绍几种不同废水水质的中水处理技术，目的是使中水主要用于洗车、喷洒绿地、冲洗厕所、冷却用水等，这样做充分利用了水资源、减少污水直接排放对环境造成的污染。对于淡水资源缺乏、供水严重不足的城市来说，中水系统是缓解水资源不足、防治水污染、保护环境的重要途径。

（1）以优质杂排水为原水的中水处理工艺流程

优质杂排水是中水系统原水的首选水源，根据这一原则，北京市早期及近期的大部分中水工程，均以洗浴、盥洗、冷却水等优质杂排水为中水水源。由于这类排水来源分散，以其为水源的中水工程往往规模较小，中水的回用一般为就近在本建筑物内或本单位内用于冲厕、洗车、绿化等。

对于这类中水工程，原水水质差异不大，而在现行“中水水质标准”和“生活杂用水水质标准”中，冲洗厕所、洗车等不同用途的主要水质指标差异很小，因此，就进出水水质而言，这类中水工程的共性是主要的。

以优质杂排水为原水的中水处理工程基本上采用生物-物化组合流程和物化流程两类工艺流程。所采用的生物处理工艺主要为生物接触氧化和生物转盘工艺。物化处理工艺主要为混凝沉淀、混凝气浮、活性炭吸附、臭氧氧化、过滤及膜分离等工艺。各类工艺流程最后均包括消毒处理单元。作为预处理的手段，在主要处理单元前一般均设置粗细格栅及毛发集聚器。

其代表性工艺流程如下：

① 以生物接触氧化为主的中水处理工艺流程：

原水→格栅→调节池→生物接触氧化→沉淀→过滤→消毒→中水

② 以生物转盘为主的中水处理工艺流程：

原水→格栅→调节池→生物转盘→沉淀→过滤→消毒→中水

③以混凝沉淀为主的中水处理工艺流程：

↓混凝剂

原水→格栅→调节池→混凝沉淀→过滤→活性炭→消毒→中水

④ 以混凝气浮为主的中水处理工艺流程：

↓混凝剂

原水→格栅→调节池→混凝气浮→过滤→消毒→中水

⑤ 以微絮凝过滤为主的中水处理工艺流程：

↓混凝剂

原水→格栅→调节池→过滤→活性炭→消毒→中水

⑥ 以过滤－臭氧为主的中水处理工艺流程：

↓混凝剂

原水→格栅→调节池→过滤→臭氧→消毒→中水

(2) 以生活污水为原水的中水处理工艺流程

随着水资源紧缺矛盾的加剧，开辟新的可利用水源的呼声越来越高，就近采用生活污水作为中水水源的中水处理工程应运而生。以生活污水为原水的中水处理工程又可分为以粪便水和以综合生活污水为主要原水的中水工程。

两类中水工程一般均采用生物处理为主或生物处理与物化处理结合的工艺流程，由于其进水有机物浓度较高，部分中水工程以厌氧处理作为前置工艺单元强化生物处理的工艺流程。

① 以粪便水为主要原水的中水处理工程　近年来，北京市在城区和近郊区建成了若干以粪便水为主要原水的公厕中水工程，将粪便排水处理后用于冲厕，同时解决粪便消纳问题。针对粪便排水有机物浓度高的特点，公厕中水工程采用以生物处理为主、辅以物化处理的工艺流程。其代表性工艺流程如下。

a. 以多级沉淀分离-生物接触氧化为主的中水处理工艺流程：

原水→沉淀 1→沉淀 2→接触氧化 1→接触氧化 2→沉淀 3→接触氧化 3→沉淀 4→过滤→活性炭→消毒→中水

b. 以膜式生物反应器为主的中水处理工艺流程：

原水→化粪池→膜式生物反应器→中水

② 以综合生活污水为主要原水的中水处理工程　代表性工艺流程如下。

a. 以生物接触氧化为主的工艺流程；

(混凝剂)

↓

原水→格栅→调节池→两级生物接触氧化→沉淀→过滤→消毒→中水

b. 以水解-生物接触氧化为主的工艺流程：

原水→格栅→水解酸化调节池→两级生物接触氧化→沉淀→过滤→消毒→中水

c. 以厌氧-土壤处理为主的工艺流程：

原水→水解池或化粪池→土壤处理→消毒→植物吸收利用

二、北京市推出“中水工程建设”工程项目

我国是世界上21个最缺水的国家之一。淡水资源总量居世界第6位，但人均占有淡水量仅居第108位，水资源已成为我国最严重的资源问题之一。北京是一个严重缺水的城市，对于水资源的利用关系到首都经济和社会的可持续性发展，是维系北京首都地位的重要因素之一。

随着近年来北京经济的飞速发展，人们也越来越认识到环境问题的严重性，不节约用水和无节制的污水排放使得可用的新鲜水源越来越少，负责供应北京用水的几大水库的库容在逐年缩小，其中最大的密云水库按目前的储量只能再供水六年，北京已敲响了水危机的警钟。为了缓解缺水的现状，一方面应努力开采新水源并强调节约用水，另一方面要在污水回用上做文章。所以科学合理的利用水资源成为首要解决的问题之一，早在1987年，北京市政府就推出了“中水工程建设试运行办法”，把用中水替代新鲜水源这一积极的节水措施提到了议事日程上来。

门头沟区和延庆县是北京市生态涵养区，也是城市水源地。两座再生水厂总投资1.8亿元，总规模7万立方米/天，采用目前先进的膜生物反应器工艺，年产高品质再生水2500万立方米。

延庆县把再生水厂建设列为2008年重点工程，此工程最大特点就是采用膜处理技术，它与传统过滤的不同在于，膜可以在分子范围内进行分离，并且该过程是一种物理过程，不需发生相的变化和添加助剂。膜的孔径一般为微米级，其孔隙用肉眼根本看不出来，经过膜的过滤，大大提高污水水质。

延庆县再生水厂2009年年底投入使用后，每年产生1000多万立方米优质再生水，不仅直接补给官厅水库，改善水质，还为延庆县主要景观绿化区提供大量廉价用水，有效缓解了自来水供水压力，进而提高水资源的承载能力，实现水资源可持续发展。

再生水利用是北京市“外部开源、内部挖潜、循环利用”水资源保障战略方针的重要内容。2003年北京市再生水利用实现零突破，2008年利用量已达到6亿立方米，超过密云水库的供水量，成为北京市的重要水源。预计2015年利用量将达到20亿立方米左右，成为全国再生水利用率之最。

市发改委表示，为扩大内需、发挥政府投资对经济增长的拉动作用，北京市将把再生水开发利用作为促进增长的重要领域。继门头沟、延庆再生水厂工程开工后，如今昌平再生水厂也如期开工，项目建成后7座水源地新城都将拥有一座再生水厂。

同时，北京市中心城区也将全面启动现有污水处理厂的升级改造。

三、北京密云县污水处理厂与中水回用工程举例

密云是首都最重要的水资源保护地，密云再生水厂的建成，解决了污水排放不达标的难题，消除了对水源八厂地下水源的污染威胁，同时每年为密云县提供1600万吨再生水，大大改善潮白河的水环境。见图4-7和图4-8。

图4-7 密云再生水厂采用膜生物反应器（MBR）

图4-8 中水回用污水处理

1. 工艺设计

采用国际先进的模块化设计与安装，膜组件的清洗维护和整体系统的运行全部实现自动控制。其设计能力为4.5万吨/天，不仅可为密云县每天处理4.5万吨的污水，而且带来4.5万吨高品质再生水，实现了污水一步到位处理成高品质再生水，大大减少该地区污水对本市生活用水水源地密云水库和水源八厂的威胁。

MBR采用国际先进的三菱丽阳中空纤维膜Sterapore SADFTM组件，具有优异的容积功率，节能、维护容易，以及高度的透水功能、优异的耐药性、强度高等特点。

2. 处理工艺

采用膜生物反应器（MBR）工艺，该厂是世界上最大规模的膜生物反应器再生水厂之一。密云再生水厂的建成体现了我国MBR技术研发、应用规模、工艺集成及先进性达到了国际领先水平，标志着我国的污水处理和资源化技术跨入了世界前列，是MBR在我国污水资源化应用中的一个重要里程碑。

3. 技术特点

MBR技术是膜技术与生物技术的有机结合，其明显优点是：①出水水质优良、稳定；②污泥排放量比传统工艺减少2/3以上；③可模块化设计，具有按量扩容的灵活性；④自动化程度高；⑤占地面积减少50%以上。

4. 主要技术指标

设计规模：日产再生水45000 t。

设计工艺：膜-生物反应器（MBR）。

设计出水水质：达到城市污水再利用中观赏性景观环境的用水标准（GB/T 18918—2002）。

再生水用途：潮白河道景观补充水；冲厕、洗车、绿化；市政用水；工业用水。

运行成本：< 0.7 元/吨再生水。

膜：三菱丽阳 SADF 膜。

四、青岛流亭机场污水回用工程举例

青岛流亭机场污水回用工程是以 MBR 为主体的工艺处理排放污水，而且较传统的 MBR 工艺增设了缺氧段，具有良好的脱氮效果。运行表明，该系统运行稳定，维护费用低，出水水质优良。

1. 工艺设计

工艺设计处理量为 $2700m^3/d$，并全部回用，是目前全国乃至亚洲地区最大的应用 MBR 技术的中水工程之一，由天津清华德人环境工程有限公司承建。

该工程工艺设计使用的是三菱丽阳 SUR 膜，是三菱丽阳集团著名产品之一。三菱丽阳 SUR 膜是聚乙烯中空纤维膜，采用“L”形膜片和“O”形环连接，便于膜片的安装及更换，减少维护费用；膜的表面永久性亲水化；性价比高，生活废水、工业废水处理中有众多应用实例。

2. 运行效果

青岛流亭机场污水处理站投运一年多来运行稳定，出水水质（见表 4-15）达到 GB/T 18920—2002 的要求。

表 4-15 进出水水质

项目	SS /(mg/L)	COD /(mg/L)	BOD /(mg/L)	pH	总氮 /(mg/L)	氨氮 /(mg/L)	动植物油/(mg/L)	总大肠菌群/(mg/L)
进水	207	320	100.2	7.39	37.1	13.23	1.28	2.4
出水	4	14	0	7.34	5.7	0.14	0.2	未检出

3. 处理工艺

(1) 原水水质

处理站的原水水质为：$COD_{Cr} \leqslant 445mg/L$，$BOD_5 \leqslant 189mg/L$，$SS \leqslant 336mg/L$，$NH_3\text{-}N \leqslant 23mg/L$，pH=6～9。

(2) 工艺流程

见图 4-9。

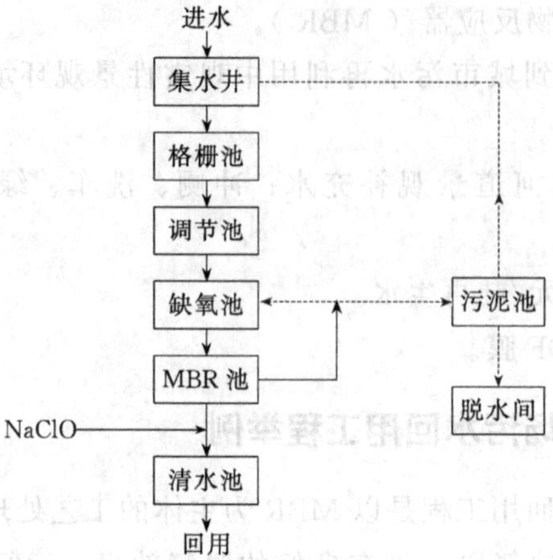

图 4-9 工艺流程

4. 技术特点

根据青岛机场污水的特点和处理要求，对工艺进行了三方面的改进。

(1) 预处理阶段增设曝气系统

在调节池内敷设曝气系统，主要功能是调节来水水质（使之混合均匀），以减小对系统的冲击负荷；另外还可以防止原水因停留时间较长而产生异味。

(2) 增加缺氧段以实现脱氮功能

在 MBR 前增加 A 池（缺氧池），回流的混合液（回流比一般为 1∶1）和调节池出水混合后进入缺氧池。当进水 NH_3-N 浓度较高时可适当增加回流比。控制缺氧池内的 DO<0.5mg/L，以保证反硝化的顺利进行。

(3) 增加微滤膜反冲洗系统

膜处理工艺面临的一个关键性问题是膜污染。工程中为使膜长时间保持高通量并延长其使用寿命，设置了在线药洗和离线药洗系统，同时设计了有效合理的反冲洗程序，使微滤膜得到间歇性的药液浸渍、清洗和冲刷。这样，膜的外表面不会长时间沾附大量活性微生物，同时也可将膜丝内壁和膜孔内滋生的微生物杀死，保证最大限度地恢复膜通量。反冲洗前后系统吸入口的压力变化表明，经反冲洗后吸入口压力值均可以恢复到初始时的 90％以上，即膜通量可以恢复到初始时的 90％以上。

5. 主要技术指标

处理量：处理水 2700t/d。

出水水质：达到生活杂用水的水质标准（GB/T 18920—2002）。

运行成本：0.78 元/t。

五、大连香格里拉大饭店中水回用工程举例

1. 概述

大连香格里拉大饭店原有的中水处理设施采用三级处理方法，处理效率低、占

地面积大，没有实现完全的自动化，而且其处理能力远大于酒店最大回用水量，又无法灵活的调节，造成了人力、物力的浪费，增加了成本。现采用 MBR 工艺对原有系统进行改造。

2. 工艺设计

工艺设计处理量为 $60m^3/d$ 的 MBR 污水回用系统。

工艺设计中水回用工程采用 MBR 工艺。出水水质 COD 平均为 6.16mg/L，BOD 平均为 0.57mg/L，SS＝0mg/L，其水质完全达到《生活杂用水水质标准》(CJ 25.1—89)。

运行成本为 1.665 元/m^3，应用于宾馆、写字楼等处。

3. 处理工艺

(1) 水量及水质

因处理后中水主要回用于冲厕、绿化、洗车等方面，最大回用水量为 $60m^3/d$，确定设计处理水量为 $60m^3/d$。来水为优质杂排水，其水质见表 4-16。

表 4-16 进水水质

参数	COD/(mg/L)	BOD/(mg/L)	SS/(mg/L)
浓度	≤100	≤50	≤150

(2) 工艺流程

见图 4-10。

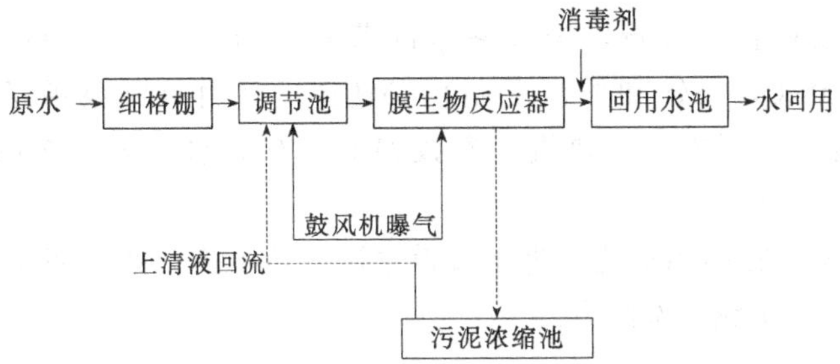

图 4-10 工艺流程

大连香格里拉大饭店原有的中水回用系统是以接触氧化池、沉淀池和砂滤罐为主体，共占地 $280m^2$，改造后以 MBR 为核心的中水回用系统仅占地 $48m^2$，是原占地面积的 17%，为酒店节省了宝贵的空间。而且现有的中水回用系统将生物降解、沉淀、过滤集中为一体，减少了设备需求，可使运行成本降低，故障点减少。

酒店回用水量会由于季节及客流量的变化有很大不同，而 MBR 系统可通过自吸泵间歇出水时间的调整以及鼓风机间歇曝气来进行调节并节省运行成本，具有高度的灵活性。

① 细格栅　细格栅用于除去污水中较大颗粒的杂质，防止泵的阻塞和损伤，减轻负荷。酒店来水具有一定的作用水头，重力自流到细格栅，格栅出水重力自流入调节池。因来水为优质杂排水，水质较好，格栅采用无动力式，截流下来的污物沿格栅弧面下滑至下部渣斗，渣斗底部有箅子，污物在渣斗中沉积，含有的水分由箅子自流入调节池。

② 调节池　调节池由原有水池改建而成，用于调节水量、均化水质，使后续处理工艺在相对稳定的条件下工作，同时调节池中风机曝气除臭降温，还可防止悬浮物沉积。调节池出水由移送泵提升至 MBR。

调节池主要设计参数：有效水深为 2.5m；有效容积为 48.7m^3；HRT 为 19.5h。

③ MBR　中空纤维膜组件置于 MBR 中，污水浸没膜组件，通过自吸泵的抽吸，利用膜丝内腔的抽吸负压来运行。膜组件由日本三菱公司生产，材质为聚乙烯。膜组件公称孔径为 0.4μm，是悬浮固体、胶体等的有效屏障；中空纤维膜丝较细，有较好的柔韧性，能保持较长的寿命，即使有膜丝破损的现象发生，由于膜丝内径仅为 270μm，可被污泥迅速阻住，对处理水质完全没有影响。

鼓风机曝气，在提供微生物生长所必需的溶解氧之外，还使上升的气泡及其产生的紊动水流清洗膜丝表面，阻止污泥聚集，保持膜通量稳定，设计气水比为 20∶1。MBR 中产生的剩余污泥由汽提泵定量提升至污泥浓缩池，污泥在其中浓缩，并使污泥减容，上清液回流至调节池。因来水营养物质缺乏，为保证活性污泥反应正常进行，调节来水的营养平衡，在 MBR 的进水管道中注入营养剂（由磷酸氢二铵和尿素配制），MBR 出水由自吸泵抽送至回用水池。MBR 由原水池改建而成，主要设计参数如下：有效水深为 2.7m；有效容积为 34.7m^3；HRT 为 14 h。

④ 回用水池　在回用水池的进水管道中注入消毒剂，并使回用水池出水中保持一定量的余氯，避免二次污染。

4. 技术特点

(1) 中水回用系统的自控设计

酒店污水回用系统的控制全部集成在电控柜中。各设备的运行由电控柜中的 PLC 控制，PLC 由电源、框架、处理器和 I/O 模板 4 部分组成，可以和现场的传感器、变送器、自动化仪表相连，进行数据通信、数据处理和数据管理。如调节池和 MBR 的水位情况通过浮球液位计传送到 PLC，通过 PLC 控制移送泵和自吸泵的动作。当调节池超过一定水位，并且 MBR 水位在中水位以下时，移送泵开始工作，将污水送至 MBR，直到 MBR 水位达到高水位。当 MBR 水位在低水位以上时，自吸泵开始间歇工作，抽出的膜处理水送入回用水池，如果 MBR 的水位降至中水位以下，污水会由移送泵自动补充至高水位，此动作反复进行，直至调节池水位下降至低水位，移送泵停止，而 MBR 水位降至低水位以下时，自吸泵停止工作。投加消毒剂和营养剂的计量泵分别与移送泵和自吸泵同步，药剂自动投加。另外，泵与风机均有热过载和空开过载保护，所有潜水泵均有漏电保护。风机、移送泵、自吸泵均需有备用，24h 自动切换。

改变设备状态的界面为电控柜上的触摸屏。触摸屏上包括系统中设备的列表，点击后可以看到相应设备的当前工作状态，并可以对设备现有状态进行改变；还可以看到当前所有设备的累计工作时间、各水池的水位、系统运行期间出现的报警等；当有报警发生时，触摸屏上有相应的报警画面出现，同时有解决报警的提示出现。

（2）MBR 中膜污染控制措施

膜污染是影响系统运行的关键问题，适当的操作方法可以有效地控制膜污染，提高膜的使用性能及寿命。

采用了低压、恒流、间歇抽吸出水和空曝气等方法来延缓膜过滤阻力的增加。

膜面凝胶层会在高的操作压力下变得更加密实，导致过滤阻力的增加。因此，本工程采用较低的操作压力，并且调节自吸泵出口的阀门，控制流量计的数值，保持恒定的出水流量，使系统在稳定的状态下工作。为延缓膜污染速度，延长超滤膜使用周期而采取的措施还包括出水方式。

在电控柜中设定自吸泵双计时器为 9min 运行，3min 停止，自吸泵的运转效率为 75%，每日运行时间为 18h，从而保证 MBR 中一定的空曝气时间。自吸泵的间歇操作可通过定期停止膜过滤，使混合液流向膜面的流速为零，而由于空曝气产生的剪切作用，使膜面沉积的污物脱落，膜过滤性能有所恢复。同时，在停抽过程中，由浓差极化引起的膜面有机物积累也会由扩散作用返回混合液主体。

众多措施的采取，使本工程中膜污染现象得到有效的控制，在污水回用系统启动后 3 个月时间内，MBR 操作压力仅由 2kPa 上升至 6kPa。

（3）中水回用处理工艺的出水水质

中水回用系统在运转时间内的 MBR 出水水质见表 4-17（检验方法按照《生活杂用水标准检验法》CJ 25.2—89 进行检测）。

表 4-17　出水水质

参数	COD/(mg/L)	BOD/(mg/L)	SS/(mg/L)
最大值	7.85	0.67	0
最小值	3.92	0.45	0
平均值	6.16	0.57	0

由表 4-17 可见，系统稳定后，MBR 出水中 COD＜10mg/L，BOD＜1mg/L，并且没有悬浮物检出，其水质完全达到《生活杂用水水质标准》（CJ 25.1—89）及日本建设省都市局、住宅局、卫生部环卫局提出的生活杂用水水质标准，不仅可回

用于水洗厕所用水、空调冷却水，还可回用于汽车等冲洗用水、洒水、扫地用水以及水池喷水。

六、上海白龙港污水处理厂污水回用工程举例

1. 工程简况

(1) 污水收集系统

主要包括市中心区、闵行区及浦东新区，这些地区部分为合流制，部分为分流制。上海污水二期系统已建成输送管道、预处理厂以及污水排放管，其规模为 $172\times10^4m^3/d$，服务面积 271.7 km^2，人口 355.76 万，考虑近期污水系统完善尚待时日，故白龙港污水厂近期处理水量为 $120\times10^4m^3/d$。按照2001年全年污水规划，本厂远期处理水量为 $210\times10^4m^3/d$。

(2) 处理厂尾水排放点

上海市污水二期工程已建成白龙港污水排放管，直径 4.2m，距岸 1.6km，分点扩散排放。经处理后尾水达标排入已建污水扩散管，扩散自净。

2. 工艺设计

工艺设计为平均旱流污水量 $120\times10^4m^3/d$。

旱季高峰污水量 18.06m^3/s。

旱季最小污水量 8.33m^3/s。

雨季流量 21.85m^3/s。

现状污水量 $80\times10^4\sim100\times10^4m^3/d$。

按照上海市污水规划，远期：污水设计流量为旱季平均 $210\times10^4m^3/d$，旱季高峰 30.6m^3/s，雨季流量 33.6m^3/s。

3. 技术标准

(1) 污水水质

本系统为部分合流制，部分分流制，进处理厂污水水质与出厂水质见表 4-18。

表 4-18 污水处理厂进出水水质

项目	COD/(mg/L)	BOD/(mg/L)	SS/(mg/L)	NH_3-N/(mg/L)	TP/(mg/L)
进水	320	130	170	30	5
出水	≤180	≤70	≤40	≤30	≤1

(2) 污泥处理及处置目标

采用储泥池、脱水、卫生填埋，最终作为绿化介质土，达到综合利用目的。

4. 污水、污泥处理工艺

(1) 污水处理工艺

见图 4-11。

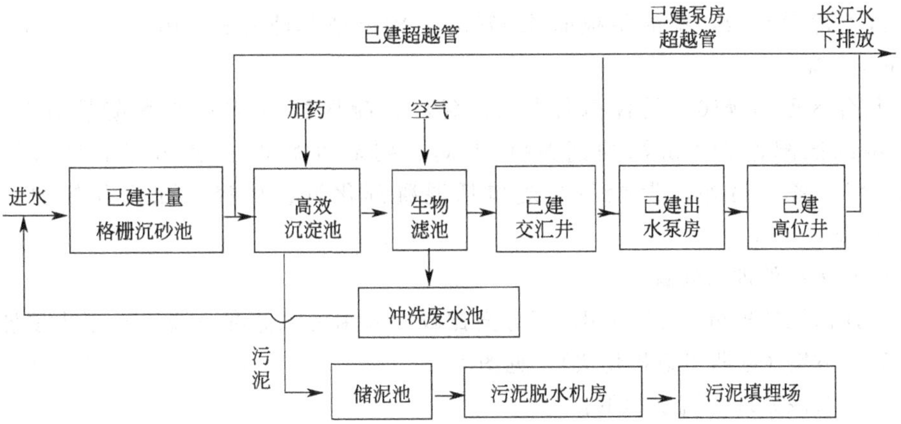

图 4-11 污水处理工艺流程

(2) 污水处理主要技术参数

为满足近期以除磷为目标的污水处理要求，同时考虑远期达到国家规定的二级排放标准，经方案比较推荐采用近期物化法，远期再增加曝气生物滤池工艺。

由于处理厂用地面积有限，故物化法选用高效沉淀池布置方案。把混合、絮凝、沉淀 3 个工序合并在一个构筑物内，其主要参数如下。

混合时间 64 s，投药量 PAC 86mg/L，PAM 0.5mg/L；絮凝时间 14min；高效沉淀池表面负荷 17 $m^3/(m^2 \cdot h)$，停留时间 50min，污泥回流比 4%，产生污泥量 197 t/d，含水率 97%，污泥量 6930m^3/d。

(3) 高效沉淀池

高效沉淀池近期设 3 组，每组 6 只池。远期增加 2 组。每组处理水量约 $42\times10^4 m^3/d$（见图 4-12）。

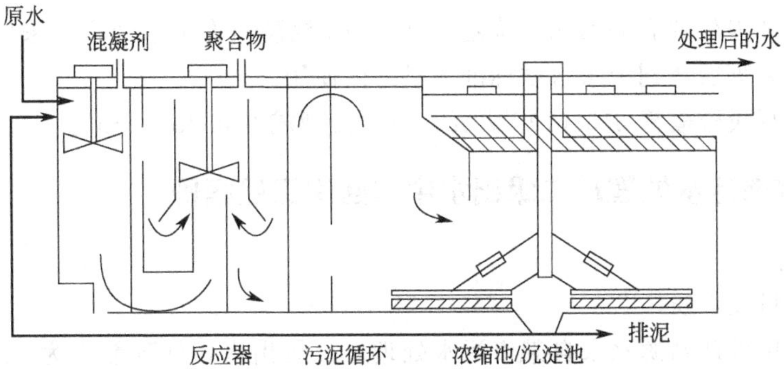

图 4-12 高效沉淀池工艺流程示意

每组具有独立反应单元，由混合区、絮凝区、推流反应区、沉淀区及污泥浓缩区组成。单池长 25.9m，宽 17m，水深 8.3m，容积 $2407m^2$，停留时间 64min。在沉淀区上部设斜板，单池斜板面积 $170m^2$，混凝池单池容积 $140m^3$，尺寸 6m×3.2m×7.3m。

混合区配置 ϕ500 混合搅拌机 18 套，絮凝区配置 ϕ3600 絮凝搅拌机 18 套，浓缩区配置 ϕ17 m 浓缩刮泥机 18 套，剩余污泥泵 18 用 6 备，回流污泥泵 18 用 6 备。另外，设投药系统包括混凝剂化解、稀释、配比及投加，用 PLC 控制。

(4) 污泥处理与处置

近期污泥处理量为 197 t/d，经方案比较后采用污泥储存→脱水→卫生填埋+综合利用方案（近期实施物化法），见图 4-11。

主要污泥处理构筑物如下：

① 污泥储存池　分 6 格，每格 13m×13m，水深 4.5m，每格设潜水搅拌机 2 台，污泥先进储存池再进脱水机房。

② 污泥脱水机房　平面尺寸 13.3m×27m，二层式，设离心脱水机 4 用 1 备，单机容量 2600kg/h，每天工作 20h，另有投药设备 3 套。经离心脱水污泥，含水率约 65%，运往污泥填埋场处置。

③ 污泥堆棚　平面尺寸 36m×27m，可堆脱水泥约 7 天。

④ 污泥填埋场　利用厂区围堤内空白地块作为污泥填埋场，厂内面积约 $27hm^2$，厂外约 $16hm^2$，厂内及厂外填埋场分别各划分为 6 个填埋区域，最大一个填埋区约 $5.5hm^2$，用土堤分隔，隔堤上修单行车道，便于运送污泥。填埋场设垂直防渗帷幕，并设垂直与水平渗滤液收集系统及填埋气收集系统。每单元填满后采用封场作业。封场作业由 45cm 植被层、PVC 防水膜、30cm 排泥层组成。经过约 5 年堆置，该污泥腐熟化后，重新挖出作为绿化用土，空余体积再填埋污泥，这样重复循环，达到污泥综合利用的目的。

5. 中水回用与工程造价

经一级加强处理后的污水，确定 $2500m^3/d$ 规模作为中水回用，采用曝气生物滤池工艺，处理后达到中水水质标准，供厂内使用。

初设工程投资概算 61586.15 万元，单位处理成本 0.28 元/m^3。

七、城市污水处理厂二级出水中水回用工程案例

1. 概述

(1) 水量及水质

中水回用处理站源水来自某市污水处理厂二级出水，处理能力为 6000t/d。采用二级处理，处理后的中水绝大部分用于合成氨厂循环冷却水补水（5000t/d），其他用于化工生产和绿化（1000t/d）。污水处理厂二级出水，即中水处理站的进水水质指标见表 4-19。

表 4-19 水质指标

分析项目	污水厂二级出水	一级出水	二级出水
pH	6.5～8.5	6.5～8.5	6.5～8
浊度/度	50	5	5
总固体/(mg/L)	1200	1000	150
总硬度(以 $CaCO_3$ 计)/(mg/L)	500		
总碱度(以 $CaCO_3$ 计)/(mg/L)	500		
氯离子/(mg/L)	300		
COD_{Cr}/(mg/L)	120		
BOD_5/(mg/L)	40		
氨氮/(mg/L)	30		
总磷/(mg/L)	3		
石油类/(mg/L)	10		
总铁/(mg/L)	2		
悬浮物/(mg/L)	50		
异氧菌总数/(mg/L)	5×10^5		

注：一级出水用于生产和绿化，二级出水用于循环冷却水补水。

(2) 工艺流程

鉴于上述水质特点，其主要处理对象是总碱度、总固体物、氯离子及 COD 等，其处理工艺流程如图 4-13 所示。

一级处理工艺采用 CASS 工艺方式，在预反应区内，有一个高负荷生物吸附过程，随后在主反应区经历一个低负荷的基质降解过程。CASS 工艺集反应、沉淀、排水为一体，微生物处于好氧-缺氧-厌氧周期性变化之中，有较好的脱氮、除磷功能。考虑到污水有机物含量低，在池中投加弹性填料给微生物提供栖身之地。

循环冷却水系统的水质要求较高，源水经一级处理后，其水质与循环冷却水补水水质要求相差较大，特别是 Cl^- 含量较高，Cl^- 的去除在工业化中一般不能采用化学沉淀方法和转换气态等办法，只能采用膜法处理。为此，二级处理工艺选用了 RO 反渗透装置，该工艺采用膜法脱盐，选用进口复合膜，该膜既具备了复合膜的低压、高通量、高脱盐率等优点，同时又克服了传统的复合膜表面带负电。因此，该膜又具备了耐污染性的特殊优点。

2. 主要处理构筑物及工艺设备

(1) 主要处理构筑物

① CASS 生化反应池，尺寸为 21m × 10m × 6m，钢混结构，有效容积

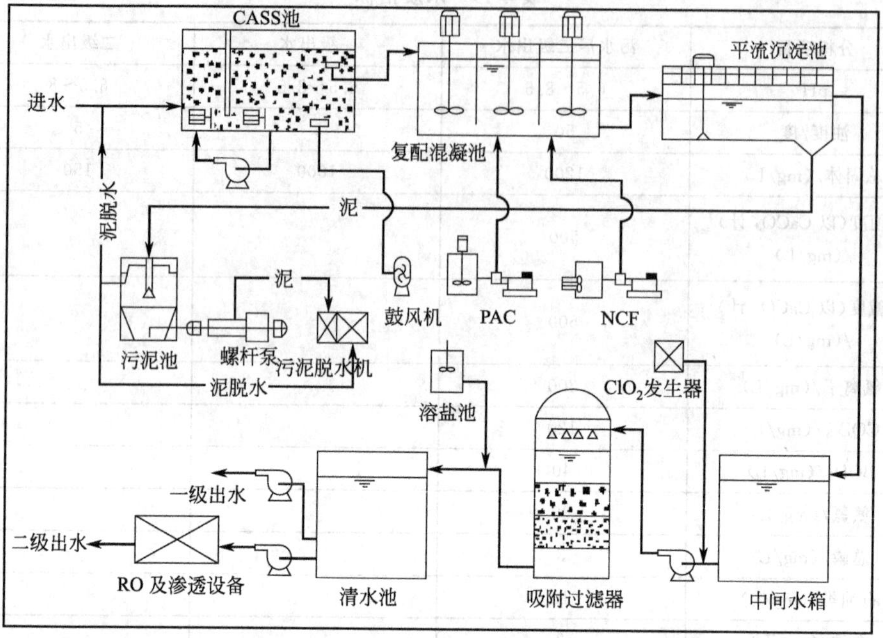

图 4-13 中水回用工艺流程

1200m³，有效水深约 5.5m，停留时间 4.8h。

② 复配混凝池，尺寸为 6m×2.5m×4m，钢混结构，内做防腐，有效容积 104m³，分为 3 格，停留时间 10min。

③ 平流沉淀池，尺寸为 24m×7m×4m，钢混结构，有效容积 500m³，停留时间 2h。

④ 溶盐池，钢混结构，12m×5.5m×2.5m，总有效容积 160m³。

⑤ 污泥池，钢混结构，4m×4m×3.5m，有效容积 48m³。该池设在污泥脱水机房。

⑥ 污泥脱水机房，砖混结构，面积 200m²。

⑦ 清水提升泵房，砖混结构，面积 260m²。

⑧ 综合厂房，砖混结构，包括二氧化氯发生器、加药系统、鼓风机、污水提升泵、吸附罐的再生系统及值班控制室。

⑨ 吸附过滤厂房，砖混结构，面积为 280m²，尺寸为 20m×14m×8m，内装 5 台 ϕ3600 吸附过滤器。

⑩ 反渗透厂房，砖混结构，24m×5m×3.5m，内设反渗透本体、保安过滤器、10m³ 容积的吸水箱、高压泵、酸液罐及其酸洗泵等设备。

(2) 主要工艺设备

① 潜水混合液回流泵，3 台，高峰时同时用。$Q=100\sim150m^3/h$，$H=10m$，$N=5.5kW$。

② 潜水搅拌机，2 台，每台 7.5kW，设在 CASS 池内。

③ 微孔曝气器（自闭式），约 400 个。安装在 CASS 池内。

材质：内壳 ABS，外为特种橡胶。

④ 刮、吸泥机，2 套，宽 7m，功率为 3kW/台。安装在平流沉淀池。

⑤ 离心鼓风机，1 台工作，主要用于 CASS 池的曝气系统。

$Q=16\sim20m^3/min$，$H=6m$，$N=55kW$。

⑥ 中间加压水泵，2 用 1 备。该泵主要作用是将二沉池的出水提升后送入吸附过滤罐，以使该设备在大于或等于 $2.5kg/cm^2$ 的压力下运行。$Q=100\sim150m^3/h$，$H=35m$。

⑦ 加药设备，PAC 溶药及加药系统 2 套，2.5kW（包括计量泵）交替使用。NCF 溶液槽及加药系统 2 套，2.5kW（包括计量泵）交替使用。

⑧ 吸附过滤，采用压力过滤器，设计滤速 6～8m/h，共设 5 台，4 用 1 备，$\phi3600\times6000$。

⑨ 反渗透系统，总运行功率 180kW，总装机功率 250kW，产水量 $4500m^3/d$，产水率 75%。

⑩ 灭菌设备，灭菌设备采用化学法的二氧化氯发生器。ClO_2 投加量为 $10g/m^3$，水 6.25kg/h。选用 BD-3000 二氧化氯发生器 2 套，每套电功率 1.5kW，包括温控、投加系统及发生器。

第九节 城市水源泵站与引水工程项目举例

一、黄浦江上游引水工程

该工程是上海市改善自来水工程的特大型市政工程，使原在黄浦江中、下游取水的自来水厂改从黄浦江上游取水。工程分两期，由上海市自来水公司建设、上海市政工程设计研究院设计，二期工程因利用世界银行贷款，由德国 M.M 公司等国外咨询公司参与咨询，上海市基础工程公司等单位参加工程施工，建成后由上海市原水股份有限公司运行管理。

黄浦江水量充沛，河宽水深，1958 年前水质尚好，1963 年后随上海工业和城市的发展，大量未经处理的废水直接排入黄浦江或其支流，水质逐年下降，当时上海城市自来水的水源 98%取自黄浦江的中下游。1981 年上海市科委组织上海市水利局、自来水公司等单位对自来水水源上移进行了可行性研究。通过较多项目的水质、水文同步检测以及潮汐河流回荡规律的研究，确定取水点上移至松浦大桥附近，引水量 $430\times10^4m^3/d$。经市政府批准后由上海市政工程设计研究院承担工程实施可行性研究，经专家反复论证，1984 年由国家计委批复同意。1985 年 12 月工程全面开工，1987 年 7 月一期工程正式通水，取水点上移至黄浦江中游，引水量

$230\times10^4m^3/d$，受益人口约400万。1988年底引水工程一期工程全部竣工，1992年1月通过国家验收，决算4.47亿元。1990年通过了黄浦江上游引水续建工程实施方案评估，并根据上海市发展的实际情况，将引水规模扩大至$540\times10^4m^3/d$。1991年列为世界银行贷款准备项目。1993年6月通过了世行正式评估。通过国际招标，选定了施工承包商，1994年7月正式破土动工，1997年底建成部分通水，1998年6月完成满负荷$540\times10^4m^3/d$调试，工程估算26亿人民币，其中包括世行贷款1.1亿美元。见图4-14。

一期工程特点如下：

图 4-14　严桥泵站

① 泵房设计　水泵选用1800HLWB-12型混凝土蜗壳混流泵，临江泵站、严桥泵站各6台，其中各3台采用串级调速，水泵流量范围6.5～$9.5m^3/s$，扬程范围10.0～18.0m，工况点效率87%，电机功率1600kW。泵房的布置由进水室、滤网室、前池和机泵间组成，地下部分外包尺寸49.4m×53.5 m，上部建筑尺寸62.5m×19.6 m，泵房内设30 T/5 T桥式吊车用于起吊各种设备，通风采用自然通风，电机出风同管道连接风机抽出室外。水泵出水管采用钢制虹吸管，上升管管内流速2.1～1.6m/s，下降段断面由1.8m×3.0m放大至3.0m×3.0m，出口流速0.9m/s，每座泵站6根虹吸管各进入一座调压池，容积约$20000m^3$，池内设溢流堰，溢流管接入前池，虹吸管顶各安装2台DN300真空破坏阀，此外还设有破坏虹吸的事故进气口。

② 输水渠道　输水干渠采用现浇低压钢筋混凝土箱涵，各为三孔3.0m×2.5m和三孔2.8m×2.5m，最高工作压力按135kPa设计，为节约钢筋量，沿线水力坡降承压按135kPa、110kPa、90kPa分段设计。渠道透气井设置结合穿越河道考虑，穿越河道采用倒虹渠，每座倒虹渠设1.2m×1.2m检查井。

③ 过江管　进厂管2处穿越黄浦江，杨浦水厂采用DN3000钢管分两次顶进水厂，南市水厂同样采用DN3000钢管顶进厂，一次顶进1120m，创造了当时钢管定向一次顶进的世界最长纪录。

二期工程是在一期工程运行了7～8年以后实施的，通过经验总结和近年来技术经济的发展，二期工程特点如下。

① 大桥泵站取水泵房采用两座大尺寸的沉井49.0m×37.4m，净空11.85m，沉井总高14.85m，两井水平距离10 m。

② 大桥泵房采用了高效的可抽芯立式斜流泵，水泵效率高达90%以上，引进德国技术上海制造，水泵采用陶瓷轴承，不同轴承润滑水，耐腐损，取水泵房各12台水泵都设有叶轮前预调节装置，使水泵调节更方便，也为泵房的优化高效运

行创造了条件。主泵电机采用风冷，防护等级为 IP54。这样的水泵电机配套可大大延长水泵的维修周期。每台水泵都设置了电磁流量仪和水泵监测系统，为主泵安排维修保养提供了科学依据。

黄浦江的漂浮物一直围绕着上海水厂的取水口，大桥泵站分段拦截，江心取水设置 20cm 宽格栅，前池设 5cm 宽粗格栅，吸水井设 4mm×4mm 的旋转滤网，彻底解决了漂浮物问题。调节池设置了可靠的电磁真空破坏阀，出水虹吸管顶部设置 3 只只抽气不抽水的抽真空阀，配以 2 套全自动运行的真空系统，杜绝了虹吸管顶部积气，提高了系统效率，调压池还设置了曝气系统，在原水溶解氧降至 1.5mg/L 以下时，鼓气充氧使原水溶解氧不低于 5mg/L。输水主渠道仍采用低压钢筋混凝土渠道，并分成 2 个可独立运行的系统，可采用闸门切换，50%独立检修，二期渠道加强了沉降缝的处理，设置了企口，底板两侧还设置了限位突口，提高了抗震能力，过河倒虹渠也加强了基础处理。

长桥进厂支线采用 DN3500 钢管，其中穿越住房密集的长桥新村、淀浦河及化轻仓库，采用了长距离钢管顶管，管径 DN3500，一次顶进 1.8km，又一次创造了钢管顶管一次顶进长度的新纪录。越江工程，二期工程越江是 1 条直径 4m 的复合管，在国内给水管中也不多见，采用盾沟施工，外径 5m，内径 4.4m，在盾沟内衬 8mm 厚钢板，夹衬压密灌浆，管内壁喷涂水泥砂浆，过江管内径约 4.20m。长桥提升泵站，设在长桥水厂南端，利用进厂顶管工作井，设置 8 台大型飞力潜水泵，每台流量 $3.75m^3/s$，扬程 10m 左右，提升能力 $160\times10^4m^3/d$，大大节省了土建造价，节省了大量土地。

临江调节池是一、二期工程承上启下的构筑物，因取水规模的扩大，原布置紧凑的临江泵站，再设置 $60\times10^4m^3/d$ 的泵房有一定困难，最后将临江过江的出口、调节池和增压泵房组合在一起，经河海大学将这座多用途构筑物各种工况运行组合验证，并做了相应调整，使该池布置更合理，功能更完善。大桥泵站和长桥泵站，都采用 PLC 控制，自动化程度高，所有设备监测到位，并与全市供水系统联网。

二、大连市引碧入连水源泵站引水工程举例

1. 概述

引碧入连供水工程，由中国市政工程华北设计研究院设计，大连市引碧入连供水南段工程指挥部负责建设，大连第四建筑工程公司等单位施工，工程投资 1.4 亿元，资金来源于亚行贷款和市政府自筹。此项工程获全国城乡建设给水排水工程优秀设计二等奖。

2. 工艺设计

工程设计规模为 $20\times10^4m^3/d$。

工艺设计方面，该工程原水为碧流河水库来水，常年浊度较低，平均浊度为

10 NTU 左右。工程采用常规处理工艺和低温低浊处理措施，自动加药投氯。

3. 处理工艺

处理工艺流程为：原水经管式静态混合器、折板反应池、平流沉淀池、清水池、压力吸水井和送水泵房至配水管网。其中工艺所采用的泵、阀、加氯和加药等主要设备为国外设备。

工艺结构、建筑设计方面，主要结构形式是池体钢筋混凝土，建筑物框架、排架及砖混结构，天然岩石地基超控部分填石，投产 3 年来使用性能良好。

二期建筑布局与一期工程和整体环境协调，被誉为花园式水厂。

4. 设计特点

电气、自动化设计方面，变配电系统为 10kV 和 0.4kV 系统。送水泵采用 10kV、1000kW 直配电动机。10kV 高压开关柜采用金属铠装车式中置开关柜；低压开关柜采用抽屉式开关柜。

自动控制系统，由工业 PLC 为核心的分布式计算机监控网络构成，实现全厂工艺流程的自动检测及自动化控制，检测仪表和主要设备多为国外产品。

该水厂投产后即达到设计规模，出水水质达到设计要求（1 NTU 以下），且运转管理方便，为大连投资少、成本低、供水可靠性好的净水厂之一。

三、上海通用(沈阳)北盛汽车有限公司污水处理站

1. 概述

作为世界第一大汽车制造商，通用汽车在沈阳建设年产 6 万辆的 Buick GL8 商务车生产线。该项目被评为国家环境保护百佳工程。

2. 工艺设计

工程设计为年产 6 万辆的 Buick GL8 商务车生产线的污水处理服务。

3. 通用标准

使用大量的国际先进处理装置，并通过了通用汽车全球标准的严格审查。

4. 处理工艺

主体工艺：均化、pH 调节、斜板沉淀、活性污泥法、砂滤池、消毒。

废水种类：磷化/喷漆废水。

处理工艺：CS/AS/ADV。

处理能力：970m^3/d。

5. 工程特点

上海通用（沈阳）北盛汽车有限公司生产 BuickGL8 陆上公务舱系列，年产量为 6 万辆。建工金源联合德国 Philipp Holzman 公司，通过激烈的国际投标，以总承包方式设计建设了其污水处理厂。污水处理厂中使用了大量国际

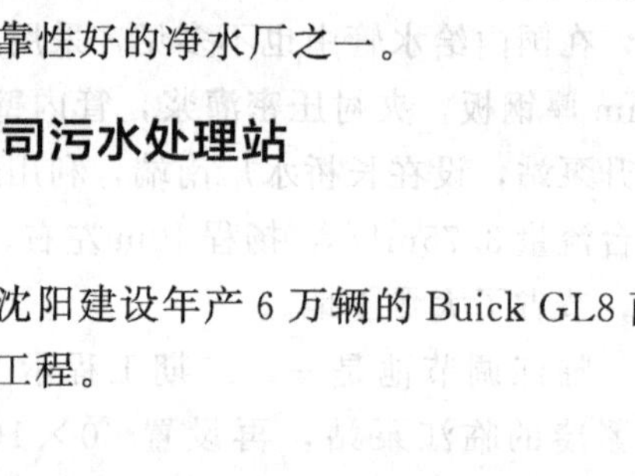

图 4-15　Buick GL8 污水处理车间

先进的处理装置，并且通过了通用汽车全球标准的严格审查。见图 4-15。

四、邯钢脱盐水站脱盐水处理项目举例

1. 概述

邯钢是河北特大型国有企业，多年来，该企业一直致力于节能减排和环境治理工作，仅在节约水耗方面就投入 1.9 亿元实施节水改造工程；邯郸钢铁集团有限责任公司重点节能减排“脱盐水站项目”，被列入国家发改委“资源节约和环境保护节能”奖励项目，并获得奖励资金 290 万元。该项目实施三年来，每年都减少提取新水 590 万吨、降低成本 885 万元。

2. 工艺设计

工程设计：先后建成了日处理污水 17.2 万立方米的两座大型污水处理厂，建成了 8 个先进的软水站。

企业所有工业污水经过污水处理厂处理后，直接回收或经软水站转化成软水，实现闭路循环再利用，水循环率达到 97.13%，吨钢耗新水降至 3.81t，在全国钢铁行业处于领先水平。

3. 采用超滤膜、反渗透膜工艺

邯钢还进行了脱盐水站项目建设，采用国内、国际领先的超滤膜、反渗透膜工艺替代传统离子交换工艺，制备软水及脱盐水。该水处理工艺具有运行“连续、稳定、可靠”优点，设计产量为 1300t/h。此外，项目中还采用了利用冶金污水制备纯水等邯钢具有自主知识产权并已申报国家专利的水处理技术。

4. 经济和社会效益

该项目建成后，邯钢生产过程中产生的工业污水通过脱盐水处理工艺的改进，将进一步降低新水消耗量，可以实现用中水代替提取新水的目标；据测算，年可减少提取新水 590 万吨，对于缓解邯郸市水资源紧缺的现状将起到一定作用，预计年降低新水提取成本 885 万元，具有良好的经济和社会效益。见图 4-16 和图 4-17。

图 4-16　水处理泵房

图 4-17　EDI 除盐装置

参考文献

[1] 城镇污水处理厂污染物排放标准（GB 18918—2002）
[2] 城市污水处理厂污水污泥排放标准（CJ 3025—93）
[3] 城市污水回用设计规范（CECS 61—94）
[4] 张淑谦．废弃物再循环利用技术与实例．北京：化学工业出版社，2011.
[5] 李家珍．染料、染色工业废水处理．北京：化学工业出版社，1997.
[6] 钟和平，张淑谦，童忠东．水资源利用与技术．北京：化学工业出版社，2012.
[7] 方陵生编译．海水淡化之今昔．世界科学，2008（8）：15-18.
[8] 邵刚．膜法水处理技术及工程实例．北京：化学工业出版社，2002.
[9] 赵国华，童忠东．海水淡化工程技术与工艺．北京：化学工业出版社，2012.
[10] 袁志彬．城市小区中水回用现状．建设科技，2004（15）：52-53.
[11] 张伟．"蓝水假期"小区水环境规划思路．建设科技，2002，(7)：21-22.
[12] 王秀红，李中胜．小区生活污水处理与回用技术．科技成果纵横，2006，(03)：108-109.
[13] 徐建华，史雪霏，张道方．分散式小区污水回用分析研究．环境科学与管理，2005，(05)：29-32.
[14] 范洁．关于供水企业技术发展问题的探讨．21世纪中国城市水管理国际研讨会（UNDP技术援助项目CPR/96/302)，1999，9：5（105）-5（109).
[15] 王占生．中国饮用水的水质问题，钱易，郝吉明，陈吉宁，唐新华主编．环境科学与工程研究．北京：清华大学出版社，2001：32.
[16] 汪光焘主编．城市供水行业2000年技术进步发展规划．北京：建工出版社，1993.
[17] WHO："Guidelines for drinking－water quality" 2nd，Ed，Vo1．1 Recommendations Geneva 1993.
[18] American Water Works Association，Water Treatment Membrane Processes，New York：McGraw-Hill，1996.
[19] Gunder B. The Membrane-Coupled Activated Sludge Process in Municipal Wastewater Treatment，Technomic Publishing Co.，Lancaster，PA，2001.
[20] Stephenson T. S Judd B. Jefferson，K Brindle. Membrane Bioreactors for Wastewater Treatment，IWA Publishing，London，2000.
[21] United States Environmental Protection Agency，Guidelines for Water Reuse，EPA/625/R-92/004，1992.

第五章 膜过滤技术与水处理综合回收

第一节 概 述

1. 膜的定义

所谓膜系指具有组分分离功能的半透膜，理想半透膜应能实现部分组分的绝对透过与其余组分的绝对截留，而现实世界中的半透膜均为能够实现组分基本分离而非绝对分离的非理想半透膜。

按物态划分，物质分为固态、液态与气态，半透膜可以是固态膜、液态膜和气态膜。从组分分离的观点看，被分离物质可以是单相的也可以是混相的，组分分离可分为固固、固液、固气、气液、气气及液液分离六大类。膜法水处理领域用膜仅为固态膜，分离过程涉及固液、气液及液液分离三类，即悬浮物与水的固液分离，溶解气体与水的气液分离，溶解固体与水（或溶剂与溶质）的液液分离。

膜分离技术是多学科交叉的高新技术，膜材料与膜制备属于化工材料学科，膜分离过程属于化工传递学科，膜分离设备属于化工机械学科，膜分离的对象又涉及水化学、化学工程、采油工程、热力工程、环境工程、生物工程、医学工程、食品工程、饮品工程等诸多相关工程学科领域。按照物质选择透过膜的动力源划分，膜过程可分为两类：一类的动力源于被分离物质的内在能量，物质从高能位流向低能位；另一类的动力源于被分离物质之外的能量，物质从低能位流向高能位。膜过程按推动力性质也可划分为压力梯度、浓度梯度与电势梯度三类推动力。物质总是从高梯度值方向向低梯度值方向移动。

膜分离工艺与蒸馏、离子交换、离心、混凝-沉淀、硅藻土及陶瓷玻璃等其他过滤及分离工艺相比，具有常温环境、低工作压力、无相变、无滤料溶出、高效、节能、环保、单元化、占地面积小等一系列特点，从而具有显著的市场竞争优势。在国内地价快速上涨的形势下，膜工艺仅占地面积优势一项，就已大部分抵消掉其价格偏高的劣势。

2. 过滤膜的性能与用途

（1）过滤膜技术定义

膜的过滤是固液分离技术，它是以膜孔把水滤过，将水中杂质截留，而没有化学变化，处理简易的技术，但因膜孔非常细小，相应存在某些技术问题。也有用生物膜处理原水的方法，但它与过滤膜分离技术不同。用作膜分离的膜叫做 membrance，用作生物膜处理的膜叫做 film。

（2）过滤膜的种类和机理

过滤膜以截留原水颗粒的大小分类，膜孔从粗到细分为微滤膜（MF）、超滤膜（UF）、纳滤膜（NF）和反渗透膜（RO）。MF 膜孔径为 0.1～1μm，或为 1000 以上分子量，以去除胶体、高分子有机物为对象。UF 膜孔径为 0.05μm～1000 分子量，可以去除大分子有机物、胶体、悬浮固体等。NF 膜孔径为 100～1000 分子量，它去除的物质在 UF 与 RO 之间，以去除三卤甲烷、异味、色度、农药、可溶性有机物、Ca、Mg 等。RO 分离粒径为数十分子量，以去除食盐类和无机盐为对象。RO 渗透水的压力比其渗透压力要高 1～2 倍。除以上四种以外，还有离子交换膜和气体渗透膜。MF、UF、NF 和 RO 以压力驱动使固液分离。离子交换膜则以电力驱动使盐类分子分离，促成海水淡化等。气体渗透膜是最近研究出来通过气体的新型膜，能使乙醇浓缩和海水淡化。

（3）制膜材料

大体有纤维类、合成树脂类和陶瓷类三种。用作海水淡化的 RO 有除去产生 THM 的溴的膜和不能去除溴的膜，要根据用途而定。

（4）膜的型式

水体透过膜流速不大，因此为通过需要的水量，膜装置的单体面积要大，要在一个小的空间内装入很多根膜细管。另外，厚度 100μm 以下的薄膜因承受高压，还必须有耐压能力，为此应设法制造各种耐强压的膜。一般膜的型式有板框式、螺旋式、桥式、管式及中空纤维式五种。板框式的膜应使用多孔质的材料，螺旋式和桥式的膜与板框式的相同。螺旋式的为卷状，桥式的为在折叠成小的体积中塞入大面积的膜。管式膜也需有多孔质的材料，原水从管的内侧通过，渗透水流出管外的为内压式膜，这种使用得很普遍，也有外压管式的。中空系统外径为几百微米，系统内包有多数纤维细管，因为纤维管细小，没有必要特别用强度高的纤维管，膜本身就足以抵抗给予的压力，中空纤维系统有原水从中空系统内侧通过的内压式及从外部加压的外压式两种。

（5）膜的使用

使用过滤膜装置不需絮凝化学处理，也不需蒸发分离作用，只需要压力使水中固液分离，这是过滤膜处理的一大特点。过滤方式有两种：

① 流动液体全部垂直地透过膜孔，将液体内杂质截留的全量过滤方式；

② 流动液体的流动方向与膜面平行，形成液体与膜面成直角的透过膜孔，将液体内杂质截留的横流过滤方式。

全量过滤方式适用于微滤和一部分超滤。横流过滤方式，由于液体在膜表面上流动，产生剪断力，减少在膜表面上因为杂质浓缩堆积的黏垢，适用于易于积垢的超滤、纳滤和反渗透过滤。

(6) 过滤膜冲洗

流体通过膜期间，其含有杂质堵塞膜孔，使流体通过膜孔困难。为了恢复滤水效率，可采用以下方法：

① 反冲洗　与过滤相反方向通过清水，使抑留于膜孔杂质冲走，也有通过空气冲洗法替代的。

② 海绵球冲洗　只单独用于内压式管形膜，它是将海绵球通过管膜内部，使海绵球与管膜内壁摩擦，把抑留物冲走的方法。

③ 空气泡冲洗　它是用空气泡搅拌力将附着于膜壁的抑留物去除的方法。用空气泡搅动软质合成树脂中空系统的膜内壁，收到冲洗效果。

④ 药剂冲洗　膜经过长期使用，杂质进入膜孔之中，用一般冲洗方法不能解决，需使用化学药剂清洗。化学药剂有盐酸、次亚氯酸钠、柠檬酸及过氧化氢等。

(7) 过滤膜的用途

过滤膜除用作水处理以外，还可用于超纯水制造和海水淡化，一般采用反渗透膜（纳滤膜）。另外用于粪尿处理、城市中水处理、各种废水处理等，一般采用超滤膜和微滤膜。

在工业上可用于乳制品制造、半导体制造、食品制造、纸张制造及药品制造等，一般采用超滤膜和微滤膜。

3. 膜法与改造传统工艺、实现清洁生产

与国外工艺相比，我国许多传统产业是耗水大户，也是污水排放大户。用高新技术改造传统工艺，降低能耗和水耗，实现清洁生产势在必行。用全氟磺酸羧酸离子膜电解取代传统的汞阴极法和石棉隔膜法从 NaCl 水溶液制备 NaOH 和氯气，该工艺电流效率高，能耗低，转化率高，原料省，纯度高，无污染及投资少。用 RO、电渗析（ED）和电除离子技术（EDI）代替离子交换，可大大减少甚至消除废酸、碱的排放，并节约大量洗涤、再生用水。以超滤和纳滤技术替代或部分替代传统的沉降和离心工艺，进行蛋白、酶、染料、多糖和医药中间体等的纯化浓缩，以及果汁、茶汁的澄清和浓缩等。以渗透汽化（PV）替代或部分替代传统的蒸馏，进行脱水和除去少量挥发组分……都有显著的节水、降耗效果。这些技术的推广，必将在改造传统工艺和节水减污中发挥更重大的作用。

4. 膜法对污水、废水深度处理回用与资源化

近年来，我国每年排放污水量约 400 亿～500 亿立方米，经处理后排放的仅为 15％～25％左右，由于污水到处横流，使我国各大水系都产生不同程度的污染，水环境严重恶化，所以，加强污水治理，使之不仅达标排放，而且可大量回用，非常必要，这对消除污染，改善水环境，缓解水资源的不足，节约宝贵的水资源，以及促进环保产业的发展等都是十分重要的；同时污水回用的经济和社会效益，又反过来促进和带动污水再用的进一步发展，这样既实现了污水的资源化，又推动了清洁生产。

城市污水主要由生活污水和工业废水组成，大体各占一半。现主要用集中的生物法（常规活性污泥法、A-B法、A_2-O、水解-氧化、SBR、氧化沟等）处理，使之达标排放。为了实施污水资源化和清洁生产，除做好集中处理排放污水的回用外，一些点污染源的污水治理与回用也相当重要，点污染源治理既可减轻集中处理的负担，又可保证集中处理的水质，有时还可实现清洁生产。用传统工艺与膜技术集成，可将污水或废水变为不同水质标准的再用水，或使之循环回用，这样既缓解了供求矛盾，又减少了污染，还促进了环保产业的发展。目前污水回用已有做工业冷却水、灌溉用水和市政用水的大量实践，经济效益、社会效益和环境效益显著。

浸没式膜生物反应器对生活、食品和医药工业污水的处理，使之回用；超滤实现了涂装行业（特别是汽车工业和铝加工业）电泳漆和淋洗水的回收；用超滤处理纺织业和印染业中的退浆废液和印染废水，使之分别返回上浆系统和印染系统再用，效果显著，是较理想的处理技术；反渗透和纳滤使电镀废水（镀镍、镀铬、镀镉、镀金等）实现漂洗水中贵重电镀药剂的回用以及漂洗水回用，基本可实现零排放的闭路循环；渗析回收冶金、化工、采矿等行业的废酸、碱使之再用，极大地减少了污染；用超滤处理含油污水，如油田回注水、原油污水、乳化油废水和合纤油剂废水等，也是值得大力推广的工艺。

污水综合深度处理方面，污水处理用膜技术可除去悬浮微粒、病原菌，各种有机、无机物等，反渗透二级污水综合深度处理，所得的不同等级的再生水可分别用于杂用水（消防、洗车、路面洒水等）、灌溉用水、建筑用水、工业冷却水、地下水回注，以至于锅炉用水。这些在技术上和经济上都是可行的，经济、环境效益显著。地下水回注，既阻挡了海水入侵，又补充了地下水源，改进流域水质，城市污水回用对缓解城市供水不足、节省珍贵的水资源、减轻水污染和改善水环境的作用是非常显著的，大量的实践证明了污水回用的可行性和经济性，随着人们环境意识的增强和生活水平的提高，对污水回用要求也会越来越高，由于膜技术的特点，技术的不断进步以及处理成本的不断下降，今后膜技术在污水回用领域大有用武之地，将发挥更大的作用。

膜分离技术在水处理中的主要方向为饮用水的制取、工业用水中物质的回收与水资源再利用、工业废水的治理等。

膜分离技术目前存在的问题主要是膜污染以及膜材料价格偏高，使用寿命相对较短。这在一定程度上限制了该技术的大规模应用。随着膜分离技术的发展，各种新型膜材料的问世，这些问题都将得到解决，膜分离技术在水处理领域将会发挥越来越大的作用。

第二节 膜过滤技术

一、概述

以压力为推动力的膜分离技术又称为膜过滤技术，它是深度水处理的一种高级手段，根据膜选择性的不同，可分为微滤（MF）、超滤（UF）、纳滤（NF）和反渗透（RO）等。

膜分离的基本工艺原理较为简单。在过滤过程中料液通过泵的加压，料液以一定流速沿着滤膜的表面流过，大于膜截留分子量的物质分子不透过膜流回料罐，小于膜截留分子量的物质或分子透过膜，形成透析液。故膜系统都有两个出口，一是回流液（浓缩液）出口，另一是透析液出口。在单位时间（h）单位膜面积（m^2）透析液流出的量（L）称为膜通量（LMH），即过滤速度。影响膜通量的因素有：温度、压力、固含量（TDS）、离子浓度、黏度等。

二、膜法与水处理再利用

（1）海水和苦咸水淡化

20 世纪 50 年代提出反渗透（RO）研发的目的是为了海水淡化，现在反渗透已成为海水和苦咸水淡化制取饮用水最经济的手段，世界上反渗透淡化的水日产量达 1 千万吨，是中东、沙漠地区、滨海和岛屿地区社会和经济发展的生命线。我国部分海岛、舰船、滨海电厂、众多苦咸水地区包括西部地区，也用淡化水解决饮用水和工业的急需，可以预期，不久的将来，北方滨海城市会将海水淡化作为应急用水和补充用水。

近几年来，在国际海水淡化招标中，SWRO 以投资最低、能耗最省、成本最低、建造周期短等优势而屡屡中标，是从海水制取饮用水最经济的方法，一般电耗 4～5 kW·h/m^3淡水。就是用二级 RO 生产含盐量小于 20mg/L 的水，与离子交换结合生产纯水，其经济性也可与其他方法竞争。SWRO 之所以能如此成功，与其在膜、组器、设备和工艺等方面的创新性开拓是分不开的。

在反渗透膜的发展方面，不对称膜和复合膜是创新的两个范例；反渗透膜组器技术的创新，使膜的性能得以充分发挥，这里主要是中空纤维反渗透器和卷式反渗透元件；与此同时，膜脱盐用的关键设备，如高压泵和能量回收装置也得到快速的发展，特别是第三代能量回收产品——压力交换器，它直接将压力由浓海水传给新进的海水，效率大于 90%，这样反渗透海水淡化的本体耗电降到 3kW·h/m^3 以下；随着反渗透膜和组器技术的进步，SWRO 工艺也不断发展，除 20 世纪 80 年代一级海水淡化工艺外，近年来又提出两项新工艺——高压一级海水淡化工艺和高效两段法工艺，进一步提高回收率达 60%，这样海水预处理省了，试剂用量少了，能耗更低了。

（2）饮用水净化

环境的污染影响到饮用水的质量，饮用水的质量直接影响人们的健康，而人们生活水平的提高，对饮用水水质要求越来越高，世界各国都在不断改进饮用水的制备技术，如日本的 MAC-21 和新 MAC-21 计划对微滤（MF）、超滤（UF）和纳滤（NF）在除菌、去浊、去大分子胶体、TXM、农药、异味及部分 SO_4^{2-}、NO_3^-、

F^-、As等方面的作用进行了深入研发和肯定；反渗透几乎可除去各种杂质……家用MF、UF、NF和RO净水器以及瓶装、桶装纯净水和矿泉水等在国内已很普遍。另外，电渗析可脱盐和除氟，电化膜过程可对水消毒及可产生酸性水和碱性水，膜接触器（MC）可去除水中挥发性有害物质。随着城市化进程的加快，膜技术作为饮用水的预处理和深度处理，其作用也越来越显著，将成为21世纪饮用水净化的优选技术之一。

（3）地下水补救

北方地区甚至苏、浙地区的主要城市地下水超采十分严重，造成地下水位下降、呈漏斗形分布，地壳下降、地面塌陷，海水入侵和地下水污染等，仅靠天然降水难以弥补其欠缺，除控制开采量外，将污水或废水进行高级处理后回灌是一良策，美国加州等地的实践表明，这一措施十分有效。我国也应尽早考虑这一问题。

三、膜法与水处理技术

1. MBR水处理技术

膜生物反应器（membrane bioreactor，MBR）是一种新型的污水处理技术，是传统的污水生物活性污泥法处理技术与膜分离技术相结合的先进的生化处理技术。

LY-MBR系统是将中空纤维膜元件直接放入曝气池中进行生物处理和泥水分离，利用膜的选择透过性实现曝气池中的生物富集，大幅度提高曝气池中的活性污泥量，从而提高生物处理效率，同时生物处理后的污水经膜分离后得到洁净的回用水。MBR技术是污水处理及污水资源化的一项新的重要技术。

2. 化学水处理技术

一般国内化学水处理技术主要用于锅炉、热电站、化工、轻工、纺织、医药、生物、电子、原子能等工业需进行硬水软化、去离子水制备的场合，还可用于食品、药物的脱色提纯，贵重金属、化工原料的回收，电镀废水的处理等，又称为补给水处理系统或离子交换系统。一般国内公司离子交换器设有阴阳床、混合床、再生床三个品种，以达到污水综合处理和再利用目的，提高水资源利用率。

3. 污水处理技术

一般，国内根据各行业不同的水质要求，合理进行工艺组合，积极研究和开发适合我国国情的有自主知识产权的环保高新技术及装备体系，形成了颇具特色的业务领域，国内公司根据各行业特点已获得轴流自充氧活性污泥曝气机、轻质陶骨架滤料、翻腾式高效絮凝沉淀池、水处理设备——V形斜板、多元自动加药控制系统等多项国家专利，并成功开发多项实际工程应用技术，在环保产品和污水处理工程方面有丰富的经验，在项目实施过程中真正做到了节能降耗。污水处理项目涉及市政污水处理及中水回用、化工、冶金、石油化工、电镀、医院、印染、造纸工业废水处理等领域，完善和确立了各行业的典型达标工艺。

处理系统技术优点如下：

① 混凝沉淀预处理，投资少，效果稳定，管理简便。

② 废水处理系统工艺流程简短，设备占地少，一次性投资少。

③ 安全系数高及抗冲击负荷能力强。

④ 自动化程度高。处理系统可实现 pH、ORP、液位、加酸、加碱、加药、排泥、滤池反冲洗等自动控制，可设置无人值守岗位。

⑤ 出水水质稳定、运行费用低。

4. 厌氧水处理技术

厌氧处理工艺在工业污水方面的应用已有 30 多年的历史。

近 20 年来，随着微生物学、生物化学等学科的发展和工程实践的积累，厌氧处理工艺克服了传统厌氧工艺水力停留时间长、有机负荷低等缺点，在处理高浓度有机废水方面取得了良好效果，并且在低浓度有机废水的水解酸化工艺上有了大量成功的实例。

厌氧过程一般可分为水解阶段、酸化阶段和甲烷化阶段。经研究并经工程实践证明，将厌氧过程控制在水解和酸化阶段，可以在短时间内和相对较高的负荷下获得较高的悬浮物去除率，并可将难降解的有机大分子分解为易降解的有机小分子，可大大改善和提高废水的可生化性和溶解性。

与传统厌氧工艺相比，水解酸化工艺不需要密闭池，也不需要复杂的三相分离器，出水无厌氧发酵的不良气味，因而也不会影响污水处理站厂区的环境，并且与好氧工艺相比，该工艺具有能耗低的优点。近年来，随着染料及染料助剂行业的快速发展，致使印染废水的可生化性越来越差，因此水解酸化工艺在印染废水处理工程上得到广泛的采用。

一般在印染废水的处理工程中普遍采用水解酸化工艺，针对不同的印染废水水质采用不同的水力停留时间和布水方式。

总结我们已有的工程实践，水解酸化效果取决于：第一，足够的污泥浓度；第二，良好的泥水混合；第三，污水足够的水力停留时间；第四，合适的污泥留存方式。在废水处理工程的运行过程中，在污泥浓度和水力停留时间一定的情况下，泥水混合和污泥留存决定着水解酸化处理效果的好坏。

一般水解酸化工艺可采用外加搅拌促使泥水混合的工艺措施，整个池内泥水也能形成良好的混合，但需要增加搅拌设备，出水需要增设沉淀池和厌氧污泥回流系统，以维持水解酸化池内的污泥浓度，但这样做会大大提高工程造价，工程占地面积也会有所增加。

水解酸化工艺中也有采用多点进水的工艺措施，但这样做往往造成布水均匀性和泥水混合不够，难以搅拌起来的厌氧污泥极易在池底部分区域形成污泥沉淀，从进水点到出水口出现水流短路现象。这样一来，水解酸化池的池容就得不到充分利用，实际水力停留时间大大小于理论水力停留时间，水解酸化工艺就难以取得良好的效果。

在水解酸化工艺中，一般采用升流式水解污泥床反应器，污水均匀布于整个池底部，废水在上升时穿透整个污泥层并进行泥水分离，上清液从集水槽出水进入后续好氧处理工序。布水均匀性和泥水混合采用脉冲布水器控制，进水首先进入脉冲布水器，储存3～5min的水量，然后自动形成虹吸脉冲，整个布水器内的水在10余秒内通过丰字形管道系统均匀布于池底，丰字形管道上布水孔的出孔流速大于2m/s，这样，池底部的泥水进行剧烈混合，充分反应。

经过水解酸化处理的废水pH值能从10降至8左右，部分印染废水（如活性红印染废水）色度的去除能达到70%～80%。良好的水解酸化处理工艺能大大提高污水的可生化性，进而提高后续好氧处理的去除率，是整个污水处理工程水质达标的重要措施。

四、制膜工艺流程

1. 膜分离工艺流程

膜分离操作基本工艺流程见图5-1。

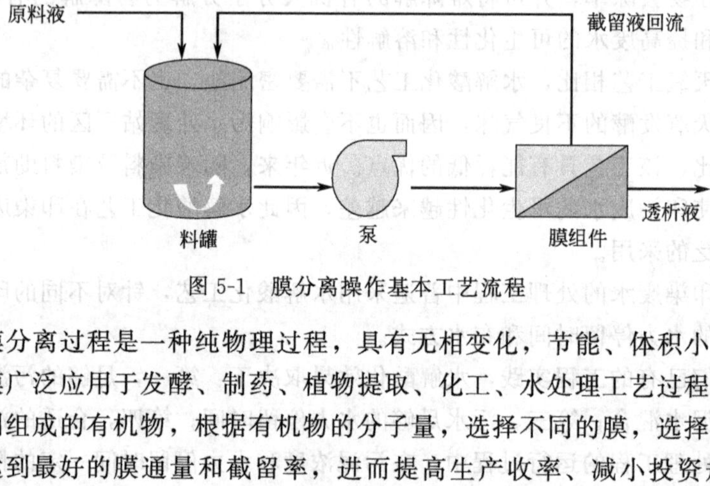

图5-1　膜分离操作基本工艺流程

由于膜分离过程是一种纯物理过程，具有无相变化，节能、体积小、可拆分等特点，使膜广泛应用于发酵、制药、植物提取、化工、水处理工艺过程及环保行业中。对不同组成的有机物，根据有机物的分子量，选择不同的膜，选择合适的膜工艺，从而达到最好的膜通量和截留率，进而提高生产收率、减小投资规模和运行成本。

2. 双膜工艺流程

双膜技术是将连续膜过滤（CUF/CMF）技术和反渗透（RO）技术结合在一起，以新型膜材料为主体，系统集成计算机程序、自动化、在线监测仪器仪表、加工制造等最新成果而形成的一项先进的水处理工艺。由于反渗透膜对进水水质要求很高（通常要求SDI≤5），否则极易被污染堵塞而降低甚至丧失其高精度的过滤功能，而连续膜过滤系统的产水水质完全可以满足反渗透系统对进水水质的要求。因此，在反渗透系统前设置连续膜过滤系统，可以有效地防止反渗透膜的污染和堵塞，极大地延长了反渗透膜的使用寿命。立源水业将连续膜过滤技术和反渗透技术有机结合在一起，采用最优化的设计，根据工程的实际需要，采用 RO 膜对水质进行脱盐处理，连续膜作为 RO 膜的预处理系统，出水可满足从高端用户到低端用户的广泛需要。

3. A_2O 工艺流程

1932 年开发的 Wuhrmann 工艺是最早的脱氮工艺（见图 5-2），流程遵循硝化、反硝化的顺序而设置。由于反硝化过程需要碳源，而这种后置反硝化工艺是以微生物的内源代谢物质作为碳源，能量释放速率很低，因而脱氮速率也很低。此外污水进入系统的第一级就进行好氧反应，能耗太高；如原污水的含氮量较高，会导致好氧池容积太大，致使实际上不能满足硝化作用的条件，尤其是温度在 15℃ 以下时更是如此；在缺氧段，由于微生物死亡释放出有机氮和氨，其中一些随水流出，从而减少了系统中总氮的去除。因此该工艺在工程上不实用，但它为以后除磷脱氮工艺的发展奠定了基础。

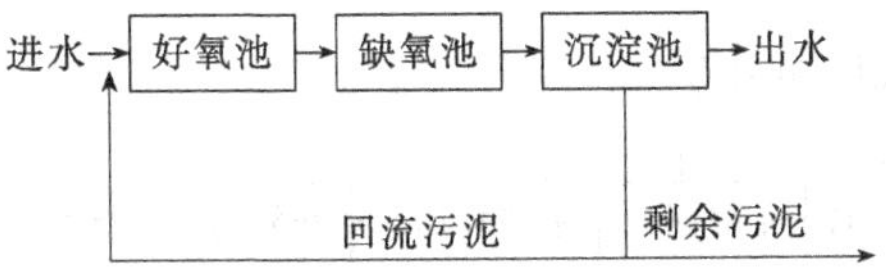

图 5-2　A_2O 脱氮工艺

1962 年，Ludzack 和 Ettinger 首次提出利用进水中可生物降解的物质作为脱氮能源的前置反硝化工艺，解决了碳源不足的问题。

1973 年，Barnard 在开发 Bardenpho 工艺时提出改良型 Ludzack-Ettinger 脱氮工艺，即广泛应用的 A-O 工艺（见图 5-3）。A-O 工艺中，回流液中的大量硝酸盐到缺氧池后，可以从原污水得到充足的有机物，使反硝化脱氮得以充分进行。A-O 工艺不能达到完全脱氮，因为好氧反应器总流量的一部分没有回流到缺氧反应器，而是直接随出水排放了。

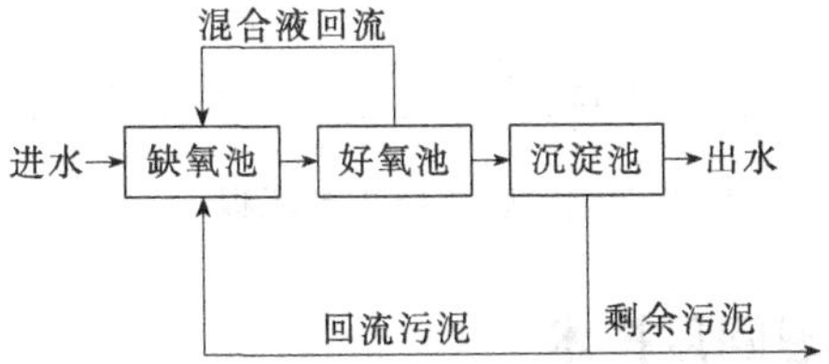

图 5-3　改良型脱氮工艺

为了克服 A-O 工艺不完全脱氮的不足，1973 年 Barnard 提出把此工艺与 Wuhrmann 工艺联合，并称之为 Bardenpho 工艺（见图 5-4）。

Barnard 认为，一级好氧反应器的低浓度硝酸盐排入二级缺氧反应器会被脱氮，而产生相对来说无硝酸盐的出水。为了除去二级缺氧器中产生的、附着于污泥絮体上的微细气泡和污泥停留期间释放出来的氨，在二级缺氧反应器和最终沉淀池

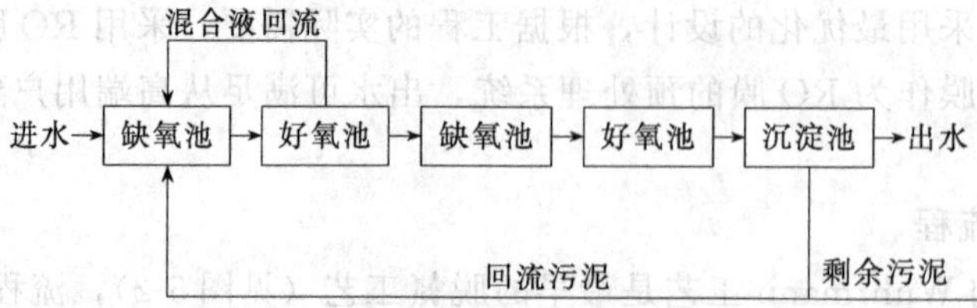

图 5-4 脱氮工艺流程

之间引入了快速好氧反应器。Bardenpho 工艺在概念上具有完全去除硝酸盐的潜力，但实际上是不可能的。

1976 年，Barnard 通过对 Bardenpho 工艺进行中试研究后提出：在 Bardenpho 工艺的初级缺氧反应器前加一厌氧反应器就能有效除磷（见图 5-5）。该工艺在南非称五阶段 Phoredox 工艺，或简称 Phoredox 工艺，在美国称之为改良型 Bardenpho 工艺。

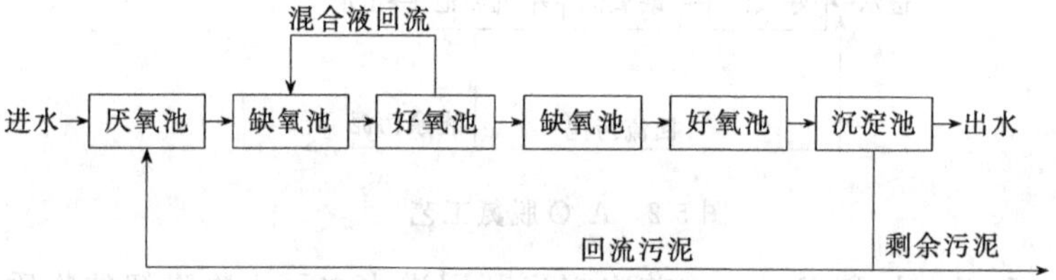

图 5-5 工艺流程

1980 年，Rabinowitz 和 Marais 对 Phoredox 工艺的研究中，选择三阶段的 Phoredox 工艺，即所谓的传统 A_2O 工艺（见图 5-6）。

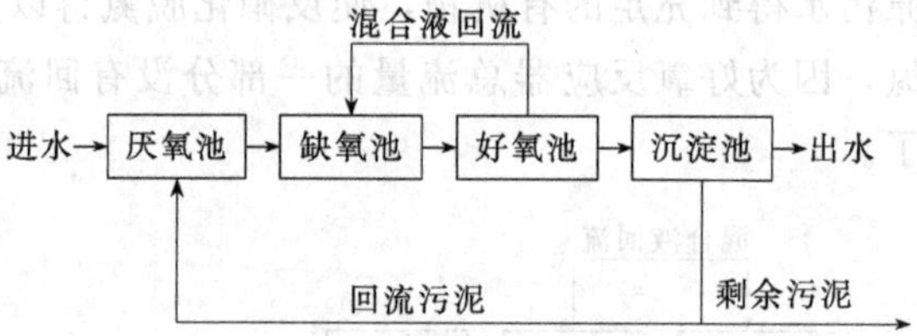

图 5-6 传统 A_2O 工艺流程

五、微污染废水处理回用技术

微污染废水处理回用技术是国内膜企业积累多年工程实践经验总结出的成熟工艺组合，废水经细机械格栅进入调节池，去除漂浮物和部分悬浮物，均匀水质、水量，调节池废水由泵提升进入 BCO 池，去除水中可生物降解有机物，BCO 池出水自流进入接触反应澄清池，在设备中央有一个大直径、低转速的絮凝搅拌器，将先期沉淀的污泥提升，并与进入的污水在中心导管内快速接触混合，混合后的污水向上进入锥形反应室，废水中的 SS 和 COD 通过污泥的絮凝作用形成更大的絮体，这部分絮体又参与循环，发挥污泥吸附、过滤作用，增加对细小悬浮物的去除效果，底部污泥浓缩后，固含率可以达到4%～5%，剩余污泥体积小。絮凝沉淀后出水进入消毒池消毒，之后经叠片过滤器过滤去除细小悬浮物，保证出水达到回用标准。

BCO工艺使用多种形式的填料，填料表面全为生物膜所布满，同时生长氧化能力较强的丝状菌，形成一个呈立体结构的密集生物网，能有效地提高净化效果。在运行方面，对冲击负荷有较强的适应能力，间歇运行仍能够保持良好的处理效果。日本政府建设省通告BCO技术定为首先推荐采用的微污染水处理工艺。

接触反应澄清池沉淀效果好，SS去除率高达80%～90%；污泥固含率高，无需浓缩；表面负荷比一般沉淀池大，体积小，土建费用低，运行费用低廉。

叠片过滤器具有自锁性深层过滤、过滤精度高、占地面积小、高效易清洁等优点，全自动反冲洗反冲再生完全，反冲时省水节能，是当今世界上技术最先进的过滤技术，应用于电厂生产及生活废水处理回用、微污染工业废水、地表水给水处理等。

第三节 中水与中水回用技术

水既是地球上一切生命赖以生存、人类生活和生产活动中不可缺少的重要物质，又是不可替代的重要自然资源。自20世纪60年代以来，世界上许多国家和地区相继出现“水资源危机”。据有关专家预测，21世纪前20～30年，水资源危机将位居世界各类资源危机之首。

近几年，随着工业迅速发展，城市人口逐渐增加，各种用水量亦随之增长。但是大自然赋予人类的这部分资源是有限的，而这有限的资源还在不断地受到人类肆意开采及污染。这就使得水资源供需矛盾愈来愈突出，愈来愈明显，要解决水资源短缺的主要办法有三种：节水、蓄水和调水。而节水是三者中最可行和最经济的。节水主要有两种手段：总量控制和再生利用。中水利用则是再生利用的主要形式，是缓解城市水资源紧缺的有效途径，是开源节流的重要措施，是解决水资源短缺的最有效途径，是缺水城市势在必行的重大决策。

一、中水的概念与中水系统的组成

1. 中水的概念

“中水”的概念源于日本，主要指生活和部分工业用水经一定工艺处理后，回用于对水质要求不高的农业灌溉、市政园林绿化、车辆冲洗、建筑内部冲厕、景观用水及工业冷却水等方面，由于其介于上水（自来水）和下水（污水）之间，故称为中水。

① 一种是将其处理到饮用水的标准而直接回用到日常生活中，即实现水资源

直接循环利用，这种处理方式适用于水资源极度缺乏的地区，但投资高，工艺复杂。

② 另一种是将其处理到非饮用水的标准，主要用于不与人体直接接触的用水，如便器的冲洗，地面、汽车清洗，绿化浇洒，消防，工业普通用水等，这是通常的中水处理方式。

在我国，关于中水的概念，建设部 1995 年发布的《城市中水设施暂行办法》第二条规定：中水是指部分生活优质杂排水经处理净化后，达到《生活杂用水水质标准》，可以在一定范围内重复利用的非饮用水。

北京、大连、深圳等地的《城市中水设施管理办法》关于中水的定义与建设部基本相近，仅将其中的“部分生活优质杂排水”表述为“生活污水”。山东省济南市于 2002 年 8 月发布的《济南市城市中水设施建设管理暂行办法》对中水的范围进行了进一步的拓展，将中水表述为城市污水和废水经净化处理后，达到国家《生活杂用水水质标准》或者工业用水水质标准，可在一定范围内重复使用的非饮用水。

由于我国目前面临缺水威胁的不仅仅是大中城市，许多城镇、村镇及农村也面临同样的问题，作为法律概念，其定义应该具有前瞻性和普适性。因此，中水的概念可以表述为：在生活、生产过程中所产生的污水和废水经净化处理后，达到国家《生活杂用水水质标准》或者工业用水水质标准，可在一定范围内重复使用的非饮用水。

2. 应用发展状况

由于“水危机”的困扰，许多国家和地区积极着手巩固和加强节水意识以及研究城市废水再生与回用工作。城市污水回用就是将城市居民生活及生产中使用过的水经过处理后回用。有两种不同程度的回用：一种是将污水处理到可饮用的程度，而另一种则是将污水处理到非饮用的程度。对于前一种，因其投资较高、工艺复杂，非特缺水地区一般不常采用。多数国家则是将污水处理到非饮用的程度。

中水开发与回用技术近期得到了迅速发展，在美国、日本、印度、英国等国家(尤以日本最为突出）得到了广泛的应用。这些国家均以本国度、区域的特点确定出适合其国情国力的中水回用技术，使中水回用技术越来越臻于完善。在我国，这一技术已受到各级政府及有关部门重视并对建筑中水回用做了大量理论研究和实践工作，在全国许多城市如深圳、北京、青岛、天津、太原等开展了中水工程的运行并取得了显著的效果。

3. 中水系统的组成

中水处理设施按照应用的规模，可分为建筑中水系统、小区中水系统和市政中水系统。

中水处理系统的水体来源于城市污水，它是生活污水、工业废水、被污染的雨水和排入城市排水系统的其他污染水形成的系统。

生活污水是人们在日常生活中使用过的，并为生活废料所污染的水。工业废水是在工矿企业生产活动中用过的水，工业废水可分为生产污水和生产废水两类。生产污水是指在生产过程中所形成，并被生产原料、半成品或成品等废料所污染，此类污染主要由市政中水系统进行处理。生产废水是指在生产过程中形成，但未直接参与生产工艺，未被生产原料、半成品或成品污染或只是温度稍有上升的水。被污染的雨水，主要是指初期雨水，由于冲刷了地表上的各种污染物，所以污染程度很高，必须由市政中水系统进行处理。

按水处理工艺流程分为前期预处理、主要处理和深度处理阶段。

① 前期预处理阶段　其主要任务是悬浮物截流、毛发截留、水质水量的调节、油水分离等，其设施有各种格栅、毛发过滤器、调节池、消化池。

② 主要处理阶段　在此阶段各系统的中间环节起承上启下的作用。其处理方法根据生活污水的水质来确定，有生物处理法和物理化学处理法，设施有生物处理设施和物理化学处理设施。

③ 深度处理阶段　主要是生物或物化处理后的深度处理，应使处理水达到回用所规定的各项指标。可利用深度过滤装置、电渗析、反渗透、超滤、混凝沉淀、吸附过滤、化学氧化和消毒等方法处理，以保证中水水质达标。

4. 中水回用系统分类

中水回用系统按其供应的范围大小和规模，一般有下面四大类：

(1) 排水设施完善地区的单位建筑中水回用系统

该系统中水水源取自本系统内杂用水和优质杂排水。该排水经集流处理后供建筑内冲洗便器、清洗车、绿化等。其处理设施根据条件可设于本建筑内部或临近外部。如北京新万寿宾馆中水处理设备设于地下室中。

(2) 排水设施不完善地区的单位建筑中水回用系统

城市排水体系不健全的地区，其水处理设施达不到二级处理标准，通过中水回用可以减轻污水对当地河流的再污染。该系统中水水源取自该建筑物的排水净化池（如沉淀池、化粪池、除油池等），该池内的水为总的生活污水。该系统处理设施根据条件可设于室内或室外。

(3) 小区域建筑群中水回用系统

该系统的中水水源取自建筑小区内各建筑物所产生的杂排水。这种系统可用于建筑住宅小区、学校以及机关团体大院。其处理设施放置在小区内。

(4) 区域性建筑群中水回用系统

本系统特点是小区域具有二级污水处理设施，区域中水水源可取城市污水处理厂处理后的水或利用工业废水，将这些水运至区域中水处理站，经进一步深度处理后供建筑内冲洗便器、绿化等。

二、中水利用范围与中水利用标准

1. 中水的利用范围

对于中水的利用范围，按照建设部《城市中水设施管理暂行办法》的规定，主要用于厕所冲洗、绿地、树木浇灌、道路清洁、车辆冲洗、基建施工、喷水池以及可以接受其水质标准的其他用水，《昆明市城市中水设施建设管理办法》以及《济南市城市中水设施建设管理暂行办法》等地方法规则增加了设备冷却用水和工业用水。从扩大水资源利用范围，减少浪费的角度出发，后者所规定的范围显然更为科学。

2. 中水利用与中水回用

对于中水利用，还有一个“中水回用”的概念。中水回用是指将小区居民生活废水（沐浴、盥洗、洗衣、厨房等）集中起来，经过适当处理达到一定的标准后，再回用于小区的绿化浇灌、车辆冲洗、道路冲洗以及家庭坐便器冲洗等方面，从而达到节约用水的目的。从其概念可以看出，中水回用只是中水利用的一个方面。

3. 中水水质标准与要求

中水水质必须要满足以下条件：

① 满足卫生要求。其指标主要有大肠菌群数、细菌总数、余氯量、BOD_5 等。

② 满足人们感观要求，即无不快的感觉。其衡量指标主要有浊度、色度、臭味等。

③ 满足设备构造方面的要求，即水质不易引起设备、管道的严重腐蚀和结垢。其衡量指标有 pH 值、硬度、蒸发残渣、溶解性物质等。

近年来，我国对中水研究越来越深入，为保证中水作为生活杂用水的安全可靠和合理利用，正式颁布了《城市污水再生利用　城市杂用水水质》标准 GB/T 18920—2002。

4. 回用水水质标准

经适当程度消毒后的二级出水（100～1000 个粪性大肠菌群/100mL）广泛适用于各种用途，包括限制接触性回用（如某些灌溉方式和非接触性景观用水）、环境修复和许多工业应用。有些形式的环境修复要求去除营养物质，提高消毒水平。

回用水用作工业冷却水时，需去除硬度、氨和溶解性固体。当用作给水补充之前要求有一系列的处理过程，要取决于原有供水对回用水的稀释程度和是否形成处理而定，例如回用水流经土壤后汇入原水源即可认为是形成处理工序。

目前，许多回用水工程正在运用膜处理技术生产回用水。其中一种为采用二级出水作为原水，经过微滤（预处理）、反渗透，有时加上紫外线消毒。微滤膜和超滤膜也可并入生物处理工艺，取代传统的二沉池。

三、中水利用的必要性

1. 水资源紧缺，形势严峻

我国目前 668 座城市中有 400 多座城市存在不同程度的缺水，其中 136 座城市严重缺水，日缺水量达 1600 万立方米，年缺水量 60 亿立方米，由于缺水，每年影响工业产值 2000 多亿元人民币。尤其是北方城市普遍缺水，水资源已成为这些城市可持续发展的限制性因素之一。

根据我国城市化的进程预计，到 21 世纪中叶，我国城市人口将由目前不足 4 亿增加到 9 亿左右，城市数量将增加到 1000 个以上，城市水资源的供需问题将会在目前的尖锐态势下变得更加尖锐。

2. 水资源污染严重

我国的水源污染长久以来得不到有效控制，据全国 7 大水系和内陆河流 110 多个重点河段统计，符合《地面水环境质量标准》Ⅰ、Ⅱ类的占 32%，Ⅲ类的占 29%，属于Ⅳ、Ⅴ类的占 39%。主要污染指标为氨氮、COD、挥发酚和 BOD 等。黄河、松花江、辽河属Ⅳ、Ⅴ类水质的河段已超过 60%；淮河枯水期的水质已达到Ⅲ类，其大部分支流的水质，常年在Ⅴ类以上。长江和珠江的水质Ⅳ、Ⅴ类河段已超过 20%。同时，城市内及附近的湖泊普遍存在严重富营养化。97%的大中城市地下水受到严重污染，地下水污染物一般以酚、氰、砷、硝酸盐为主，铬、硫、汞次之。目前，我国 80%的水域、45%的地下水受到污染，90%以上的城市水源污染严重。

3. 水资源浪费现象严重

城市家庭日常生活中的洗涤用水（主要包括洗衣服、洗菜等用水），其排放量占生活污水排放量的 75%～80%。而另一方面，大多数城市在城市绿化、道路路面喷洒用水、汽车冲洗、厕所冲洗用水、消防用水等方面都是用的自来水，仅冲厕一项，我国每年就消耗大约 100 多亿立方米自来水，这相当于 50 座中型城市的年自来水用量！事实上，并非所有用水场合都需要优质水，而只需满足一定的水质要求即可。以生活用水为例，有相当一部分不需要与人体直接接触的生活杂用水并不需要太高的水质要求。如果将城市生活污水在原有处理工艺的基础上，进行深度处理，使其符合一定的水质标准，然后回用于对水质要求不高、需求量又很大的行业，如工业冷却、园林绿化、汽车冲洗、居民生活杂用等，既可以节省大量的洁净水，缓解了城市用水的供需矛盾，又可以减少排污，实现污水资源化，在经济、社会、环境效益方面都具有现实和长远意义。可见对缺水城市来说，这种水源是一笔宝贵财富。这种潜力的开发非常值得。

4. 中水利用的必要性

解决我国城市大面积缺水的对策主要集中在两个方面：一是“开源”，即通过修建引水工程、开采地下水、海水淡化乃至从国外进口淡水等方法增加水资源的供应量；二是“节流”，即通过各种方法提高水资源的利用效率。

我们必须注意的是，各种“开源”措施在满足城市供水需求的同时也造成了很大的副作用，修建引水工程不仅耗资巨大，耗日持久，同时对生态环境造成了巨大的影响和破坏；而大规模开采地下水更是导致地下水位降低，形成地质漏斗、地面沉降、地裂缝等严重的地质灾难；海水淡化不仅成本较高，同时适用范围也仅限于沿海城市；从国外进口淡水更是远水难解近渴。相比较而言，解决城市缺水问题“开源”只是治标，治本还得通过“节流”来解决。在各种“节流”措施中，在城市中推行中水利用是一个极其重要的方面，是解决水资源短缺的最有效途径，是缺水城市势在必行的重大决策。

5. 利用中水回用解决水资源危机

中水回用现阶段虽然使用率不高，但政府要承担起主要角色，扩大宣传力度，促进企业多用中水，少用地下水，保护我们有限的水资源。

随着经济社会的发展，水资源需求量的急剧增加和水环境污染的日益严重，水问题已经成为制约我国经济可持续发展的重要因素。因此寻求保护水资源和使水资源增值的有效途径，缓解水资源的紧缺问题已成为刻不容缓的重要任务；而把城市外排污水作为第二水资源加以开发利用就显得尤为重要，通过中水回用可在一定程度上缓解水资源危机。

四、循环冷却水中水回用技术

城市污水二级处理水回用循环冷却水面临水质差，暂硬较高，含有氨氮、磷酸盐及微生物污泥等污染物质，容易导致冷却水系统化学与生物结垢，以及造成设备腐蚀等问题。

市政污水厂二级生化处理一般采用排水投加石灰和絮凝剂等药剂，经混合絮凝沉淀，再加大面积滤池进行处理。石灰混凝沉淀过滤处理不仅去除氮、磷，还有杀菌作用，可将大肠杆菌去除。

同时也可除去污水中部分钙、镁、硅、氟、有机物和重金属。该处理方式水质适用范围广，运行费用低，对环境污染小，基本上适用于各种城市污水，是城市污水深度处理比较成熟的技术。

处理系统技术特征及工艺优点如下：

① 使用凝聚剂、助凝剂与反应产物 $CaCO_3$、$Mg(OH)_2$ 及原水中污染物形成共沉淀缩短了沉淀时间，减小了澄清池体积，减小了占地面积；

② 絮凝反应设备合理的结构和水力流动性能，以及污泥回流系统的设置，充分发挥活性泥渣的絮凝作用，通过网捕作用提高了沉淀效率，出水浊度一般小于 2.0NTU；

③ 均匀的配水方式及轻质陶骨架滤的采用，提高了滤池的吸附过滤功能，延长了过滤周期，减少了反洗水量的消耗，使滤池的处理能力大幅度增加。

五、中水回用和水处理方法

一般是按照生活污水中各种污染物的含量、中水用途及要求的水质，采用不同的处理单元，组成能够达到处理要求的工艺流程。中水处理方法包括生物处理技术、物化处理法等。

生物处理技术是利用微生物的吸附、氧化分解污水中的有机物的处理方法，包括好氧生物处理和厌氧生物处理。中水处理多采用好氧生物处理技术，包括活性污泥法、接触氧化法、生物转盘等处理方法。这几种方法或单独使用，或几种生物处理方法组合使用，如接触氧化 ＋生物滤池，生物滤池 ＋活性炭吸附，转盘砂滤等流程。但以生物处理为中心的工艺存在以下弊端：①由于沉淀池固液分离效率不高，曝气池内的污泥难以维持到较高浓度，致使处理装置容积负荷低，占地面积大；②处理出水受沉淀效率影响，水质不够理想，且不稳定；③传氧效率低，能耗高；④剩余污泥产量大，污泥处理费用增加；⑤管理操作复杂；⑥耐水质、水量和有毒物质的冲击负荷能力极弱，运行不稳定。

物理化学法是以混凝沉淀（气浮 ）技术及活性炭吸附相结合为基本方式，与传统二级处理相比，提高了水质。但混凝沉淀技术产泥量大，污泥处置费用高。活性炭吸附虽在中水回用中应用较广泛，但随着水污染的加剧和污水回用量的日益增大，其应用也将受到限制。

因此，以高效、实用、可调、节能和工艺简便著称的膜处理技术应运而生。关于膜分离技术的重要性，美国官方文件曾说“18 世纪电器改变了整个工业进程，而 20 世纪膜技术将改变整个面貌 ”。日本则把膜技术作为 21 世纪的重点技术进行研究开发。

膜分离技术包括微滤、纳滤、超滤、渗析、反渗透、电渗析、气体分离等，其以处理效果好、能耗低、占地面积小、操作管理容易等特点而备受关注。微滤可以去除沉淀不能除去的包括细菌、病毒在内的悬浮物，还可以除磷；超滤已被用于去除腐殖酸等大分子；反渗透已被用于降低矿化度和去除总溶解性固体（TDS）；使用反渗透对于城市污水处理厂二级出水的脱盐率达 90%以上，水的回收率达 75%左右，COD 和 BOD 的去除率达 85%左右（超滤大于 50% ），细菌去除率 90%以上，对于含氮化合物、氯化物和磷也有较为优良的脱除性能；纳滤介于反渗透和超滤之间，工作压力在 0.15～1MPa，可以截留分子量 200～400 的分子，产水量大，如在 827kPa 时达 1020L/(m^2 · d)。纳滤可以直接去除一切病毒、细菌和寄生虫，同时大幅度降低溶解有机物（消毒副产物的前体 ），它可将 THMs（三卤甲烷 ）和 HAAs（卤代乙酸类物质 ）前驱物去除 90%，硬度去除 85%～95%，一价离子去除率大于 70%（操作压力为 482～689kPa 时 ），在软化水的同时减少溶解固体，低压大水量使得纳滤的运行费用大大降低。为减少消毒副产物和溶解有机碳，用纳滤比用传统的处理和用臭氧加活性炭更便宜。

目前，膜分离作为中水回用技术已在我国天津、大连、沈阳等严重缺水的北方地区得到了广泛的应用。1998 年，大连大器公司设计的 200m^3/d 的膜中水回用装置就已在大连投入运行；天津德人公司首先开发了重力淹没式膜生物反应器，该技术在 2000 年已应用于天津普辰大厦的中水回用系统，处理规模为 25m^3/d，该装置占地仅 218m^2，处理成本为 1105 元 /m^3；2004 年沈阳环境科学研究院采用膜生物反应器技术处理辽宁省通信公司沈阳分公司棋盘山培训中心的生活污水，出水指标均好于《沈阳市中水水质标准 》的各项指标，并具有较好的脱氮功能。

可见膜分离技术无论从处理水质还是从经济效益方面都将对中水回用的发展产生深远的影响。

六、常规的再生中水回用技术

1. 树脂再生回用技术

树脂广泛应用于制药工艺生产中的提炼阶段，其再生废液含有相当浓度（约5%）的酸（碱）和少量的二价离子、有机物（蛋白质、糖类）等杂质（图 5-7）。

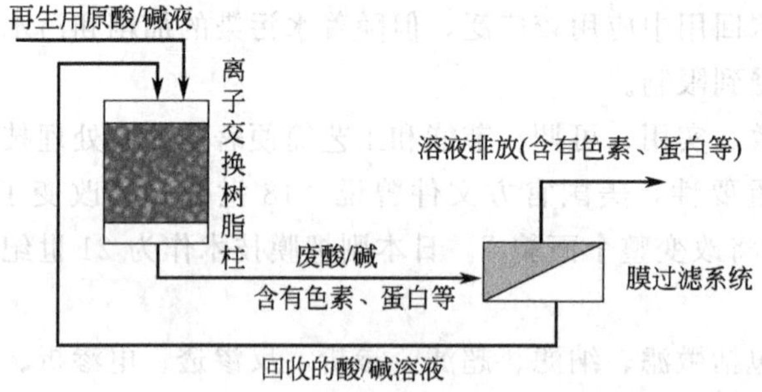

图 5-7 制药提炼工艺

目前对废液处理的主要办法是将大量的废液进行中和后直接排放，这个过程不仅浪费了大量的酸、碱，提高了企业的生产成本，而且增加了社会环保负担。

采用膜过滤技术，可以将色素、有机物和无机盐离子等杂质从废液中除去，酸、碱和水在相当程度（90%左右）上被回收，而回收的酸（碱）溶液可以重新供离子交换树脂再生使用，并且可无限次循环使用。

上述采用膜过滤技术进行酸碱废液回收处理，产生了三大效果：

① 大大减少了浪费，降低了生产成本；

② 大大减少了排污，降低了环境污染；

③ 回收同时被纯化，提高了酸碱品质。

2. 化纤碱回收技术

纺织业在丝光过程中要使用大量的 NaOH 来处理丝织物表面，其主要过程大致为：首先将丝织物放在 40～50℃含有 25%的 NaOH 溶液中浸泡，然后用 45℃左右的水溶液将丝织物漂洗，最后再用 85℃ 的热水漂洗。在漂洗过程产生的废水中约含有 6%的 NaOH。见图 5-8。

目前生产工艺中，这部分 NaOH 废液通常采用中和排放处理，存在废水处理过程复杂、污染严重、能耗高的局面。

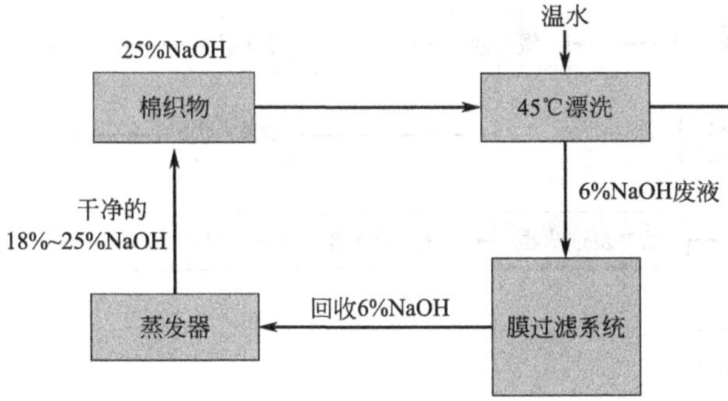

图 5-8　化纤碱回收技术

采用膜过滤技术，可以将这部分 NaOH 废液净化回收循环利用，同时使废液中大量的有机污染物等杂质浓缩到很少，便于处理。

七、典型的中水回用工艺

1. 常规膜处理技术

见图 5-9。

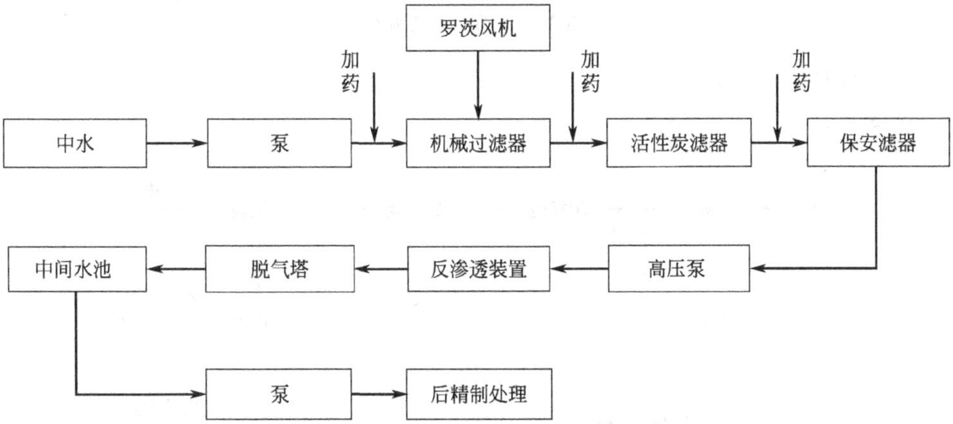

图 5-9　常规膜处理技术图

中水回用处理工艺根据污水水质、水量以及回用的水质和水量要求，综合考虑经济技术参数，确定最佳处理工艺。

目前常用处理工艺以污水二级生化处理加三级深度处理单元为主。不同的水质要求，处理工艺亦不同。

(1) KT 生化法工艺

见图 5-10。

(2) MBR 工艺

见图 5-11。

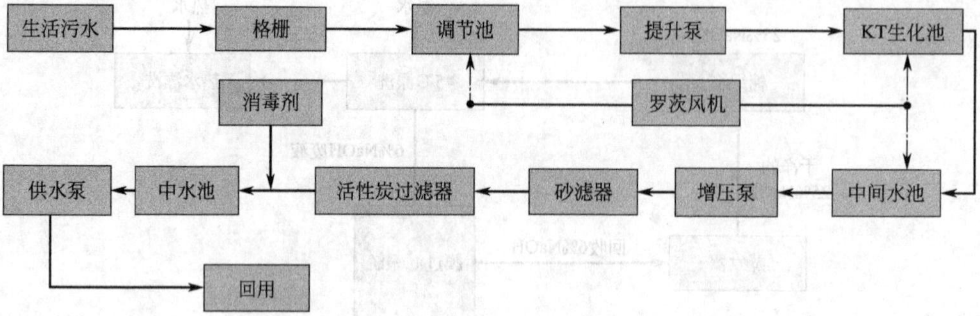

图 5-10　KT 生化法工艺流程

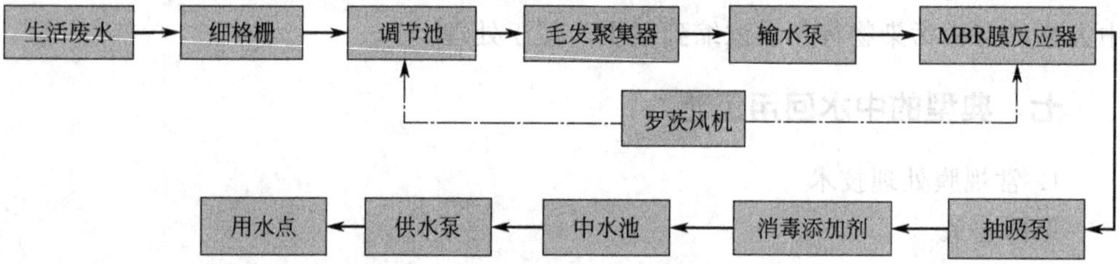

图 5-11　MBR 工艺流程

（3）SPR 除磷工艺

见图 5-12。

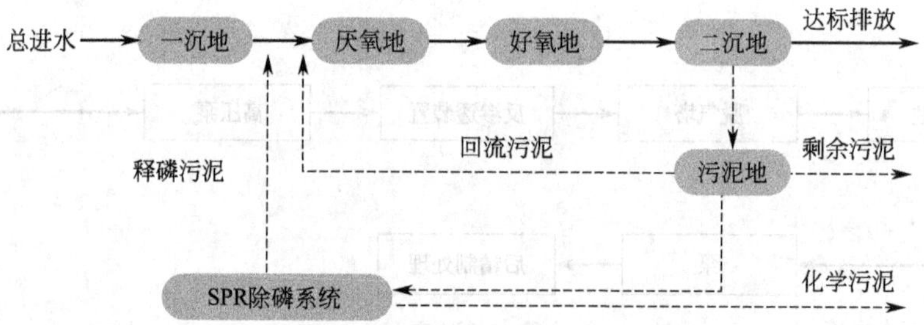

图 5-12　城市污水 SPR 除磷工艺流程

2. 集成膜处理技术

见图 5-13。

3. 双膜浓水回用工艺与案例

济南炼化 50 万吨/年浓水回用装置正式引水运行，这标志着济南炼化污水处理减排推进到一个新水平。从目前情况来看，含盐浓水外排量可减少 70%，利用该项技术对污水进行处理，在石化系统尚属首次。

多年来，济南炼化致力于资源节约型、环境友好型企业的打造，按总体规划、

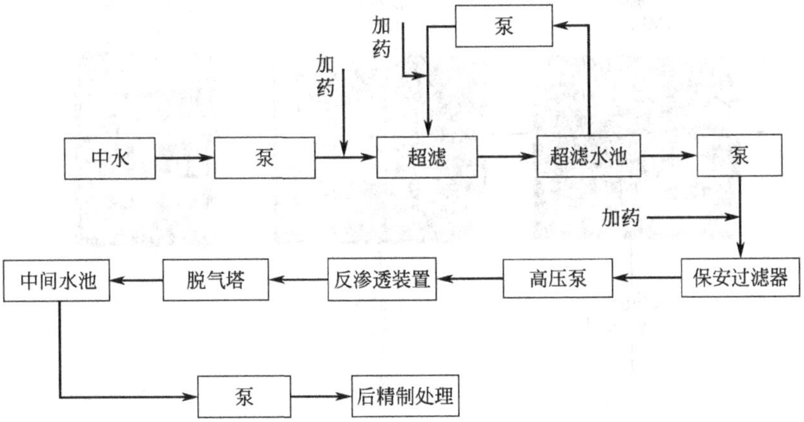

图 5-13 集成膜处理技术

分步实施的原则，加大污水处理力度和深度。自从 2007 年以来，济南炼化一次投入 1300 多万元，建成投用双膜去污装置，把污水处理能力提高到 100 万吨/年，减少外排污水 60 万吨/年，向污水零排放迈出一大步。但与此同时，双膜工艺每年大约产生 30 万吨需要外排的高盐浓水，对这部分高盐浓水进行除盐处理，减少外排，成为济炼真正实现污水零排放的关键。

2008 年，济南炼化决定引进浓水回用工艺，对双膜去污过程产生的高含盐浓水进行处理。该项工艺由上海同济水处理技术公司研究开发，除盐率可达 97%。经过处理的浓水全部引回除盐水站，替代新鲜水使用。

5 年来，济炼浓水回用装置运行状况良好，每小时进水 30～50t、产水 20～35t，每年可回收处理浓水（20～30）余万吨，具有良好的环保效益和经济效益，双膜浓水回用工艺成为国内最成功的案例之一。

第四节 膜过滤技术在水处理中的应用

一、概述

采用膜分离技术对经常规处理达标排放的工业废水做进一步的处理，可有效去除废水中的有机物、色度、硬度和大部分离子，达到回用于生产用水，一方面减少废水排放，另一方面节约水资源，降低生产成本。见图 5-14。

二、用反渗透和纳滤处理垃圾填埋场渗滤液

城市垃圾填埋场产生的渗滤液中含有大量有机和无机污染物。由于成分复杂，组分变化大，污染物浓度高，所以很难用传统方法处理。即使用生化法（好氧或厌

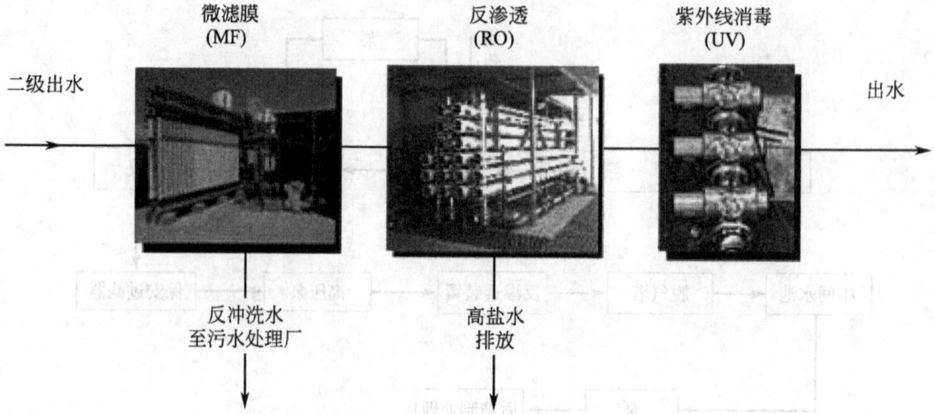

图 5-14　膜过滤再生水工艺流程举例

氧）和活性炭吸附或臭氧氧化联合流程进行处理，效果也不理想。传统处理法的处理效果很大程度上取决于渗滤液成分和填埋场运行年限。

反渗透和纳滤被认为是处理渗滤液的有效方法。反渗透膜可同时去除有机和无机成分。滤过液可作为工艺循环水使用或排放。残留液通过蒸发，可以获得固态废物。这些废物可返回填埋场进行填埋。预处理可以采用简单的过滤、生物处理、生物处理与混凝联合以及微滤或超滤的方法。

国外已有许多填埋场采用膜滤技术处理垃圾渗滤液。国内这方面的研究还处在实验研究阶段。采用氨氮吹脱与厌氧工艺进行预处理后，采用膜生物反应器法处理城市垃圾填埋场产生的渗滤液，获得了较好的效果。

三、用纳滤处理纺织印染废水

纺织印染业工艺过程中要产生大量高盐度（>5%）、高色度（数万至十几万）、高化学需氧量（COD_{Cr}数万至十几万）、可生化性差的废水。在排放或回用之前，在传统处理之后（如活性污泥法-沉降-砂滤）加上膜滤就可以降低水的色度和难生物降解的有机物、重金属、营养物等的含量。超滤只能部分去除色度，不能去除小分子有机染料。

所以超滤处理后还不能循环使用，不过经过超滤后的渗透液可以达标排放。纺织印染废水回用的最重要的指标是硬度、盐度和色度。先生物处理再纳滤就可以使废水达到回用标准。经过纳滤处理后，水在硬度、有机物浓度和色度等方面可以接近地下水的水平。渗透液的水质在很大程度上取决于膜的类型。小孔径膜（NF70）可以用于脱色，但流量要低一些。通过纳滤处理纺织行业水的循环利用率为80%～90%。

四、超滤/微滤用于中水回用

膜处理技术在长期的运转过程中，会引起膜的污染，导致过滤通量随运行时间而逐渐下降。膜污染是膜滤应用的主要制约因素，它既能引起过滤通量的下降，又能影响处理效果。

一些环境修复要求去除营养物质，加强消毒，当用作工业冷却水时则要求先去除硬度、氨和溶解性固体。用作给水补充时，可有许多种处理方法，取决于回用水和现有给水源的稀释程度以及是否进行了处理，如流经土壤时进行的处理。膜处理系统正在回用水应用领域兴起。

第五节 膜过滤技术与中水回用工程设计

一、概述

伴随着经济增长与水资源短缺的矛盾日益突出，为缓解地方用水紧张状况，我国许多地区都正在大力推广中水回用技术，建设中水回用工程。但在中水回用工程的设计施工及运行过程中，存在值得商榷的问题，有必要进一步解决改进。笔者曾承担多项中水回用工程设计并参与《沈阳市中水回用工程技术规定》的编制工作，在积累一定理论知识和实践经验基础上，简要分析有关中水回用工程的设计要点。

二、中水回用水源选择

建设中水回用工程，首先要解决的问题是要具备合适的水源。根据国内外中水回用工程实践，结合国内现状，在中水水源选择方面主要有以下几种途径：①冷凝冷却水；②屋面雨水；③生活污水。从以上可选择水源途径分析，冷却水水质较好，一般不需深度处理，根据使用途径只经简单过滤、消毒后即可使用。而收集屋面雨水需要在建筑物设计的同时，建立能够满足使用水量需要的较大容积蓄水池，此水源受季节及降雨影响较大，因此难以真正解决该地区的旱季缺水问题。采用生活污水作为中水水源则具有水质相对稳定、处理技术成熟、水源分布广泛、成本低廉等一系列优点，沈阳市环境保护工程设计研究院近年建设的中水回用工程，在水源选择方面主要有大中院校、办公楼、宾馆、疗养院、住宅小区及工业企业生活排水等，取得了良好的环境效益和经济效益。

三、中水水质确定

目前我国建设中水回用工程主要采用水质标准依据《生活杂用水水质标准》（GB/T 18920—2002）执行，其中对中水的各种使用途径规定相应的水质标准。近几年，个别省市根据本地区的实际情况，正在编制适合本地区的中水设计规范及技术规定。

四、建设中水回用工程的环境保护要求

建设中水回用工程，在考虑生产中水达到合格使用要求的同时，还应对建设项

目本身对周围环境的影响加以考虑。如在工程选址方面，要考虑建设地点与周围邻近建筑物的安全防护距离，且位于区域的下风向，确保中水工程对周围环境不产生臭味、噪声等二次污染；在处理设施的布置形式上，要尽可能采用地下，且宜采用钢筋混凝土结构，既解决了北方地区冬季低温对处理效果的不利影响问题，又不改变地面原使用功能；采取切实有效的污泥处理措施，对产生污泥进行妥善处理，根据我们的实践经验，一般中小型中水回用工程产生的污泥可排入就近化粪池内进行消化处理，对于附近没有污泥消化场所的工程，需要设污泥储池，对污泥进行脱水处理或存储一定时间后外运集中处理，污泥储池要设曝气装置，防止污泥腐败发臭。

五、中水回用处理工艺

中水处理工艺的选择确定应考虑中水水源的水量、水质和中水的使用功能等因素，经技术经济比较分析后确定。以生活污水为水源而言，中水工程在技术、经济和管理方面都有成熟经验，目前广泛采用的有以下几种处理工艺：

对于污染较轻的原水（如洗漱、淋浴等），一般 BOD_5≈50mg/L、SS≈100mg/L，可采用下列处理工艺流程，处理后可达标回用。

原水→格栅→调节池→絮凝沉淀（或气浮）→过滤→回用消毒

若采用城市污水处理厂的二级出水作为中水原水，在二级处理出水后，再采用上述处理工艺即可达到回用水质标准。

对于污染较重的原水（如食堂、餐厅、生活粪便污水等），一般 BOD_5≈100mg/L、SS≈150mg/L、氨氮≈30mg/L、动植物油≈30mg/L，可采用下列处理工艺流程，处理后可达标回用。

原水→格栅→调节池→隔油沉淀→生物处理→过滤→回用消毒

对于其他对水质有特殊要求（如电导率、总固体含量等）的中水回用工程，则根据具体要求采取相应处理措施。在确保达到中水水质要求情况下，可采用其他新的处理工艺。

六、消毒方式选择

回用中水需要进行消毒处理，消毒剂的选择应根据水量、水质、回用途径、工程投资、药剂的供应情况以及操作管理水平等因素，经综合比较后确定。目前液氯、二氧化氯及次氯酸钠等消毒方式在国内都有成熟的使用经验，其中二氧化氯消毒方式从近年开始普及应用，主要产品二氧化氯（ClO_2）是国际上公认的新一代广谱强力杀菌剂和高效氧化剂，为世界各国所采用。

消毒剂应采用机械定比自动投加的加药方式，这样既可以节省药剂消耗量，又可以实现中水处理工程的自动化运行。消毒剂与水的接触时间应根据中水回用时的余氯含量计算，但不应小于30min。

七、中水回用安全防护措施及运行管理要求

由于中水水质的特殊性（介于污水与饮用水之间），在防止其他污水对其污染的同时，也要防止中水进入生活饮用水管道系统，污染生活饮用水。为了防止水质污染事件发生，在中水工程的设计中必须注意以下几点：

① 中水管道严禁与生活饮用水管道连接；

② 中水管道应设明显标志，防止发生误接、误用、误饮事故；

③ 中水储池的溢流管应设置格网，防止异物侵入；

④ 中水储池在设自来水补水管道时，补水管出口应高于池内最高液面，并有一定空气隔断距离。

中水回用工程设计中，应尽可能采用自动控制运行方式，处理构筑物与设备的布置合理、紧凑，为工作人员操作管理提供方便。处理设施的进、出水管应设置取样管及流量计量装置，工作人员应根据操作规程的要求，对中水水质、水量进行定时监测，并记录在案。

总之，①生活污水作为中水水源，具有水源广泛、水质水量相对稳定等优点。

② 中水处理宜采用生物处理与物化深度处理相结合的处理工艺，该工艺流程处理成本低廉、技术成熟。

③ 回用中水均需按要求进行消毒处理，生产的中水在储存和回用过程中采取有效措施，防止水质被二次污染。

第六节　再生和回用使用方式和相应处理方法案例

一、概述

目前存在许多水的再生和回用方法，并在实践中正常运作，每一种使用方式都有不同的水质要求，因此也要求不同的处理水平。

表 5-1 总结了常用的回用水使用方式和所要求的相应的处理方法，从最高水平到最低水平处理都有所涉及。

表 5-1　回用水一般使用方式和相应处理方法

回用方式	举　例	处理工艺举例
补充给水	非直接饮用水	作为给水源使用之前，要根据其是否经过土壤蓄水层处理以及混合稀释程度来确定，处理方法是二级处理还是深度处理方法
工业性回用	包括冷却水的各种生产用水	一般要求最少经过二级处理，用作冷却水时，还要去除硬度、脱盐以及去除 NH_3-N 以减少生物污垢的产生

续表

回用方式	举例	处理工艺举例
非限制接触性回用	非限制接触性城市灌溉，直接食用作物的灌溉，接触性景观水体	二级（生物）处理，过滤（粒状介质或膜）和严格的消毒（<2.2个粪性大肠菌群/100mL）等
限制接触性回用	限制接触性城市灌溉和农业灌溉	二级（生物）处理和适度的消毒（100～1000个粪性大肠菌群/100mL）
环境修复	维持环境所需的一定流量	进行二级（生物）处理（至少），有时包括去除营养物质，一般情况下进行适度消毒（100～1000个粪性大肠菌群/100mL）
农业性回用于深加工粮食作物	小麦、玉米及其他食用前需要热加工的作物	至少进行初级处理，但进行储存时常需要经过二级处理以尽量减少臭味，对工业废水要进行有毒物质的控制，适度消毒
农业性回用于非食用作物	牧草、玉米、小麦、苜蓿及其他动物饲料作物	至少进行初级处理，但进行储存时常需要经过二级处理以尽量减少臭味，对工业废水要进行有毒物质的控制，适度消毒

本节作者将论述不同的使用方式和相应的处理方法，还将与读者讨论一些新出现的处理技术。

二、非食用型作物和深加工型食用作物的农业回用水

回用水可以灌溉人类并不直接消费的各种作物，如灌溉那些动物食用的作物（苜蓿、青草、高粱、玉米、大豆等各种饲料作物）和需要深加工才可食用的作物（如小麦，也许还有大米）。

关系公共健康和环境的首要问题是这种回用方式是否会将有毒物质和致病菌带到我们的食物供应中来。主要有两种机制来控制有毒物质，其中包括不允许工业废水（很大可能含有毒物质）排入要回用的污水收集系统和污水处理系统中。

为避免工业污水，我们可以从工厂稀少的服务区收集污水或要求工厂首先去除废水中有毒物质，然后再排入市政排水管网。

废水中有毒物质的去除方法有许多种。在一些实际应用中，基本的二级处理就可予以足够的保护。事实上，初级处理可能已经足够了，而二级处理则对有毒物质又加了一道关卡。二级处理中允许回用水储存起来以满足不同季节变化的农灌需水量。致病菌的传播是通过防止一般公众与污水直接接触以及适度的杀菌消毒来解决的。

用于农业性回用的水可通过许多种处理方法，包括初级处理、二级（生物）处理和传统的消毒工艺。生物塘处理系统广泛用于可生物降解有机物的稳定化，因此当回用水季节性储存时不产生过多令人厌恶的问题（气味、病菌等），同时，生物塘还有自然的消毒作用。如图5-15所示的污水处理系统，包括一个厌氧或好氧塘，进行污水的基本处理，然后是兼性塘，对污水进行更深一步的处理和消毒，同时还可用作季节性储水。已经预处理和消毒的再生水则可根据作物的需水

量进行农灌使用。这样的一个系统允许回用市政污水中的水和其营养物质，但要控制有毒物质的量，并进行消毒处理。从水管理的整体和长远角度来看，水回用灌溉农作物时，土壤的进一步处理去除了污染物，减少了环境中污染物质的排放量，因此也减少了污染物质向地表水和地下水的排放量，而净用水量却下降了，因为先前用作农业的水现在可以转向城市供水或以地表水或地下水的方式保留在环境中。

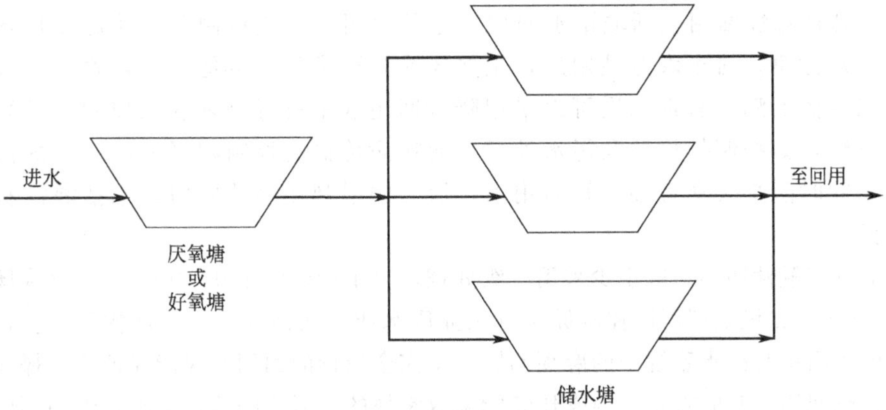

图 5-15 生物塘二级处理和储水系统，出水用于灌溉非食用型作物和深加工型作物。系统将可生物降解的有机物稳定化以减少臭气的产生，同时提供消毒和季节性储水以满足不同的农业需水量

三、环境修复

环境修复指污水处理后以合格的水质向环境排放以保持水环境的流量，维持环境的功能。所要求的处理则根据修复环境对污染物的同化容量而定。一般至少要求传统的二级（生物）处理和一定程度的消毒。有些环境修复则要求更高级的处理方式，如去除营养物质等。一些传统的处理系统可用于这些情况。而目前新兴的一种处理工艺是二级处理（传统二级处理或生物塘二级处理）后加湿地处理。湿地不仅提供处理（提高了水质），也改善了环境。可以将湿地设计成野生生物栖息地或者设计成市区开放性的绿地。

如迈阿密附近的佛罗里达州 Wakodhatchee 湿地处理系统，接收 Palm Beach 县污水处理厂的二级出水。它作为二级出水的三级处理，它的水力负荷为 0.5～5cm/d（水力停留时间为 10～40d）。湿地处理系统包括多个种有水生植物的浅水区，水生植物可以处理污水。在浅水区中穿插几个深水区，深水区中的重新布水的层流间断性流过湿地，固体可收集后定期排除（维护）。重要的是，在深水区设野生生物栖息岛，建造通道使公众能够无需接触湿地便可观赏野生动物和植物。

上述 Palm Beach 县属于潮湿的亚热带气候，而 Tres Rios 湿地位于阿利桑那州 Phoenix 城附近，属于沙漠地区。但 Tres Rios 湿地处理系统和 Wakodhatchee 湿地处理系统有许多相似之处，一般，它们都有浅水水生植物生长区、深水区和栖息岛。绿色湿地对于 Phoenix 城的沙漠景观是一个很受欢迎的补充，同时也改善了水质，为野生生物提供了栖息地。

四、限制接触性回用

限制接触性回用包括城市水回用，这种回用方式应控制公众接触回用水以保护公众健康。对于农业性回用，主要风险是这类回用可能将有毒物质引入环境中和传播疾病，有毒物质可以采用降低回用水中有毒物浓度来控制，可采用多种方法，如控制排放源和污水处理。而疾病传播的控制则可采用一定的消毒措施，同时防止公众直接接触回用水。恰当的限制接触性回用还包括灌溉和景观水面。

限制接触性回用一般至少采用二级处理，卫生指标为 100～1000 个粪性大肠菌群/100mL。二级处理可以控制原水（工业废水或生活污水）中有毒物质的量，也能减少水回用时配水系统中的麻烦问题。不完全消毒的回用水仅能保证系统操作者偶尔接触回用水时的安全，因操作者能采取常规的、适当的防护措施。然而不能保证普通公众广泛接触回用水时的安全。为保护公众的安全，不允许他们与回用水经常接触。例如，使用回用水浇灌时，将浇灌时间限制在公众不在现场的时候，或者采用公众与回用水隔绝的灌溉方式（滴灌）。又例如，当回用水用于限制公众与之接触的景观水面时，不允许在湖中钓鱼和游泳。

五、非限制接触性回用

非限制接触性回用水是经过更高级的处理工艺产生的，公众与之接触（并非消耗）是安全的。尽管一个地区与另一个地区之间具体要求有变化，但加利福尼亚州在其“22 条”中所确定的条款提供了一个一致的解决方案，已被广泛接受。这些要求进行高度的消毒，明显地减少再生水中致病菌的存在机会。其基本的处理工艺为生物处理，用来减少可生物降解的有机物浓度和总悬浮固体（TSS），然后是过滤以减少颗粒物质的浓度，最后为消毒。颗粒物质的去除可以从几个方面帮助消毒的进行。首先，一些较大的致病菌，如贾第鞭毛虫（Gardia）和隐性芽孢虫（cryptosporidia）等，可以通过过滤直接去除；其次，颗粒物质的去除使得下面的消毒处理更为有效，这是因为经过生物处理和过滤后，水中残留的致病菌是呈游离状态的，当然更容易在消毒工序中被杀死。氯消毒和紫外线（UV）消毒都是常用的方法。为了使回用水达到非限制接触性应用的标准，表 5-2 总结了一些处理要求。

如表 5-2 所示，用颗粒介质过滤法和膜过滤法的要求不同。

表 5-2 非限制接触性回用水处理要求举例①

项目	粒状介质过滤	膜过滤
是否要求生物处理	是	是
浊度,NTU <2 (95 %的保证率)	<2 (95 %的保证率)	<5(100%的保证率)
粪性大肠菌群/个	<2.2/100 mL	<2.2/100 mL
通常采用的消毒方法	10～20mg/L 的加氯量,接触时间 2h	待确定
	紫外消毒强度 100mW·s/cm²	

① 根据加利福尼亚州“22 条”的规定。

按照表 5-2 所列的处理要求生产的回用水，公众可以直接接触，可用作公众可以接触到的喷洒浇灌，可用于钓鱼、划船和游泳的娱乐性水体以及灌溉一些生食的食用作物。

六、工业性回用

不同的工业性回用方式要求不同的回用水质。一般需要二级处理和适度消毒以尽量减少回用水中的污染物质，保护工厂工人的健康。回用水作为工厂冷却水应用较为广泛。它要求去除水中的会引起冷却装置结垢的硬度，还要求去除会引起装置腐蚀和生物污垢的氨。图 5-16 列出了这类回用水的处理工艺流程。二级出水（一般来自现有的污水处理厂）需经过石灰软水装置和粒状介质过滤。如果作为回用水原水的二级出水未进行硝化处理，硝化需合并入过滤工序中进行。目前新兴的一种应用于工业性回用的处理方法是使用膜装置进行脱盐处理。

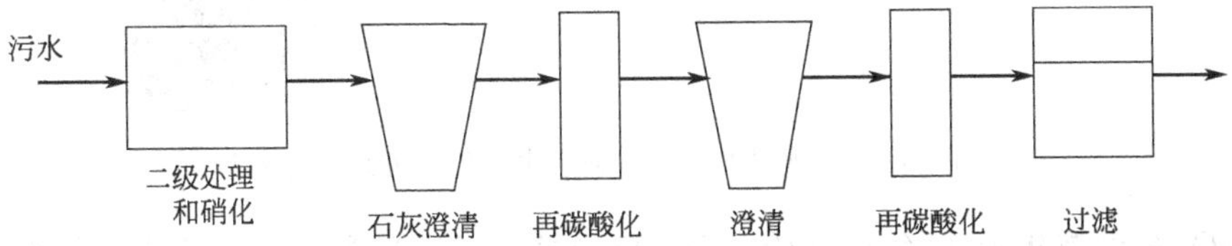

图 5-16 冷却水的处理工艺流程举例

特别是采用微滤或超滤预处理的二级出水再接反渗透的工艺流程在这一领域的应用日益增多，这种工艺流程的进一步的讨论将和补充给水的工艺流程结合在一起进行。

七、补充给水和新兴技术

补充给水就是故意将回用水加入饮用水供应的回用方式。回用水可以引入供给饮用水的地表水（如水库）或地下水源。与工业性回用的处理方法一样，这种回用方式也可采用许多种处理方法。其所需要的处理程度则根据回用水和天然水体的混合程度以及在被提取用作公共给水供应之前的处理能力而定。

如果通过地表漫流方式注入地下水的回用水所占比例相当小，则仅需要经过二级处理和适度消毒。土壤的渗滤作用可将回用水中大量的有机物和致病菌去除，然后再与地下水混合。这种情况下要考虑的主要的问题是可能引入氮，而氮可以在土壤中转化为硝酸盐。天然地下水和回用水混合后在取水井抽取之前流经地下蓄水层时也会进行一些处理。

自然环境所提供的处理程度越低和回用水混合的天然水比例越小，回用水所需要的处理程度就越高，就需要更高级别的处理方法去除有机物和致病菌。图 5-17 列出 Upper Occoquan 污水管理部门（UOSA）使用的传统处理工艺。UOSA 厂从服务区域收集包括生活污水、商业污水和达标排放的工业废水在内的原污水，处理后出水接近饮用水质标准，排放至 Occoquan 水库，这是美国弗吉尼亚州东北部的主要饮用水源。处理工艺为传统的初级处理和带硝化的二级处理、石灰再碳酸化处理、过滤、粒状活性炭吸附，最后进行消毒处理。在 pH>11 的情况下石灰澄清处理起到消毒、去除高分子有机物、阻拦重金属的作用。粒状活性炭更进一步地去除溶解性有机物，尤其是上道工艺的生物处理中无法去除的非生物降解性有机物。加氯消毒为最后一个环节。

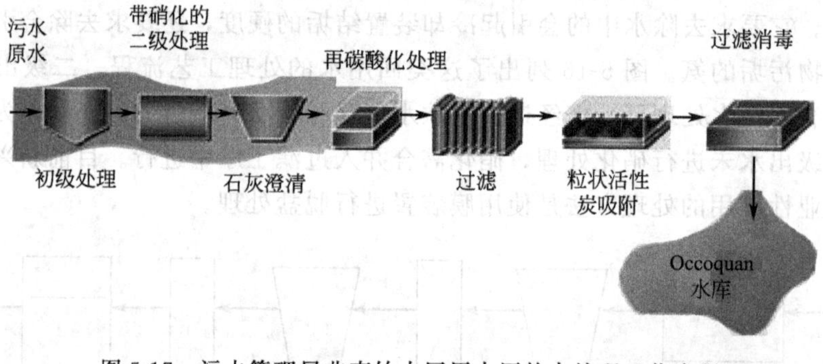

图 5-17　污水管理局非直饮水回用水厂的水处理工艺流程

UOSA 设施从 1978 年便开始运行，已经显示了满足常规的具体排放标准和保护公众健康的能力。其目前的能力为 130000m^3/d，正在扩建为 210000m^3/d。进入 Occoquan 水库的水中回用水（UOSA 厂出水）占的比例为雨季时不到 10%，旱季时超过 90%。

目前新兴的一种处理流程为二级处理后接微滤（MF）、反渗透（RO）和紫外线消毒（UV）。MF 可很大范围地去除颗粒物质，放在 RO 处理工艺的前面是十分必要的。RO 广泛去除有机物和无机物，这两级顺序的膜处理工艺也起到了广泛的消毒作用。UV 消毒则是公众免受致病菌侵袭的又一道保护屏障。如上所述，MF 后接 RO 工艺也成为生产各种工业用水的新兴技术。另一新兴的处理技术为膜生物反应器，以置于反应器外部或浸没在反应器内部的生物膜取代传统的二沉池。膜上留有必要的生物量，用于处理污水，也能去除颗粒物质，所以出水的颗粒物质含量很低。生产的出水可用于许多回用目的，或经活性炭吸附、RO 和 UV 消毒可用于非直饮水的回用。

八、回用方式与处理技术关系结论

总之，不同回用方式所要求的水质同相应的处理技术之间的关系已经列出，如表 5-1 所示。大范围的水质及其相应的生产回用水所用的处理方法取决于不同的回用目标。基本的二级处理，或更低程度的处理对农业性回用来说就足够了。

这种农业性回用，一般不允许公众接触回用水，而且所浇灌的作物是人类不直接食用的和（或）需要深加工的作物。由于生物塘处理工艺可以使进入的污水中可生物降解有机物稳定化，具有消毒的作用，生物塘还可将季节性储水与处理系统结合，使供水量和农灌需水量更为吻合，因而常被采用。

在所有情况下都应控制来自工业废水中的有毒物质量，不允许工业废水排入要进行回用的污水集水系统中和（或）要求工厂去除废水中有毒物质后再排入集水系统。

第七节 双膜法工艺在再生水工程中（北京经济技术开发区）的应用案例

一、概述

北京是世界上严重缺水的大城市之一，近年来随着北京经济技术开发区的飞速发展，区内工业企业数量迅猛增长，工业企业用水量逐年上升。

尽管开发区已有建成的污水处理厂，但水污染环境形势依然严峻，当前开发区用水量增长与水资源短缺、水环境污染的矛盾日益突出，这也必将成为制约开发区水资源可持续利用和经济可持续发展的重要障碍，因此利用再生水防治水体环境污染、缓解水的供需矛盾能够起到积极的作用。

二、再生水处理工艺流程

1. 工艺流程的确定

目前国内再生水生产多采用混凝-沉淀-过滤-消毒或者机械搅拌澄清-过滤-消毒等常规生产工艺，此类工艺生产的再生水仅能满足市政杂用或景观用水水质要求，而对水中总硬度、总碱度、细菌病毒、铁、锰及各种盐类离子并无明显去除效果，不能满足电子类工业生产线用水要求。针对常规生产工艺的不足，目前国内外常采用膜法处理工艺生产高品质再生水，其产品水具有浊度低、细菌病毒含量小、含盐量低、电导率低等特点，可为电子类工业生产线提供良好的生产水源。所以综合以上各种因素，结合国内外成功的运行实例和开发区自身的环境情况，根据开发区再生水大部分会用于开发区内的电子类工业企业，该次北京经济技术开发区再生水工程采用微滤（MF）＋反渗透（RO）的膜过滤技术进行再生水处理，出厂水为高品质再生水，产水量为 20000t/d。

2. 工艺流程的说明

再生水厂主体生产工艺采用微滤＋ 反渗透，即 MF（microfiltration）＋ RO（reverse osmosis）组合工艺，并根据实际需要设置合理的配套单元，如预处理、杀菌、化学清洗系统等（图 5-18）。

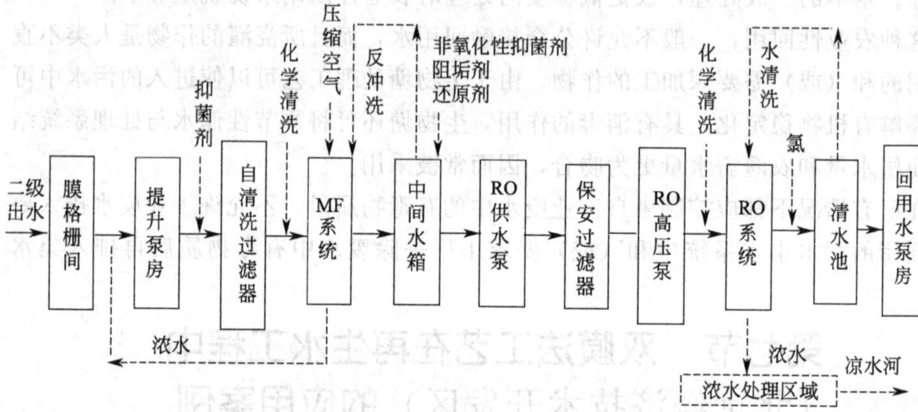

图 5-18 再生水生产工艺流程示意图

经济技术开发区污水处理厂二级出水通过进水管线引入格栅间，经提升水泵提升并添加抑菌剂后进入自清洗过滤器进行过滤，自清洗过滤器出水进入 MF 系统，MF 系统出水进入中间水池，并添加非氧化性抑菌剂、阻垢剂、还原剂后，经 RO 供水泵加压进入保安过滤器，过滤器出水再经 RO 高压泵加压后进入 RO 系统，处理出水进入清水池，在进入清水池前采用加氯消毒，以保证管网内余氯要求，最后通过回用水泵房加压送入厂区外配套再生水管网向用户供水。再生水生产过程中产生的浓水、反冲洗排水及化学清洗废液排至浓水处理区域进行处理。

三、实现了区域内水资源的循环利用

通过区域内水资源的循环利用，必将使开发区水资源可持续利用和经济得到可持续发展；国内首个以微电子行业为主要用户的再生水厂——北京经济技术开发区再生水厂一期工程竣工通水，标志着开发区利用再生水防治水体环境污染、缓解水的供需矛盾能够起到很大的作用。现北京经济技术投资开发总公司与中芯国际集成电路制造（北京）有限公司等 4 家区内企业共同签署再生水供水合同。再生水厂采用双膜法“微滤＋反渗透”，即“MF＋RO”组合脱盐工艺，深度处理后使出水水质达到高品质再生水设计水质标准。高品质工业用再生水项目应用开发区污水处理厂的二级出水作为水源，实现了区域内水资源的循环利用。

第八节　纳滤膜技术用于淋浴水回用技术的实验与回收

一、概述

淋浴水是各类排水中水质最稳定，汇集容易，便于净化，可就近回用的水资源。它约占生活污水量的 30%，属于良质污水。表 5-3 归纳淋浴水的一些水质特征。

表 5-3　淋浴污水的水质

pH 值	味	浊度 NTU	LAS /(mg/L)	COD_{Cr} /(mg/L)	TOC /(mg/L)	电导率 /(μS/cm)	硬度（以 $CaCO_3$ 计）/(mg/L)	细菌总数 /(个/mL)	大肠菌群 /(个/L)
7.71	芳香	60.3	4.89	191	58.6	521	360	无法计数	20

国外有关淋浴水回用的研究主要表现在两个方面：美国宇航局关于太空站需要，可行且能耗低的淋浴水回用设备。国内也进行了一些淋浴水作为中水回用的研究。他们的水处理工艺基本表现为微滤、超滤、反渗透及常规处理工艺。

二、再生淋浴水回用的工艺流程

淋浴水回用的工艺流程见图 5-19。

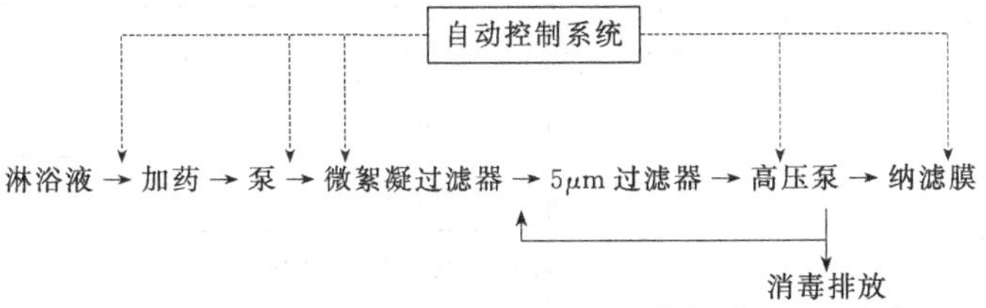

图 5-19　淋浴水回用的工艺流程

（1）加药

采用中国科学院生态环境中心制聚合铝，借鉴 Kunio Ebie 等的修正烧杯试验方法确定聚合铝的最佳投药量为 12mg/L，从泵前投药至进入絮凝过滤器约 2min。

（2）微絮凝过滤器

根据烧杯试验结果，我们采用直径 10cm 的陶粒柱（装填高度 70cm）进行试验，滤速控制在 10m/h。在试验条件下，整个预处理工艺（陶粒过滤-5μm 滤芯过滤）对有机物的去除率不高，约 30%，对浊度的去除达 83.1%，但从污染指数 SDI 来看预处理效果能够满足膜进水的 SDI（≤5）要求。

(3) 5μm 过滤器

作为纳滤膜的保安过滤器，保证纳滤膜的安全正常使用。

(4) 纳滤膜组合工艺

纳滤膜是一种介于超滤与反渗透之间的分离膜，一般国内生产时选用的是美国Trisep 公司 TS80-4040 膜（其截留分子量 280～300，为聚酰胺复合膜），并联方式运行，试验以 0.7MPa 作为最佳的操作压力，回收率在 75%左右（采用浓水回流系统）。淋浴水温一般为 37～40℃，这有利于提高膜的产水量。假设由于补充新鲜水，使混合膜进水水温为 30℃（在冬季会低些），此时膜产水量较 25℃增加 17%，这将节省设备投资。

三、纳滤膜设备对淋浴水处理效果评价

1. 常规水质分析

操作压力为 0.7MPa 下膜进出水的水质特征见表 5-4。

表 5-4　TS80 膜的进出水水质

测定项目	进水	产水	去除率/%	测定项目	进水	产水	去除率/%
电导率/(μS/cm)	566	33	94.2	Mg^{2+}/(mg/L)	32.43	0.2592	99.2
TOC/(mg/L)	11.6～75.7	0～7.4	80.5～100	Al^{3+}/(mg/L)	0.1950	0.0154	92.1
耗氧量/(mg/L)	57.55	4.38	92.4	Na^+/(mg/L)	9.970	1.564	84.3
浊度/NTU	10.2	0.46	95.5	K^+/(mg/L)	3.637	0.6254	82.8
LAS/(mg/L)	3.21	0.26	91.9	Fe^{2+}/(mg/L)	0.5758	0.1685	70.7
氨氮/(mg/L)	0.14	0.11	21.4	Cu^{2+}/(mg/L)	0.0180	0.0000	>99.5
pH 值	7.75～8.61	6.40～7.35	—	Pb^{3+}/(mg/L)	0.0331	0.0296	10.6
水温/℃	14～30			Cl^-/(mg/L)	18.64	4.73	74.4
硬度($CaCO_3$计)/(mg/L)	330	16	95.2	HCO_3^-/(mg/L)	246.81	18.94	92.3
Ca^{2+}/(mg/L)	66.68	0.5998	99.1	SO_4^{2-}/(mg/L)	52.1	0.53	99.0

(1) 对离子的去除

从表 5-4 可看出，TS80 膜对钙、镁离子的去除率很高，达 99%以上，这一点也可从硬度的去除效果得出（95.2%）。对单价离子的去除较二价或多价离子稍低，在 80%左右。除 Al^{3+} 以外，阳离子的去除率随离子有效半径的增加而增加，阴离子也表现出同样的趋势。

(2) pH 值的变化

TS80 膜产水的 pH 值较进水 pH 值下降 1.3 个单位。这是由于 CO_3^{2-}、HCO_3^-、CO_2、OH^- 和 H^+ 透过膜的能力不同，原先进水的平衡被破坏而造成的，

故产水 pH 值为 6.40～7.35。

（3）对阴离子洗涤剂（LAS）的去除

在试验条件下，TS80 膜对 LAS 的去除率在 91.9%，这是因为：TS80 膜虽然属于传统软化膜，但是表面活性剂容易吸附在膜面上，并显著地影响膜表面电荷，其中阴离子洗涤剂能使膜面上负电荷增强，等电点降低，从而使 TS80 膜表面呈一定的电负性，因此对阴离子洗涤剂的去除率高。同时，阴离子洗涤剂的分子量也决定了它的高去除率。

2. 微生物分析

由于人的口腔、鼻子及喉咙中常含有白假丝酵母、铜绿假单胞菌和金黄色葡萄球菌，所以本研究中除常规微生物分析外，还采用这三种微生物作为受试生物，结果见表 5-5。

表 5-5　微生物的分析结果

水样	细菌总数/(个/mL)	大肠菌群/(个/L)	金黄色葡萄球菌/(个/L)	铜绿假单胞菌/(个/L)	白假丝酵母/(个/L)
污水	无法计数	20	未检出	未检出	4
预处理出水	无法计数	20	未检出	未检出	1
纳滤膜出水	85	<3	未检出	未检出	未检出

从表 5-5 可以看出，纳滤膜对细菌有很好的去除率，其出水满足微生物学指标。这说明利用纳滤膜作为物理消毒方法以取代常规的化学消毒是可行的。

四、纳滤膜设备的系统设计

对于反渗透膜，通常采用金字塔排列、单个压力容器内装 6 根卷式膜组件、无浓水循环结构以获得较高的回收率。但是，由于进水盐浓度低和一价离子去除率低，使纳滤膜系统的进水压力和渗透压比反渗透要低得多。因此纳滤系统的水头损失不能像反渗透系统那样被忽略，传统的反渗透设计结构已经不适于纳滤系统，这意味着对于纳滤系统不同的组件排列或级、段设计或不同的膜组件设计将会有更好的效果。

Eriksson 认为纳滤系统可采用渗透回压、增设中间加压泵和浓水回流三种方法来提高回收率。通过比较，我们在淋浴水纳滤膜处理中采用一段浓水回流系统（回流至中间水箱），以获得最大的水利用率（回收率），运行情况见表 5-6。

表 5-6　TS80 膜的运行情况

时间/min	水样	pH	电导率/(μS/cm)	压力/MPa	中间水箱水的体积/L	流量/(L/h)	浊度/NTU	TOC/(mg/L)	温度/℃
0	进水	7.75	512		99.3	318			16
	产水	6.40	23	0.7		24.1			

续表

时间/min	水样	pH	电导率/(μS/cm)	压力/MPa	中间水箱水的体积/L	流量/(L/h)	浊度/NTU	TOC/(mg/L)	温度/℃
30	进水	7.80	587		84.7				17
	产水	6.48	24	0.7		23.7			
60	进水	7.93	677		74.2				17
	产水	6.65	27	0.7		23.4			
90	进水	8.10	777		63.5			18.9	17
	产水	6.78	33	0.71		23.1		0.2	
120	进水	8.22	921		52.1				18
	产水	6.95	42	0.70		22.8			
180	进水	8.48	1350		29.3			43.5	19
	产水	7.20	78	0.71		21.3		1.3	
210	进水	8.61	1840		17.9		59.1	75.7	20
	产水	7.35	121	0.71		19.8	0.27	2.5	

由表5-6可以计算出TS80膜的最大回收率为：(99.3－17.9)/99.3＝82.0%，此时，膜的产水量下降了28.4%（经温度修正），这说明膜已受到污染，需要清洗。而在运行了180min后，膜的产水量就已经下降了20.5%，此时回收率为70.5%。因此，建议在实际运行时，纳滤膜的回收率控制在75%，这可相对减缓膜的污染。

随着回流运转时间的增大，由于浓水污染物浓度不断增加，同时pH值亦升高，使得膜进水中的溶质浓度及pH值增加，而溶质透过膜是与进水中溶质浓度直接相关的，所以产水中的电导率和pH值也逐渐增高。产水中TOC升高的原因可以认为是：①随着回流次数的增加，膜面上产生了较高的浓差极化；②高浓度的TOC和电导率会压缩膜面上的电荷密度，使得膜对某些有机物的排斥力减小。此外，某些有机物的分子结构在高TOC和含盐量（TDS）环境下会发生变化，使得这些有机物难以被膜去除。回流试验表明：循环系统的膜污染问题值得注意。

五、纳滤组合工艺用于回用技术的结论

① 直接过滤-纳滤组合工艺用于淋浴水回用在技术上是可行的。纳滤膜出水水质达到现行的生活饮用水标准，能够满足淋浴水回用的要求。

② 建议纳滤系统的操作压力为0.7MPa，回收率75%（采用浓水回流系统）。

③ 纳滤膜对无机盐去除是靠离子的电荷密度、有效半径和膜间的静电作用，对中性物质的去除是靠尺寸大小，对有机物的去除决定于有机物的结构特征（如分子量、极性）与有机物同膜间的相互作用关系。

④ 纳滤膜对病原菌等微生物有很高的去除率，膜出水没有检出白假丝酵母、铜绿假单胞菌和金黄色葡萄球菌。这说明利用纳滤膜作为物理消毒方法以取代常规的化学消毒方法是可行的。

第九节　双功能陶瓷膜生物反应器处理废水的回收

一、概述

利用膜生物反应器（membrane bioreactor，MBR）处理废水正在受到人们的关注。而无机膜生物反应器（inorganic membrane bioreactor，IMBR）则是在MBR基础上兴起的。IMBR的核心是采用无机膜，与有机膜比较，无机膜具有化学稳定性好、热稳定性高、力学性能优异、通量大、寿命长、容易清洗等优点，但也存在着制造成本高、运行费用大等问题，特别是容易堵塞的问题。

本节内容研究针对上述陶瓷膜容易堵塞的问题。提出了一种新的膜生物反应器的设计方案。即将陶瓷膜设计成U形管状，并置于反应器内，成为内置式膜反应器。该陶瓷膜既可以曝气，又可以进行抽滤，形成一种具有双重功能的陶瓷膜，在处理废水的同时不断进行曝气/抽滤的切换。而曝气的同时又是对陶瓷膜的反吹，以解决陶瓷膜容易堵塞的问题，从而提高反应器处理废水时的效率。

二、废水的生物处理试验方法

1. 生物反应器和陶瓷膜

图5-20所示是双功能陶瓷膜生物反应器的示意图。

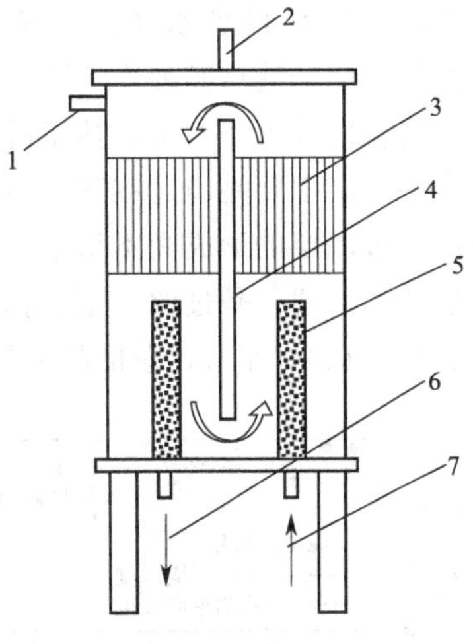

图5-20　双功能陶瓷膜生物反应器
1—进水口；2—排气口；
3—蜂窝陶瓷载体；4—挡板；
5—双功能陶瓷膜；
6—抽滤/曝气；7—曝气/抽滤

其有效体积约2.5L。反应器内部装有2组U形管状陶瓷膜，在反应器的底部有陶瓷膜的接口，可分别接上曝气和抽滤装置。在处理废水的时候可定时地进行曝气/抽滤的切换。反应器内另装有可拆卸的蜂窝状的陶瓷载体，该载体的作用是使微生物能附着生长在其上，以提高生物相浓度。反应器中间安装有一挡板，可使废水在反应器内形成内循环以强化气液传质。U形管状陶瓷膜的微孔孔径为60～100mm，每个陶瓷膜过滤面积为40.69cm^2。

2. 废水

在降低水样浊度试验时，选用两种浊度的水样。低浊度的水取自池塘水，内含有细小的胶体悬浮物。而高浊度的水样，是在取自池塘水样中加入一些泥土，以提高其浊度。

在降解废水时，在取自池塘的水中添加适量的葡萄糖及氮、磷等元素配制成模拟废水。

3. 生物膜的形成

当采用生物膜方法处理废水时，首先用肉汤培养基接入少量菌种。摇瓶培养48h，待微生物生长到一定浓度后，将该菌液加入到反应器中，使微生物吸附在多孔陶瓷载体上，经过一段时间的培养形成生物膜。

4. 陶瓷膜通量的测试

为了考察陶瓷膜通量随抽滤时间的变化情况。分别用前述的高、低2种浊度的水样进行试验。每隔一定时间用型号为WGZ-1的数字式浊度仪（上海产）测定抽滤后出水的浊度，并和同类废水在自然沉降情况下进行比较。此外还在1h内分为6个阶段考察陶瓷膜通量的变化规律以及经过曝气反吹之后膜通量的恢复情况。

5. 废水的生物处理试验

在反应器中安装陶瓷载体，待形成生物膜之后，分别进行间歇和连续生物处理模拟废水的试验。此时每隔0.5h进行一次曝气/抽滤的切换，以保持陶瓷膜的通量，并定时从抽滤膜处取样并测定水样的COD和浊度。

三、结果和讨论

1. 出水浊度的变化

分别用两种浊度的水样，经过陶瓷膜的过滤考察其浊度的变化情况。图5-21是采用浊度为47的水样经过陶瓷膜抽滤后其浊度的变化情况。从图中可以看出，经过陶瓷膜抽滤后其浊度下降至平均23左右，平均浊度下降率为51%。分析图中浊度变化曲线可以看出，抽滤后水样的浊度有一定幅度的变化，这说明陶瓷膜对浑浊水的过滤主要是通过在陶瓷表面形成的过滤层进行的。由于反应器内循环水流的搅动，过滤层的形成尚不稳定，所以出水浊度便有一些波动。从图中还可以看出，在抽滤的前期，是过滤层形成阶段，出水的浊度比后期的浊度要高。从5h以后，浊度稳定在20左右，总的趋势是浊度逐渐下降，平均浊度下降了57%。

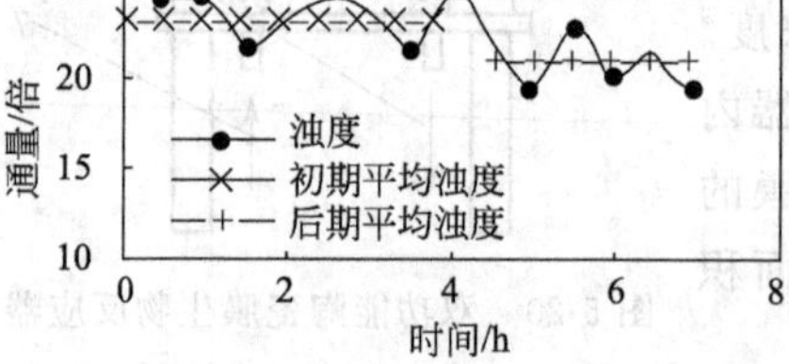

图5-21 低浊度水经陶瓷抽滤后的变化

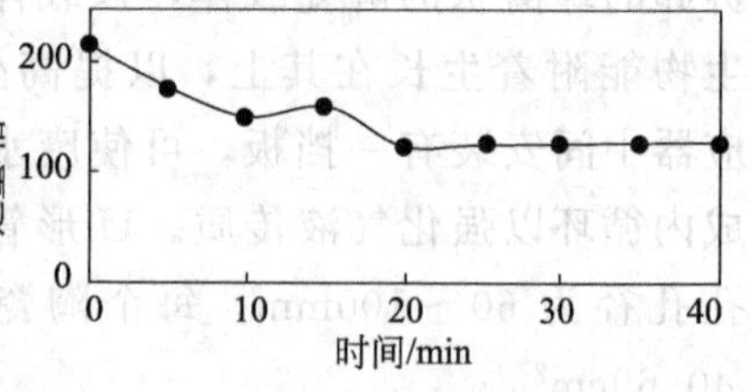

图5-22 高浊度水经陶瓷抽滤后的变化

图5-22是采用浊度为320的水样经过陶瓷膜抽滤后其浊度的变化情况。从图

5-22 中可以看出，在前 20min，出水浊度逐渐下降，此时是过滤层的形成过程，20min 之后，出水的浊度就降低至 120 左右，废水浊度的下降率为 62%，并且稳定在这个范围。

分析两种浊度的水样的下降情况，由于低浊度水中主要是细小的悬浮物，所形成过滤层的孔径就比较小。因而出水浊度相对就比较小。而高浊度的水中主要含有的是较大颗粒的泥土，所形成的过滤层的孔径相对较大，因而出水浊度也就较高。

为了与陶瓷膜过滤进行比较，对同类废水进行自然沉降的比较试验。图 5-23 和图 5-24 分别是采用浊度为 58 和 390 的 2 种水样经过自然沉降，其浊度下降的情况。从图 5-24 可以看出，低浊度废水经过 10h 的自然沉降后，其浊度下降到 25，而 24h 后，浊度降到 18。从图 5-25 可以看出，高浊度的废水经过 4h 的自然沉降，废水浊度的下降率为 60%，此后浊度缓慢下降。

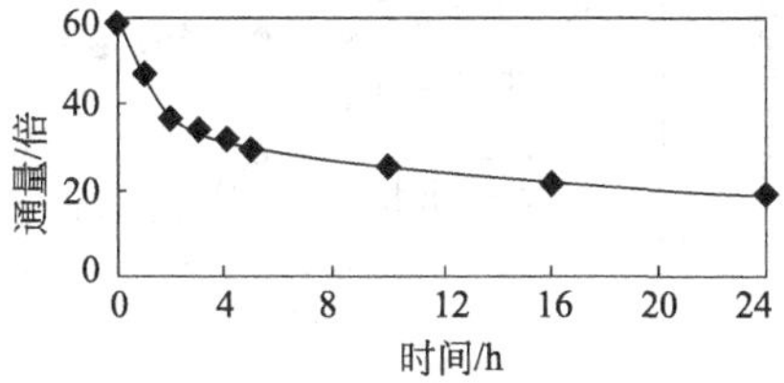

图 5-23 低浊度水自然沉降时浊度的变化

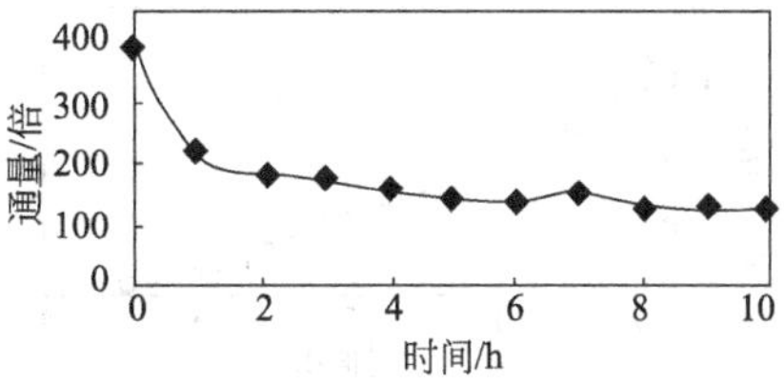

图 5-24 高浊度水自然沉降时浊度的变化

从上述试验结果可以看出，采用池塘水，由于水中含有较多的悬浮物，主要是一些浮游性的胶体物质，其自然沉降速率较慢，在此种情况下，陶瓷膜过滤的效果就相当于其自然沉降 10～24h 的结果。而高浊度的水，由于是在水中加入了泥土，其沉降速率较快，同时也会吸附悬浮的胶体物质共同沉降，所以陶瓷膜过滤的效果就相当于其自然沉降 4h 的结果。

2. 陶瓷膜通量的变化

用陶瓷膜连续进行抽滤时，其膜通量会逐渐下降。下降的幅度是进行废水处理时的主要工艺参数。图 5-25 所示是用低浊度水进行的膜通量恢复性能的试验。进水浊度 47，出水浊度 23。试验时，在 60min 内每隔 10min 测定一次膜通量，考察其膜通量的变化情况。每次测试之后，均曝气 10min，从实验结果可以看出，经过短时间曝气均能基本恢复到原来的水平。最后膜通量可稳定在 180～200 L/(h·m^2)之间。图 5-26 是用高浊度水进行的膜通量恢复试验，连续进行了 3 次试验，每次抽滤 45min，然后曝气 8min。从图 5-26 可以看出，经过短时间的曝气，膜通量也基本恢复到原来的水平。

3. 处理废水的试验

在反应器内安装蜂窝陶瓷载体，让微生物附着生长在陶瓷膜上形成生物膜，用该方法处理模拟废水时，分别进行了间歇和连续处理模拟废水的试验，以考察用该反应器处理废水时的效果。图 5-27 是间歇处理模拟废水时 COD 降解的曲线。图 5-28是连续处理废水时 COD 降解的曲线。

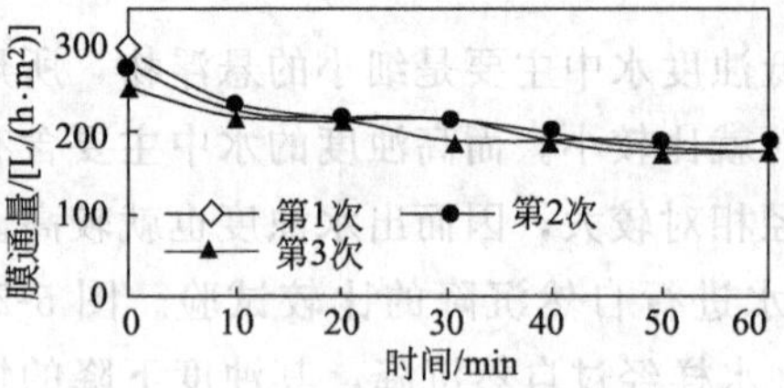

图 5-25 陶瓷膜通量的变化

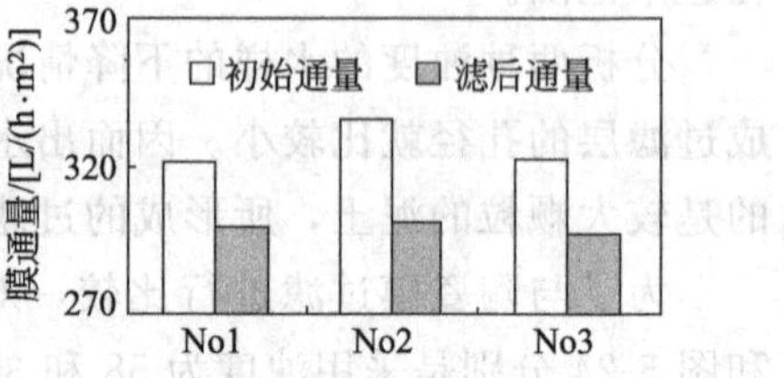

图 5-26 膜通量的恢复情况

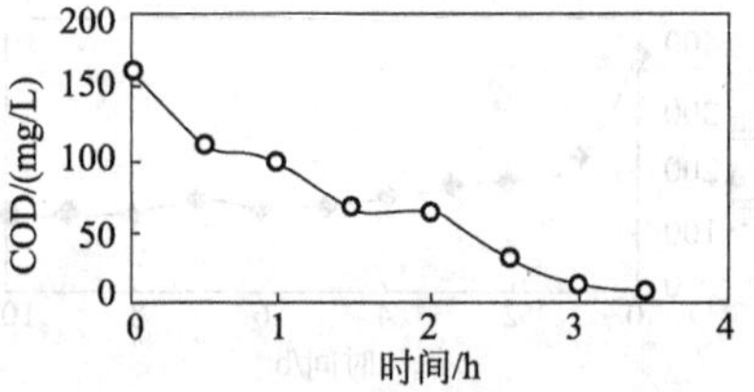

图 5-27 间歇处理废水时 COD 的降解曲线

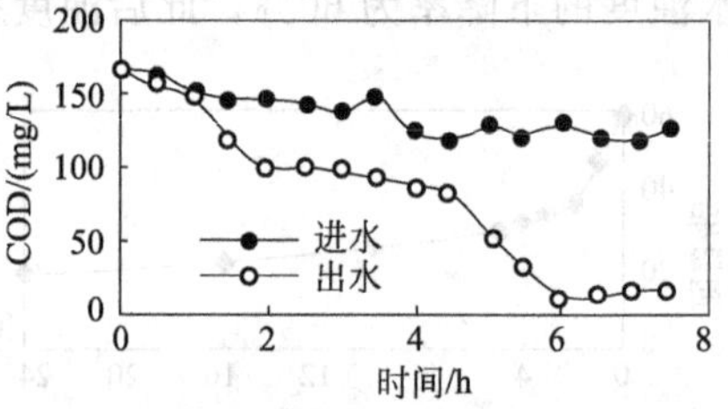

图 5-28 连续处理废水时 COD 降解曲线

连续处理时，平均水力停留时间约 113min。从图 5-27 中可以看出，经过 3h 的间歇处理，废水的 COD 就降解了 92%，COD 负荷约为 1.1kgCOD/(m^3 · d)。从图 5-28 可以看出，连续处理时，经过 6h 之后，废水 COD 的去除率就稳定在 90%以上，此时的COD 负荷约为 1.5kgCOD/(m^3 · d)。用生物膜法处理模拟废水时，每 0.5h 进行一次曝气/抽滤的切换，使膜通量保持在 290～320 L/(h · m^2)，其出水的浊度从 47 下降到 19。由于采用陶瓷作为生物膜的载体，有效地避免了污泥过多堵塞陶瓷膜，造成陶瓷膜通量下降。

四、双功能陶瓷膜生物反应器应用价值结论

根据试验结果分析，陶瓷膜的过滤作用主要是通过在陶瓷膜表面形成过滤层实现的。用双功能陶瓷膜生物反应器处理废水时，由于可以进行抽滤/曝气的切换，从而有效地解决了一般膜反应器中普遍存在的膜容易堵塞的问题，提高了膜反应器处理废水的效率。此外，在该反应器中增加陶瓷载体，既可以增加生物相浓度，又可以避免悬浮的微生物堵塞陶瓷膜。废水经过陶瓷膜的过滤，其出水浊度较低，与传统的废水处理方法相比，由于出水的浊度较低，可以缩短废水的沉清过程，从而提高废水处理的效率。因此双功能陶瓷膜生物反应器具有很大的应用价值。

第十节 膜法与有机中间体的废水处理技术与综合回收

一、概述

随着发达国家环境保护意识的加强与压力的日益加大，引发了有机中间体生产与贸易中心的东移，促进和推动了我国有机中间体的迅速发展，但同时也带来了严重的环境污染问题。

目前环境污染问题已成为制约我国有机中间体行业发展的“瓶颈”。尽管有机中间体环境污染治理的根本出路在于开发与推广应用清洁工艺，但由于生产技术、经济等诸多因素的限制，大部分生产工艺都会产生大量的三废，因此采取行之有效的三废处理技术显得尤为重要和必要。

而这些有机中间体生产“三废”以废水为主，因此本节将着重介绍需首先控制的苯系有机中间体国内工业化应用的废水处理技术和国内外有发展前景的废水处理技术的开发与进展。

二、有机中间体的废水处理技术

1. 氯化苯

氯化苯是重要的氯系中间体，每吨产品排放废水 1.5t，废水中主要含苯、氯苯等有机物，通常含量为 100～200mg/L。

目前国内氯化苯废水治理主要采用吹脱（或汽提）、吸附与生物处理相结合的办法，由于温度升高利于氯化苯的挥发，因此在吹脱过程中，应将污水加热到一定温度，吹脱逸出的氯苯和苯冷凝回收，少量未冷凝的氯苯和苯用活性炭吸附回收，然后进行生化处理。

在吸附过程中由于活性炭不易再生，国内外开发树脂吸附，如美国采用苯乙烯-二乙烯苯类树脂对溶液中的氯苯进行吸附，至少可以回收 95%的氯苯，树脂吸附后常用稀酸、稀碱作为脱附剂，脱附率为 95%，不产生二次污染，其吸附能力不变。国内也进行了大量的研究工作，工业化应用前景较好。

国外有的在吸附环节采用热解或催化氧法替代，如德国采用将氯苯与 600～1000℃水蒸气反应，催化剂为含 20%～99.9%的 CaO 和 80%～0.1%的 Al_2O_3 的铝酸钙，也可加入少量的 V、Cr、Mo、Fe、Ni、Cu。氯苯与水的比率为 (1∶0.5)～(1∶4)。分解后的主要产物为烯烃、H_2、CH_4、CO_2。

国内济宁中银电化公司则采用清污分流、封闭循环水、提高碱洗浓度到 10%以上来改善碱洗效果，消除了氯苯生产中 60%的废水，水耗由原来的 170t/t 降至 42t/t，同时降低了苯耗，成本降低 500 元/t。

2. 硝基苯与硝基氯苯

硝基苯与硝基氯苯是以混酸对苯或氯苯进行硝化的产物，废水中主要含有硝基苯、硝基氯苯和酚盐类物质如硝基酸钠、二硝基酸钠、三硝基酸钠等。由于废水中有机物种类较多，目前国内普遍采用汽提、萃取或吸附再加上生化降解的综合处理方法。为了防止固体不溶物对汽提塔的污染，在进行汽提操作以前要对废水进行必要的过滤或滗析处理；在萃取前首先要对碱性洗水进行酸析，去除硝基酚类，硝基苯和硝基氯苯酸析后的废水可以先用苯、氯苯萃取，萃取温度为20～80℃，pH≤5，然后有机相再和 Na_2CO_3 在pH≥8的条件下反萃。萃取液中苯或氯苯可返回硝化阶段重新再利用。

国内有部分厂家采用吸附方法，吸附剂主要为活性炭。近年来国内外对树脂吸附处理硝基苯和硝基氯苯废水有大量的文献报道，树脂的组成有经溶剂溶胀后交联的聚苯乙烯、苯乙烯－二乙烯苯类聚合物等。国内南京大学开发的CHA-Ⅲ大孔树脂用于处理硝基苯和硝基氯苯废水取得良好的效果。CHA-Ⅲ的工作吸附容量为126mg/L，处理水量为190m^3/h，处理后硝基苯类化合物的浓度小于5mg/L，去除率为99%。而且废水中的pH对树脂吸附效果无明显影响。使用异丙醇为脱附剂，最佳脱附温度为55℃。另外沈春银等人采用H-103型吸附树脂处理硝基氯苯废水也有较好的效果，硝基氯苯COD去除率达95%。由于树脂可反复使用，因而采用树脂处理废水较为经济而具有发展前景。

国外开发出的化学处理法中具有发展前景的是湿式氧化法。由于硝基苯和硝基氯苯较为稳定，在一般条件下不易分解，因此湿式氧化一般在较高温度下和压力下操作，反应温度一般在325～375℃，压力为 2.20×10^7～3.45×10^7Pa，反应时间为5min，将有机物氧化为 CO_2 和 H_2O 等简单的小分子化合物，在此条件下难以分解的有机物可以很容易地降到5～10mg/L。为了降低反应温度、提高氧化效率，还可使用催化剂。如德国专利介绍，将硝基苯或硝基氯苯废水加热到100～300℃，在 2×10^5～1×10^7Pa的压力下，借助催化剂，如CuO、Al_2O_3 或硅酸镁或Cu、Cr、Zn在 Al_2O_3 氧化物的作用下氧化分解有机物，硝基苯和硝基氯苯降解90%以上。尽管湿式氧化对技术要求很高，但作为一种方便的处理方法，值得国内关注。

生物降解法是目前处理低浓度硝基化合物废水的经济和有效的方法，要加强菌种的选择和驯化，将其与化学或物理处理法相结合，以提高硝基物废水的处理水平。

3. 二硝基氯苯

二硝基氯苯属于难以生物降解的有机物，目前国内主要采用活性炭或煤渣吸附处理二硝废水，处理后基本上能达到国家排放标准。但处理成本高，每吨废水约1.5元，而且活性炭难以再生，造成二次开发污染。

肖羽堂等提出以废铁屑对该废水进行预处理，从而使废水可生化性大大提高。铁屑投加量为4%，将pH＝5，COD_{Cr} 1000～1500mg/L，色度800～1200倍的二硝废水进行预处理40～60min，COD_{Cr} 和色度的去除率为65.4%和93.5%，同时废水的可生化性由 $m(BOD_5):m(COD_{Cr})=0.023$ 提高到0.47，降低了处理成本。该法具有一定的实用性。

4. 苯胺

苯胺是重要的有机中间体，每吨产品产生 0.2t 废水，含苯胺约 15g/L，毒性较大。

苯胺生产废水经典的处理方法是采用厌氧细菌的生化处理法，但该法需在进生化池前用共沸蒸馏法或有机溶剂如苯、甲苯进行萃取预处理，将废水中的苯胺降低到 5mg/L 以下，过程的经济性不是很理想，处理成本高。

南京四力公司、南化公司磷肥厂用 CHA-101 树脂在室温下吸附处理苯胺生产废水，据报道可达到国家排放标准，并回收了苯胺、硝基苯。

清华大学采用络合萃取法对国内多家含苯胺废水进行处理，经 2～3 级逆流萃取后，废水中的苯胺含量由 15g/L 降低到 0.3mg/L 以下，直接达到排放标准，并可回收 99%的苯胺，且具有一定的经济效益。另外他们还开发出双溶剂络合萃取剂，据称能将废水中的硝基苯含量降到 6～10mg/L 以下，工业化应用前景广阔。

5. 4-氨基二苯胺

4-氨基二苯胺是重要的橡胶助剂、医药和染料中间体。目前国内生产工艺多为较落后的甲酸苯胺法，而且缩合后还原过程均采用硫化碱还原，废水量大，污染严重。其中缩合母液和还原母液废水占整个工艺的 95%以上。

国外一般采用活性炭吸附，过滤，然后焚烧的方法处理缩合母液中的有机物。也有用苯、甲苯等溶剂萃取的方法回收有机物，但效率都不高，处理后的高含盐废水仍无法处理。

姜力夫等对缩合废水采用浓缩结晶的方法回收 KCl，然后焚烧除去有机物，再用离子交换树脂法生产 K_2CO_3 回用于生产工艺。还原母液尚未见有效的治理方法的介绍。

6. 邻苯二胺

邻苯二胺是重要的农药中间体，国内主要采用硫化钠还原邻硝基苯胺工艺生产，每吨产品产生污水 8t，邻苯二胺浓度 6000～9000mg/L，还有大量硝基物、含硫盐类等，其 COD_{Cr} 高达 4×10^4 mg/L。污染严重。

江苏化工学院和江阴永联集团用 H-103 树脂吸附处理含 13000mg/L 邻苯二胺的废水，出水邻苯二胺降到 350mg/L，用稀盐酸为脱附剂可回收 90%的邻苯二胺，COD_{Cr} 去除率 95%。

沈阳化工综合利用研究所开发出以磷酸三丁酯为萃取剂回收废水中邻苯二胺的技术，回收率 85%，还可回收硫化钠，以 30t/d 的规模计算，年盈利可达 21.7 万元。据介绍该技术可与中分式萃取塔结合，实现多级连续萃取，效果会更好。

齐兵等人应用液膜法处理高浓度邻苯二胺废水效果较好，主要过程包括制备乳液、液膜萃取、澄清分离等过程。选用氯仿为传质介质，将废水中邻苯二胺以盐类的形式回收，乳液可以复用或破乳后再制乳，具有较好的发展前景。

7. 苯酚生产废水

苯酚是一种重要的基本有机合成原料，我国近年来发展较快，目前苯酚生产的废水年排放量约 200×10^4t，含酚量高达 10000mg/L。

国内传统的苯酚废水处理方法为用苯、重苯、醋酸乙酯和 N-503-煤油等为溶剂的萃取法，苯酚的去除率 99%左右，但萃取后的水中仍含有 10mg/L 的酚，远高于国家标准 0.5mg/L。当浓度过高无法处理时，则采用焚烧法处理，非常不经济。

国外较经济有效的处理方法是，先用溶剂萃取法将废水中的苯酚含量降低到 2000mg/L 以下，然后再用 XAD-4 吸附树脂来处理苯酚生产废水，经树脂吸附后可达到排放标准，并可回收苯酚。国内南开大学采用国产的 H-103 吸附树脂替代 XAD-4 吸附树脂处理苯酚废水，对含酚量 2000mg/L 以下的废水，树脂的吸附容量为 150～250mg/mL，酚的去除率为 99.99%，处理效果优于 XAD-4 吸附树脂。但该法同样存在进水浓度不能过高的问题。

为了解决酚类废水的处理问题，国内外有大量的文献报道，其中最具发展前景的是生物流化床法、乳状液膜法和络合萃取法。

生物流化床以砂、焦炭、活性炭等为载体，污水流由下向上流动，使载体处于流化状态。生物流化床可使反应器内的生物膜处于高密度状态，在向反应器内曝气的同时使空气和生物膜保持良好的接触，从而提高了处理效率。生物流化床具有容积负荷大、处理效果好、效率高等特点，可以处理大量高浓度的含酚废水。日本石油公司开发了以聚乙烯醇凝胶为载体，固定生物催化剂（MCAT）的生物处理含酚废水技术。MCAT 耐用性好，活性可保持 3 年以上，可将原水中酚的浓度降到 25mg/L 以下。

络合萃取技术已成为化工分离领域研究开发的主要方向之一。清华大学化工萃取实验室采用自己开发的 QH-1 络合萃取剂来处理浓度 1000～10000mg/L 含酚废水，油水比 1∶3，在室温下经 2～3 级逆流萃取，废水中的含酚量小于 0.1mg/L，低于国家标准，再用 10%～20%的氢氧化钠反萃，回收溶剂和苯酚，回收率 99%。这一技术已在无锡某厂投入工业化运行，年经济效益约 100 万元。

乳状液膜分离技术中萃取与反萃取一次完成，分离效率高，投资与工作成本低。乳状液膜用于处理含酚废水，对于浓度为 4000mg/L 的含酚废水，经过二级或三级处理后，除酚率可达 99.9%，并可同时获得酚钠盐的浓缩液，经济效益明显。但该法制乳、破乳等工序过程与技术较为复杂。有资料报道国内有企业采用液膜法处理含苯酚的废水，经工业化应用表明，该工艺稳定，处理效果好，含酚量由 1400mg/L，降低到 0.3mg/L。

8. 对硝基苯酚

对硝基苯酚生产废水主要是结晶母液，每吨产品产生 1～2t 废水，含酚量在 4000～9000mg/L。对硝基苯酚生产废水国内普遍采用萃取法或大孔树脂吸附法等进行处理，这些方法仅用作综合处理的预处理，处理后废水不能达到国家规定的排放标准，需进一步治理，且排水含盐量高。目前树脂吸附开发效果较好的江苏石油化工学院开发的 CHA-101 树脂，出水的含酚量可小于 0.5mg/L。但处理后水中仍含有大量的无机盐。

9. 对氨基酚

对氨基酚是重要的医药中间体，主要用于生产药物扑热息痛，其废水国内目前主要采用树脂吸附法，但效果和经济性均有待进一步提高。

清华大学戴猷元采用 20% P_2O_5 +30%正辛醇+50%煤油体作为萃取剂，油水比 1∶3，采用三级错流，处理对氨基酚废水，废水中的对氨基酚去除率达 100%。用 2%稀盐酸在 40～50℃经两级反萃取，反萃率可以达到 100%，对氨基酚的回收率为 100%。不过该法同树脂吸附法相比，还处于实验研究阶段，在过程的可操作性方面还有待改进，但具有良好的工业化前景。

三、有机中间体废水处理的发展趋势

上述废水治理技术有的已经投入工业化运行，有的尽管处于研究阶段，但表明了有机中间体废水处理的发展趋势。

通过本节对膜法与有机中间体的废水处理技术与综合回收的了解，使读者更明白，目前环境污染已成为我国有机中间体能否健康发展的关键因素，因此，要使我国有机中间体企业增强环境保护意识，加大环境保护和三废治理的力度。在废水治理过程中推广应用吸附树脂、络合萃取、催化氧化、膜分离、生物降解等技术。

第十一节　膜分离技术在海带浸泡废水回用中的应用案例

一、概述

我国有辽阔的海域和漫长的海岸线，海藻和海产品的产量居世界各国的前列。海藻化工和海洋水产品加工已成为沿海地区新的经济增长点和支柱产业。然而，海藻及海产品加工业往往也是耗水和排放废水大户。从海带加工生产褐藻酸钠，每生产 1t 褐藻酸钠需要消耗 1000t 淡水，同时产生 800t 废水。而且所排的废水中含有 Ca^{2+}、Mg^{2+}、SO_4^{2-}、Cl^- 和 CO_3^{2-} 等无机离子，同时还富含胶体、植物蛋白、氨基酸、多肽多糖类等不同分子量的有机物。

二、膜集成提取甘露醇工艺

从海带中提取甘露醇的传统工艺是离心水洗重结晶法。海藻浸泡水的甘露醇含量 1.0%左右，甘露醇结晶浓度在 20%以上。每生产 1t 甘露醇需消耗 60t 蒸汽用于蒸发浓缩。因此，采用该工艺生产甘露醇，能耗高，经济效益低，企业生产甘露醇

实际上要亏本。

因此，不少海藻加工企业把海带提胶、提碘后的浸泡液作为工业废水直接排放。不仅造成水和药用资源甘露醇的浪费，同时也严重污染环境。

国家海洋局杭州水处理技术中心与青岛某海藻集团公司合作，采用先进、节能的膜集成专利技术对甘露醇提取工艺进行系统性改造回用。

三、废水浸泡回用的工艺流程

其工艺流程见图 5-29。

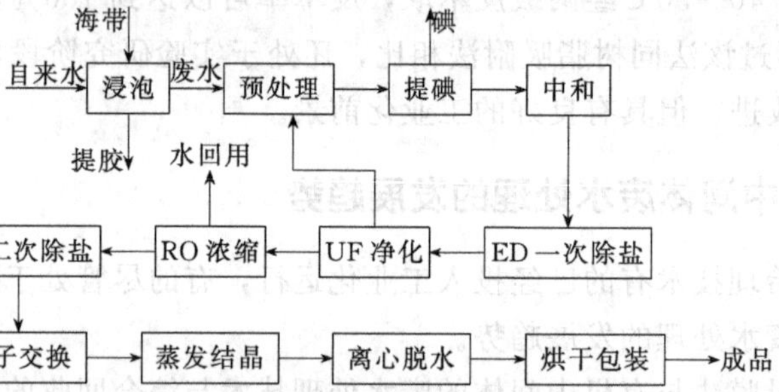

图 5-29 膜集成提取甘露醇工艺流程

采用絮凝、气浮和动力形成膜恒压过滤等专利技术对海带浸泡液进行预处理，除去悬浮物、蛋白、糖胶等胶体和大分子有机物。再采用 ED 膜技术脱除原料液中 95%以上的无机盐。再采用 UF 膜技术进一步净化海带浸泡水，使净化后的浸泡水水质符合后面 RO 脱水装置的进水水质指标，即 SDI 值小于 4。通过以上一系列预处理的海带浸泡液再采用 RO 膜技术进行脱水预浓缩，甘露醇的浓度提高 3 倍以上，进入多效蒸发装置进行浓缩结晶。

四、设计能力与经济效益

系统处理海带浸泡水最大设计能力为 40m³/h，年产甘露醇 2600t。可将海带浸泡水的甘露醇浓度从 1.3%～1.4%浓缩到 4.2%～4.3%。该生产线经过 5 年多的连续生产运行表明，整个系统运行稳定可靠，节能效果明显，经济效益显著。

运行结果也已表明用膜法提取甘露醇比用水重结晶法老工艺平均提高产率 78%以上，成本下降 40.2%。用电渗析先行除盐净化再蒸发浓缩，省去了离心水洗工序，平均省电 59.2%。经济效益比较见表 5-7。

表 5-7 电渗析法和水重结晶经济效果比较

指　标	电渗析法	水重结晶法
海带投料/t	467.7	473.0
甘露醇产量/t	37.2	28.55
甘露醇的实际得率/%	7.80	6.03

续表

指　　标	电渗析法	水重结晶法
甘露醇的提取率/%	71.0	39.9
每吨甘露醇耗煤量/t	18.7	30.6
每吨甘露醇耗电/kW·h	2905	7121
成本/(元/t)	4793	8822

新旧工艺相比，每生产1t甘露醇可节省65%的蒸汽，节约用水60%，提高产品得率1%，减少蒸发器维修费用50%，2010年，总的生产成本降低2000元/t左右。又经过了两年左右，新增的经济效益完全收回设备投资，同时也改善了工人的劳动强度和生产环境。

第十二节　膜法处理对轧钢废水与冷轧废水回用工程中的应用案例

一、双膜法技术在轧钢废水回用工程中的应用

我国工业取新水量占全国取水量的20%，钢铁取新水量约占全国工业用新水量的2.2%；在火电、石油石化、纺织、造纸等高耗水工业中，钢铁工业耗新水量名列第五，平均吨钢耗水量为14m^{3}左右。作为世界上最缺水的13个国度之一，水，是制约我国钢铁工业发展的重要因素。钢铁工业还是污染大户，钢铁废水含有工业废渣、油、苯、酚等有机物，有害物质主要是炼焦步骤中产生的，另外，像轧钢过程中，水会变成酸性，如果不加处理排放到环境中，会给人类以及各种动植物带来有害影响。

近些年来，为了减少钢铁企业的废水排放量，减少吨钢的新水耗水量，越来越多的企业追求高效的废水处理及回用技术。膜法处理技术就是一种有效的分离技术，经过超滤和反渗透等技术可以去处细菌、悬浮物、鞭毛虫、酵母、蛋白质、病毒、杀虫剂、颜料、胶体和盐等污染物。可以处理轧钢废水、炼油废水、电厂循环水和市政污水等。膜法水处理技术的最大优势在于对杂质的去除率高，处理后的水质不仅以及格排放为目的，且可以实现废水回用，彻底消除或大幅降低化学药剂的使用，避免二次污染；系统自动化程度和可靠性高，占地面积小；与其他水处理技术相比处理费用相当。本节将以某钢厂废水回用改造工程为案例，详尽研究钢铁废水，尤其是冶炼和轧钢废水采用双膜法技术进行深度处理回用的工艺设计和实际运行情况分析，同时也可以查看中国污水处理工程网更多关于钢厂废水处理的技术文档。

1. 冶炼废水水质特点分析

该钢厂在2001年就建成了一套以轧钢废水、冶炼废水以及部分生活污水

为水源的反渗透除盐系统，产水主要用作不锈钢冷轧工序的工艺用水，设计反渗透能力1400m³/h。由于该废水水源复杂，它包括冶炼和轧钢两种废水，同时包括部分生活污水。原水水源的复杂性使得该废水回用系统在设计时对工艺的掌握上就存在风险性，因为当时在国内没有类似的复杂废水水质的膜法回用处理经历，无法借鉴其他系统的设计和运行经验。在2006年，根据5年的运行经历，针对这种复杂的废水水质特性，对该系统进行了改造，改造主要集中在反渗透预处理部分，因为现在膜法市场存留一种共识，即反渗透系统运行的好坏主要决定于预处理系统是否能有效保护反渗透运行，比如，SDI_{15}能否小于4。

表 5-8 系统设计水质

项 目	设计指标	备 注
pH	7～8	6～9
浊度	30～40	＜100
电导率/(μS/cm)	＜3300	
SiO_2/(mg/L)	18	
总硬度/(mg/L)	1200	＜2200
钙硬度/(mg/L)	1100	＜2000
碱度/(mg/L)	130	
硫酸根/(mg/L)	540	
氯化物/(mg/L)	280	＜700
铁/(mg/L)	3～6	
油/(mg/L)	5～10	
COD/(mg/L)	30～40	＜60

从表5-8可知，原水的设计指标存留几个特点：

① 高含盐量（电导率＜3300μS/cm），高硬度（总硬度＜1200mg/L），高的硬度限制了一段RO工艺的回收率，一般设计值为75%，同时为了避免RO的结垢倾向，尤其是一级二段RO的垢化倾向，有必要在RO前添加阻垢剂来延缓硬度在RO膜表面的结垢。

② 高污染指标：从原水水质指标分析，废水中含有高的铁（3～6mg/L）、油（5～10mg/L）以及高的COD指标。高的铁含量往往引起膜的铁污染，无论是UF还是RO膜在这种水源中都存留这个风险。因此，对这种水源，可以采用“氧化＋沉淀”工艺将Fe含量降低的0.5mg/L以下，甚至为0mg/L。从膜系统常年温度运行的角度考虑，油应该避免进入膜系统，包括UF和RO，在本案中油的含量最高可达10mg/L，这对于膜的运行存留较大的风险，容易发生膜的污堵，而且油污染很难采用常规的化学试剂进行有效的清洗。另外，高的COD对于膜系统的运行影响较大，主要表现为：a. 引起有机物污染；b. 引起微生物污染。对于废水水质，

在高 COD 条件下尤其容易引起微生物污染。而生物污染是引起反渗透系统污堵的最广泛现象。同时，由于现在市场上的反渗透膜基本上都是 PA 膜，PA 膜的特点之一是不能耐受高的氧化剂，因此在 RO 系统前不能经过大剂量的氧化杀菌气氛来控制微生物的生长，所以生物污染是现在膜法废水回用中最需解决的问题（见图 5-30）。

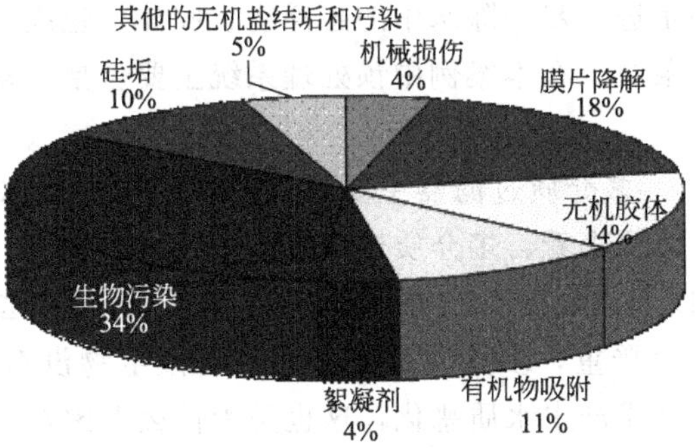

图 5-30　原水水质指标分析

针对以上这种水质特点，本案例采用了如下工艺路线。

2. 膜法废水回用工艺路线

见图 5-31。

(1) 前处理系统工艺

前处理系统主要目的是去除水中的大部分铁、锰、悬浮物、胶体、悬浮物及部分有机物等，减轻预处理系统的承担和提高其产水水质。

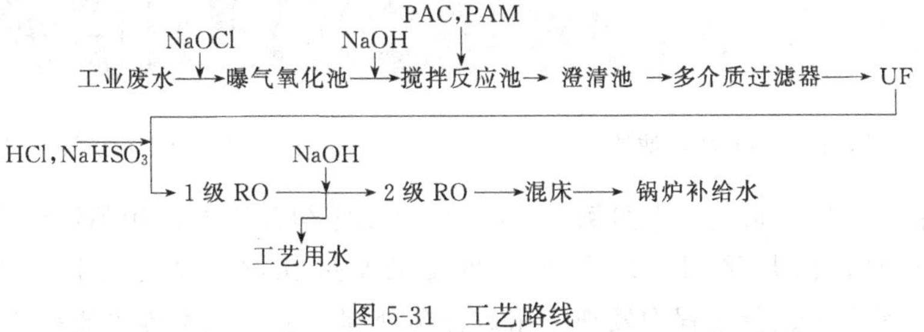

图 5-31　工艺路线

前处理系统主要包括：曝气氧化池系统、次氯酸钠加药系统、机械反应沉淀池系统、絮凝剂加药系统、助凝剂加药系统、斜板沉淀池等，详见表 5-9。

曝气氧化池系统：采用空气曝气法，向水中溶入氧，同时散去 CO_2 提高 pH 值，使二价铁离子转化为三价铁离子，形成氢氧化铁胶体，在后续的沉淀过滤中去除。在曝气的同时投加次氯酸钠提高对二价铁的氧化能力、并加碱调节 pH 值。机械反应沉淀池系统：进水中投加絮凝剂和助凝剂后，在反应池内机械搅拌混合，在斜板沉淀进行絮体和水的分离。

表 5-9 前处理设备表

项 目	总产水量/(m^3/h)	单套产水量/(m^3/h)	套 数
斜管沉淀池	2474	1237	2
多介质过滤器	2522	194	13
自清洗过滤器	2324	1162	2

(2) 预处理工艺

预处理主要目的是进一步去除水中的悬浮物、胶体、色度、浊度、有机物等干扰后续反渗透运行的杂质。在本案例中预处理系统主要包括：多介质过滤器＋自清洗过滤器＋超滤装置。

① 多介质过滤器　多介质过滤器主要经过滤层截留去除水中大部分悬浮物和胶体。从实际的运行情况来看，多介质过滤器产水 SDI 值冬季可保证 SDI_{15} 在 4 左右，夏季 SDI_{15} 在 4 以上（见图 5-32 和图 5-33）。之所以会有这样的波动主要是因为夏季微生物繁殖较为严重，多介质过滤器本身对微生物没有良好的过滤控制能力，因此使得夏季多介质产水水质恶化，这也是为什么考虑在多介质后面添补超滤系统的理由之一。

图 5-32　多介质过滤器

图 5-33　超滤（UF）系统布置方案

② 超滤（UF）系统　本案例在 2001 年建成之初并没有采用超滤作为反渗透的核心预处理，而是采用“多介质＋两级保安过滤器（精度分别为 20μm 和 5μm）”，但是由于运行过程中发现采用这种预处理工艺在夏季等水质恶化的季节，预处理产水水质往往也跟着恶化，从而使得后续的反渗透工艺运行污染负荷增大，运行费用加大，因此在改造过程中填补了超滤（UF）核心预处理工艺来有效去除悬浮物、微生物以及胶体等污染物，提高并且稳定预处理出水水质，现在 $SDI_{15}<3$，从而有效保护反渗透常年稳定运行。

在本案例中核心预处理选用 DOW™ SFP2860 超滤膜元件，其材质为聚偏氟乙烯（PVDF 材），过滤精度为 0.03μm，采用外压过滤方式。具体系统配置见表 5-10。

表 5-10 超滤系统配置

项 目	UF 系统
产水量/(m^3/h)	12×189
设计系统回收率/%	90
膜元件型号	DOW™SFP2860
膜架数量	12×60
设计渗透通量/LMH	60

超滤与传统预处理衡量具有以下优势：

a. 产水水质好，SDI 一般小于<3，可完全满足反渗透的进水要求，有效地保护反渗透的常年稳定运行。同时，产水 SDI 值不随进水浊度的变化而波动，具有较强的抗冲击能力。

b. 自动化程度高，全自动运行。

c. 占地面积小。在本案例中，采用双层布置，每层 6 套装置，上下两层共 12 套装置，采用双层布置可有效地节约装置的占地面积，对于改造项目来说，是一种可取的布置方案（见图 5-33）。

d. 节省化学药剂用量，降低废水处理费用。

超滤运行工况分析见图 5-34。

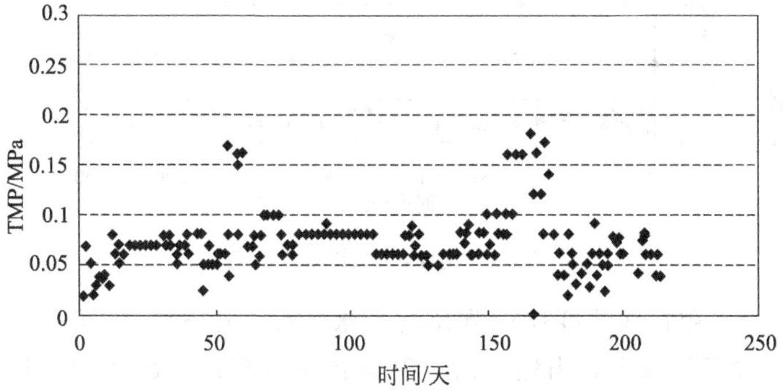

图 5-34 超滤运行工况分析

经过 1 年多的连续运行，超滤系统的压差随着水温和污染情况的变化存在必然的波动，如图 5-34 所示，系统压差基本控制在 0.7bar 以下，但是在夏季（7～8 月）运行时，系统受到微生物污染的影响较大，从图可知，超滤系统存在两个较明显的压差上涨区间，压差最高可达化学清洗（CIP）的设置点（1.5bar）左右，但是经过化学清洗，尤其是 1000～2000mg/L 浓度的 NaClO 清洗后，可以恢复超滤系统的压差，说明系统的污染源主要是微生物。因此为了控制系统的微生物污染，夏季时在超滤系统前连续投加定量的 NaClO 来控制微生物的繁殖，为了增强生物控制力度，可控制超滤产水的余氯值在 0.5～1mg/L，当然，在 RO 前需用还原剂还原。

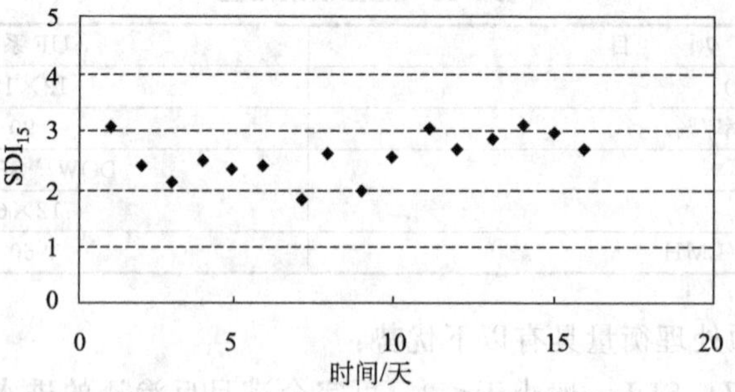

图 5-35 超滤产水的 SDI 值

由于现场没有安装在线 SDI 仪，因此本系统在运行的 1 年多时间里抽检了超滤产水的 SDI 值。由图 5-35 所示，超滤产水 SDI_{15} 控制在 3 以下（95%），但是某些时间产水 SDI 大于 3（小于 4），主要是在夏季以及原水水质恶化或者变化较严重时。为了使膜法系统能常年稳定运行，尤其对于废水水质，保持原水水质的稳定是必需的。

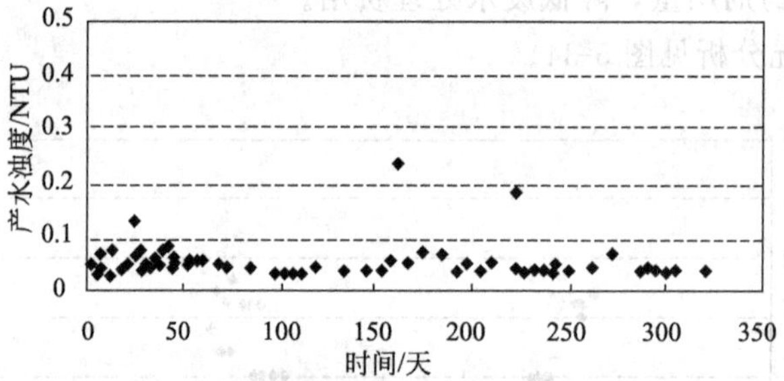

图 5-36 超滤的产水浊度稳定

在本系统中采用在线浊度仪检测超滤产水浊度，由图 5-36 可知，超滤的产水浊度稳定在 0.1NTU 以下，当然，由于管路污染等理由，超滤产水浊度在某些时候会有所下降，但完全在可控范围内。

③ 反渗透（RO）系统 超滤是作为反渗透的预处理存留的，因此 RO 运行的好坏也是考量整个预处理系统的必要参数。

经过 1 年多的连续运行，该系统二段 RO 的压差保持稳定（图 5-37），在 0.7～1bar 左右波动；但一段 RO 的压差随着水质和水温的波动存在必然的变化，主要表现为夏季微生物繁殖得较为严重的时候，压差有明显的上涨，最高压差超过 4bar，达到了化学清洗的值，而经过化学清洗后，压差基本恢复，但在夏季经过较短的时间，压差仍旧会逐渐升高，达到化学清洗的规定值。说明针对这种复杂的钢铁废水，由于 COD 高，在夏季微生物较为严重，表现为化学清洗周期明显缩短。这种微生物并不是因为超滤（UF）无法去除而引起的，发生生物污染往往是因为 UF 与 RO 系统之间存在二次污染引起的。当然，对这种高 COD 的废水水质，有机物污染也较为严重。

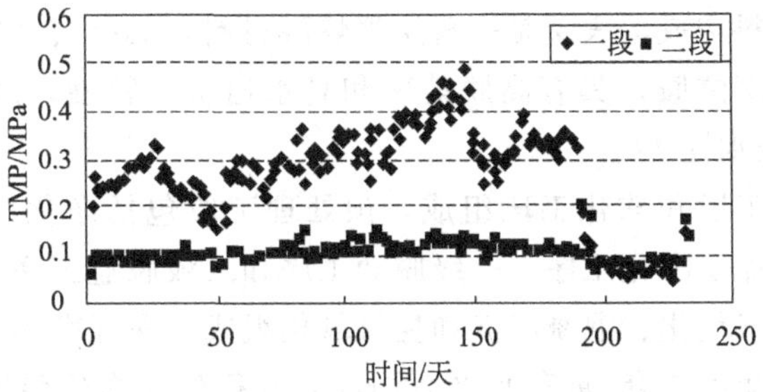

图 5-37　系统二段 RO 的压差保持稳定

因此，针对这种高 COD 的废水，易发生微生物污染的水源，添补非氧化杀菌系统是有必要的，而且可以针对季节和不同的污染情况采取不同的控制微生物的措施。

总之，对于以冶炼和轧钢废水为主要废水形成的钢铁工业废水回用系统来讲，采用传统的"多介质＋保安过滤器/活性炭"工艺作为 RO 的预处理存在诸多问题：主要是产水 SDI 值不及格，尤其是在夏季，往往会超过 4，不合格的预处理产水会严重影响后续的 RO 运行，往往会增加 RO 的清洗频率以及降低 RO 的脱盐率。因此采用以"多介质＋超滤"为核心的预处理工艺，针对复杂的废水水质，再辅以必要的前处理工艺，可以改善 RO 的进水水质，延长 RO 的运行寿命。当然，采用以"超滤＋反渗透"为核心的双膜法技术来处理复杂的钢铁废水现在同样存在较大的挑战，主要表现为：膜系统微生物污染的处理措施，对于超滤系统，采用 PVDF 材质的膜，由于可以耐受最高达到 5000μg/g 的氧化剂，因此采用定期的氧化剂化学加强反洗（CEB）工艺可以控制微生物污染；对于 RO 膜，采用非氧化杀菌剂来控制微生物污染同样是一种选择。对于复杂的钢铁废水，原水中的铁、油等指标往往超出膜系统的进水限制，因此像"曝气氧化＋沉淀"工艺作为超滤系统的前处理工艺往往不可省略。

二、反渗透膜对轧钢废水"预处理工段"回用工程中的应用

1. 工艺路线和工程规模

应用案例：例如深度工段（二期）经改造后（在初步设计中为"预处理工段"）主要作用是去除废水中的悬浮物、浊度、色度、油、铁及其他重金属离子等杂质；软化工段的主要作用是去除净化水中的有机物和溶于水中的无机盐。

经预处理工段生产后的净化水，1100t/h 直接送到四泵站勾兑水池，1900t/h 送到新建软水站进行脱盐处理；软化工段生产的 1050t/h 一级脱盐水送四泵站勾兑水池与净化水勾兑后，作为净环水送到用水点，300t/h 二级脱盐水作为中温中压锅炉的补水。

2. 反渗透膜元件和关键技术

反渗透膜元件采用美国公司生产的低污染反渗透膜，该膜表面不带电荷，呈电中性，它由两层材料构成，表层是一薄层聚烯醇材料，具有抗污染的特性；另一层材料是交联的芳香聚酰胺，具有高脱盐率和高水通量的特性，脱盐率 99.6%，产水量 41800L/d，亲水性 47。

工程由预处理工段和软化工段组成，预处理工段包括净化工序和污泥处理工序，软化工段包括深度净化工序、一级脱盐工序和二级脱盐工序。

净化工序由曝气氧化、混凝沉淀和臭氧氧化组成；深度净化工序由虹吸过滤和微滤组成，一级脱盐由 7 套(每套产水 200t/h) 并行的反渗透装置组成，二级脱盐由 2 套(每套产水 150t/h) 并行的反渗透装置和 3 套(每套产水 150t/h) 并行的混床组成，以保证系统在单套设备清洗、检修及故障状态时能连续出水，保证对后续系统的供水。

在控制方式上采用现场 PLC 及中央计算机控制，可进行数据的处理，方便人员操作。

3. 主要技术指标

(1) 净环水规模及水质指标

① 净环水产水规模为 871.2 万吨/年(1100t/h)，产水指标见表 5-11。

表 5-11 净环水水质主要指标

序号	指标名称	单位	指标
1	pH 值	—	7～8
2	悬浮物	mg/L	≤5
3	溶解性固体	mg/L	≤2000
4	铁	mg/L	≤0.5
5	石油类	mg/L	≤4
6	COD	mg/L	≤20
7	浊度	NTU	≤2

② 一级反渗透产水规模及水质指标　一级反渗透产水规模为 831.6 万吨/年(1050t/h)，产水指标见表 5-12。

表 5-12 一级反渗透产水主要指标

序号	指标名称	单位	指标
1	系统脱盐率	%	≥97
2	水回收率	%	≥75
3	产水浊度	NTU	≤1
4	pH 值	—	6～7
5	铁	mg/L	≤0.1
6	锰	mg/L	≤0.05

锅炉补水规模为 237.6 万吨/年 (300t/h)，产水符合《火力发电机组及蒸汽动力设备水汽质量》GB/T 12145—1999 中有关锅炉给水质量标准，具体指标见表 5-13。

表 5-13　二级脱盐产水主要指标

序　　号	指标名称	单　　位	指　　标
1	硬度	μmol/L	≤2.0
2	铁	μg/L	≤50
3	铜	μg/L	≤10
4	油	mg/L	≤1.0
5	二氧化硅	μg/L	≤20
6	总锰	mg/L	≤0.05

（2）主要设备

①多介质过滤器；②二级精密过滤器；③反渗透设备。

（3）工作制度及劳动定员

企业工作制度为连续工作制，年生产 330 天。工段各操作工序为四班三运转，每班工作 8h，企业管理人员为白班工作。

4. 膜工程运行情况

（1）工艺流程

① 预处理工段　净化工序；污泥处理工序。

② 软化工段　深度净化工序；一级脱盐工序；二级脱盐工序。

（2）工艺特点

① 充分利用深度净化工段的现有设施进行改造，能够有效地节省投资，缩短工期。

② 通过调节废水的物理化学状况，采用曝气、斜板沉淀的方法，能够对废水中的悬浮物、浊度、色度、铁、锰、油和有机物等杂质进行有效去除。

③ 采用虹吸滤池和微滤组合的深度净化处理，能够极大地改善反渗透装置的进水状况。

④ 采用反渗透装置，并选用美国进口的低污染膜对净化水进行脱盐处理，符合当今世界的发展趋势，既能够确保产水的水质和水量，又具有低投入、高产出的特点，符合本工程的实际情况和要求。

（3）节能

① 充分利用目前深度处理工段中各个设备的布置情况，合理设置新建设施的标高，以减小机泵输送量和电机功率，有效降低运行成本。

② 用反渗透装置出水余压，减小机泵输送量和电机功率，降低运行成本。

③ 用新型节能电机，降低运行成本。

④ 采用合适的功率补偿装置，提供能源的使用效率。

（4）经济效益分析

① 生产规模及产品方案　净环水 871.2 万吨/年；脱盐水 831.6 万吨/年；锅炉补水 237.6 万吨/年。总投资：5439.45 万元。

② 运行费用及产品成本　总制造成本为 2583 万元/年；项目平均总成本费用为 2657 万元/年；经营成本为 2190 万元/年。经计算，该项目销售收入为 4717 万

元/年，销售税金及附加为533万元/年。

③ 利润　项目平均利润总额为1527万元/年，所得税后利润为1023万元/年。

三、UF-NF工艺在冷轧废水回用工程中的应用

1. 概况

应用案例：例如攀钢新钢钒公司冷轧厂排放废水量约90m³/h，其COD_{Cr}高达20000～50000mg/L，可生化性较差（BOD/COD＜0.2），属高浓度、难降解的有机废水，主要为含酸废水、含油废水、含锌废水、含铬废水、碱洗废水、乳化液废水及碱性磷化喷涂废水，废水中主要有机物包括：乳化剂、植物油、矿物油、酒石酸、三乙酸胺、乙二胺、乙二胺四乙酸、脱脂剂、消泡剂等大量的溶解性有机物和一定量的还原性无机物。

碱洗废水为连续排放，乳化液废水、碱性磷化喷涂废水为间断排放，这三部分废水所排放COD_{Cr}占废水COD_{Cr}总排放量的90%，排放水量占废水总量的34%，见表5-14。

表5-14　冷轧厂三种废水的水质水量

废水种类	COD_{Cr}/(mg/L)	SS/(mg/L)	油/(mg/L)	pH	水量/(m^3/h)
酸性乳化液废水	20000～50000	600～1000	5000～10000	3～4	4
碱洗废水	1500～2500	100～300	100～500	10～14	25
碱性磷化喷涂废水	1000～2500	50～200	50～100	9～11	2

2. 原冷轧废水工艺流程设计

原冷轧废水处理站包括中和沉淀处理系统、铬酸处理系统、乳化液处理系统、污泥处理系统，原设计处理能力为400m³/h，原工艺流程见图5-38。

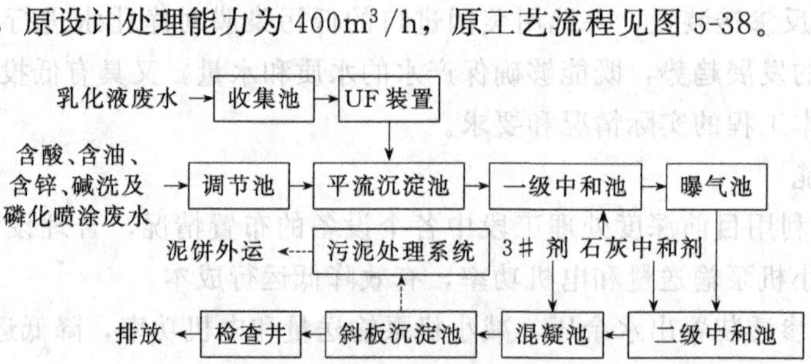

图5-38　原冷轧废水处理站工艺流程设计

目前实际处理废水量约90m³/h，除COD_{Cr}外其他指标均可达标。乳化液废水经超滤处理后COD_{Cr}平均为1292.5mg/L，与其他废水混合后平流沉淀池出水COD_{Cr}平均为816.2mg/L，再通过投加石灰乳中和、曝气氧化和絮凝沉降废水中的部分有机物质及还原性物质，处理后出水COD_{Cr}为300～600mg/L，平均为468.5mg/L，COD_{Cr}总去除率达到42.6%。

3. UF-NF 工艺深度处理

由于对能源动力中心冷轧废水的水质、来源进行了调查分析，先后采用了生化法和膜分离法分别对冷轧废水常规处理出水进行工业性试验，通过分析和比较，因此最终采用了膜分离法（UF-NF）处理工艺。

工程设计进出水水质见表 5-15，工艺流程见图 5-39。

表 5-15　深度处理工程设计进出水水质

项目	COD_{Cr}/(mg/L)	SS/(mg/L)	SDI	pH 值	油类/(mg/L)	流量/(m^3/h)
进水	450	≤20	≤10	6～9	≤10	120
UF 出水	450		≤4	6～9	≤3	115～118
NF 出水	≤150			6～9		90

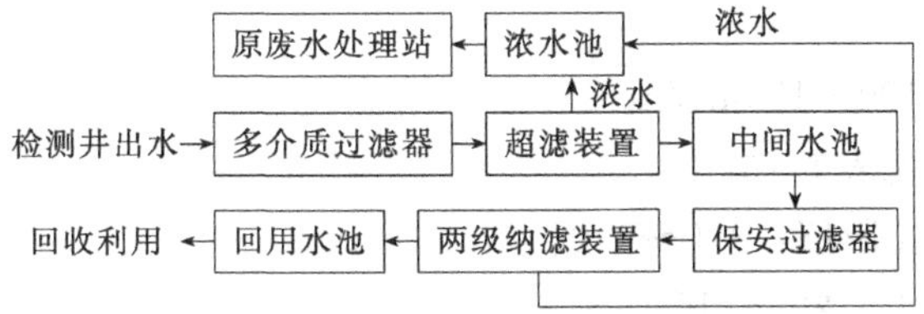

图 5-39　冷轧废水回用处理系统工艺流程

膜分离法处理工艺在对水质的适应性、处理效果、占地面积、自动化程度及工程投资上要明显优于生化法，UF-NF 工艺进行深度处理后，出水回用于生产的经济效益十分显著。

四、膜过滤工艺处理冷轧电镀锌废水回用工程中的应用

1. 废水来源及水质

应用案例：例如宝钢电镀锌机组生产工艺中，为提高产品质量，对生产工艺进行了改进，导致大量的 Zn^{2+} 随废水排出，从而使酸碱废水处理系统中排放水 Zn^{2+} 超标排放，平均为 14.26～9.71mg/L（标准为≤4mg/L），造成月缴排污费 20 万～30 万元；另一方面造成了资源浪费。引起排水锌含量超标的废水主要来自机组中的溶锌坑和废水坑，水质变化无规律，其成分详见表 5-16。

表 5-16　冷轧含锌废水水质

项　　目	数　　值
含锌浓度/(mg/L)	≤800
pH 值	1～5
SO_4^{2-}/(mg/L)	≤23000
总 Fe/(mg/L)	≤50
游离酸/(mg/L)	≤450

因此有必要在加强工艺控制管理的同时，对冷轧含锌废水进行治理，同时设法对锌进行回收利用。

2. 中和-薄膜过滤工艺的确定

宝钢冷轧厂电镀含锌废水处理，受总图布置的局限，最大可利用面积为 $600m^2$，由于处理水量较大，若采用中和-沉淀法，占地面积需 $800m^2$ 以上。

经比较，并考虑到宝钢实际生产过程中现代化技术水平、现场总图布置及技术经济指标，选择采用了中和-过滤法，使占地面积降至 $400m^2$。虽然中和-过滤法的单元技术是成熟的，但作为大型工业的整体电镀废水处理系统，尚不多见。

设计方案中采用先进的膜分离技术即薄膜液体过滤器，国内尚无应用于处理电镀含锌废水的先例。为慎重起见，先进行了必要的模拟试验，探索运行条件，如滤前废水的 pH、滤脱精度、滤速，以确定合适的设计参数。

（1）设计参数

废水处理量：$120\sim150m^3/h$。

废水水质：详见表 5-16。

中和反应 pH 控制值：8.5～9.0。

石灰乳制备能力：$20m^3/h$。

石灰乳浓度：8%～10%$Ca(OH)_2$。

压缩空气用量：$35m^3/min$，压力为 0.2MPa。

薄膜过滤器过滤膜孔：$0.5\mu m$。

薄膜过滤器过滤压力：0.1～0.2MPa。

过滤清液 Zn^{2+} 浓度（或含量）：$Zn^{2+} \leqslant 4mg/L$。

（2）工艺流程

由冷轧电镀锌机组排出的高锌浓度废水进入中和反应池，以工业消石灰为中和剂中和，废水 pH 值由 1～2 提高到 8.5～9，然后经薄膜液体过滤器做固液分离，过滤后滤液达标排放，污泥送现有酸碱废水处理污泥系统。工艺流程见图 5-40。

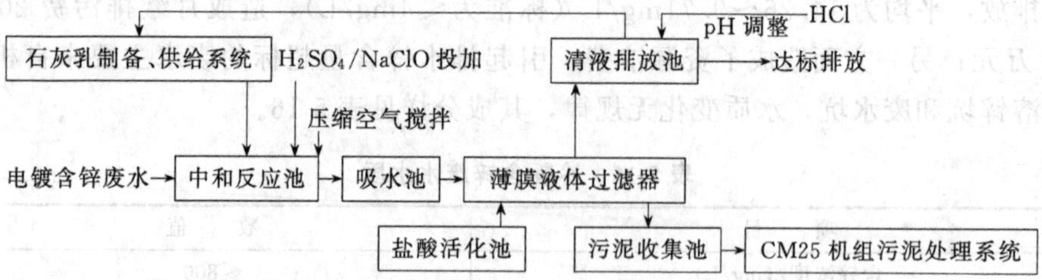

图 5-40 废水处理系统

整个处理工艺采用 PLC 控制，设备和阀门均设现场控制操作箱，同时在操作室内设中央控制和人机操作界面工作站。系统工作状态根据设置的 CRT 画面进行动态显示，并可实现设备故障统计、运行状态显示以及历史记录查阅。

由图 5-40 可知，电镀含锌废水处理装置由四个单元组成：

① 中和反应及固液分离单元　这是整个水处理工艺的核心部分，充分反应，有效控制 pH 以使 Zn^{2+} 形成 $Zn(OH)_2$ 沉淀析出，是确保废水合格排放的前提，而高效率的固液分离是保证合格排放的关键。本单元由 3 座中和反应池、3 台薄膜液体过滤器以及空气搅拌装置和控制仪表等组成。

② 石灰乳制备及供给单元　该部分由石灰料仓、石灰乳制备及供应投加系统组成，包括仓体、螺旋给料机、混合器、溶解槽、搅拌机组及石灰乳输送泵等设施。制备好的石灰乳浓度为 8%～10%，由输送泵送中和反应池。

③ 污泥处理单元　由污泥收集池、泥浆泵等组成。污泥经浓缩后送压滤机压滤。

④ 盐酸活化清洗单元　由盐酸池和输送循环泵等组成。该部分是为了清洗滤膜上残存的 $CaSO_4$ 和 $Zn(OH)_2$，以免堵塞膜孔影响过滤流量。

3. 主要技术经济指标和处理效果

(1) 主要技术经济指标

废水处理量：2880m³/d；工业消石灰：7.47t/d；压缩空气耗量：35m³/min；用电量：1800kW·h/d；过滤水回用：200m³/d。

(2) 处理效果

实际处理水量与排水水质状况见表 5-17；经环保部门随机抽样，均未发现 Zn^{2+} 超标。

表 5-17　处理水量与水质

内容	运行平均值	环保标准值
处理水量/(m³/h)	100～120	
Zn^{2+}/(mg/L)	2.13	≤4
pH 值	8.5～9	6～9
SS/(mg/L)	<1	<150

(3) 效益分析

该工程投资约 1300 万元，投产后，避免了环保部门的巨额罚款和每月缴纳排污费 20 万～30 万元。目前，由于过滤后清液水质较好，部分已代替原设计中制备石灰乳所用的工业水和作为杂用水，每天可节约工业水 200m³ 左右。根据出水水质情况，处理后水质基本上可达到或接近宝钢工业水水质标准。若对这部分水予以利用，一年可节约工业水约 10^6 m³，按工业水价格 1.2 元/m³ 计，折合人民币 120 万元。

4. 薄膜液体过滤应用中存在的问题

(1) 薄膜液体过滤的特点

薄膜液体过滤器是将膨体聚四氟乙烯专利技术与全自动控制系统完美地结合在

一起的固液分离设备。其过滤方式独特，它是利用薄膜来进行表面过滤，使液体中的悬浮固体被全部阻挡在薄膜的表面，因而过滤效果好。该滤膜具有表面摩擦系数低、单位膜面积成孔率高等特性，能始终保持较低过滤阻力和较高膜通量。另外，膜材料具有较好的化学稳定性并能结合设备装置自动反清洗的特点，做到连续过滤，使得设备体积小，占地面积省。

(2) 应用中存在的问题

宝钢冷轧厂电镀锌废水处理采用薄膜过滤技术，据了解国内外尚属首例，因而没有应用实绩和经验，在应用中尚存在一些问题，主要归纳如下：

① 当废水中 pH 值较高($pH>5$) 时，投加中和剂 $Ca(OH)_2$的量就减少，使废水中的固含量较低，减少了良好的架桥物质，从而影响过滤效果和过滤器正常的反冲。后采取投加少量硫酸进行预处理和在石灰乳中添加少量轻质碳酸钙的办法，使过滤趋于稳定。

② 原设计配制石灰乳是利用宝钢工业新水，而工业水中的菌藻，尤其是细菌的分泌物（黏状体）随石灰乳进入废水中，对薄膜过滤产生严重影响。由于一般化学方法无法把黏状体物质清洗干净，聚附在膜表面，从而影响了过滤效果，当废水中固含量较小时情况尤为突出（细菌及其分泌物直接附着在滤膜表面)。后采取向废水中投加 NaClO（投加浓度为 15～20mg/L）和用滤后清液代替工业水配制石灰乳的措施，使过滤器基本恢复正常运行。

③ 薄膜液体过滤器每使用一段时间后，要用盐酸进行活化。但滤膜的使用周期毕竟有一定限度，到时要予以更换，究竟一次使用能维持多长时间尚无这方面的经验，需待实践证实。

总之，采用中和-薄膜过滤工艺处理电镀含锌废水是成功的。选用滤膜孔径为 $0.5\mu m$，控制 $pH=8.5\sim9$，可确保 Zn^{2+} 充分去除，水中剩余浓度达到国家排放标准。

在选择和确定处理工艺时，必须详细了解废水的来源及废水中水质的变化，如 pH 值、有机物、菌藻及油等影响过滤的因素，以便采取相应的措施，如设调节池等，使过滤器发挥其特性。

薄膜液体过滤的高去除率，使清液可得到再利用，以节约水资源，实现零排放。

第十三节 膜分离技术处理电镀废水的方法与回用中的应用案例

一、概述

膜分离过程是以选择性透过膜为分离介质，借助于外界能量或膜两侧存在的某种推动力（如压力差、浓度差、电位差等），原料侧组分选择性地透过膜，从而达到分离、浓缩或提纯的目的。膜分离过程是物理过程，不会发生相变，其实质是两种不同物质的分离。

目前，膜分离技术受到广泛的注意且发展迅速，已发展成为一种重要的分离方法，在水处理、化工、环保等方面得到了广泛的应用。

电镀废水一直是工业生产领域的一个重要污染源。电镀废水中污染物种类多、毒性大、危害严重；其中含有重金属离子或氰化物等，有些属于致癌、致畸或致突变的剧毒物质，对人类危害极大。另外，电镀废水含有大量的有价值金属，如果处理不得当，排入自然体系既污染环境，又浪费资源。

一般含电镀铜漂洗废水的含铜量在 30～200mg/L 左右，本书拟采用纳滤（NF)＋反渗透（RO）的组合工艺对该废水进行浓缩，使浓缩液的铜离子浓度达到镀液的回用要求。

二、电镀废水技术在我国的使用情况

电镀是利用化学和电化学方法在金属或其他材料表面镀上各种金属。电镀技术广泛应用于机器制造、轻工、电子等行业。电镀废水的成分非常复杂，除含氰（CN^-）废水和酸碱废水外，重金属废水是电镀业潜在危害性极大的废水类别。

电镀废水的治理在国内外普遍受到重视，研制出多种治理技术，通过将有毒治理为无毒、有害转化为无害、回收贵重金属、水循环使用等措施消除和减少重金属的排放量。随着电镀工业的快速发展和环保要求的日益提高，目前，电镀废水治理已开始进入清洁生产工艺、总量控制和循环经济整合阶段，资源回收利用和闭路循环是发展的主流方向。

针对我国目前电镀行业废水的处理现状进行统计和调查，广泛采用的电镀废水处理方法主要有 7 类：

① 化学沉淀法，又分为中和沉淀法和硫化物沉淀法。

② 氧化还原处理，分为化学还原法、铁氧体法和电解法。

③ 溶剂萃取分离法。

④ 吸附法。

⑤ 膜分离技术。

⑥ 离子交换法。

⑦ 生物处理技术，包括生物絮凝法、生物吸附法、生物化学法、植物修复法。

1. 电镀重金属废水治理技术

传统的电镀废水处理方法有：化学法、离子交换法、电解法等。但传统方法处理电镀废水存在如下问题：

① 成本过高　水无法循环利用，水费与污水处理费占总生产成本的 15％～20％。

② 资源浪费　贵重金属排放到水体中，无法回收利用。

③ 环境污染　电镀废水中的重金属为“永远性污染物”，在生物链中转移和积累，最终危害人类健康。

2. 反渗透电镀预处理常用工艺

对于反渗透膜元件而言，绝大多数情况下的水源不能直接进入反渗透膜元件，因为其中所含的杂质会污染膜元件，影响系统的稳定运行和膜元件的使用寿命。

电镀废水预处理就是根据原水中杂质的特性，采取合适的工艺对其电镀废水进行处理，使其达到反渗透膜元件进水要求的过程，因其在整个水处理工艺流程中的位置在反渗透之前，所以称为预处理。

对于反渗透系统，习惯把进水分为地下水、自来水、地表水、海水、废水（中水）等，这些水体受各种因素的影响，不同的地理条件、不同的季节气候导致水体的特性及其所含的杂质有所不同，因此反渗透预处理工艺也会有所不同。合理的预处理应该能满足如下要求：

① 反渗透预处理必须能够去除原水中的绝大多数杂质，达到进水要求。

② 反渗透预处理必须考虑水质的变化，防止原水水质波动时影响整个系统的稳定运行。

③ 反渗透预处理工艺必须能够高效、稳定的运行，同时尽量简化流程，降低投资和运行成本。

反渗透系统对进水有较高的要求，因此预处理设备应当采用较高端的配件。

反渗透 RO 机组也可与 EDI 等各类设备进行配合使用，从而达到用户更高级别的要求。例如双级反渗透设备、超滤设备及工业高纯水设备，这一系列的过滤机理都离不开反渗透原理。

三、电镀废水回用与电镀废水处理方法

1. 电镀废水回用再利用的必然性

电镀生产被认为是环境污染源。事实上亦确实如此：许多电镀厂不断向大地、河流、大气排放出有害化学物质，如不加以控制，将严重污染环境。事实上，这种状况也限制了电镀行业自身的生存和发展。治理电镀污染的总趋势是使电镀生产处于可控状态，特别是对其排放物的控制。这些排放物中往往含有贵重金属，浪费贵重金属就是浪费金钱。除经济因素外，真正推动环保的驱动力是政府的重视。现世界上大多数国家已立法，明文限定电镀排放物中有害物质的浓度和排放总量。

电镀废水回用是全国电镀企业发展的一个必然趋势，以目前水处理先进技术的应用，已经达到完全可以处理电镀废水回收利用的水平。

2. 电镀废水回用的重要环节

电镀企业如何把废水变成可用的资源，最主要的是注意以下两个重要的环节：

(1) 水洗工序

为节约电镀清洗用水和减少污染，在水洗工序采用了更为合理的"一水多用"水洗方式，即联级逆流漂洗加反喷淋。比如在某铬酸硫酸粗化槽后有四个清洗槽，耗用相同的水量，采用联级逆流漂洗加反喷淋与逐级水洗方式相比，其最后一级清洗水中化学品的浓度将被稀释1000倍。考虑到粗化槽温度会使其液面蒸发，则就有可能实现使几乎所有清洗水都用于补充粗化槽液面损失，从而达到零排放。在这种水洗体系中，由于水流缓慢可能产生泥渣，须配置过滤设施加以清除。镀槽后加一级回收槽可大大减轻槽液对漂洗水的污染，更利于漂洗水的净化和再循环使用。对每种类型的清洗水做好分流，充分降低废水处理站的处理成本；把轻污染的清洗水资源汇集在一起；可以直接进行对这部分水资源的净化处理回收再利用。对有氰化废水、镍废水以及重污染的废水进行特殊废水处理后，把其中有用的水资源再进行回收再利用。

表 5-18 电镀废水处理工艺比较

工艺方法	建设投资	工艺流程	占地面积	出水水质	运行成本	污泥数量	设备维护	工艺弱点
离子交换法	高	复杂	少	好	运行复杂，反冲废液产生二次污染需再处理，费用较高。适合镍水回用	污泥量少，回收价值高	设备需经常检查维护，树脂费用较高	操作复杂处理能力受限制
化学法	中	较复杂	多	一般	用电量大，加药剂较多，操作复杂，污泥量大，需操作人员多，成本高，通常为4元/吨	污泥量大，回收价值低，有害固废物处置费高	设备受酸碱腐蚀大，维修量大，设备使用期短	药剂费高，一级排放标准达标困难，特别是Ni、Cu
膜法	大	中	少	最好	运行费用高，适保用纯漂洗水，水可以回用	金属回收	需要专业人员管理	膜污堵严重膜更换成本高，需要完善预处理和管理
BM菌法	中	简单	较少	较好	电量少，培菌费用低，菌废比1∶(80～100)，操作简单人员少，处理成本较低，通常为2.5元/吨	污泥量少，回收价值高	设备数量少，大部分工作在中性条件下，故障率低，维修简便	培菌需加温，母菌培养较难
CHA生化法	低	简单	少	较好	培菌温度降低，气温5℃以上不需加温，菌活性增强，菌废比提高至1∶(100～150)，处理成本2元/吨左右	污泥量少，回收价值高	设备数量少，大部分运行在中性条件下，故障率低，维修简便	母菌培养较难
高级电化学	中	简单	少	好	设备运行成本2.5元钱，可达到严控区排放指标	污泥量少，废渣可回收	维护简单，仅更换电极	

(2) 物质的再循环利用

如果电镀废水中金属离子种类单一且浓度很高，则物质的回收和再循环利用易于实现，经沉淀或蒸发即可得到一些简单的物质和对废水物质的浓缩循环回用，如三价铬的氧化物、碳酸、电镀镍漂洗水。这样，电镀废水中的铬、镍金属离子就以一种新物质的形式被回收和再循环利用。减小废水的处理量和排放量，使电镀中有价值的资源得到充分的利用；降低生产成本和减少环境污染。

3. 电镀废水处理方法的选择

在选择电镀废水回用处理工艺之前，应当对各种处理方法的效果、投资、占地面积、设备性能、原材料要求等方面有较为全面的了解见表 5-18。电镀污水处理方法很多，但各有所长，也各有所短。因此，要取长补短，往往几种方法组合使用，效果更好。因各电镀厂点生产情况不同、条件不同，电镀污水情况也不同。制定电镀污水处理方案时要根据本厂的镀种和实际情况，不要照抄照搬。

例如：在处理氢氧化铜为主的沉淀物固液分离时，不能采用气浮法，应采用斜纹法；而在处理氢氧化锌和氢氧化铬时，应采用气浮法。处理方案应经过严格论证、完善，避免盲目投入，降低运转成本。选择污水处理方法的基本原则为：

① 污水经处理，应符合国家排放标准或可回用，不产生二次污染。

② 对污水变化的适应性要强，如污水浓度、pH 值及其成分变化等。

③ 处理过程中，化学药剂用量少、电能消耗少、运转成本要小。

④ 处理工艺可操作性好，处理性能稳定。

⑤处理机和土建设备（如污水池等）之间要匹配。

⑥ 处理污水能连续运转，并能自动记录、自动检控。

四、电镀中含铬、氰、碱废水的处理工艺流程

1. 污水的水质特性

电镀废水主要来源于电镀生产过程中的前处理废水、镀层漂洗废水、废弃液、后处理废水以及由于操作或管理不善引起的“跑、冒、滴、漏”，废水中主要污染物为各种金属离子、酸碱类物质和氰化物，毒性强，污染程度高，危害大。

2. 污水处理工艺方案的选择原则

电镀废水总的治理原则是水质不同，分而治之。一般分为含铬废水、含氰废水、含重金属离子综合废水等。在此我们应用化学法对废水进行成熟有效的处理，此工艺具有实用性、高效性、稳定性等特点。

3. 污水处理系统工艺流程框

见图 5-41。

4. 工艺流程说明

(1) 含氰废水

从车间过来的含氰废水进入含氰集水池，均化水质后由泵泵入氰水反应池，通过设于池中的 pH 计和 ORP 计自动控制加药（一般 pH 值控制在 11～12，ORP 值控制在 500～600mV），自动投加 NaOH 和 NaClO 进行氧化破氰反应，将氰化物氧

化成氰酸盐进而水解成 CO_2 和 N_2；经反应后的水自动溢流至综合反应池。

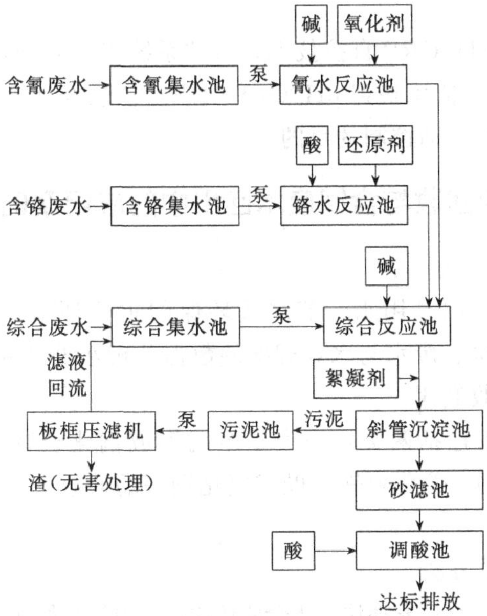

图 5-41　污水处理系统工艺流程

（2）含铬废水

从车间过来的含铬废水进入含铬集水池，均化水质后由泵泵入铬水反应池，通过设于池中的 pH 计和 ORP 计自动控制加药（一般 pH 值控制在 2～3，ORP 值控制在 300～400mV），自动投加 H_2SO_4 和 $Na_2S_2O_5$ 进行还原反应，将 Cr^{6+} 还原成 Cr^{3+} 与 OH^- 结合成氢氧化物沉淀，经反应后的水自动溢流至综合反应池。

（3）综合废水

从车间过来的综合废水进入综合集水池，均化水质后由泵泵入综合反应池。

（4）综合反应池

经氧化反应的含氰废水、还原反应的含铬废水以及综合废水集中于此进行中和反应。

（5）斜管沉淀池

经充分混凝反应形成大量矾花的废水汇集于综合反应池，再自流至斜管沉淀池进行固液分离，根据“浅层沉降原理”，在沉淀池中加设蜂窝斜管，增大沉降面积，并改善沉降过程中的水力条件，使污泥颗粒在稳定的层流状态下沉降，从而达到沉降效率高和容积利用率高的特点。

（6）污泥处理

由斜管沉淀池泥斗收集的污泥定期排放至污泥浓缩池，再进行干化处理。

（7）砂滤及终端调节

沉淀后的上清液经过砂滤池后进入调酸池，采用自动控制技术对 pH 进行调节，调节其pH值为6～9后排入城镇排水管网或回收利用。

(8) 自控系统。

本工艺方案采用pH/ORP自控技术，自控系统工作原理：废水进入反应池后，由电极测得的pH/ORP值反映到pH/ORP仪表，仪表经处理后再发出信号控制加药泵的开关，从而达到自动控制的目的。

五、电镀中铜的回收与含铜废水回用中的应用案例

1. 概述

污水处理及中水回用是用水、节水及环保的重要环节。据了解从2001年至2005年工业产生的污水、废水与水处理率的数据分析水处理并不平衡。

2. 电镀中铜的回收利用

含铜废水回收利用包括两类：一类是金属铜或铜化合物回收，包括铜、氧化铜、氧化亚铜、硫酸铜、氯化亚铜和碱式氯化铜等的回收；另一类是采用电解法对酸性再生液的回收。

(1) 金属铜的回收方法

铜的回收方法包括：金属置换法、水合肼还原法、电解还原法、萃取法。金属置换法是基于金属活泼性的差异，将铁粉或铝粉加入到酸性蚀刻废液中使铜氯络离子解离。该方法比较简单，投资少，但回收的铜纯度低、回收率低。另外，金属置换及析氢副反应的显著热效应使回收过程不稳定。人们一直努力通过设备的改进，包括处理槽的串并联，以提高该方法的稳定性。水合肼还原法是将氨水加入稀释后的酸性蚀刻废液中，用氢氧化钠溶液调节废液的酸度，然后用水合肼溶液还原出铜粉。该方法得到的纳米铜粉因可制备导电涂料和电磁屏蔽材料而具有更高的附加值，因此该方法受到人们的广泛关注。该方法的不足之处是还原剂水合肼溶液具有一定的毒性，且价格较高。电解还原法是基于电化学原理，即酸性蚀刻废液中的铜氯络离子在阴极得到电子还原为铜。电解铜为块状、片状和密实的粒状，纯度为99%，回收率为99%。电解还原法包括常规电解法和膜电解萃取法，首先用萃取剂以铜氯配合物的形式将铜从酸性蚀刻废液中萃取出来，相分离后得到萃余液。用水、氨水或硫酸铵溶液洗脱含铜有机相中的氯离子，使用硫酸后萃取含铜有机相，得到硫酸铜溶液。用含氯离子的水溶液再生有机相，再返回萃取段进行萃取。

(2) 铜盐的回收

铜盐的回收包括氧化铜、氧化亚铜、硫酸铜、氯化亚铜和碱式氯化铜。回收氧化铜的方法包括：中和法、喷雾焙烧法、中和-酸溶法、电解再生法。中和法是在预热后的酸性蚀刻废液中加入预热的碱液，使铜离子转化为棕黑色氧化铜沉淀。采用中和法可从酸性蚀刻废液中回收微米级氧化亚铜。喷雾焙烧法是将酸性蚀刻废液经加压喷嘴喷出，以雾状方式分散在550℃的焙烧炉中，分解形成氯化氢、氧化铜。中和-酸溶法是在中和法制备氧化铜的基础上，加入硫酸溶解、冷冻结晶，制得硫酸铜晶体。硫酸置换法是将硫酸加入酸性蚀刻废液中进行置换反应，反应后导

入真空蒸馏装置中，使氯化氢气体排出，经水吸收，回收质量分数为22%～32%的盐酸，在罐底回收硫酸铜晶体。酸性蚀刻废液电解再生方法主要包括常规电解法、离子膜电解法和隔膜电解法等。酸性蚀刻废液的在线电解再生法不仅可使酸性蚀刻废液恢复原有的蚀刻效能，而且产出具有商业价值的铜。该方法无需加入物料，几乎不排出废液和废气，是印制电路板制造企业实现清洁生产的首选方法。产出的铜可为印制电路板制造企业增加额外的销售收入。

3. 电镀含铜废水的处理技术

电镀行业中含铜废水主要来自酸性蚀刻废液，酸性蚀刻废液的主要成分为氯化铜、氯化氢、氯化氨或氯化钠等，其中铜质量浓度为100～145mg/L，氯化氢浓度为1～4mg/L，密度为（1.2～1.4）×10^3mg/L。酸性蚀刻废液中含铜废水的处理技术与电镀废水中各污染物的处理技术相同，主要包括化学法、氧化还原法、离子交换法、电解法、膜分离法。

（1）膜分离法

膜法处理工业废水一般选用反渗透、超滤及二者的结合技术，膜法处理工业废水的关键是根据分离条件选择合适的膜。利用反渗透膜分离技术对含铜电镀废水的处理已见很多报道，用反渗透处理焦磷酸铜、酸性铜及铜氰电镀漂洗已获成功，截留率在99%以上。该方法对含铜络合物的电镀废水处理效果也不错，有的已应用于工业，并与其他水处理技术联用取得很好的效果。

（2）化学法

化学法中包括中和沉淀法、硫化物沉淀法和电化学法。中和沉淀法是对废水进行酸碱度调节，使铜离子形成氢氧化铜沉淀，然后再经固液分离装置去除沉淀物。常用的中和药剂有石灰和氢氧化钠，由氢氧化铜形成的氧化铜在pH值为9.0～10.3时有最小的溶解度。由于胶体难以沉淀、反应缓慢、pH波动以及受溶液中其他离子，特别是含有氰的含铜混合废水或络合剂存在时，理论最小值在生产上很难达到。硫化物沉淀法处理重金属废水具有很大的优势，可以解决一些弱络合态重金属不达标的问题，硫化铜的溶解度比氢氧化铜的溶解度低得多，而且反应的pH值范围较宽，硫化物还能沉淀部分铜离子络合物，所以不需要分流处理。然而，由于硫化物沉淀细小，不易沉降，限制了它的应用研究，另外氰根离子的存在影响硫化物的沉淀，会溶解部分硫化物沉淀。铁氧体沉淀法是在硫酸亚铁法的基础上发展起来的一种方法，$FeSO_4$可使各种重金属离子形成铁氧体晶体而沉淀析出，铁氧体通式为$FeO \cdot Fe_2O_3$。1974年首先由大连造船厂等单位试用，并用于处理电镀废水取得成功，后又被应用于多种金属离子电镀混合废水的处理。采用铁氧体法处理电镀废水一般有三个过程，即还原反应、共沉淀和生成铁氧体。铁氧体法能一次脱除多种重金属离子，净化效果好，设备简单，操作方便，但不能单独回收重金属，耗能多，处理时间长。

（3）离子交换法

离子交换法是重金属离子与离子交换树脂发生离子交换过程，树脂性能对重金属去除有较大影响。常用的离子交换树脂有阳离子交换树脂、阴离子交换树脂、螯合树脂和腐殖酸树脂等。阳离子交换树脂由聚合体阴离子和可供交换的阳离子组成。离子交换法在处理含铜废水中有较多应用实例，据试验研究认为，采用$[CuCl_3]^{2-}$配离子型强碱阴离子交换树脂能有效地将废水中的游离氰和铜氰配离子去除。硫酸铜镀铜的镀件清洗水中，由于镀槽槽液配方成分较简单，用阳离子交换树脂很容易除去。采用SO_4^{2-}型强碱阴离子交换树脂处理焦磷酸铜废水，处理后的一部分水能循环使用。离子交换法是一种重要的电镀废水治理方法，具有处理量大，出水水质好，可回收水和重金属资源的优点。缺点是树脂易受污染或氧化失效，再生频繁，操作费用高。

(4) 氧化还原法

氧化还原法在 pH 值为 9～10 条件下，利用氧化剂如 NaClO 破坏氰根，使铜转化为氢氧化铜沉淀。经过 NaClO 预处理后，再与酸洗含铜废水混合进行水合肼还原。在碱性条件下，N_2H_2可与$Cu(OH)_2$起作用，使Cu^{2+}还原成Cu^+而成土黄色的Cu_2O沉淀。采用水合肼还原法处理含铜废水，设备投资少，工艺操作简单，能够回收铜资源，又可达标排放，无二次污染。与其他方法比较，是一种技术上可行、经济上合理的工艺方法。

(5) 电解法

基本原理是当电流通过电解质溶液时，溶液中的阳离子产生离子迁移和电极反应，即废水中的阳离子向阴极迁移，并在阴极上产生还原反应，使金属沉积。电解法处理含铜废水主要用于硫酸铜镀铜废水等酸性介质的含铜废水，近年来通过试验研究也能用于氰化镀铜、焦磷酸镀铜的废水处理。电解法处理含铜废水能直接回收金属铜，处理设备投资和经营费用均不高，管理操作简单，但在处理低浓度废水时电流效率较低。

4. 多种工艺联合处理和回收

目前，电解-电渗析联合技术使得处理对象的浓度范围扩大了，不但可以处理低浓度含铜废水，还可以处理高浓度含铜废水，也可以同时处理高、低浓度废水，探讨结果一致认为铁粉还原-氧化联合处理有机络合铜工艺，处理效果好，且成本不高，所以在经济和技术上都是可行的。

第十四节　EMBR 膜技术处理电镀漂洗水与电镀废水“零排放”新工艺案例

1. 电镀废水零排放的可行性

一般电镀必然会产生废水、废气、废渣，干法电镀仅能取代极少部分湿法电镀。

电镀在整个工业中所占比例很小，但电镀废水中所含有害物质对环境的危害性却很大，要使其达标排放很困难。本节结合生产实际，就电镀废水能否实现零排放做简单介绍。

(1) 电镀废水的含义

电镀废水应是电镀生产中整个作业工序、整个作业场所排出的含有毒有害物用水的总称。它包括镀前处理、电镀后清洗、镀后处理、地坪流水、未经回用而混入的设备冷却水等。

(2) 零排放的含义

零排放意味着“无排放”。假如真的能实现废水的零排放，则电镀厂点、工业园区就会不允许设排污口。因此，电镀废水只能做到少排放、微排放。

(3) 镀后清洗水的减排、回收问题

清洗是一门技术。这门技术涉及到清洗槽的科学合理设计与研究不同串、并联清洗方式下的清洗方程式，以寻求用最少量的水达到最佳的清洗效果。

① 多级动态逆流漂洗

a. 多级动态逆流漂洗的节水效果　多级动态逆流漂洗具有三个特征：其一，清洗槽不是单槽，工件要经过一级又一级的多道清洗；其二，清洗水不是静止不动的，而是在串联的多个清洗槽中，从末级清洗槽供水，从首级清洗槽排水；其三，被清洗工件的走向与水流方向相反，是逆向运动的。

用不同清洗方式下的清洗方程式进行计算，发现在达到相同的清洗效果时，二级动态逆流漂洗所需用水量约为单槽清洗的3.1%，而三级动态逆流漂洗用水量仅约为单槽清洗的1%。

多级动态逆流漂洗虽不能实现清洗水的零排放，但三级逆流动态漂洗已具明显的节水效果。为此，一段时间内曾欲广泛推广三级动态逆流漂洗，但至今也未能推广开来。

b. 实施三级动态逆流漂洗的困难性　虽然三级动态逆流漂洗节水效果十分明显，但在具体实施上存在很大困难。

(a) 手工作业　电镀工艺从镀前处理到镀后处理的整个工序，要经过多道清洗。假如将每道清洗从单槽清洗改为三级漂洗，手工作业时生产线会拉得非常长，距离非常远；且上下提升的清洗工作量为单槽清洗时的3倍，增加了操作工人的劳动强度。因此，操作工人很难坚持三级逆流漂洗。

(b) 自动线生产　用微机控制的全自动生产线，虽然操作工人劳动强度增加不大，但多级动态逆流漂洗仍使自动线拉得很长，不但生产线一次性投资增加，而且生产周期拉长，生产效率降低。效率降低则违背了搞自动线的目的。对龙门式行车，可以用几台行车接力工作以提高效率，对压板式环行线则无法进行。另外，占地面积大也是一大问题。采用多级动态逆流漂洗占用场地大，高昂的房租费用是难以承受的。

于是在单槽清洗的节水上下工夫。如条件许可，采用喷雾、喷淋清洗，对清洗槽加装水表计量并配合奖惩手段，以避免单槽清洗的长流水现象。

(c) 大件、重件清洗　上百千克重的大件、重件镀锌，进清洗槽都困难，多为槽外冲洗，更谈不上多级漂洗。

一般滚镀件的清洗，都是在滚筒外装筐清洗。对加工单价十分低的小件滚镀锌等，全靠量大取胜。工人将镀件装筐清洗，已十分繁重，不可能要求多级逆流漂洗。

对电池钢壳这类盲孔件深孔镀亮镍，清洗特别困难，只好采用半自动线滚镀在线清洗。清洗方法特殊又讲究，多道清洗使滚镀线拉得很长。

② 多级静态逆流漂洗

a. 多级静态逆流漂洗的概念及依据　多级静态逆流漂洗又叫多级逆流回收，与多级动态逆流漂洗有两点区别：其一，首级清洗水不排放，而是返入蒸发量较大的镀槽；其二，末级清洗槽不是连续供水，而是间断补充干净水，清洗水逐级从末级通过手工或泵向首级清洗槽返入，当末级清洗水被逐级向前返入后再补充干净水。

多级逆流回收应同时满足两个条件：其一，经末级清洗后，清洗效果应达相应工艺清洗要求；其二，首级清洗的浓清洗水应有出路可用。

设定工艺槽液带出量为一恒定值，通过推导出的清洗方程式，依据末级清洗水的最高允许浓度，计算得出回收级数，从而确定应设多少级回收槽。

b. 实际可能出现的偏差　计算依据于工艺槽液的带出量为一常数，但工业化大生产中要保持这一常数是困难的。

(a) 工艺槽液的带出量与工件的大小、形状、装载量有关。专业电镀厂的一条固定生产线，不可能永恒不变地加工形状、大小相同的同一种工件，而要面对随时可能改变的不同要求，其镀液的带出量可能相差很大。

(b) 工艺槽液的实际浓度是波动的，在其他条件固定下，带出物的总量也会随之波动。当工艺配方变更后，带出量变化可能更大。例如：原采用标准镀铬现改为稀土低浓度镀铬；或原采用稀土低浓度镀铬，因对该工艺掌控不好，又提高了镀液的浓度，则带出量相差就很大。回收级数设置多了，会造成设备浪费；级数设计少了，则达不到清洗要求。

(c) 工件的起槽频率难以恒定不变。例如：镀光亮镍，原采用的光亮剂起光慢，电镀时间长；现改用起光快的光亮剂，所需电镀时间缩短，起槽频率增加，则镀液的带出量随之增加，原先设计的回收级数就不足了。

(d) 镀液带出量与工件在镀槽上方停留时滴入镀槽的量有关。对于手工作业与半自动生产线，人为随意性大（特别是滚镀），不可能恒定不变。只有计算机控制的全自动生产线，才能基本保持停留时间的恒定。

总之，影响工艺槽液带出量的因素很多，作为设计计算依据的首级回收水浓度的波动也大。失去计算依赖的基础数据，设计的回收级数不可能恰到好处。

c. 首级回收水的出路问题　首级回收水的浓度超过设计值时，则末级清洗水的浓度随之增加，达不到清洗效果。要保证首级回收水的浓度不致过高，必须及时加以处理。

(a) 工艺槽液因加热蒸发量大　首级回收水来得及返入工艺槽，其浓度不致不断上升。当允许返入量不足时，就存在问题。

(b) 低温或室温工作的工艺槽　工艺槽液的自然蒸发量很小。工件入槽时会带入镀前清洗水。出槽时因工艺槽液的黏度略大于水，带出量稍大于清洗水的带入量，但差别不会太大。多级逆流回收的首级回收水在这种情况下必须另寻出路。这类工艺并不少，如镀锌、硫酸盐光亮酸性镀铜、光亮酸性镀锡等。

d. 对首级回收浓清洗液进行处理

(a) 用化学法处理首级回收浓水　显然不可能做到零排放，设置多级静态逆流漂洗就是多余的。

(b) 采用蒸发浓缩减少首级回收水　此方法仅在镀液加热蒸发量较大但仍嫌不足时起作用，而对不允许加热的室温、低温镀工艺几乎无效。

对装饰性套铬，因起槽频繁，镀液带出量很大，采用三级静态逆流漂洗仍然不行。于是开发推广过钛质薄膜蒸发器，用于蒸发浓缩首级回收水。但很快发现蒸发浓缩 1kg 清洗水要消耗 1.1kg 的过热蒸汽，能耗大，且必须由锅炉供汽。同时高温下，若镀铬液中加入有机添加剂，会高温分解失效。不少企业花重金购进的钛质薄膜蒸发器现已弃置不用。采用低温下的减压蒸发浓缩，可以避免高温下的有机添加剂分解，但需增设大型水环式真空泵形成负压条件。机械式真空泵、油扩散泵之类怕水蒸气污染，是不能用的。

任何蒸发浓缩设备都是高能耗设备。采用蒸发浓缩技术是与当今节能要求背道而驰的。

③ 多级逆流回收实现清洗水零排放的条件　综上浅析，要想实现清洗水零排放，必须同时满足下述条件：

a. 工件应是批量化的易于清洗的简单件；

b. 操作方式应是全自动的流水线机械作业；

c. 首级回收浓缩液应能全部返入蒸发量大的工艺槽，而不能辅以会产生排水的化学法处理或能耗高的蒸发浓缩处理；

d. 整个工艺流程简单；

e. 必须有足够的资金用于一次性投资及包括高额房租等在内的日常维持费用。

因此，其使用范围非常有限。例如：对简单轴形工件的尺寸镀硬铬，通过 3～4 级回收有可能实现镀铬清洗水的零排放。但对镀前脱脂、腐蚀，仍有困难。

(4) 浓缩回收技术

电渗析与反渗透属于浓缩回收技术。目前宣传较多的为反渗透技术，故对反渗透技术做稍多讨论。

2. 膜技术处理电镀漂洗水，实现废水零排放

电镀漂洗水回收和利用是电镀行业降低投资成本和减少污染的重要手段，国内利用膜技术的特殊分离功能和回收电镀漂洗水中的贵重金属，并循环使用系统中的漂洗水，实现废水中的“零排放”。

采用膜分离技术进行电镀漂洗水处理的优点主要有以下几个方面：

① 废水回用，降低漂洗水用量，可进一步处理达到废水“零排放”要求，减小生化、物化处理的规模，有利于企业扩产需求；

② 可回收有用金属离子，使企业在达到环保目的的同时产生效益；

③ 膜出水水质好，透明，高于电镀行业的工艺用水要求；

④ 可根据处理要求进行设计，并能不断进行拓展，加大处理量，通过不断优化改善处理性能；

⑤ 系统操作方便，自动化程度高，占地面积小。

3. 电镀废水“零排放”新工艺的应用

在电镀过程中，通过把不同工序所产生的污水在其现场直接进行处理，即：将废水中可回收的金属离子和水进行分离，然后，再把处理好的水与金属离子全部返回到该工序的前工序中，使得所有的原材料都能够得到的回收利用，实现电镀废水的“零排放”。

（1）关键技术

① 生物质粒状吸附填料　粗糙多孔的填料表面积可达 $55m^2/cm^3$，吸附质之间通过分子间相互吸引，形成吸附现象。

② 生物酶降解　在吸附填料的表面生长有生物膜是因为不仅添加了全谱微生物，包括好氧、厌氧、硝化、反硝化和硫化等微生物，还含有许多的酶制剂以及营养物质和矿物盐，是一种生物工程的复合产品，由于酶的加入极大地提高了产品性能，一方面，酶本身对有机物就有极大的降解能力；另一方面，酶还是一种能力巨大的生物化学催化剂，促使微生物的数量呈指数级增长，同时提高微生物降解有机物的反应速率。

③ 无机膜过滤　主要原料由古代微生物（放射虫和海绵等）的沉积遗骸组成，经煅烧制成的陶瓷制品，微孔的最大孔径为 $0.5\mu m$，具有吸附、阻留和筛分三大过滤功能。该技术卫生、无毒，细菌不能繁殖，可反复使用，稳定性强。

（2）工艺过程

清洗水→清洗水槽→水泵→生物过滤吸附器→无机膜过滤器→废水塔→阴、阳离子交换柱→电镀槽（清洗水）

（3）经济效益

按照日处理污水 100t 进行计算，总投资为 100 万元，其中，设备投资 70 万

元，技术服务费 30 万元，则：

① 每月平均增值 3.8 万元，包括：水、金属和化工原料的回收以及节约的排污费；

② 将每月的增值减去当月设备折旧费及运行费用，所产生的纯增值为 2.6 万元；

③ 一般情况下，4 年即可收回全部投资。

第十五节　膜法深度处理印染废水的方法与有效回用中的应用案例

一、概述

印染行业是耗水大户，均匀生产 1kg 产品需要消耗 0.2～0.5m^3的水，同时印染企业也是排污大户，其废水排放量占纺织产业废水排放量的 80%，而纺织行业每年排放废水高达 9 亿多吨。印染废水的回用率很低，通常只有 7%，是所有行业中水回用率较低的行业。因此，开展印染行业的污水治理迫在眉睫，而实现印染企业的水资源循环使用已成为解决环境污染及缓解用水困难的措施之一，也是企业提升竞争力，提质升级的重要举措。

二、印染废水回用的现状和发展分析

现阶段印染废水回用的几个组合方案分析和比较

印染废水一直以排放量大、处理难度高而成为废水治理工艺研究的重点和难点。特别是近年来化纤织物的发展和印染后整理技术的进步，使 PVA 浆料、新型助剂等难生化降解的有机物大量进入印染废水，给废水处理增加了难度，使原有的生物处理系统 COD 去除率由 70%下降到 50%左右，甚至更低。由于水资源的日渐短缺和污染严重，印染行业的废水处理已引起高度重视。我国印染废水处理普遍采用物化处理-生化处理工艺，但处理效果不够稳定，一般很难达到一级排放标准。为了能够使废水达标排放，人们对不同工艺单元的组合、新工艺的开发和参数优化方面进行了广泛的研究，取得了不少进展，为实现印染废水深度处理和回用奠定了基础。近年来，人们从技术和经济可行性角度对印染废水深度处理工艺进行了大量探索、分析和实践，取得了可喜的环境和经济效益。目前出现的印染废水深度处理组合方案主要有以下几种：

(1) 印染废水—生化出水—混凝—气浮—砂滤—活性炭吸附—回用

该方案完全是物化技术的组合。用此方案深度处理某毛纺厂经生物接触氧化法处理后的出水。经接触氧化池的出水已经能够达标排放，但废水中残留的染料通常以胶体状态存在。该方案能够较有针对性地去除胶体物质，使出水达到回用要求。

分别用气浮和吸附后的两种出水作为回用水进行染布试验。结果表明，用回用水染布已达到一级品出厂标准。经回用后，该毛纺厂每年节约资金2400万元。

该方案操作流程简便，适用于目前废水已经达标排放的企业。

(2) 废水处理站出水—生物陶粒—臭氧脱色—双层滤料过滤—阳离子交换树脂软化—出水

该方案是较为典型的各种处理方法的组合，充分发挥了各组合单元的优势。用此方案对北京第二毛纺织厂的印染废水（加入部分生活污水混合）的二沉池出水进行深度处理，并研究了各单元不同的组合顺序对水质处理效果的影响。试验发现，臭氧出水中的剩余臭氧可能会破坏交换树脂结构，使其失去交换能力。因此，在工程中需要增加清水池，待臭氧分解完毕后再进入交换树脂。回用试验表明，该处理工艺的出水可以回用于洗毛和染色。该方案提示我们，在进行不同处理方法组合时，不仅要看到其优势的方面，也要注意其相互制约、乃至有所破坏的方面，避免不利因素的影响。

(3) 印染废水—混凝沉淀—内循环厌氧—HRC/生物活性炭—接触氧化—纤维球过滤

该方案采用了比较新颖的生物复合处理工艺，即将HRC法与生物活性炭法相结合，提高了反应器中氧的利用率，增强抗冲击负荷能力，有效解决了传统好氧生物处理的不足。该工艺占地面积较小，且纤维球具有过滤速度快、效果好的优点，使废水能稳定达到回用要求。

回用水经生产性试验发现，采用回用水水洗后的布样色光、深度与自来水洗后的一致，说明采用回用水皂洗是可行的。该工艺对于目前采用传统好氧工艺处理效果不理想的印染企业，在工艺改进方面是一个很好的参考。

(4) 二级处理厂出水—电化学处理—化学絮凝—离子交换—回用

该方案用电化学法，结合化学絮凝和离子交换法对印染废水进行深度处理研究。试验表明，在电解池中添加少量的H_2O_2（约200mg/L）可使电化学处理效率提高一倍。该方案的优点是出水水质好，可以回用到印染所有工序中，其不足之处在于该工艺对pH较敏感。试验发现pH值为3时电化学效果最好，因此在进行电化学处理前要调节pH。另外，该方案对离子交换树脂的依赖性较大（为了降低铁离子浓度和电导率），因此，离子再生频率升高不可避免。

(5) 印染废水—调pH（加酸）—铁碳过滤—中和（加碱）—SBJ（间歇式活性污泥法）—回用

铁碳过滤系统采用废铁屑（主要组分是铁和碳）经预处理和活化后作为填料。其工作原理是电化学反应的氧化还原、铁屑对絮体的电富集和对反应的催化作用、电池反应产物的混凝、新生絮体的吸附和床层的过滤等作用的综合效应。林金画采用该方案对印染废水进行处理，出水达到一级排放标准（GB 4287—1992）。出水回用于漂洗生产工序，8年来系统未出现过堵塞现象。该工艺优点是以废治废，运行稳定；不足之处是 pH 必须来回调节。

三、印染废水膜处理新技术

印染行业废水属难处理工业废水，据不完全统计，我国印染废水排放量为 $3\times10^6\sim4\times10^6 m^3/d$。一般印染废水中有机污染物含量高、色度深、污染物组分差异大。

近年来，随着化学纤维织物的发展和染整技术进步，PVA 浆料、新型助剂等难生化降解有机物大量进入印染废水中，COD 浓度上升到 2000～3000mg/L。

目前，印染废水的处理主要有物理法、化学法和生物法，或多种方法联合处理才能达到排放要求。生物处理法对 COD 去除率为 50%左右，化学沉淀法和气浮法对印染废水 COD 去除率仅为 30%。因此，开发经济有效的印染废水处理技术日益成为当今环保行业关注和研究的课题。

1. 电化学氧化技术

电化学氧化分为直接电化学氧化法和间接电化学氧化法两种。直接电化学氧化是通过阳极直接氧化，使有机污染物和部分无机污染物转化为无害物质。间接电化学氧化则是通过阳极（一般是惰性阳极）反应产生具有强氧化作用的中间物质，如超氧自由基（$\cdot O_2$）、H_2O_2、羟基自由基（$\cdot OH$）等活性自由基。自由基的强氧化性直接氧化水体中的有机污染物，最终达到氧化降解污染物的目的。该技术能有效地破坏生物难降解有机物的稳定结构，使污染物彻底降解，无二次污染或少污染，易于控制。

近年来，电化学氧化技术在环境污染治理方面越来越受到人们的重视，成为研究领域的一个热点。

2. 光化学氧化法技术

光化学氧化法具有反应条件温和（常温、常压）、氧化能力强和速度快等优点。

光化学氧化可分为光分解、光敏化氧化、光激发氧化和光催化氧化四种。目前研究和应用较多的是光催化氧化法。光催化氧化技术能有效地破坏许多结构稳定的生物难降解的有机污染物，具有节能高效、污染物降解彻底等优点，几乎所有的有机物在光催化作用下都可以完全氧化为 CO_2、H_2O 等简单无机物。但是光催化氧化方法对高浓度废水处理效果不太理想。关于光催化氧化降解染料的研究主要集中在对光催化剂的研究上。其中，TiO_2 化学性质稳定、难溶无毒、成本低，是理想的光催化剂。传统的粉末型 TiO_2 光催化剂由于存在分离困难和不适合流动体系等缺点，难以在实际中应用。

3. 超声波技术

利用超声波可降解水中的化学污染物，尤其是难降解的有机污染物。它集高级氧化技术、焚烧、超临界水氧化等多种水处理技术的特点于一身，降解条件温和、降解速度快、适用范围广，可以单独使用或与其他水处理技术联合使用。该方法的原理是废水经调节池加入选定的絮凝剂后进入气波振室，在额定振荡频率的激烈振荡下，废水中的一部分有机物被开键成为小分子，在加速水分子的热运动下，絮凝剂迅速絮凝，废水中色度、COD、苯胺浓度等随之下降，起到降低废水中有机物浓度的作用。目前超声技术在水处理上的研究已取得了较大的成果，但绝大部分的研究还局限于实验室水平上。

4. 高能物理法

高能物理法是一种新的水处理技术，当高能粒子束轰击水溶液时，水分子发生激发和电离，生成离子、激发分子、次级电子，这些辐射产物在向周围介质扩散前会相互作用产生反应能力极强的物质 HO· 和 H 原子，与有机物质发生作用而使其分解。高能物理法处理印染废水具有有机物的去除率高、设备占地少、操作简单、用来产生高能粒子的装置昂贵、技术要求高、能耗大、能量利用率不高等特点。若要真正投入实际运行，还需进行大量的研究工作。

5. 膜分离新技术

膜分离技术处理印染废水是通过对废水中的污染物的分离、浓缩、回收而达到废水处理的目的。具有不产生二次污染、能耗低、可循环使用、废水可直接回用等特点。膜分离技术虽然具有如此多的优点，但也存在着尚待解决的问题，如膜污染、膜通量、膜清洗以及膜材质的抗酸碱、耐腐蚀性等问题，所以，现阶段运用单一的膜分离技术处理印染废水，回收纯净染料，还存在着技术经济等一系列问题。现在膜处理技术主要有超滤膜、纳滤膜和反渗透膜。运用纳滤膜处理印染废水，染料的去除率达 99.1%，且 70%的印染废水可以得到回用。膜处理对印染废水中的无机盐和 COD 都有很好的去除作用。当前关于膜分离技术的研究主要集中在其与其他处理技术的结合方面，形成了废水深度处理及回收利用极有前途的物理化学处理新技术。

四、膜法印染废水回用新技术

1. 膜法印染废水回用

膜法的废水再利用主要包括两个步骤：膜生物流化床，反渗透膜。陶瓷膜（超滤膜的典型孔径在 0.3μm）是将颗粒物质、细菌、胶体、淤泥等从废水中分离出来并且去除，除了有效去除有机物和色度，超滤膜还能够延长反渗透膜的清洗周期和寿命，反渗透膜可去除 98%的盐离子，完全去除硬度，同时对 COD、色度也具有极高的去除作用，从而确保回用水水质。印染废水经全膜法深度处理后回用水基本不含有机物、色度和硬度，完全满足回用水的要求。

膜法投入实施的缺点是一次性投入较大，但是膜法的优点也相当明显，其经济效益就非常可观，平均不到 3 年就可完全收回成本，并且减小排放量在 70%以上。

2. 印染废水回用新工艺——MBFB

MBFB 膜生物流化床工艺用于污水深度处理，能在原有污水达标排放的基础上，经过生物流化床和陶瓷膜分离系统，进一步降低COD、NH_3-N、浊度等指标，一方面可直接回用，另一方面也可作为RO脱盐处理的预处理工艺，替代原有砂滤、保安过滤、超滤等冗长过滤流程，同时有机物含量的降低大大提高RO膜使用寿命，降低回用水处理成本，一般国内品牌的无机陶瓷膜分离系统，是污水处理专用的无机膜分离系统，与其他的有机膜、无机膜相比，具有膜通量大、可反冲、全自动操作等优势。

国内品牌的膜生物流化床工艺以生物流化床为基础，以粉末活性炭（powdered activated carbon，PAC）为载体，结合膜生物反应器工艺（membrane bioreactor，MBR）的固液分离技术，使反应器集活性炭的物理吸附、微生物降解和膜的高效分离作用于一体，使水体中难以降解的小分子有机物与在曝气条件下处于流化状态的活性炭粉末进行充分的传质、混合，被吸附、富集在活性炭表面，使活性炭表面形成局部污染物浓缩区域；粉末活性炭同时也为微生物繁殖提供了特殊的表面，其多孔的表面吸附了大量微生物菌群，特别是以目标污染物为代谢底物的微生物菌群；同时，粉末活性炭对水体中溶解氧有很强的吸附能力，在高溶解氧条件下，微生物对富集在活性炭表面小分子有机物进行氧化分解，然后利用陶瓷膜分离系统将水和吸附了有机物的粉末活性炭等悬浮颗粒分开，通过错流过滤，进一步净化污水，使其达到中水回用标准。

研究表明，国内品牌的MBFB能有效除去微污染水体中氨氮、COD和其他难降解小分子有毒有机物等。

3. 印染废水回用MBFB设备机理、特点、主要技术参数

（1）MBFB机理

在MBFB反应系统中，粉末活性炭（PAC）由于吸附大量微生物，成为生物活性炭（BAC），使PAC不仅存在着对小分子有机污染物的吸附和富集作用，还存在着PAC对微生物的吸附和保护作用、PAC对溶解氧的吸附作用、在局部高污染物浓度和高溶解氧条件下微生物对小分子有机物的分解作用以及PAC的生物再生作用。PAC、微生物、溶解氧、污染物等要素在高强度流化、混合、传质、剪切作用下，实现对微污染小分子有机物的高效分解。

① PAC对小分子有机物的吸附和富集作用，PAC能富集污染物形成局部高浓度区，有利于微生物生长和对微污染小分子有机物的分解作用。

② PAC对微生物的吸附和保护作用。

③ PAC对溶解氧的吸附作用，随着活性炭颗粒直径变小，比表面积增加，PAC对溶解氧的吸附作用越来越强。

④ 微生物对小分子有机物的分解作用，MBFB工艺通过PAC对微生物、污染物和溶解氧的吸附和富集作用，通过PAC对微生物的保护作用，使微生物能有效利用微量的有机污染物为底物，以溶解氧为电子受体，分解微污染水体中有机物，实现水质深度净化。

⑤ PAC的生物再生作用，活性炭表面生物膜对吸附的有机物具有氧化分解作用，可通过生物降解恢复活性炭吸附能力，实现PAC的生物再生，在MBFB系统中，高强度的三相传质、混合、紊流、剪切和活性炭颗粒之间的摩擦作用，使活性炭表面老化生物膜不断脱落，使MBFB保持高效的吸附和生物降解功能。

(2) MBFB特点

① 活性炭粉长期使用，无需更换或再生。

② 三相传质混合，反应效率高。

③ 载体不流失。

④ 载体流化性能好。

⑤ 氧的转移效率高。

⑥ 污染物高度富集，生物量大。

⑦ 对微污染水处理效果好。

国内品牌的MBFB核心设备有的称为超通量无机陶瓷膜，一般是在普通陶瓷膜研究的基础上，通过高科技改造，减少膜污染，提高膜通量，有效克服了无机陶瓷膜在水处理中应用的两个最大障碍（价格昂贵、膜通量小），使无机陶瓷膜应用于水处理成为可能。

(3) 主要技术参数

膜层厚度50～60μm；膜孔径0.01～0.5μm；气孔率44%～46%；过滤压力0.15MPa；反冲压力0.7MPa以下；膜材质为双层膜，外膜为TiO_2，内膜为Al_2O_3-ZrO_2复合膜。

五、印染废水的深度处理和有效回用

1. 处理技术路线的设计原则

当前印染企业正处于新老交替。水的封闭循环利用和“零排放”已成为企业实现可持续发展的一个重要目标。因此，企业对用水和污水回用应根据自身特点和发展要求尽早进行设计和规划。

对于现有印染企业，应从实际出发，首先对现有污水处理设施进行评估，在得到确切评估结果的基础上进行整改、补充和添置新设施等。实施宗旨是利用一切现有设施，力求节约；放弃部分无用工艺。设计原则是公道选择污水深度处理工艺，有效控制回用成本。

新建印染厂应首先对企业的污水总排放量、排放指标等有所把握，尽可能按照国家污水排放一级标准进行设计，以减轻深度处理的难度，降低废水回用的运行成本。

2. 回用技术

现有的印染废水回用技术往往是在印染废水达标排放的基础上，对原水（废水处理设施的出水）进行三级处理，由于原水成分复杂，不稳定，很难形成一种规范性、普适性的回用技术路线。各企业要根据企业回用水质的要求，选择具体的深度处理工艺或者集成工艺。

目前我国印染废水处理普遍采用“物化处理＋生化处理”工艺，但处理效果不够稳定，一般很难达到一级排放标准。常用的回用处理工艺有：混凝、过滤、高级氧化、活性炭吸附、膜分离技术、离子交换法等。单独的回用工艺存在各自缺陷，如臭氧氧化技术处理后的水并不能直接回用于生产，原因是此技术在降低废水中的难降解有机物分子量时，废水 COD 去除率并不高，脱色效果好，但并不去除溶解性污染物和盐分。因此，开发新型组合工艺已成为行业内研究的重点，几种有代表性的研究结果和应用如下：

（1）印染废水物化处理（混凝沉淀）生化处理组合（内循环厌氧＋HCR/生物活性炭＋接触氧化）纤维球过滤回用

将各种生物处理单元（包括厌氧、缺氧、好氧、高级好氧等）进行组合用于生化处理是一种发展趋势。贾洪斌等采用了两种生物处理工艺，即将高效好氧工艺（HCR）法与生物活性炭法（PACT）相结合，提高了反应器中氧的利用率，增强了抗冲击负荷能力，提高了处理效率。该工艺后处理采用纤维球对原水进行过滤，过滤速度快、效果好，回用水质稳定。经过生产性试验表明，回用水用于皂洗是可行的，其回用水水洗后的布样色光、深度与自来水洗后的一致。

（2）印染废水二级生化处理化学絮凝离子交换回用

韩国 Kim 等用流体床生物膜反应器结合化学絮凝和离子交换法对印染废水进行深度处理。试验表明，整个集成工艺的 COD_{Cr} 和色度去除率分别达到 95.4％和 98.5％，该工艺出水可回用到印染所有工序中，但该方案为了降低铁离子浓度和电导率，对离子交换树脂的依靠性较大，这难免会加大离子交换树脂的再生频率。黄瑞敏等采用生物曝气滤池（BAF）精密过滤器阳离子交换、阴离子交换工艺处理回用经物化处理后的印染废水，使原水的无机盐质量浓度（以硫酸根计）从 400mg/L 降低到 180mg/L，硬度（以 $CaCO_3$ 计）从 100mg/L 降低到 50mg/L。回用水与新鲜水以体积比 1∶1 混合，可满足染整生产的一般水质要求，回用成本仅为 0.3～0.4 元/t，回用处理设施的投资约为 700 元/t，经济效益十分可观。

（3）印染废水二级生化处理二氧化氯氧化（臭氧和其他高级氧化技术）过滤或者吸附回用

二级生化出水后采用氧化技术结合活性炭吸附工艺是当前印染废水回用技术经常考虑的工艺。氧化对废水脱色非常有效，可把复杂的染料大分子转化成有机小分子，但过程中对 COD_{Cr} 去除非常有限。氧化工艺结合活性炭吸附工艺，两者相互取长补短，可大幅度提高印染废水的回用水质。

（4）印染废水二级生化处理微滤膜组合技术回用

几种膜分离技术以及复合膜的高级生物反应器技术，用它们之间的组合来处理印染废水是当前发展最快的水回用技术。随着膜组件的改进和膜材料成本的下降，正在加快这种趋势。膜分离技术中的纳滤（NF）和反渗透（OR）工艺，可以对印染废水进行有效脱盐，这是膜分离集成技术应用于印染废水回用的优势所在。Schoeberl 等人采用 MBR 二级出水后 NF 处理，COD_{Cr}去除率可达到 91.8%，出水电导率为 0.175μS/cm，去除率为 73.1%。Rozzi 等的研究结果同样表明“MBR＋NF”工艺的处理效果要优于传统的“生化处理＋臭氧氧化＋活性炭吸附”组合技术，出水水质也更稳定。

由于印染工艺的复杂性以及工艺对回用水质要求的差异，以上几种技术集成只是众多研究结果中有代表性的结果，并不一定具有普适性。因此，选用可靠、经济、稳定的回用处理工艺，是企业增大水循环量，提高废水回用的关键，同时也可以查看中国污水处理工程网更多关于印染废水处理的技术文档。

3. 影响因素和回用水质

在染色工序中，对水质要求严格，水质的优劣直接影响产品的质量、染料和助剂的消耗量。通常对纺织品染色品质要求越高，对水质的要求也越高。只有回用水水质各项指标都控制在使用水水质指标范围内，才真正意义上做到水的有效回用。目前国家还没有出台统一的印染废水回用水质指标，但参照中国印染协会提出的印染行业用水水质标准(见表 5-19)，可采用如下回用水质标准：色度(稀释倍数) ≤25，COD_{Mn} ≤20，总硬度（$CaCO_3$ 计）≤400mg/L，透明度≥30cm，pH 值 6.0～9.0，SS≤30mg/L，铁为 0.2～0.3mg/L，锰≤0.2mg/L。

表 5-19 印染用水水质标准

项 目	指 标
pH 值	6.5～8.5
色度(稀释倍数)	≤10
透明度	≥30
SS/(mg/L)	≤10
铁/(mg/L)	≤0.1
锰/(mg/L)	≤0.1
硬度(以 $CaCO_3$ 计)/(mg/L)	(1)原水硬度小于 150mg/L，可全部用于生产； (2)原水硬度在 150～325mg/L，大部分可用于生产，但溶解性染料应使用小于或等于 17.5mg/L 的软水，皂洗和碱液用水硬度最高为 150mg/L； (3)喷射冷凝器冷却水一般采用总硬度小于或等于 17.5mg/L 的软水

注：引自中国印染行业协会环保专业委员会“印染行业发展和水资源题目”报告。

废水处理回用于生产是否可行，要依据其对产品的质量是否产生影响来判定。表征这些影响的参数（或者说影响因素）主要有色度、硬度、悬浮物以及无机盐浓度等。其中色度和硬度是较为重要的两个参数，色度高会直接影响织物的颜色，从而降低色牢度；硬度高会使纤维变脆，着色变黄，从而降低颜色的鲜明度；无机盐浓度必须控制在一定范围内，过高会影响染布的匀染性，Cl^- 过多会直接影响一些活性染料匀染性和色牢度，且易使染布褪色，过高的铁、锰盐会使纤维布匹产生斑点以及染色不鲜艳等。因此，如何从诸多影响因素中筛选出主要因素，再通过监测主因水平来表征并建立一套回用水水质指标及标准，将是今后业界研究的一个热门。企业要做好废水回用工作，也要根据生产要求来确定适用于自身的回用水水质指标及标准。

4. 回用对生产产品和污水处理系统产生的影响

废水的大量回用会对生产产品和污水处理系统产生影响，应注意如下三个问题：

（1）有机污染物循环积累

由于回用水中总会残存有机污染物，这些有机污染物通过回用从而转移到生产中，随着循环次数的增加，势必就会造成有机污染物的积累，积累到一定程度就会对整个污水处理系统产生影响。

（2）无机盐的循环积累

在印染过程中通常会加入大量的无机盐类物质，如碳酸钠、碳酸氢钠、多聚磷酸钠、氯化钠、硫酸钠、连二硫酸钠等。由于传统末端处理工艺并不去除无机盐，此时一味增加回用率，无机盐的循环积累会影响产品质量和污水处理单元。有研究表明，印染用水的电导率超过 3000μS/cm，即含盐量约大于 2000mg/L 时，盐轻易在织物上产生斑迹，影响产品的质量，而含盐量过高，造成盐的浓度升高会对废水生化处理单元产生破坏性影响。因此，回用水的脱盐是维持循环系统盐的平衡、保证产品质量及污水处理系统稳定运行的重要手段。

目前除盐工艺主要有电渗析除盐（EDI）、离子交换除盐和膜分离除盐等技术。对于原水脱盐，电渗析和离子交换除盐技术，无论从其分离原理上，还是从经济性上考虑，都不具有可行性和适用性。膜分离技术特别是含有反渗透（OR）和纳滤（NF）的膜组合分离技术，对于具有一定标准水合离子半径或者分子量的物质均具有良好的物理分离效果，伴随膜组件工艺的提升和膜材料成本的下降，会在印染废水脱盐及水回用中扮演重要角色。

（3）回用处理后排放浓水的处理和排放问题

膜分离技术应用于印染废水回用，尽管脱盐率高，但在得到大量回用水的同时，也会产生包含大量盐和有机物染料的浓缩液，而浓缩液会对生化处理单元有影响。因此，应时刻留意浓缩液的公道处理，或者寻找一些新工艺单独处理。

5. 回用水的使用

染色废水在经过“清浊分流”后，应遵循“分质、分工段回用”和“适当回用”两个原则。占总污水量 1/8～1/10 的浊污水，从回用量上讲并不是回用的重点，可以结合“水解酸化＋好氧处理”等工艺处理后排放，不再考虑回用或者少量回用于低品质用水，如冲洗用水、学校绿化和冲洗道路等。而清污水主要来自染缸内的冷却水、蒸汽冷凝水、染色的前处理水、染色水和染色后漂洗水等。冷却水和冷凝水可以进行现场收集，经简单处理后可立即回用，或者部分回用到染色前处理部分工序。前处理工序用水量约占总水量的 15%，对水质要求不高，本身就需添加一些表面活性剂、碱等，回用水可以考虑回用于前处理阶段。染色工序用水量约占总水量的60%，对水质要求较高，可使用部分回用水。染深色时回用率可适当增加，回用水中盐分和氯离子的浓度不能高，会影响染色效果。染浅色布时，回用水使用率不能高，染色工序最多只能考虑20%左右。后整理工序用水量约占总水量的10%，对水质要求较高，不宜使用回用水，而且后整理废水最好不要作为回用水水源，由于后整理使用柔软剂、防水剂等助剂对前处理和染色效果都有影响。工厂其他杂用水，如冲厕、浇花等可以全部使用回用水，约5%。染色的前处理水、染色水和后漂洗水是水回用的重点，其废水可作为原水的进水，经处理后回用。

由于回用水中存在有机染料和盐分的循环积累，在考虑大量回用时，除了考虑脱盐的问题外，还应注意“适当回用”原则。而回用水量与新鲜水量的比（回用率）是衡量适当回用的重要参数。

6. 回用率的确定

应从一味提高污水回用率和减少新鲜水补充量的误区走出来，应根据生产需要确定回用率。污水回用中因循环浓缩，存在着水质变差问题，探究其变化规律，确定运行参数，做到既节水又保证回用水质稳定、合格，具有重要意义。在回用水工艺设计时，先对循环系统中有机污染物、盐分等参数进行质量衡算，通过数学归纳法推导出污染物循环积累的数学模型（可参考樊耀波和陈季华等人的研究结果），再通过证实模型的收敛性，确定污染物极限浓度与回用比例的关系，了解回用率对产品质量影响的规律，从而指导水回用实践。

根据生产实际，公道安排回用水和新鲜水的比例，是否可以缓解盐分和污染物积累对产品质量和污水处理系统的影响，这方面的研究还鲜见报道。通常讲脱盐可以改善回用水质，从而增加废水回用率，假如不采用脱盐技术，有研究表明，回用率最好控制在30%以下。

7. 回用技术创新

① 打破末端深度治理回用的旧观念，从源头预防着手，在企业全面开展清洁生产和节能减排工作，并对企业水系统进行综合治理，不断优化废水回用方案。方案包括源头生产工艺改进、环保设备的选型、绿色染化药剂的筛选、残浆残液的集中处理、冷凝水就地回用、锅炉水膜除尘作为预处理、部分水经三级处理直接回用等，使得企业节水减排大为改观。鲁泰纺织有限公司采用半缸染色工艺，吨纱均匀节水65t，染整热水平衡利用，实现节水2000t/d，节约蒸汽60t/d。在注意末端污水规模回用的同时，不可忽视印染前道工序间的水循环使用的技术创新。

② 印染废水回用技术往往是独立的系统，很难找到一条具有普适性的技术路线，企业应结合自身生产特点和现有污水处理单元特点，与恰当的深度处理工艺进行集成，本着“务实治理、适度回用”的原则，切实地走自己的回用之路。江苏永前印染有限公司采用江苏戈德公司的复合功能树脂吸附工艺深度处理二级生化废

水，系统2008年初运行，处理量为1200t/d，其水质满足企业回用要求。广州新大禹有限公司采用多孔吸附材料用于水溶性染料的深度处理，使终出水$COD_{Cr}<50mg/L$，此法运行费用低、占地少，是目前值得推广的深度处理及回用技术。

③ 随着膜组件的技术进步和膜材料成本的下降，膜分离技术日渐成为印染废水深度处理的重要方法。不同的膜分离技术相结合或者膜分离技术与其他技术（如高级氧化技术、电化学法、生化法等）相结合，是印染废水深度处理的一个研究方向。曾杭成等用超滤-反渗透双膜系统深度处理印染废水，结果表明采用超滤和反渗透双膜技术处理实际印染废水，其出水COD_{Cr}均小于10mg/L，电导率小于80μS/cm，其对有机物和盐的去除率分别达到99%和93%以上，出水能回用于大部分印染工序。杜启云等用膜集成技术处理鄂尔多斯羊绒集团公司的废水，该系统采用水膜除尘技术，应用于废水脱脂、脱色、超滤除菌除浊、反渗透脱盐等过程，使热电厂烟道气达标排放，产业废水得到深度处理，供热电厂和生产车间回用，该系统处理生产废水$1500m^3/d$，水回收率70%。

8. 回用处理的建议

① 印染废水回用不仅可以减小企业的排污量，还可以减小新鲜用水量，为企业带来可观的经济效益。“零排放”和“水封闭循环”是印染企业废水治理的终极目标，也是清洁生产的重要内容，应加大水回用新技术的开发力度和设施投资力度。

② 在考虑经济与技术平衡的条件下，应认真分析水中的污染物的成分和含量，根据染色生产的用水要求来确定污水回用处理的工艺。处理工艺要操作方便、投资合理、运行成本低。

③ 应对印染循环使用中存在的有机污染物积累和盐分积累现象进行研究，把握其规律，并展开其对产品质量和污水处理系统的影响研究，从而指导回用实践。

④ 原水水质是回用水质的基础，一般要求源水最好达到《纺织染整产业水污染物排放标准》一级标准。企业为了提高回用效率，应时刻留意提高原水处理系统的稳定性和保证原水出水水质。在设计污水处理设施时就要考虑污水回用的可能性，对不宜用于回用的废水，如后整理废水，应单独收集，单独处理，对清污水应尽量集中，发挥回用系统的优势。

第十六节　膜生物反应器技术在石化污水处理与回用中的应用

一、概述

目前我国的石化污水生物处理一般多采用两级好氧或A-O工艺处理，其出水水质基本上可以满足国家的排放标准，但无法直接回用。而我国的石化企业普遍存在吨油水耗偏大的问题，对新鲜水的需求量很大。企业往往一边是大量排放污水，另一边新鲜水源不足。水资源的短缺，直接制约了企业的发展。因此石化企业纷纷尝试使用先进的污水处理与回用技术，以期在更好的保护环境的同时，实现污水的回用与资源化。

二、技术特点

1. 膜生物反应器技术特点

膜生物反应器是一种新型的污水生化处理系统，它是污水传统生物处理技术与膜分离技术相结合的产物。简单的说，它是将中空纤维膜组件直接放入曝气池中进行泥水分离。利用膜的选择透过性实现曝气池中的生物富集，使得生物处理效率大幅度提高，生物处理后的污水再经膜分离后得到洁净的回用水。它是保护水环境、实现污水资源化的一项重要技术。

对于新建污水处理厂来讲，其占地面积与传统工艺相比占地更少，约为1/3～1/5，可以有效节约土地；如果是对现有污水处理厂进行改造，可以在不增加构筑物的前提下，大幅度提高处理能力；实现生物富集和共代谢作用。可以使污水中世代周期较长的微生物如硝化细菌等得到有效截流，从而有效降解水中的氨氮。而大量微生物聚集在一起的共代谢作用，可以使得一些难以生物降解的有机物得到降解；由于膜的截流作用，使得生物相中的生物浓度很高，可以达到10000mg/L以上，因此其抗冲击负荷能力很强；由于生物处理后的泥水分离采用的是膜分离技术，因此不必担心传统生物处理技术出现的丝状菌繁殖、污泥上浮、流失等问题，操作更加简单方便；出水水质优异、稳定。

2. UE-MBR膜生物反应器技术的特点

(1) 均衡的流量分配和控制系统；

(2) 膜组件的空气清洗、导流装置；

(3) 方便灵活的装配式膜架设计；

(4) 独立的生物处理和膜区设计；

(5) 在线反洗；

(6) 化学清洗。

3. 石化污水的特点

(1) 含有大量毒性化合物（如油、酚类、胺类、醚类、氰化物和含硫化合物等）；

(2) 含难降解污染物（如甲苯、二甲苯烯烃、烷烃、多环芳烃、单环芳烃及其衍生物等）；

(3) 可生化性差，用传统生化工艺处理该废水普遍存在氨氮和油去除效果差，抗冲击负荷能力弱等缺点；

(4) 存在一定程度的冲击负荷，对生化处理系统稳定运行十分不利。

三、应用

针对上述的特点并结合我们的优势，我们积极稳妥地将膜生物反应器技术应用到石化的污水处理与回用中，取得了良好的效果。下面就某石化 PTA 污水处理与回用和某石化己内酰胺污水处理项目做一介绍。

1. 某石化企业 PTA 污水处理项目

某石化 PTA 污水源采用传统活性污泥法两级曝气好氧生物处理工艺，日处理量为 5000m^3。共建有一级曝气池 10 座、二级曝气池 8 座和一曝沉淀池、二曝沉淀池各 2 座。由于生产过程的变化，来水水质变化较大，直接导致了处理出水不稳定，污泥流失、出水水质恶化等问题时有发生。企业希望通过采用 UE-MBR 技术实现污水的稳定处理并直接回用于冷却循环水系统、削减曝气池数量、节省占地、降低运行管理费用。

(1) 某石化企业膜生物反应器系统污水处理进出水水质指标

见表 5-20。

表 5-20　进出水水质

项　　目	原水水质	产品水水质
pH 值	5.5～6.0	6.5～8.5
电导率	≤1000μS/cm	≤1000μS/cm
总铁	≤0.5mg/L	≤0.1mg/L
浊度	≤10NTU	≤3NTU
总碱度	≤300mg/L	≤350mg/L
钙硬度	≤300mg/L	≤250mg/L
悬浮物	≤70mg/L	≤2mg/L
COD_{Cr}	4500mg/L(最大值)	≤50mg/L
油含量	≤10mg/L	≤1mg/L
氨氮	≤5mg/L	≤1mg/L
硫化物	≤0.1mg/L	≤0.1mg/L
酚	≤1.0mg/L	≤1mg/L
BOD_5	≤600mg/L	≤5mg/L
温度	≤50℃	

原水为经过均质的 PTA 生产废水，为确保系统正常运行，甲方应尽量保证进水水质及水温（温度<50℃）。

本系统设计按平均 COD 值为 2000mg/L 计算，但本系统可抗击 COD 值为 4500mg/L 的瞬时冲击。当 COD>2000mg/L 时，COD 出水去除率应不小于 97%；当 NH_3-N>200mg/L 时，氨氮出水去除率不小于 97%。

由表 5-19 可以清楚地看出，该 PTA 污水的可生化性较差，我们采用 UE-MBR 技术，有针对性地对其进行了改造，取得了良好的效果。

(2) 某石化企业膜生物反应器系统工艺流程

见图 5-42 和图 5-43。

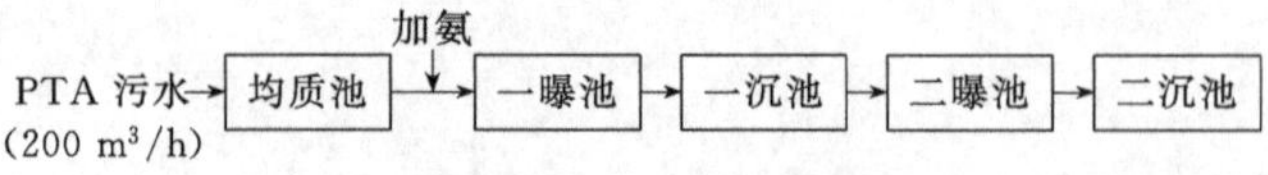

图 5-42 原污水处理流程

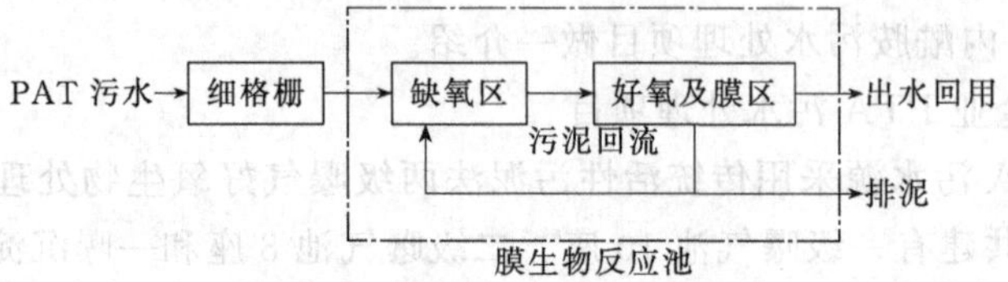

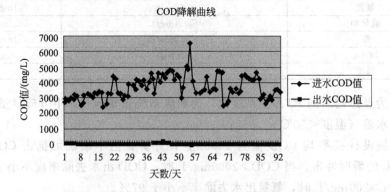

图 5-43 改造后膜生物反应器流程

我们采用膜生物反应器和厌氧-好氧循环运行的处理工艺。污水经 0.8mm 的预过滤器后进入厌氧区，经潜水搅拌器将厌氧区内污水混合均匀，大分子量长链有机物分解为易生化处理的小分子有机物，经潜水推进器推流进入好氧区，进行有机物好氧生化降解，好氧区的污泥经循环泵回流到厌氧区，达到不断循环的目的。

处理后的水经微滤膜由 MBR 集水管中汇集排出，全部细菌及悬浮物均被截流在好氧曝气池中，在维持池中污泥浓度 8000～12000mg/L 的情况下使出水中的悬浮物接近于零。为了保证 MBR 膜组件良好的通透性，能持续稳定的出水，本系统设计使用某公司独创的模块化膜单元组件，实行在线的空气正洗和水反洗、化学反洗以及化学清洗程序。系统运行全部采用计算机程序控制，人机界面管理，采用自动报警、记录的方式确保污水处理系统的稳定运行。经改造后的污水处理出水直接回用于该企业的冷却循环水补充水系统，具体处理效果见图 5-44。其曝气池数量由原先的 18 座减少到 3 座（用于改造成 MBR 池），沉淀池停止工作，为企业下一步增产扩能、节约土地提供了可能。

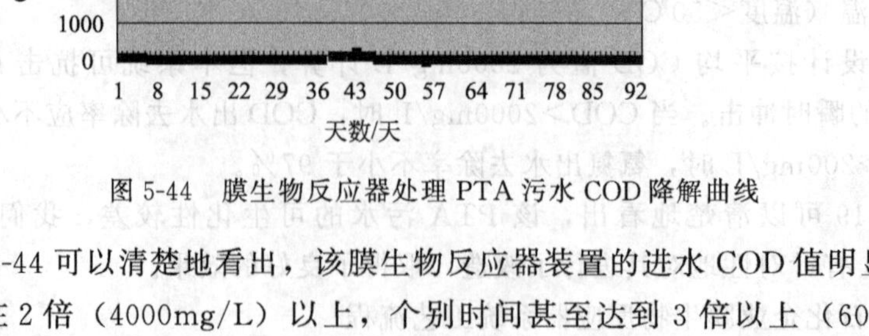

图 5-44 膜生物反应器处理 PTA 污水 COD 降解曲线

由图 5-44 可以清楚地看出，该膜生物反应器装置的进水 COD 值明显高于设计值，平均在 2 倍（4000mg/L）以上，个别时间甚至达到 3 倍以上（6000mg/L 以上），但膜生物反应器装置仍显示出非常好的处理效果。

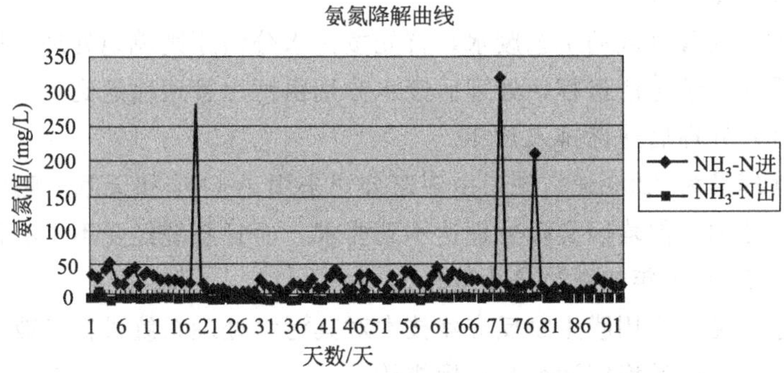

图 5-45 膜生物反应器处理 PTA 污水氨氮降解曲线

由图 5-45 可以清楚地看出，进水氨氮值明显高于设计值，且存在一定频次的高冲击负荷，而出水氨氮值仍能控制在 1mg/L 左右，显示出膜生物反应器技术对氨氮的独特去除效果。

(3) 问题与对策

采用膜生物反应器技术处理 PTA 石化污水，其效果是好的，但在运行 2 个月左右后发现膜表面出现了严重的结垢现象。经过分析查明膜结垢的主要原因是生产过程中催化剂（钴、锰）处理设施的调整导致钴、锰流失问题，使得这些溶度积极小的金属离子进入到污水中结晶形成晶核。该厂为了回收污水中的 TA（对苯二甲酸），需要进行酸结晶，使得污水的 pH 值较低（2～3 左右），虽然在进行生化处理前通过加氨等措施使得 pH 值达到 4～5，但由于污水的有机物主要由已酸构成，在对有机物具有高降解能力的膜生物反应器中被迅速降解，导致 pH 值升高到 8～9 左右，使得原本溶于水中的碳酸盐类在钴、锰晶核的作用下大量析出、结晶，使膜生物反应器中的膜丝、膜架和曝气器发生全面结垢现象。发现上述问题后，我们及时与有关方面一道采取必要的改进措施：

① 由业主改进催化剂的回收工艺，减少钴、锰等金属离子进入污水中的量；

② 采取生物软化手段，将可能产生的结垢物质在其进入膜生物反应器前加以去除；

③ 对结垢的膜组件进行化学清洗和必要的更换。

通过采取上述措施，有效地解决了膜结垢通量下降的问题，保证了系统的稳定运行。

由此得出相应的结论，在膜生物反应器用于石化污水处理与回用时，必须要深入考虑石化污水的不同特点，采取必要的预处理措施，这样才能有效地发挥膜生物反应器技术的功效，取得良好的效果。

2. 某石化企业己内酰胺污水处理项目

某石化公司是全国石化行业中己内酰胺重点生产单位之一，该企业主要生产己内酰胺和帘子布产品，产生的主要污染源为：环己烷、环己酮、环己醇、苯、有机酸、己内酰胺、氯氨等。

根据各工艺装置排放的工艺废水，首先按污水分治原则就地处理，回收的有用资源进行调质回用于生产过程，处理后废水分别由污水管道输送到污水处理厂区并和假定净水合并处理后达标排入长江。

日污水处理量为7200m³。先后由多家公司采用A-O法和厌氧+曝气生物滤池法等工艺进行处理，但均因实际处理达不到要求，而且系统经受不了有机物和氨氮的冲击负荷，于2003年初被迫停止运行。

针对上述情况，采用膜生物反应器技术对其污水处理系统进行了改造，实现了该企业污水处理系统的稳定运行与达标排放。

(1) 某石化企业膜生物反应器污水处理系统进出水水质指标

见表5-21。

表5-21 设计进出水水质

项目指标	进水	出水	实际运行数据出水/进水
pH值	6.0～9.0	6.0～9.0	7.0～9.0/9.0～10.5
COD_{Cr}/(mg/L)	≤2000	≤60	出水≤50
BOD_5/(mg/L)	≤650	≤20	
NH_3-N/(mg/L)	≤150	≤15	出水≤1.3
SS/(mg/L)	≤150	≤1.0	
浊度/NTU	≤150	≤1	≤0.3

由表5-21可以清楚地看出，己内酰胺污水的COD和氨氮含量较高，能否有效的去除是污水处理效果好坏的关键。

(2) 某石化企业污水膜生物反应器系统工艺流程

见图5-46。

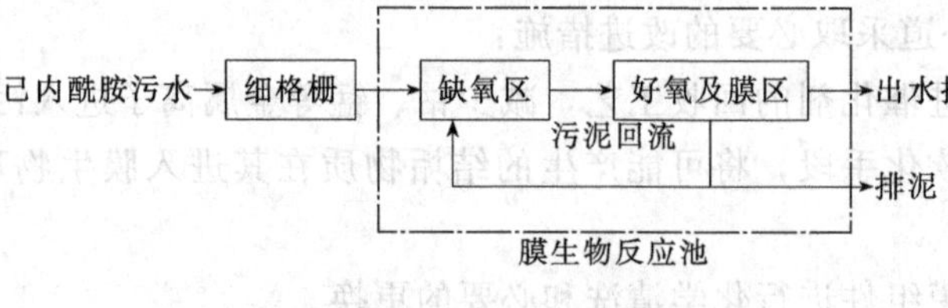

图5-46 改造后膜生物反应器流程

我们采用膜生物反应器和厌氧-好氧循环运行的处理工艺。污水经0.8mm的预过滤器后进入缺氧区，经潜水搅拌器将缺氧区内污水混合均匀，大分子量长链有机物分解为易生化的小分子有机物，经潜水推进器推流进入好氧区，进行有机物好氧生化降解，好氧区的污泥经循环泵回流到缺氧区，达到不断循环的目的。

处理后的水经微滤膜由MBR集水管中汇集排放。具体处理效果见图5-47和图5-48。

其膜生物反应池利用了原先6组中的2组（每组3池）进行改造，取消了二沉池，从而大大减少了污水处理构筑物的数量，节约了运行费用。

由于采用了水解酸化与好氧生化相结合的处理工艺等技术，使得系统对有机物的去除能力得到大幅度提高，COD_{Cr}平均去除率达到 97%，另外由于缺氧工艺的加入，使得氨氮去除率达到了 99%。

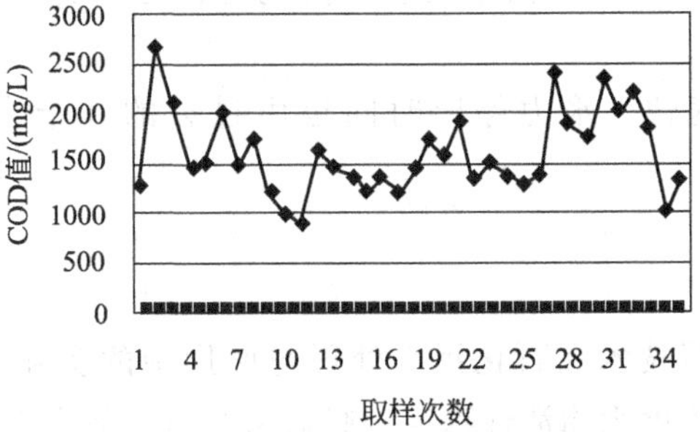

图 5-47 膜生物反应器处理己内酰胺污水 COD 降解曲线

由图 5-47 可以清楚地看出，该膜生物反应器的进水 COD 值存在一定的波动，但膜生物反应器的出水 COD 值均能控制在 50mg/L 以下，显示出非常好的处理效果。

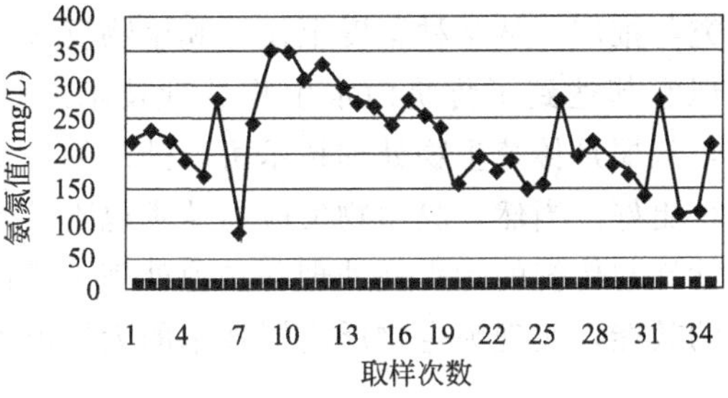

图 5-48 膜生物反应器处理己内酰胺污水氨氮降解曲线

由图 5-48 可以清楚地看出，进水氨氮值在大部分时间内均高于设计值，而出水氨氮值始终维持在 1mg/L 左右，显示出膜生物反应器技术对氨氮的去除是非常有效的。

（3）效果

① 膜生物反应器对己内酰胺污水中的有机物和氨氮具有较高的去除效率，COD_{Cr}去除率可达到 97%以上，氨氮去除率达到了 99%。

② 出水水质好，清澈透明，浊度接近于零，悬浮物（SS）$<$1mg/L，SS 去除率$>$99%。

③ 对污水冲击负荷的适应性强，耐冲击。

由于 MBR 对水力负荷、有机负荷的适应性强，因膜的高效截留作用，可以完全截留活性污泥，使得反应器污泥浓度可高达 12000mg/L，在本项目调试过程中 COD 负荷曾经出现过 8000mg/L 的高浓度，高出设计负荷 4 倍，系统还是经受住了考验。

④ 剩余污泥量少 MBR 的污泥排放量仅为常规生化法的 1/2，真正做到了污泥减量化处理。

⑤ 工艺流程短，系统设备简单紧凑、占地省、运行费用低，该系统直接成本为 0.69 元/m^3。

⑥ 系统启动速度快，水力停留时间也由过去的几十个小时，减少为目前的 14h。

四、结论

通过膜生物反应器技术在石化污水处理与回用中的实际应用，可以清楚地看到，在有效解决了高浓度生物活性稳定、膜通量维持、放大效应等技术问题后，采用膜生物反应器技术（以 UE-MBR 技术为例）处理石化污水，可以有效地降解水中的有机污染物和其他营养物质，具有抗冲击负荷能力强、生物处理效率高、占地面积小等特点。其出水可以直接回用于冷却循环水系统或用于钠滤或反渗透等深度处理的前处理进水，这对于企业减少污染物排放，提高污水回用率和保障回用系统的安全性都非常重要，对其他具有类似特点的工业污水处理与回用也具有很好的借鉴意义，值得大力研究与推广。从某种程度上说，膜生物反应器技术来源于传统的污水生物处理工艺，但它却达到了传统污水生物处理技术所难以达到的高度。因此，我们有理由相信，只要是传统生物处理技术可以处理的污水，膜生物反应器技术都可以胜任或完成得更好。当然，膜生物反应器技术也不是万能的，在它的使用过程中，必须有针对性地与传统的污水预处理和其他处理手段进行有机的结合，才能最大限度地发挥它的效能，实现膜生物反应器技术的大规模工程应用。

参考文献

[1] 郑领英，王学松．膜技术．北京：化学工业出版社，2000：157.
[2] 许振良．膜法水处理技术．北京：化学工业出版社，2001：300.
[3] 赵宗艾．电场作用下错流膜滤的研究现状．过滤与分离，1994（3）：1-5.
[4] 金志刚等．污染物生物降解．武汉：华东理工大学出版社，1997.
[5] 胡珊珊．氯苯废水处理方法综述．南化科技信息，1998，(4)：42-44.
[6] 张淑谦．废弃物再循环利用技术与实例．北京：化学工业出版社，2011：11
[7] 钟和平，张淑谦，童忠东．水资源利用与技术．北京：化学工业出版社，2012：8.
[8] 梁诚．对邻硝基氯苯生产与发展．南化科技信息，1999，(2)：1-3.
[9] 王洪臣．活性污泥工艺的技术现状及发展趋势．现代化工，2000，20（6）：9-14.
[10] 施伟江．生物流化床在废水处理中应用．上海化工，2000，25（6）：17-18.
[11] 王玉军，骆广生，戴猷元．膜萃取的应用研究．现代化工，2000，20（1）：11-16.
[12] 戴猷元．络合萃取法处理含酚废水．化工科技市场，2000，23（1）：53-54.
[13] 刘相伟．工业含酚废水处理技术的现状与发展．工业水处理，1998，18（2）：4-7.

[14] 赵国方，赵宏斌. 有机废水湿式氧化处理现状与进展. 江苏化工，2000，28 (1)：23-25.
[15] 马晓龙，任明敏. 络合萃取法处理苯胺工业废水. 江苏化工，2001，29 (1)：42-43.
[16] 张全兴，黄杏，裘兆蓉等. 树脂吸附法处理苯胺工业废水的研究. 离子交换与吸附，1991，7 (6)：421-426.
[17] 崔召女等．洗浴水净化和回用研究//资源、发展与环境保护——第三届海峡两岸环境保护学术研讨会。北京：中国环境科学出版社，1995：90-94.
[18] 刘静伟等．超滤法处理宾馆洗浴废水及超滤装置的研制开发．膜科学与技术，1998，18 (5)：35-37.
[19] KunioEbie 等．直接过滤法处理寒冷地区高色度地表水//给水与废水处理国际会议论文集．北京：中国建筑工业出版社，1994：32-43.
[20] 张全兴，徐虎龙，黄晓兰等. 一种处理邻苯二胺废水的方法与装置. CN：104014，1997-10-05.
[21] 黄海啸，方淑琴．铜酞菁生产三废综合利用．北京：环境科学出版社，1998.
[22] 张全兴，潘丙才，陈金龙. 国内农药、医药及其中间体生产废水与树脂吸附法处理与资源化研究. 江苏化工，2000，28 (1)：21-23.
[23] 杨义燕，刘克岩，戴猷元. 酚类废水的络合萃取. 高校化学工程学报，1997，11 (4)：355-360.
[24] 余淦申．造纸废水处理技术及其工程实例．浙江造纸，98 年第 4 期．
[25] 陈蔚等．造纸废水的 A/O 处理．浙江造纸，98 年第 4 期．
[26] 余淦申．A/O 法处理造纸废水技术及其工程实例．水工业学术研讨会，香港，1999.
[27] 化工部热工设计技术中心站．热能工程设计手册．北京：化学工业出版社，1998.
[28] 崔玉川，李思敏，李福勤．工业用水处理设施设计计算．北京：化学工业出版社，2003.
[29] 李家珍．染料、染色工业废水处理．北京：化学工业出版社，1998.
[30] 王建龙．生物固定化技术与水污染控制．北京：科学出版社，2002.
[31] Newconbe G，Drikas M. Wat. Res. 1993，27 (1)：1612165.
[32] Trobisch K H. Wet air oxidation. Water Science Technology，1992，26 (1/2)：319-332.
[33] Modell M，Defilippi R. Krukonis Surface Chemistry and Physical Properties，1999，(1)：1612165.
[34] Friz James S，Sun Jeffrey J. Modified resins for solid-phase extraction. US：5071565，1991-11-10.
[35] Knopp P V，Gitchel W B. Wastewater Treatment with Powdered Activated Carbon Regenetation by wet Air Oxidation. Paper Presented at 25th Industrial water conference. Purdue University. May 1970.
[36] Riitta H Kettunen，Esa M Pulkkinen，Jukka A Rintala. Biological Treament at Low Temperatures of Sulfur-Rich Phenols Containing Oil Shale Ash Leachate. Water Research，1996，30 (6)：1305-1402.
[37] Lentsch S，Aimar P，Orozco J L. Enhanced Separation of Al-bumin-Poly by Combination of Ultrafiltration and Electropho-resis. J. of Membrane Sci.，1993，80：221-232.
[38] DingJ，Soneyind V L，Larson R A，et al. JW PCF，1987，59 (3)：1392144.
[39] Baldwin，Philip N Jr. (ADTECHS Corporation，Herndon，VA 2207123430. USA). Nucl. Technol，1996，116 (3)：3662372.
[40] N G Wakelin，C F Forster. Aerobic Treatment of Grease-Containing Fast Food Restaurant Wastewater. Process Safety and Environ-mental Protection：Transactions of the Institution of Chemical Engineers，1998，76 (1)：55-61.
[41] G Spain，M Rafael，J Mellado，R Miguel. Pollution in Four Tributaries of the Guadalquivir River in Cordoba County. European Water Pollution Control，1995，5 (1)：14-18.
[42] Thomas M Walski，R Bernard Biga Case Study in Sludge Handling. Proceedings of the 1991 Specialty Conference on Environmental Engineering，1991，8 (10)：667-672.
[43] Kobayashi K，Yukawa H，Iwata M，et al. Fundamental Study of Electroosmotic Flow Through Perforated Membrane. J. Chem. Eng. Japan，1983，12，：466-471.

[44] Oussedik S, Belhocine D, Grib H, et al. Enhanced Ultrafiltration of Bovine Serum Albumin with Pulsed Electric Field and Fluidized Activated Alumina. Desalination, 2000, 127,: 59-68.

[45] Steffan, Robert J. Method for decreasing the concentration of toxic materials in biological wastewater treatment. US: 5439590, 1995-08-08.

[46] Fischer E, Raasch J. Crossflow Filtration. Ger. Chem. Eng. , 1985, Vol. 8,: 221-216.

[47] Lu W M, Ju S C. Selective Particle Deposition in Cross-Flow Filtration. Sci. Tech. 1989, 9,: 517-540.

[48] Blake N J, Cumming I W, Streat M. Prediction of Steady State Crossflow Filtration Using a Force Balance Model. J. Mem-brane Sci. 1992, 68,: 205-216.

[49] Turkson A K, Mikhlin J A, Weber M E. Dynamic Membranes Determination of Optimum Formation Conditions and Electrofil-tration of Bovine Serum Albumin Witha Rotating Module. Sep. Sci. and Tech. , 1989, 24,: 1261-1291.

[50] Hwang S J, Chang D J, Chen C H. Steady State Permeated Fluxfor Particle cross-flow Filtration. The Chem. Eng. J. andThe Biochem. Eng. J. , 1996, 61 (3): 171-178.

[51] Huotari H M, Huisman I H, Trangardh G. Electrically En-hanced Crossflow Membrane Filtration of Oily Waste Water U-sing the Membrane as a Cathode. J. of Membrane Sci. , 1999, 156: 49-60.

[52] Iritani E, Mukai Y, Kiyotomo Y. Effectsof Electric Field on Dynamic Behaviors of Dead-end Inclined and Downward Ul-trafiltration of Protein Solution. J. of Membrane Sci. , 2000, 164: 51-57.

[53] P L Dold. Current Practice for Treatment of Petroleum Refinery Wastewater and Toxic Removal. Water Pollution Research Journal of Canada, 1989, 24 (3): 363-390.

[54] Vedprakash S Mishra, Vijaykumar VMahajani, Jyeshthavaj B Joshi. Wet air oxidation. Ind Eng Chem Res, 1995, 34 (1): 42-48.

[55] V Eroglu, I Ozturk, H A San, I Demir. Comparative Evaluation of Treatment Alternatives for Wastewater from an Edible Oil Refining Industry. Water Science and Technology, 1990, 22 (9): 225-234.

[56] Wakeman R J. Electrofiltration Microfiltration Plus Electropho-resis. The Chemical Engineer, 1986, 5: 65-70.

[57] Wakeman R J, Sabri M N. Ultilizing Pulsed Electric Fields in Crossflow microfiltration of Titania Suspensions. TransChem, 1995, 73: 455-463.

[58] E Verostko, et al. Test results on reuse of reclaimed shower water-a summary. SAE paper No. 891443, 19th Intersociety Conference on Environmental Systeems, San Diego, July 1989.

[59] E Childress, et al. Effect of sollution chemistry on the surface charge ofpolymeric reverse osmosis and nanofiltration membranes. J Of Membrane Science, 1996, 19 (2): 253-268.